"十四五"时期国家重点出版物出版专项规划项目

稻田面源污染
防控理论与实践

刘宏斌　张　亮　周　丰　欧阳威　张富林　李旭东　等　著

中国农业科学技术出版社

内 容 简 介

本书依托全国农田面源污染监测网络，融合现场高频观测、数值模拟和试验示范等方法，探讨了我国稻田氮磷流失特征、流失机制和氮磷归趋，提出了我国稻田氮磷源汇功能和调控路径。在此基础上，以生产生态双赢为目标，研发了稻田氮磷控源增汇技术、控水减排技术、田-沟-塘水质水量协同调控技术和稻田排水菌-藻-草共生净化技术。针对北方单季稻区、南方水旱轮作和双季稻区氮磷源汇成因，构建了田沟塘一体化氮磷流失综合防控体系，并在典型稻区进行了示范验证。

本书适用于环境科学、土壤学、生态学、农学等领域的科研工作者、研究生使用，也适用于从事生态环境保护、农业绿色发展和面源污染防控技术研发、示范、推广、监管的专业技术人员参考使用。

图书在版编目(CIP)数据

稻田面源污染防控理论与实践 / 刘宏斌等著. --北京：中国农业科学技术出版社，2025.2
ISBN 978-7-5116-6475-4

Ⅰ.①稻… Ⅱ.①刘… Ⅲ.①稻田-面源污染-污染控制-研究 Ⅳ.①X501

中国国家版本馆 CIP 数据核字(2023)第 200222 号

责任编辑	陶 莲
责任校对	贾若妍 李向荣
责任印制	姜义伟 王思文

出 版 者	中国农业科学技术出版社
	北京市中关村南大街12号　邮编：100081
电　　话	（010）82109705（编辑室）　　（010）82106624（发行部）
	（010）82109709（读者服务部）
网　　址	https://castp.caas.cn
经 销 者	各地新华书店
印 刷 者	北京建宏印刷有限公司
开　　本	185 mm×260 mm　1/16
印　　张	29.5
字　　数	700千字
版　　次	2025年2月第1版　2025年2月第1次印刷
定　　价	158.00元

━━━◁ 版权所有·翻印必究 ▷━━━

《稻田面源污染防控理论与实践》
作者名单

主　　著：刘宏斌　张　亮　周　丰　欧阳威　张富林
　　　　　李旭东
副 主 著：翟丽梅　庄艳华　刘连华　黄微尘　张天鹏
　　　　　樊秉乾
参　　著（按照拼音排序）：
　　　　　安妙颖　陈安强　陈宏坤　陈静蕊　陈　勇
　　　　　杜新忠　范先鹏　付　斌　付　瑾　盖霞普
　　　　　高璐阳　谷学佳　何小娟　胡万里　华玲玲
　　　　　雷秋良　李　华　李思思　李文超　廖永欣
　　　　　刘宗波　马军伟　马友华　牛世伟　潘君廷
　　　　　彭　畅　蒲胜海　秦弋丰　束维正　宋　伟
　　　　　孙巧玉　孙文涛　王洪媛　王　娜　王玉峰
　　　　　王则玉　吴启侠　吴亚丽　武　升　武淑霞
　　　　　夏　颖　徐昌旭　杨晋辉　杨书运　叶　静
　　　　　尹　炜　俞巧钢　展晓莹　张　磊　张　强
　　　　　赵　琦　朱建强　邹　鹏

序

长期以来，稻田都被认为是一个农业污染源，向水体排放了大量氮磷，是水环境恶化的重要成因。但鉴于稻田及沟塘系统所具有的截流、拦蓄、净化等生态功能，稻田也被公认为是世界上最大的人工湿地，具有污染净化功能。那么，到底稻田是氮磷污染源还是净化汇？能否在不影响水稻产量的情况下，实现由源转汇？其关键技术是什么？针对上述问题，在国家重点研发计划等支持下，中国农业科学院农业资源农业区划研究所牵头，组织北京大学、北京师范大学、上海交通大学、中国科学院精密测量科学与技术创新研究院、湖北省农业科学院等单位，面向东北、长江流域和东南沿海等我国水稻三大优势产区开展了系统深入研究。

该书从稻田氮磷面源污染的科学认知、高效防控技术和系统防控模式三个维度介绍了项目研究进展，阐述了全国稻田氮磷流失空间格局，厘清了各产区氮磷流失规律及成因，构建了基于生理生态过程的稻田氮磷流失机理模型，揭示了我国水稻主产区稻田氮磷源汇功能并提出了由源转汇的技术途径，为社会各界正确认知稻田生产生态功能提供了科学依据。在此基础上，项目团队研创了稻田氮磷控源增汇、控水扩容、田沟塘协同调控、菌藻草共生净化等稻田氮磷流失防控关键技术并制定了国家农业行业标准，为稻田由源转汇提供了技术支撑；以稻田氮磷源汇功能理论为指导，针对水稻主产区稻田氮磷流失规律与源汇功能成因，创建了南方双季稻、水旱轮作和北方单季稻稻田氮磷流失综合防控体系并开展了示范，为稻田氮磷面源污染防控提供了区域化、标准化技术方案。研究成果对于科学认知稻田面源污染、提高稻田面源污染防控能力和科学决策水平意义重大。

这是一部对农业面源污染防控具有很高指导价值的著作，许多研究填补了相关领域国内外空白。衷心祝愿该书的出版能为我国农业面源污染防控做出积极贡献，推荐相关领域专家、管理人员和技术人员阅读。

王桥亮

2024 年 10 月 8 日

前　言

水稻是我国第一口粮作物，也是水肥消耗大户，以占全国19%的农作物播种面积，消耗了68%的农业用水和24%的氮肥。以往因忽视了稻田的湿地净化功能，片面认为稻田是氮磷污染源，是水污染元凶。那么，到底稻田是氮磷污染源还是净化汇？若是污染源，能否在确保水稻稳产增产的同时，通过调控实现由源转汇？回答这一科学问题，面临三大技术卡点：一是评估方法欠缺，难以识别氮磷源汇功能及调控路径；二是调控技术单一，主要依赖氮磷减施和工程净化，效果不佳，甚至影响水稻产量；三是防控模式针对性规范性不足，难以推广。为此，本书以服务国家粮食安全和生态保护重大需求为目标，在国家重点研发计划等项目资助下，面向东北、长江流域和东南沿海等我国水稻三大优势产区，聚焦南方双季稻、水旱轮作和北方单季稻，历经15年攻关，在科学认知、关键技术和防控模式三个方面取得了一系列研究进展。

本书既是对以往研究工作的总结，更是一本指导稻田面源污染防控的技术指南。本书是我国稻田面源污染防控关键技术与应用成果的全面展示：一是创建了稻田全过程氮磷归趋评估方法，首次界定了我国稻田"氮源磷汇"功能并确立了稻田氮磷流失防控策略，填补了领域空白。二是创新了稻田氮磷流失防控关键技术，破解了稻田排水量和氮磷浓度"双高"叠加的难题。在水肥调控方面，研发了控源增汇和控水减排技术；在沟塘调蓄方面，突破了田-沟-塘协同调控和菌-藻-草共生净化技术。三是分区创建了田沟塘一体化防控技术模式，制定了系列农业行业标准，为稻田氮磷面源污染防控提供了标准化、系统化解决方案。

在项目实施和书稿写作过程中，特别感谢王衍亮研究员、任天志研究员对项目实施和书稿写作过程中，多次给予帮助，并亲临现场进行指导。

本书受国家重点研发计划（2016YFD0800500）、现代农业产业技术体系建设专项资金、泰山产业领军人才工程、天池英才工程、中国农业科学院科技创新工程、农业生态环境保护专项等项目资助出版，特此感谢！

由于编写工作量大、时间有限，加之著者的水平局限性，本书难免有疏漏错误之处，请广大读者批评指正。

著　者
2024年10月

目 录

第一部分 我国水稻概况及研究目标与方法

1 我国水稻种植及管理概况 ··· (3)
　1.1 水稻种植分布情况 ·· (3)
　1.2 稻田水肥管理情况 ·· (7)
2 研究目标与方法 ·· (14)
　2.1 研究目标和内容 ··· (14)
　2.2 技术路线 ··· (16)
　2.3 研究方法 ··· (16)

第二部分 稻田氮磷流失规律及源汇功能评估

3 稻田氮磷流失状况 ·· (25)
　3.1 稻季降水特征 ·· (25)
　3.2 流失基本规律 ·· (37)
　3.3 流失污染风险 ·· (52)
　3.4 主要影响因素 ·· (65)
　3.5 小结 ··· (70)
4 稻田氮磷流失机理模型 ··· (72)
　4.1 总体设计与开发 ··· (72)
　4.2 参数率定与最优化 ··· (100)
　4.3 氮磷损失预测能力 ··· (118)
　4.4 小结 ··· (126)
5 稻田氮磷源汇功能评估及调控 ··· (129)
　5.1 北方单季稻 ··· (129)
　5.2 南方双季稻 ··· (144)
　5.3 稻旱轮作 ·· (157)
　5.4 小结 ··· (181)

第三部分 稻田氮磷流失防控技术体系构建与应用

- 6 稻田氮磷控源增汇技术 ·· (189)
  - 6.1 技术原理 ··· (189)
  - 6.2 控源新型肥料技术工艺 ··· (194)
  - 6.3 增汇有机材料技术工艺 ··· (213)
  - 6.4 技术集成 ··· (225)
  - 6.5 小结 ··· (237)
- 7 稻田控水减排技术 ·· (238)
  - 7.1 技术原理 ··· (238)
  - 7.2 控水减排技术 ··· (281)
  - 7.3 技术产品 ··· (283)
  - 7.4 小结 ··· (290)
- 8 田沟塘水量水质协同调控技术 ·· (291)
  - 8.1 技术原理 ··· (291)
  - 8.2 田沟塘协同调控技术工艺 ··· (293)
  - 8.3 技术产品 ··· (330)
  - 8.4 小结 ··· (371)
- 9 稻田排水菌藻草共生净化技术 ·· (373)
  - 9.1 基本原理 ··· (373)
  - 9.2 菌藻草共生净化技术工艺 ··· (380)
  - 9.3 技术产品 ··· (425)
  - 9.4 小结 ··· (428)
- 10 稻田氮磷流失综合防控技术体系构建与应用 ·· (431)
  - 10.1 已有技术效果评估 ··· (431)
  - 10.2 防控技术体系构建 ··· (442)
  - 10.3 智能化管理平台建设 ·· (442)
  - 10.3 示范效果 ·· (456)
  - 10.4 小结 ·· (458)
- 参考文献 ··· (459)

第一部分

我国水稻概况及研究目标与方法

1 我国水稻种植及管理概况

1.1 水稻种植分布情况

1.1.1 全国水稻种植概况

粮食安全的关键是口粮,口粮的主体是水稻。在政策扶持、市场需求和产业发展的带动下,我国水稻种植逐步形成东北、长江流域和东南沿海三大优势产区。三大优势稻区无论是播种面积、占地面积,还是稻谷总产均处于绝对优势地位。三大优势稻区稻谷播种面积4.46亿亩,占全国水稻播种面积的98.1%,占用耕地面积为3.59亿亩,占全国的97.7%,稻谷总产2.02亿t,占全国的97.8%(表1-1)。

表1-1 我国水稻三大优势产区水稻种植情况

稻区	播种面积		占地面积		稻谷总产	
	面积(亿亩)	占比(%)	面积(亿亩)	占比(%)	产量(亿t)	占比(%)
三大稻区	4.46	98.1	3.59	97.7	2.02	97.8
其他稻区	0.09	1.9	0.09	2.4	0.04	2.2
全国	4.55	100.0	3.68	100.1	2.06	100.0

1.1.2 三大优势稻区水稻种植基本情况

在三大水稻优势产区中,无论是播种面积、占地面积,还是稻谷产量,长江流域稻区都占绝对优势地位。长江流域稻区水稻播种面积2.89亿亩,占全国水稻总播种的面积的63.5%,占地面积2.36亿亩,占全国水稻总占地的64.2%,稻谷总产1.33亿t,占全国的64.5%(表1-2,图1-1)。

表1-2 三大优势稻区水稻种植情况

稻区	播种面积		占地面积		稻谷总产	
	面积(亿亩)	占比(%)	面积(亿亩)	占比(%)	产量(亿t)	占比(%)
东北	0.68	14.9	0.68	18.4	0.33	15.9
长江流域	2.89	63.5	2.36	64.2	1.33	64.5

(续表)

稻区	播种面积		占地面积		稻谷总产	
	面积（亿亩）	占比（%）	面积（亿亩）	占比（%）	产量（亿t）	占比（%）
东南沿海	0.89	19.7	0.55	15.1	0.36	17.4
三大稻区	4.46	98.1	3.59	97.7	2.02	97.8
全国	4.55	100.0	3.68	100.1	2.06	100.0

注：占比均是指占全国水稻的比重。

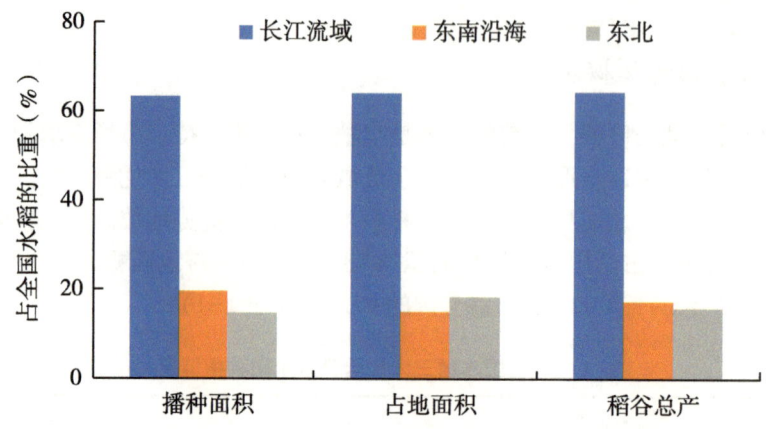

图 1-1　三大优势稻区水稻种植情况

1.1.3　各主产省水稻种植基本情况

从种植面积来看，在三大优势稻区各水稻种植省份中，东北的黑龙江、长江流域的湖南和江西是水稻播种面积最大的3个省，其播种面积都在4 800万亩以上，特别是湖南，其播种面积高达6 181.1万亩。此外，长江流域的江苏、安徽、湖北、四川，东南沿海的广西和广东，播种面积也比较大，介于2 800万~3 500万亩（图1-2）。

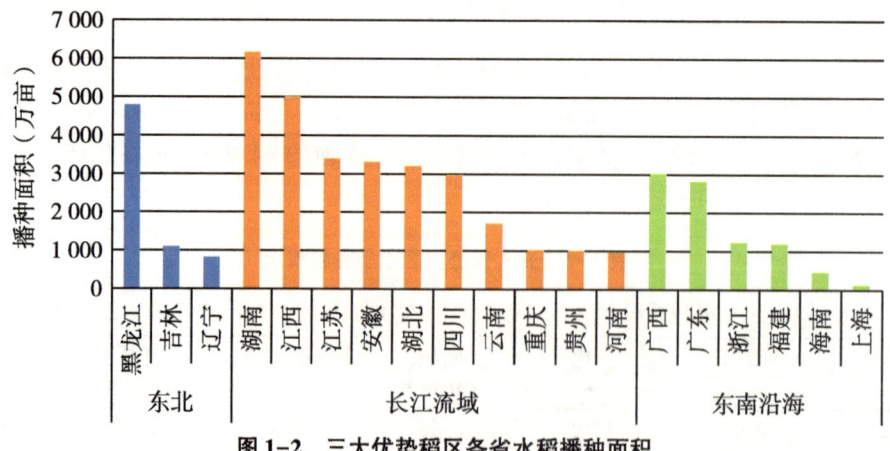

图 1-2　三大优势稻区各省水稻播种面积

从占地面积来看，东北稻区黑龙江最大，高达4 808.3万亩，其次长江流域的湖南，为4 001.3万亩，长江流域的江苏、安徽、四川、江西、湖北也比较大，介于2 500万~3 500万亩（图1-3）。

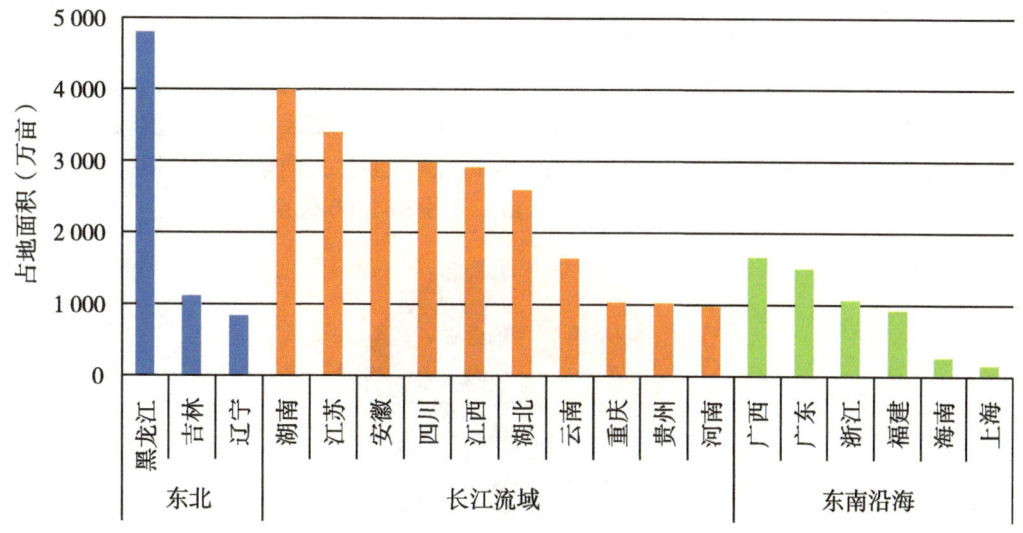

图1-3 三大优势稻区各省水稻占地面积

从稻谷总产量来看，长江流域的湖南、东北稻区的黑龙江最高，都在2 200万t以上，特别是湖南，高达2 634.0万t。此外，长江流域的江西、江苏、湖北、四川、安徽也比较大，介于1 300万~2 100万t（图1-4）。

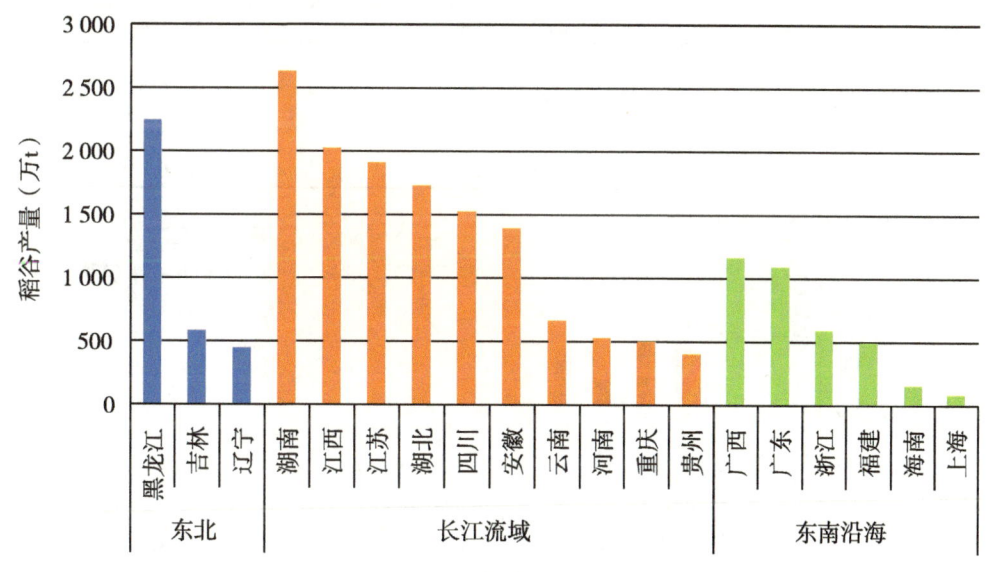

图1-4 三大优势稻区各省稻谷产量

综合各省水稻种植面积、占地面积、水稻总产的结果，可以看出，东北稻区的黑龙江、长江流域的湖南、江西、湖北、江苏、安徽、四川这7省是我国水稻种植、生产大省。

1.1.4 水稻种植模式空间分布情况

从 2014 年的结果来看，全国水稻 3/4 为中稻和一季晚稻，双季稻仅占 1/4（图 1-5）。从区域上看，近 60% 的双季稻分布在长江流域稻区，其余分布在东南沿海稻区（表 1-3）。从省份来看，近 80% 的双季稻分布在湖南、江西、广东、广西这 4 个省（图 1-6）。从各优势区种植模式的比重来看，东北稻区都为单季稻，长江流域稻区有 76% 为单季稻和一季晚稻，双季稻仅占 24%，东南沿海稻区双季稻比重较大，约占 70%，单季稻和一季晚稻仅占约 30%（表 1-4）。总体上，我国东北单季稻播种面积约 0.68 亿亩，水旱轮作稻播种面积约 1.96 亿亩，双季稻 1.90 亿亩。

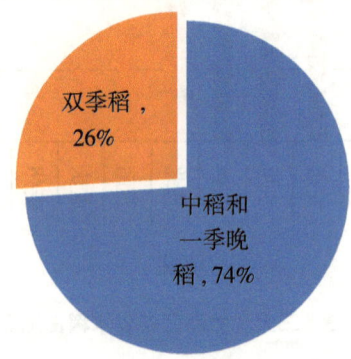

图 1-5 全国水稻种植模式比例

表 1-3 双季稻在三大稻区的分布情况

稻区	双季稻面积及占全国的比重	
	占地面积（万亩）	占比（%）
东北	0.0	0.0
长江流域	5 689.8	59.7
东南沿海	3 836.3	40.3
全国	9 526.1	100.0

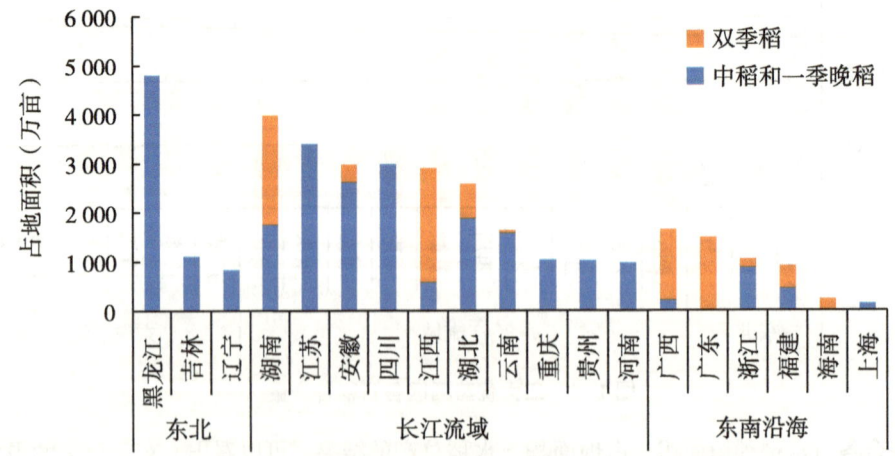

图 1-6 三大优势稻区各省水稻不同种植模式的占地面积

表 1-4 三大稻区各水稻种植模式面积及占区域水稻面积的比重

稻区	中稻和一季晚稻		双季稻	
	占地面积（万亩）	占比（%）	占地面积（万亩）	占比（%）
东北	6 772.1	100.0	0.0	0.0
长江流域	17 885.1	75.9	5 689.8	24.1
东南沿海	1 712.6	30.9	3 836.3	69.1

1.1.5 小结

（1）全国水稻播种面积 4.5 亿亩，占地面积占全国耕地面积（18 亿亩）的 1/5。从区域上看，三大优势稻区的水稻面积（播种、占地）、产量都占全国的 98% 左右。其中，长江流域稻区是最大稻区，其水稻面积（播种、占地）、产量都基本占全国的 65%。从省份看，黑、湘、赣、鄂、苏、皖、川这 7 省是水稻大省。

（2）我国水稻 3/4 为中稻和一季晚稻，1/4 为双季稻。而且近 60% 的双季稻分布在长江流域稻区，近 80% 的双季稻分布在湖南、江西、广东、广西这 4 个省。

（3）从各优势区种植模式的比重来看，东北稻区都为单季稻，长江流域稻区有 3/4 为单季稻和一季晚稻，双季稻仅占 1/4，东南沿海稻区以双季稻为主，占比约为 70%，单季稻和一季晚稻仅占约 30%。

（4）我国东北单季稻播种面积约 0.68 亿亩，水旱轮作稻播种面积约 1.96 亿亩，双季稻 1.90 亿亩。

1.2 稻田水肥管理情况

1.2.1 水稻种植模式及栽插方式

从前面的结果我们初步了解了各区域、各省的中稻和一季晚稻、双季稻的种植情况，那具体单季稻和一季晚稻、双季稻在生产中主要存在哪些具体的种植模式？各种植模式的水肥管理情况如何？为了弄清楚这些问题，采用典型省份调研的方法，对水稻种植模式、栽植方式进行详细调查分析。

调研了黑龙江、辽宁、江西、湖北、安徽、江苏、云南、四川、湖南、浙江、福建等地的水稻种植和栽植方式，调研结果见表 1-5 和图 1-7。在东北单季稻区，种植模式主要是单季稻，存在一定的稻蟹模式，70% 以上是机插秧。在南方稻区，目前双季稻以冬闲-稻-稻为主，中稻以油-稻、麦-稻为主，随着人力成本增加以及化肥减施战略的实施，双季稻中绿肥-稻-稻、中稻和一季晚中冬闲-稻、绿-稻会有所发展。南方稻区水稻栽植方式是多种方式并存，大体上，平原地区以直播、人工抛为主，山区以人工栽和人工抛为主。将来随着机械化和土地流转的加快，平原区地区会以直播和机插为主。

表 1-5 我国水稻栽植方式

稻区	省份	栽植方式			
		人工栽	人工抛	机插	直播
东北	黑龙江	15%		80%	5%
	辽宁	20%		80%	
南方	江西	30%	40%	20%	10%
	湖北	20%	25%	30%	25%
	安徽	50%	25%	5%	20%
	浙江	28%	30%	2%	40%
	福建	97%		3%	

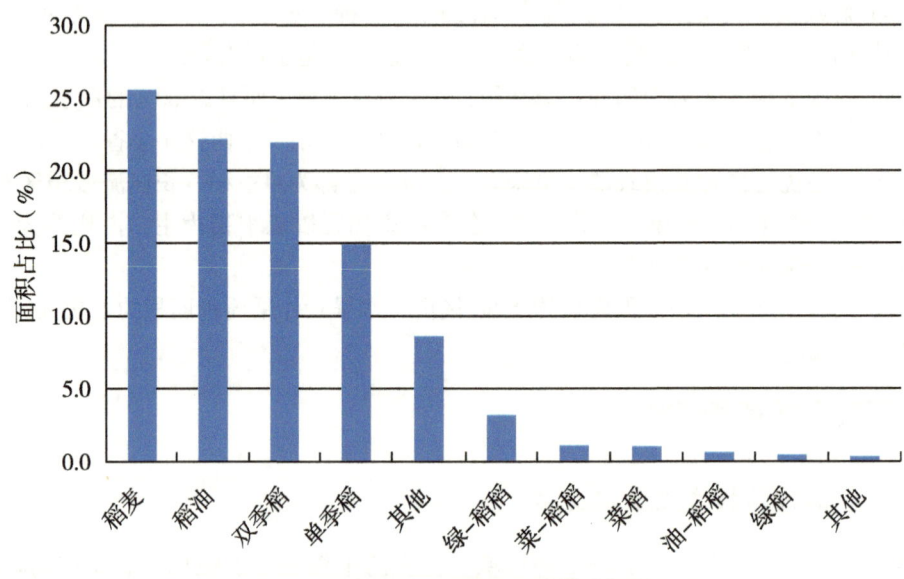

图 1-7 南方稻区不同稻种植模式比重

1.2.2 水稻肥水管理过程

对典型区域主要种植模式和栽植方式下水稻肥水管理过程进行了调研。普遍存在底肥偏重，人为排放刚施基肥泡田水的情况。结果见图 1-8 至图 1-13。

1.2.3 水稻肥料施用现状

1.2.3.1 全国基本情况

从 2016 年全国 3 994 个县（区）调查的结果来看，全国水稻化肥 N、P_2O_5、K_2O 的用量分别为 11.13 kg/亩、4.68 kg/亩、4.69 kg/亩，有机肥施用水平较低，其 N、

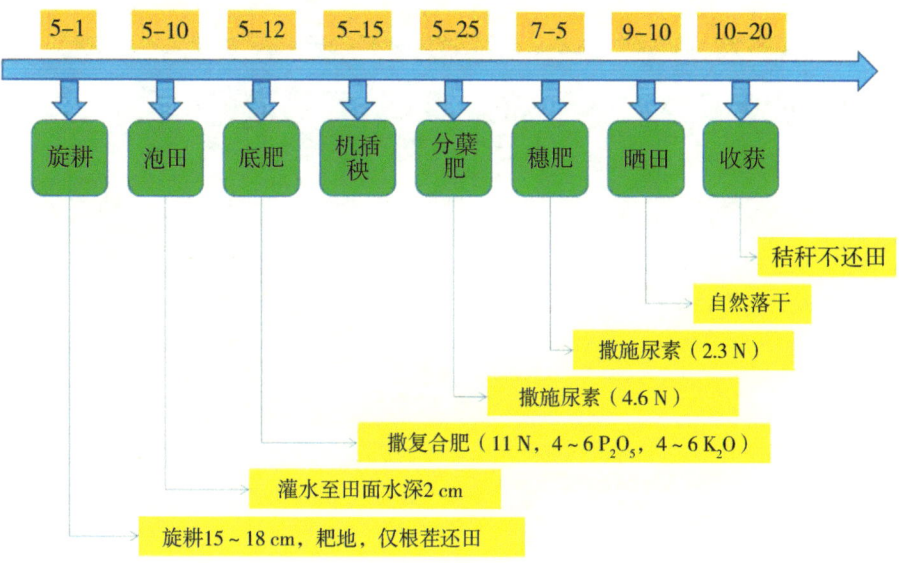

图 1-8 黑龙江单季稻肥水管理过程

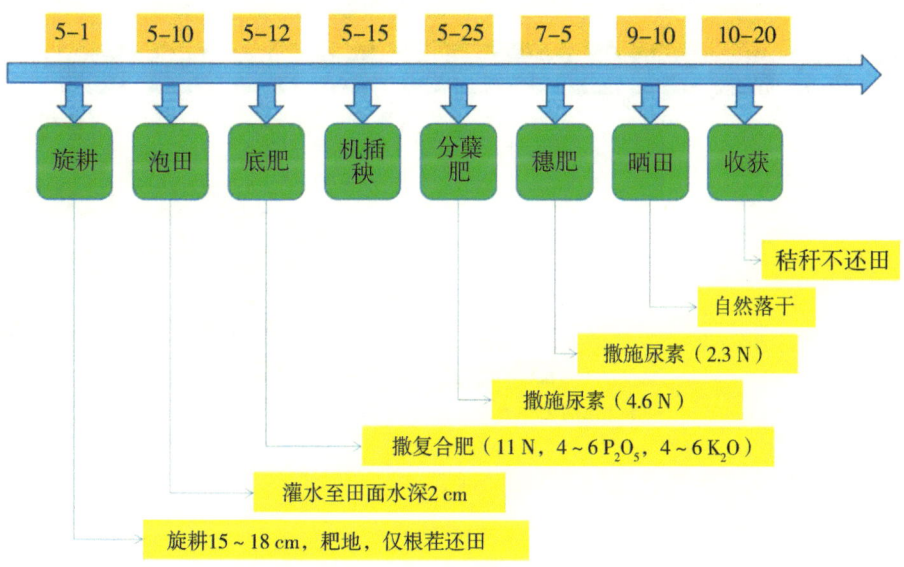

图 1-9 辽宁单季稻肥水管理过程（机插）

P_2O_5、K_2O 的用量分别为 0.50 kg/亩、0.49 kg/亩、0.44 kg/亩。

1.2.3.2 不同类型水稻施肥情况

从水稻类型来看，早稻施肥水平较低，其化肥 N、P_2O_5、K_2O 的用量分别为

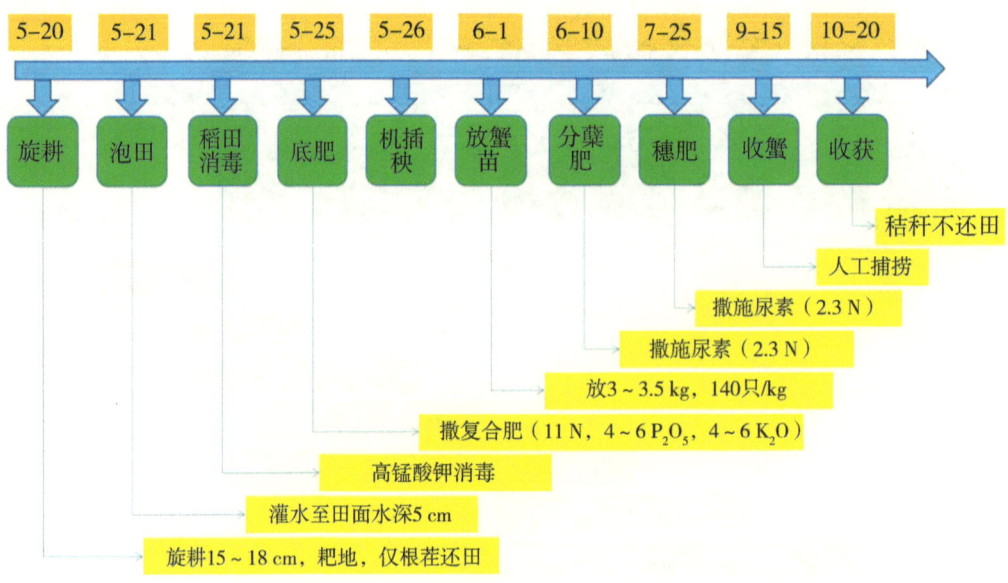

图 1-10　辽宁稻蟹肥水管理过程（机插）

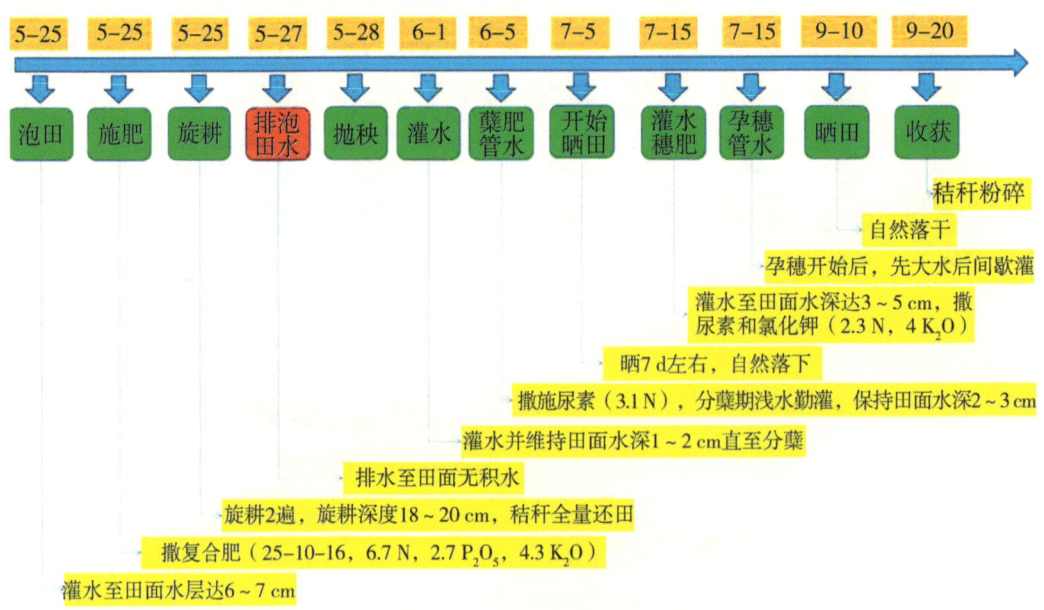

图 1-11　湖北水旱轮作稻田肥水管理过程（抛秧）

9.1 kg/亩、4.4 kg/亩、5.2 kg/亩，单季稻和水旱轮作水稻的施肥水平基本接近，单季稻化肥 N、P_2O_5、K_2O 的用量分别为 10.9 kg/亩、4.6 kg/亩、3.8 kg/亩，水旱轮作-水稻的化肥 N、P_2O_5、K_2O 的用量分别为 11.2 kg/亩、4.5 kg/亩、4.5 kg/亩，晚稻的施肥水平相对较高，其化肥 N、P_2O_5、K_2O 的用量分别为 13.6 kg/亩、6.5 kg/亩、

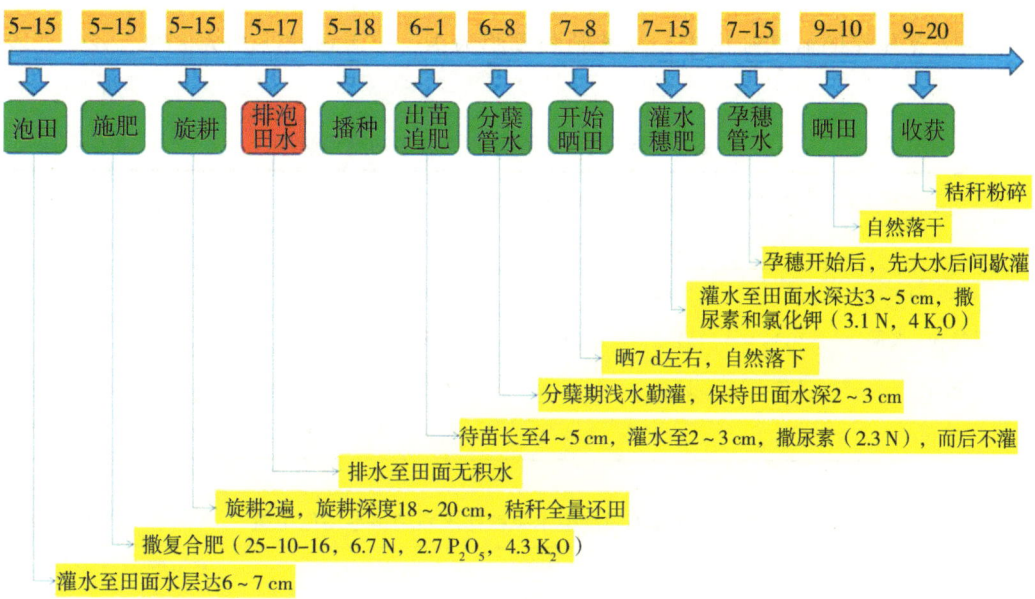

图 1-12　湖北水旱轮作稻田肥水管理过程（直播）

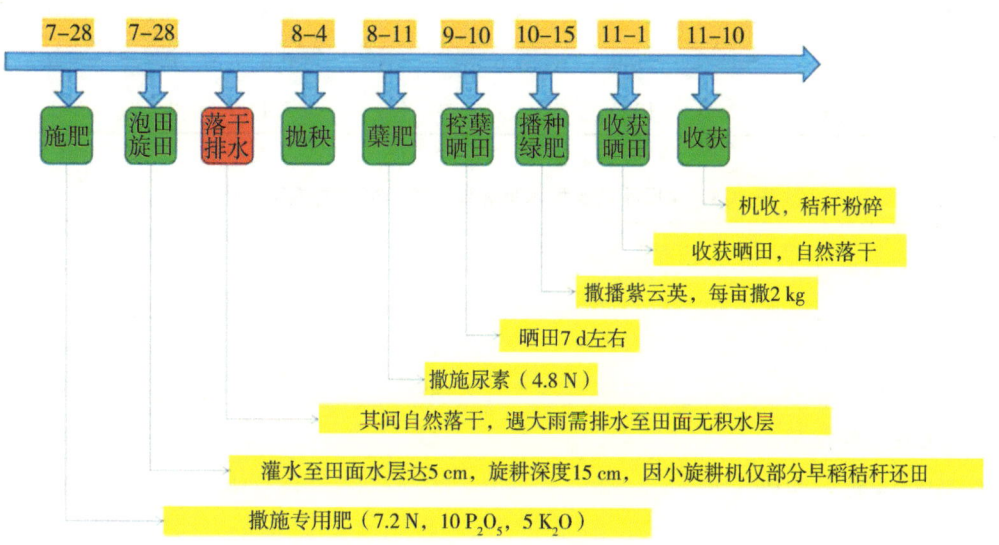

图 1-13　江西绿肥-双季稻肥水管理过程（抛秧）

7.8 kg/亩（表 1-6）。

在水旱轮作水稻中，稻菜轮作水稻的肥料施用水平最低，其化肥 N、P_2O_5、K_2O 的用量分别为 9.3 kg/亩、5.2 kg/亩、5.6 kg/亩，其次是其他水旱轮作水稻，其化肥 N、P_2O_5、K_2O 的用量分别为 10.3 kg/亩、4.2 kg/亩、4.5 kg/亩，稻油轮作水稻的较高，分别为 11.9 kg/亩、4.6 kg/亩、4.4 kg/亩，稻麦轮作水稻的最高，分别为 12.0 kg/亩、4.6 kg/亩、3.6 kg/亩（表 1-7）。另外，不管是哪种水稻类型，有机肥的施用水平都不高。

在水旱轮作的氮肥施用中，以基肥和蘖肥为主，二者占比平均为87%~92%（表1-8）。

表1-6　全国不同类型水稻肥料平均施用量　　　　　　　　　　　单位：kg/亩

作物类型	调查县(区)数(个)	化肥			有机肥		
		N	P_2O_5	K_2O	N	P_2O_5	K_2O
单季稻	741	10.9	4.6	3.8	0.4	0.4	0.3
水旱轮作-水稻	2 303	11.2	4.5	4.5	0.7	0.6	0.6
晚稻	475	13.6	6.5	7.8	0.1	0.2	0.1
早稻	475	9.1	4.4	5.2	0.1	0.1	0.1

表1-7　全国不同类型水旱轮作水稻肥料平均施用量　　　　　　　单位：kg/亩

作物类型	调查县(区)数(个)	化肥			有机肥		
		N	P_2O_5	N	P_2O_5	N	P_2O_5
稻菜轮作-水稻	306	9.3	5.2	5.6	0.0	0.0	0.0
稻麦轮作-水稻	294	12.0	4.6	3.6	0.3	0.2	0.2
稻油轮作-水稻	431	11.9	4.6	4.4	0.3	0.3	0.3
其他水旱轮作-水稻	1 272	10.3	4.2	4.5	1.1	1.1	1.0

表1-8　全国不同类型水旱轮作水稻氮肥的基追肥占比

作物类型	调查县（区）数（个）	基追肥占比（%）		
		基肥	蘖肥	穗肥
稻菜轮作-水稻	306	63	31	5
稻麦轮作-水稻	294	49	32	13
稻油轮作-水稻	431	63	32	4
其他水旱轮作-水稻	1 272	57	31	8
平均		58	32	8

1.2.3.3　不同区域水稻施肥情况

从区域来看，东北平原、黄淮海平原、南方平原的水稻施肥水平较高，而且3个区域的施肥水平基本接近，东北平原化肥N、P_2O_5、K_2O的用量分别为10.9 kg/亩、5.8 kg/亩、5.5 kg/亩，黄淮海平原的分别为11.5 kg/亩、4.7 kg/亩、3.6 kg/亩，南方平原的分别为11.2 kg/亩、4.6 kg/亩、4.9 kg/亩；相对而言，南方山地区水稻的施肥水平较低，其化肥N、P_2O_5、K_2O的用量分别为9.9 kg/亩、4.0 kg/亩、4.4 kg/亩（表

1-9)。此外,从有机肥施用来看,不同区域在水稻上施用有机肥的量都不高,南方山地区最高,其 N、P_2O_5、K_2O 的用量也分别仅为 1.1 kg/亩、1.1 kg/亩、1.0 kg/亩,占 N、P_2O_5、K_2O 总用量的比重分别仅为 10.3%、21.8% 和 18.8%(表 1-9)。

表 1-9 全国不同区域水稻肥料平均施用量　　　　　　　单位:kg/亩

作物类型	调查县(区)数(个)	化肥			有机肥		
		N	P_2O_5	K_2O	N	P_2O_5	K_2O
东北平原	212	10.9	5.8	5.5	0.0	0.0	0.0
黄淮海平原	94	11.5	4.7	3.6	0.1	0.1	0.0
南方山地	963	9.9	4.0	4.4	1.1	1.1	1.0
南方平原	2 703	11.2	4.6	4.9	0.3	0.3	0.3

1.2.4 小结

在东北单季稻区,种植模式主要是单季稻,70% 以上是机插秧。在南方稻区,以冬闲-稻-稻、油-稻、麦-稻为主,并且多种栽植方式并存,大体上,平原地区以直播、人工抛为主,山区以人工栽和人工抛为主,随着机械化和土地流转的加快,平原区地区会以直播和机插为主。

在机插、抛秧、直播水稻种植中,普遍存在排放泡田水的情况。水稻基肥和蘖肥比重大,占氮肥的 87%~92% 和磷肥的 100%。水稻施肥还是以化肥为主,极少施用有机肥。全国水稻化肥 N、P_2O_5、K_2O 的用量分别为 11.13 kg/亩、4.68 kg/亩、4.69 kg/亩,有机肥 N、P_2O_5、K_2O 的用量分别为 0.50 kg/亩、0.49 kg/亩、0.44 kg/亩。

2 研究目标与方法

2.1 研究目标和内容

2.1.1 研究目标

我国东北、长江流域和东南沿海等三大水稻主产区、典型种植模式下氮磷流失负荷及时空分异特征如何？耕作、施肥、排灌方式等农艺措施对稻田氮磷流失有何影响？稻田流失氮磷对受纳水体的污染风险如何？稻田对于受纳水体氮磷污染是源还是汇？影响稻田氮磷源汇功能转换的主要行为过程是什么？稻田由源转汇的技术路径如何？如何协调水稻稳产、资源节约与环境保护的矛盾？水稻氮磷最大允许投入量及氮磷化肥施用技术标准？如何通过精准控水减少稻田排水？如何通过调控实现稻田排水在田－沟－塘系统内的循环利用？如何实现受污水体的高效生态净化？如何通过物联网技术实现稻田水肥管理与氮磷流失的智能化、自动化控制？

2.1.2 研究内容

稻田氮磷流失及其区域水污染风险。依托全国尺度多点、长期的实测数据，结合灌排单元梯级观测，研究我国典型种植模式下稻田氮磷流失底数、规律及影响因素，分析典型施肥、耕作和排灌方式下不同水稻主产区氮磷流失、迁移和输出强度，识别稻田氮磷流失和输出的关键时段和关键过程；在前期的水肥运移过程模型的基础上，着重研究我国稻田水肥管理制度的参数化，重点开发新的水稻生长和符合稻区灌排关系的汇流演算模块，整合形成基于生理生态过程的稻田氮磷流失机理模型，定量区分典型种植模式下稻田氮磷流失对受纳水体的污染风险程度，揭示影响稻田氮磷源汇功能转换的关键行为过程；在确保稳产的前提下，提出典型种植模式下稻田氮磷源转汇功能实现途径，优化分解田间控水控肥、沟渠迁移阻控、受污水体净化和循环利用等不同阶段的氮磷削减规模。

典型水稻种植模式氮磷控源增汇技术。在田间控源环节，重点针对水稻生育前期重施化肥、不合理的泡田排水方式以及土壤氮磷固持能力不足所引起的稻田氮磷流失问题，研究水稻各生育期氮磷需求规律，解析氮磷化肥施用量与稻田氮磷损失量及排水水质的响应关系，结合作者课题组成果"稻田氮磷流失机理模型"（本书第2章），研究提出兼顾水稻稳产与区域水环境保护的水稻氮磷最大允许投入量及氮磷化肥施用技术标准。研发水稻错期施肥技术，合理分配前期氮肥用量，避免施肥与暴雨同期；定向筛选、研发高分子控源材料及制备工艺，降低土壤铵离子浓度，双重抑制氨挥发和径流损失。研究不同来源、不同碳氮比有机物料对土壤氮磷转化过程的影响，揭示土壤氮磷增汇机制，研发氮磷增汇材料产品。结合部分产区稻渔共生、冬季豆科绿肥填闲等，集成典型稻作模式及氮磷控源增汇技术体系并制定技术标准草案。

稻田精准控水减排技术。在田间控水环节，针对水稻各生育期需水、蒸腾、蒸散、渗漏规律，分析水稻主产区气候水文条件特征和各生育期极限稻田水位条件下的水稻生长响应特征；研究典型水稻种植模式、耕作方式和施肥制度下水稻各生育期稻田灌排水水质水量特征，分析不同气象要素下稻田水位、水容量、排水与氮磷流失的动态规律及相互关系，识别水稻各生育期稻田灌排水水质水量特征及氮磷流失风险期；研究水稻各生育期生理需水、水位、水容量和土壤水特征的耦合响应特征，模拟稻田不同水位精准控制下稻田水容量和氮磷流失响应特征，开展稻田灌溉水、排水和田沟水位的精准化管理；构建基于气象–土壤–水文大数据的稻田精准控水减排技术，开发稻田精准控水扩容决策支持系统。

田–沟–塘水量水质协同调控与循环利用技术。在过程阻控和资源化利用环节，针对水稻全生育期降水的时空异质性与稻田排水氮磷浓度分布的时间差异性，选择典型排灌单元，精准勘测描绘各级排灌通道，分析田、沟、塘平面布局与空间结构特征，评估其调蓄能力，研究不同结构与布局、不同水量配置下的沟塘生态系统组成及其氮磷阻控能力，提出沟塘配比与水量配置的优化方案；研究水稻全生育期典型降水过程，分析关键汇流点的水量与水质耦合关系，研究水量水质时间和空间叠加作用，分析关键分流节点布设方案与多回路的循环模式，明确水稻各生育期的单位面积稻田循环水量阈值，构建雨水短缺期联动循环模式与雨水充沛期选择性排放的联合调控模式；开发稻田气象与水量水质信息采集单元、水量水质调控决策模块、水量流向控制单元等产品。

受污水体菌–藻–草共生系统高效净化技术。在受污水体净化环节，研究菌–藻–草共生系统构建方法、受污水体净化效果与主要影响因素，确定系统最佳运行模式和技术参数；分析菌–藻–草共生系统内氮磷迁移转化规律和去除机理；研究菌–藻–草系统中优势种演变规律，筛选有利于氮磷去除的本土菌、藻、草优势种群，确定共生系统中菌、藻、草生物量最佳范围及其关键控制因子和调控方法；研究生物塘和不锈钢膜两种模式下的藻水分离效率及其影响因素，膜污染特征及其控制方法，建立长效可靠的藻水分离措施；研发菌–藻–草共生系统构建、藻水分离关键节点相关产品。

智慧型稻田氮磷流失综合防控技术体系构建与应用。在集成应用环节，针对典型稻作模式氮磷流失特征，筛选、熟化和集成氮磷控源增汇技术、精准控水减排技术、田–沟–塘水量水质协同调控与循环利用技术以及受污水体菌–藻–草共生系统高效净化技术，完善相关技术及产品的应用参数和工艺，构建典型种植模式的稻田氮磷流失综合防控技术体系；利用物联网技术，整合基于生理生态过程的稻田氮磷流失机理模型，创建以水质水量自动监测、数据采集与无线传输、相关自控设备为支撑的智慧型稻田氮磷流失防控技术管理平台；在东北单季稻区、长江流域水旱轮作区和双季稻区进行示范和完善。

2.2 技术路线

本项目聚焦于东北、长江流域和东南沿海三大水稻优势产区，以黑龙江、辽宁、湖北、安徽、云南、江西和浙江等 7 省为研究区域，以单季稻、双季稻、水旱轮作等典型稻作模式为研究对象，以稻田氮磷流失及水污染风险研究为基础，以"控源增汇-控水扩容-调控循环-生态净化-智能控制"为主线进行项目设计与技术研究（图 2-1）。

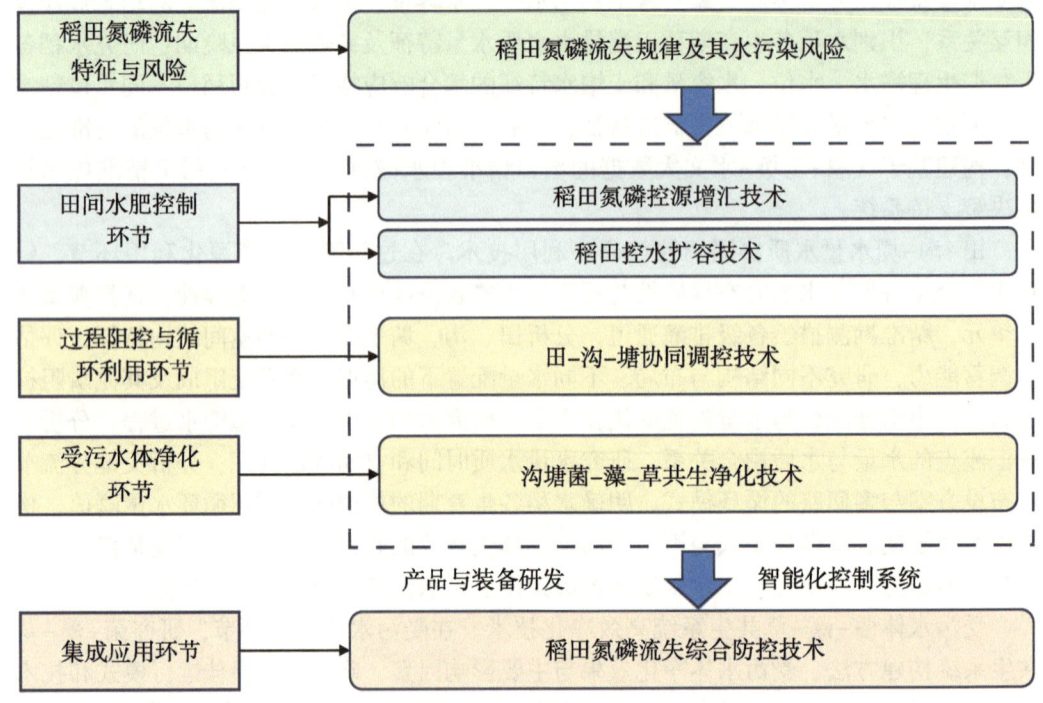

图 2-1　水稻主产区氮磷流失综合防控技术与产品研发技术路线与课题

聚焦东北方单季稻区、长江流域南方双季稻区和水旱轮作区三大水稻主产区，紧扣"方法创新-技术突破-模式创建"主线，以稻田氮磷源汇功能及调控路径识别方法创建为基础，以稻田生产-生态功能双赢为核心，创新以实现稻田氮磷由源转汇为目标的控源增汇、控水减排、田-沟-塘协同调控、菌-藻-草共生净化等稻田氮磷流失防控关键技术、装备与产品，因地制宜集成了三大主产区稻田氮磷流失防控体系并进行了示范及大规模推广应用（图 2-2）。

2.3 研究方法

2.3.1 氮磷流失机理模型开发

开发基于过程的水稻生长模块和汇流演算模块，完成稻田水肥管理制度的参数化，并耦合到联合开发的 ORCHIDEE-CROP 模型中。①提出基于三基点的光合作用温度响应方程、氮磷限制下光合产物分配模式，实现中国稻田作物生长模块的改良和优化；

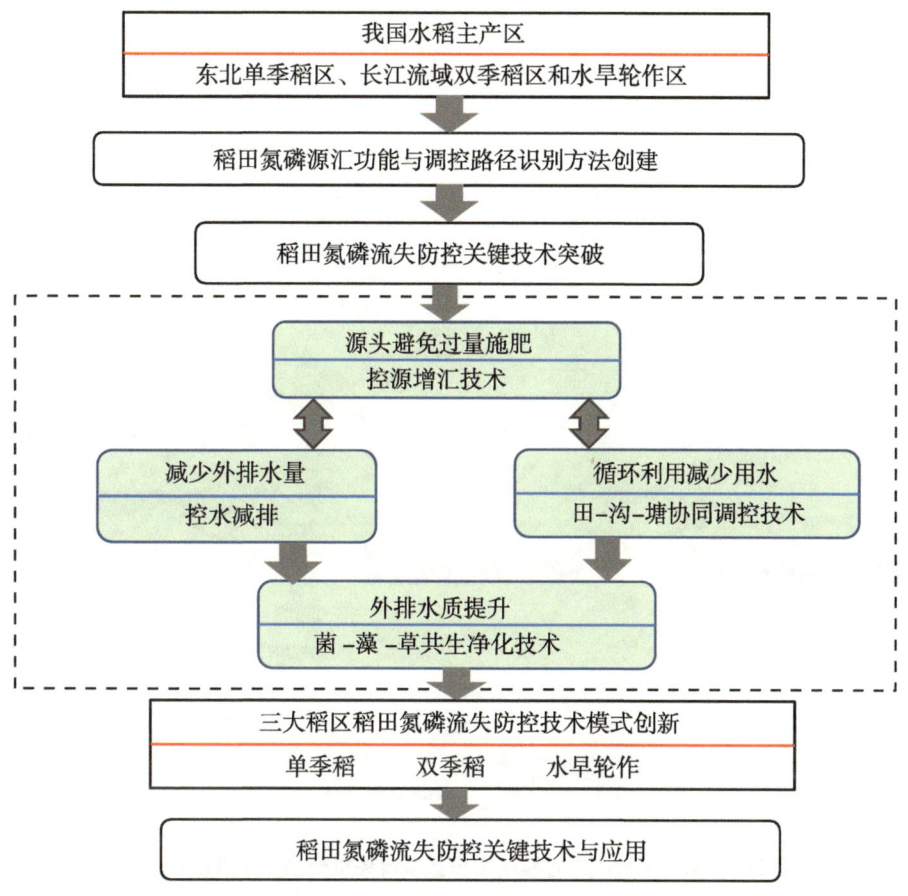

图 2-2 基于生理生态过程的稻田氮磷流失机理模型改进思想框图

②提出基于多权树递归遍历搜索算法的田-沟-塘汇流演算算法，解决从稻田到沟渠和周边水体的氮磷水污染风险分析；③改进基于物理的溶质运移，体现"水-土"界面氮磷释放作用的径流方程；④合理地量化降水场次内"水-土"界面氮的释放、溶解、沉淀和输移过程，采用改进的 Green-Ampt 方程刻画土壤氮冲刷和地表-地下水交互过程及伴随的稻田氮淋溶过程，引入 Jayaweera-Mikkelsen 方程合理描述极端降水下田面水游离氨活度突变及伴随的氨挥发过程，采用带性响应模式的反硝化过程，实现稻田氮循环模块的改进；⑤构建基于粒子滤波的 ORCHIDEE-CROP 参数最优系统，提高了 3 种种植制度稻田水量平衡、作物生长与光合产物分配、氮磷流失与淋溶的模拟精度，明确了 3 种水稻种植制度的主要模型参数。

2.3.2 全国面源污染监测网观测

紧密依托全国稻田面源污染监测网的多点、长期实测数据，结合灌排单元区域观测，利用先进的数据挖掘技术（如申报单位前期开发的贝叶斯递归回归树算法 BRRT v2.0），开展稻田氮磷流失、迁移和输出规律研究。全国稻田面源污染监测网涉及 41 个站点，覆盖东北、长江流域和东南沿海三大水稻产区，包括农艺措施、气候、土壤、作

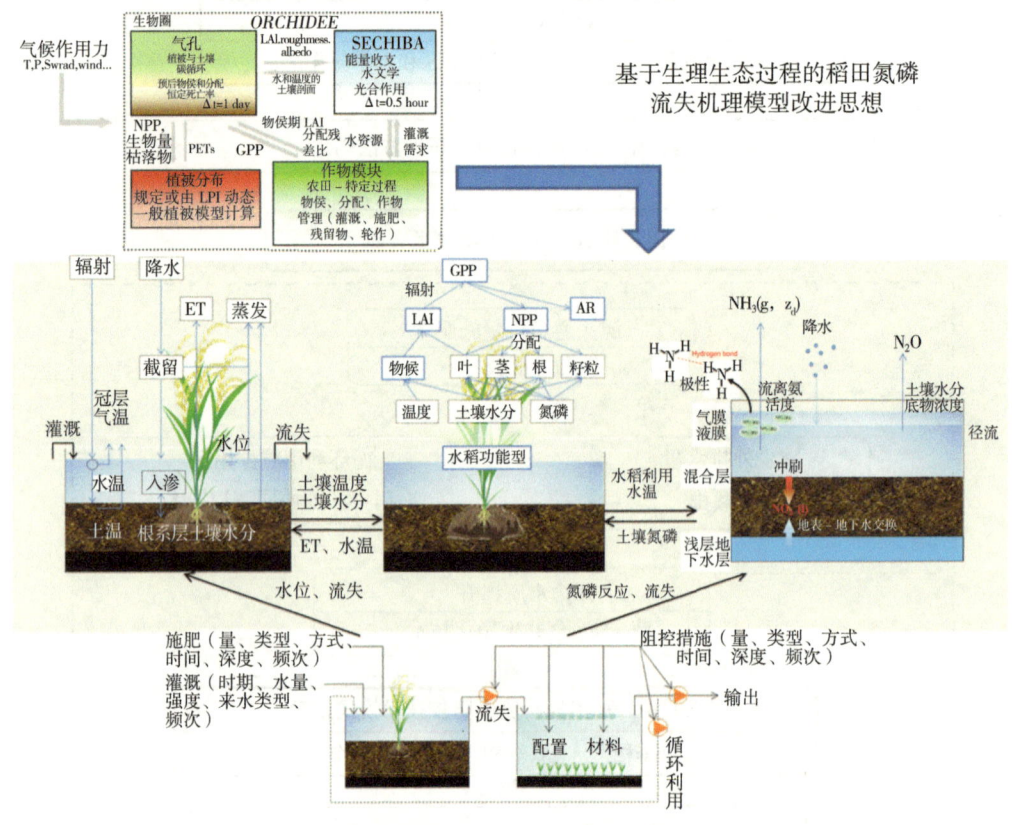

图 2-3 基于生理生态过程的稻田氮磷流失机理模型改进思想框图

物、水肥流失等多项指标的 9 年观测数据;为了进一步明确田-沟-塘系统对氮磷流失的阻控作用,选择 7 个研究区(湖北、浙江、安徽、江西、云南、辽宁和黑龙江),开展田-沟-塘水肥运移过程梯级观测,全面了解氮磷从田间经沟塘向受纳水体的迁移过程。田-沟-塘水肥运移过程梯级观测,包括黑龙江方正、辽宁盘锦、湖北安陆、湖北荆州、安徽巢湖和江西高安 6 个试验站。每个实验站开展水、氮、磷循环全通量日尺度观测,其中湖北荆州站的观测期为 2017—2019 年,其他站点观测期为 2018—2019 年。

2.3.3 稻田源汇功能评估及调控

机理模型主要是通过对污染物的输出、转化过程机理以及迁移路径的连续模拟,找出污染发生的时间与高风险区。SWAT 模型能较好地模拟单位面积上的污染物输出负荷,但对污染物随着迁移路径的衰减模拟不足,利用该方法评估的风险未考虑污染物随着迁移路径的衰减模拟,大多为"潜在的风险"。而经验模型可迅速给出流域内污染负荷量或者污染潜力,如常见的输出系数法、潜在污染指数、农业面源污染潜在指数等。这类方法需要的输入数据少,计算简单,但由于来自某一研究区的经验统计总结,并不适合应用于其他的地区,同时计算出的单位面积上的氮磷流失量误差较大,因子权重确定主观性强,不能精确定量化氮磷流失对受纳水体污染风险。

流域稻田面源氮磷污染的风险主要与面源氮磷流失的产生量和进入水体的量有关，为准确地评价流域面源氮磷污染风险，研究将机理模型与经验模型相结合，构建了流域面源氮磷污染风险评价方法。结合流域面源氮磷流失以及其迁移转化的特征，选取SWAT模型来定量化污染源因子（单位面积稻田氮磷流失负荷），选取迁移距离因子、土壤渗透性因子和降水径流因子来定量化面源氮磷流失负的衰减量，利用改正的理想解法确定因子的权重，通过多准则分析方法进行计算，最终确定不同水文响应单元对邻近的受纳水体的污染风险，从而为准确地进行评估流域稻田面源氮磷流失对流域水环境安全的影响（图2-4）。

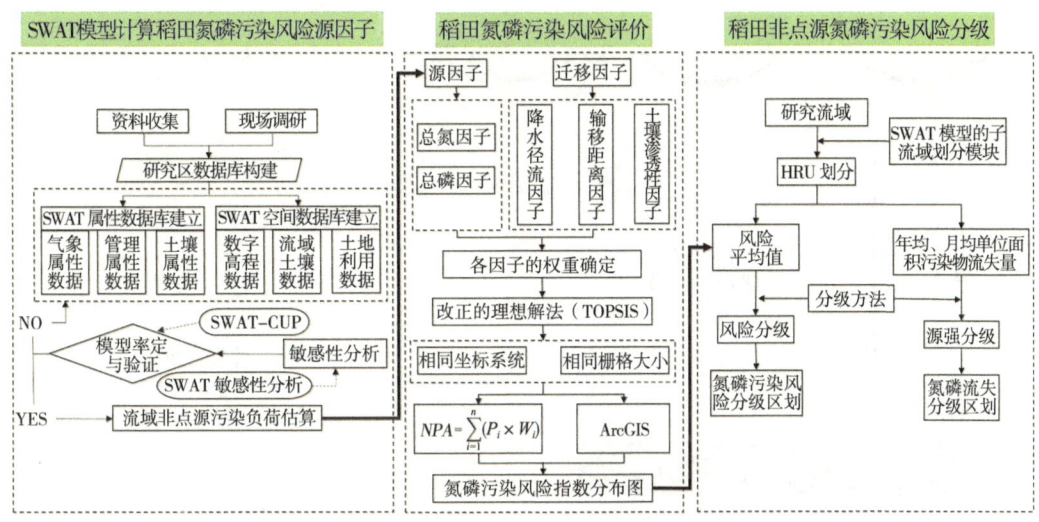

图 2-4 评估思路

在划分稻田氮磷流失污染风险等级时采用的是以詹金斯自然间断分类方法为参考依据，将分类间的差别最大化，同时结合"适度保护、优先规划、重点管理"的指导思想，将稻田氮磷流失污染风险指数划分为5个等级，分别为：潜在污染风险、轻度污染风险、中度污染风险、强度污染风险和重度污染风险。

"源"是指一个过程的源头，"汇"是指一个过程消失的地方，"源"和"汇"的概念是相对的，必须得结合对待来研究的生态过程。对于一个生态系统，识别其源汇功能，需要结合具体的研究对象来讨论，也即受体。景观表现为氮源或者氮汇，取决于受体（周围环境，如大气或邻近水体）以及与受体之间的氮磷元素交换。对于稻田生态系统，活性氮磷进入受体的过程为输出，而从受体进入稻田则为输入。氮磷元素在稻田、大气和邻近水体（包括地表水和地下水）之间不断流动交换，使得稻田的"源"和"汇"的功能不断转换。当稻田从受体接收的活性氮磷小于从稻田进入受体的，则稻田对于该受体表现为"源"，反之，则表现为"汇"。选取我国东北地区单季稻，长江中下游地区中稻及华南地区双季稻等水稻主产区代表性点位，开展多点位多年全通量观测，并结合当地常规种植模式下的田间水肥管理规律，进行稻田氮磷源汇功能评估及源转汇调控途径的探索。

对于稻田系统来说（图2-5），氮磷元素会通过干湿沉降的形式从大气进入稻田，成为输入，而稻田又会以反硝化、氨挥发的途径将氮素输出到大气中。当这一输出超过了稻田从大气中接受的氮磷元素时，则可以认为稻田在大气作为受体的情况下，对其表现为"源"，反之为"汇"。同理，对于邻近水体，稻田通过灌溉和地下水补给接受其输入的氮磷，同时又以径流和淋溶的形式将氮磷流失出去。同时，氨挥发的氮素也会部分再沉降入水体中。此时，可通过输出和输入的大小关系判断稻田对于水体的源汇功能。输出到水体中的氮磷元素大于接收的时，稻田对于水体表现为"源"，反之，则表现为"汇"。

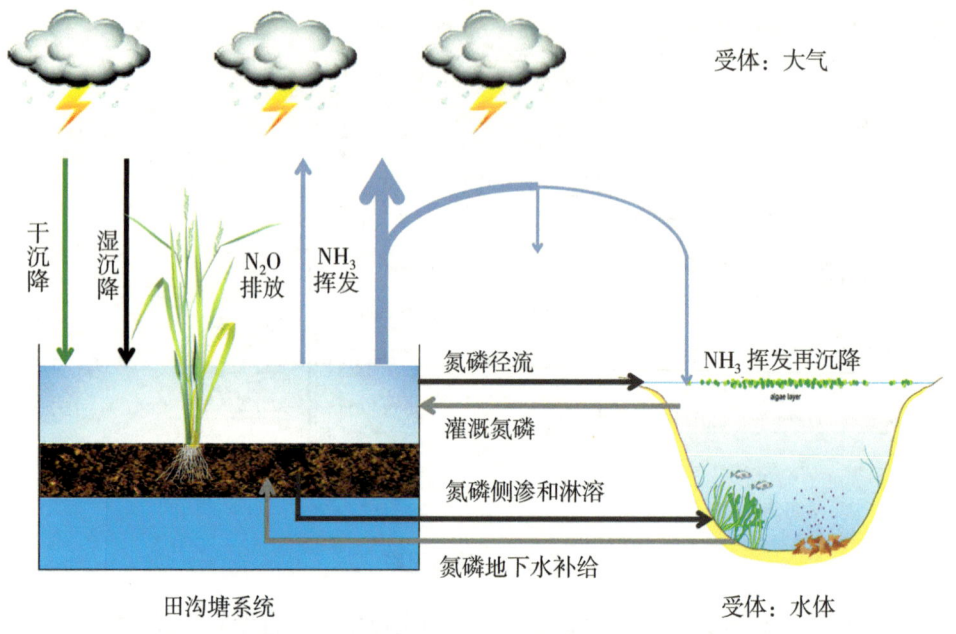

图 2-5　稻田、大气和水体之间氮磷元素交换示意图

可持续的水肥管理是在不降低水稻产量和土壤肥力的基础上实现稻田源转汇的调控措施。我们考虑评估稻田源转汇的潜力，但并不包括技术或者社会经济因素的影响。实施"4R原则"（即在正确的施肥量，正确的施肥时间，正确的施肥方式和正确的施肥类型）后，可以减少稻田中的氮磷损失。在此我们优化了"4R原则"措施的组合。应该注意的是，合适的肥料氮素施用量不仅取决于维持水稻的产量，还取决于氮盈余（N surplus）的限制。作为衡量农业土壤向周边环境中氮素损失的替代指标，氮盈余定义为所有氮输入量和收获籽粒中的氮输出量之间的差值。Zhang等（2019）指出，过小的氮盈余可能导致土壤储氮的减少，从而不利于稻田生态系统的可持续发展。施肥类型包括尿素，有机无机配施，掺混控释肥（BBF）和包膜尿素（PCU），其中后3种肥料已被广泛证明可以有效减少氮素的损失。施肥时间取决于水稻的物候和可用劳动力，包括一次性施肥和分次施肥，以及基肥和追肥之间不同的施氮磷比例。施肥深度的范围从0 cm（即撒施）到30 cm（耕层深度）。

包括灌溉和排水的可持续水分管理措施，是调节稻田氮磷径流和淋溶的辅助措施，同时还提高了水资源利用效率。我们提供了一个技术框架，用于确定何时何地采用优化的水分管理措施，灌溉水的来源以及径流和排水的去向。需要指出的是，灌溉量取决于灌溉下限和灌溉上限。如果稻田达到灌溉下限，则应进行灌溉，但如果在同一天或第二天出现降水，则根据降水强度选择减少灌溉或直接跳过灌溉。灌溉用水优先选取来自存储稻田径流和侧渗的沟塘系统，当沟塘系统中无水的情况下才会从邻近的水体中抽取灌溉用水。排水被分为被动排水和主动排水，被动排水是由降水事件引起的，而主动排水则在晒田和乳熟阶段是不可避免的。被动排水的量取决于降水量、田面水位和最大蓄雨上限。而主动排水的量取决于沟塘系统中剩余的容积，并结合降水和灌溉来判断。被动排水的时间取决于降水事件，主动排水的时间取决于水稻的物候，降水以及沟塘的蓄水能力。稻田的径流优先排入沟塘系统，其次才是邻近水体。主动排入水体之前，将在沟塘中对水进行净化以达到氮磷浓度目标标准。

我们采用过程模型来评估稻田不同调控措施及其组合对于稻田氮磷源转汇功能的作用。该模型已成功应用于模拟中国各地旱作和水稻系统的水文和氮素过程以及作物生长。同时，基于各点位1957—2016年日尺度降水量，采用Pearson Ⅲ型水文频率曲线确定25分、50分和75分位数的降水频率作为丰、平和枯水年，以评估不同气候情景下稻田的氮磷源汇功能和措施的调控潜力。

2.3.4 氮磷控源增汇体系构建

依托全国41个稻田面源污染监测站点，采用现场监测与模型模拟相结合的方法，在系统考虑灌溉、降水携入量的基础上，研究氮磷投入量与水稻产量、氮磷流失量、径流水质的响应关系，并基于"稻田氮磷流失机理模型"研究水稻氮磷最大允许投入量及氮磷化肥施用技术标准；基于底物捕获传导原理，定向研发高分子控源材料及其制备工艺，快速结合土壤铵根离子，降低流失风险。基于前期研究的以碳控氮原理，定向筛选、研发高碳氮比物料，增强土壤碳汇，降低氮磷流失。

2.3.5 控水减排技术体系构建

基于长时段区域气象水文历史资料、土壤理化分析和农田生态水文监测等，布设土壤-水稻-大气连续体（SRAC）监测网络，通过水稻生长及产量响应分析，对稻田土壤水、灌排水量、稻田水位和氮磷流失进行系统研究。改进SWAT模型中的稻田模块，分析稻田水位、水容量和氮磷输移三因子的动态耦合关系。在不同控水时期、控水深度和控水历时等方面，开展稻田精准控水与稻田水容量相关性分析，耦合区域气象预测参数和农田土壤水含量特征，开发稻田的水位精准调控决策支持系统。

2.3.6 田沟塘水量水质协同调控

将遥感、无人机测量与实地踏勘相结合，研究田-沟-塘的宏观布局和微观结构、调控节点与循环路径；通过现场监测、田间实验、实验室分析、田间尺度的氮磷迁移过程模型模拟、水质水量耦合模型模拟等方法，依据神经元的工作原理和能斯特响应原理，综合运用现代传感器技术、地理信息系统等，研发相关产品，构建田-沟-塘水量水质协同调控与循环利用技术系统。

2.3.7 菌藻草共生净化系统开发

采用模拟试验和现场试验相结合的方法开展研究。采用氮氧双同位素示踪方法研究系统流态特征和产物去向，并采用专业软件模拟的方式进行对比验证。综合运用传统微生物手段与现代分子生物学技术，研究菌-藻-草共生系统菌、藻种群的时空动态变化规律。利用人工光源，对其进行诱导增殖。从微观的视野对膜污染机理进行深入的探讨，采用形态学参数描述系统混合液微粒，从孔隙衰减率等新颖的角度阐释膜污染过程，采用共聚焦激光成像显微镜（CLSM）等新实验手段对膜污染进行量化和可视化。

2.3.8 稻田氮磷流失综合防控

结合区域特点，进行技术筛选优化组合，技术参数及工艺的熟化，衔接及配套技术，形成技术体系。采用软件工程中面向对象的平台开发方法，结合稻田氮磷流失防控技术体系，对智慧型稻田氮磷流失综合防控管理技术平台的需求进行鉴别、综合和建模，开展防控管理技术平台的概要设计与详细设计，开发智能管理技术平台原型，明确主要算法、数据结构等，开展平台编码与测试，利用物联网技术实现智慧型稻田氮磷流失综合防控。

第二部分

稻田氮磷流失规律及源汇功能评估

3 稻田氮磷流失状况

稻田氮磷流失风险受多个因素的综合影响，其中氮磷形态、降水和施肥是影响稻田氮磷流失的关键因素。稻田氮磷流失形态方面，硝态氮易随降水冲刷通过表层径流流失，而铵态氮则通过土壤吸附在颗粒物中随泥沙流失；磷主要以颗粒态磷为主，尤其在土壤扰动或强降水时，颗粒态磷易随土壤颗粒流失。稻季降水集中且常伴随强降水事件，强降水通过短时间高强度冲刷产流，显著增加氮磷流失量和污染风险；而小雨或均匀降水，氮磷流失风险通常较低，且不合理施肥加剧稻田氮磷流失。因此，分析稻田氮磷流失状况及影响因素有助于制定科学的农业管理措施，提高氮磷利用效率，有效控制稻田面源污染。

3.1 稻季降水特征

3.1.1 年降水特征

根据巢湖地区水稻一般移栽后的生长季天数，确定巢湖地区的水稻生长季（简称：稻季）为6月6日至10月8日。巢湖地区1957—2019年的年降水量与稻季降水量变化趋势具有一致性，年降水量与稻季降水量的最低值、最高值年份一致，分别为1978年、1991年。63年的年降水量为525.5~1 988.4 mm，均值为1 068.5 mm，最高值是最低值的3.8倍；稻季降水量介于196.8~1 323.5 mm，均值为547.7 mm，最高值是最低值的6.7倍，说明巢湖地区不同年份稻季降水量差异大，存在明显的旱涝季（图3-1）。多年平均稻季降水量占年降水量的51.3%，说明稻季降水为全年主要降水，研究稻季降水规律对降低稻田田面水氮素径流损失至关重要。

3.1.2 稻季日降水特征

巢湖地区1957—2019年的单次降水量、日降水概率总体呈波动变化趋势（图3-2）。基肥期（BF）、分蘖肥期（TF）、穗肥期（HF）的单次降水量、日降水概率的多年均值依次为14.6 mm、39.8%，17.3 mm、43.5%，11.9 mm、35.4%；分蘖肥-穗肥期（T-H）、穗肥-成熟期（H-M）单次降水量、日降水概率分别为13.1 mm、32.3%，8.8 mm、32.0%。单次降水量最低值、最高值依次在6月13日（BF）、9月13日（H-M），分别为2.9 mm、25.9 mm；日降水概率的最低、最高值分别在9月27日（H-M）、6月25日（BF、TF），依次为19.1%、57.1%。以上分析表明，单次降水量的多年均值从高到低分别为：TF>BF>T-H>HF>H-M，日降水概率的年均值从大到小依次为：TF>BF>HF>T-H>H-M，且日降水概率与单次降水量的最高值均出现在基肥期和分蘖肥期，说明巢湖地区在基肥期和分蘖肥期是稻田氮素流失风险的高发期。

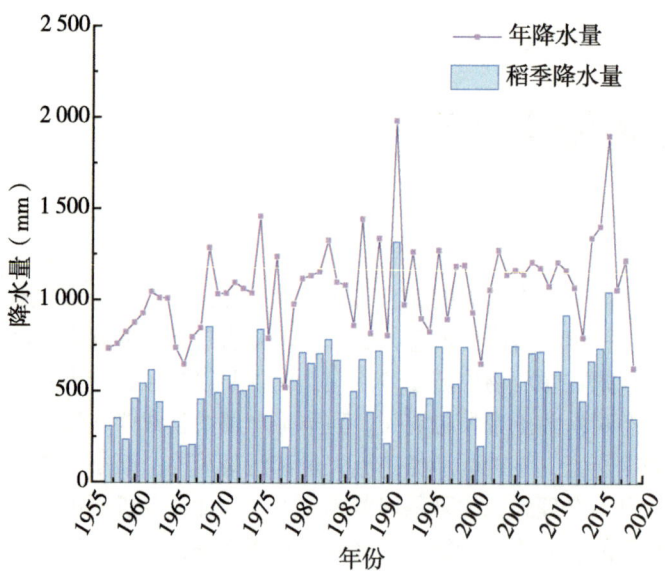

图3-1 近63年巢湖地区年降水量与稻季降水量（1957—2019年）

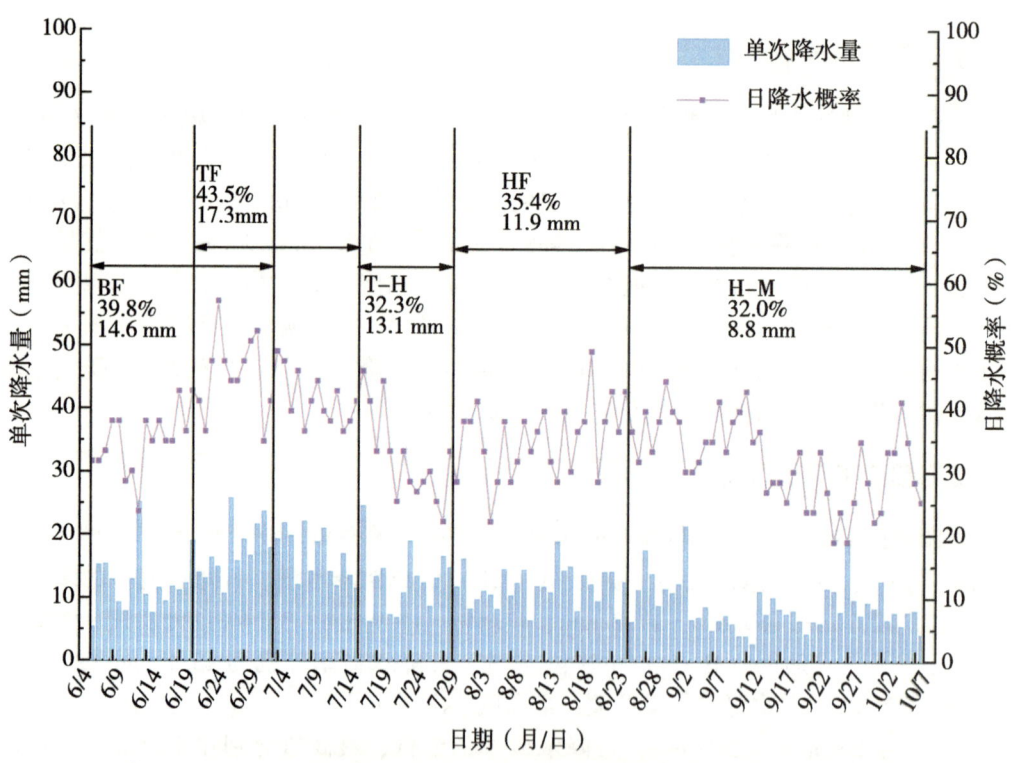

图3-2 近63年巢湖地区稻季单次降水量与日降水概率（1957—2019年）

巢湖地区1957—2019年稻季平均日降水量呈先波动上升再波动下降的趋势（图3-3），稻季平均日蒸发量呈先平稳上升再平稳下降的趋势，在分蘖肥-穗肥期（T-H）、穗肥期（HF）蒸发量较高。基肥期（BF）、分蘖肥期（TF）平均日降水量高于日蒸发量，两个肥期对应的降水量与蒸发量差值依次为 1.6 mm，3.1 mm；分蘖肥-穗肥期（T-H）、穗肥期（HF）、穗肥-成熟期（H-M）3个时期的平均日降水量低于平均日蒸发量，日降水量与日蒸发量差值分别为-0.1 mm、-0.5 mm、-0.6 mm。因此，日降水量与日蒸发量的差值从高到低依次为：TF＞BF＞HF＞H-M＞T-H。以上分析也进一步表明，在考虑蒸发的情况下，基肥期与分蘖肥期仍是稻田氮素径流损失的高发期。

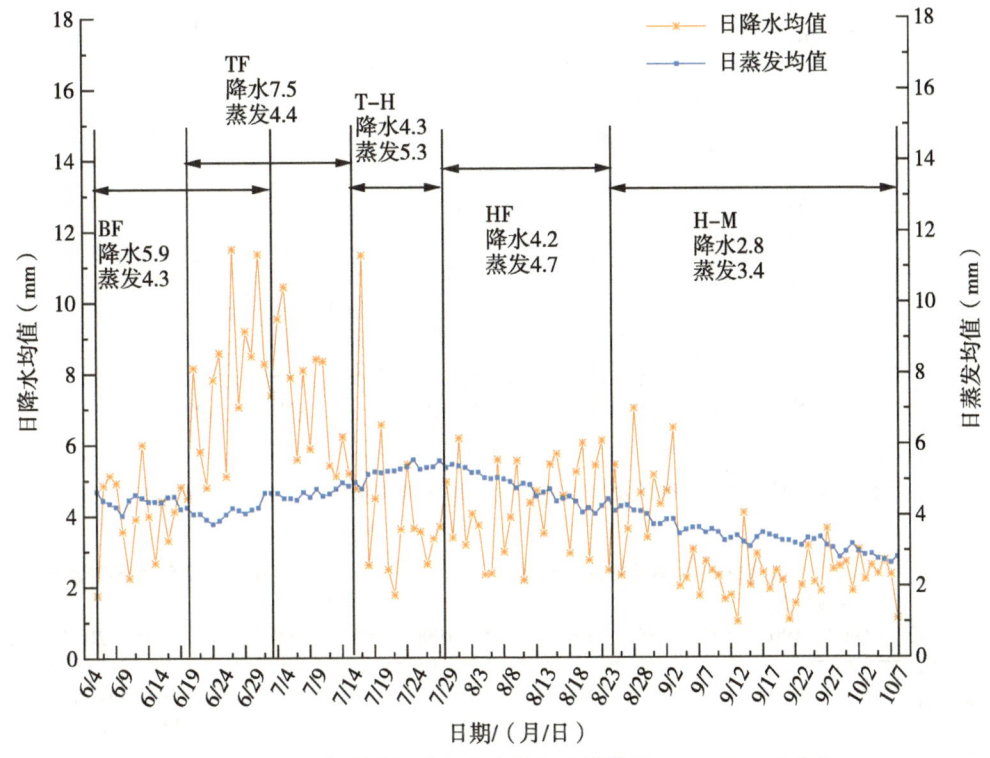

图 3-3　近 63 年稻季平均日降水量与日蒸发量（1957—2019 年）

3.1.3　稻季极端降水特征

1957—2019 年逐年稻季单次极端降水均值与极端降水频次见图 3-4。除 4 个特殊年份（1959 年、1967 年、1990 年、2001 年），绝大多数年份稻季均产生极端降水，其中稻季单次极端降水年均值范围是 40.6~114.8 mm，最低值占最高值的 35.4%，多年均值为 64.4 mm。近 63 年稻季产生极端降水频次为 1~10 次，最低值仅占最高值的 10.0%，多年平均为 3.4 次。以上分析表明，不同年份的稻季单次极端降水年均值和极端降水频次均存在较大差异。

1957—2019 年稻季产生极端降水占稻季降水量的 8.0%~81.2%，多年均值为 38.6%，总体呈现波动上升的趋势（图 3-5），平均以 2.9%/10 a 的速度上升；1957—2019 年稻季产生极端降水占全年极端降水的 25.2%~100.0%，多年均值为 73.2%，平均以每 10 年 5.2% 的趋势上升。以上分析表明，稻季极端降水为稻季贡献了 38.6% 的降水量，说明稻季极端降水占稻季降水总量的比重大；全年 73.2% 的极端降水发生在稻季，表明稻季是全年发生极端降水的主要时期，单季稻在施肥过程中很有可能遭遇极端降水，并产生径流损

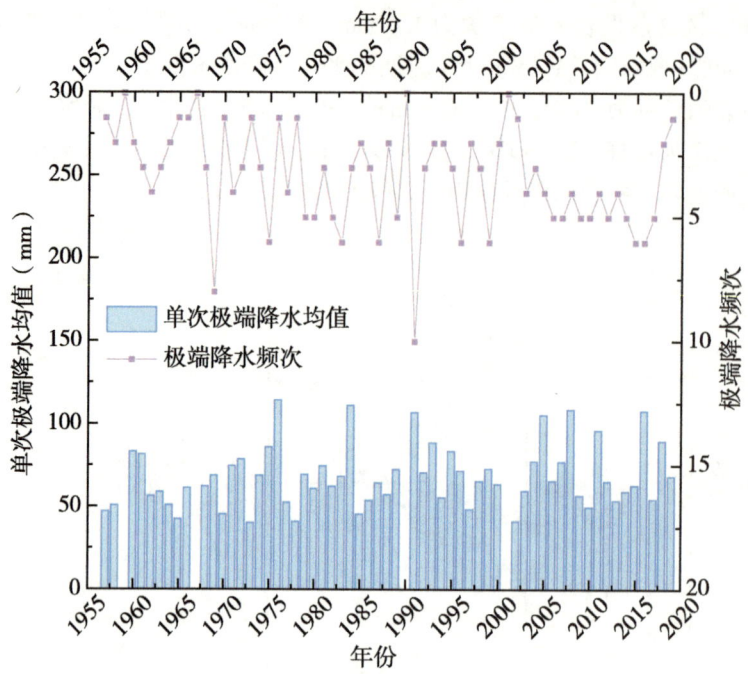

图 3-4 不同年份稻季单次极端降水均值与极端降水频次（1957—2019 年）

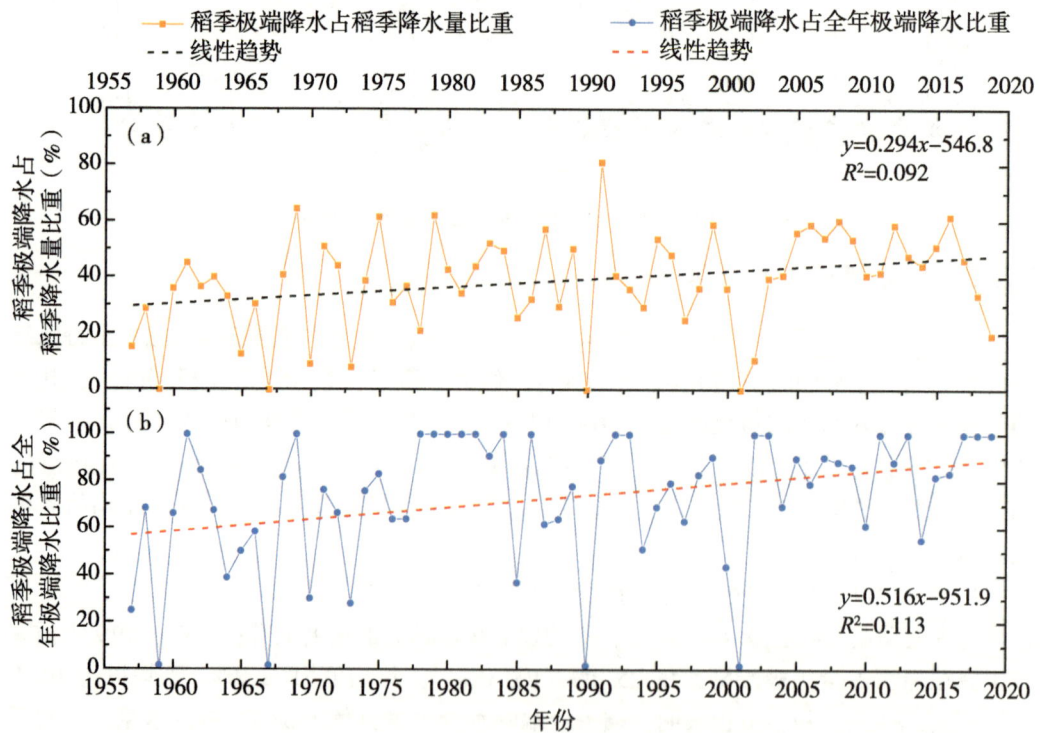

图 3-5 不同年份稻季极端降水占年极端降水、稻季降水量的比重（1957—2019 年）

失。因此，研究适宜的施肥日期和插秧日期对降低氮素径流损失具有重要意义。

1957—2019年稻季不同肥期单次极端降水均值与极端降水频次呈波动变化（图3-6）。基肥期（BF）、分蘖肥期（TF）、穗肥期（HF）单次极端降水均值范围分别为41.1~137.5 mm（均值为66.2 mm）、44.6~165.5 mm（均值为80.3 mm）、47.7~251.8 mm（均值为81.9 mm），极端降水频次均值为1.9次、3.2次、1.9次；分蘖肥-穗肥期（T-H）、穗肥-成熟期（H-M）单次极端降水均值范围为44.9~96.5 mm（均值为60.9 mm）、40.6~161.5 mm（均值为66.4 mm），极端降水频次均值为2.3次、1.4次。表明极端降水均值从大到小依次为：HF>TF>H-M>BF>T-H，极端降水频次从高到低为：TF>T-H>BF>HF>H-M。分蘖肥期是极端降水频发期，分蘖肥期和穗肥期极端降水均值在各肥期总体偏高。说明极端降水主要集中在分蘖肥期，且单次极端降水偏高，基肥期和穗肥期极端降水频次较低，但是穗肥期平均单次极端降水量偏高，说明分蘖肥期是极端降水高发期，穗肥期也要注意单次极端降水带来的危害。

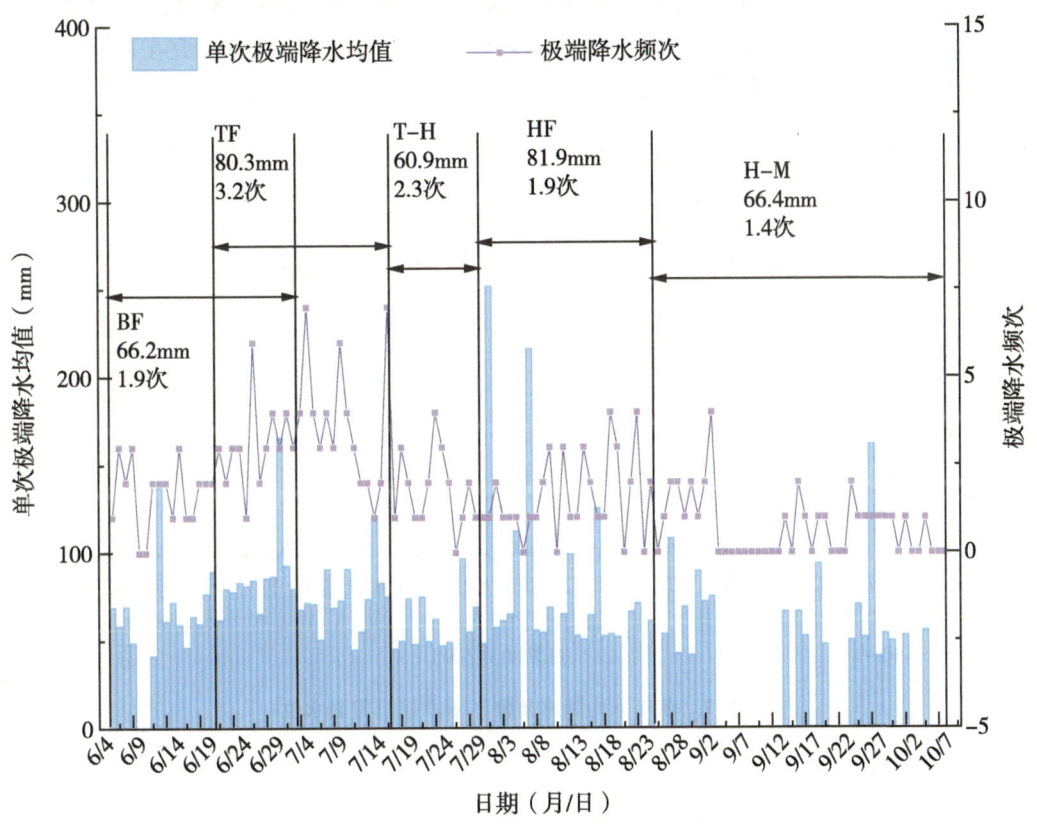

图3-6 不同肥期多年稻季单次极端降水均值与极端降水频次（1957—2019年）

3.1.4 稻田径流发生流失风险分析

1968—2017年平均降水条件下稻季逐日田面水位如图3-7所示，在灌溉、降水和蒸发等共同作用下，从多年平均来看，水稻生长前期每日田面水位相对较高，且随时间呈先升后降趋势。由于 7 月 20 日至 7 月 29 日为晒田阶段、9 月 5 日至 9 月 30 日为落田阶段，需打开田埂排水口排出田面水，此时每日的田面水位仅受降水和蒸发影响，故在 0 mm 上下浮动，丰水、平水、枯水年的晒田和落田阶段的田面水位变化同样如此。

多年平均降水数据分析结果显示，若以 3 cm 或者 5 cm 为稻田灌溉水位，则每日田面水位均未超出田埂排水口高度（10 cm），而若以 10 cm 为稻田灌溉水位，则会出现 10 次田面水溢出，溢出天数占整个水稻生育期的 9.3%，其中肥期溢出天数 6 次，均为分蘖肥期溢出，占整个生育期天数的 5.6%，肥期天数的 20.0%。由此说明，巢湖当地按照实际栽培经验采用 3~5 cm 浅湿灌溉，以及设置的 10 cm 田埂排水口高度具有一定的合理性，且以多年平均降水数据分析来看，若以 10 cm 为灌溉水位，则会出现较多频次的径流流失现象，多集中在分蘖肥期。但如前文所述，稻季降水存在丰水、平水、枯水年，且近 50 年中丰水、平水、枯水年出现的概率基本相同，因此，需要针对不同级别特征年做出进一步分析。基肥-蘖肥阶段（B-T）、蘖肥-穗肥阶段（T-H）和穗肥-成熟阶段（H-M）均属于非肥期，有关研究表明，非肥期稻田面水氮素浓度接近于空白水平，则可以忽略田面水发生径流时对环境所造成的污染，故本研究在进行稻田径流流失风险评估时，不进行具体分析。

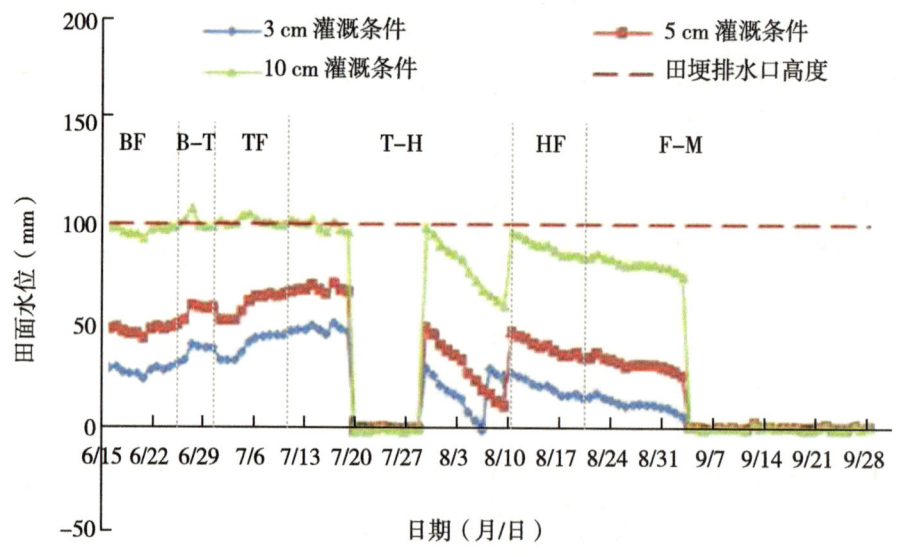

图 3-7 多年平均降水条件下稻季逐日田面水位

3.1.4.1 丰水年稻田径流发生风险分析

不同灌溉水位条件下，丰水年稻季逐日田面水位分析结果显示如图 3-8 所示，整个水稻生育期内，田面水位处于相对较高水平，且田面基础灌溉水位越高，每日的田面水位也就越高，径流发生频次越高，流失风险越大。以 3 cm 为灌溉水位时，丰水年田面水发生径流主要集中在基肥期（BF）、基肥-蘖肥阶段（B-T）和穗肥-成熟阶段（F-M）；以 5 cm 为基础灌溉水位时丰水年田面水发生径流主要集中在基肥期（BF）、基肥-蘖肥阶段（B-T）、蘖肥-穗肥阶段（T-H）和穗肥-成熟阶段（F-M）；而以

10 cm 为基础灌溉水位时,水稻生长的全生育期均为丰水年稻田径流潜在高发期。

以 3 cm 为灌溉水位时,丰水年稻季逐日田面水位如下图所示,2015 年、2011 年和 1999 年稻季稻田田面水位突破田埂排水口的天数分别为 6 d、8 d 和 12 d,平均溢出天数在 8.7 d,为整个生育期天数(108 d)的 8.0%。而在 3 个丰水年中,仅基肥期稻田田面水发生过径流,2015 年、2011 年和 1999 年基肥期溢出天数分别为 3 d、4 d 和 0 d,平均为 2.3 d,占生育期平均溢出天数的 26.4%。

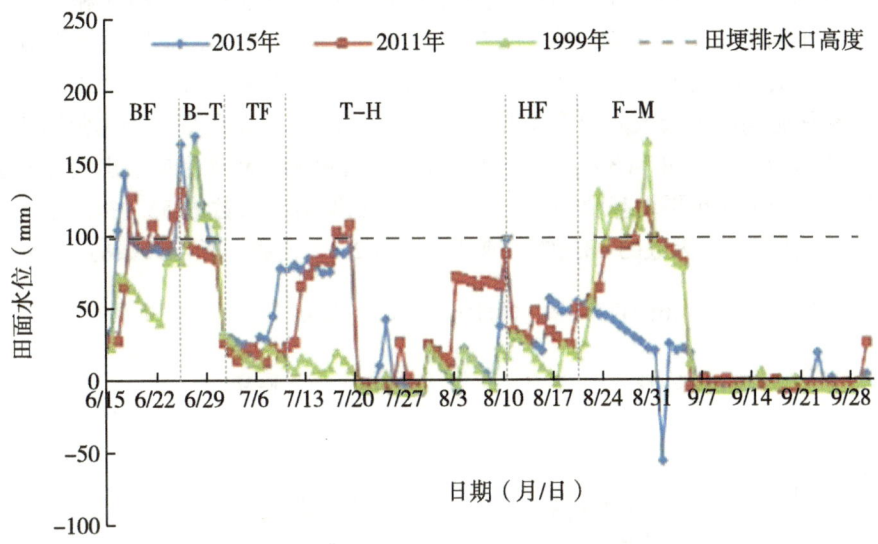

图 3-8 3 cm 灌溉水位条件下丰水年稻季逐日田面水位

以 5 cm 为灌溉水位时,丰水年稻季逐日田面水位如图 3-9 所示,2015 年、2011 年和 1999 年稻季稻田田面水位突破田埂排水口的天数分别为 11 d、14 d 和 14 d,平均为 13 d,平均为整个生育期天数的 12.0%。而 3 个丰水年中肥期溢出天数分别为 4 d、4 d

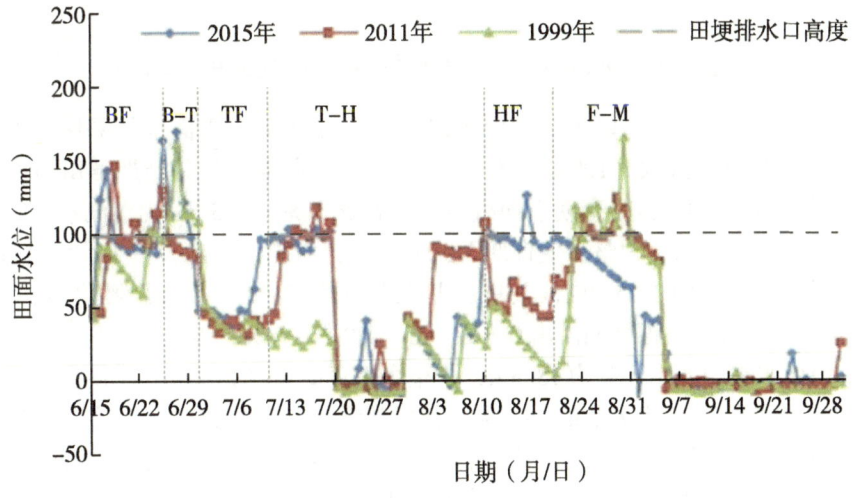

图 3-9 5 cm 灌溉水位条件下丰水年稻季逐日田面水位

和 2 d，平均为 3.3 d，为生育期平均溢出天数的 25.4%。其中，2015 年基肥期、分蘖肥期和穗肥期溢出天数分别为 3 d、0 d 和 1 d，2011 年基肥期、分蘖肥期和穗肥期溢出天数分别为 4 d、0 d 和 0 d，1999 年基肥期、分蘖肥期和穗肥期溢出天数分别 2 d、0 d 和 0 d。3 个丰水年平均基肥期溢出 3 d，占肥期溢出天数的 90.9%；分蘖肥期 0 d；穗肥期溢出 0.3 d，占肥期溢出天数的 9.1%。

以 10 cm 为灌溉水位时，丰水年稻季逐日田面水位如图 3-10 所示，2015 年、2011 年和 1999 年稻季稻田田面水位突破田埂排水口的天数分别为 15 d、23 d 和 17 d，平均为 18.3 d，平均为整个生育期天数的 17.0%。而 3 个丰水年中，肥期溢出天数分别为 7 d、8 d 和 6 d，平均为 7 d，占生育期平均溢出天数的 38.3%。其中，2015 年基肥期、分蘖肥期和穗肥期溢出天数分别为 3 d、3 d 和 1 d，2011 年基肥期、分蘖肥期和穗肥期溢出天数分别为 5 d、0 d 和 3 d，1999 年基肥期、分蘖肥期和穗肥期溢出天数分别 3 d、1 d 和 2 d。3 个丰水年平均基肥期溢出 3.7 d，占肥期溢出天数的 52.9%；分蘖肥期溢出 1.3 d，占肥期溢出天数的 18.5%；穗肥期溢出 2 d，占肥期溢出天数的 28.6%。

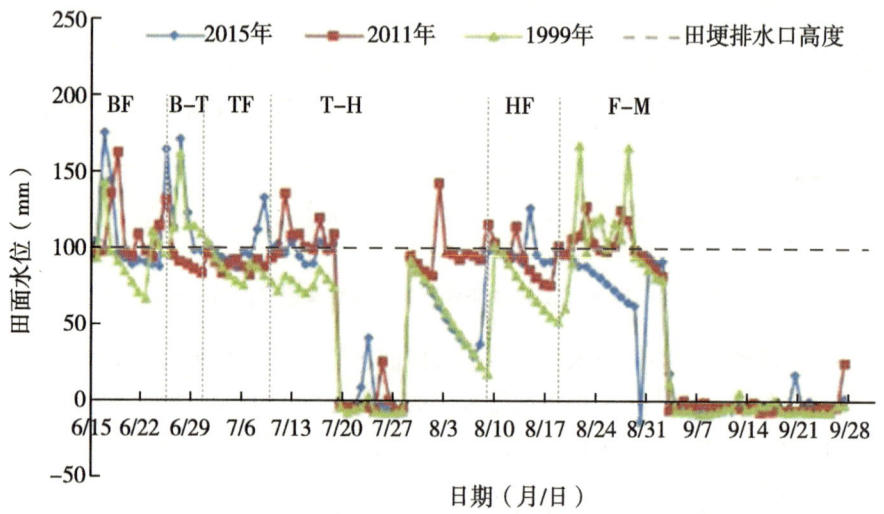

图 3-10　10 cm 灌溉水位条件下丰水年稻季逐日田面水位

由此可见，在丰水年，以 3 cm 为灌溉水位时，稻季逐日田面水位平均溢出天数为 8.7 d，为整个生育期天数（108 d）的 8.0%，且 3 个肥期中仅基肥期稻田田面水发生过径流，平均为 2.3 d，占生育期平均溢出天数的 26.4%。以 5 cm 为灌溉水位时，田面水平均溢出天数为 13 d，为整个生育期天数 12.0%；而肥期溢出天数平均为 3.3 d，为生育期平均溢出天数的 25.4%，其中，基肥期平均溢出 3 d，占肥期溢出天数的 90.9%，分蘖肥期 0 d，穗肥期溢出 0.3 d，占肥期溢出天数的 9.1%。以 10 cm 为灌溉水位时，田面水平均溢出天数为 18.3 d，为整个生育期天数 17.0%；肥期溢出天数平均为 7 d，占生育期平均溢出天数的 38.3%，其中基肥期平均溢出 3.7 d，占肥期溢出天数的 52.9%，分蘖肥期溢出 1.3 d，占肥期溢出天数的 18.5%，穗肥期溢出 2 d，占肥期溢出天数的 28.6%。因此，丰水年中 3 个肥期田面水发生径流流失风险以基肥期最高，其次是穗肥期，分蘖肥期最低，且在 3 cm 和 5 cm 基础灌溉水位条件下，分蘖肥期不溢出。在3个基础灌溉水位中，灌溉水位越高，流失风险越大。

3.1.4.2 平水年稻田径流发生风险分析

平水年分析结果显示，平水年田面水发生径流次数与丰水年相比较少，且整个生育期内水位相对较低，以 3 cm 和 5 cm 为基础灌溉水位时，田面水发生径流主要集中在分蘖肥-穗肥阶段（T-H）和穗肥期（HF）；而以 10 cm 为基础灌溉水位时，田面水发生径流主要集中在分蘖肥期（TF），分蘖肥-穗肥阶段（T-H），穗肥期（HF）和穗肥-成熟阶段（F-M）。

以 3 cm 为灌溉水位时，平水年稻季逐日田面水位如图 3-11 所示，2017 年、1979年和 1970 年稻季稻田田面水位突破田埂排水口的天数分别为 2 d、0 d 和 2 d，平均溢出天数为 1.3 d，为整个生育期天数的 1.2%。而在 3 个平水年中，仅 2017 年的穗肥期有稻田田面水发生径流，溢出天数为 2 d，3 个平水年的穗肥期平均溢出天数为 0.7 d，为生育期平均溢出天数的 53.8%。

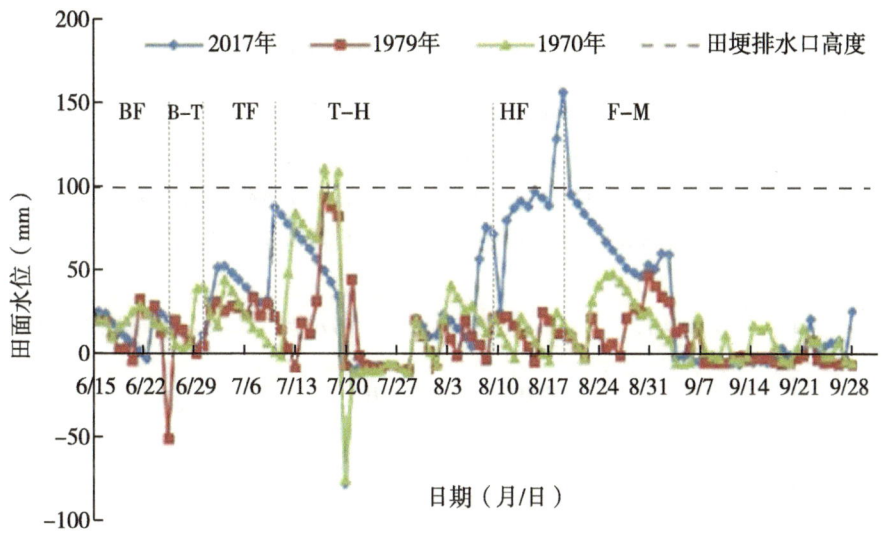

图 3-11　3 cm 灌溉水位条件下平水年稻季逐日田面水位

以 5 cm 为灌溉水位时，平水年稻季逐日田面水位如图 3-12 所示，2017 年、1979年和 1970 年稻季稻田田面水位突破田埂排水口的天数分别为 7 d、1 d 和 2 d，平均为 3.3 d，为整个生育期天数的 3.1%。3 个平水年中仅 2017 年肥期有田面水溢出，溢出时段为分蘖肥 1 d，穗肥 6 d。3 个平水年肥期平均溢出天数为 2.3 d，为整个生育期天数的 2.2%，为整个生育期溢出天数的 32.9%。其中，基肥期不溢出，分蘖肥期平均溢出0.3 d，占肥期溢出天数的 13.0%；穗肥期平均溢出 2 d，占肥期溢出天数的 87.0%。

以 10 cm 为灌溉水位时，平水年稻季逐日田面水位如图 3-13 所示，2017 年、1979年和 1970 年稻季稻田田面水位突破田埂排水口的天数分别为 12 d、5 d 和 5 d，平均为 7.3 d，平均为整个生育期天数 6.8%。而 3 个平水年中，肥期溢出天数分别为 10 d、2 d 和 3 d，平均为 5 d，为整个生育期天数 4.6%，占生育期平均溢出天数的 68.2%。其中，2017 年

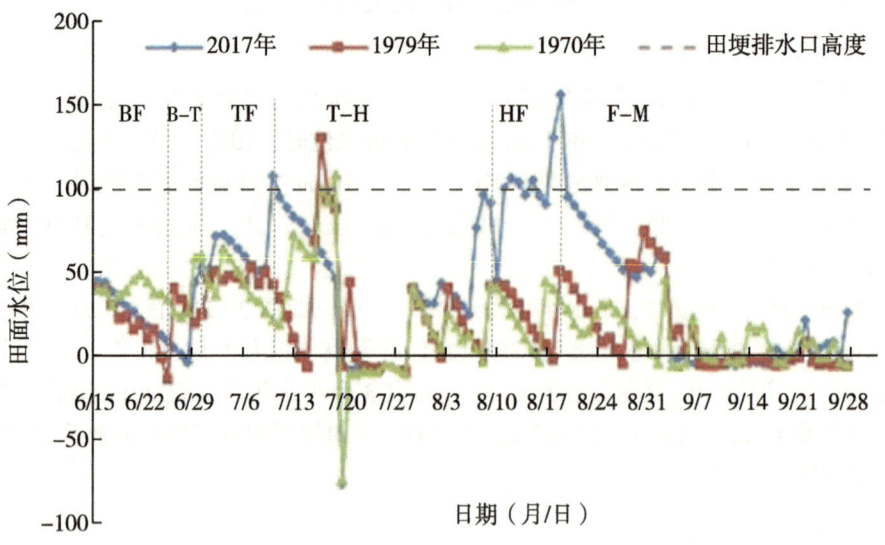

图 3-12　5 cm 灌溉水位条件下平水年稻季逐日田面水位

基肥期、分蘖肥期和穗肥期溢出天数分别为 0 d、4 d 和 6 d，1979 年基肥期、分蘖肥期和穗肥期溢出天数分别为 0 d、2 d 和 0 d，1970 年基肥期、分蘖肥期和穗肥期溢出天数分别 0 d、0 d 和 3 d。3 个平水年平均基肥期溢出天数在 0 d，分蘖肥期溢出天数 2 d，占肥期溢出天数的 40%；穗肥期溢出天数为 3 d，占肥期溢出天数的 60%。

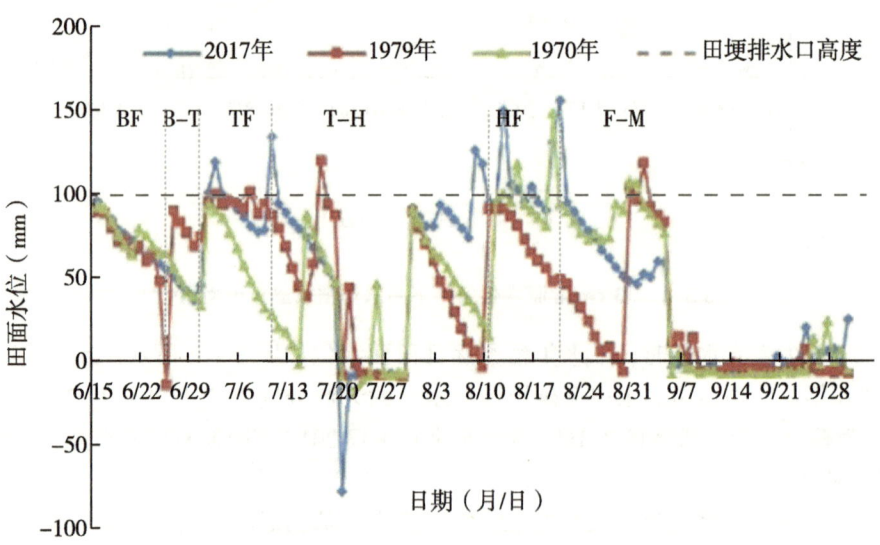

图 3-13　10 cm 灌溉水位条件下平水年稻季逐日田面水位

由此可见，在平水年，以 3 cm 为灌溉水位时，田面水平均溢出天数为 1.3 d，为整个生育期天数的 1.2%；肥期平均溢出天数为 0.7 d，仅穗肥期溢出，为生育期平均溢出天数的 53.8%。以 5 cm 为灌溉水位时，田面水平均溢出天数为 3.3 d，为整个生育期天数的 3.1%；肥期平均溢出天数为 2.3 d，其中，基肥期 0 d，分蘖肥期平均溢出 0.3 d，占肥期溢出天数的 13.0%；穗肥期平均溢出 2 d，占肥期溢出天数的 87.0%。以 10 cm 为灌溉水位时，田面水平均溢出天数为 7.3 d，为整个生育期天数 6.8%；肥期溢出天数平均为 5 d，占生育期平均溢出天数的 68.2%；平均基肥期溢出天数在 0 d，分蘖肥期溢出天数 2 d，占肥期溢出天数的 40%；穗肥期溢出天数为 3 d，占肥期溢出天数的 60%。

因此，平水年中 3 个肥期田面水发生径流风险以穗肥期最高，其次是分蘖肥期，基肥期最低，且在 3 cm 和 5 cm 作为灌溉水位时，基肥期不溢出，在 3 个基础灌溉水位中，灌溉水位越高，流失风险越大。

3.1.4.3 枯水年稻田径流发生风险分析

枯水年分析结果显示，枯水年田面水整个生育期内田面水位最低，且发生径流次数最少，田面水发生径流主要集中穗肥-成熟阶段（F-M）。

以 3 cm 为灌溉水位时，枯水年稻季逐日田面水位如图 3-14 所示，2000 年、1993 年和 1976 年稻季稻田田面水位突破田埂排水口的天数分别为 2 d、1 d 和 0 d，平均溢出天数为 1 d，为整个生育期天数的 0.9%，而在 3 个肥期中，均未发生径流现象。

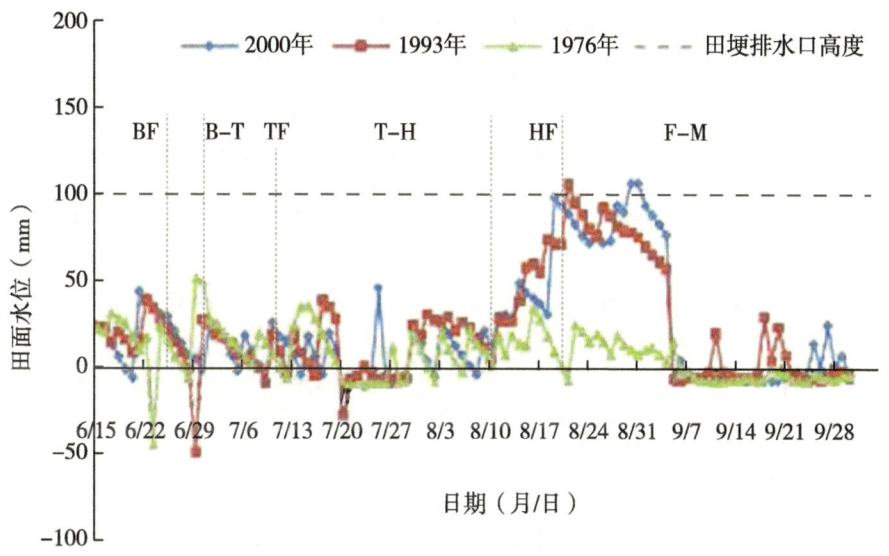

图 3-14 3 cm 灌溉水位条件下枯水年稻季逐日田面水位

以 5 cm 为灌溉水位时，枯水年稻季逐日田面水位如图 3-15 所示，2000 年、1993 年和 1976 年稻季稻田田面水位突破田埂排水口的天数分别为 3 d、1 d 和 0 d，平均为 1.3 d，为整个生育期天数的 1.2%。3 个枯水年中仅 2000 年肥期有田面水溢出，溢出时段为穗肥期 1 d。3 个枯水年肥期平均溢出天数为 0.3 d，为整个生育期天数的 0.3%，为整个生育期溢出天数的 25%，且仅穗肥期溢出。

以 10 cm 为灌溉水位时，枯水年稻季逐日田面水位如图 3-16 所示，2000 年、1993 年和 1976 年稻季稻田田面水位突破田埂排水口的天数分别为 5 d、8 d 和 3 d，平均为 5.3 d，平均为整个生育期天数的 4.9%。而 3 个枯水年中，肥期溢出天数分别为 3 d、5 d 和 2 d，平均为 3.3 d，为整个生育期天数 3.1%，占生育期平均溢出天数的 62.5%。

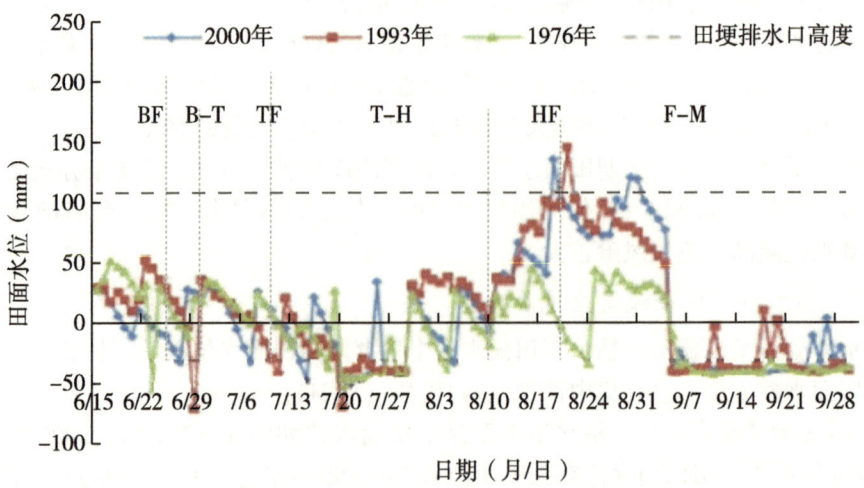

图 3-15　5 cm 灌溉水位条件下枯水年稻季逐日田面水位

2000 年基肥期、分蘖肥期和穗肥期溢出天数分别为 0 d、0 d 和 3 d,1993 年基肥期、分蘖肥期和穗肥期溢出天数分别为 0 d、1 d 和 4 d,1976 年基肥期、分蘖肥期和穗肥期溢出天数分别 0 d、1 d 和 1 d。3 个枯水年平均基肥期溢出天数为 0 d,分蘖肥期溢出天数 0.7 d,占肥期溢出天数的 20.0%;穗肥期溢出天数为 3.3 d,占肥期溢出天数的 80.0%。

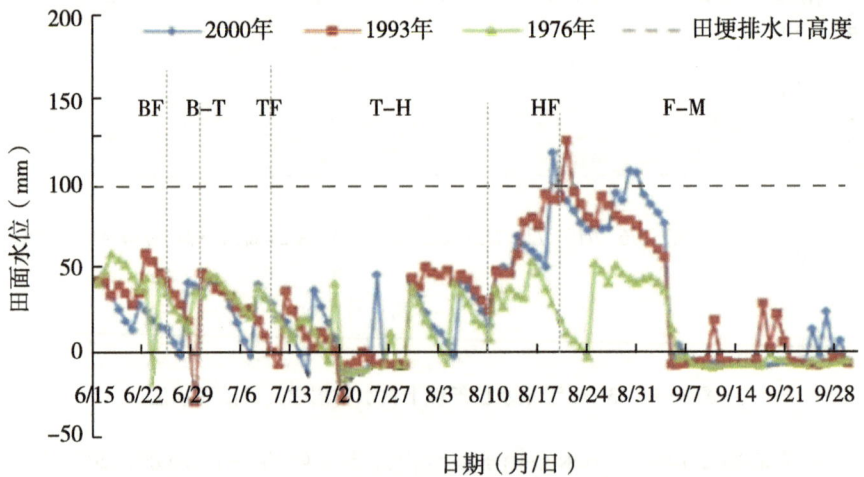

图 3-16　10 cm 灌溉水位条件下枯水年稻季逐日田面水位

由此可见,在枯水年以 3 cm 为灌溉水位时,田面水平均溢出天数为 1 d,为整个生育期天数的 0.9%,且在 3 个肥期中,均未发生径流现象。以 5 cm 为灌溉水位时,田面水平均溢出天数为 1.3 d,为整个生育期天数的 1.2%。肥期平均溢出天数为 0.3 d,为整个生育期溢出天数的 25%,且仅穗肥期溢出。以 10 cm 为灌溉水位时,田面水平均溢出天数为 5.3 d,为整个生育期天数的 4.9%。肥期溢出天数平均为 3.3 d,占生育期平均溢出天数的 62.5%。其中,基肥期溢出天数为 0 d,分蘖肥期溢出天数 0.7 d,占肥期溢出天数的 20.0%；穗肥期溢出天数为 3.3 d，占肥期溢出天数的 80.0%。因此，枯水年 3 个肥期田面水发生径流风险以穗肥期最高，其次是分蘖肥期，基肥期最低，且在 3 cm 和 5 cm 作为灌溉水位时，基肥期和分蘖肥期均不溢出，在 3 个基础灌溉水位中，灌溉水位越高，流失风险越大。

3.2 流失基本规律

3.2.1 稻田田面水氮磷变化特征

3.2.1.1 施氮量对田面水中氮素形态及浓度的影响

对稻田田面水中氮素存在形态分析（表 3-1）可知，施氮肥 8 d 内（分蘖肥为 7 d）田面水中的氮素以 DTN 为主，即使不施氮肥条件下 DTN 占 TN 的比例较低，但也高达 62.4%，而其他施氮肥处理 DTN 占 TN 的比例均在 88% 以上，且随施氮量的增加而线性增加。进一步分析主要形态氮素浓度与施氮量关系发现，TN、DTN、铵态氮和 DON 的浓度均随施氮量的增加而增大，而且当施氮量超过一定量后，其增幅会明显提高（图 3-17）。对于 TN，当施氮量超过 287.8 kg/hm² 后，其浓度增幅会增加 2.4 倍；对于 DTN，施氮量超过 289.9 kg/hm² 后，其浓度增幅会增加 2.5 倍；对于铵态氮和 DON，当施氮量分别超过 231.5 kg/hm² 和 336.7 kg/hm² 时，其浓度也会明显提高（图 3-17）。

表 3-1 不同施氮水平下田面水中氮素形态构成

处理	DTN/TN (%)	PN/TN (%)	硝态氮/TN (%)	铵态氮/TN (%)	DON/TN (%)
N0	62.4±6.5c	37.6±6.5a	35.4±2.7a	11.9±2.4b	15.1±4.0b
N1	88.0±1.5b	12.0±1.5b	11.7±6.2b	31.6±4.4a	44.7±3.0a
N2	88.0±2.4ab	12.0±2.4b	10.6±7.7b	31.4±4.6a	46.1±5.4a
N3	89.9±0.7b	10.1±0.7b	8.1±4.4b	36.7±11.7a	45.1±9.1a
N4	89.7±1.7ab	10.3±1.7b	6.9±3.8b	37.0±12.7a	45.8±10.4a
N5	92.3±0.9a	7.7±0.9c	5.5±4.4b	38.3±14.2a	48.5±12.3a
r ($n=18$)	0.856*	0.856*	0.886**	0.908**	0.832*

注：N0～N5 分别表示施氮 0.0 kg/hm²、157.5 kg/hm²、210.0 kg/hm²、262.5 kg/hm²、315.0 kg/hm²、420.0 kg/hm²（以 N 计）；TN、PN、DTN、DON 分别表示 TN、颗粒态氮、可溶性 TN、可溶性有机氮；表内数值为基肥、分蘖肥和穗肥施用后 8 d 内测定数据的平均值；r 为各形态氮占 TN 比例与施氮量的相关系数；同列不同字母表示 $P<0.05$ 水平上差异显著。下同。

3.2.1.2 施氮量对田面水中氮素动态变化的影响

施氮肥后各主要形态氮素的动态变化见图 3-18。从图中可以看出，各施氮处理的 TN 和 DTN 浓度变化动态基本一致，无论施基肥、分蘖肥，还是施穗肥，二者均在施肥后 1 d 立即达到峰值，而后逐渐降低，在施基肥和分蘖肥后 5 d 降低至与不施氮肥基本接近，在施穗肥后 2 d 与不施氮肥处理基本接近。与 TN 和 DTN 相同，各施氮

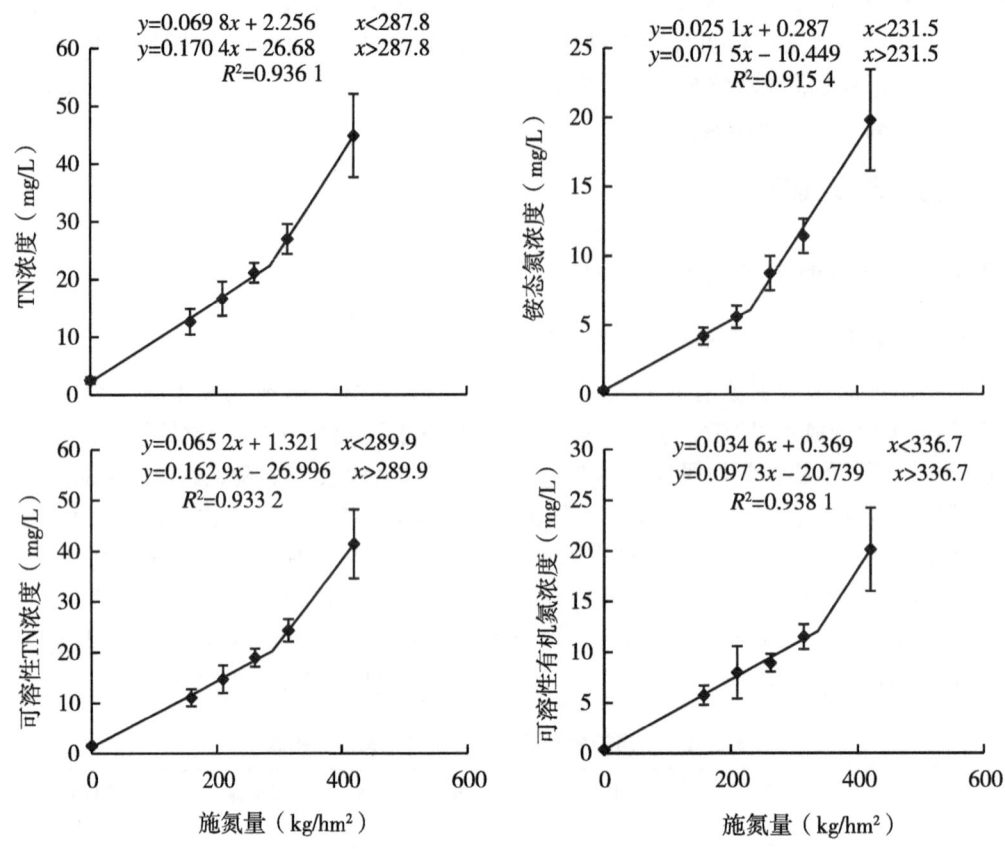

图 3-17 施氮量与田面水中不同形态氮素浓度的关系

处理 DON 浓度在每次施肥后 1 d 就迅速达到峰值，但降低速度较 TN 和 DTN 更快，在基肥和分蘖肥后 3 d 降低至与不施氮处理基本接近。各施氮处理铵态氮浓度动态变化特点与 TN 和 DTN 不同，其浓度在施基肥和分蘖肥后 2 d 才达到峰值，而后逐渐降低，在施肥后 5 d 基本与不施氮处理接近，在穗肥后 1 d 立即达到峰值，而后在第 2 d 迅速降低至与不施氮基本接近。此外，从施肥期来看，施基肥和分蘖肥后各施氮处理的各形态氮素浓度均明显高于施穗肥后的浓度。比如 N2 处理，其 TN 浓度在施基肥和分蘖肥后 1 d 分别高达 73.7 mg/L 和 62.6 mg/L，而穗肥后仅为 12.0 mg/L，仅为基肥和分蘖肥的 16% 和 19%。

3.2.1.3 施磷量对田面水中磷素形态及浓度的影响

对磷素的存在形态分析（表 3-2）可知，施氮肥后 1~8 d 内稻田田面水中磷素以 PP 为主，不同施磷水平下 PP 占 TP 的比例为 76%~93%。田面水中 DTP 的比例较低，各施磷肥处理均低于 24%。此外，DTP 占 TP 的比例会随着施磷量的增加而线性增加，而 PP 占 TP 的比例则线性降低。分析施磷肥后 1~8 d 内各形态磷素的浓度（图 3-19）后发现，无论是何种形态磷，其浓度均随施磷量的增加而增加，二者之间存在极显著的线性相关关系，相关系数均大于 0.97。

3 稻田氮磷流失状况

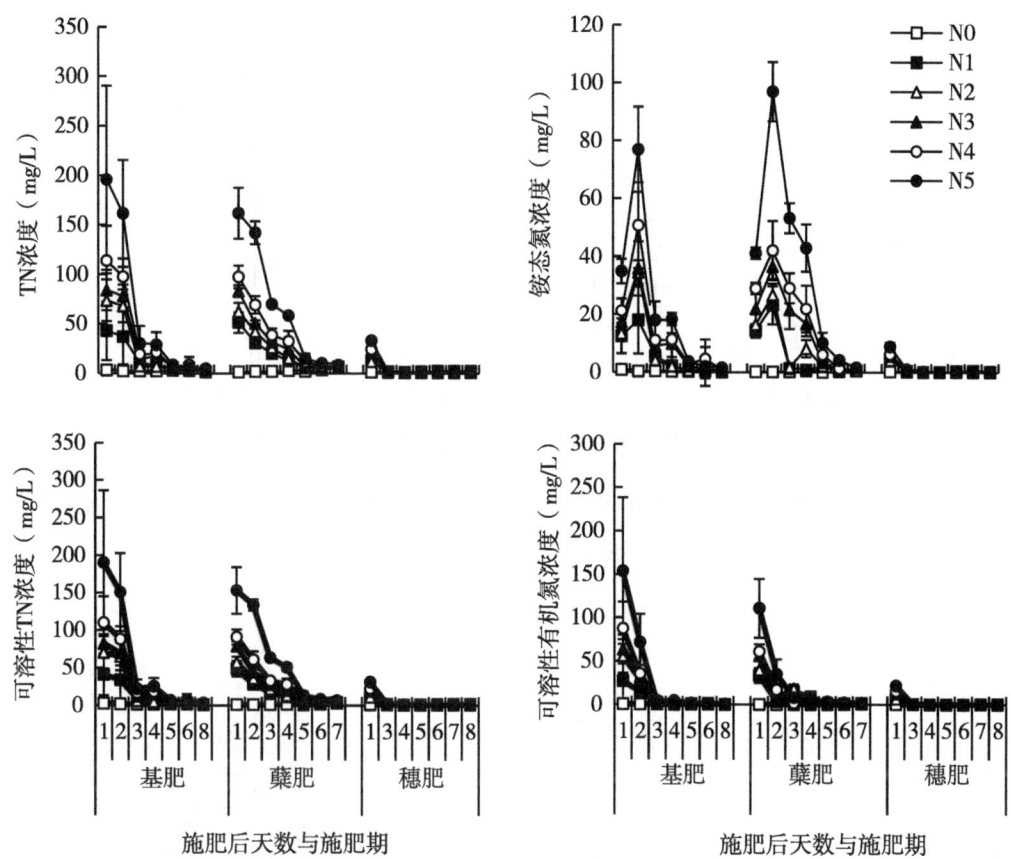

图 3-18 不同施氮水平下田面水中不同形态氮素浓度的动态变化

表 3-2 不同施磷水平下田面水中磷素形态构成

处理	PP/TP（%）	DTP/TP（%）
P0	91.2±3.6a	8.8±3.6d
P1	85.1±2.7b	14.9±2.7c
P2	81.2±1.3bc	18.8±1.3bc
P3	78.8±2.4cd	21.2±2.4ab
P4	77.3±2.2cd	22.7±2.2ab
P5	76.3±2.0d	23.7±2.0a
r ($n=18$)	0.829*	0.829*

注：P0～P5 分别表示施磷 0.0 kg/hm²、37.5 kg/hm²、75.0 kg/hm²、112.5 kg/hm²、150.0 kg/hm²、300.0 kg/hm²（以 P_2O_5 计）；PP、TP、DTP 分别表示 TP、可溶性 TP、颗粒态磷。r 为各形态磷占 TP 比例与施磷量的相关系数。下同。

3.2.1.4 施磷量对田面水中磷素动态变化的影响

施磷肥后 TP、DTP 和 PP 浓度的变化动态基本一致，均在施肥后 1 d 达到峰值，并

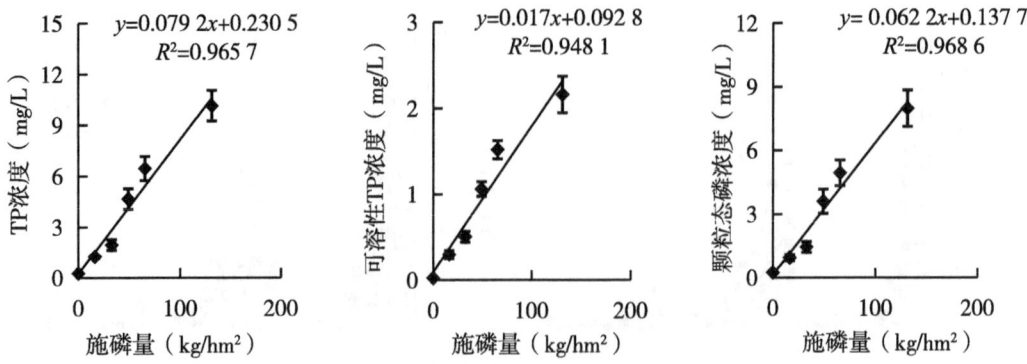

图 3-19 施磷量与田面水中不同形态磷素浓度的关系

在施肥后 3 d 内急剧降低，各处理 TP、DTP、PP 的平均降幅分别高达 80.0%、83.6%、79.0%，而后缓慢降低，在施肥 5 d 后保持平稳（图 3-20）。

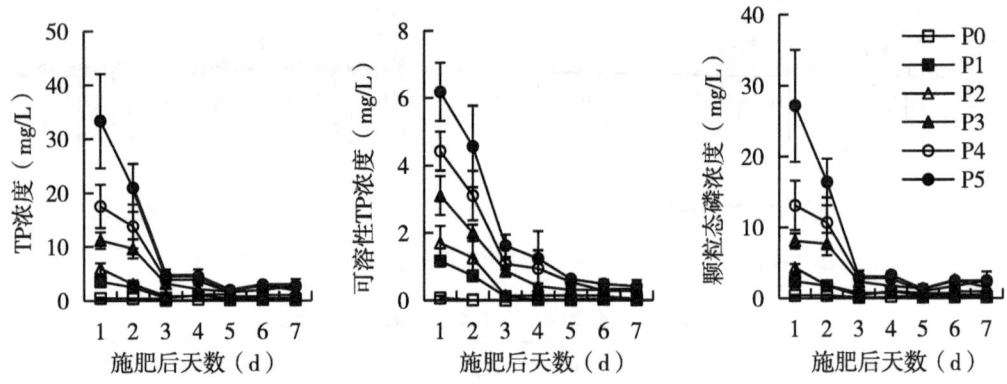

图 3-20 不同施磷水平下田面水中各形态磷素浓度的动态变化

3.2.1.5 稻田田面水氮磷变化特征总结

稻田面水中氮素以 DTN 为主，占 TN 88%以上。在可溶态氮素中，又以 DON 和铵态氮为主，二者占 TN 76.3%以上。施磷肥后，田面水中磷素以 PP 为主，占 TP 76%以上。减少氮、磷肥用量可降低稻田氮、磷损失，且氮肥施用量应尽可能控制在 231.5 kg/hm² 以内。施基肥和分蘖肥后 5 d 内、施穗肥后 2 d 内是控制江汉平原地区稻田氮素损失的关键期，施磷肥后 3 d 内是控制磷素流失的关键期。

3.2.2 稻田氮磷流失成因

泡田至分蘖前期（约 20 d）是稻田氮磷流失的主要时期。在此期，氮磷肥施用集中且比重大（施用了整个水稻季 70%~80%的氮肥和 100%的磷肥）、肥料浅施表施普遍、农田灌水粗放，稻田往往泡田水过多，移栽时会人为主动排放刚施肥的田面水。水稻生长正值降水丰富的时期，水稻季降水量占全年降水量的比重高达70%~80%，而且连续大雨和暴雨多发，再加上农户普遍对农田排水的管理不重视，这也导致了比较严重的氮磷流失。

3.2.2.1 东北单季稻

我国北方单季稻氮磷流失相对较少，全年TN和TP流失量分别为2.13 kg/hm² 和0.12 kg/hm²，而且都发生在水稻种植期。该种植模式氮磷流失主要发生在泡田-栽秧期和七、八月连续大雨和暴雨期，这两个时期氮磷流失量占全年的100%，其中以泡田-栽秧期流失最为严重，此期TN和TP流失量分别占全年的65%和57%，有的年份占100%。

泡田-栽秧期氮磷流失主要是因泡田灌水管理粗放，灌水量大，导致栽秧时人为排放刚施肥的泡田水。因此，控制北方单季稻种植模式氮磷流失，主要是解决泡田-栽秧期人为排水引发的氮磷流失。解决办法如下：

(1) 节水泡田；
(2) 氮肥适当后移；
(3) 底肥深施，降低泡田水中氮磷含量；
(4) 秸秆全量或部分还田替代部分化肥；
(5) 施用缓控释肥减少氮肥用量。

需要注意的是：东北地区因低温期和干旱期长，冬季封冻期长达4~6个月，至五月初，各类生态净化系统及植物体系均未完全解除休眠状态，生长和吸附能力弱，难以快速形成并保持稳定结构。因而，该地区可能不适合生态沟渠、菌-藻-草等技术，如果想要实现沟渠水氮磷过程削减和循环利用，只能选择纯粹的工程措施。

3.2.2.2 南方双季稻

早稻季是降水和氮磷流失的主要时期。早稻降水量为624.5 mm，占全年的50%，晚稻季为342.3 mm，占全年的25%；全年TN和TP流失量为7.43 kg/hm²和0.36 kg/hm²，早稻分别占77%和60%，晚稻分别占21%和28%。在早稻季又有3个主要流失时期，分别是底肥-蘖肥期（前后20 d）、暴雨期以及晒田期，这3个时期氮磷流失量占全年的59%和30%。其中，底肥-蘖肥期是最主要的流失时期，此期TN和TP流失量分别占全年的44%和20%；其次是大雨暴雨期，此期TN和TP流失量分别占全年的10%和5%；另外，晒田期TN和TP流失量也都占全年的5%。

早稻底肥-蘖肥期流失严重的原因有3个：一是底肥和蘖肥密集且比重大，20 d施入所有的N、P肥，田面水氮磷浓度高；二是，降水多，20 d降水多达120 mm；三是耕田农机马力小，泡田水多，移栽前会人为排放刚施肥的泡田水，特别是抛秧时人为排水更严重。

对于控制南方早晚稻氮磷流失而言，早稻虽然流失量大，但降水多，难控制，晚稻虽然流失少，但降水少，相对好控制。因此，控制南方双季稻种植模式的氮磷流失，应采用抓重点顾全程的策略，即抓好早稻，特别是抓好早稻两个主要时期，同时要兼顾控制晚稻的氮磷流失。这样才能取得比较良好的效果。

控制早稻在底肥-蘖肥期的氮磷流失控制对策如下：

(1) 在大马力机械配合下，减少早稻泡田水量，改"大水浅旋"为"少水深旋"，严控人为主动排水；

(2) 降低早稻化肥总量同时减少底肥和蘖肥比重：①冬季绿肥及晚稻秸秆还田下化肥减量；②降低底肥和蘖肥比重；③早稻部分磷肥前移至晚稻季或绿肥；④施用缓控释肥或其他微肥下减少氮肥用量；⑤增密减肥；

(3) 底肥深施，增加耕层土壤氮磷容量，降低泡田水中氮磷含量；

(4) 提升早晚稻田蓄水能力：①根据天气预报提前控制灌溉；②优化田埂排水口高度。

3.2.2.3 南方水旱轮作稻

我国南方水旱轮作模式农区降水和氮磷流失主要发生在水稻季。水稻季降水量为 718.5 mm，占全年的 60%，水旱轮作农田全年 TN 和 TP 流失量分别为 10.97 kg/hm² 和 0.72 kg/hm²，流失的氮素主要以可溶态为主，占 80%，流失的磷素主要以颗粒态为主，占 60%；径流水 TN 浓度平均为 4.19 mg/L，TP 为 0.23 mg/L。从种植季来看，稻季是该轮作模式农田氮磷流失主要时期（图 3-21，图 3-22）。稻季平均降水量为 718.5 mm，占全年的 60%，TN 和 TP 流失量分别为 6.72 kg/hm² 和 0.50 kg/hm²，分别占全年流失量的 61% 和 70%。在水稻季又有两个主要流失时期，水稻季的泡田栽秧期（5 月底至 6 月初）和梅雨期（6 月中旬至 7 月中旬）是该轮作模式农田氮磷的两个最主要流失期（图 3-21，图 3-22）。泡田栽秧期流失的 TN 和 TP 占全年的 18% 和 24%（占稻季的 30% 和 34%）6 月中旬至 7 月中旬梅雨期流失 TN 和 TP 占全年的 27% 和 24%（占稻季的 44% 和 34%）。

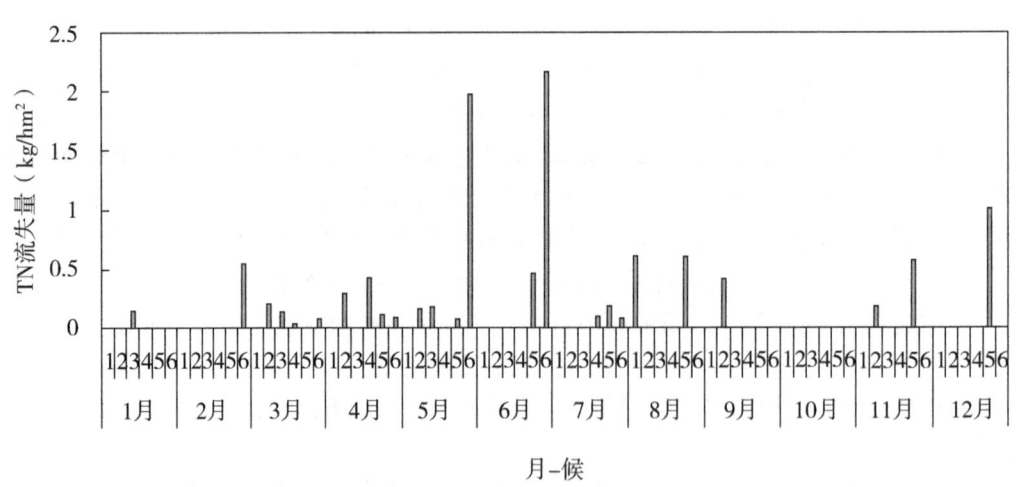

图 3-21 水稻-油菜轮作全年各月候 TN 流失量

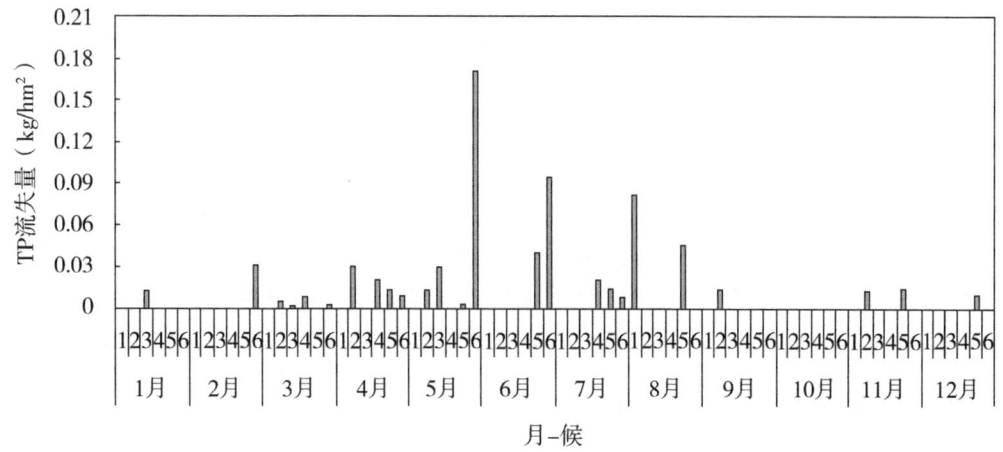

图 3-22 稻-油菜轮作全年各月候 TP 流失量

流失成因：

(1) 底肥比重大。稻季的底肥施用了 60%~70% 甚至是 100% 的氮肥、100% 的磷肥，底肥比重大，使得泡田栽秧期田面水氮、磷浓度很高，容易流失；

(2) 底肥施用深度浅。目前稻季的底肥多采用泡田后表层撒施旋耕，或者是泡田旋耕后表层撒施的方式施用，后一种方式施入的肥料多存于土壤表层，田面水中氮磷浓度很高，即使是第一种方式，也因旋耕深度较浅（多数低于 15 cm），田面水中氮磷浓度也较高，这使得氮磷易流失；

(3) 水分管理粗放。主要表现在两方面，其一是水稻种植中往往是大水灌溉，这使得稻田蓄积降水的能力变差，容易导致氮磷流失。其二是人为排放刚施肥泡田水。对于直播和机插秧水稻，在泡田施肥旋耕后，都要人为排放刚施肥的泡田水（直播稻要排到田面无水层、机插秧稻要排到田面只剩 1 cm 水层），然后进行直播和机插秧，这个排水过程会导致大量的氮磷流失。

对于控制南方水旱轮作稻田氮磷流失而言，应采用抓重点顾全程的策略，即抓好水稻两个主要流失时期，同时要兼顾控制水稻全生育期的氮磷流失。这样才能取得比较良好的效果。

防控对策有：

(1) 降低水稻化肥总量同时减少底肥比重：①晚稻秸秆还田可化肥减量，同时降低底肥比重；②施用缓控释肥或其他微肥，减少氮肥用量，同时降低底肥比重；③增密减肥，同时氮肥适当后移；

(2) 底肥深施；

(3) 严控泡田水排放。泡田水精准控制，使灌水量既适于整地，又利于插秧，还不发生人为排水；

(4) 生育期节水灌溉。①根据天气预报提前控制灌溉；②优化田埂排水口高度。

3.2.2.4 稻田氮磷流失成因总结

（1）北方单季稻田氮磷流失主要发生在泡田-栽秧期和七、八月连续大雨和暴雨期，这两个时期氮磷流失量占全年的100%，其中以泡田-栽秧期流失最为严重，此期 TN 和 TP 流失量分别占全年的65%和57%，有的年份占100%。

（2）双季稻田氮磷流失主要发生在早稻季，占全年氮磷流失量的77%和60%，底肥-蘖肥期（前后20 d）又是早稻季的主要流失时期，此期 TN 和 TP 流失量分别占全年的44%和20%。

（3）水旱轮作稻田，泡田栽秧期（5月底至6月初）和梅雨期（6月中旬至7月中旬）是该轮作模式农田氮磷的两个最主要流失期，泡田栽秧期流失的 TN 和 TP 占稻季的30%和34%，6月中旬至7月中旬梅雨期流失 TN 和 TP 占稻季的44%和34%。

3.2.3 全国稻田氮磷流失规律

3.2.3.1 流失底数

根据全国水稻主产区19省49个水稻面源污染监测点径流产流数据，选取常规管理措施处理，计算各省水稻季氮磷平均流失强度。根据第二次全国面源污染普查数据，获取水稻主产区各省水稻播种面积。进而利用各省稻季氮磷平均流失强度×各省水稻播种面积获得各省稻田氮磷流失底数，各省求和获得全国水稻主产区稻田氮磷流失底数。结果表明：全国水稻主产区稻田氮磷年流失负荷分别为26.75万t和1.70万t（图3-23）。水稻主产区各省份稻田 TN、TP 年径流流失负荷分布范围分别为0.06万~4.64万t和0.004万~0.25万t（图3-24）。江苏、湖南、湖北、安徽、江西、福建、广东和广西是全国稻田氮磷流失关键区域，贡献了 TN 和 TP 负荷的87%和77%以上。

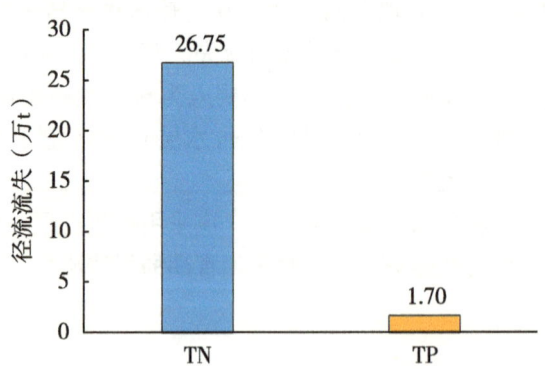

图 3-23 全国水稻主产区稻田氮磷年流失底数

从流失强度角度分析，全国三大水稻主产区各省水稻季 TN、TP 平均径流流失强度分布范围分别为 1.18~28.44 kg N/hm² 和 0.05~1.62 kg P/hm²（图3-25）。TN 平均径流流失强度最低和最高的省分别是东北稻区的黑龙江省和东南沿海稻区的福建省。TP 平均径流流失强度最低和最高的省分别是东北稻区的吉林省和东南沿海稻区的福建省（图3-25）。

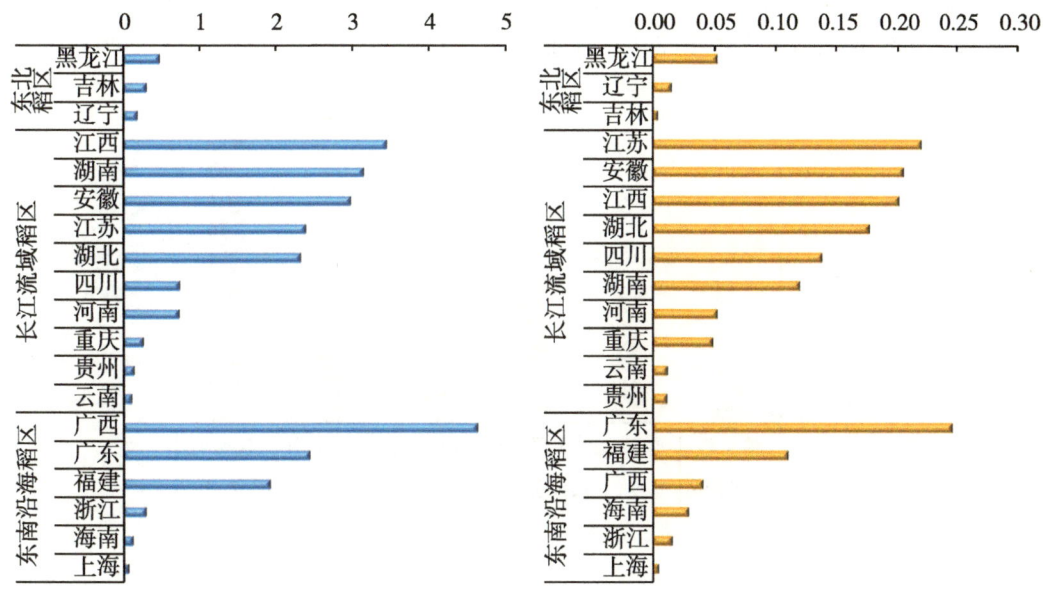

图 3-24 全国水稻主产区各省稻田氮磷径流流失负荷

注：图左、图右分别为氮和磷流失，单位万 t。

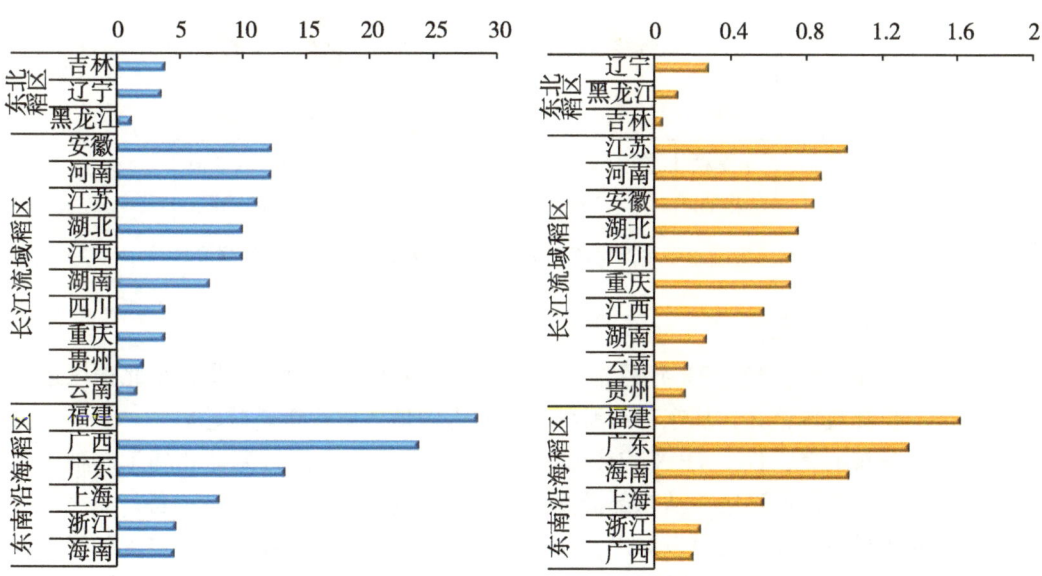

图 3-25 全国水稻主产区各省稻田氮磷径流流失强度

注：图左、图右分别为氮和磷流失，单位 kg/hm²。

不同种植模式角度分析，同一水稻主产区不同轮作模式之间存在一定差异。长江流域稻区，不同轮作模式间 TN 径流流失强度差异不显著，单季稻、水旱轮作和双季稻水稻季 TN 平均径流流失强度分别为 8.22 kg/hm²、9.33 kg/hm² 和 7.28 kg/hm²；TP 平均径流流失强度单季稻（0.90 kg/hm²）、水旱轮作（0.79 kg/hm²）显著高于双季稻

（0.29 kg/hm²）。东南沿海稻区，双季稻氮磷平均径流流失强度（18.13 kg N/hm²，1.10 kg P/hm²）显著高于水旱轮作，且显著高于其他稻区各轮作模式（图3-26）。

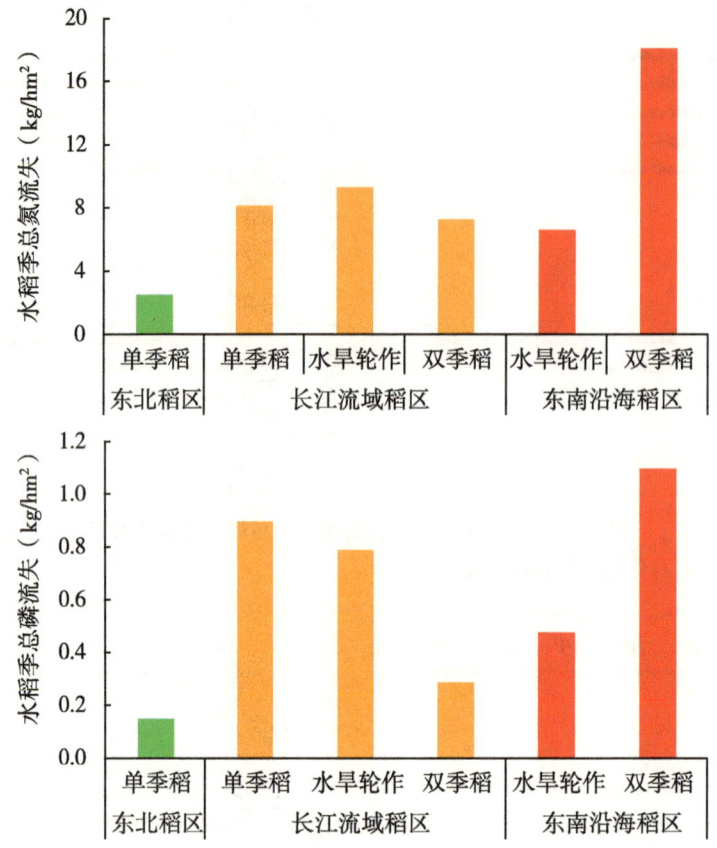

图3-26 全国水稻主产区不同轮作模式水稻季氮磷径流流失强度

3.2.3.2 流失空间格局

从空间分布上看，TN、TP年径流流失负荷均呈现出东南沿海往北到东北稻区逐渐递减趋势；长江流域稻区，从东部沿海各省到西南内地各省逐级递减趋势。

从空间分布上看，TN、TP平均径流流失强度均呈现出东南沿海往北到东北稻区逐渐递减趋势；长江流域稻区，从东部沿海各省到西南内地各省逐级递减趋势。

应用模型模拟结果，也可以看出，对于单季稻或中稻种植系统，较高强度的径流也发生在沿海省份，如海南、江苏、上海和福建等。氮和磷的径流强度分别介于13～20 kg N/（hm²·a）和0.7～1.7 kg P/（hm²·a）。早稻种植系统中氮和磷的流失量及强度的空间格局以湖北、湖南、江西、广东、广西和福建为主要贡献，氮流失量介于5.7～24.2 Gg N/a，磷流失量介于0.3～1.2 Gg P/a；其次为安徽、浙江和海南，氮流失量介于1.5～3.3 Gg N/a，磷流失量介于0.1～0.3 Gg P/a。晚稻生长期间的流失量以广东、广西、湖南、浙江和海南为主，氮磷流失量分别介于5.6～17.3 Gg N/a 和 0.3～0.9 Gg P/a；其次是江苏、江西、湖北和福建，氮的径流量1.6～2.5 Gg N/a，磷的径流量 0.08~0.2 Gg N/a。氮、磷的流失强度以海南、江苏和广东为最大，分别为 10~31 Gg N/a 和 0.5~1.5 Gg P/a。

3.2.3.3 流失关键期

我国水稻种植存在大水大肥的管理特征。水稻生长季与雨季的耦合及其对水肥的需求，导致稻田氮磷素随径流的发生进入周边水体的风险增加。而实际管理中农事操作者又几乎不可能在整个水稻生育期控制稻田水的外排从而控制氮磷的径流流失，因此识别稻田氮磷地表径流流失的关键期显得尤为重要。它既可以为我们提供最佳的管理时间又能节约资源提高管理效率。

1. 田面水氮磷流失风险期

对不同稻区多年水稻施肥后田面水的连续监测结果表明，田面水中氮磷浓度均在施肥后第一天达到峰值，随施肥天数的延长，浓度逐渐降低，累积削减速率呈线性平台趋势。施肥后 7 d 内是田面水氮磷流失的风险时段，7 d 后与施肥后第一天相比，氮磷浓度分别削减 80%~88%、66%~80%（图 3-27，图 3-28）。

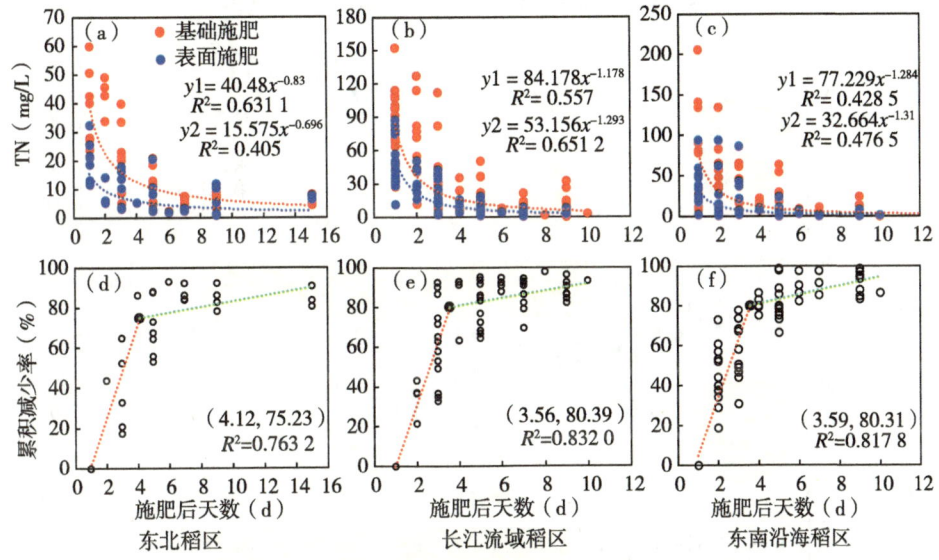

图 3-27 全国水稻主产区稻田田面水氮浓度变化

2. 径流水氮磷流失风险期

由于我国水稻种植从北到南分布范围广，不同气候条件使得不同水稻主产区间降水量、降水分布、降水产流和施肥时间存在较大差异。东北稻区，水稻生长季降水量（553 mm）占年平均降水量（631 mm）的 87.6%。75% 的基肥施用时期降水量较小且几乎无产流事件发生。降水产流的风险期主要发生在施肥量较少的追肥期（6—8 月，约 48% 的氮肥分 2~3 次追施）（图 3-29a）。长江流域稻区，水稻生长季约用占全年平均（1 342 mm）71.2% 的降水产生了占全年 78.4% 的径流。与东北稻区不同，其降水产流的风险期与基肥和追肥的施用时期高度吻合，其中，87.8% 的基肥和 96.4% 的追肥施用时期集中了占全年 54.8% 的降水和 58.2% 的产流（图 3-29b）。在东南沿海稻区，

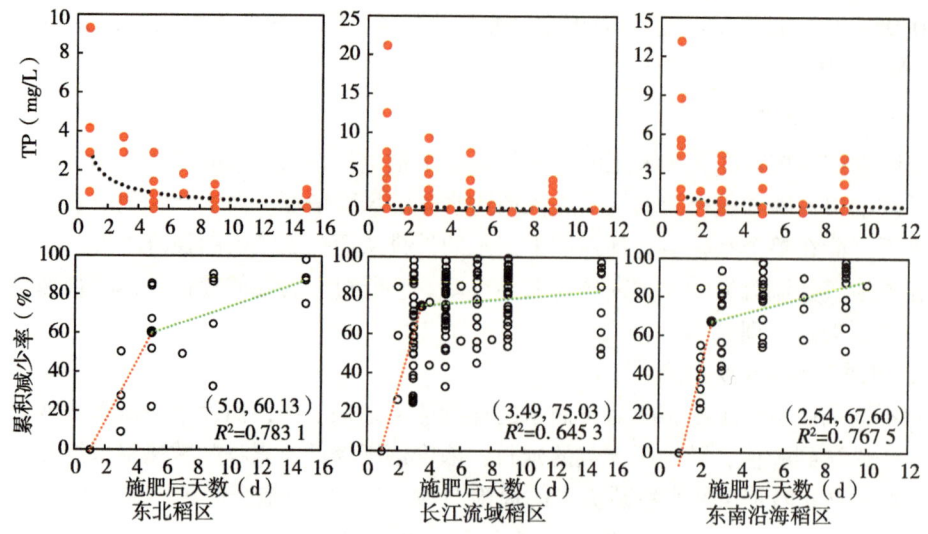

图 3-28 全国水稻主产区稻田田面水磷浓度变化

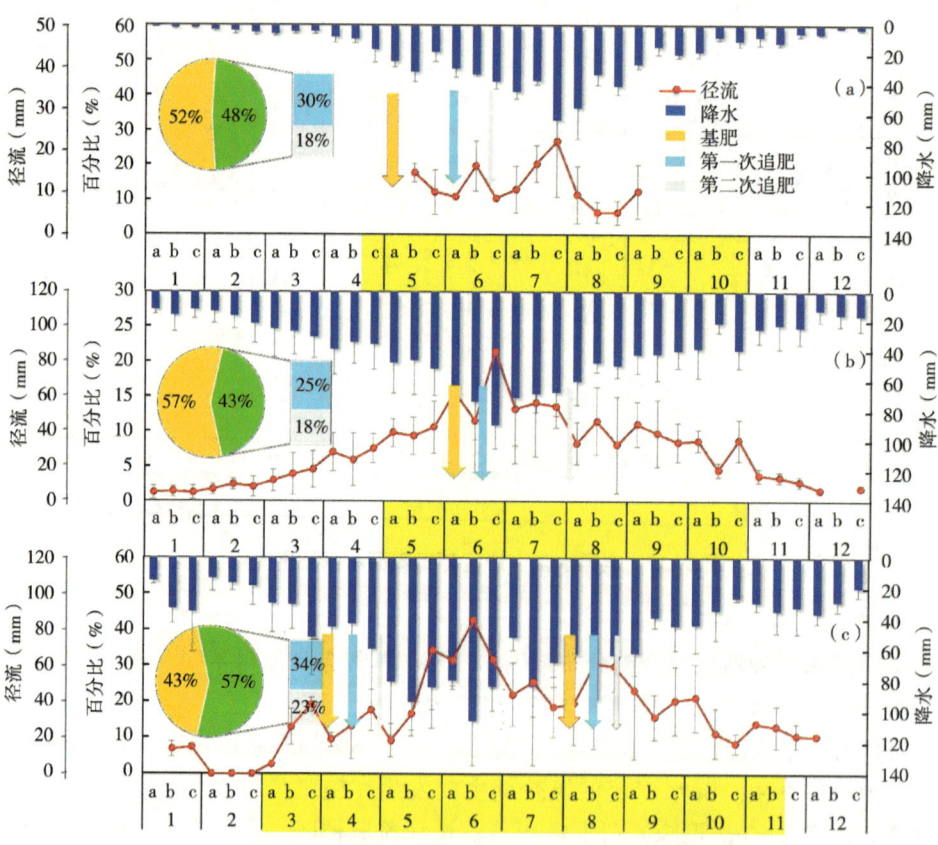

图 3-29 不同水稻主产区降水、产流和施肥的耦合

注：(a)、(b)、(c) 分别代表东北稻区、长江流域稻区和东南沿海稻区。X 轴数字代表月份，a、b、c 分别代表上中下旬，黄色背景代表水稻生育期。

水稻生长季的降水（1 508 mm：早稻 780 mm，晚稻 728 mm）占年平均降水（1 753 mm）的 86.0%，其中，约 93.6% 的年径流量发生在水稻生长季。降水产流风险期贯穿整个水稻生长期。两季水稻 80% 以上的基肥和 80% 以上的追肥施用时期集中了全年 50% 以上的降水和产流（图 3-29c）。

施肥期间氮和磷径流流失比例在东北地区较小，而长江流域和东南沿海地区施肥期的占比较大（氮 10%~32%，磷 13%~59%）。其中，单季稻或中稻以及晚稻的氮、磷流失在施肥期占比的贡献较大，而早稻季施肥期间氮和磷流失的占比较小。对于晚稻，由于极端降水和施肥事件之间的同步性，其施肥期与非施肥期氮、磷径流流失的占比相当，以西南地区施肥期间（氮 20%~37%，磷 17%~27%）和江苏省（氮 71%，磷 70%）占比最大。因此，施肥期间的氮磷径流对整个水稻生长季的贡献较大，同时受到当地降水季节性以及种植系统选择的影响。

3.2.3.4 水-氮-磷收支平衡

1. 水量收支

基于 6 个试验田块全生育期的水分收支平衡计算结果，我们对各试验田块的水分收支结构及区域差异进行分析。首先，不同试验田块全生育期水分输入量存在差别。如图 3-30a 所示，各试验田块单位面积上的水分总输入量从大到小依次为：荆州

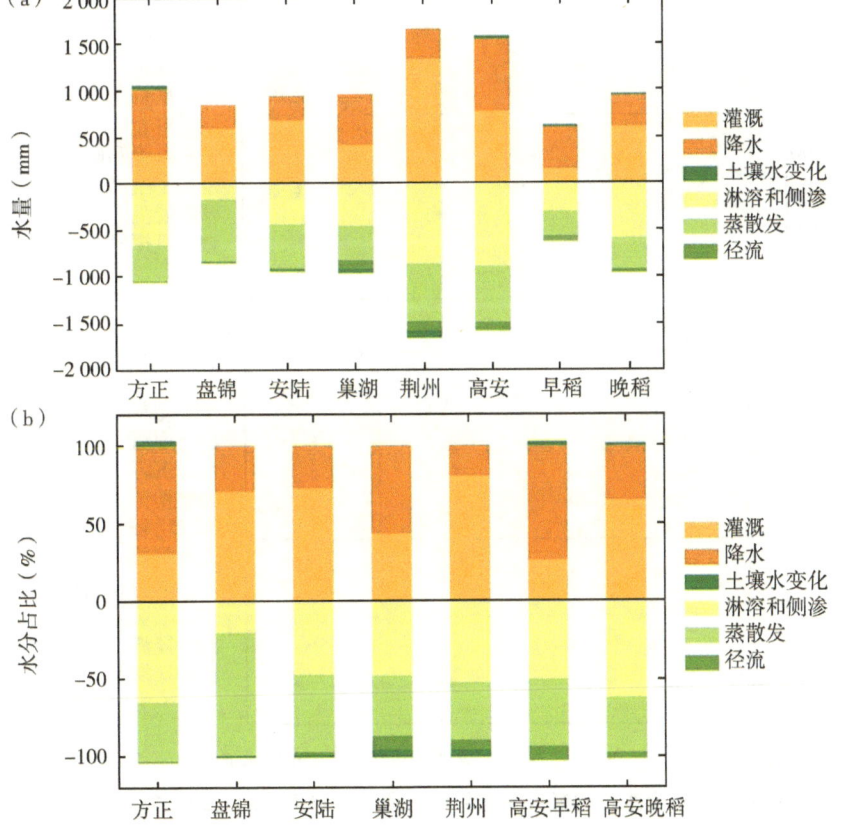

图 3-30 稻田全生育期水分收支平衡各项计算结果（a）及所占比例（b）

（1 654 mm）＞方正（1 019 mm）＞巢湖（956 mm）＞高安晚稻（947 mm）＞安陆（937 mm）＞盘锦（844 mm）＞高安早稻（607 mm）。

其次，各试验田块的水分输入、输出结构也存在差别。如图 3-30b 所示，水分输入中，荆州（80.8%）、安陆（73.1%）、盘锦（71.1%）和高安晚稻（65.1%）以灌溉为主，方正（68.6%）和高安早稻（73.1%）以降水为主，巢湖灌溉（43.9%）和降水（56.1%）的贡献大致相当。水分输出中，方正（64.8%）和高安晚稻（62.1%）以淋溶和侧渗为主，安陆、巢湖、荆州和高安早稻淋溶和侧渗造成的水分损失均占总输出量的一半左右（49.4%±2.0%），盘锦淋溶和侧渗流失水分的比例最小（20.3%），大部分水分通过蒸散发损失（79.0%）。

2. 氮收支

各试验田氮素输入存在差别。如图 3-31a 所示，各试验田块氮素输入强度从大到小依次为：荆州（273.1 kg N/hm²）＞盘锦（264.4 kg N/hm²）＞高安晚稻＞（226.9 kg N/hm²）＞巢湖（198.4 kg N/hm²）＞安陆（191.2 kg N/hm²）＞高安早稻（190.2 kg N/hm²）＞方正（172.7 kg N/hm²）。

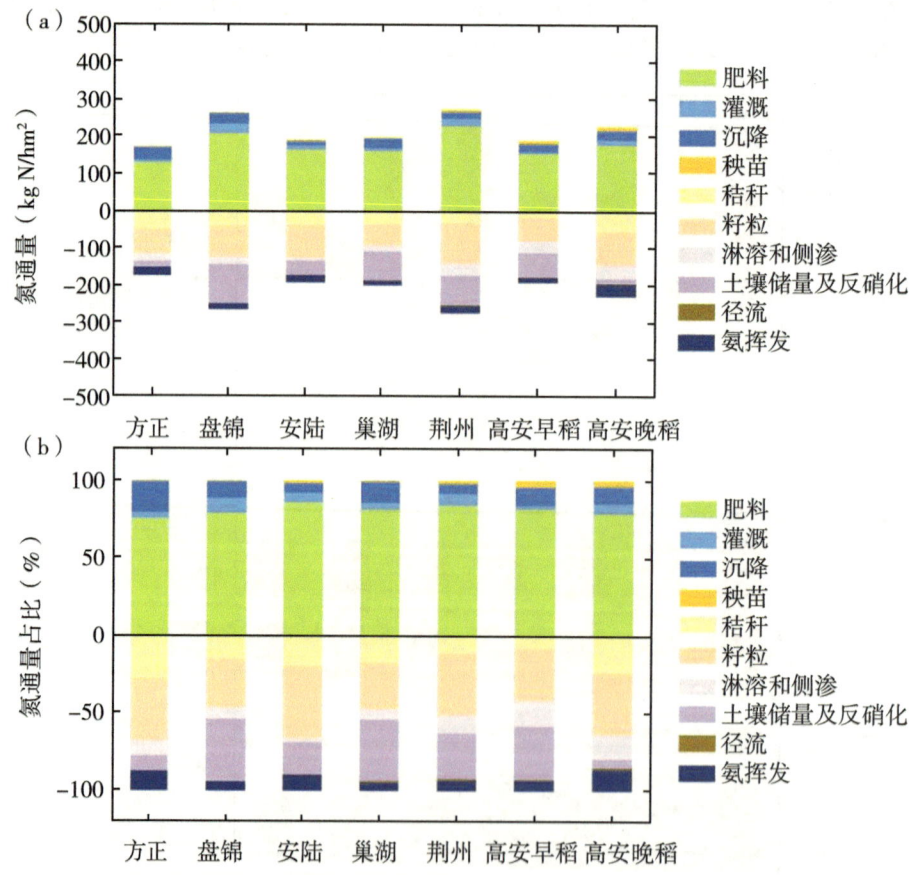

图 3-31 稻田全生育期氮素收支平衡各项计算结果（a）及所占比例（b）

其次，各试验田块氮素输入、输出结构既有相同之处，也有不同之处。如图 3-

31b 所示，氮素输入均主要来自肥料，肥料投入氮素占氮素总投入的 81.3%±3.2%。灌溉、干湿沉降和秧苗带入氮是稻田中不可忽视的氮素来源，除荆州外，干湿沉降均是除氮肥外最大的氮素输入项。氮素输出均以植株吸收为主，秸秆含氮量占氮素总投入的 17.6%±6.2%，籽粒含氮量占比 38.1%±5.4%，土壤氮库均出现了盈余。除反硝化外，径流是氮素损失最少的一项。

3. 磷收支

各试验田块全生育期磷素输入存在差别。如图 3-32a 所示，各试验田块磷素输入强度从大到小依次为：巢湖（47.2 kg P/hm²）>盘锦（44.3 kg P/hm²）>高安晚稻（35.6 kg P/hm²）>高安早稻（34.3 kg P/hm²）>荆州（30.4 kg P/hm²）>方正（25.2 kg P/hm²）>安陆（14.0 kg P/hm²）。

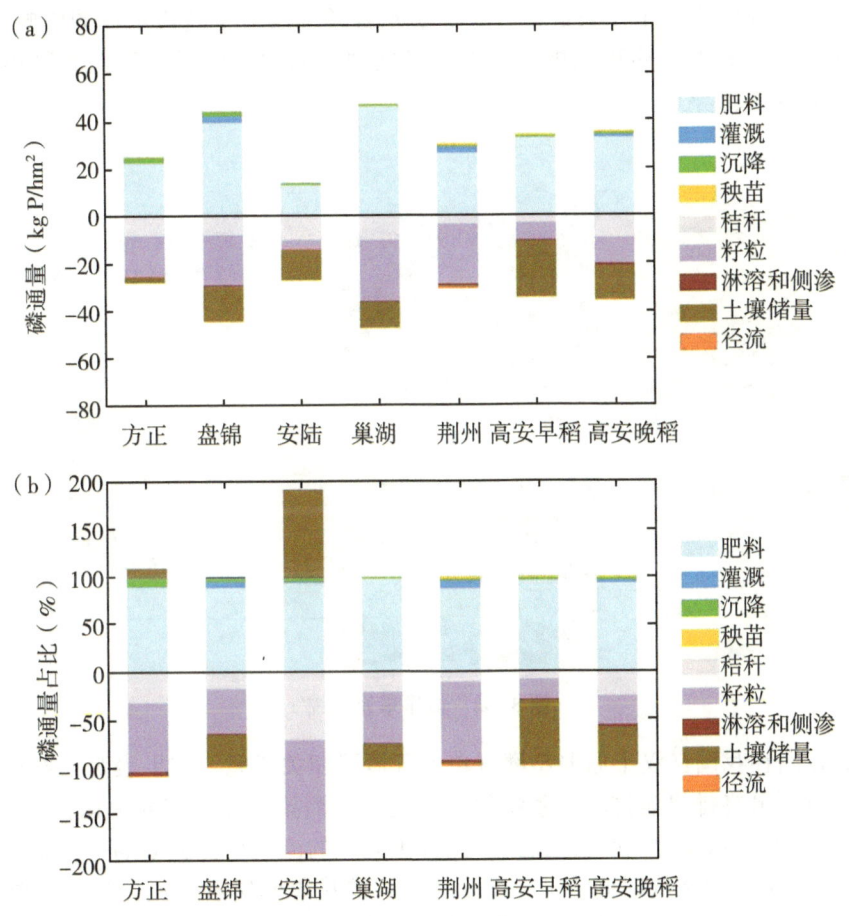

图 3-32 稻田全生育期磷素收支平衡计算结果（a）及所占比例（b）

各试验田块磷素输入均主要来自磷肥，占磷素总投入的 92.7%±3.6%，不同田块之间相差不大（图 3-32b）。安陆和方正的土壤磷库出现耗竭，其余田块的磷素均有所盈余。磷素输出的主要途径为植株吸收，各田块之间籽粒吸磷量（61.1%±30.9%）均高于秸秆吸磷量（27.5%±19.9%），但相互之间差别较大。淋溶和侧渗是磷素损失的第二大途径（1.7%±1.4%），而通过径流流失损失的磷素占比很小（0.3%±0.4%）。

3.3 流失污染风险

3.3.1 稻田氮磷流失对邻近水体污染风险

3.3.1.1 灌排单元尺度氮磷流失对邻近水体污染风险

为满足水稻生长对水的需求，在我国平原水网区，稻田一般与其周边沟渠组成灌排单元（irrigation drainage unit，IDU）（图3-33），以实现稻田的灌溉和排水。基于这一管理模式，稻田径流氮磷最先进入周边沟渠系统，并没有直接进入周边的水体，稻田对周边水体的影响主要来自稻田灌排单元氮磷排放对于周边水体的影响。因此，探究灌排单元内氮磷输移转化规律，将对降低稻田面源污染风险和提高稻田水肥高效管理具有现实指导意义。

图3-33　灌排单元系统

为此我们在我国江汉平原典型灌排单元开展了相关研究，结果表明，氮磷元素从流失发生再到最终排出灌排单元系统的过程是一个灌排单元系统对氮磷的削减过程。综合考虑氮素的地表径流和气体损失，灌排单元氮的流失防控关键是施肥后2周内（基肥和蘖肥施用的2周时间内）（图3-34）；灌排单元磷素的流失过程主要是颗粒态磷的搬运和沉降过程，灌排单元对于磷的"汇"功能大于"源"功能，磷的流失防控关键期是降水、灌溉或施肥扰动后1周内（图3-35）。

综上，综合考虑灌排单元内氮磷流失的风险期，将施肥后2周作为灌排单元氮磷流失控制关键期，在氮磷流失的关键期内，沟渠水适当外排保持较低的水位，为极端降水事件腾出库容，以减少控制关键期沟渠水的外排。根据研究结果，如果实现2周关键期沟渠水不外排，氮磷流失给周边水体带来的环境风险将分别可减少70%

和50%。

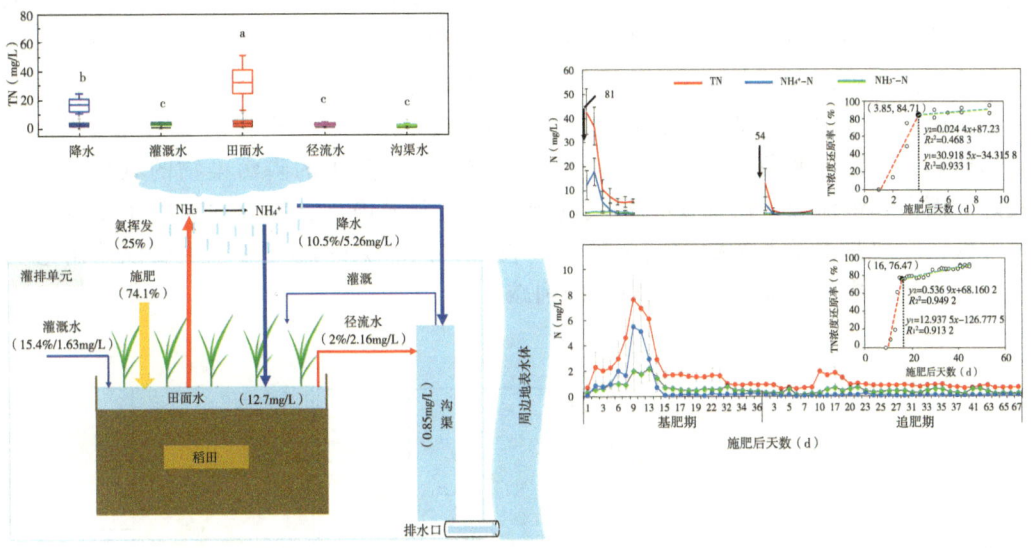

图3-34 灌排单元氮输移特征

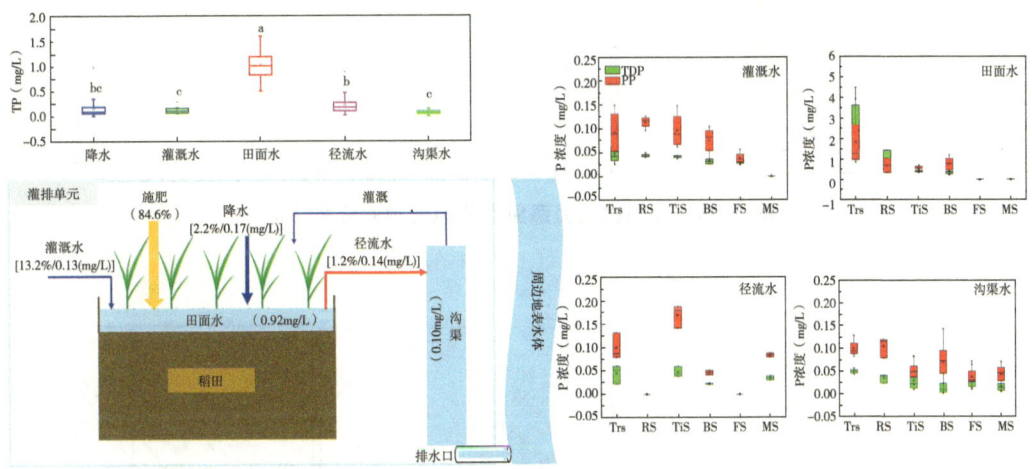

图3-35 灌排单元磷输移特征

3.3.1.2 流域稻田氮磷流失对邻近水体污染风险

1. 面源氮磷污染风险空间分布特征

流域面源污染流失风险空间分布特征如图3-36和图3-37所示，流域面源污染流失风险主要包括潜在污染、轻度污染风险和中度污染，稻田的污染流失风险小于旱田。阿布胶河流域面源污染流失风险主要为中度污染、轻度污染和强度污染，少部分地区处于重度污染风险，阿布胶河流域稻田主要处于中度流失风险，部分距离河流较近的田块处于强度流失风险。小府河流域农田的分布较分散，面源污染流失风险的空间分布也比较分散，大部分地区处于潜在流失风险和轻度流失风险，受农业活动的影响流域南部的污染风险相对较大，同时流域南部 TN 的流失风险明显增加。同时小府河流域独特田沟塘的系统在一定程度上可以降低面源污染进入河流的风险，故小府河流域水田的流失风险大多处于轻度污染风险。白陆港流域面源的污染风险较高的地区主要集中在流域下游，白陆港流域稻田的面源磷污染风险多处于轻度污染风险和中度污染风险，该流域具有田-沟渠系统，沟渠里的植物等可以对污染物质起到一定的截留作用，尤其是对以颗粒态流失为主的磷污染物的衰减效果比较好。而白陆港流域下游面源氮污染的流失风险明显增加，部分地区处于重度污染风险区，主要是由于下游距离河流的距离较近，同时氮的流失形态主要以溶解态为主，迁移过程中的削减作用小于对磷的削减。

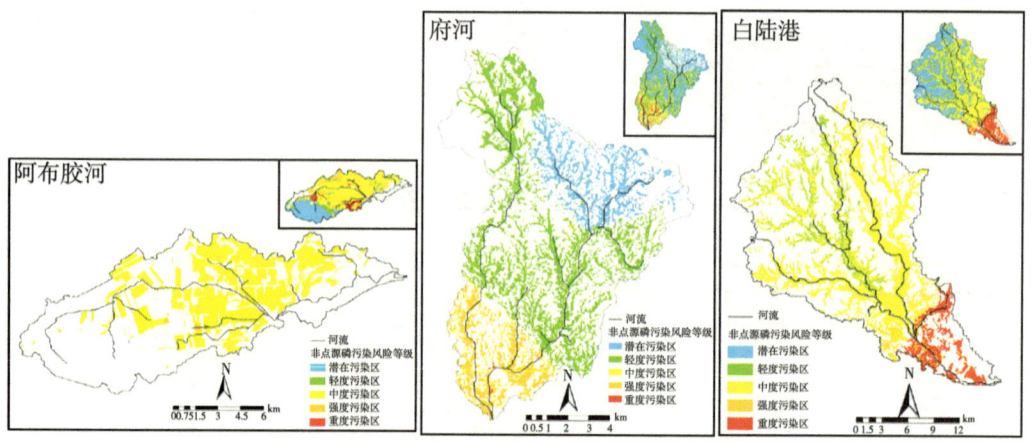

图 3-36 流域稻田面源氮污染风险空间分布特征

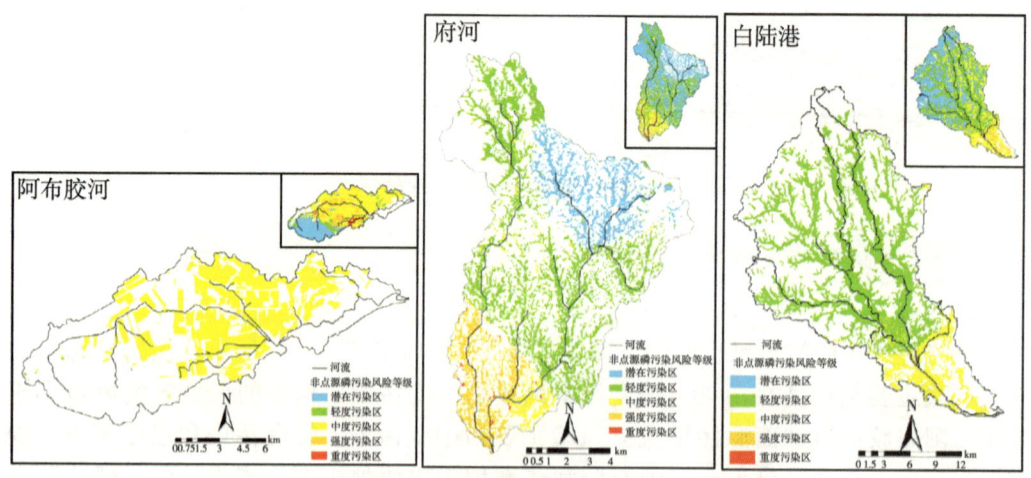

图 3-37 流域稻田面源磷污染风险空间分布特征

2. 面源氮磷污染风险关键期识别

流域面源污染流失风险时间分布特征如图3-38所示，稻田面源氮磷流失风险小于旱田。阿布胶河流域稻田面源氮磷流失污染风险主要集中在3—8月，受融雪和降水的影响，3月、4月、7月和8月是稻田面源污染流失风险的关键时期。受降水的影响小府河流域面源污染流失风险主要集中在4—9月，由于小府河流域的降水主要集中在6月和7月，所以7月的稻田的面源氮磷污染风险流失最大。与小府河流域相同，白陆港流域稻田面源流失风险主要受降水的影响，面源污染流失风险的发生时间主要集中在3—8月，6月稻田面源污染风险相对最大。

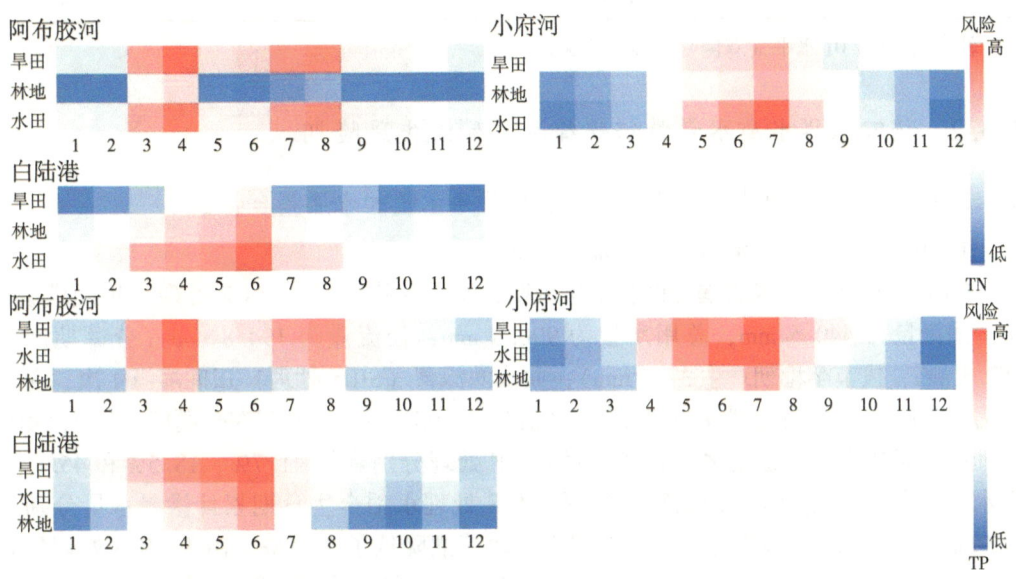

图3-38 流域面源氮磷污染风险时间分布特征

3. 流域稻田污染风险影响因素分析

典型流域稻田面源氮磷污染风险与环境因子相关分析如表3-3所示。由于阿布胶河流域TP流失受到融雪和降水的影响较多，阿布胶河流域稻田TN和TP污染风险受地表径流深影响最大（$R^2>0.85$，$P<0.01$）。而在水热条件比较充沛的小府河流域和白陆港流域降水和稻田氮磷污染风险的相关性比阿布胶河流域高，$R^2>0.60$，$P<0.01$。多年月平均降水和面源磷流失特征也表明，小府河流域和白陆港流域的磷的年内流失特征受降水影响较大。与其他两流域相比，小府河流域稻田氮磷污染风险与温度和蒸散发的相关性相对较大。在不同水热条件下，稻田TP污染风险和地表径流、土壤侵蚀的相关性相对较大，TP流失负荷与地表径流的相关性可以达到0.84（$P<0.01$）以上，与土壤侵蚀模数的相关性可以达到0.58（$P<0.01$）以上。由于磷更容易吸附在表层土中，土壤侵蚀的发生过程导致磷随土壤迁移到附近的水体中。

表 3-3 流域稻田面源氮磷污染风险与环境因子相关分析

		降水	温度	蒸散发	土壤侵蚀模数	地表径流深	距离
阿布胶河		0.418**	0.411**	0.437**	0.488**	0.858**	0.307**
小府河	TN	0.623**	0.543**	0.577**	0.383**	0.541**	0.339**
白陆港		0.563**	0.214**	0.202**	0.524**	0.572**	0.619**
阿布胶河		0.325**	0.332**	0.355**	0.589**	0.863**	0.514**
小府河	TP	0.805**	0.676**	0.783**	0.696**	0.841**	0.513**
白陆港		0.887**	0.370**	0.430**	0.732**	0.905**	0.437**

注：**，在 0.01 水平（双侧）上显著相关。

3.3.2 稻田灌排水质水量特征规律及氮磷流失风险期

3.3.2.1 典型种植模式和水肥管理下稻田排水水量和水质耦合特征

1. 田间降水量、径流量、灌溉量与渗漏量

2016 年移栽中稻水肥耦合试验结果表明，常规灌排方式下（CF 处理）田间灌溉 7 次，灌溉量为 440.5 mm，总用水量为 990.8 mm，径流量为 194.8 mm（分蘖期产生 157.3 mm，拔节孕穗期产生 37.5 mm），而浅灌深蓄（SIDS 处理）田间灌溉 4 次，灌溉量为 257 mm，总用水量为 807.3 mm，径流量为 105.6 mm（全部在分蘖期产生）。SIDS 处理田间灌溉水量、总用水量和径流量较 CF 处理分别降低 41.7%，18.5% 和 45.8%，降水利用率增加 16.2%。经估算，CF 和 SIDS 处理水稻全生育期累计渗漏水量分别为 343 mm 和 268 mm，浅灌深蓄处理渗漏水量较淹灌降低了 21.9%。由于 SIDS 处理显著削减了灌溉次数和灌溉量，使得田间水分负荷、径流量和渗漏量明显下降。

2017 年直播中稻水肥耦合试验结果表明，CF 处理产生径流量为 1 500.70 m³/hm²，而 SIDS 处理为 987.44 m³/hm²，相比 CF 处理径流量减少了 34.20%，可有效降低稻田排水量。

2018 年直播稻和机插稻水肥耦合试验表明，水稻生长期降水偏少，导致稻田灌溉量大，直播稻整个生育期 CF 处理灌水量为 1 191.68 mm，其中晒田后（5 月 15 日—7 月 28 日—收获）占 68.46%，采用干湿交替灌溉其灌溉量为 CF 处理的 73.02%，节约用水 321.51 mm；机插稻 CF 处理灌水量为 1 368.30 mm，其中晒田后占 76.99%，采用干湿交替灌溉其灌溉量为 CF 处理的 65.77%，节约用水 468.34 mm。水稻生长期降水少，产生径流的次数和径流量也小。2018 年直播稻、机插稻在整个生育期均只有 1 次排水。直播稻是由于播种前水层过深影响播种（5 月 15 日），排水量为 11.87 mm，机插稻是由于排水晒田（7 月 17 日），排水量为 8.31 mm。

2. 水稻生育期稻田不同形态氮磷径流流失量

2016 年移栽中稻水肥耦合试验结果表明，常规灌排方式下（CF 处理），稻田氮磷径流流失量的 70% 左右在分蘖期，30% 左右径流流失量在拔节孕穗期，而浅灌深蓄

(SIDS) 条件下，稻田氮磷径流流失期全在分蘖期，因为江汉平原的梅雨季节正处于中稻的返青期-拔节孕穗期，而此时稻田的施肥量大，田面水氮素和磷素浓度高，使得返青期-分蘖期成为降低稻田氮磷径流流失的关键时期。CF 处理下，全生育期稻田铵态氮、硝态氮、TN、DP 和 TP 径流流失量分别介于 1.99~2.69 kg/hm², 0.77~1.16 kg/hm², 4.30~6.07 kg/hm², 0.14~0.16 kg/hm² 和 0.32~0.34 kg/hm²，而浅灌深蓄较常规灌溉方式，铵态氮、硝态氮、TN、DP 和 TP 径流流失量分别降低 28.5%~35.7%, 22.4%~54.5%, 32.6%~35.9%, 35.7%~60.0% 和 36.4%~53.1%。

两种水管理方式下，CRF 处理和 OPT-N 处理较 FFP 处理，TN 径流流失量可分别降低 19.7%%~29.2% 和 25.4%~51.7%，但 TP 径流流失量差别非常小；各处理间方差分析表明，常规灌溉和浅灌深蓄方式下 CRF、OPT-N 处理 TN 径流总流失量均显著低于 FFP 处理，SIDS+OPT-N 处理 TN 径流总流失量可降低至 2.90 kg/hm²，常规灌溉方式下 TP 径流总流失量在 3 种施肥之间处理差异不显著，但浅灌深蓄方式下 OPT-N 处理 TP 径流总流失量显著低于 FFP 处理，可达到 0.15 kg/hm²，表明水稻生长前期氮肥控释或减量施用，可有效降低氮素流失，但是对磷素流失的影响较小（表 3-4）。

表 3-4 移栽中稻不同水肥处理下稻田各形态氮素和磷素径流流失量　　单位：kg/hm²

生育期	指标	CF			SIDS		
		FFP	CRF	OPT-N	FFP	CRF	OPT-N
分蘖期	铵态氮	2.27a	1.53b	1.54b	1.73a	1.43b	1.28b
	硝态氮	1.07a	0.90b	0.73b	0.90a	0.66b	0.35c
	TN	4.76a	3.20b	2.30c	3.89a	3.20b	2.90b
	TDP	0.11a	0.12a	0.12a	0.09a	0.08a	0.06a
	TP	0.27a	0.27a	0.26a	0.21a	0.19a	0.15a
拔节孕穗期	铵态氮	0.43a	0.47a	0.45a	—	—	—
	硝态氮	0.09a	0.06a	0.04b	—	—	—
	TN	1.31a	1.67a	1.51a	—	—	—
	TDP	0.03a	0.03a	0.03a	—	—	—
	TP	0.06a	0.07a	0.06a	—	—	—
总流失量	铵态氮	2.69a	2.00b	1.99b	1.73a	1.43b	1.28b
	硝态氮	1.16a	0.95b	0.77c	0.90a	0.66b	0.35c
	TN	6.07a	4.87b	4.30b	3.89a	3.20b	2.90b
	TDP	0.14a	0.16a	0.15a	0.09a	0.08a	0.06a
	TP	0.33a	0.34a	0.32a	0.21a	0.19a	0.15a

注：小写字母分别表示方差分析结果反映的处理间在 5%水平上的差异性（$P<0.05$），下同。

2017 年直播中稻水肥耦合试验结果表明，常规灌溉方式下约 85%的氮磷径流流失发生在分蘖期，15%左右在苗期；而浅灌深蓄条件下，75%左右的氮磷径流流失发生在分蘖期，25%左右在苗期。因为江汉平原的梅雨季节正处于直播中稻的分蘖期，而此时稻田距施肥时间较近，田面水氮素磷素浓度高，使得苗期-分蘖期成为降低中播中稻稻田氮磷径流流失的关键时期。常规灌溉方式下，全生育期稻田铵态氮、硝态氮、TN、TP 和 DP 径流流失量分别介于 1.94~4.24 kg/hm²、0.28~0.50 kg/hm²、6.55~8.53 kg/hm²、0.15~0.36 kg/hm² 和 0.03~0.07 kg/hm²，而浅灌深蓄较常规灌溉方式，铵态氮、硝态氮、TN、TP 和 DP 径流流失量分别降低了 33.51%~47.41%、28.57%~46.0%、41.53%~47.01%、40.0%~44.44% 和 36.67%~57.14%。在水稻整个生育期，TN 总径流流失量 CRF、OMP 较 FFP 显著减低，显见，在水稻整个生育期，TN 总径流流失量 CRF、OMP 较 FFP 显著减低，CRF 显著低于 OMP；TP 的总径流流失量 CRF、OMP 较 FFP 显著减低，但采用 SIDS 水分管理时 CRF 处理的 TP 径流流失量与 OMP 处理差异不显著，而采用 CF 水分管理时 CRF 处理的 TP 径流流失量比 OMP 处理显著降低。总的来看，使用缓控释肥有助于减少稻田养分的流失，其 TN 径流流失量可降低 10.14%~23.18%，TP 径流流失量可降低 47.07%~59.74%（表 3-5）。

表 3-5 直播中稻不同水肥管理下稻田氮磷径流流失量　　　　单位：kg/hm²

生育期	指标	SIDS			CF		
		FFP	CRF	OMF	FFP	CRF	OMF
播种前	铵态氮	0.665 4a	0.328 6b	0.428 4b	0.848 7a	0.381 6b	0.640 5b
	硝态氮	0.065 8a	0.043 6b	0.043 8b	0.093 1a	0.060 5b	0.063 2b
	TN	0.844 8a	0.402 9c	0.612 5b	0.992 3a	0.469 0c	0.836 8b
	TP	0.101 9a	0.024 8b	0.026 2b	0.203 9a	0.030 4c	0.055 7b
	TDP	0.006 4a	0.002 3c	0.002 8b	0.011 1a	0.003 5c	0.005 1b
苗期-分蘖期	铵态氮	1.322 4a	0.838 7c	1.088 2b	3.655 7a	1.542 8c	1.895 6b
	硝态氮	0.196 1a	0.151 4b	0.156 7b	0.397 8a	0.233 0c	0.286 7b
	TN	4.208 1a	3.943 3b	3.806 9b	7.415 9a	6.190 6c	6.896 9b
	TP	0.087 7a	0.072 7c	0.082 8b	0.149 7a	0.126 5c	0.134 3b
	TDP	0.025 2a	0.015 7c	0.019 4b	0.058 5a	0.025 9c	0.033 5b
总流失量	铵态氮	2.233 3a	1.291 7c	1.616 9b	4.238 6a	1.941 5c	2.512 2b
	硝态氮	0.268 6a	0.198 2b	0.205 5b	0.502 9a	0.284 7c	0.335 4b
	TN	4.521 1a	3.832 3c	4.062 8b	8.529 8a	6.553 0c	7.016 9b
	TP	0.197 8a	0.095 8b	0.104 7b	0.363 6a	0.146 4c	0.183 3b
	TDP	0.031 3a	0.018 3c	0.022 5b	0.069 6a	0.029 8c	0.037 1b

2018 年直播稻和机插稻水肥耦合试验表明，浅灌深蓄和常规灌溉相比，具有显著的节水和减少稻田氮磷排放的效果。浅灌深蓄下，灌溉水量和径流量较常规灌溉分别降低 30.46% 和 34.20%，全生育期稻田铵态氮、硝态氮、TN、TP 和 DP 径流流失量分别

降低了 33.51%~47.41%、28.57%~46.0%、41.53%~47.01%、40.0%~44.44% 和 36.67%~57.14%。施用缓控释肥、有机无机复混肥料有助于降低稻田养分流失，其中施用缓控释肥降低效果最佳，其 TN 径流流失量可降低 10.14%~23.18%，TP 径流流失量可降低 47.07%~59.74%。FFP、CRF、OPT 3 个处理其 TN 流失量分别占肥料投入量的 2.36%、0.80%、0.42%（直播稻），0.41%、1.10%、0.65%（机插稻）。在直播稻生长前期，CRF 和 OPT 处理可显著降低氮磷流失量；而机插稻分蘖末期 CRF 处理不仅未能降低氮磷流失量，反而显著增加，OPT 处理亦未能降低氮磷流失量（图 3-39）。

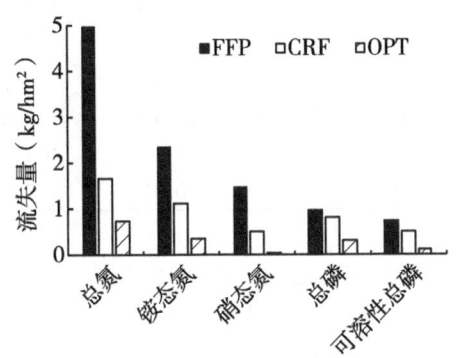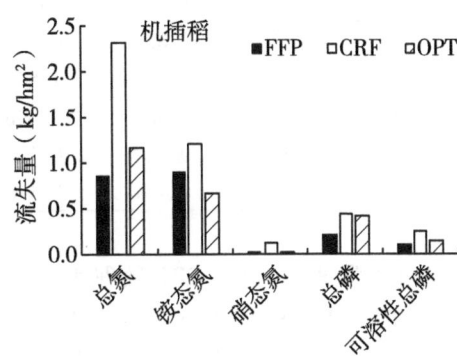

图 3-39 直播稻和机插稻稻田氮磷流失量

3. 水稻各生育期稻田不同形态氮、磷素渗漏流失量

2016 年移栽中稻水肥耦合试验结果表明，返青期-拔节孕穗期稻田氮素和磷素渗漏量占全生育期的 75% 以上，因为此阶段稻田需水量较大，又正处于江汉平原梅雨期。常规灌溉方式下，全生育期稻田铵态氮、硝态氮、TN、TDP 和 TP 渗漏流失量分别介于 8.98~13.83 kg/hm²，1.40~2.83 kg/hm²，14.16~19.38 kg/hm²，0.22~0.32 kg/hm²，0.37~0.49 kg/hm²，而浅灌深蓄较常规灌溉方式，铵态氮、硝态氮、TN、TDP 和 TP 渗漏流失量分别降低 23.5%~28.1%，12.9%~37.5%，22.8%~32.0%，5.0%~36.4% 和 16.2%~33.3%，其中铵态氮、硝态氮和 DP 是 TN 和 TP 淋失的主要形态，浅灌深蓄处理降低各形态氮素、磷素渗漏流失量主要在返青期-拔节孕穗期这个生育阶段，因此此阶段是降低稻田氮磷淋失的关键时期（表 3-6）。

表 3-6 移栽中稻不同水肥处理下稻田各形态氮素和磷素渗漏流失量　　单位：kg/hm²

生育期	指标	CF			SIDS		
		FFP	CRF	OPT-N	FFP	CRF	OPT-N
返青期- 拔节孕穗期	铵态氮	11.32a	8.64b	7.06b	8.58a	6.87ab	5.96b
	硝态氮	1.92a	1.26a	0.85a	1.48a	1.00ab	0.90b
	TN	15.08a	11.28b	10.35b	11.01a	9.19ab	8.58b
	TDP	0.23a	0.15a	0.14a	0.21a	0.16a	0.10b
	TP	0.33a	0.28a	0.24a	0.30a	0.24ab	0.19b

(续表)

生育期	指标	CF			SIDS		
		FFP	CRF	OPT-N	FFP	CRF	OPT-N
抽穗扬花期 -成熟期	铵态氮	2.51a	1.88a	1.92a	1.36a	1.16a	0.91a
	硝态氮	0.91a	0.28b	0.55ab	0.29a	0.26a	0.32a
	TN	4.30a	3.21a	3.92a	2.17a	2.00a	1.84a
	TDP	0.09a	0.05a	0.08a	0.04a	0.03a	0.04a
	TP	0.16a	0.09a	0.15a	0.08a	0.07a	0.07a
总流失量	铵态氮	13.83a	10.52b	8.98b	9.94a	8.03ab	6.87b
	硝态氮	2.83a	1.54b	1.40b	1.77a	1.26a	1.22a
	TN	19.38a	14.49b	14.26b	13.18a	11.19ab	10.42b
	TDP	0.32a	0.20a	0.22a	0.25a	0.19a	0.14a
	TP	0.49a	0.37a	0.39a	0.38a	0.31a	0.26a

两种水管理方式下，CRF 处理和 OPT-N 处理较 FFP 处理，TN 渗漏流失量可分别降低 15.1%～25.2% 和 20.9%～26.4%，TP 渗漏流失量可分别降低 18.4%～24.5% 和 20.4%～31.6%，各处理间方差分析表明，常规灌溉和浅灌深蓄方式下，CRF 处理、OPT-N 处理铵态氮、硝态氮和 TN 渗漏总流失量均显著低于 FFP 处理，OPT-N 处理的铵态氮、硝态氮和 TN 渗漏总流失量低于 CRF 处理，但无显著差异；DP 和 TP 渗漏总流失量在 3 种施肥处理间大小为 FFP>CRF>OPT-N，但各处理间差异均不显著。

4. 水稻地上部的氮磷吸收量

2016 年移栽中稻水肥耦合试验结果表明，随生育进程，稻株氮、磷积累量呈逐渐增加趋势，由于各生育期稻田水肥管理方式不一样，水稻氮、磷吸收量趋势不太一致，两种水管理方式相比，水稻返青期—分蘖前期氮磷吸收量差别不大，主要是因为前期水管理都一样，后期 SIDS 处理水稻的氮磷吸收量略高于 CF 处理，主要是因为土壤的通气状况得以改善，可向土壤（水稻根区）提供足够的氧，有利于改善水稻的根系系统，从而促进水稻后期对养分的吸收利用。从氮吸收和磷吸收的增幅来看，CF 和 SIDS 水管理下，返青期至分蘖期吸氮量增幅均为 CRF>FFP>OPT-N，吸磷量增幅为 CRF>OPT-N>FFP；分蘖期至孕穗期和灌浆期至成熟期吸氮量、吸磷量增幅均为 OPT-N>CRF>FFP；孕穗期至灌浆期吸氮量、吸磷量增幅均为 CRF>FFP>OPT-N（表 3-7）。

表 3-7 移栽中稻不同水肥处理下水稻地上部的氮磷吸收量 单位：kg/hm²

水分管理	氮肥运筹	返青期		分蘖期		孕穗期		灌浆期		成熟期	
		TN	TP	TN	TP	TN	TP	TN	TP	TN	TP
CF	FFP	1.12a	0.13ab	41.53a	2.91b	61.19a	14.85a	124.51a	30.40a	153.64a	48.86a
	CRF	1.40a	0.23a	49.40a	5.49ab	73.14b	13.56a	157.55b	25.13b	171.87b	55.96b
	OPT-N	1.05a	0.13b	26.21b	3.38b	70.59b	13.13a	138.82ab	30.93a	154.79ab	53.82ab

(续表)

水分管理	氮肥运筹	返青期		分蘖期		孕穗期		灌浆期		成熟期	
		TN	TP	TN	TP	TN	TP	TN	TP	TN	TP
SIDS	FFP	1.13ab	0.16ab	41.66a	3.39a	71.13a	12.31a	137.51a	24.82a	157.37a	52.27a
	CRF	1.21a	0.19a	56.99b	6.39b	82.95b	16.78b	158.11b	30.38b	179.02b	63.29b
	OPT-N	0.92b	0.10b	30.23c	5.37b	76.06ab	15.90ab	139.00a	28.68ab	167.72ab	57.68ab

注：TN 表示植株地上部 TN 含量；TP 表示植株地上部 TP 含量。

各处理间差异性分析表明，两种灌溉方式下成熟期氮磷吸收量和实际产量均为 CRF>OPT-N>FFP，常规灌溉下各处理间实际产量无显著差异，但浅灌深蓄下 CRF 的氮、磷吸收量和实际产量与 OPT-N 无显著差异，却显著高于 FFP。总体而言，与 CF 灌溉方式相比，SIDS 灌溉方式下 CRF 施肥处理更有助于氮、磷的吸收和实际产量的提高，但 OPT-N 施肥处理有助于减少常规施肥量的 16.7%，同时也不会影响结实期氮、磷素向籽粒中转运及导致实际产量的降低。

5. 稻田土壤不同形态氮、磷含量

2016 年移栽中稻水肥耦合试验结果表明，水稻成熟收获后，土壤铵态氮、硝态氮、速效磷、TN 和 TP 含量在 0~40 cm 土层深度随着土壤深度的增加而呈现降低的趋势，两种灌溉方式相比，SIDS 处理 0~20 cm 和 20~40 cm 土层铵态氮、硝态氮、速效磷、TN 和 TP 含量差别不大，表明浅灌深蓄的灌溉方式不会造成稻田 0~40 cm 土层养分累积。CRF 处理 0~20 cm 和 20~40 cm 土层铵态氮、硝态氮含量均显著高于 FFP 处理，这是因为 70 d 控释尿素的释放期比较长，能够维持水稻生长中后期土壤较高的铵态氮、硝态氮含量；OPT-N 处理 0~20 cm 和 20~40 cm 土层铵态氮含量均显著高于 FFP 处理，但与 CRF 处理差异不显著；除 CRF 处理 0~20 cm 土层速效磷含量显著高于 FFP 处理外，CRF 处理和 OPT-N 处理在 0~20 cm 和 20~40 cm 土层速效磷含量均高于 FFP 处理，但差异不显著；各处理间 0~20 cm 和 20~40 cm 土层 TN、TP 含量增加和减低的幅度非常小，差异均不显著。表明在水稻的整个生育期内，施用控释尿素或者优化减氮施肥，0~20 cm 土层土壤速效养分在水稻后期都能维持在一个较高且相对稳定的水平，比常规施肥处理更有利于满足水稻中后期生长对土壤氮素、磷素的需求，但是对 2~40 cm 土层土壤 TN、TP 养分含量影响较小，从而可以降低氮磷对浅层地下水的环境风险（图 3-40）。

6. 水稻的产量及其构成因素

2016 年移栽中稻水肥耦合试验结果表明，SIDS 水管理处理的产量高于 CF 处理，其中每穗粒数、结实率和实际产量的增加量达 10.4%、5.3% 和 4.4%，各施肥处理间产量表现为 CRF>OPT-N>FFP。CF 水管理方式下，3 种施肥处理间的有效穗数、穗长、千粒质量和实际产量以 CRF 处理最高，但各处理间均无显著差异，而 CRF 处理的结实率却显著高于 FFP 处理和 OPT-N 处理。SIDI 水管理方式下，3 种施肥处理间的有效穗数、穗长、千粒质量和结实率表现为 CRF 处理最高，但各处理间均无显著差异，CRF 处理的实际产量最高，高于 FFP 处理 6.8%，表明与传统的灌溉和施肥方式相比，浅灌

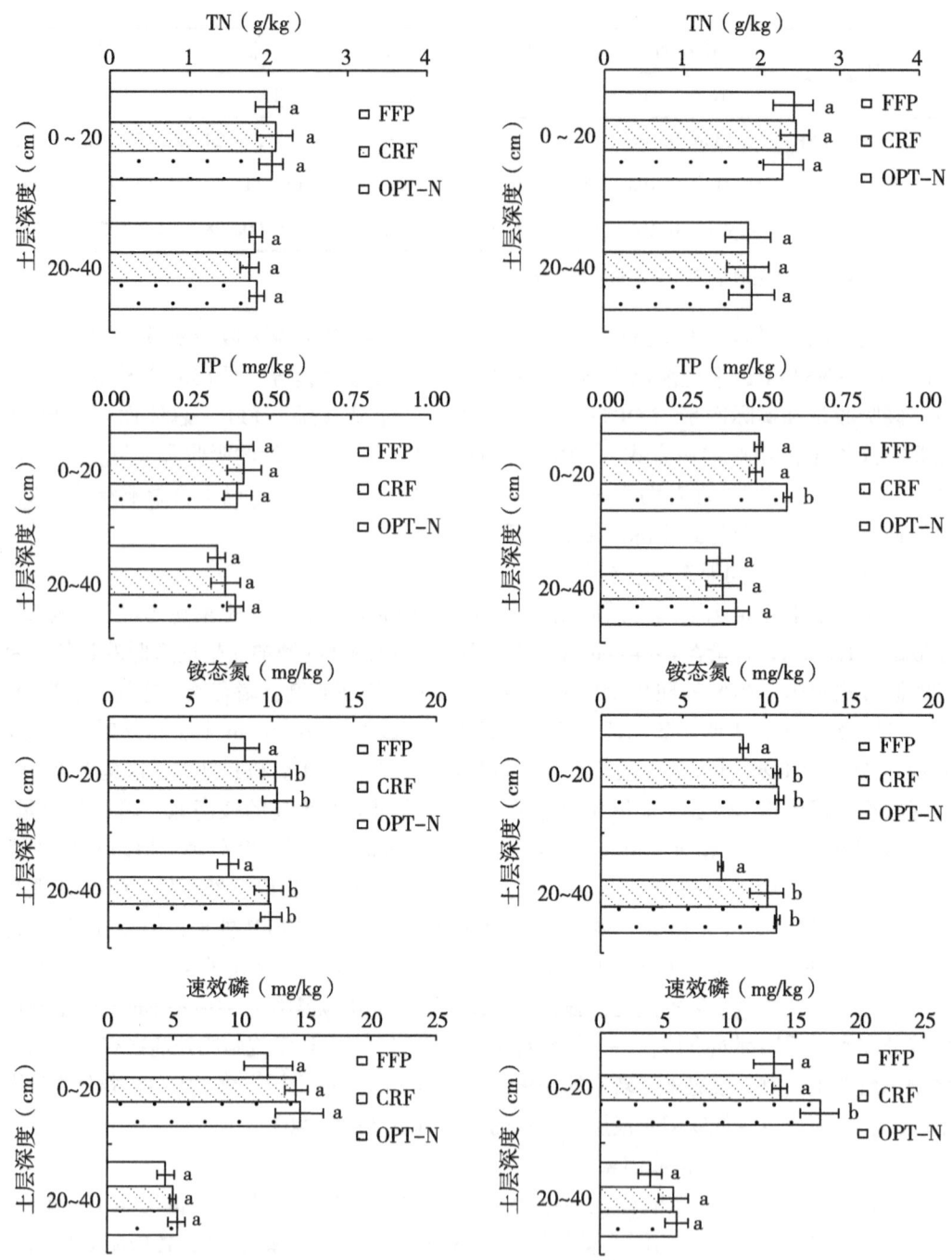

图 3-40 不同水肥管理稻田土壤氮、磷的垂直分布

深蓄的水管理方式下施用 CRF 更有助于产量的形成（表 3-8）。

3 稻田氮磷流失状况

表3-8 移栽中稻不同水肥处理下水稻产量构成

水分管理	氮肥运筹	有效穗数（个/蔸）	穗长（cm）	每穗粒数（个）	结实率（%）	千粒重（g）	实际产量（kg/hm²）
CF	FFP	11.8±0.8a	29.7±1.0a	265.2±9.2a	70.3±2.4a	26.8±0.1a	8 244a
CF	CRF	11.9±1.1a	30.4±1.0a	270.4±11.4ab	82.0±1.9c	26.7±0.2a	8 602a
CF	OPT-N	11.7±0.7a	29.5±0.2a	279.9±1.7b	80.7±2.6b	26.7±0.2a	8 302a
SIDS	FFP	11.6±0.7a	29.7±0.5a	287.8±6.2b	80.6±6.6a	26.9±0.6a	8 522a
SIDS	UCRF	12.1±0.8a	31.0±0.8a	316.4±2.2a	84.0±7.3a	27.8±0.2a	9 100b
SIDS	OPT-N	10.9±0.7a	30.8±1.6a	296.0±8.9b	80.9±6.7a	27.4±0.3a	8 642ab

2018年直播稻和机插稻水肥耦合试验表明，施用缓控释肥水稻产量显著高于施用普通复合肥，其中直播稻施用缓控释肥下常规灌溉、干湿交替灌溉处理分别增产3.18%、9.03%，机插稻分别增产8.11%、8.45%（表3-9，表3-10）。因此，施用缓控释肥配合干湿交替灌溉的栽培模式有助于水稻产量增产，其主要是由于结实率增加。

表3-9 直播稻不同水肥处理下产量及产量构成因素

灌溉制度	施肥模式	有效穗数（个/蔸）	每穗粒数（个）	结实率（%）	千粒重（g）	实际产量（kg/hm²）
CI	FFP	12.00	176.55	81.90	30.51	7 525.1
CI	CRF	10.00	197.18	82.32	30.26	7 765.1
CI	OPT	9.33	195.80	81.71	30.67	7 590.5
AWD	FFP	12.33	189.49	82.09	30.43	7 414.9
AWD	CRF	10.33	194.11	84.13	30.18	8 084.6
AWD	OPT	10.33	198.05	78.97	30.34	7 626.8

表3-10 机插稻不同水肥处理下产量及产量构成因素

灌溉制度	施肥模式	有效穗数（个/蔸）	每穗粒数（个）	结实率（%）	千粒重	实际产量（kg/hm²）
CI	FFP	18.67	242.56	73.93	25.50	8 832.68
CI	CRF	16.67	248.58	77.28	25.77	9 548.98
CI	OPT	14.67	243.70	75.42	25.26	8 843.51
AWD	FFP	17.00	253.18	75.19	24.77	8 963.78
AWD	CRF	15.33	267.06	77.08	25.04	9 721.12
AWD	OPT	15.00	264.67	75.66	25.31	8 912.56

3.3.2.2 不同稻区典型种植模式下稻田氮磷流失风险期识别

1. 泡田期

不论哪种水稻种植模式（直播稻、移栽稻）、稻作区（北方稻作区、南方稻作区），在整地泡田期，由于基肥施用比例高，泡田水中氮磷浓度较高，常规灌排条件下播栽前排水将会导致大量的氮磷流失（图3-41）。因此，泡田期是稻田氮磷流失的风险期之一。在北方稻区，泡田排水导致的氮磷流失占全生育期的60%左右；在南方稻区，泡田排水氮磷流失占20%~40%。

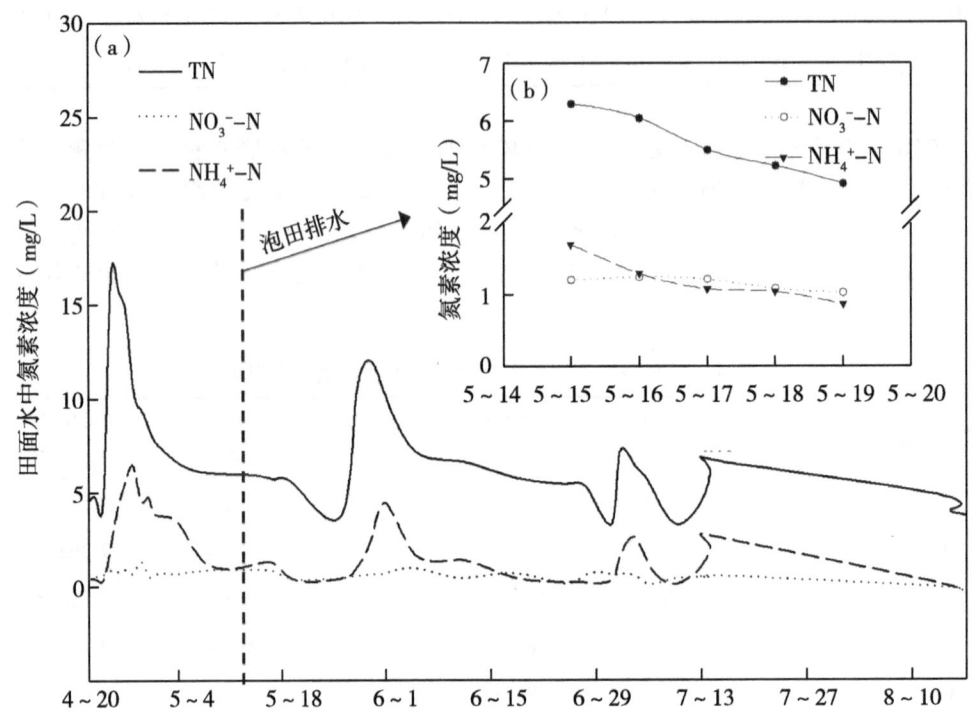

图3-41 东北平原稻区田面水中氮含量变化（a）和泡田排水后退水中氮含量变化（b）

2. 直播稻播种至三叶期

对于直播稻，播种至三叶期，切忌水层灌溉，如遇降水需及时排水，这可能会产生稻田氮磷流失风险。北方稻作区直播稻的播种时间为4月下旬或5月上旬播种，播种至三叶期非北方的降水期，因此不存在氮磷流失风险；而南方直播早稻于4月上中旬左右播种，中稻于5月中旬左右播种，均为南方的降水期。因此对于南方直播稻，播种至三叶期是氮磷流失风险期之一。

3. 返青期、分蘖肥后2周内及穗肥后2周内

肥料施入稻田后，田面水中氮磷浓度迅速增加，随着时间推移氮磷浓度逐渐降低，并在施肥后2周趋于稳定，应该特别关注施肥后2周内的田面水外排。北方稻作区水稻种植期的降水频率低、降水量较小，发生降水径流的可能性很小；而南方稻作区水稻种植期的降水频率高，发生降水径流的可能性较大。通过对南方稻区水稻全生育期灌排水质水量特征的研究表明，分蘖期和拔节孕穗期两个生育期径流量之和约占总径流量的 67%，氮磷流失量占总流失量的 68%。分蘖期降水量、灌溉量和地表径流量最高，分别占总水量的 40%、27% 和 40%。因此，分蘖期和拔节孕穗期是氮素流失的关键风险期。另外，通常移栽稻的返青期处于基肥施用后的 1~2 周内，因此，在南方稻作区，返青期、蘖肥后 2 周、穗肥后 2 周，也为稻田氮磷流失的风险期（图 3-42）。

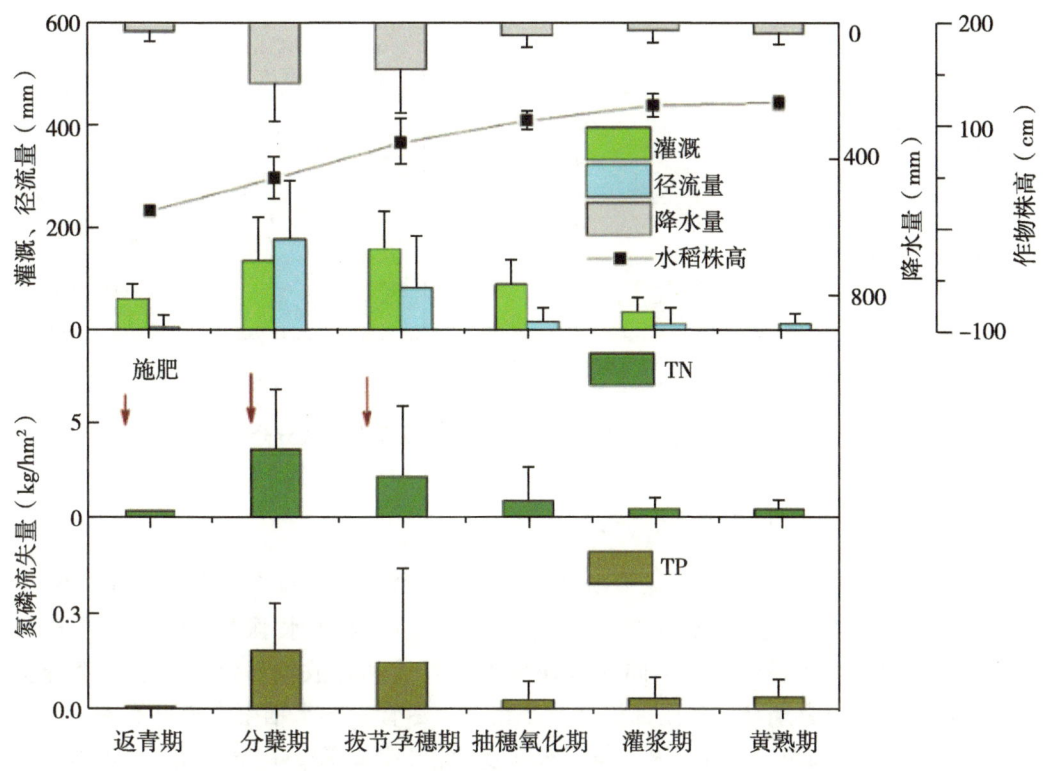

图 3-42 南方典型稻区不同生育期的降水、灌溉、径流和氮磷流失量特征

综上所述，北方稻区风险期为泡田后播栽前、晒田、收获前的人为排水，占全生育期稻田氮磷流失的 57%~65%；南方稻区风险期泡田期的人为排水、施肥后 2 周内（返青期、分蘖期、拔节孕穗期）的降水径流，占全生育期稻田氮磷流失总量的 67% 左右。

3.4 主要影响因素

3.4.1 稻田氮磷流失的主控因子

稻田氮磷地表径流流失通常受多因素的影响，如降水产流、施肥、土壤性质和人为排水等管理措施。根据水稻主产区 43 个水稻径流监测点 14~18 年径流流失数据分析得出，三大类别的影响因子对水稻主产区氮磷径流流失的总解释度分别达 54.9% 和 51.4%。降水量、降水驱动的产流和氮肥施用是三大水稻主产区氮素径流流失的主要影响因子，对氮素径流流失的解释度分别为 9.5%（$P=0.004$）、42.5%（$P=0.002$）和

16.0%（$P=0.004$）。水稻主产区磷素径流流失的主要影响因子为降水驱动的产流，解释 40.4%（$P=0.002$）的磷素径流流失（图 3-43）。

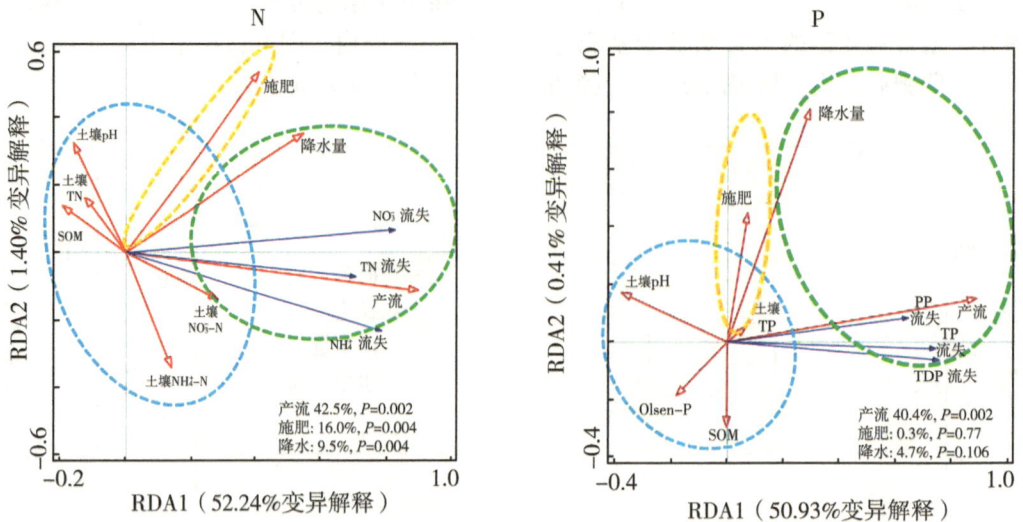

图 3-43　水稻主产区氮磷径流流失影响因素的主成分分析

3.4.2　降水产流对稻田氮磷流失的影响

图 3-44 展示了降水导致的氮磷净释放、释放输移及其对流失的贡献。可以看出，净释放（E_n）及贡献到径流中的输移量（E_{nt}）与降水强度梯度呈正相关（图 3-44a-d）。对于磷而言，不同降水强度下净释放和释放输移量不具有显著差异（图 3-44e-h）。分蘖期结果相比抽穗期要小得多。尽管不同水稻生育期略有差异，磷释放输移对径流贡献占比（E_{nt}/R）与降水强度的相关性较弱。在插秧期，P 的这一贡献占比从 10.9% 增加到 26.6%，比同期的氮素贡献大一些，而在其余 3 个生育期中，这一数值为 1.7%~24.7%。由此可见，降水引起的释放是评估稻田氮磷流失的一个关键过程。

3.4.3　不同管理和阻控措施对稻田氮磷流失的影响

3.4.3.1　灌溉

不同节水灌溉模式对 TN 减排的效应见图 3-45。控制灌溉的平均 TN 削减率最高（54.97%），其次为浅湿灌溉（36.87%）和间歇灌溉（24.76%）。与常规淹水灌溉相比，节水灌溉模式的长期低水甚至无水运行可以减少地表径流排放的发生，延迟降水后的排放时间，并通过增加稻田蓄水能力来降低暴雨前期高度集中的径流污染物负荷量，从而通过地表径流有效控制 TN 流失。

3.4.3.2　施肥

目前研究较多的优化施肥措施对 TN 减排效果良好，平均削减率在 10% 以上（图

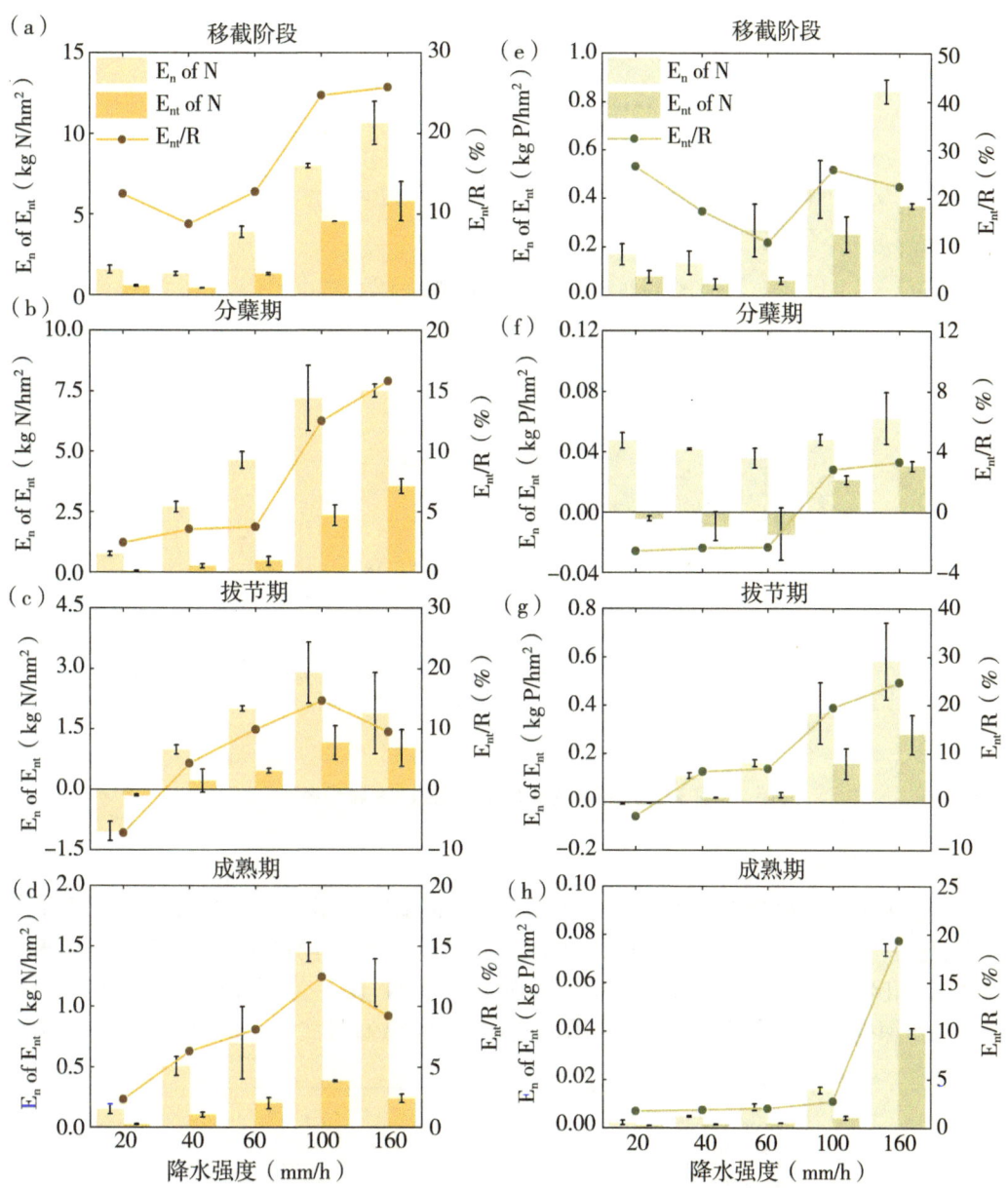

图 3-44 场次尺度降水引起的氮磷释放及其对径流流失的贡献

3-46),其中,生物炭平均减排率最高(40.45%),其次是缓控释肥(26.24%)、氮肥后移(17.68%)、有机无机配施(17.53%)、配方施肥(15.58%)、减量施肥(15.07%)、深施(13.27%)、绿肥(13.27%),秸秆还田的平均减排率最低,为12.99%。综合来看,生物炭、缓控释肥的氮肥减排效果很好,是值得进一步研究应用的良好的优化施肥方式。

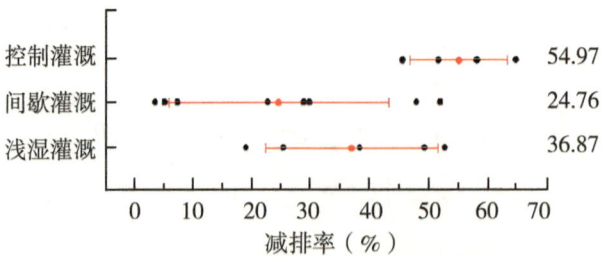

图 3-45　不同节水灌溉模式的减排率

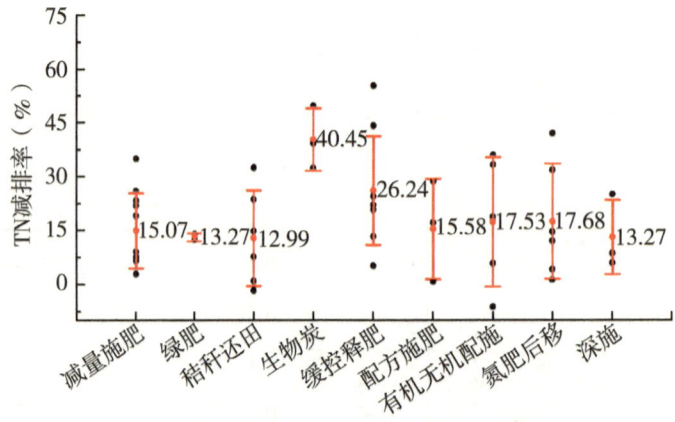

图 3-46　不同优化施肥措施的 TN 减排率

3.4.3.3　耕作

基于中国知网数据库（CNKI）获取了多点田间研究数据，整合 2019 年早稻季于江西省农业科学院高安试验基地进行的田间试验结果，分析不同耕作模式下稻田田面水氮磷动态变化特征。不同耕作模式下稻田田面水 TN、TP 动态变化见图 3-47 和图 3-48。根据耕作深度，可将常规耕作分为免耕、浅耕、深耕 3 种模式。在基肥前期，就免耕而

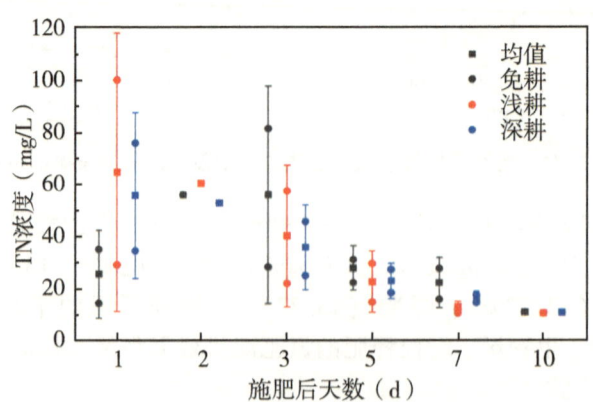

图 3-47　不同耕作模式下田面水 TN 浓度变化

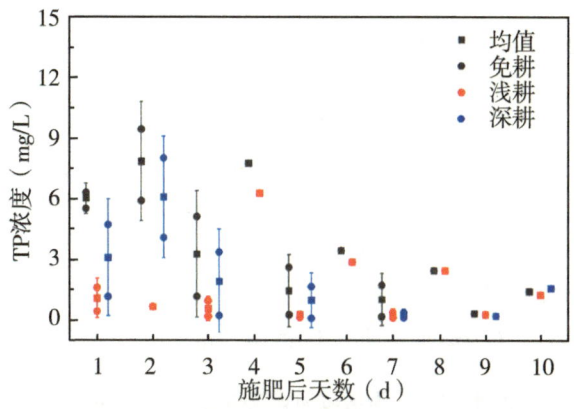

图 3-48 不同耕作模式下田面水 TP 浓度变化

言,由于土壤表层肥料中氮磷的溶解释放,其田面水 TN 及 TP 浓度均最高,氮磷流失风险最大。在耕作深度与施肥深度不一致的情况下,由于肥料中的氮磷释放、土壤氮磷释放等因素的共同影响,深耕与浅耕的氮流失风险没有明显差异,而磷流失风险表现为:深耕>浅耕。在耕作深度与施肥深度一致的情况下,磷流失风险表现为浅耕>深耕。

3.4.3.4　沟塘系统

流域河流沟渠系统是面源污染物向地表水体运移的主要通道,一般占流域河流总长度的 85%,收集的降水径流和养分占流域输出的 60%～90%。氮磷等污染物进入沟渠后,沟渠对其具有一定的截留效应,氮磷可通过吸附、转化及植物吸收等作用在沉积物中累积起来或转化为其他形式。

基于中国知网数据库(CNKI)获取的 58 篇文献,对全国稻田沟渠氮磷去除效果进行了研究。稻田沟渠氮磷去除率见图 3-49。生态沟渠对 TN、TP 平均削减率分别为

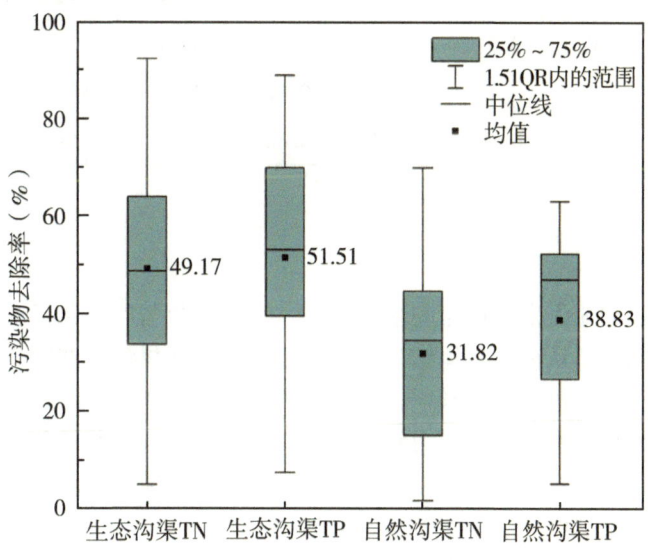

图 3-49 稻田沟渠氮磷去除率

49.17%和51.51%，自然沟渠对TN、TP平均削减率分别为31.82%和38.83%。沟渠氮磷浓度沿程衰减符合一级动力学模型（式3.1）。基于浙江、上海典型实验区的TN、TP数据，对不同沟渠类型氮磷浓度沿程衰减过程进行拟合。结果表明：稻田排水口处的300 m生态沟渠内，TN、TP的降解率分别为39.53%和39.58%，600 m处TN、TP的降解率分别为58.14%和56.25%（表3-11）；氮磷衰减速率均表现为生态沟渠>自然沟渠>混凝土沟渠（表3-12）。

$$C_l = C_0 \cdot e^{-kl} \tag{3.1}$$

式中：C_l为离沟渠进水口 l m处的污染物浓度（mg/L），C_0为污染物初始浓度（mg/L），k为衰减速率，l为离沟渠进水口距离（m）。

表3-11 典型区域沟渠氮磷沿程衰减示例1

浓度（mg/L）		0 m	100 m	200 m	300 m	400 m	500 m	600 m	C_0	k (−)	R^2
TN	生态	4.299	4.013	3.217	2.611	2.197	2.038	1.847	4.350 4	0.002 0	0.974 7
	自然	4.108	3.885	3.821	3.503	3.312	3.185	3.185	4.088 0	0.000 5	0.959 7
TP	生态	0.478	0.443	0.340	0.290	0.260	0.241	0.210	0.473 4	0.001 0	0.972 5
	自然	0.478	0.462	0.420	0.413	0.409	0.394	0.378	0.470 8	0.000 4	0.936 6

表3-12 典型区域沟渠氮磷沿程衰减示例2

浓度（mg/L）		0 m	50 m	100 m	150 m	200 m	C_0	k (−)	R^2
TN	生态	5.74	5.25	4.19	3.12	2.63	6.079 4	0.004 0	0.975 5
	自然	6.11	5.75	4.97	4.58	4.16	6.179 4	0.002 0	0.987 6
	混凝土	5.89	5.82	5.62	5.47	5.24	5.944 6	0.000 6	0.971 5
TP	生态	0.67	0.57	0.5	0.41	0.28	0.705 3	0.004 0	0.949 4
	自然	0.52	0.45	0.41	0.37	0.32	0.515 7	0.002 0	0.993 4
	混凝土	0.52	0.49	0.47	0.46	0.44	0.514 5	0.000 8	0.976 8

3.5 小结

在我国稻田氮磷流失发生机制与主控因子、流失底数与时空格局、水污染风险与阻控潜力等方面形成了新认识。具体结论包括：稻田土壤无机氮磷在降水溅蚀下发生的间歇性释放是不可忽视的过程，占到稻田氮磷流失的22%~59%，该比例在基肥和分蘖肥施用期更高，其大小取决于降水压力水头和田面水初始浓度，其输移比例还取决于田间水平流速，证实了"混合推流+间歇性释放机制"优于主流的"混合推流机制"；我国稻田氮磷流失负荷模拟值分别为（27.26±10.12）万t和（1.70±0.64）万t，与分区系数法结果基本一致（26.75万t和1.70万t）。广东、江苏、湖南、四川、江西和广西贡献了全国氮磷流失负荷的60%以上，施肥后7 d（包括基肥和追肥）是我国稻田氮磷流失的关键期,以仅占水稻季20%左右的天数贡献了50%以上的稻田氮磷流失负荷,为第二次污染源普查(农业源)提供了基础性数据;证实了稻田是受纳水体的低污染风险源,发现优化灌排在全国三大水稻主产区的减排潜力达到60%以上,但优化施肥和耕作的减排潜力在20%以内,提出了"优化灌排比优化施肥和耕作更有利于我国稻田氮磷流失"的新观点。

4 稻田氮磷流失机理模型

稻田氮磷流失机理模型在氮磷流失的研究与防控中发挥着重要作用：一是揭示氮磷流失过程的机理，通过模型模拟氮的硝化、反硝化、氨挥发以及磷的吸附与解吸等过程，帮助理解不同因素如何影响氮磷在稻田中的迁移、转化和流失，并通过定量化模拟流失量，预测在不同降水、灌溉和施肥条件下的流失路径和风险；二是综合分析影响氮磷流失的多种因素，识别高风险区域和主要流失源，并提出优化管理建议，例如通过调整施肥策略、改进排水和灌溉方式，评估其对氮磷流失的影响；三是设计各种农艺管理措施并评估其防控效率，如缓释肥料、覆盖作物和水土保持措施，评估其在不同气候和土壤条件下的适用性与效果，为区域性污染防控提供科学依据，减少氮磷流失并降低水体污染风险。因此，稻田氮磷流失机理模型通过量化流失量、评估农艺措施的防控效果，为稻田氮磷流失的防控提供优化管理措施。

4.1 总体设计与开发

4.1.1 模型总体设计

本任务开发的基于生理生态过程的稻田氮磷流失机理模型是以陆面模式 ORCHIDEE-CROP（Organizing Carbon and Hydrology In Dynamic EcosystEms for crops）为基础平台，该模型参与了全球主要的多模型比较项目，如 Trendy, MstMIP 和 ISIMIP，并被 IPCC 所采用。ORCHIDEE-CROP 模型的基本构架包括 4 个主要模块，分别是高频的水文学模块（SECHIBA），碳循环模块（STOMATE），低频的动态植被模块（DGVM-LPJ）和作物模块（CROP）。SECHIBA 模块主要关注水循环过程和植被对大气运动的影响，这一模块以 Farquahr 和 Collatz 的 C_3 和 C_4 光合模型为中心，包含了光合作用的碳水交换以及植被和土壤的主要水文过程和地表特征，包括蒸散发、土壤水、径流、地表反照率、粗糙度等。SECHIBA 模块的基础时间步长为半小时。STOMATE 模块负责模拟除光合作用以外的碳循环过程和植被生长，包括光合产物分配、自养呼吸、异养呼吸、凋落、植被物候、生物量变化和土壤碳动态等。STOMATE 模块的基础时间步长为 1 d，但与光合作用紧密相关的部分碳通量过程，如自养呼吸（Ra）、净初级生产力（NPP），异养呼吸（Rh），净生态系统碳交换（NEE）则与高频水文模块 SECHIBA 同步运行。DGVM-LPJ 是一个根据植被气候关系和植被相互竞争模拟不同植被类型的空间分布的模块。作物模块（CROP）主要针对农作物而开发，涉及短生命周期的作物物候、光合产物分配、水分和养分胁迫等过程，该模块的基础时间步长为 1 d。

然而，当前 ORCHIDEE-CROP 存在如下 4 个方面问题：①CROP 模块作物生长以积温指数模拟物候，没有考虑管理措施（如移栽、收获）对生长的影响，也不能分别模拟营养器官和生殖器官的发育，更无法体现作物生长通过影响叶面积大小而反过来影响作物生长的反馈机制；②STOMATE 的氮磷损失过程（如径流、淋溶、氨挥发、反硝化）主要采用 DNDC 等模型的方法，缺乏具有物理机制的过程模拟，没有体现稻田氮磷"水-土-气"界面过程及对农艺管理措施的响应；③SECHIBA 模块主要模拟垂向（大气-植被-土壤）过程，缺乏对横向输移过程的汇流演算过程的量化，也没有田-沟-塘灌排单元的截留、储存、降解等过程；④作物生长考虑了水分和养分胁迫，但并没有全面考虑农艺管理措施的影响，包括施肥、灌溉（排水）、耕作和不同类型阻控措施的影响。

因此，基于生理生态过程的稻田氮磷流失机理模型开发的主要思想如下：①提出了基于三基点的光合作用温度响应方程、氮磷限制下光合产物分配模式，实现中国稻田作物生长模块的改良和优化；②提出了基于多叉树递归遍历搜索算法的田-沟-塘汇流演算算法，解决从稻田到沟渠和周边水体的氮磷水污染风险分析；③改进了基于物理的溶质运移，体现"水-土"界面氮磷释放作用的径流方程；④合理地量化降水场次内"水-土"界面氮的释放、溶解、沉淀和输移过程，采用改进的 Green-Ampt 方程刻画土壤氮冲刷和地表-地下水交互过程及伴随的稻田氮淋溶过程，引入 Jayaweera-Mikkelsen 方程合理描述极端降水下田面水游离氨活度突变及伴随的氨挥发过程，采用带性响应模式的反硝化过程，实现稻田氮循环模块的改进；⑤构建了基于粒子滤波的 ORCHIDEE-CROP 参数最优系统，提高了 3 种种植制度稻田水量平衡、作物生长与光合产物分配、氮磷流失与淋溶的模拟精度，明确了 3 种水稻种植制度的主要模型参数。

4.1.2 水稻生理生态模块

4.1.2.1 水稻生长节律

水稻生长节律模块主要是以农作物模型 STICS（Brisson et al., 2005）的物候模块为基础，包括作物生长阶段和各器官（部分营养器官和生殖器官）指标变化的模拟（图 4-1）。

对于生长阶段的模拟分为两个部分：其一是营养器官（主要是叶面积）的生长阶段，从种植日期（IPLT）开始，主要的阶段包括展叶日期（ILEV）、最大展叶速率期（IAMF）和最大叶面积期（ILAX）；其二是生殖器官（收获器官）的生长阶段，从展叶日期（ILEV）开始，主要包括灌浆初始期（IDRP）、生理成熟期（IMAT）和收获日期（IREC）。不同阶段日期之间的长度通过不同的积温指数来描述。

基于积温指数的作物发育模型被不同的作物模型广泛使用，反映了温度对作物物候的直接控制（First-order control）（公式 4.1 的 $f(T)$），而其他因子则为间接调控因子（Second-order control），比如除了基本营养生长型的作物，许多作物的关键生育过程通常与光周期有关（δ_p），冬季作物通常都有一定的春化要求（δ_v），而养分和水分胁迫也会对物候的发展产生影响（δ_n，δ_w）：

$$gdd = f(T) \times \delta_p \times \delta_v \times (\varepsilon \times \min(\delta_n, \delta_w) + 1 - \varepsilon) \quad (4.1)$$

通常认为温度升高会缩短作物的物候期，而过高的温度则可能导致物候的延长，因此 ORCHIDEE-CROP 模型的积温函数基于三基点温度 [最低温（T_{min}）、最适温

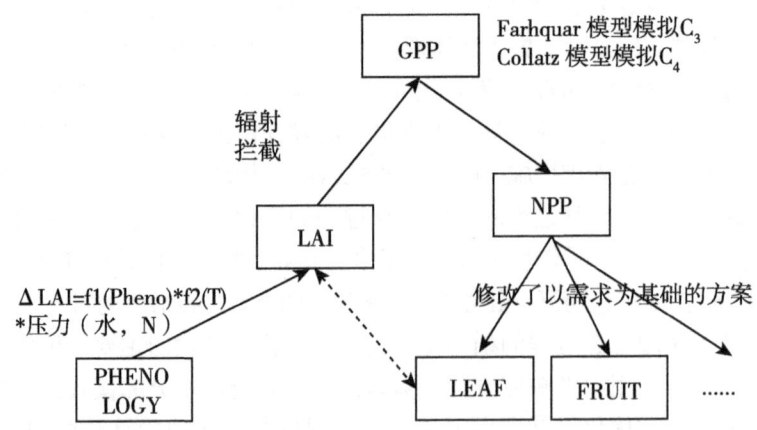

图 4-1 水稻生长过程模拟示意图

(T_{opt})和最高温(T_{max}),公式 4.2]：

$$f(T) = \begin{cases} 0, & T < T_{min} \text{ or } T > T_{max} \\ T - T_{min}, & T_{min} < T < T_{opt} \\ \dfrac{T_{opt} - T_{min}}{T_{opt} - T_{max}} \times (T - T_{max}), & T_{opt} < T < T_{max} \end{cases} \quad (4.2)$$

日照长度对积温的影响(δ_P)则根据公式 4.3 计算：

$$\delta_P(i) = (1 - k_{phot}) \frac{Phot(i) - Phot_{sat}}{Phot_{sat} - Phot_{base}} \quad (4.3)$$

式中：k_{phot} 为作物品种参数，在 0~1 之间变化，对于基本营养型的品种（对日长不敏感）$k_{phot}=1$，对日长越敏感的品种 k_{phot} 越小。$Phot_{sat}$ 和 $Phot_{base}$ 为两个临界日常阈值参数，$Phot_{sat}$ 如果大于 $Phot_{base}$ 则该作物是长日照作物，反之则是短日照作物。水稻非冬季作物，因此 $\delta_v=1$，水分和养分的胁迫系数计算方式与日照长度的胁迫系数计算方法类似。

ORCHIDEE-CROP 模拟的器官生长主要包括叶面积（LAI）的变化和收获器官的灌浆。公式 4.4 描述了叶面积增长 ΔLAI 的计算方法：

$$\Delta LAI(i) = \Delta LAI_{dev}(i) \times \Delta LAI_t(i) \times \Delta LAI_{stress}(i) \quad (4.4)$$

式中：i 为日期，ΔLAI_{dev} 为与作物发育阶段相关的内禀生长率，ΔLAI_t 为温度对 LAI 增长的作用，其形式与公式 4.2 相一致，ΔLAI_{stress} 为水分和养分胁迫对 LAI 增长的影响（公式 4.3）。

叶面积内禀生长率（ΔLAI_{dev}）与发育阶段有关，符合 logistic 曲线（公式 4.5）：

$$\Delta LAI_{dev}(i) = \frac{dlai_{max}}{1 + \exp(b \times (a - ulai(i)))} \quad (4.5)$$

式中：a 和 b 为 logistic 曲线参数，$dlai_{max}$ 为叶面积最大增长速率参数，$ulai$ 是标准化的发育阶段系数，在展叶期（ILEV）为 1，最大叶面积期（ILAX）为 3 在 $ulai(i) = a$ 时叶面积增长速率最大，为 $dlai_{max}$。

ΔLAI_{stress} 为养分和水分胁迫因子,其值在 0~1 之间分布,并根据 Liebig 最小因子定律取各种胁迫中最强(值最小)的胁迫值(公式 4.6):

$$\Delta LAI_{stress}(i) = \min(\delta_n, \delta_w) \tag{4.6}$$

叶面积生长还考虑凋落过程,其基本假设是叶凋落是一个主要与叶自身寿命有关同时也受到环境条件调控的过程(Lim et al.,2007)。为了保持与叶发育的一致性,叶的寿命是一个随品种变化的参数(Durg)单位也是积温指标。对于在第 i_o 天长出的叶,第 i 天时所经历的累积积温指标(Stsem)用公式 4.7 描述:

$$St_{sen} = \sum_{i_o}^{i} 2^{\frac{t \times \delta_P \times (\varepsilon \times \min(\delta_n, \delta_w) + 1 - \varepsilon)}{10}} \tag{4.7}$$

式中:t 为日均温,其他符号的含义与公式 4.1 一致。当第 i_o 天生长出的叶到第 i 天所经历的 St 大于叶寿命(Durf)时,第 i 天长出的叶 $\Delta LA/(i.)$ 则开始凋落。作物收获(IREC)以后,剩余未凋落的叶面积也被收割。

4.1.2.2 水稻光合产物分配

原始版本的 ORCHIDEE 模型使用的光合产物分配主要是基于 Friedlingstein (1999) 的方案。在 ORCHIDEE 中设定的碳库包括以下 8 个:叶、根、果实、地上部分非木质化茎、地下部分非木质化茎、地上部分木质化茎、地下部分木质化茎、储备库。ORCHIDEE 的分配方案的基本假设是根据环境条件计算光、水分和矿物养分中最限制植被生长的资源,光合作用所吸收的碳向吸收该资源的器官倾斜以便于植被捕获限制生长的资源。ORCHIDEE 的光合产物分配方式具有一定的生物基础,但主要适用于森林生态系统,并不适合作物生态系统。比如,ORCHIDEE 的分配方式得到的地下部分占总生物量的比重在 0.4~0.6(Friedlingstein et al.,1999),然而农作物的地下部分占比,以水稻为例,地下地上比通常在 0.05~0.3,平均值约为 0.1(Yoshida,1981);农作物的收获指数依品种不同通常在 0.3~0.6,而 ORCHIDEE 的分配方案中,其收获部分默认为总 NPP 的 0.1 同时,新引入的作物发育模块也需要改变原有 ORCHIDEE 模型通过分配驱动增长的方式。因此本任务设计了适用于 ORCHIDEE-CROP 的光合产物分配方案。ORCHIDEE-CROP 的光合产物分配方案的主要思想是光合作用和作物生长节律的源汇关系,同时满足不同器官的相关生长关系,协调营养生长和生殖生长的竞争以及不同器官间有机物的转移(Remobilization)。其框架结构图参见图 4-2。

如图 4-2 所示,光合作用获得的总初级生产力(GPP)在减去维持呼吸以后得到了可分配的生物量。可分配的生物量根据动态的地上地下分配比函数将部分生物量分配给根。动态的地上地下分配比函数主要是根据作物在营养生长阶段的早期对根部投入较大,随着生长发育的进行投入逐渐减小而设计的。剩余的地上生物量则根据发育模块计算的各个器官碳库的库容进行进一步的分配。

在生殖生长阶段开始以前,地上生物量的分配主要满足叶和茎的生长需要。叶面积的生长由发育模块计算获得,而叶面积增长所对应的生物量则根据叶面积与比叶面积的商转化而得。比叶面积也是一个与生长相关的动态函数,在营养生长早期长出的叶片较薄,SLA 较大,而随着发育和光合作用的进行,长出的叶片逐渐变厚,SLA 降低。根据相关生长的规律,茎的生物量与叶的生物量满足一定的比值。这一比值在 ORCHIDEE-CROP 中

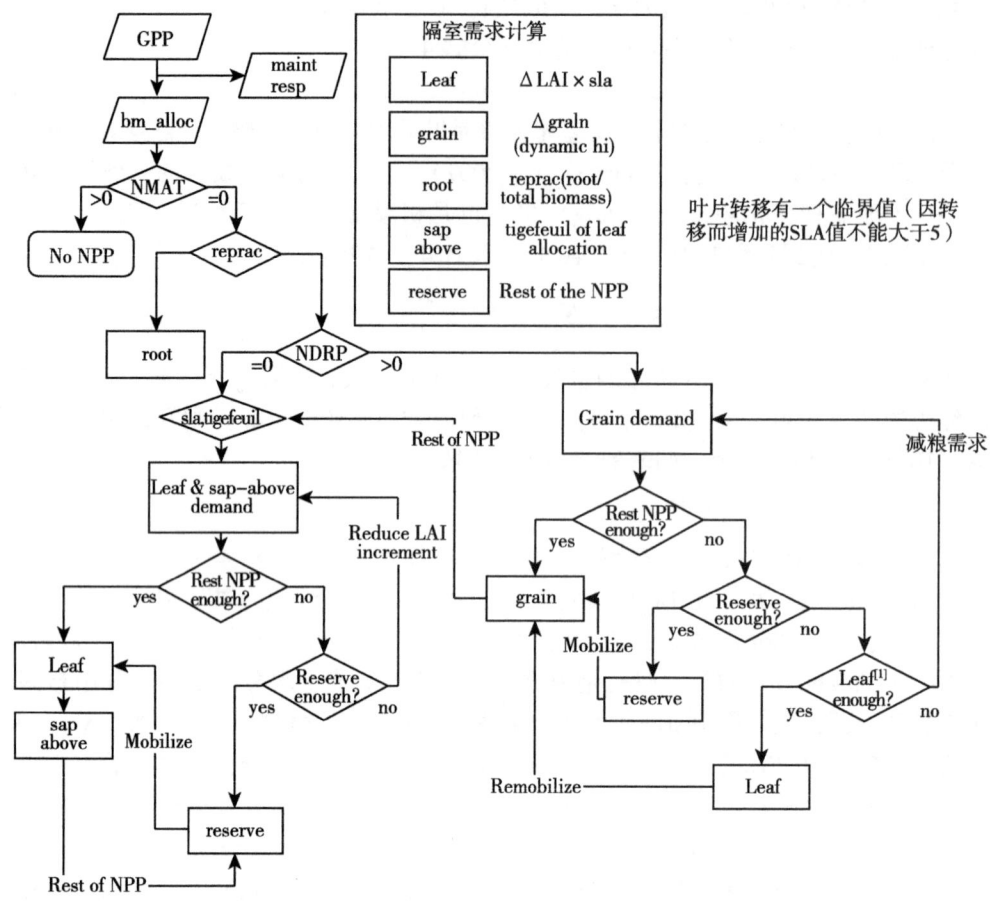

图 4-2 ORCHIDEE-CROP 光合产物分配方案示意图

的默认值为 0.5。当可供分配的 NPP 足以满足叶与茎生长的需求时（库容大于源能力），剩余的 NPP 进入储备库，反之，若当天的 NPP 不足以满足营养生长需求时（库容小于源能力），则从储备库中转移（Mobilize）部分碳水化合物以满足营养生长需要。如果储备库中没有足够的储量来满足生长需要时，会反馈给生育模块，减少叶面积的增量。

当生殖生长开始以后，可供分配的生物量优先用于满足生殖生长的需要（图 4-2）。当可供分配的生物量大于生殖生长需求时，剩余部分进一步进入如上一段所述的营养生长的循环。如果可供分配的生物量不足以满足生殖生长的需要，则从储备库中转移碳水化合物。如果储备库中储存的碳水化合物依然不足以满足生殖生长的需求，则加快叶的凋落，从而转移部分碳水化合物至谷物中。碳水化合物从叶片到谷物的转移速率不会太快，受到了 SLA 和最大凋落速率的限制。如果叶片生物量转移后仍然不能满足生殖生长的需要，则反馈至发育模块，降低生殖生长的速率。

在 ORCHIDEE-CROP 的分配方案下，在遇到干旱胁迫的时候，随着碳水化合物的转移，叶片会变薄，平均的 SLA 会增加。类似的，在高温干旱的胁迫下，叶面积增长会减缓，甚至降低，地下地上比也会相应地增加。这些变量及其相应的参数可用于与观测数据比较，从而进一步校准模型。

4.1.2.3 光合作用对养分添加的响应

参考 ORCHIDEE-GM 的开发经验（Chang et al., 2014），本研究向 ORCHIDEE-CROP 之中添加了较为简化的光合作用对氮施加的响应模块（公式 4.8）

$$k = (1 + N_{eff}) \times k_0 \tag{4.8}$$

式中：k_0 为考虑氮施加以前的最大羧化速率（$Vcmax$）或最大电子传递速率（$Jmax$），k 是考虑氮施加以后的最大羧化速率（$Vcmax$）或最大电子传递速率（$Jmax$）。N 是光合作用对氮施加的响应系数，其计算根据公式 4.9：

$$N_{eff} = N_{eff\_max}(1 - a^{\frac{N_{amount}}{10}}) \times k_0 \tag{4.9}$$

式中：N_{eff_max} 为饱和氮添加下光合作用的响应系数（即最大光合作用响应系数），a 为敏感性系数，主要调节响应系数的增加速率和饱和氮添加量（图 4-3）。根据 Chang （2014），这两个系数的默认值为分别是 0.65 和 0.91。N_{amount} 为氮施加量（kg/hm²）。由于不同作物对氮施加的响应有很大的区别，比如固氮作物大豆对氮施加的敏感性可能很低，而非固氮作物则可能大得多，因此在具体应用之前应对该方程进行参数校准以反映不同作物对氮施加响应强度的差异。

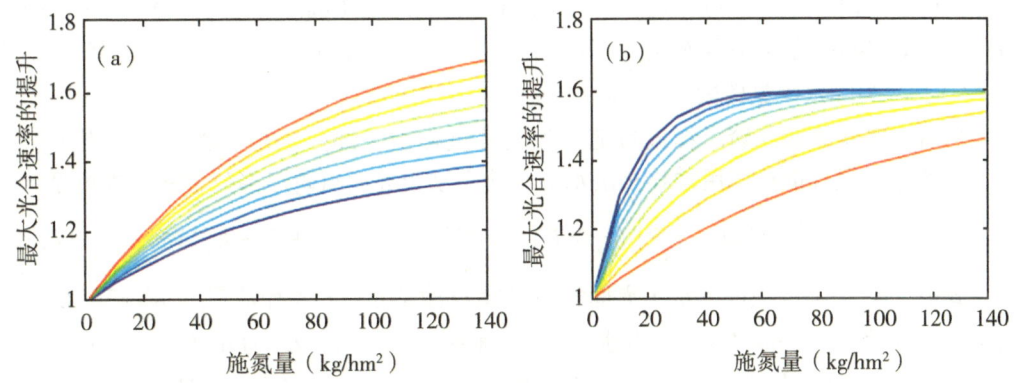

图 4-3 光合作用对氮添加的响应（N_{eff}）

（a）最大响应系数（sm_ma）；（b）感性系数（a）；由蓝色到红色的梯代表数值由小变大。

4.1.3 主要氮磷损失模块

4.1.3.1 径流流失

首先建立降水溅蚀下水土界面氮磷释放过程模块。根据降水压力水头、土壤属性和降水特征建立降水溅蚀下水土界面养分交换速率的模型（Higashino and Stefan, 2014）。

$$k_e = Kh_0\sqrt{\frac{\pi}{aC}} \tag{4.10}$$

式中：k_e 为降水溅蚀下水土界面养分交换速率（m/s），K 为土壤饱和导水率（m/s），h_0 为降水的压力水头（m），a 为连续方程系数（m²/s），C 是降水溅蚀力持续时间（s）。h_0, a, C方程表达为：

$$h_0 = (PV^2)/(2gh_w) \qquad (4.11)$$

$$a = K/(\rho g m_v) \qquad (4.12)$$

$$\sqrt{1/C} = 6.25P^{0.115} \qquad (4.13)$$

式中：P为降水速率（m³/s），V为雨滴降落速度（m/s），g为重力加速度（i.e., 9.8 m/s²），h_w为田面水深（m），ρ为水的密度（1 g/cm³），m_v为土壤压缩系数（m²/N）。

其次，根据初始田面水浓度、田面水深、水土界面养分交换速率等，建立表层土壤孔隙水中氮磷释放浓度计算的模型方程（Gao et al., 2004）：

$$C_s = \alpha C_w + C_0 \exp(-Pt/h_w) \qquad (4.14)$$

$$\alpha = (P - k_e h_w/h_s)/k_e \qquad (4.15)$$

式中：α为系数，h_s为水稻的主要根系深度（m），C_0为初始田面水氮磷浓度(mg/L)。

在场次降水-径流事件内，考虑降水溅蚀下水土界面养分释放过程、水分渗透过程，依据监测时间段内田面水中养分质量平衡原理，建立水土界面氮磷净释放通量过程模型：

$$E_n = \int_0^T [r^t C_r^t + I^t C_w^t + (h_w^t C_w^t - h_w^{t-1} C_w^{t-1}) - P^t C_p^t] dt \qquad (4.16)$$

式中：E_n为降水溅蚀下水土界面氮磷净释放通量，T为时间间隔，t和$t-1$为监测时间，r为径流量（m³/s），C_r为径流水中氮磷浓度（mg/L），I为水分渗透速率（m³/s），C_w为田面水中氮磷浓度（mg/L），h_w为田面水深（m），P为降水速率（m³/s），C_p为降水中氮磷浓度（mg/L）。

然后，水土界面氮磷净释放量随径流输移过程中一部分发生着养分被吸附解析作用，一部分随混合推移作用输移至出水口。建立水土界面氮磷净释放输移过程模型：

$$E_{nt} = \int_0^T r^t C_r^t dt - \int_0^T r^t [(r^t + I^t) C_p^t + h_w^{t-1} C_w^{t-1}]/(r^t + I^t + h_w^{t-1}) dt \qquad (4.17)$$

式中：E_{nt}为降水溅蚀下水土界面氮磷净释放输移量，r为径流量（m³/s），C_r为径流水中氮磷浓度（mg/L），I为水分渗透速率（m³/s），C_w为田面水中氮磷浓度（mg/L），h_w为田面水深（m），P为降水速率（m³/s），C_p为降水中氮磷浓度（mg/L）。

最后，综合考虑蓄满-径流过程模型和降水溅蚀下水-土界面氮磷释放过程，建立径流流失过程模型：

$$h_w \frac{\partial C_w}{\partial t} + r \frac{\partial C_w}{\partial x} = P(C_p - C_w) + k_e C_s (1 - \eta) \qquad (4.18)$$

式中：C_w为田面水中氮磷浓度（mg/L），h_w为田面水深（m），r为径流量（m³/s），P为降水速率（m³/s），C_p为降水中氮磷浓度（mg/L），k_e为降水溅蚀下水土界面养分交换速率（m/s），C_s为表层土壤孔隙水中氮磷释放浓度（mg/L）；η为田面水中氮磷释放后被土壤吸附或解析作用进入土壤的量占净释放量的比例。

4.1.3.2 淋溶侧渗

1. 基于水量平衡的稻田氮磷淋溶侧渗经验模型

在高精度田间观测的基础上，我们建立了基于水量平衡的经验模型，从而简化了淋溶侧渗水量的计算方法：

$$F = a \times (P + I - R - \Delta H) - b \quad (4.19)$$

式中：F 为淋溶和侧渗的水量（mm/d），P 为降水量（mm/d），I 为灌溉量（mm/d），R 为地表径流量（mm/d），ΔH 为田面水位的日变化量（mm/d），a 和 b 为拟合系数，分别为 0.88 和 3.80。

而随淋溶侧渗损失的氮量由淋溶水量和田面水中氮的浓度计算得出：

$$K_N = [c_1 \times \ln(C_N + c_2) + c_3] \times F \quad (4.20)$$

式中：K_N 为每日随淋溶侧渗损失的氮量 [kg/(hm²·d)]，C_N 为田面水中氮浓度的日均值（mg N/L），c_1，c_2 和 c_3 为拟合系数，分别为 1.6，1.0 和 4.0。

同样地，淋溶侧渗中磷的损失量由淋溶水量和田面水中磷的浓度计算得出：

$$K_P = d_1 \times \ln(C_P + d_2) \times F \quad (4.21)$$

式中：K_P 为每日淋溶侧渗水中磷的含量 [kg(hm²·d)]，C_P 为田面水中磷浓度的日均值（mg P/L），d_1 和 d_2 为拟合系数，分别为 0.75 和 1.0。

2. 稻田氮磷淋溶侧渗过程模型

其次，我们还建立土壤水分和溶质运移过程模块。在降水进入土体之前，首先，根据土壤水分状况和土地利用情况，使用美国农业部推荐的径流曲线公式计算了径流量（NRCS，2004）。基本公式如下：

$$Q = \begin{cases} \dfrac{(R - 0.2S)^2}{(R + 0.8S)} & R > 0.2S \\ 0.0 & R \leq 0.2S \end{cases} \quad (4.22)$$

$$S = 254\left(\dfrac{100}{CN} - 1\right) \quad (4.23)$$

式中：Q 为日径流量（cm）；R 为日降水量（cm）；S 为最大可能入渗量（cm）；CN 是径流指数，决定 CN 的主要因素为土壤前期湿度、土壤类型、土地坡度、植被覆盖度类型、管理状况和水文条件，可通过查表获得（NRCS，2004）。然后，土壤水分入渗采用 Green-Ampt 模型（Green and Ampt，1991）：

$$f = K_s\left(1 + \dfrac{h_f \Delta \theta}{F}\right) \quad (4.24)$$

式中：f 为入渗速率（cm/d）；K_s 为土壤饱和导水率（cm/d）；F 为累积入渗量（cm）；h_f 为湿润锋处的基质势（cm）；$\Delta \theta$ 是饱和含水率和初始含水率之差（cm³/cm³）。

最后，土壤水分再分配采用了 Richard's 方程：

$$\dfrac{\partial \theta}{\partial t} = \dfrac{\partial}{\partial z}\left[k(h)\left(\dfrac{\partial h}{\partial z} + 1\right)\right] - S_w \quad (4.25)$$

$$h(z, t) = h_i(z) \quad t = 0, \ 0 \leq z \leq L \quad (4.26)$$

$$\left| -k(h)\dfrac{\partial h}{\partial z} - k(h) \right| \leq E_p \quad t > 0, \ z = L, \ h_A \leq h \leq 0 \quad (4.27)$$

式中：h 为土壤基质势（cm）；θ 为体积含水率（cm³/cm³）；t 是时间（d）；z 是空

间坐标（向上为正）(cm）；L 是下边界到上边界的距离（cm）；$k(h)$ 是非饱和导水率（cm/d）；S_w 为根系吸水项 $[cm^3/(cm^3 \cdot d)]$；h_i 是不同位置的初始土壤基质势（cm）；E_p 是当前大气条件下的潜在蒸发量（cm/d）；h_A 为地表允许的最小基质势（cm）；当研究区地下水埋藏较深时，下边界设置为自由排水边界：

$$\frac{\partial h}{\partial z} = 0 \quad t \geq 0, \ z = 0 \tag{4.28}$$

式中：水分特征曲线 $\theta(h)$ 和非饱和导水率 $k(h)$ 分别使用 van Genuchten (1987) 和 Mualem (1976) 公式描述，形式如下：

$$\theta(h) = \begin{cases} \theta_r + \dfrac{\theta_s - \theta_r}{[1 + |\alpha h|^n]^m} & h < 0 \\ \theta_s & h \geq 0 \end{cases} \tag{4.29}$$

$$K(h) = K_s S_e^l [1 - (1 - S_e^{1/m})^m]^2 \tag{4.30}$$

式中：θ_s 和 θ_r 分别为土壤饱和含水量和土壤残余含水量（cm^3/cm^3）；α、m、n 和 l 为经验参数，其中 $m = 1 - 1/n$；S_e 是相对含水率（-）。

蒸发蒸腾的估算：利用联合国粮食及农业组织（Food and Agriculture Organization of the United Nation, FAO）推荐的 Penman-Monteith 公式（Allen et al., 1998）计算参考作物蒸散量 ET_0（cm/d）；然后用作物系数 K_c 计算实际作物的潜在蒸散量 ET_c（cm/d）；再结合叶面积指数 LAI 计算实际作物的潜在蒸发 E_p（cm/d）和潜在蒸腾 T_p（cm/d）（Jones and Kiniry, 1987）。

土壤 NH_4-N 和 NO_3-N 的运移过程均采用对流-弥散方程，其中溶质在固相与液相中的吸附过程采用通用等温吸附方程：

$$\frac{\partial(\theta c_k)}{\partial t} + \frac{\partial(\rho s_k)}{\partial t} = \frac{\partial}{\partial z}\left[D_{sh}(v, \theta)\frac{\partial c_k}{\partial z}\right] - \frac{\partial(q c_k)}{\partial z} + S_N \tag{4.31}$$

$$s_k = \frac{k_s c_k^\beta}{1 + \eta_k c_k^\beta} \tag{4.32}$$

式中：c_k 和 s_k 分别是某溶质在液相（$\mu g/cm^3$）和固相（$\mu g/\mu g$）中的含量；ρ 是土壤容重（g/cm^3）；$D_{sh}(v, \theta)$ 是水动力弥散系数（cm^2/d）；k_s 和 η_k 是经验常数；S_N 是土壤氮素转化源汇项 $[\mu g/(cm^3 \cdot d)]$；S_{NH_4-N} 和 S_{NO_3-N} 分别是 NH_4-N 和 NO_3-N 的源汇项：

$$S_{NH_4-N} = S_{hys} + S_{min} - S_{vot} - S_{nit} - S_{up1} \tag{4.33}$$

$$S_{NO_3-N} = S_{nit} - S_{den} - S_{up2} \tag{4.34}$$

式中：S_{min} 是有机质的净矿化速率 $[\mu g/(cm^3 \cdot d)]$；S_{hys}、S_{vot}、S_{nit} 和 S_{den} 分别是尿素水解、氨挥发、硝化和反硝化速率 $[\mu g/(cm^3 \cdot d)]$；S_{up1} 和 S_{up2} 分别是根系吸收 NH_4-N 和 NO_3-N 项 $[\mu g/(cm^3 \cdot d)]$；本模型认为作物吸收铵态氮和硝态氮的比例相等，各个转化项将在后面序节中详细介绍。

初值条件：

$$c_k(z, t) = c_i(z), \ s_k(z, t) = s_i(z) \quad t = 0, \ 0 \leq z \leq L \tag{4.35}$$

式中：c_i 和 s_i 分别是初始的溶解态（$\mu g/cm^3$）和吸附态氮浓度（$\mu g/\mu g$）。

溶质运移方程的边界条件由水分边界条件自动判断，水分的入渗和渗漏相应地带入和带出其中溶解的氮，上下边界条件均为：

$$-\theta D \frac{\partial c}{\partial z} + qc = q_0 c_0(t) \qquad t > 0, \quad z = 0 \quad or \quad L \tag{4.36}$$

式中：q_0 为上边界或下边界水流通量（cm/d）；肥料表施是将肥料混入 1 cm 土层，深施是将肥料与施入深度内的土壤混匀。对于溶质运移方程的求解，采用了更加稳定和收敛快的广义迎风差分法，对于 Richard's 方程的求解则采用了六点隐式差分方法。

4.1.3.3 氨挥发

目前国内外部分作物模型、碳氮循环模型、大气质量模型等的子模块可输出不同时空分辨率的氨挥发通量。然而，这些模型侧重作物产量、温室气体排放、大气氨浓度等关键指标的模拟，对氨挥发过程的刻画不够细腻。比如，多数模型在进行区域模拟时直接采用旱地模型模拟水田氨挥发过程，这显然不合理。稻田是由土-水-气 3 种界面组成的系统，氨气的形成与逸出过程与田面水有着密切关系。还有一些模型采用校正系数的经验做法来计算氨在不同阶段的挥发量。Jayaweera Mikkelsen 模型（JM 模型）是模拟稻田氨挥发通量的经典模型，其基于经典双膜理论构建，可以将氨的产生与扩散过程很好地表达出来。然而在描述氨的水-气相转换时，该模型假定田面水是一个无限稀释的理想溶液，进而采用田面水氨浓度直接乘以亨利常数的方法计算大气氨的分压或浓度。事实上，施肥后的土壤溶液或田面水中铵态氮的含量极高，最高可高达 45 mg/L，这就导致模型在氨挥发关键期（施肥后 3~5 d）的模拟存在高估。改进的 JM 模型（RJM 模型）包括酸碱平衡、分子扩散与湍流运动 3 个过程。通过温度与风速的室内控制实验，引入活度系数修正了氨在水汽界面的分子扩散过程，同时修正了气相、液相交换常数的经验公式。具体公式如下：

水、气两相反应达到平衡时，氨的挥发速率可以用水相铵根离子浓度的减少量来表示：

$$\frac{d[\mathrm{NH}_4]}{dt} = k_a [\mathrm{NH}_3(aq)][\mathrm{H}] - k_d [\mathrm{NH}_4] \tag{4.37}$$

式中：$[\mathrm{NH}_4]$、$[\mathrm{NH}_3(aq)]$ 与 $[\mathrm{H}]$ 分别为铵根离子、液相铵离子与氢离子浓度（mg/L），k_a 为缔合常数，k_d 为解离常数，二者皆为一级反应动力学常数。

水相中 $[\mathrm{NH}_3(aq)]$ 的变化率可由式 4.38 表示，当反应达到平衡状态时，其变化率为 0。

$$\frac{d[\mathrm{NH}_3(aq)]}{dt} = k_d[\mathrm{NH}_4^+] - k_a[\mathrm{NH}_3(aq)][\mathrm{H}^+] - \gamma \times k_{vN}[\mathrm{NH}_3(aq)] \tag{4.38}$$

因此，

$$[\mathrm{NH}_3(aq)] = \frac{k_d[\mathrm{NH}_4]}{k_a[\mathrm{H}] + \gamma k_{vN}} \tag{4.39}$$

式中：γ 为活度系数，k_{vN} 为挥发速率常数（一级反应动力学常数）。

$$[\mathrm{NH}_4] = \mathrm{TAN} - [\mathrm{NH}_3(aq)] \tag{4.40}$$

式中：TAN 代表田面水中铵态氮总浓度（mg/L）。

将式 4.38、式 4.39、式 4.40 联合，氨挥发通量为：

$$\frac{d[\mathrm{NH}_4]}{dt} = k_a \left(\frac{k_d(\mathrm{TAN} - [\mathrm{NH}_3(aq)])}{k_a[\mathrm{H}] + \gamma k_{vN}} \right)[\mathrm{H}] - k_d(\mathrm{TAN} - [\mathrm{NH}_3(aq)]) \tag{4.41}$$

式中：[$NH_3(aq)$]的挥发速率常数 k_{vN} 可表示为：

$$k_{vN} = \frac{(H_{nN}k_{gN}k_{lN})}{(k_{lN} + H_{nN}k_{gN}) \times \text{depth}} \quad (4.42)$$

式中：H_{nN} 表示无量纲的亨利常数，k_{gN} 为气相交换常数，k_{lN} 为液相交换常数，depth 为田面水深度，mm。

公式 4.42 中，γ、k_{gN}、k_{lN} 通过室内温度与风速（$u_{0.1}$，0.1m 风速，m/s）的控制实验结果得到：

$$\gamma = \exp(-0.2144 \times \ln c_0 - 0.6013) \quad (4.43)$$

$$k_{gN} = 328.4\exp(5.0231 \times u_{0.1}) \quad (4.44)$$

$$k_{lN} = \frac{20.23}{1 + 43.0565\exp(-5.95 \times 10^{-4}k_{gN} + 0.0114)} \quad (4.45)$$

4.1.3.4 硝化反硝化

硝化作用采用米氏方程描述（Hansen et al., 2011），并用土壤温度和含水率进行修正：

$$S_{nit} = \frac{V_n^* F_n(T) F_n(h) N_{am}}{K_n + N_{am}} \quad (4.46)$$

$$F_n(T) = \begin{cases} 0 & T \leq 2 \\ 0.15(T-2) & 2 < T \leq 6 \\ 0.10T & 6 < T \leq 20 \\ \exp(0.47 - 0.027T + 0.00193T^2) & T > 20 \end{cases} \quad (4.47)$$

$$F_n(h) = \begin{cases} 0 & h \geq -10^{-2} \\ \log(-100h)/1.51 & -10^{-2} > h \geq -10^{-0.5} \\ 1 & -10^{-0.5} > h \geq -10^{0.5} \\ 1 - \log(-100h)/2.5 & -10^{0.5} > h \geq -10^{-2} \\ 0 & -10^{-2} > h \end{cases} \quad (4.48)$$

式中：S_{nit} 为硝化速率 [$\mu g/(cm^3 \cdot d)$]；V_n^* 为最佳温度和含水率条件下的硝化速率常数 [$\mu g/(cm^3 \cdot d)$]；K_n 是半饱和常数（$\mu g/cm^3$）；$F_n(T)$ 是土壤温度修正函数；$F_n(h)$ 是土壤基质势修正函数；其余变量含义同上。

Lind (1980) 认为潜在的反硝化速率 (Gas-N) 与 CO_2 的释放速率存在线性关系，模型使用如下公式描述反硝化过程：

$$S_{den} = \text{Min}\{\alpha_d^* S_{CO_2} F_d(\theta) \quad ; \quad K_d N_{ni}\} \quad (4.49)$$

$$F_d(\theta) = \begin{cases} 0 & x_w \leq x_1 \\ f\dfrac{x-x_1}{x_2-x_1} & x_1 < x_w \leq x_2 \\ f + (1-f)\dfrac{x-x_2}{1-x_2} & x_2 < x_w \leq 1 \end{cases} \quad (4.50)$$

式中：S_{den}为反硝化速率 [μg/(cm³·d)]；x_w为饱和度（θ/θ_s）；θ_s为饱和含水率（cm³/cm³）；f、x_1和x_2为经验常数；α_d^*为比例常数（g/g，分别以N气体和C气体计）；S_{CO_2}为CO_2的释放速率 [μg/(cm³·d)]；计算方法来自有机质模型。K_d为土体可反硝化的硝态氮占总硝态氮的比值，N_{ni}为土壤硝态氮浓度（μg/cm³）；$F_d(\theta)$为水分校准函数。

4.1.4 汇流演算模块

在运用水文模型模拟农田到河流的迁移转化过程时，一般需要将流域划分为更小的子流域或者栅格，以子流域或者栅格为基本单元进行模拟计算，因此子流域的划分和编码是一项重要的基础工作。有关流域编码的研究工作主要集中在两个方面，一个是Pfafstetter规则的应用，另一个是多叉树编码结构的应用。Pfafstetter编码方法在美国作为流域的编码方法被广泛地使用，研究者利用此编码方法对北美洲进行了划分和编码，得到了5 020个五级子流域，子流域的平均面积约为3 640 km²。在国内，杨大文等在建立分布式水文模型的过程中应用了Pfafstetter编码，罗翔宇等又利用改进的Pfafstetter编码方法对整个黄河做了细致的划分和编码，将整个黄河流域最低分至六级编码，划分为8 255个子流域，得到具有不同编码的河道代表的实际河流的名称。Pfafstetter编码规则的主要缺点是编码不是从河网的树状特性出发的，因而不利于直接进行河网拓扑关系的运算，另外当子流域非常复杂时，Pfafstetter编码的数字位会很大。

相对Pfafstetter编码规则来说，多叉树编码结构是一种更加适合数字流域模型并进行计算的河网编码方法。进入某段河道的所有水量，通过唯一的河道入口进行输入，作为河道的入流总量，从入口进入的水量表示为I，出口的水量总和表示为O。由此，根据水文学的水量平衡原理，可以得到径流演算的基本水量平衡方程为：

$$V_t - V_0 = I + P - E - O \tag{4.51}$$

树状结构的逻辑特征关系与河网水系的结构特征非常相似，树状结构中结点之间的父子关系可以用来描述河网中的干支流关系，树状结构是一种与河网水系非常相近的分散性结构，可以用来描述河流水系中的结构层次和网状结构关系（图4-4）。

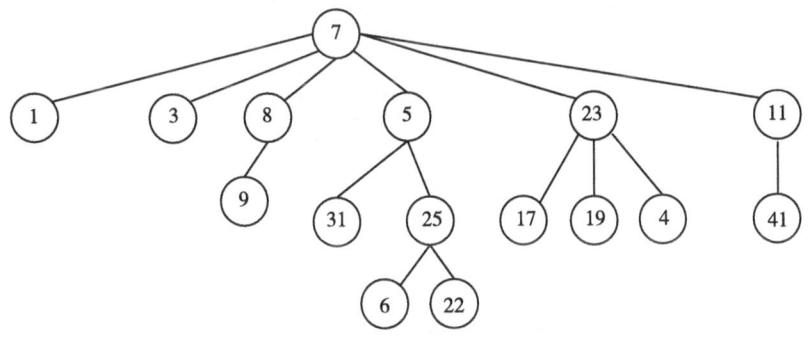

图4-4　流域空间拓扑关系示意图

整个算法主要包含3个步骤：第一步是按照自然子流域（或网格）顺序，建立子流域（或网格）之间的邻接表；第二步是子流域（或网格）间结点关系树的建立；第三步是对关系树进行遍历。根据流域产汇流的特性，采用后序遍历的算法进行遍历。

后序遍历算法的中心思想是从根结点开始对于每一个结点先递归遍历其子树,然后再遍历其父结点。该序列的特点是:其最后一个元素值为树中根结点的值,而且结点在这个序列中的相互位置所反映出的结点之间的逻辑关系可以表达洪水在河流水系中的演算顺序。多叉树中各个节点的遍历,一般需要多次遍历搜索才能完成,因此需要设计多叉树递归遍历搜索算法。多叉树的后序递归遍历算法见图4-5。算法计算过程如下:

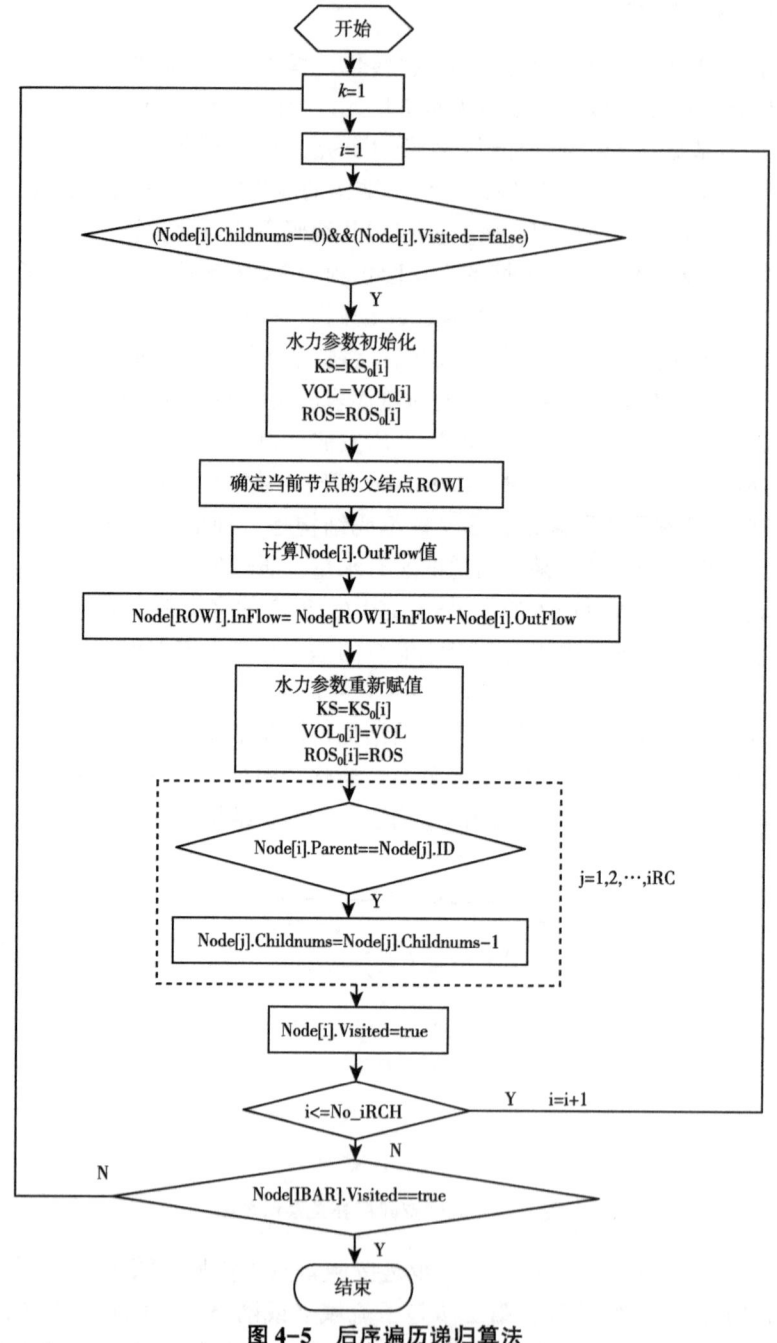

图4-5 后序遍历递归算法

①算法中的核心部分就是要先计算树中叶结点。叶结点可分为物理叶结点和计算叶结点。物理叶结点表示在树形图示中，没有子结点的为物理叶结点。计算叶结点指的是为了形成一个树的递归运算，当一个父结点的子结点全部计算完毕后，则该父结点要依此计算。此时该父结点成为计算叶结点，成为下一个时段的要完成计算的结点。

②结点中属性值入流量 InFlow 初始化为0，由于初始入流为0，因此一开始计算时，叶结点实质上是没有外来入流，只有本子流域入流。

③结点的出流，包括两部分，一部分是子流域本身的产流，另一部分是流入本子流域的入流量。两部分的水量经调蓄后，产出本结点的出流量。

④将父结点所有子结点的入流量加起来，计算得出流量则成为其父结点的总入流量。

4.1.5 农艺管理和阻控措施模块

4.1.5.1 施肥管理

1. 分类

优化施肥措施的选择取决于当地的施肥措施、种植方式和养殖业等因素。例如，绿肥适用于能种植田闲作物的地区，对于湖南等养殖业规模较大的地区，可通过有机无机肥配施来实现养殖废弃物的再利用；绿肥、生物炭肥等施肥措施分布较零散、应用较为稀缺，这与绿肥利用体系缺乏（如缺乏绿肥作物与种植制度的合理搭配）、品种混杂、生物炭价格较为昂贵等原因有关。

1) 减量施肥

肥料施用量与农田径流氮磷负荷有一定的相关性，即氮肥、磷肥的施用强度较大，径流中的氮、磷的负荷也较大。但是这种相关性在各个研究区之间存在一定差异，这主要与各地的土地利用方式、水肥管理方式及种植制度有关。巢湖流域减量施肥实验及应用显示，水稻优化施肥和减量化施肥技术，不仅可以减少肥料用量，降低生产成本，保证水稻产量，还能减轻过量施肥对环境造成的负面影响，是值得推广的大田施肥示范技术。

2) 有机无机配施肥

我国一直实行种植养殖分离，造成畜禽粪便利用率低。通过有机无机肥的合理配施，不仅能缓解养殖废弃物污染现状，也有利于提高氮素的农学利用率，实现水稻的持续高产，并且一定程度上减少稻田的氮磷流失。有机肥和无机肥的配施比例也十分关键。目前有机无机配比比例多不超过30%，当比例大于50%时，过量投入的磷素会大大增加稻田磷素流失。

3) 高效氮肥

高效氮肥是一种新品种的氮肥，可分为稳定性氮肥（氮肥与硝化抑制剂和脲酶抑制剂配合施用），包膜缓/控释氮肥两类。相对于传统氮肥而言，高效氮肥有能减少氮素流失、提高氮素利用率和土壤肥力、降低环境污染等优点。稳定性氮肥中，硝化抑制剂和脲酶抑制剂通过减少氮素向硝态氮及铵态氮的转化，以减少氮素损失，提高氮素利用率。包膜缓/控释氮肥则通过采用各种机制控制常规肥料的水溶性，结合作物不同生育期对养分的需求强度状况，控制水稻生育前期土壤氮素的释放，从而提高养分利用率。

4）深施

氮肥的深施能减少氨挥发和径流损失，提高氮素的利用率。但施肥的深度应结合植物根系吸收利用状况与减少氮素损失两方面充分考虑。

5）生物炭

生物炭是难降解的、具有良好空隙结构的、有较强吸附性的化工生产副产品，可通过秸秆等农业废弃物碳化得到。在土壤中适当施加生物炭有利于提高土壤微生物量水平，增加碳封存时间，改善土壤肥力，减少肥料和养分的流失。在不施氮肥时，施用生物炭对水稻的产量并无明显影响，但在添加生物炭并配合减氮施肥的情况下，可提高氮肥利用率和农学效率，提高土壤养分含量，相较于常规施肥有明显增产效应，且产量与生物炭用量正相关。

6）秸秆还田

秸秆是农业生产重要的环保资源。秸秆还田不仅可以解决传统秸秆焚烧带来的环境污染问题，还可以提高资源利用率，通过有效利用秸秆资源，实现清洁生产与可持续发展，在保持土壤肥力、提高水稻产量的同时达到较好的环境效益。我国目前常用的秸秆还田方式包括粉碎翻压还田、留高茬还田和覆盖还田等。

7）氮肥后移

水稻在不同生育期对养分的需求不同。水稻孕穗期养分需求高，拔节期前氮吸收量低，导致常规施肥模式下稻田氮、磷流失主要集中在生育期早期，占总损失的60%，因此采取合理的施肥量以及施肥比例能有效减少氮素流失。与常规施肥相比，氮肥后移不会降低甚至明显提高水稻产量，通过将施氮量与水稻对氮素的需求密切结合来减少TN损失，并通过显著降低田面水TN浓度提高氮肥利用率。

8）绿肥

种植绿肥作物不仅可以减少土壤裸露和硝态氮淋溶、增加碳蓄积，也可以翻压后经微生物分解释放养分供作物利用，减少化肥用量。常用的绿肥作物包括紫云英、秸秆等。此外，绿肥配合减量施肥也有较好的增产减排效果。

9）配方施肥

配方施肥是根据作物对肥料的需求规律、土壤供肥能力和肥料效率提出的大量元素和微量元素的配比方案和相应的施肥技术。合理配方施肥能有效恢复和提高土壤肥力，提高水稻养分吸收和肥料利用效率。受气候、土壤肥力、土壤质地、水肥管理等自然条件的影响，不同地区的施肥配置差异较大。

2. 施肥操作参数化

施肥操作参数化可分为人工施肥操作和基于氮/磷胁迫的自动施肥操作。

1）人工施肥操作

基于施肥信息（施肥量、施肥时间、施肥次数、肥料类型等）数据集，参数直接调用或输入。人工施肥相关输入变量见表4-1。

表 4-1 人工施肥相关输入变量

	变量	定义与获取方法
	施肥操作时间	月日，输入已知
输入变量	肥料/粪肥类型	输入已知
	施肥量（kg/hm²）	输入已知

2）基于氮胁迫的自动施肥操作

通过对比水稻的实际含氮量与最适宜含氮量，量化氮胁迫程度。氮胁迫在 0~1 呈非线性变化。最适宜含氮量时的氮胁迫为 0，当水稻含氮量为最适宜含氮量 50% 或更小时，氮胁迫达到 1.0。

a. 计算氮胁迫阈值，确定施肥时间

通过设置氮磷胁迫阈值，确定施肥时间。例如，设置氮胁迫阈值为 0.2 时，当 nstrs≥0.2 时，执行施肥操作；否则，不施肥。氮胁迫计算公式如下：

$$str_{t,N} = 1 - \frac{\varphi_N}{\varphi_N + \exp(3.535 - 0.02597 \cdot \varphi_N)} \tag{4.52}$$

$$\varphi_N = 200 \cdot \left(\frac{bio_{t,N}}{bio_{N,opt}} - 0.5\right) \tag{4.53}$$

式中：$str_{t,N}$ 为 t 时刻的氮胁迫，φ_N 为氮胁迫的转换系数，$bio_{N,opt}$ 为当前生长阶段水稻存储的最适宜氮量（kg/hm²），$bio_{t,N}$ 为水稻存储的实际氮量（kg/hm²）。

b. 计算施氮量

确定施肥时间后，进一步确定施用的无机氮量。近似认为氮胁迫情况下，田面水浓度已经偏低、且水土界面氮磷交换处于近似平衡状态。施氮量计算见式 4.54。

$$fert_{t,N} = \frac{yld_{t,estN} - bio_{t,N} - (NO_{3t} + NH_{4t})}{fert_{t,minN}} \cdot \eta \tag{4.54}$$

式中：$fert_{t,N}$ 为施肥量（kg/hm²），$fert_{t,minN}$ 为 t 时刻需施用的无机氮量（kg/hm²），$yld_{est,N}$ 为产氮量的估计值（kg/hm²），$bio_{t,N}$ 为在 t 时刻水稻存储的实际氮量（kg/hm²），NO_{3t} 为土壤剖面的硝酸盐含量（kg/hm²），NH_{4t} 为土壤剖面的氨基含量（kg/hm²），$fert_{minN}$ 为肥料中无机氮所占分数，η 为水稻肥料利用率。

其中，产氮量 $yld_{est,N}$ 确定方法可直接根据以往实验数据获得，或根据式 4.55、式 4.56 对产氮量估计值赋初值。

$$yld_{est,N} = 350 \cdot fr_{N,yld} \cdot RUE \quad HI_{opt} < 1.0 \tag{4.55}$$

$$yld_{est,N} = 1000 \cdot fr_{N,yld} \cdot RUE \quad HI_{opt} \geq 1.0 \tag{4.56}$$

式中：$fr_{N,yld}$ 为产量中氮所占分数，RUE 为植被的辐射利用效率（kg·hm²·MJ⁻¹·m⁻²），HI_{opt} 为理想生长条件下成熟植物的潜在收获指数。

3）基于磷胁迫的自动施肥操作

磷胁迫与氮胁迫一样。磷胁迫与氮胁迫原理相似，由于磷肥一般采用一次性输入，因此可不考虑磷胁迫。如需计算磷胁迫，计算方式如下：

a. 计算磷胁迫阈值，确定施肥时间

$$str_{t,P} = 1 - \frac{\varphi_P}{\varphi_P + \exp(3.535 - 0.02597 \cdot \varphi_P)} \quad (4.57)$$

$$\varphi_P = 200 \cdot \left(\frac{bio_{t,P}}{bio_{P,opt}} - 0.5\right) \quad (4.58)$$

式中：$str_{t,P}$ 为 t 时刻的磷胁迫，φ_P 为磷胁迫的转换系数，$bio_{P,opt}$ 为当前生长阶段水稻存储的最适宜磷量（kg/hm²），$bio_{t,P}$ 为水稻存储的实际磷量（kg/hm²）。

b. 计算施磷量

由于磷肥一般一次性施入，故在种植初期计算全生育期内的施磷量，计算见式4.59。

$$\min P_{app} = yld_{est,P} - bio_p - OSP \quad (4.59)$$

式中：$\min P_{app}$ 为需要一次性施入的无机磷量（kg/hm²），$yld_{est,P}$ 为产磷量的估计值（kg/hm²），bio_P 为种植初期水稻存储的实际磷量（kg/hm²），OSP 为土壤剖面的速效磷（kg/hm²）。自动施肥相关变量操作见表4-2。

表4-2 自动施肥相关输入变量

	变量	定义与获取方法
输入变量	肥料/粪肥类型	人为确定
	土壤表层施肥量占肥料总量的分数	
	田面水中施肥量占肥料总量的分数	
	年内最大施肥量	
	每次施肥操作中的最大施肥量	
	$bio_{N,opt}$	特定品种或种植模式下的水稻营养曲线
	$bio_{P,opt}$	特定品种或种植模式下的水稻营养曲线
计算变量	施肥时间	依据氮磷胁迫来推算
	bio_N	计算
	bio_P	计算
	NO_3	计算
	NH_4	计算
	OSP	计算

4.1.5.2 灌溉管理

1. 分类

中国稻田主要分布在东北、中部和南部地区，分别对应单季稻、水旱轮作和双季稻的主产区。浅湿灌溉、控制灌溉、间歇灌溉分布广泛。作为较为成熟的灌溉模式，间歇灌溉、控制灌溉适合推广。目前，蓄雨灌溉广泛应用于贵州、湖北、福建等省的山区，并结合其他节水灌溉体系在北部地区和江苏、江西、安徽等省得到应用。

1）淹灌

淹灌（又称格田灌溉），是用田埂将灌溉土地划分成许多格田，灌水时使格田内保持一定深度的水层，借重力作用湿润土壤。根据淹水深度不同，可以分为深水淹灌、浅水淹灌；根据是否晒田，可以分为连续淹灌和非连续淹灌。一般淹灌模式为浅水灌溉，分蘖后期晒田、黄熟期自然落干。相对于节水灌溉技术，淹灌的主要特点是需水量和田间排水量均较大，氮磷流失风险较高。

2）浅湿灌溉

浅湿灌溉是采用间歇灌溉的供水方法，在田间建立浅水层后，待其自然渗降至一定地下水埋深时进行灌水，反复进行。浅湿灌溉是在我国应用地域最广、时间较久的节水灌溉模式。较有代表性的如广西壮族自治区大面积推广的"薄、浅、湿、晒"灌溉，北方推广的"浅湿"灌溉等。浅湿灌溉适用于地力较好，施肥水平高、农家肥多、产量在 500 kg/亩左右的高产田；从土质条件看，它适用于黏土、壤土、肥沃的砂壤土及轻微盐碱地；从水文条件看，水源方便、地下水位稍高的地区。

3）间歇灌溉

间歇灌溉，是指返青期保有一定水层（20~60 mm 水层），分蘖后期进行晒田（晒田方法如浅、湿、晒模式），黄熟期自然落干，其他时期则进行浅水、无水相互交替的灌溉方式。间歇灌溉是为适应水资源危机而提出的一种不威胁水稻产量的节水灌溉方式。间歇灌溉是较成熟的、增产节水效果明显的灌水技术，适宜大力推广，目前在我国南方多采用了这种模式。依据不同的土壤、地下水位、天气条件和禾苗长势与生育阶段，可分别采用重度间歇淹水和轻度间歇淹水。

4）控制灌溉

控制灌溉又叫半旱栽培、控水灌溉、水插旱管、非充分灌溉等。这一模式与浅湿灌溉、间歇灌溉两类模式有较大差别，除在返青期建立水层或是返青与分蘖前期建立水层外，其余时间则不建立水层。控制灌溉效益显著，是一项适合大面积推广的灌溉技术。代表性的控制灌溉标准为，秧苗本田移栽后，田面保持 5~25 mm 的薄水层返青活苗；在返青期以后的各个生育阶段，田面不建立灌溉水层，以土壤含水量作为控制指标，确定灌水时间和灌溉定额，土壤水分控制上限为饱和含水率，下限则视水稻不同生育阶段，分别取土壤饱和含水率的 60%~80%。当小区的土壤含水量低于该区控制的饱和含水量下限时即开始灌水，灌水时严格掌握田间不建立水层，达到上限饱和控制标准。

5）蓄雨灌溉

为了充分地利用降水，在不影响水稻高产的前提下，尽可能多蓄雨水，以提高降水利用率。要点是：平时可按浅湿晒、间歇淹水和半旱栽培等类节水模式进行灌溉，若遇降水，不仅是当成一次灌水，而且对于雨水形成的水层，可以超出灌溉水层上限的标准。一般，在水稻生长的前期（返青、分蘖前期）和后期（乳熟期），宜浅蓄，雨后水深可超出灌溉水层上限 20~30 mm；而中期（拔节孕穗抽穗开花期）可多蓄，雨后水深可超出灌溉水层上限30~50 mm。蓄雨灌溉适合于水资源利用困难和缺乏的地区，结合采用其他节水模式，降水后在允许范围内存蓄雨水。

2. 选择依据

灌溉模式空间分布的分区（地区）、分（种植）模式特点均不显著。不同灌溉模式的具体淹水、露田、落干时期与标准不同，应根据当地气候条件、土壤质地与肥力、地势、地下水埋深、水稻品种、稻禾生长情况以及水源条件等因地制宜地选用。

1) 我国气候分区（根据降水量及干燥度来确定）

(1) 湿润地区。我国干燥度<1.00的地区、降水量>800 mm，主要分布在秦岭—淮河一线以南的广大地区，其他分布在青藏高原东南部边缘及东北三省的北部和东部地区。

(2) 半湿润地区。干燥度1~1.49、降水量400~800 mm，耕地大多是旱地，水田只分布在有灌溉的地区，包括东北平原大部、华北平原、黄土高原东南部、青藏高原东南部以及海南岛西侧。

(3) 半干旱地区。干燥度1.50~3.99、降水量200~400 mm，蒸发量明显超过雨量很多，耕地以旱地为主，包括内蒙古高原的中部和东部，黄土高原和青藏高原的大部。

(4) 干旱地区。干燥度大于4、年降水量小于200mm，包括塔里木盆地、准噶尔盆地、柴达木盆地、内蒙古西部和青藏高原西北部地区。

2) 水源利用情况及地下水位

主要包括水资源丰富程度（缺乏、一般、丰富等）和地下水位高度。

3) 土壤质地

(1) 黏土。直径<0.01 mm的颗粒占80%以上的土壤，特点为：土壤颗粒间隙小，通透性差，排水不良；保水保肥力好；有机质含量高。

(2) 壤土。介于沙土与黏土之间，壤土土质疏松，易耕作，透水良好，有相当强的保水保肥能力。

(3) 沙土。直径为0.01~0.03 mm的颗粒占50%~90%的土壤，特点为：土壤颗粒间隙大，通透性强，排水好；保水保肥力差；有机质含量高。

4) 土壤肥力

主要依据有机质含量、TN、速效氮、速效磷、速效钾5项指标确定。具体参考全国第二次土壤普查及有关标注，见表4-3。

表4-3 土壤养分分级标准

等级	有机质（%）	TN（%）	速效氮（mg/kg）	速效磷（mg/kg）	速效钾（mg/kg）
极高	>4	>0.2	>150	>40	>200
高	3~4	0.15~0.2	120~150	20~40	150~200
较高	2~3	0.1~0.15	90~120	10~20	100~150
中	1~2	0.07~0.1	60~90	5~10	50~100
低	0.6~1	0.05~0.75	30~60	3~5	30~50
极低	<0.6	<0.05	<30	<3	<30

5) 土壤盐碱度

（1）轻盐碱地。出苗率70%~80%、含盐量<3‰或pH7.1~8.5。

（2）中盐碱地。出苗率50%~70%、含盐量3‰~6‰或pH8.5~9.5。

（3）重盐碱地。出苗率<50%、含盐量>6‰或pH>9.5。

通过对比分析不同灌溉模式的适用条件及在节水、节肥、增产和防治氮磷流失方面的差异性，考虑指标代表性、可定量表达性及获取难易度，最终选择气候、土壤、水文、和需求4类指标作为选择灌溉模式的依据，具体见表4-4。

表4-4 我国常见水稻灌溉模式选择依据

灌溉模式	1 土壤			2 气候和水文		3 地形	4 效益
	1.1 土壤质地	1.2 土壤肥力	1.3 土壤盐碱度	2.1 气候	2.2 地下水位		
淹灌	—	—	非盐碱地，轻盐碱地，中盐碱地*，重盐碱地*	—	—	—	—
浅湿灌溉	壤土，黏土，黏壤土，砂土	高	非盐碱地，轻盐碱地*	—	较高	平原（坡度≤6°）*，丘陵（6°<坡度≤15°）	增产，减排
间歇灌溉	壤土，黏土，黏壤土	较高	非盐碱地	湿润，半湿润	较高	平原（坡度≤6°）*，丘陵（6°<坡度≤15°）	增产，减排
控制灌溉	壤土，黏土，黏壤土	较高	非盐碱地	湿润，半湿润	较高	平原（坡度≤6°）*，丘陵（6°<坡度≤15°）	节水，减排
蓄雨灌溉	—	—	—	干旱*，半干旱*，半湿润，湿润	—	平原（坡度≤6°），丘陵（6°<坡度≤15°），山地（15°<坡度≤25°）*，陡坡（坡度>25°）*	节水，增产

注：*表示优先考虑，—表示对相关指标无明显要求。

3. 参数化

灌溉措施参数化步骤及方法如下。

第一步，通过实地调研和文献分析分区、分模式（种植模式）构建《中国水稻灌溉标准数据库》，用于模型模拟及阻控措施选择时调用。

第二步，制定灌溉模式选择依据。

第三步，模拟田面水、灌溉量及排水量的实时变化。

方法一：人工灌溉操作。近似降水数据处理，以"参数直接输入"方式输入实际灌溉水量，计算田面水位及排水量。

通过灌溉时间、灌溉量输入来完成人工灌溉操作。用户输入的灌溉量指到达稻田的水量。通过灌溉效率来考虑从水源到稻田的损失水量，包括传输损失和蒸散发损失。田间水分损失主要包括渗漏、蒸散发及作物吸收。人工灌溉操作相关输入变量见表4-5。

表4-5 人工灌溉相关输入变量

变量		定义
灌溉操作	灌溉操作时间	月日、次数
	灌溉水深（mm）或土壤含水率	每次灌溉量
背景变量	灌溉水源类型	
	灌溉水源位置	
计算变量	人工灌溉操作的效率（0~1）	

输入上述变量后，运用水文模块进行后续运算。

方法二：基于水胁迫的自动灌溉操作。基于水分胁迫阈值，计算灌溉量、排水量及田面水位实时变化的理论值。

在水稻生育期中任何一个时间（t）内，农田水分变化符合水量平衡方程。通过比较水稻的实际蒸散发和潜在蒸散发来模拟水分胁迫。灌溉判断依据：水稻实际蒸散发小于潜在蒸散发时，需灌溉；否则，无须灌溉。理想水分条件下，水分胁迫为0，当土壤水分逐渐远离理想水分条件时，水分胁迫值趋近于1.0。

a. 计算水分胁迫值，确定灌溉时间

水稻需水量又称腾发量。即水稻生长期内（自移栽算起），消耗于叶面的蒸腾量和棵间水面（或土面）蒸发量及构成水稻机体组织的水量（这部分水量较小，仅占5%左右，一般忽略不计）。故前两部分即通常称为水稻需水量。

假定在特定气象及叶面指数条件下，潜在课间蒸发量和实际课间蒸发量相同，则水分胁迫主要考虑水稻蒸腾量。水分胁迫计算见式4.60。

$$str_{t,w} = 1 - \frac{E_{t,act}}{E_t} \tag{4.60}$$

式中：$str_{t,w}$为某天的水分胁迫，E_t为某天水稻的潜在蒸散发（mm），$E_{t,act}$为某天水稻的实际蒸散发（mm），近似等于某天水稻的实际吸收水量w_{act}。

判断是否需要灌溉的依据：设定水分胁迫阈值，当水分胁迫$str_{t,w} \geq$阈值，则灌溉；否则，不用灌溉。

b. 灌溉量

设定不同生育期的田面水上下限，灌溉水量为达到田面水上限。

当田面水位下限为h_{min}且$h_t \leq h_{min}$时，灌溉量为：

$$I_t = h_{t,max} + ET_t + S_t - h_t - P \tag{4.61}$$

式中：I_t 为时段内的灌水量（mm），h_{max} 为时段内的适宜水位上限（mm），h_{min} 为时段内的适宜水位下限（mm），ET_t 为时段内水稻需水量（mm），S_t 为时段内下渗量（mm），h_t 为时段内初始水位（mm），P_t 为时段内降水量（mm）。

当田间水分下限为 SW_{min} 且 $SW_t \leq SW_{min}$ 时，灌溉量为：

$$I_t = SSW - SW_{min} + ET_t + S_t \tag{4.62}$$

式中：SSW 为土壤饱和含水量（mm），SW_{min} 为土壤含水量阈值（mm）。

方法三：基于田间缺水的自动灌溉操作。基于水量平衡公式及田面水灌溉标准（见《中国水稻灌溉标准数据库》），计算灌溉量、排水量及田面水位实时变化的理论值。

在水稻生育期中任何一个时间（t）内，农田水分变化符合水量平衡方程。通过比较稻田实际田面水位 h_t（土壤水分含量 SW_t）和标准田面水位 h_{min}（标准土壤水分含量 SW_{min}），判断是否需要灌溉。判断依据：$h_t \leq h_{min}$ 或 $SW_t \leq SW_{min}$ 时，需灌溉，否则，无须灌溉。田面水位、灌溉量及排水量表达式可表示见式 4.63~4.66。

a. 计算田面水位，确定灌溉时间

$$h_t = h_{t-1} + P_t + I_t - ET_t - S_t - D_t \tag{4.63}$$

式中：h_{t-1}，h_t 为时段初、时段末的田面水层高度（mm），P_t 为时段内降水量（mm），I_t 为时段内灌水量（mm），ET_t 为时段内田间蒸散发（mm），S_t 为时段内田间下渗量（mm），D_t 为时段内排水量（mm）。

b. 计算灌溉量

如果时段初的农田水分处于适宜水层上限（h_{max}），经过一个时段的消耗，田面水层降到适宜水层下限（h_{min}），即 $h_t \leq h_{min}$，若这段时间没有降水，则需进行灌溉，灌水定额 I_t 见式 4.64。

$$I_t = h_{t,max} + ET_t + S_t - h_t - P_t \tag{4.64}$$

c. 计算排水量

水田排水主要发生在晒田期和降水条件下。晒田期需根据灌溉标准水层及土壤水分要求进行排水；降水条件下，当田面水深 $h_t > h_{max}$ 时，需要排水。晒田及降水条件下排水量计算分别见式 4.65 和式 4.66。

$$D_t = h_t \tag{4.65}$$
$$D_t = h_t + P_t - ET_t - S_t - H_{max} \tag{4.66}$$

式中：H_{max} 为最大蓄雨深度（mm）。自动灌溉相关变量操作见表 4-6。以长江流域水旱轮作区（安陆）为例，采用基于田间缺水的灌排参数化方法，实现了水稻全生育期不同阶段的灌溉量及排水量的计算（图 4-6）。参数化结果表明，在安陆示范区手插秧（稻麦）实行淹灌与蓄雨结合的灌溉模式、2018 年 5—9 月全生育期内降水量约 233.5 mm 的条件下，发生灌溉 24 次、总灌溉量约 727.3 mm；发生产流 4 次，总排水量约 177.3 mm，模拟灌溉误差约 12.8%。导致误差的原因可能是实际灌溉并不完全与"灌溉标准"符合，例如示范区返青期采取灌溉标准的最大上限是 120 mm，初次实际灌水量为 102 mm。

表 4-6　自动灌溉相关变量

变量		定义
操作变量	自动灌溉的初始时间	设置
选择变量	引发自动灌溉的原因	0-植物水胁迫引发 1-田间缺水引发；选择项
输入变量	引发灌溉的水胁迫的阈值	
	不同生育期的时间划分	泡田期、拔节期、孕穗期、抽穗期、乳熟期等
	适宜水位上限（h_{min}）	田面适宜水位下限值，对应于特定生育期灌溉标准
	适宜水位下限（h_{max}）	田面适宜水位上限值，对应于特定生育期灌溉标准
	最大蓄水深度（H_{max}）	降水或人为灌溉条件下的耐淹水深，对应于特定生育期灌溉标准
	土壤水分含量下限（SW_{min}）	土壤含水量最小值，对应于特定生育期灌溉标准
计算变量	田间持水量（FC）	土壤所能稳定保持的最高土壤含水量

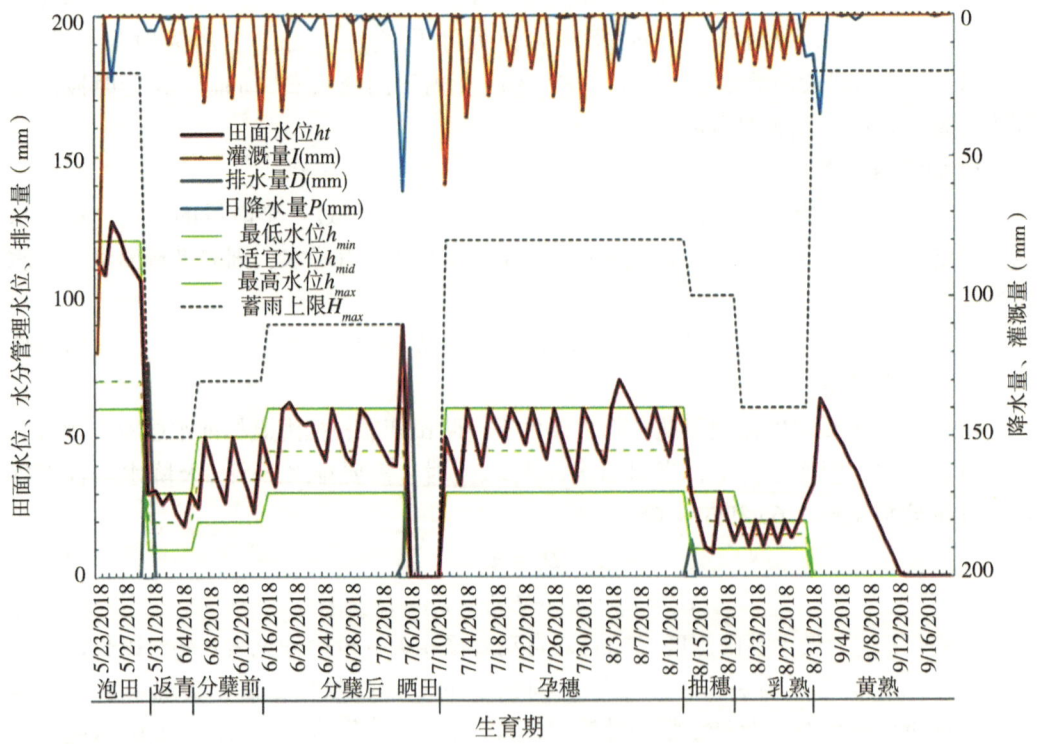

图 4-6　安陆示范区水稻全生育期灌溉及排水量模拟

4.1.5.3　耕作管理

1. 分类

按照耕作方式、耕作深度等特征可将常用的耕作措施分为三类：免耕、旋耕、翻耕

（包括浅翻耕和深翻耕）。

1）免耕

免耕是一种免除不必要耕作的保护性耕作手段。短时间连续免耕的累积效应使土壤表层的沉实作用加强，因而土壤容重增加，能够保持土壤肥力。但单纯的长时间免耕不仅会使土壤物理性质恶化，还会使土壤营养表层富集，加剧水体氮磷流失风险，引起面源污染。在实行保护性耕作时，往往将免耕与有机肥配施、秸秆还田等手段结合起来，以减弱单纯免耕引起的不良影响。在地方经济、人力条件有限的情况下，通过免耕结合秸秆还田的方式，不仅可以增加产投比，减少氮磷流失量，还可以显著降低土壤容重，增大土壤空隙度和非毛管空隙度，很好改良土壤物理性状。

2）旋耕

旋耕将浅层土壤切碎，与化肥等均匀混匀后铺在表土，其作业深度一般为8~15 cm。相较于免耕而言，旋耕可增加土壤TN、速效磷等的含量，减少氮磷养分径流流失量。

3）翻耕（浅耕、深耕）

翻耕将深层土壤翻转到表层并进行松碎。按照耕作深度，可分为浅翻耕和深翻耕。浅翻耕的作业深度一般在13~15 cm，深翻耕的作业深度一般在20~25 cm。深翻耕能促使不同土层之间的平均化，增加土壤渗透率，减少氮磷养分流失。翻耕与旋耕交替运作有利于改良土壤特性，提高土壤肥力。

2. 影响因素

包括土壤结构、径流及雨点对土壤的冲击与侵蚀等。

3. 参数化

重点关注耕作措施对营养盐的影响。水稻耕作一般发生在泡田期。耕作操作将土壤剖面中的营养盐和施入的肥料在土壤和田面水中进行再分配，最终的营养盐量等于再分配的营养盐量加上各土层中未混合的营养盐量。

泡田期耕作过程中的营养盐分配包含水土混合、土壤混合和生物混合3种情况。

1）水土混合

水土混合主要是指在耕作过程中田面水与耕层土壤之间发生的营养盐再分配。耕作过程中，由于已经完成施肥和泡田操作，假定：①此时土壤表层 h_{sat} 的土壤水分含量达到饱和，且水-土界面氮磷分配达到平衡；②在耕作发生的短期过程中首先发生田面水氮磷与土壤氮磷的混合，耕作深度为 h_{til}；③混合过程主要为物理过程，即当耕作深度内的 $SW_t<SSW$ 时，田面水携带营养盐进入土壤。

当 $h_{til}<h_{sat}$ 时，水土混合不发生；当 $h_{til}>h_{sat}$ 时，水土混合发生在土层深度 h_{til}~h_{sat} 范围内。混合前后，t 时刻饱和层 $h_{t,sat}$ 范围内的水分和营养盐在水土混合过程中均假设不变。

在 h_{til}~h_{sat} 从田面水分配到土壤中的营养盐（以氮为例）含量见式4.67。

$$N_{t,w/s} = \alpha \cdot c_{t,surf} \cdot (SSW - SW_{t,til\sim sat}) \cdot (h_{til} - h_{sat}) \tag{4.67}$$

式中：$N_{t,w/s}$ 为 t 时刻从田面水进入土壤层的氮量（kg/hm²），α 为单位转换系数，$c_{t,surf}$ 为 t 时刻田面水氮浓度（mg/L），SSW 为田间土壤饱和含水量（mm），

$SW_{t,til\sim sat}$ 为 t 时刻 $h_{til} \sim h_{sat}$ 土层深度范围内的土壤含水量（mm），h_{til} 为实际耕作深度（mm），h_{sat} 为田间土壤水分达饱和状态的土层厚度（mm），一般近似认为 $h_{sat} \approx$ 犁底层厚度 $hbott$。

混合后，田间水分状态变化为，$h_{til} \sim h_{sat}$ 土层深度范围内土壤水分达到饱和，具体表达见式 4.68。

$$SW_{t+1, til\sim sat} = SSW \tag{4.68}$$

式中：$SW_{t+1, til\sim sat}$ 为 $t+1$ 时刻 $h_{til} \sim h_{sat}$ 土层深度范围内的土壤含水量（mm）。

混合后，$h_{til} \sim h_{sat}$ 土层深度范围内营养盐浓度变化见式 4.69。

$$N_{t+1, til\sim sat} = N_{t, til\sim sat} + N_{t, w/s} \tag{4.69}$$

式中：$N_{t+1, til\sim sat}$ 为水土混合后 $t+1$ 时刻 $h_{til} \sim h_{sat}$ 土层深度范围内的氮含量（kg/hm²），$N_{t, til\sim sat}$ 为水土混合前 t 时刻 $h_{til} \sim h_{sat}$ 土层深度范围内的氮含量（kg/hm²）。

2）土壤混合

营养盐其次在混合土层间发生土壤混合，即不同土层之间的营养盐再分配。假设存在混合效率 η，营养盐再分配主要是对于参与混合的各土层。混合后，土层氮磷含量见式 4.70。

$$N_{t+1, n} = \eta \cdot N_{t, n} \tag{4.70}$$

式中：$N_{t+1, n}$ 为土壤混合后 $t+1$ 时刻第 n 层的氮磷含量（kg/hm²），$N_{t, n}$ 为土壤混合前 t 时刻第 n 层的氮磷含量（kg/hm²），η 为混合效率（%）。

3）生物混合

生物混合指土壤中的生物（如蚯蚓等）活动引起的土壤成分再分配。研究表明，在很少被扰动的土壤系统中生物混合非常有效。随着管理系统从传统耕作到保护型耕作、免耕的转变，生物混合效应逐渐增大。生物混合深度≤300 mm（深度小于 300 mm 土壤剖面的底部），自定义生物混合效率，运用耕作操作中所用到的再分配计算方法，来计算生物混合后的营养物再分配。

在稻田中，除免耕外，其他耕作方式近似忽略生物混合效应；在免耕操作下，仅考虑生物混合效应。耕作相关输入变量见表 4-7。

表 4-7 耕作相关输入变量

	变量	定义
操作变量	耕作操作时间	月日
	耕作类型	如免耕、旋耕、浅耕、深耕等
耕作数据库	混合深度（mm）	耕作器具混合的土壤深度
	混合效率（%）	再分配后各成分分别占各土层成分原数量的分数
	生物混合效率	自定义

犁底层又称"亚表土层"，是位于耕作层以下较为紧实的土层，由于长期耕作经常受到犁的挤压和降水时黏粒随水沉积所致。一般离地表 12~18 cm，厚约 5~7 cm，最厚可达到 20 cm。考虑到浅耕操作深度近似等于犁底层深度，假设在犁底层以上土层范围

内、有田面水覆盖的情况下，上层土壤处于饱和状态。以此为依据确定不同耕作方式下的水分和营养盐混合方式见表4-8。

表4-8 典型耕作方式及其营养盐混合情况分类

耕作方式	耕作操作深度（mm）	营养盐混合方式	水分混合方式
免耕	0	以生物混合为主	—
浅耕	150~200	以土壤混合为主	耕层范围内均达到饱和状态
深耕	200~300	以水土混合、土壤混合为主	耕层范围内均达到饱和状态

4.1.5.4 阻控措施

1. 沟渠

1) 分类

农田沟渠系统的除磷机理主要包括底泥吸附、植物吸收、微生物分解和协同3个方面。沟渠可划分为生态沟渠、自然沟渠（土沟）和水泥沟渠。生态沟渠是农业面源污染源头控制中的最佳管理措施（BMPs）。根据文献调研，中国稻田生态沟渠的研究和应用主要分布在江苏、浙江、江西、湖南、安徽。

2) 影响因素

沟渠对稻田氮磷去除机制的影响因素包括沟渠基质类型、沟渠植物、水力停留时间、水力负荷、温度季节、pH、沟渠几何特征、进水浓度和流速、降水灌溉、底泥和微生物等。

(1) 沟渠基质类型

可分为混凝土、土质和有植物的土质三类。研究表明，3种基质对氮磷去除效率大小依次为有植物的土质>土质>混凝土。其中，有植物的生态沟渠对氮磷的去除率可达24%~60%。

(2) 植物种类、种植密度和搭配

复合植物对氮磷去除效应较单一植物高；大型挺水植物的芦苇和菱草被普遍认为对氮磷吸收能力高，而香蒲因根系不发达，吸收能力较弱；在高糙率情况下，植被制约水流；沉水植被越密，对水流阻力越大。

(3) 水力停留时间（HRT）

水力停留时间越长，水流与沟渠中植物的接触时间越久，污染物截留量越大。

(4) 水力负荷、流速

水力负荷指系统在单位时间、单位面积下处理水量能力，它的过大或过小都对沟渠、湿地功能产生不利影响。流速加快会缩短水流与沟渠中植物和沉积物的接触时间，降低截留量。

(5) 温度、季节

对于微生物而言最适宜生长的温度在20~40℃，且每增加10℃，代谢速率提高1~2倍；温度升高1~13℃，底泥中TP释放增加9%~57%。夏季植物生长期生态沟渠对氮磷的去除效率较高。

(6) pH

研究发现沟渠底泥对铵态氮、硝态氮和 TN 的截留率都随着 pH 的增加而增加，主要是由于硝化和反硝化细菌适宜在中碱性条件下生长，pH 影响微生物的活性。

(7) 沟渠几何特征

湿地面积与水域面积的比例越高，截留、去除效应越好；宽浅型断面生物滞留量高于深窄型；沟渠河道坡比越小、水流速相对减小，可间接影响停留时间，有利于氮、磷净化。

(8) 进水浓度、流速

流速通过影响水流与沟渠中植物的接触时间越久，影响沟渠截留效果。

(9) 降水灌溉

降水和灌溉通过影响沟渠水位来影响氮磷等营养物质的转化和释放。研究表明，降水等引起的水位上升能显著增加硝态氮的淋溶，沟渠排水后底部暴露于空气时，好氧环境下氮的硝化作用将铵态氮转化为硝态氮；沟渠水位较高时有机磷不易分解，而排水后好氧环境能促进有机磷的降解，增加磷素淋溶释放。

(10) 底泥和微生物

底泥一方面通过吸附机制实现氮素的滞留，对铵态氮具有显著影响，而对硝态氮影响较小。微生物对氮素的吸收量不容忽视，在生物活动强烈的季节中，沟渠向下游输送的可溶性无机氮的浓度比其他季节低很多。

3) 参数化

第 t 时刻污染物浓度计算见式 4.71 和式 4.72。

$$C_t = \alpha \cdot C_0 \cdot e^{-\delta t} \tag{4.71}$$

$$t = l/v \tag{4.72}$$

式中：α 为常数（调整系数，无量纲），δ 为衰减系数（d^{-1}），t 为水力停留时间（d），l 为沟渠长度（m），v 为流速（m/s），与沟渠宽度、稻田排水水量有关。

2. 湿地/塘/缓冲带

1) 分类

稻田末端阻控措施包括人工湿地、生态塘和缓冲带。缓冲带指宽度在 5～100 m 临近水体的永久性植被区，主体植被包括树、草和湿地植物。

2) 影响因素

湿地/塘/缓冲带对稻田氮磷去除机制的影响因素与沟渠类似，包括基质类型、植物类型、水力停留时间、水力负荷、温度季节、pH、沟渠几何特征、降水灌溉等。此外，湿地/塘/缓冲带水深、库容和清淤频率氮去除效果也有影响。

3) 参数化

K-C* 模型，即基于背景值的一级动力学模型，它是描述湿地中污染物去除机理的一种模型，它规定：每一种污染物的达标都会使所需的湿地面积有所增加，而最终取用的面积就应该是污染物各个参数都达标情况下的最大面积。

$$\ln\left(\frac{C_i - C^*}{C_0 - C^*}\right) = -\frac{k}{q} \tag{4.73}$$

$$C_i = C^* + (C_0 - C^*) \cdot \exp\left(-\frac{k}{q}\right) \tag{4.74}$$

式中：C_i 为目标出水浓度（mg/L），C_0 为进水浓度（mg/L），C^* 为环境背景浓度（mg/L），低于背景浓度的污染物不能被降解；k 为一级反应速率常数（m/a），也称 K_A 为面积去除速率常数（m/a）；q 为水力负荷率（m/a）。

$$A = \frac{0.036\,5 \cdot Q}{K} \times \ln\left(\frac{C_i - C^*}{C_0 - C^*}\right) \tag{4.75}$$

式中：A 为所需湿地面积（hm²），Q 为污水流量（m³/d）。

$$q = \frac{0.036\,5 \cdot Q}{A} \tag{4.76}$$

$$C_i = C^* + (C_0 - C^*) \cdot \exp\left(-\frac{k \cdot A}{0.036\,5 \cdot Q}\right) \tag{4.77}$$

以背景值 C^* 和速率常数 k 为参数的一级动力学模型的应用仍受到诸多条件的限制，譬如参数的不稳定性、非理想流动性的影响、时空变化的影响以及随机事件的影响等，因此，湿地模型需要考虑到更多的影响因素，以使其朝着更贴近现实条件的方向发展。背景值和速率常数参考取值见表4-9。

表4-9 背景值和速率常数

	NH_4-N	TN	TP
表面流 k_{20}（m/a）	18	22	12
C^*（mg/L）	0.00	1.50	0.02

注：k_{20} 表示20℃时的一级反应面积速率常数 k 值。

3. 多级措施联用

1）分类

多级措施联用即沟渠、湿地/塘/缓冲带等措施的结合，如人工水塘技术、多水塘系统、田沟-塘系统等。

2）影响因素

沟渠、湿地/塘/缓冲带本身影响因子、稻田沟塘配比等均会影响多级措施的减排效应。

3）参数化

田沟塘系统径流容纳能力计算见式4.78。沟塘系统共同实现调蓄功能，无塘地区利用单元末级排水沟道的调蓄能力计算。

$$P \cdot k \cdot A_1 = A_2 \cdot H_2 + A_3 \cdot H_3 \tag{4.78}$$

式中：P 为日降水量（mm），k 为径流系数，A_1、A_2、A_3 分别为田、沟渠、坑塘面积（m²），H_2、H_3 分别为沟渠、坑塘调蓄水深（mm）。

4. 农艺制度及阻控措施效率估算

典型沟段和塘堰对稻田排水氮磷污染的去除率计算见式4.79。

$$\eta = \frac{C_{in} - C_{out}}{C_{in}} \tag{4.79}$$

式中：η 为典型排水沟段或塘堰对稻田排水氮磷污染物的去除率（%），C_{in} 为进水浓度（mg/L），C_{out} 为出水浓度（mg/L）。

t 时刻污染物浓度计算见式4.80~式4.81。

$$C_t = C_0 \cdot e^{-\delta t} \tag{4.80}$$

$$t = L/v \tag{4.81}$$

式中：δ 为衰减系数（d^{-1}），t 为水力停留时间（d），l 为沟渠长度（m），v 为流速（m/s），与沟渠宽度、稻田排水水量有关。

多级阻控措施整体去除效率见式4.82。

$$R_{total} = 1 - (1 - L_1\delta_1) \cdot (1 - L_2\delta_2) \cdot (1 - L_3\delta_3) \tag{4.82}$$

式中：R_{total} 为农沟-斗沟尺度排水系统沟段对氮磷污染的整体去除率（%）；δ_1、δ_2、δ_3 分别为3个沟段分别对稻田排水氮磷污染单位长度去除率，由典型沟段去除率 R 除以沟段长度得出（%）；L_1、L_2、L_3 分别为灌区农沟-斗沟尺度排水系统主要植被状况（无草、水草、水花生）沟段的概化长度，3个沟段分别对稻田排水氮磷污染单位长度去除率，由典型沟段去除率 R 除以沟段长度得出（%）。

4.2 参数率定与最优化

4.2.1 参数率定方法

尽管全球作物模型的研究较多（Rosenzweig et al., 2014；Elliot et al., 2014），但同其他一些全球模型不同的是，传统的作物模型通常在少数站点上校准，并假设其适用于更大的时空范围（Fischer et al., 2005；Parry et al., 2005；Asseng et al., 2015），另一方面，能够在区域甚至全球尺度上用于评估和比较农作物模型结果的观测数据却十分有限（Callinor et al., 2014），因此更加需要在区域研究中通过结合观测数据的模型校准来评估模型开发的效果并获得模型的准确性（Accuracy）和精确度（Precision）的相关信息。

本模型选用了粒子滤波作为参数最优化系统的算法。粒子滤波是条件概率方法的一种算法实现，其基本思想是将待优化参数集的一种实现（取值）视为一个粒子，通过一定数量粒子的频率分布来代表参数的条件概率分布。总结起来其优势如下：相比于作物模型中通常使用的参数搜索方法，粒子滤波除了提供最优估计以外还可以提供参数的不确定性，而且对异常值不会过分敏感。相比于变分方法和集合卡尔曼滤波，粒子滤波对系统没有线性假设，适用于如作物模型这种高度非线性的情形。粒子滤波不需要通过差分提前构建伴随模型，并且比其他的蒙特卡罗算法效率更高。

具体步骤如下：第一步，从先验分布中抽取指定数量（N）的粒子；第二步，在粒子中参数的驱动下进行模型模拟；第三步，根据当前观测数据和模型的比较结果（目标函数）修正每个粒子的权重；第四步，根据加权后的新的粒子分布重采样指定数量（N）的粒子（即使得新的粒子每个权重均为（I/N），允许相同粒子多次出现）；第五步，给粒子增加一个随机漂移量，帮助其脱离局部最优解；第六步，重复第二到第五步直到所有观测数据都进入系统。在每一个粒子滤波的循环中，粒子的权重（w）根据式4.83计算：

$$w_i = \frac{p(y \mid x_i)}{\sum_{j=1}^{N} p(y \mid x_j)} \tag{4.83}$$

式中：N是粒子数量，y是观测数据，$p(ypi)$是第i个粒子x_i（$M(x_i)$）在当前观测下的条件概率，其计算如式4.84：

$$p(y \mid x) = e^{-\frac{(y-M(x))^2}{2\delta^2}} \tag{4.84}$$

式中：M代表模型，δ是观测数据误差。

重采样的技术目的十分明确，即通过参数的重采样使得高权重的粒子得以保留，低权重的粒子可能被抛弃，从而使得粒子集合的频率分布与后验概率分布相一致。每当有新的观测数据进入最优化系统后，重新计算每个粒子的权重，并根据新的粒子加权概率分布重新采样粒子。理论上，观测数据也可以一次全部进入最优化系统之中（式4.86），但是这会带来巨大的存储空间和内存消耗，同时由于观测空间的维度膨胀导致收敛所需要的粒子数量大幅度增加已在参数空间中充分采样。经验表明，收敛所需的粒子数量与维度呈指数关系增长（van Leeuven et al., 2009）。因此在实践中通常都将观测数据按照时间或空间顺序逐次加入优化系统，在ORCHIDEE-CROP的参数优化中，本研究将每个站点的数据逐次加入最优化系统，推动粒子滤波循环的前进。对于粒子集合而言，这一过程是通过一个马尔可夫过程来实现的（式4.85）：

$$p(x^{1:n}) = p(x^n \mid x^{n-1})p(x^{n-1} \mid x^{n-2}) \cdots p(x^2 \mid x^1) \tag{4.85}$$

式中：x^i是第i次迭代（循环）时的概率分布，$x^{1:n}$是粒子经过n次迭代（循环）以后的概率分布。基于式4.83、式4.84和式4.85，最终在所有观测数据进入最优化系统以后的参数条件概率分布则可以表示为式4.86：

$$p(x^{1:N} \mid y^{1:N}) = \frac{p(y^{1:N} \mid x^{1:N})p(x^{1:N})}{p(y^{1:N})} \tag{4.86}$$

而其实现的基础则是式4.87对式4.86的迭代展开，每1项即1个粒子滤波的循环：

$$p(x^{1:N} \mid y^{1:N}) = \frac{p(y^N \mid x^N)p(x^N)}{p(y^N)} \frac{p(y^{N-1} \mid x^{N-1})p(x^{N-1})}{p(y^{N-1})} \cdots \frac{p(y^1 \mid x^1)p(x^1)}{p(y^1)} \tag{4.87}$$

农作物模型在开发的时候往往以预测作物产量为主要目标。然而作物产量是多过程的综合结果，单纯优化作物产量有可能由于不同过程误差的相互抵消，导致虽然模拟结果正确但归因错误的情况。因此针对若干个辅助变量也进行优化有助于获得更贴近真实观测的结果。理论上粒子滤波算法可以适用于多目标同时最优化。然而，在本研究的实践中由于无法获得不同观测数据的相对误差以及不同观测数据并不属于同一套站点，优化的参数也不完全一致，因此同步优化有非常大的难度。在优化ORCHIDEE-CROP模型的过程当中，本研究根据所能获取的数据情况，首先优化了与作物产量相关氮响应函数以及水稻的生育期,最后再优化水稻的产量的年际变异。

与以往使用参数搜索算法且基于农业气候区划(AEZ)进行参数优化的研究(Xiong et al.,2008;Zhang et al.,2014)不同的是,本任务没有采用AEZ对各个农业气候区分别进行优化,这主要有以下几个考虑:首先,ORCHIDEE-CROP模型部分具备了随气候梯度的适应性,可以从生理适应的机制上反映不同气候区域的作物生长特性;其次,基于贝叶斯的粒子滤波算法能够提供优化后参数的不确定性,从而通过不确定性反映参数的空间变异;再次,农业气候区划的划分具有较强的经验性,缺少统一客观的指标,具有较大的不确定性(段居琦,2012);最后,大空间尺度(区域和全球)和大时间尺度的模型研究要求使用比较少的参数集(Rosenzweig et al.,2014)。因此,本研究最终折中选择为早稻、晚稻和一季稻分别建立一套参数。

4.2.2 水稻生长模块的参数最优化

4.2.2.1 水稻物候

基于中国气象局的287个有效站点对水稻生育期的观测,本研究对ORCHIDEE-CROP模型决定水稻生育期的主要参数进行了参数最优化。在最优化算法执行以前,本研究首先从观测数据中随机排除了20%站点用于校验优化后的模型参数(后验参数)。需要优化的参数包括水稻发育的三基点温度[最低温(T_{min})、最适温(T_{opt})和最高温(T_{max})]以及展叶到灌浆的积温值(GDD_{LEVDRP})以及灌浆到成熟的积温值(GDD_{DRPMAT})。这些参数的先验参数值来源于Irfan(2013),先验参数的取值范围参考了Sachez等(2013)。校验站点的空间分布参见图4-7。

表4-10所示为早稻、晚稻和一季稻生育期参数的先验值与后验值及其频率分布。与先验分布相比,生育期的积温值(GDD_{LEVDRP},GDD_{DRPMAT})的后验分布范围有显著的减小。这表明观测数据对积温值参数产生了较强的限制。同时,注意到不同水稻类型的积温值相互之间有显著的差别($P<0.05$),且在一定程度上反映了不同水稻类型及其所生存的环境的特征。比如早稻生育期所需积温总量较大,可能是由于华南地区春夏季温度高于其他水稻种植区。而一季稻从灌浆到成熟所需积温较大,这与一季稻生殖生长时期较长因此产量相对较高的特性相适应。早稻、晚稻和一季稻在三基点温度参数上也有不同的表现,它们在生长发育最低温(T_{min})上比较接近,后验参数值均在9~10℃。早稻最高[(9.9±0.5)℃]且参数后验分布的范围最小,晚稻最低[(9.2±1.1)℃]且参数后验分布的范围最大(图4-7d)。不同水稻类型T_{min}的UR在52%~78%。生长发育的最适温度(T_{opt})则有较大的差异,早稻最高[(32.3±1.9)℃]而一季稻最低[(22.8±0.5)℃](图4-7c),UR在55%~88%。早稻较晚稻和一季稻更高的生长发育最低温(T_{min})和生长发育最适温(T_{opt})同样反映出了早稻生育期气候较为温暖的特征。图4-7e示生长发育最高温(T_{max})阈值的先验和后验分布。尽管后验参数分布的范围较先验值有明显缩小(UR在16%~84%),但是后验参数的分布也较为离散,不同水稻类型的T_{max}最优值在36~38℃。较为离散的后验分布说明观测数据对生长发育最高温阈值的限定并不是很强,这是因为在过去20年中,高于最高温阈值的高温事件在水稻生育期出现的次数并不频繁。

表 4-10 早稻、晚稻和单季稻生育期物候参数的先验和后验值

参数	先验		后验	
	常规	早稻	晚稻	双季稻
GDD_{LEVDRP}	895±115	860±9	610±12	645±5
GDD_{DRPMAT}	554±115	322±7	345±9	420±6
T_{min}	13.0±2.3	9.9±0.5	9.2±1.1	9.4±0.5
T_{opt}	30.0±4.3	32.3±1.9	23.4±0.6	22.8±0.5
T_{max}	40.0±4.3	36.5±3.6	38.2±1.1	35.7±0.7

图 4-7 最优化站点和验证站点所有有效观测年份模型模拟（先验和后验参数）与观测-模拟生育期（蓝色为改进前、灰色为改进后）

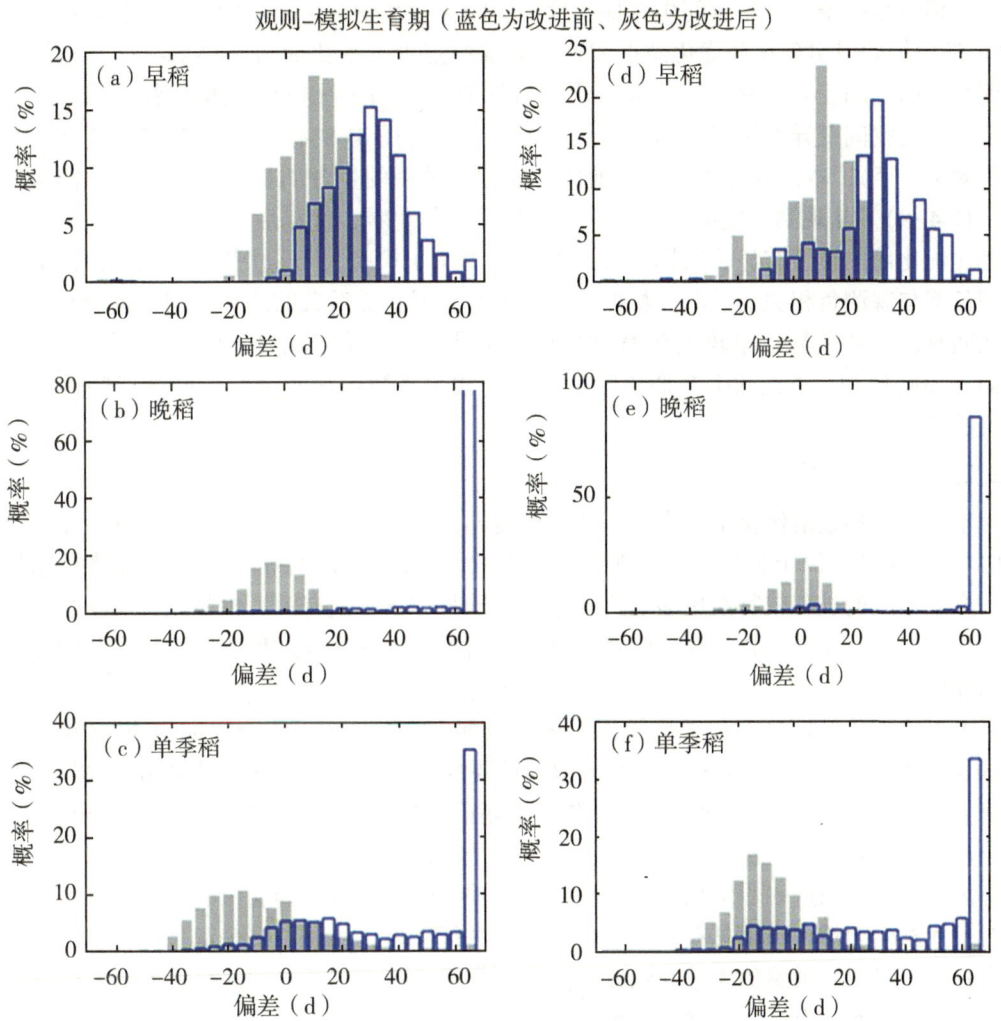

图 4-7 模型模拟的水稻生育期与观测差别的频率分布

注：蓝色空心柱为先验参数模型模拟结果，灰色实心柱为后验参数模型模拟结果。左列示用于校准站点，右列示用于验证站点。上中下三行分别早、晚、一季稻站点。

观测值差别的频率分布，可以看到先验参数普遍高估了水稻的生育期长度。经过参数最优化以后，最优化站点所有年份的观测中，早稻、晚稻和一季稻生育期模拟的根均方误差（RMSE）分别从32.7 d减少到14.8 d（图4-7a），从108.9 d减少到12.4 d（图4-7b），从73.7 d减少到24.4 d（图4-7c）。在验证站点的所有有效观测中，早稻、晚稻和一季稻生育期模拟的根均方误差（RMSE）分别从33.9 d减少到16.3 d，13.0 d减少到10.2 d，从74.5 d减少到19.2 d。

  本研究在最优化的过程中采用了混合考虑时空变异的方法。在整体RMSE改善的基础上，我们需要关注生育期的空间梯度和年际变化是否均通过参数最优化得到了提高。图4-8为最优化站点和独立验证站点上ORCHIDEE-CROP在先验参数和后验参数驱动下不同站点多年平均生长期长度与观测值的关系。可以看到，通过参数最优化，无论早稻、晚稻还是一季稻，站点间生育期长度的空间关系得到了大幅度的增加，且可决系数（R）的增加同时出现在最优化站点和独立验证站点上。相比而言，早稻与一季稻的生育期长度的空间变异50%以上能够被优化后的ORCHIDEE-CROP模型解释，而晚稻的生育期长度空间变异的解释率相对较低，约为30%（图4-8）。基于长期观测站点（有效观测>15年），本研究分析了优化前后的模型对观测的生育期长度年际变化的模拟情况（图4-9）。从观测与模拟的生育期长度相关系数上看，优化后的ORCHIDEE-CROP模型比优化前的模型有显著的提高（$P<0.05$，成对t检验）。通过参数最优化，模拟生育期长度与观测负相关的情况大幅度减少，但是二者相关系数的绝对值则在不同水稻类型之间有较大的差异，早稻的生育期年际变异得到了较好的解释（平均相关系数$r>0.5$），而晚稻和一季稻的生育期年际变异平均相关系数还比较低，不同站点间体现了较大的空间异质性。

4.2.2.2 水稻产量

  本研究的参数最优化不考虑单产的空间变异，仅考虑单产的年际波动，这与Tao等（2014）在华北平原上使用小麦模型的超级集合（Super ensemble）模拟的思路是相似的。产量形成的过程较物候更多也更复杂，它既与作物物候有关，也与光合与呼吸作用的速率的变化、光合产物分配、营养器官与生殖器官再分配等过程有关，所涉及的参数也因此更多。

  由于参数数量较多不利于最优化系统的效能，本研究首先使用Morris敏感性检验（Moris，1991）对各个参数对于产量模拟的重要性进行排序。本研究对Morris检验中的排序前17的参数进行最优化。这些参数基本涵盖了光合作用，作物物候、叶面积动态、光合产物分配和生殖生长等作物产量模拟的各个模块。本研究选择17个参数而不是更多是因为测试表明进一步增加优化参数的数量并不能够明显改善模拟的效果。本研究只针对这些对模型单产模拟具有较大影响的参数进行优化。从另一个角度上说，单产的观测也只可以对相对敏感的参数起到较好的限制作用，引入不敏感的参数除了增加运算量以外，并不能有效提高参数优化的精度。

  表4-11示优化前后的参数值及其不确定性。可以看到，通过最优化系统，所有参数的不确定性均有所减小，不确定性减小（UR）的幅度从5%到90%不等。与光合作用强度以及谷物形成紧密相关的参数（如Vemaxs、Vourb等）的不确定性减小

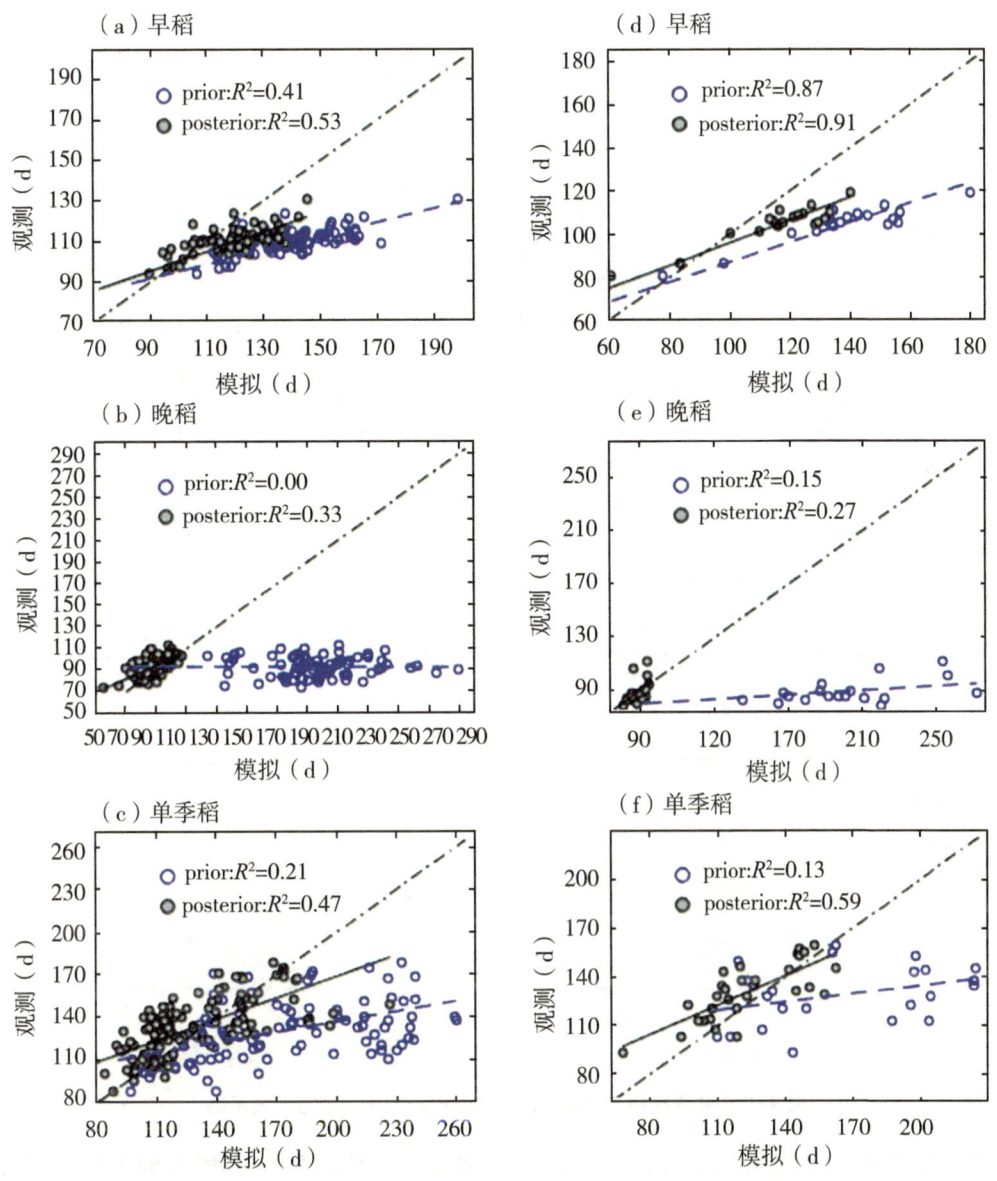

图 4-8 模型模拟与观测的多年平均生育期长度的比较

注：空心点为先验参数模拟结果，实心点为后验参数模拟结果，虚线为1:1线。

幅度较大，通常大于50%，反映出单产变化能够较好地限制这些参数的值。而与影响谷物形成相对间接的参数，比如与叶面积变化或根生长相关的参数（Repracmin，dLAma等），不确定性减小的幅度则相对比较小，通常不到50%。早稻、晚稻和单季稻的参数也反映了各自种植区域的一些特征。比如，生育期温度更为温暖的早稻的各个温度阈值均较晚稻和单季稻高一些。单季稻的种植范围更广，因此 b_{rjv} 体现出一季稻光合作用对温度的适应性较早稻和晚稻更强，不过无论早稻、晚稻还是一季稻，

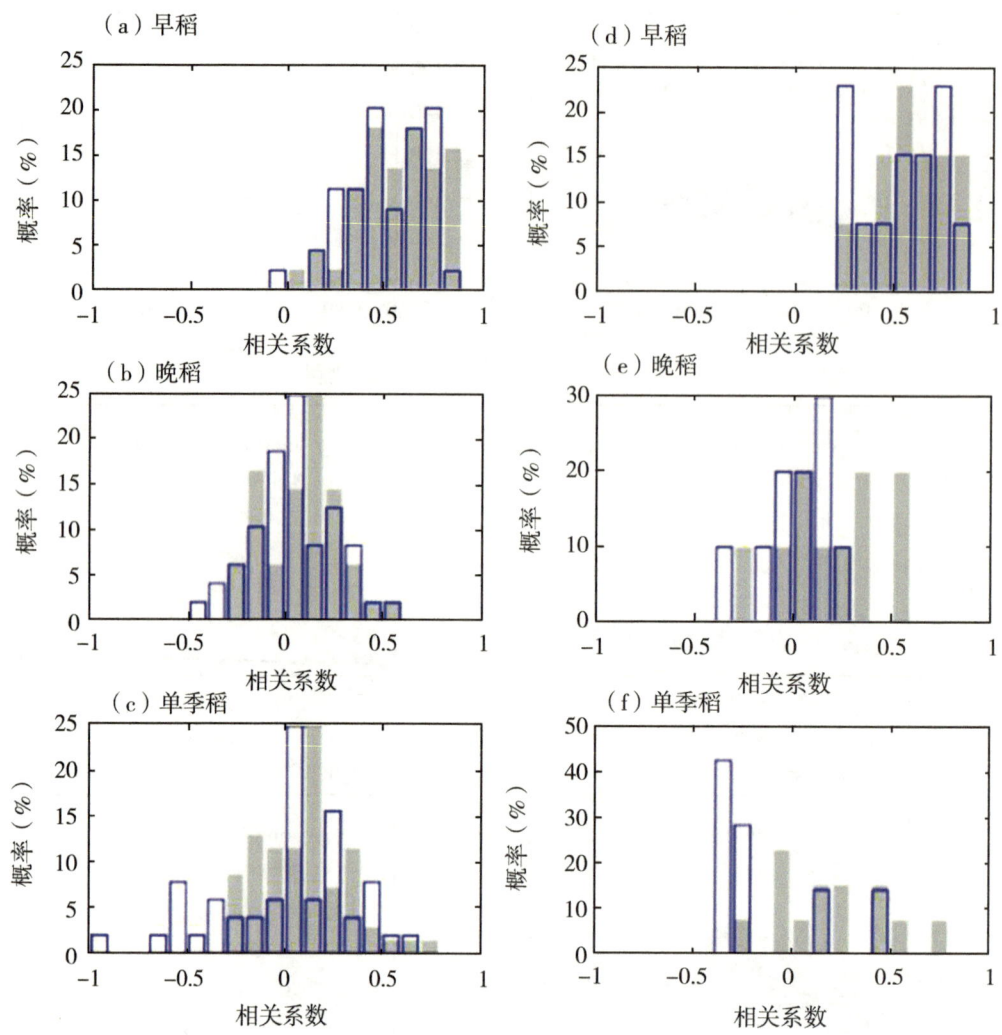

图 4-9 模型模拟与观测的生育期长度年际变化的相关系数

其光合作用对环境变化的适应性均比先验参数要低。优化后的水稻的最大羧化速率（V_{cmx2}）均小于 70。

表 4-11 早稻、晚稻和单季稻单产相关参数的先验和后验值

	先验参数	后验参数		
		早稻	晚稻	单季稻
GDD_{LEVDRP}	type-specific	1 025±42.1	565±62.8	795±82.2
GDD_{DRPMAT}	type-specific	400±32.7	210±64.2	380±47.1
GDD_{LEVAMF}	265±173.2	105±94.8	155±82.3	215±99.1

(续表)

先验参数		后验参数		
		早稻	晚稻	单季稻
GDD_{AMFLAX}	510±173.2	510±37.9	380±84.5	475±49.0
T_{opt}	type-specific	35.4±1.33	22.5±0.56	25.9±1.26
T_{min}	type-specific	11.3±1.07	8.9±0.74	10.8±0.84
Tc_{min}	13.0±3.18	12.3±0.82	9.6±0.73	11.3±1.03
Tc_{opt}	30.0±4.33	30.6±2.03	22.9±1.35	24.1±1.42
V_{ircarb}	0.001 2±0.000 38	0.001 4±0.000 07	0.002 2±0.000 17	0.002 0±0.000 13
Tr_{min}	14.0±1.4	15.1±1.08	12.5±1.30	12.8±1.09
Tr_{max}	38.0±4.04	33.7±1.71	34.6±2.71	33.2±1.15
$dLAI_{max}$	0.005 0±0.000 9	0.006 7±0.000 4	0.005 8±0.000 6	0.004 2±0.000 9
$durvief$	480±86.6	400±19.2	480±50.1	545±51.2
$reprac_{min}$	0.047±0.049	0.04±0.026	0.04±0.042	0.04±0.033
$Vc\,max_{25}$	70.0±14.4	58.0±4.0	52.0±9.1	63.0±11.3
a_{rJV}	2.59±0.196	2.52±0.066	2.83±0.213	2.34±0.203
b_{rJV}	−0.035±0.010 4	−0.020±0.004 0	−0.028±0.009 4	−0.030±0.008 2

通过参数最优化，早稻、晚稻和一季稻站点模拟单产的年际变化与观测单产的年际变化的相关系数均有显著的提高（$P<0.05$，图4-10a~c）。其中，一季稻的提升幅度最大，平均相关系数由优化前的0.07增加到0.37，与观测单产显著相关（$P<0.05$）的站点由11%增加到23%，与观测单产接近显著相关的站点0.05加到23%（图4-10c）。双季稻站点的模拟效果也有明显的提高，早稻单产的平均相关系数从优化前的0.18增加到优化后的0.32，显著和接近显著相关（$P<0.10$）的站点由36%增加到57%（图4-10a）；晚稻单产的平均相关系数从优化前的0.14增加到优化后的0.26，显著和接近显著相关（$P<0.10$）的站点由30%增加到38%（图4-10b）。再看独立验证站点（图4-10d~f），早稻、晚稻和单季稻站点上，优化后的模型表现均比优化前有大幅提升，与观测相比的平均相关系数分别从0.10，0.21和0.01增加到0.28，0.36和0.30。这与优化前后的模型在优化站点上的表现相似，表明本研究的参数最优化并没有导致模型过度拟合观测数据，同时也说明优化后的模型具有较强的鲁棒性。

4.2.3 水循环过程的参数最优化

根据方正、盘锦、安陆、荆州、巢湖和高安6个实验点在2017—2019年生长季的稻田实验观测数据，对水循环过程进行全通量参数最优化，包括蒸散发、径流、淋溶侧渗、田面水和土壤水5个组分。

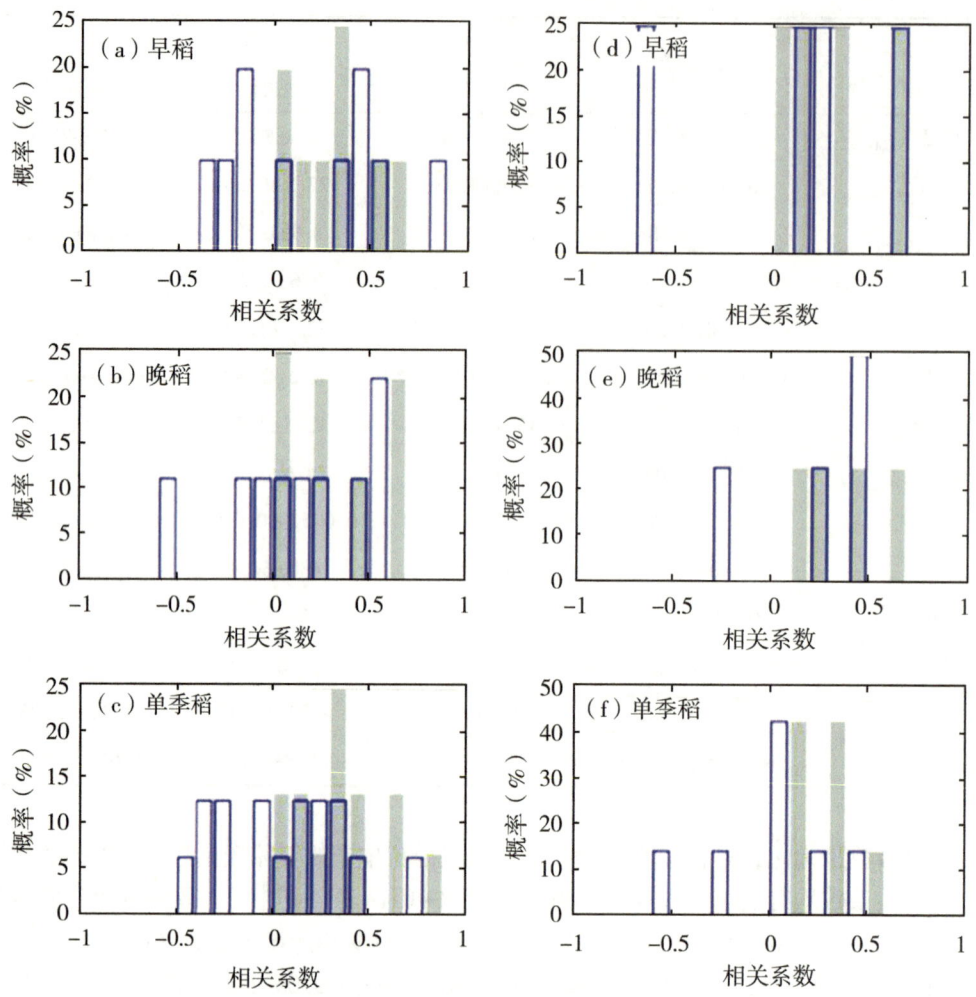

图 4-10 模型模拟的水稻单产与观测值去趋势后的相关系数的频率分布

注：蓝色空心柱示先验参数模型模拟结果，灰色实心柱示后验参数模拟结果。左列示用于参数最优化的站点，右列示用于验证的站点；上中下三行分别为早稻、晚稻和一季稻站点。

表 4-12 显示了 6 个实验点的水循环通量年尺度收支实测及模拟情况。各试验田块水分总输入量从大到小依次为：荆州（1 292.9 mm）＞盘锦（1 069.4 mm）＞方正（1 053.3 mm）＞巢湖（1 005.8 mm）＞安陆（923.8 mm）＞高安晚稻（776.1 mm）＞高安早稻（737.2 mm）。其中，高安晚稻（85.9%）、荆州（72.9%）、盘锦（69.2%）和安陆（66.4%）以灌溉为主，高安早稻（76.7%）和方正（76.4%）以降水为主，巢湖灌溉（52.8%）和降水（47.2%）的贡献大致相当。

水分输出实测结果显示，6 个实验点均主要以淋溶侧渗或蒸散发的形式发生水分损失，而径流损失均相对较小（5.1%~11.7%）。其中，荆州（59.0%）、方正（58.2%）、高安晚稻（56.0%）、高安早稻（54.9%）和巢湖（54.2%）以淋溶侧渗为主,盘锦以蒸散发损失(61.8%)为主,安陆通过蒸散发(50.4%)和淋溶侧渗(47.9%)两种途径损失水分大致相当。通过水循环全通量参数优化,能够整体上准确模拟各实验点水分损失主要途径和结构。其中,对淋溶侧渗的模拟最优,除盘锦外(11%),相对误差几乎均在5%以内。对蒸散发的模拟相对误差均在10%以内,具体表现为方正(2.6%)、荆州(-3.0%)、安陆(-3.8%)、高安晚稻(5.0%)、高安早稻(-7.0%)、盘锦(7.6%)、巢湖(7.7%)。对径流的模拟效果在不同实验点之间差异较大。对于方正(-0.4%)、荆州(-1.6%)和安陆(-3.3%)模拟效果较好,但对于高安早稻(65.1%)、高安晚稻(33.8%)和盘锦(22.9%)则出现整体较大高估。此外,各个实验点的田面水在年尺度上均不发生变化。对各实验点年尺度的土壤水变化模拟出现普遍较大程度低估,可能与土壤水本身变化程度较小有关。

表4-12 水循环通量年尺度收支实测及模拟结果

站点		灌溉	降水	输入	蒸散发	径流	淋溶侧渗	输出	Δ土壤水
方正	实测(mm)	249	805	1 053	390	54	619	1 062	-9
	模拟(mm)				400	54	601	1 054	-1
	相对误差(%)				3	0	-3	-1	-92
盘锦	实测(mm)	741	329	1 069	668	105	257	1 080	-11
	模拟(mm)				719	129	228	1 076	-7
	相对误差(%)				8	23	-11	1	-35
安陆	实测(mm)	614	310	924	469	36	446	931	-7
	模拟(mm)				451	35	433	919	5
	相对误差(%)				-4	-3	-3	-1	-177
荆州	实测(mm)	943	350	1 293	445	95	741	1 257	36
	模拟(mm)				432	93	754	1 279	14
	相对误差(%)				-3	-2	2	2	-60
巢湖	实测(mm)	531	474	1 006	370	82	540	996	10
	模拟(mm)				398	88	516	1 002	4
	相对误差(%)				8	8	-4	1	-65
高安早稻	实测(mm)	172	565	737	264	86	401	731	6
	模拟(mm)				246	115	381	741	-3
	相对误差(%)				-7	34	-5	1	-155
高安晚稻	实测(mm)	667	109	776	337	25	477	852	-2
	模拟(mm)				354	41	455	849	0
	相对误差(%)				5	65	-5	0	-125

图4-11至图4-15分别显示了6个实验点的蒸散发、径流、淋溶侧渗、田面水和土壤水的日尺度变化过程及相应模拟结果。整体上，参数优化后能够准确刻画蒸散发、径流和田面水的日尺度过程，但对淋溶侧渗和土壤水的日尺度动态变化过程模拟能力不足。

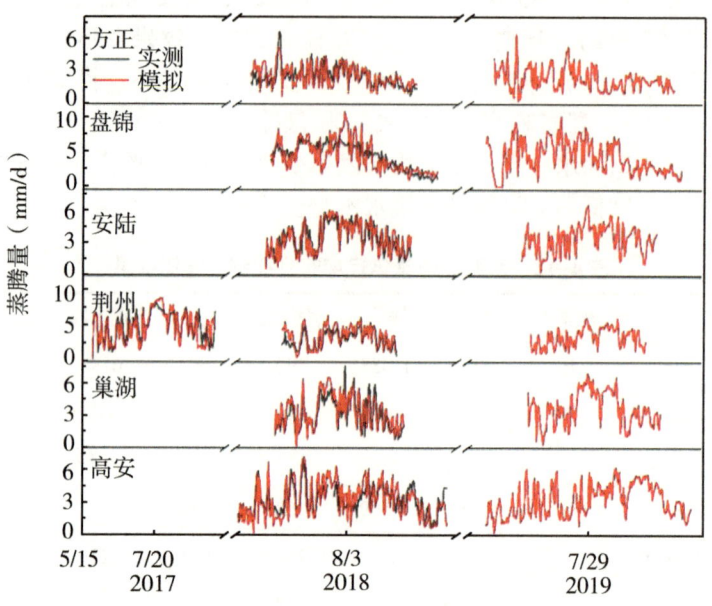

图4-11　6个实验点逐日蒸散发观测与模拟

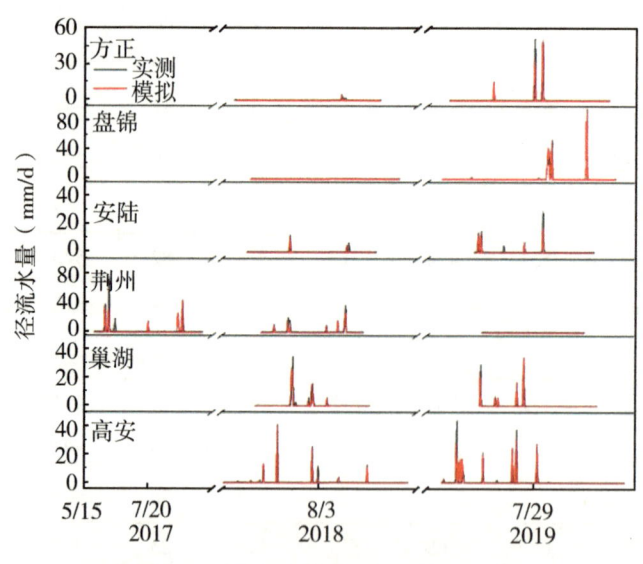

图4-12　6个实验点逐日径流观测与模拟

（1）蒸散发。6个点模型模拟结果 R^2 在0.52~0.75，纳什系数NSE在0.11~0.70，RMSE在0.72~1.62。蒸散发的日过程在6个点均表现出较大的波动。参数优化后，整

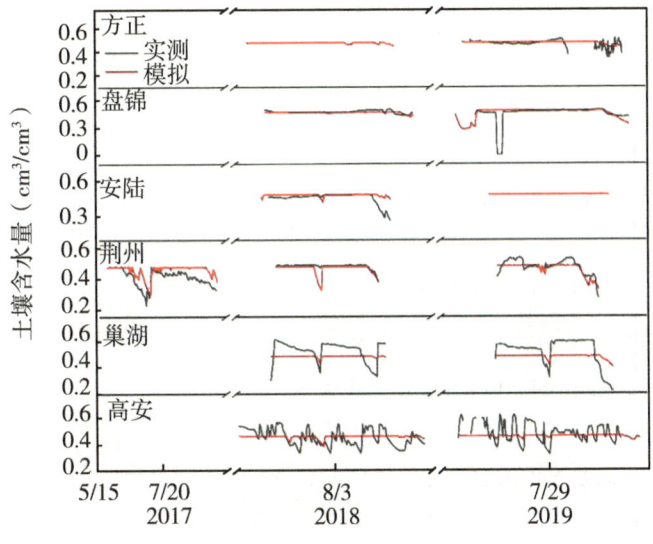

图 4-13 6 个实验点逐日土壤水观测与模拟

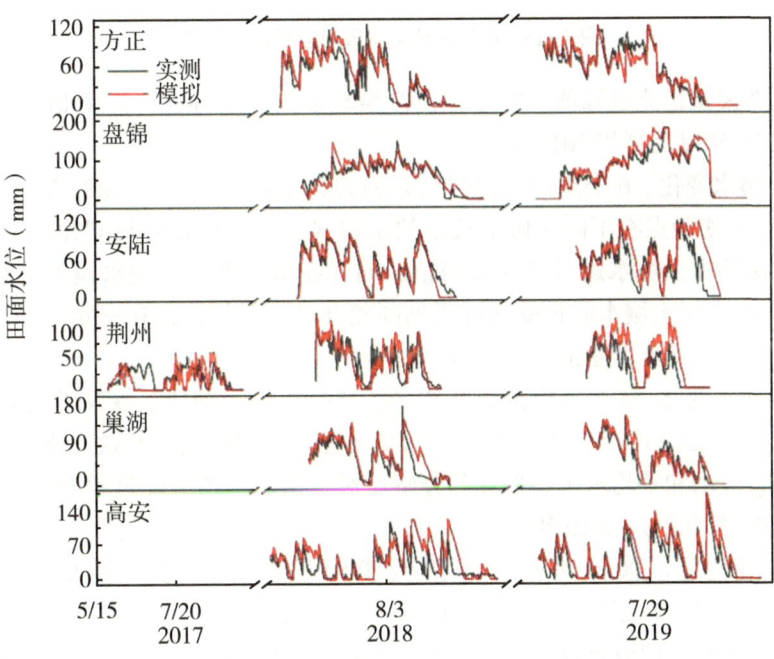

图 4-14 6 个实验点逐日田面水观测与模拟

体上能够准确模拟蒸散发逐日波动情况和平均水平，但对方正峰值略有低估，盘锦、荆州峰值略有高估。

（2）径流。参数优化后，6 个点径流日尺度序列的模拟 R^2 在 0.64~0.89，纳什系数 NSE 在 0.62~0.89，RMSE 在 1.20~4.60。除荆州 2017 年和安陆 2019 年生长季前期某次较小径流事件外，能够准确反映每次径流的发生和消失过程。并且在径流产生量较

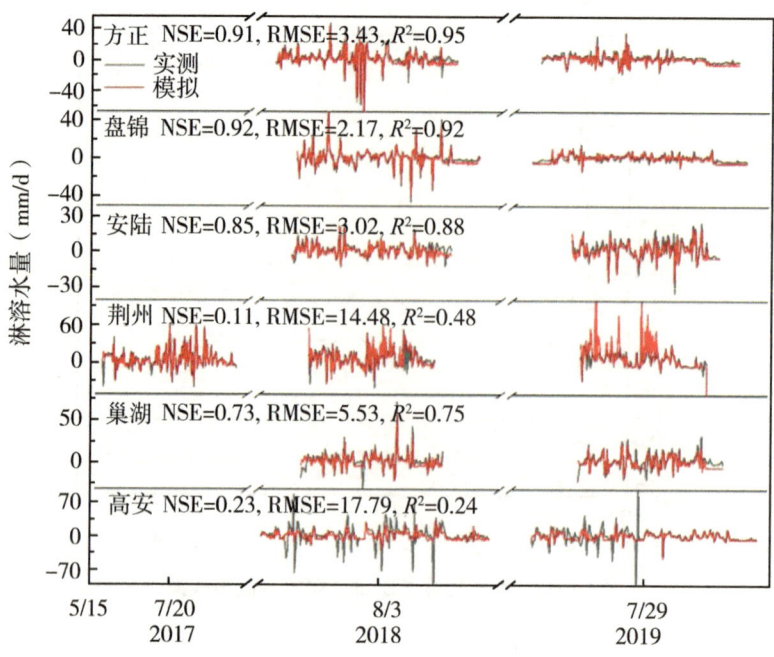

图 4-15　6 个实验点逐日淋溶观测与模拟

小情况下能够模拟径流量峰值，对于径流产生较多的情况存在一定低估，如方正 2019 年，安陆 2019 年以及荆州 2017 年。

（3）土壤水变化。6 个点模型模拟结果的纳什系数 NSE 在 -0.28~0.33，RMSE 在 0.03~0.08。各实验点在不同年份生长季的土壤水变化不存在明显规律。参数优化后，整体存在无法捕捉土壤水逐日波动及极值，同时在年尺度上土壤水模拟也存在较大误差。对荆州 2017 年土壤水的日变化过程刻画较准确，但整体存在一定时间滞后，且无法反映出生长季后期土壤水的下降过程。

（4）田面水变化。6 个点模拟结果 R^2 在 0.59~0.90，纳什系数 NSE 在 0.32~0.85，RMSE 在 14.05~22.23。各实验点的田面水变化逐日波动较大，参数优化后能够整体捕捉田面水逐日波动和平均水平，但在部分站点对于田面水的下降过程存在一定的滞后，例如安陆 2019 年和荆州 2019 年。

（5）淋溶侧渗。模型对水分淋溶侧渗的日动态把握能力较好，纳什系数（NSE）在 0.32~0.85 范围内，RMSE 在 14.1~22.2 范围内。模型在方正、盘锦和高安站的水稻分蘖初期模拟效果较差，这可能由于我们对观测站点所处的地形，地下水位及土壤条件的了解不够精准。然而模型对全生长季的淋溶总量模拟较好，相对误差 <5%。

经过参数校准和优化的过程，形成关键参数先验值和率定值如表 4-13 所示。

表 4-13　稻田水循环过程关键参数先验值和后验值

参数	土层深度（cm）	先验值	后验值
前期作物系数		0.9±0.2	0.78±0.16

(续表)

参数	土层深度（cm）	先验值	后验值
中期作物系数		1.1±0.2	0.96±0.20
后期作物系数		0.9±0.15	0.84±0.08
饱和导水率（cm/d）	0~20	17.3±11.66	18.65±12.573
	20~40	4.8±2.93	4.28±3.795
	40~60	8.0±2.28	7.92±2.788
	60~80	8.6±2.25	8.79±2.355
	80~100	9.2±2.04	9.74±2.079
饱和含水量（cm^3/cm^3）	0~20	0.5±0.1	0.51±0.014
	20~40	0.45±0.1	0.47±0.005
	40~60	0.45±0.1	0.47±0.004
	60~80	0.45±0.1	0.47±0.004
	80~100	0.45±0.1	0.47±0.004
残余含水量（cm^3/cm^3）	0~20	0.08±0.025	0.08±0.003
	20~40	0.07±0.03	0.07±0.003
	40~60	0.07±0.03	0.07±0.002
	60~80	0.07±0.03	0.07±0.002
	80~100	0.07±0.03	0.07±0.001
田间持水量（cm^3/cm^3）	0~20	0.3±0.15	0.43±0.040
	20~40	0.3±0.15	0.39±0.020
	40~60	0.3±0.15	0.39±0.020
	60~80	0.3±0.15	0.39±0.020
	80~100	0.3±0.15	0.39±0.020
萎蔫点（cm^3/cm^3）	0~20	0.2±0.05	0.23±0.027
	20~40	0.15±0.05	0.19±0.023
	40~60	0.15±0.05	0.19±0.023
	60~80	0.15±0.05	0.19±0.023
	80~100	0.15±0.05	0.19±0.023

4.2.4 养分循环过程的参数最优化

根据6个站点15个水稻生长季的观测结果，对氮循环过程进行全通量参数最优化，其中包括氮投入组分：灌溉、总沉降、施肥、种子，氮输出组分：植物吸收、淋溶、径流和氨挥发，以及土壤氮库的变化量。

表4-14展示了氮循环通量各收支生长季均值的实测及模拟结果。各观测点氮投入

表 4-14 氮循环通量各收支的实测及模拟结果

		灌溉	总沉降	施肥	种子	投入	植物吸收	淋溶	径流	氨挥发	输出	△土壤氮库	投入-输出
方正	实测 (kg N/hm²)	6	55	131	0	193	114	23	0	21	159	29	33
	模拟 (kg N/hm²)						109	24	1	22	156	48	37
	相对误差 (%)						-5	2	32	7	-2	98	11
盘锦	实测 (kg N/hm²)	28	33	191	1	285	125	26	1	15	162	114	123
	模拟 (kg N/hm²)						128	25	1	16	169	67	116
	相对误差 (%)						-4	-35	2	5	-41	-6
安陆	实测 (kg N/hm²)	10	15	158	1	185	130	12	1	19	162	28	-68
	模拟 (kg N/hm²)						144	12	3	19	178	51	7
	相对误差 (%)						11	0	46	8	10	134	-75
荆州	实测 (kg N/hm²)	17	23	171	9	221	147	26	4	34	214	29	8
	模拟 (kg N/hm²)						157	26	4	36	223	34	-2
	相对误差 (%)						7	1	-9	6	4	17	-127
巢湖	实测 (kg N/hm²)	10	27	190	1	228	131	14	2	10	158	70	70
	模拟 (kg N/hm²)						141	14	2	12	169	61	59
	相对误差 (%)						8	4	5	5	7	-11	-16
高安-早稻	实测 (kg N/hm²)	4	25	132	7	168	83	34	1	12	131	41	37
	模拟 (kg N/hm²)						78	32	4	16	164	44	4
	相对误差 (%)						-6	-4	138	32	26	61	-128
高安-晚稻	实测 (kg N/hm²)	12	15	180	7	214	158	21	2	31	210	9	4
	模拟 (kg N/hm²)						149	23	4	22	226	37	-12
	相对误差 (%)						-6	17	77	-29	8	371	-389

量以盘锦为最大（285 kg N/hm²），其次是巢湖（228 kg N/hm²）、荆州（221 kg N/hm²）和高安的晚稻季（214 kg N/hm²），再次是方正（193 kg N/hm²）、安陆（185 kg N/hm²）和高安的早稻季（168 kg N/hm²）。其中通过施肥投入的氮占比最大，占整个氮投入量的67%~86%，其次是氮沉降总量，占比7%~29%。

通过分析6个站点氮输出的实测数据，表明大部分的氮输出是通过植物的吸收（83~158 kg N/hm²，占比64%~83%），其次是通过淋溶（12~34 kg N/hm²，占比7%~26%）和氨挥发（10~34 kg N/hm²，占比6%~16%）。其中方正、盘锦、巢湖和高安的早稻季以淋溶为主，而盘锦、安陆、荆州和高安的晚稻以氨挥发为主。相比之下，仅有≤2%的氮输出是通过径流（0~4 kg N/hm²）流失。在对氮全通量参数优化后，模拟结果能够很好地重现整个生长季的植物吸氮量（相对误差-6%~11%）和淋溶（相对误差-5%~9%）。而氨挥发的模拟结果有区域差异，在黑龙江方正、辽宁盘锦以及湖北安陆和荆州的相对误差较小（3%~8%），而在安徽巢湖和江西高安的模拟结果其相对误差较大（-29%~32%）。相比之下，可能由于较小的绝对量，参数优化后模型对径流的模拟结果仍然欠佳。

在进行氮循环全通量参数优化后，田面水总氮（TN）浓度和氮输出的各组分，包括氨挥发，氮流失和淋溶的日尺度观测与模拟的结果如图4-16至图4-19所示，稻田氮循环过程关键参数先验值和率定值如表4-15所示。

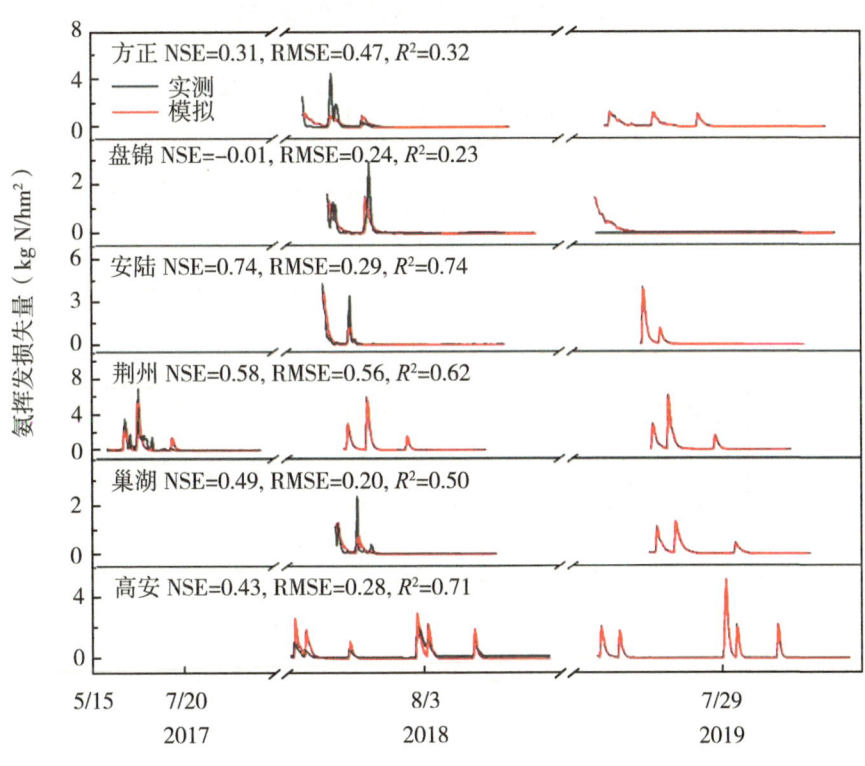

图 4-16 日尺度氨挥发的观测与模拟

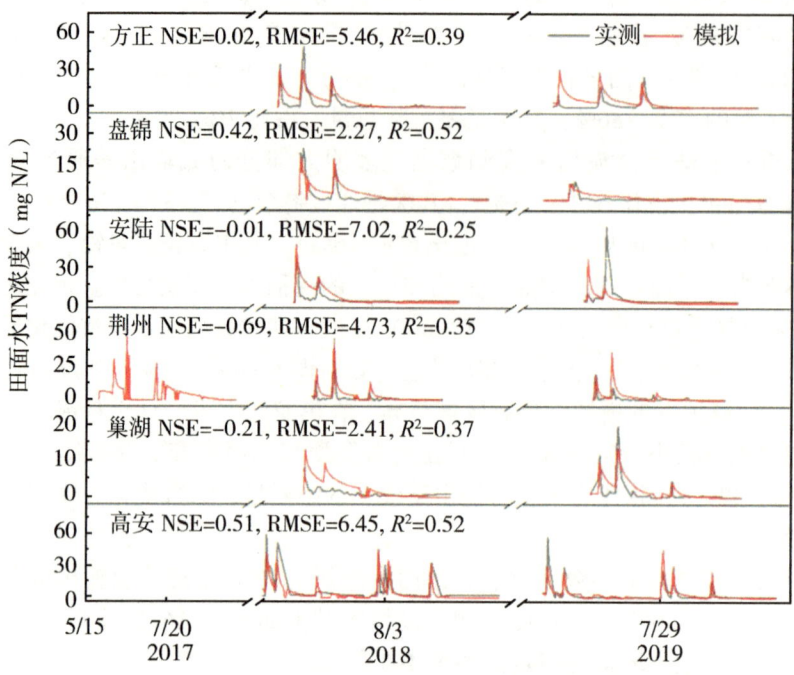

图 4-17 日尺度田面水 TN 浓度的观测与模拟

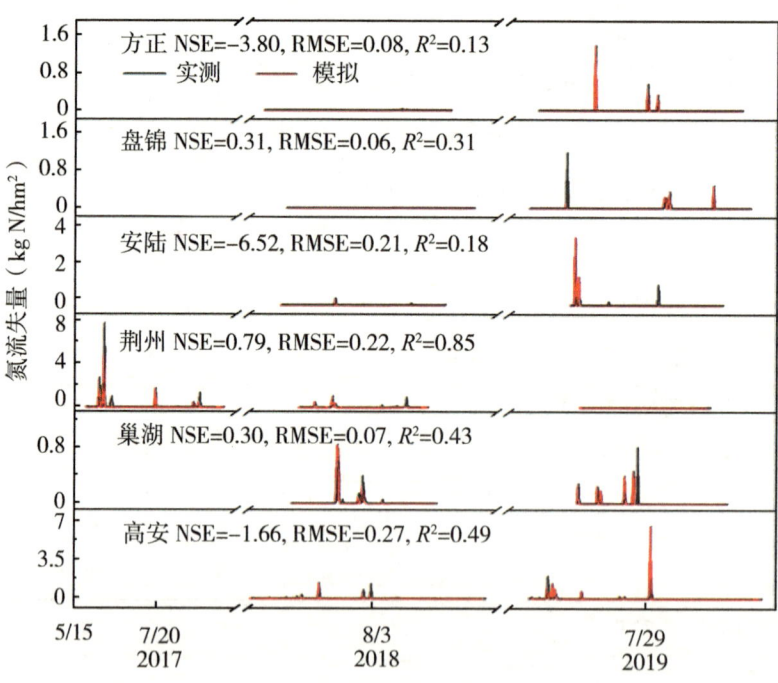

图 4-18 日尺度氮流失的观测与模拟

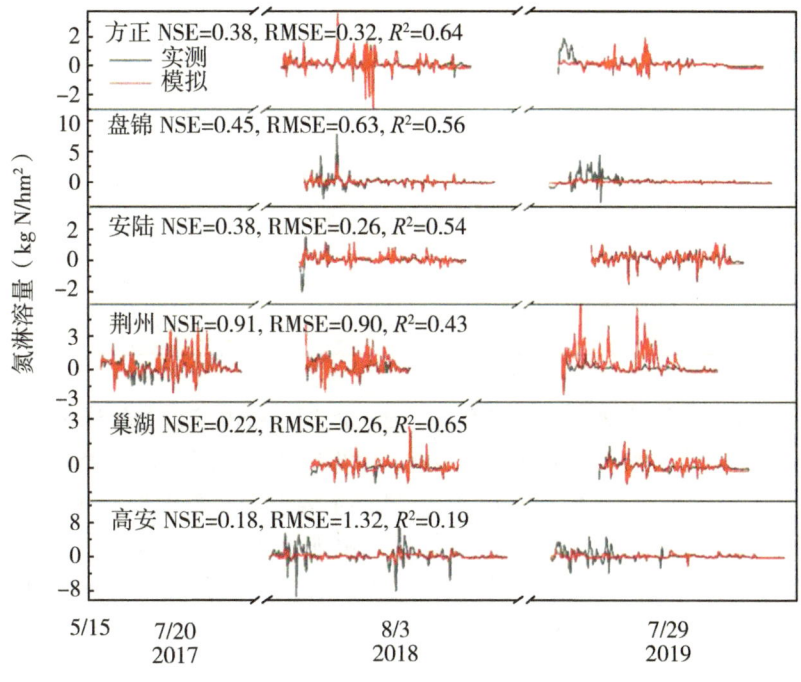

图 4-19 日尺度氮淋溶的观测与模拟

（1）氨挥发。模型模拟的纳什系数（NSE）在 -0.01~0.74 范围内，RMSE<0.60，R^2 在 0.23~0.74 范围内。氨挥发的峰值主要发生在施肥期，峰值因施肥量和气候环境等而异，低估了方正的氨挥发峰值，而略高估了江西高安的氨挥发峰值。此外，模型能够很好地模拟氨挥发的逐日波动和基线水平。

（2）田面水 TN 浓度。模型能够较好地模拟田面水 TN 浓度的日均值，纳什系数（NSE）在 -0.69~0.51 范围内，RMSE 在 2.27~7.02 范围内，R^2 在 0.25~0.52 范围内。模型可以很好地重现田面水 TN 含量的峰值和基线水平，而衰减速率的模拟能力仍待提高，模型普遍低估了施肥后田面水 TN 浓度的衰减速率，尤其在方正、安陆和巢湖站点。

（3）氮流失。模型对氮素流失模拟的纳什系数（NSE）在 -6.52~0.79 范围内，RMSE<0.3，R^2 在 0.13~0.85 范围内。氮流失是事件性的氮输出，模型能够精确地模拟氮流失的发生时间，较好地模拟流失量的日动态，然而仍然低估了盘锦和巢湖的部分氮流失量。

（4）氮淋溶。模型对水分淋溶侧渗的日动态把握能力较好，纳什系数（NSE）在 0.18~0.91 范围内，RMSE 在 0.26~1.32 范围内。模型在方正、盘锦和高安站的水稻分蘖初期模拟效果较差，这可能由于我们对观测站点所处的地形，地下水位及土壤条件的了解不够精准。然而模型对全生长季的淋溶总量模拟较好，相对误差<5%。

表 4-15　稻田氮循环过程关键参数先验值和率定值

参数	降水强度（mm/h）	先验值	优化值
硝化反应动力学参数 [mg/（L·dN）]		1~200	82.5±16.5
氨挥发一阶动力学参数		0~2	0.04±0.01
降水的压力水头（m）	20	0.23	0.33
	40	0.29	0.21
	60	0.35	0.17
	100	0.66	0.19
	160	0.45	0.1

在田间高频观测的基础上，我们测定了日尺度稻田磷淋溶量和径流量，同时通过收集到文献以及其他站点实测结果进行了验证。结果表明模型对日尺度磷淋溶量的模拟效果较好，$R^2>0.85$，slope=0.9（图4-20）。淋溶主要发生在整地期和晒田复水的时期，模型能够很好地抓住淋溶高峰值，而在负值（由地下水供给导致）的模拟效果欠佳，主要由于对地下水位的动态变化把握不足。在整个生长季的尺度看来，模型也能够很好地重现总的磷淋溶量，$R^2=0.99$，slope=0.96。

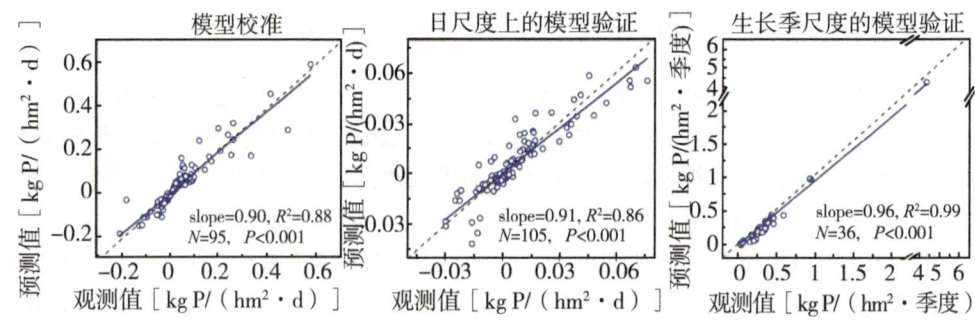

图 4-20　磷淋溶量的观测与模拟

模型对日尺度磷径流水中磷浓度和磷径流量的模拟效果都较好，$R^2>0.83$，BIAS<10%（图4-21）。在营养生长阶段，田面水的磷浓度较高，可能产生的径流流失量较大，模型对此时期的模拟略有低估。这可能由于模型针对可溶性磷的流失进行模拟，而对颗粒态的磷在流失过程中对径流水中磷浓度的贡献考虑不足。在水稻生长后期，田面水中的磷浓度相对稳定，模型对磷径流量的模拟效果较好。

4.3　氮磷损失预测能力

本任务开发的基于生理生态过程的稻田氮磷流失机理模型需要用于评估全国稻田氮磷流失底数和时空格局、氮磷源汇功能与调控途径，这些涉及主要的氮磷损失和作物生长过程，因此，本任务对这些氮磷损失通量和水稻单产分别进行模型预测能力评估。

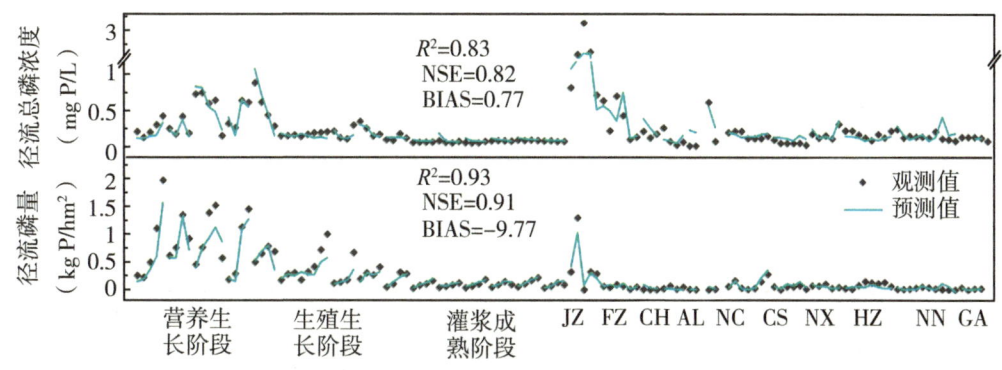

图 4-21 日尺度磷径流量的观测与模拟

4.3.1 稻田氮磷径流预测能力

本任务从 3 个方面评估基于生理生态过程的稻田氮磷流失机理模型的氮磷径流流失预测能力：①利用荆州极端降水控制试验站的场次径流数据，评估模型在场次过程（时间步长 20 min）的预测能力；②利用全国稻田面源污染监测网部分站点多年数据，评估模型在日尺度的预测能力；③我们收集全国稻田氮磷流失田间观测数据，评估模型在空间尺度的预测能力。

4.3.1.1 场次过程

在水稻生长季插秧期、分蘖期、抽穗期、成熟期这 4 个关键生育期开展了降水时长为 1 h 和 2 h，降水强度梯度同样为 20 mm/h、40 mm/h、60 mm/h、100 mm/h、160 mm/h 的人工降雨控制试验，进行高频观测，监测水土界面间歇性释放过程及径流流失，计算出净释放量和径流流失量，进行模型验证，见图 4-22 场次内氮净释放通量、释放输移及径流流失通量验证，图 4-23 场次内磷净释放通量、释放输移及径流流失通量验证。模型验证结果显示模型对于释放部分的模拟效果较好，其中氮验证 R^2 为 0.85，磷为 0.60。对于径流流失部分的模拟效果最好，对于氮，R^2 为 0.95，磷为 0.93。但对释放输移部分的模拟效果由于释放通量较小时或为负值时，释放输移部分的拟合效果可进一步改进。

4.3.1.2 日尺度

在全国稻田面源污染监测网的平台基础上，于 2017 年水稻季（4—12 月）在双季稻种植区的湖南长沙、湖南南县、江西南昌、广西南宁和广东惠州进行了稻田氮磷径流的检测。选择监测的田块面积范围为 26~40 m²，总施氮量范围为 150~274 kg N/hm²，总施磷量范围为 16~52 kg P/hm²，总灌溉量 405~925 mm。总共检测到 36 场径流，如图 4-24 所示。模拟效果较好，其中氮流失量的 R^2 = 0.90，纳什效率系数为 0.94，磷流失量的 R^2 为 0.79，纳什效率系数为 0.96，模拟的百分偏差 BIAS = −7.3%~2.2%。总体而言，该模块被证明能够模拟不同气候和水文条件下氮和磷径流流失量。然而，如果忽略水-土界面的养分释放过程或模块中衰减系数的空间差异，则低估了氮磷径流损失量

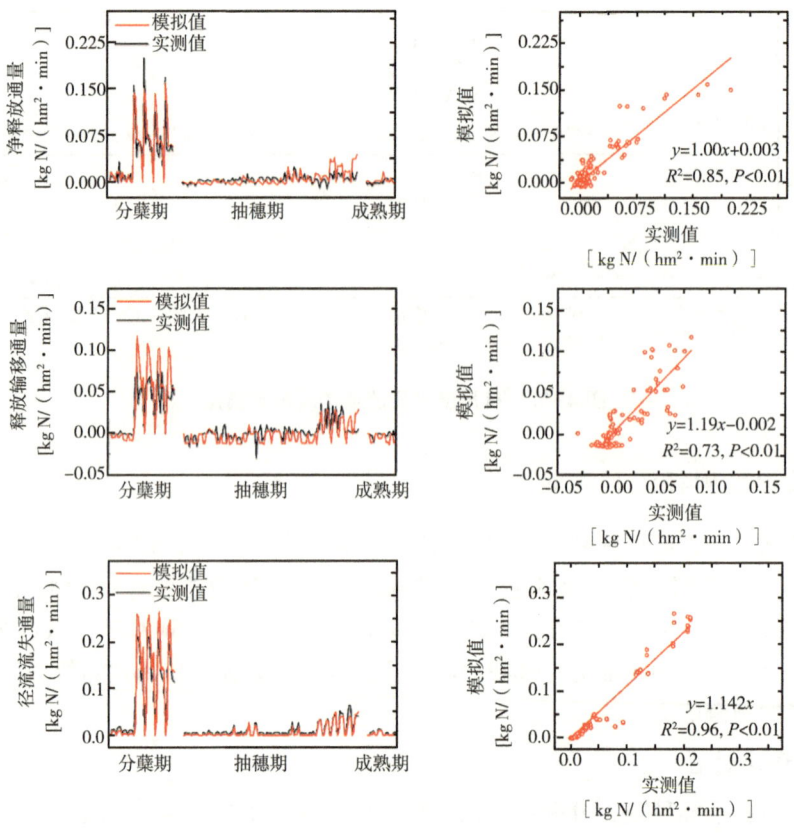

图 4-22 场次内氮净释放通量、释放输移及径流流失通量验证

的 10%~43%。

4.3.1.3 空间尺度

田间观测数据来自基于 Web of Science 和中国期刊网数据库（1900—2016 年间所有文献进行检索），获得原位观测的农田 TN/TP（总磷）径流流失量、施氮/磷强度、环境因子及人为管理措施等。最终从 84 篇文献中得到 242 个稻田氮磷流失田间观测数据，涵盖 38 个监测点位。整个观测数据集时间跨度为 1997—2013 年，其中连续观测时间最长的为 5 年，站点主要分布在中国的南部和长江流域，但基本覆盖了除西北地区（新疆、西藏、青海、甘肃和内蒙古）之外的主要农田种植区。

本研究选择可决系数（R^2）、变异系数（CV=均方根误差/平均值）和 Bayesian Information Criterion（BIC）3 个指标来评估模型在空间尺度的预测能力。模型校准的结果显示水田 TN 径流流失量（R_{TN}）的 R^2 和 CV 分别达到 0.85 和 0.39（N=242，图 4-25a）。此外，本研究采用 5 倍交叉验证的方法对模型进行验证，即将所有样本数据随机分成 5 等份，其中 4 份用于模型校准，剩余样本数据用于验证，重复 5 次该程序，直至所有数据都被验证一次。模型对 R_{TN} 校准与验证的结果相当，该结果表明本模型对 R_{TN} 的解释基本可信，在可接受的偏差范围内，没有过拟合的现象。

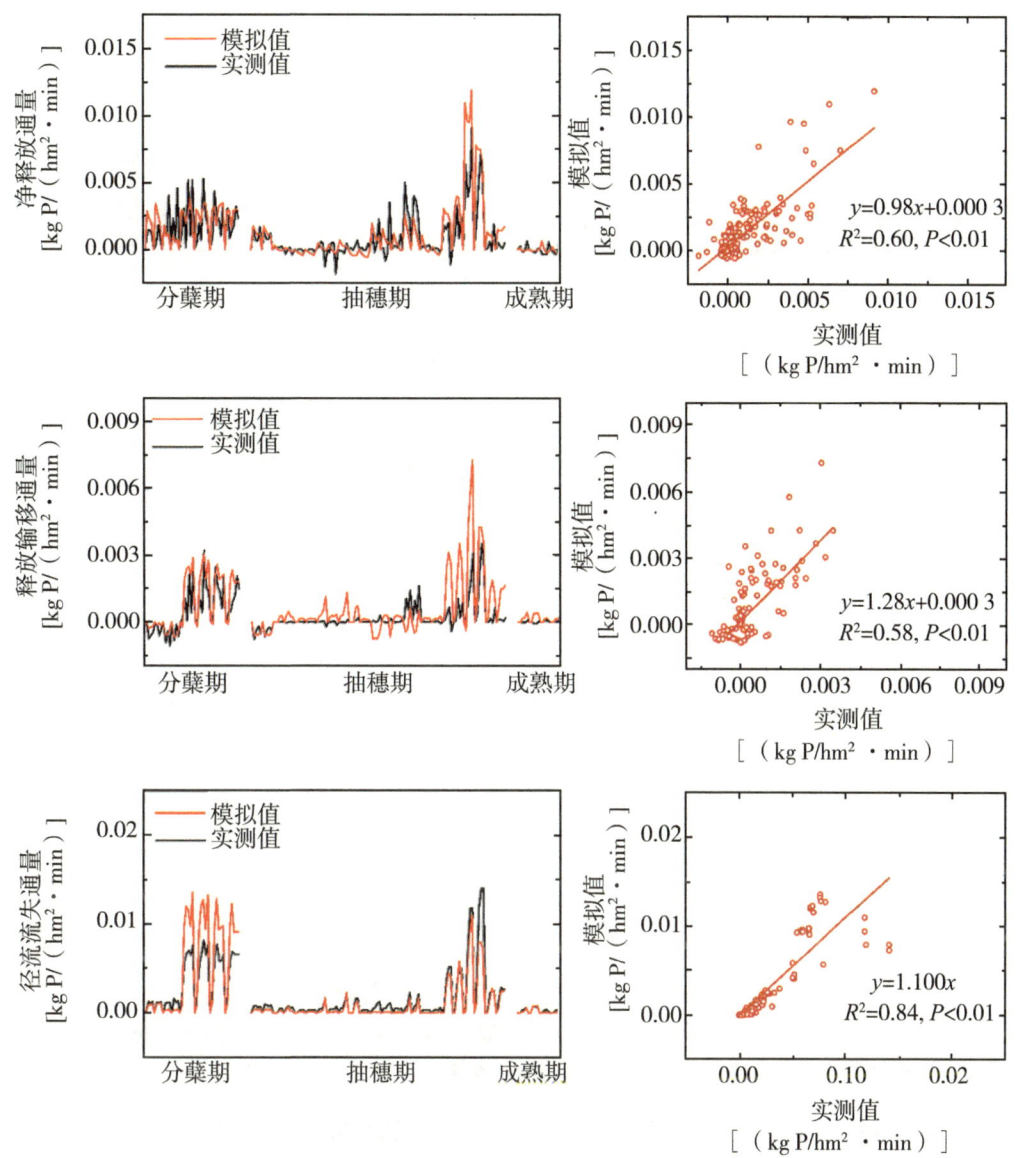

图 4-23 场次内氮净释放通量、释放输移及径流流失通量验证

水田 TN 流失率（RR）的 R^2 和 CV 分别达到 0.71 和 0.72（$N=75$，图 4-25b），RR 的模型表现进一步说明了本模型能够识别 TN 径流流失量对施氮强度的敏感性。从 7 个子区域（华北、南部、中部、东部、西南、东北和西北）校准效果来看，R_{TN} 的模型表现并没有明显差异，但是 RR 的模拟效果存在较大的区域差异。

4.3.2 稻田氮磷淋溶预测能力

基于 Web of Science 和中国期刊网数据库（对 1900—2018 年间所有文献进行检

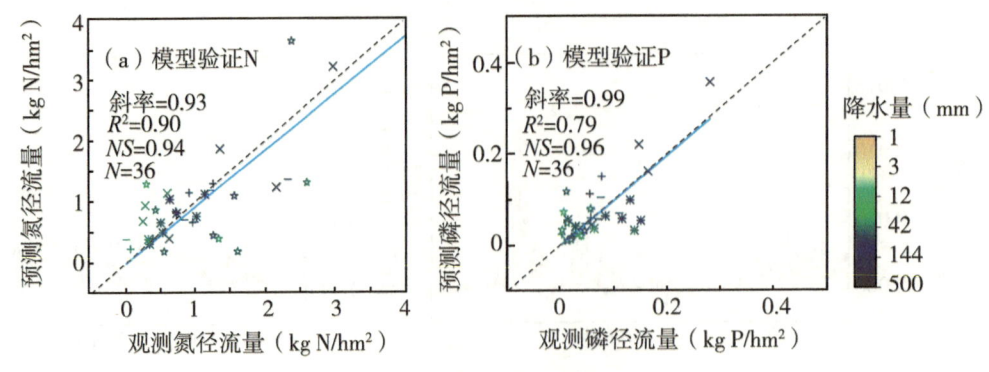

图 4-24 氮磷径流的模拟验证

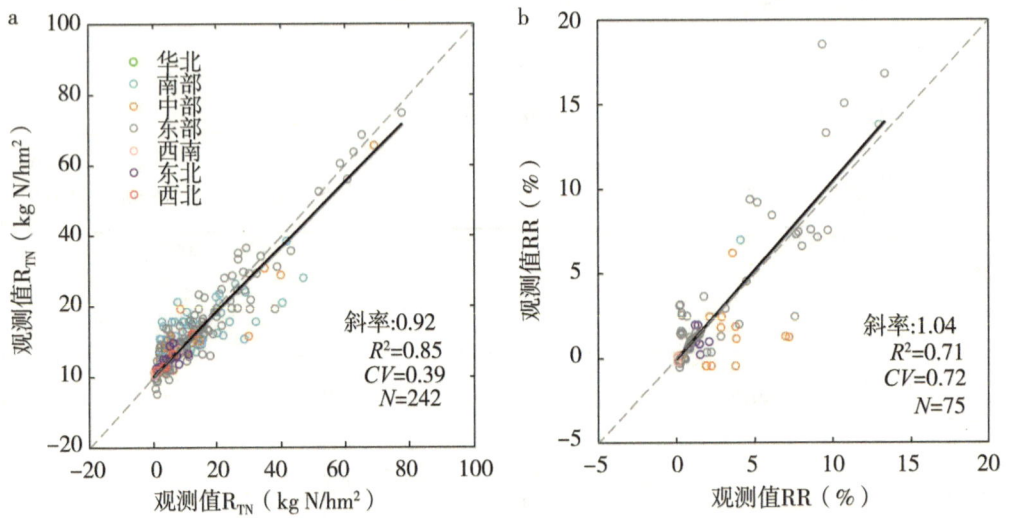

图 4-25 中国稻田 RTN 和 RR 模型验证

注：斜率（Slope）、可决系数（R^2）、变异系数（CV）和样本量（N）标注于每张图的右下角，图中不同颜色的圆圈代表中国不同区域的模型表现。

索），我们收集了亚洲稻田中同时观测氮径流和淋溶的试验数据，以及仅使用相关变量测量地表径流通量的观测值。最终从 45 篇文献中得到的 327 条田间观测数据，其中旱地 276 条，水田 51 条，涵盖 46 个监测点位。整个观测数据集时间跨度为 1992—2016 年，站点主要分布在长江中下游和华南地区，基本覆盖了我国主要的水稻种植区。

应用贝叶斯递归回归算法（BRRT v2, Zhou et al., 2015）对模型进行校准。基于贝叶斯理论的最优参数估计能够根据观测数据来估计参数的后验概率以得到参数的最大后验概率估计。然后我们将 31 个农田站点观测到的地下水中 TN 浓度转化得到的氮淋溶量与在该站点的模型模拟结果进行对比。农田站点观测数据来源于 Gu 等（2013）。这能够在一定程度上反映模型的预测能力，证实此过程模型对氮淋溶量空间格局的模拟准确性。基于中国农田氮淋溶观测网络数据集校准后的过程模型能够较好地模拟稻田氮淋溶过程（图 4-26a 和 b），模型对氮淋溶率和土壤残留氮引起的氮淋溶校准的 R^2 分别达到 0.91 和 0.97，拟合线的斜率分别为 0.93 和 0.96，拟合结果略低于实测值，说明模型拟合效果较好。

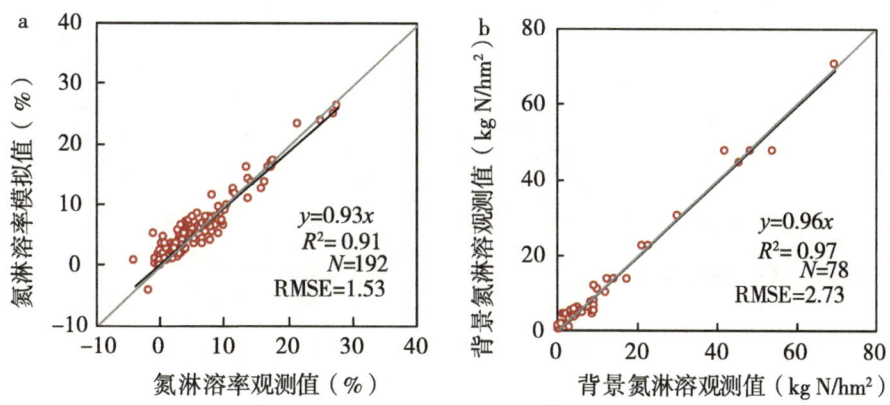

图 4-26 中国稻田氮淋溶模型验证

4.3.3 稻田氨挥发预测能力

本研究从两个方面评估了稻田氨挥发损失机理模块的预测能力：①利用荆州中稻全生育期氨挥发通量的高频观测数据，评估了模型在小时尺度的预测能力；②结合全国稻田面源污染监测网部分站点数据、其他文献数据，评估了模型在 6 个典型稻区生育期尺度的预测能力。

4.3.3.1 小时尺度

全生育期稻田氨挥发高频观测试验于 2017 年在湖北省荆州市开展。水稻 6 月 6 日插秧，9 月 14 日收获，生长天数共 114 d。水稻生长期内，肥料分 3 次施入，共施入氮肥 230.76 kg N/hm²。复合肥作为基肥于插秧当天（6 月 6 日）撒施并翻入土壤，氮肥用量为 131.25 kg N/hm²。分蘖期（6 月 16 日）与穗期（7 月 11 日）分别撒施尿素和复合肥作为追肥，氮肥施用量分别为：78.66 kg N/hm² 和 20.85 kg N/hm²（图 4-27）。氨挥发观测方法采用动态箱法，施用基肥后的 5 d 内开展了 3 次连续 24 h 的氨挥发通量的观测，即每两小时采样一次。此后直至 7 月 13 日氨挥发关键期内，于 8:00—18:00 每两小时一次，其中晒田期由于氨挥发量低为每天上午（10:00—11:00）、下午（17:00—18:00）各观测一次；7 月 13 日之后至生育期结束，为每周采样 4 次，分别为每周选择两天上午（10:00—11:00）、下午（17:00—18:00）各观测一次。田面水的样品采集及水位高度测量频次与氨挥发观测同步。田面水温与 pH 值为在线实时测定（RR-WPH14, Ponsel, France），时间分辨率为 1 min。气温、风速、相对湿度数据来自涡度相关系统连续观测数据（Eko、MH-011PS，美国），时间分辨率为 30 min，数据通过数据采集器记录（Campbell-CR3000，美国）。

对比 RJM 模型、JM 模型模拟值与观测通量发现：JM 模型在追肥关键期的模拟值约为观测值的 4~5 倍（图 4-28）。模型的模拟值与实测值比值为 1.84，RMSE = 50%。

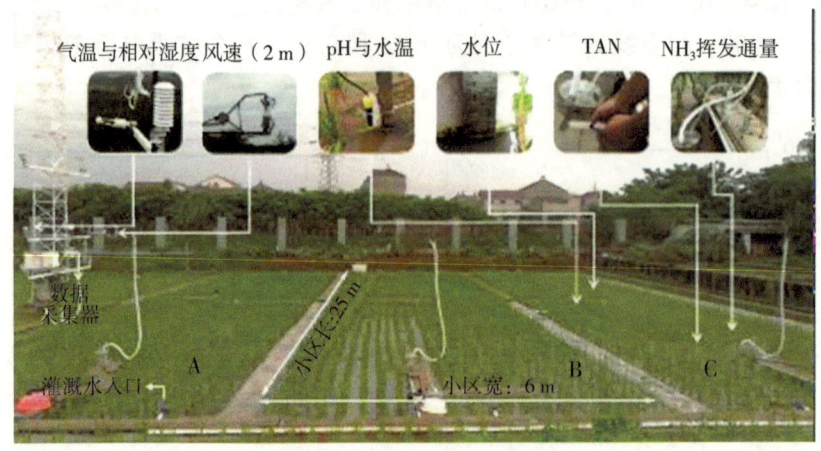

图 4-27　试验区平面布置图

原因在于 JM 模型在描述氨在水气界面相转换时，假定田面水是一个无限稀释的理想溶液，认为田面水氨浓度与氨挥发通量呈线性相关关系（$y = 0.158 \times NH_3\,(aq)$，$R^2 = 0.98$，$P<0.001$，图 4-29）。观测数据则表明二者实际呈对数关系。RJM 模型改进了这一缺陷，引入活度系数并修正了液相、气相交换常数。改进后 RJM 模型的模拟值与实测值的波动趋势一致，具有良好的相关性（$R^2 = 0.83$，$P<0.001$），RMSE 为 11%。

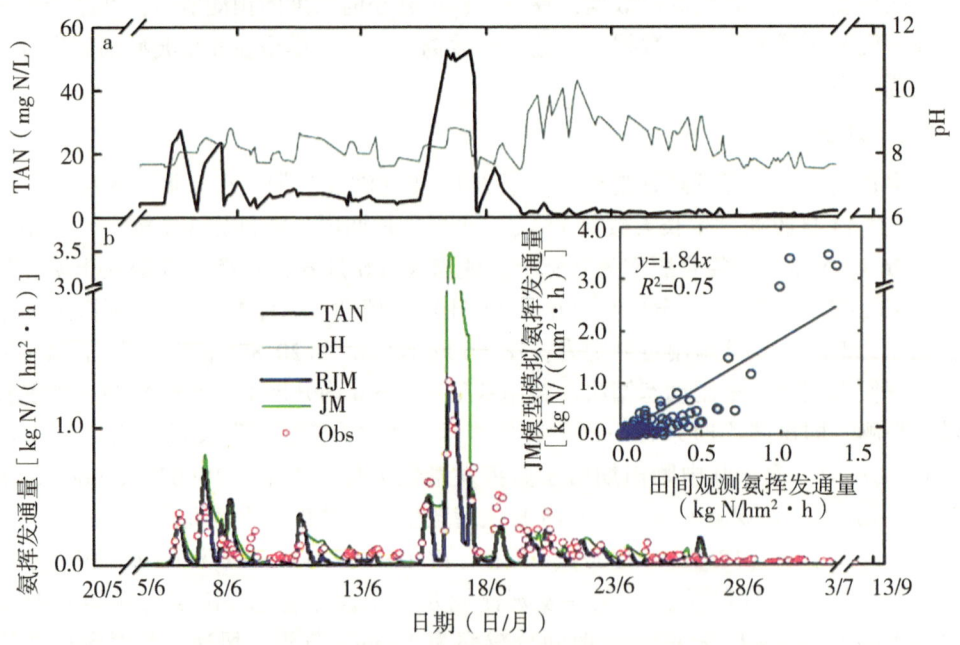

图 4-28　荆州中稻生育期内氨挥发通量模拟值与实测值

4.3.3.2　生育期尺度

除湖北荆州外，研究还选择了 5 个典型稻区，对氨挥发机理模块进行生育期尺度预

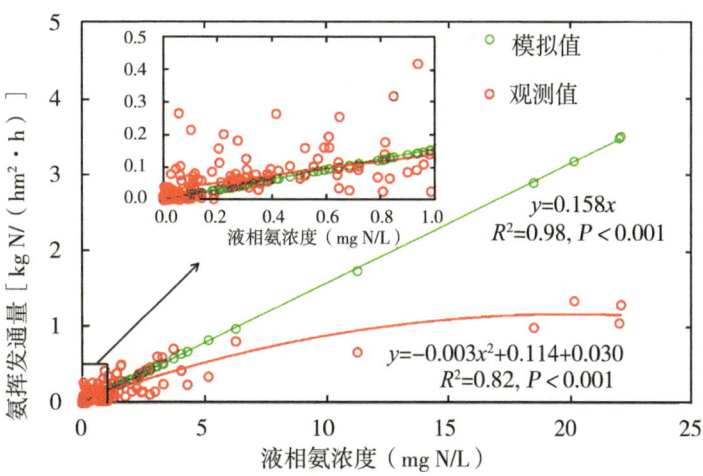

图 4-29 液相氨浓度与氨挥发通量的关系

测能力的评估。5 个实验区分别位于：江苏常熟、云南大理、广西南宁、江西南昌和吉林四平。所选试验点涵盖了中国水稻的主要种植模式：单季稻（吉林四平）、水旱轮作（江苏常熟、云南大理）与双季稻（广西南宁、江西南昌）。5 个试验点的氨挥发通量仅在关键期开展，由施肥处理氨挥发通量降至空白处理水平的天数决定（施肥后 5~9 d），采样日上、下午各采样一次，江苏常熟两次采样时间为：10:00—11:00 和 16:00—17:00，其余试验点为：9:00—11:00 和 16:00—18:00，采样方法均为动态箱法。

对于 5 个典型稻区来说，RJM 模型的模拟结果与观测值波动一致，可抓住氨挥发峰值出现的时间（图 4-30），尤其是在江苏常熟、云南大理、吉林四平 3 个试验点，模拟值与观测值相关性均大于 0.75（$P<0.001$）。对江西南昌这一试验点而言，模型对晚稻基肥时期的模拟存在高估，模拟值与观测值相关性 $R^2=0.63$，比值为 1.34，而对于广西南宁氨挥发的模拟相关性相对较低，相关性系数 $R^2=0.16$，比值为 0.94。总体而言，

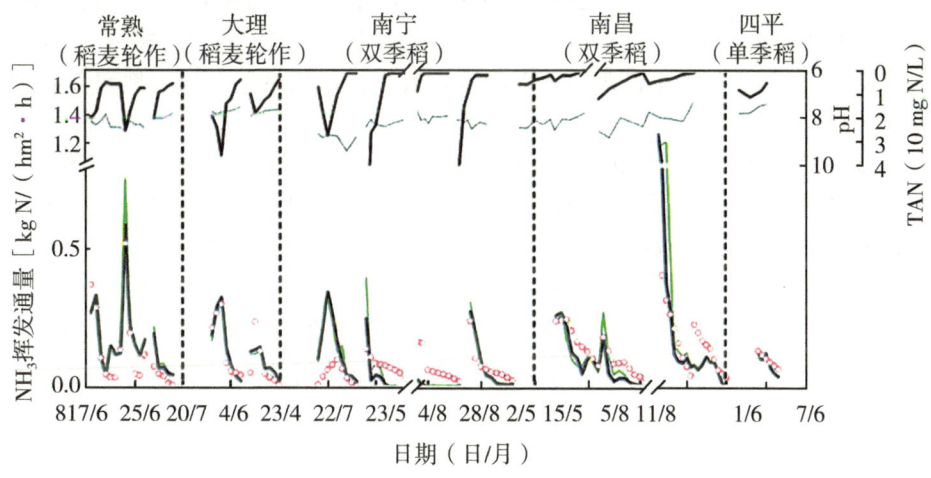

图 4-30 典型稻区稻田氨挥发通量验证

JM 模型在氨挥发量较低的区域模拟效果较好，对于氨挥发量高的区域模拟出现高估，在这种情况下 RJM 模型的模拟更为准确（图 4-31）。

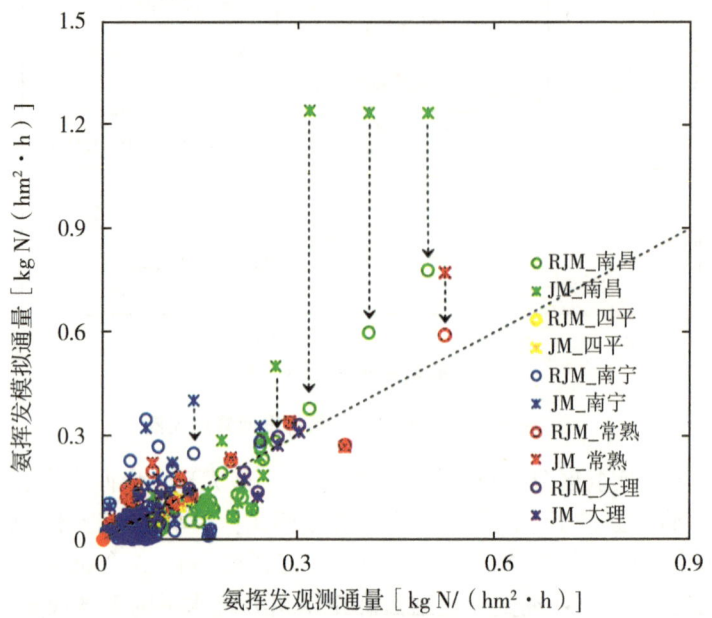

图 4-31　典型稻区稻田氨挥发通量验证

4.3.4　水稻单产预测能力

本任务所使用的 2000—2012 年间水稻单产源自中国农作物产量资料数据集。该数据集由中国气象局农业气象台站上报的农业气象旬月报报文资料包含的作物单产数据整理而得。数据集中包括水稻观测站点 211 个，其中双季稻站点 86 个，一季稻站点 135 个。由于数据集起始时间较晚，能够获取数据的长期观测站点相对较少，拥有 10 年及以上观测数据的站点相对较少，共计 40 个，其中早稻站点 14 个，晚稻站点 13 个，单季稻站点 26 个。尽管长期单产观测站点的数目较少，但依然能够较好地覆盖我国水稻主产区域。

通过参数最优化，本研究获得了在区域尺度上能够较好地反映早稻、晚稻和一季稻单产变化对气候变化响应的模型参数。与先验参数相比，优化后的参数也更好地反映出不同水稻种植区域的基本环境特征，在站点模拟和区域模拟之间取得了折中，使得在区域尺度上模拟水稻生态系统对气候变化的响应成为可能。优化后的模型能够模拟观测单产的年际变化，说明模型能反映随生长阶段变化而变化的气候敏感性有关，但还不能反映品种的更替等因素的影响，但也有研究表明不同品种间的气候敏感性并无显著差异（Parent et al., 2012）。

4.4　小结

（1）综合物理机理模型、水文过程模型和生态系统过程模型各自的优势，通过改进和整合形成了基于生理生态过程的稻田氮磷流失机理模型，在作物生长、稻田氮损失、农艺管理与阻控等模块具有创新性。

自20世纪50年代以来，研究者陆续开发了适用于稻田氮磷径流流失的多种模型，包括统计经验模型、物理机理模型、水文过程模型和生态系统过程模型，实现了从简单的因果分析到复杂的机理探索，从单一模块的开发到多模块的耦合，已经具备了田块、场次到区域尺度的多情景预测功能。纵观过去70年4类模型的发展历程（黄微尘等，2021，33：336-348），这些模型在稻田氮磷径流流失模拟至少还存在4方面的技术问题：①以往作物生长模块以积温指数模拟物候，尚未系统考虑管理措施（如移栽、收获）对生长的影响，也难以分别模拟营养器官和生殖器官的发育，更无法体现作物生长通过影响叶面积而影响作物生长的反馈机制；②以往养分循环模块主要采用DNDC等模型的方法，缺乏具有物理机制的过程模拟，难以体现稻田氮磷"水-土-气"界面过程及其对农艺管理措施的响应规律。③以往水文模块主要模拟垂向（大气-植被-土壤）过程，缺乏对横向输移过程的汇流演算过程的量化，也难以量化田-沟-塘等景观的作用。④以往管理模块考虑影响作物生长的水分和养分胁迫，但尚未全面考虑施肥、灌排、耕作和不同类型阻控措施的影响。

针对这些关键技术问题，本节综合物理机理模型、水文过程模型和生态系统过程模型各自的优势，通过改进和整合形成了基于生理生态过程的稻田氮磷流失机理模型，主要的创新点表现在4个方面：

● 深入研究了水稻生理生态过程（如作物生长节律、光合作用生理机制、光合产物分配、气孔度变化等），提出了基于三基点的光合作用温度响应方程、氮磷限制下光合产物分配模式，改良和优化了中国稻田作物生长模块；

● 发现了稻田土壤无机氮磷在降雨溅蚀下发生的间歇性释放是不可忽视的径流过程，在原有的土壤溶质运移方程基础上，提出了兼顾"混合推流+间歇性释放机制"的稻田氮磷流失模块；揭示了"水稻根系泌氧形成的根际氧化环境促进了硝酸盐生成，并通过地下水补给和排泄增加了氮淋溶"的现象，在原有的Green-Ampt方程基础上，提出了刻画根际氧化环境和地表-地下水交互过程的稻田氮淋溶模块；直接测定了田面水的液膜中游离氨通过极性共价键结合而抑制分子扩散的化学活度和湍流扩散速率，在Jayaweera-Mikkelsen方程基础上，改进了气体氨从液膜到气膜的分子扩散和从气膜到自由大气的湍流扩散的稻田氨挥发模块；

● 深入研究水稻生长-水-肥耦合关系，构建详实的稻田施肥、灌溉、耕作等农艺管理模块和田-沟-塘阻控措施模块，解决了模拟模型的区域适应性问题；综合考虑不同稻作模式下"取-用-耗-排"特征，提出了基于多叉树递归遍历搜索算法的田-沟-塘汇流演算算法，解决从稻田到沟渠和周边水体的氮磷水污染风险评估问题；

● 构建了基于粒子滤波的ORCHIDEE-CROP参数最优系统，提高了三种种植制度稻田水量平衡、作物生长与光合产物分配、氮磷流失与淋溶的模拟精度，并利用全国监测网和梯级观测数据，从收支全通量角度，实现水稻物候和产量、以及关键的水循环（田面水位、土壤水、径流、淋溶、灌溉）和养分循环过程（田面水浓度、挥发、径流、淋溶）的参数最优化，明确了3种水稻种植制度的主要模型参数。

(2) 开发的稻田氮磷流失机理模型具有一定的先进性。

该机理模型解决如下4个方面问题：①以往作物生长模块以积温指数模拟物候，没有考虑管理措施（如移栽、收获）对生长的影响，也不能分别模拟营养器官和生殖器官的发育，更无法体现作物生长通过影响叶面积大小而反过来影响作物生长的反馈机制。②以往养分循环模块主要采用DNDC等模型的方法，缺乏具有物理机制的过程模拟，没有体现稻田氮磷"水-土-气"界面过程及对农艺管理措施的响应。③以往水文模块主要模拟垂向（大气-植被-土壤）过程，缺乏对横向输移过程的汇流演算过程的量化，也没有田-沟-塘灌排单元的截留、储存、降解等过程。④以往管理模块考虑影响作物生长的水分和养分胁迫，但并没有全面考虑农艺管理措施的影响，包括施肥、灌溉（排水）、耕作和不同类型阻控措施的影响。

(3) 相比以往模型，基于生理生态过程的稻田氮磷流失机理模型具有更强的不同时空尺度的预测能力。

①本研究利用荆州极端降水控制试验站122场次降水试验、全国稻田面源污染监测网5个站点日尺度观测、以及其他研究单位的36个试验站稻田氮磷流失观测数据，发现该模型能较为准确的模拟稻田氮磷流失的场次过程、日变化和空间分异，模拟误差在场次、日尺度和空间尺度分别为5%、10%和17%以内。②利用荆州中稻全生生育期氨挥发通量的高频观测数据和全国稻田面源污染监测网5个站点日尺度观测数据，也证实了该模型能较为准确的模拟稻田氨挥发过程，模拟误差在13%以内。③收集其他研究单位的46个试验站稻田氮磷淋溶观测数据，发现该模型能准确模拟稻田氮淋溶率和土壤残留氮引起的氮淋溶，模拟误差在17%以内。④收集中国农作物产量资料数据集，包括全国211个观测站2000—2012年间水稻单产（双季稻站点86个和一季稻站点135个），优化后的模型能有效模拟观测的单产年际变化，模拟误差在15%以内。⑤基于生理生态过程的稻田氮磷流失机理模型被整合到稻田氮磷流失综合防控智能管理技术平台，为示范区稻田水文和氮磷循环关键过程提供预测。

(4) 模型开发永无止境，未来还需进一步改进和完善。

一方面，继续扩大全国稻田全通量观测网络，获得更高时间分辨率、全通量、多站点、多种自然人文环境驱动、以及不同水稻品种和农艺管理措施下的实验观测数据，并通过机制平台共享数据，以达到模型应用的标准化和模型不确定性的降低。其次，增强人工模拟试验与模型模拟的结合，进一步加强稻田氮磷循环过程的机理研究，对稻田释放、吸附解析过程和混合层深度等进行研究量化。另一方面，综合利用现有的全国稻田面源污染监测网等多源数据，构建模型-数据融合系统，建立多模型集合框架，结合人工智能和机器学习等先进技术，实现模型推动"智慧稻田"的发展和可持续利用。

5 稻田氮磷源汇功能评估及调控

北方单季稻、南方双季稻和水旱轮作是我国主要稻作模式,其生长条件、氮磷流失状况、源汇功能具有显著差异性。北方单季稻分布于我国东北、西北和华北地区,其生育期雨热同步、光照强、生育期长、产量较高。南方双季稻区主要分布在华南和东南,早稻生育期降水充沛、光照强、氮磷流失风险高、水稻产量提升受限;晚稻生育期高温少雨、产量较低。稻麦、稻油等南方水旱轮作模式主要分布在长江流域,其生育期强降水、氮磷流失风险较高、生育期长、产量高。因此,科学评估我国不同稻作模式及其源汇功能、揭示氮磷流失主要成因,有助于优化水稻生产措施,提升稻田生态功能,减少氮磷流失、弱源强汇,对推进水稻生产绿色转型升级和高水平生态保护具有重要意义。

5.1 北方单季稻

5.1.1 方正单季稻氮磷源汇功能评估与调控

5.1.1.1 源汇功能评估

方正单季稻在2018—2019年对大气和水体均表现为"磷汇"(图5-1a),最高可以分别达到2.11 kg P/hm² 和 0.28 kg P/hm²。然而对于氮,方正单季稻对大气表现为"汇",高达35.8~43.3 kg N/hm²,而对水体表现为"源"(图5-1b),达到10.5~21.0 kg N/hm²。稻田向大气输出氮素总量为15.6~16.1 kg N/hm²,其中氨挥发贡献约96%;稻田通过干湿沉降接纳大气中的氮素量为31.4~34.0 kg N/hm²,是向大气输入量的两倍,这是由于方正在2018年和2019年生长季的降水量分别为699 mm和872 mm,达到过去60年生长季降水量中的95%和99.8%,远高于75%,即丰水年情景下的年降水量573 mm。而在2018年和2019年的实际观测中,稻田向水体输出氮素总量为17.9 kg N/hm²和29.4 kg N/hm²,其中以氮淋溶侧渗为主(17.8 kg N/hm²和28.5 kg N/hm²),而氮的径流流失仅占0.4%和3%(0.1 kg N/hm²和0.9 kg N/hm²)。

我们同样利用机理模型定量评估了丰水、平水、枯水3个水平年方正单季稻氮的源汇功能,该模型也能较好地模拟稻田对于大气水体的各输入输出项的收支(图5-1c)。模拟结果表明(图5-1d),对大气,稻田在丰水年和平水年表现为"氮汇",分别达到6.0 kg N/hm²和4.3 kg N/hm²,而在枯水年表现为"氮源",达到0.4 kg N/hm²。而稻田对水体在丰水、平水、枯水年均表现为"氮源",达到4.4~7.9 kg N/hm²。

从日尺度来看,方正单季稻氮素净输入和输出因管理和降水条件而波动,施肥期(施肥后7 d内)是对于大气和水体表现为"氮源"的关键期(图5-2)。因为施肥使得田面水中铵态氮的含量急剧增加,引起大量的氨挥发,使得施肥期的氮素表现为向大

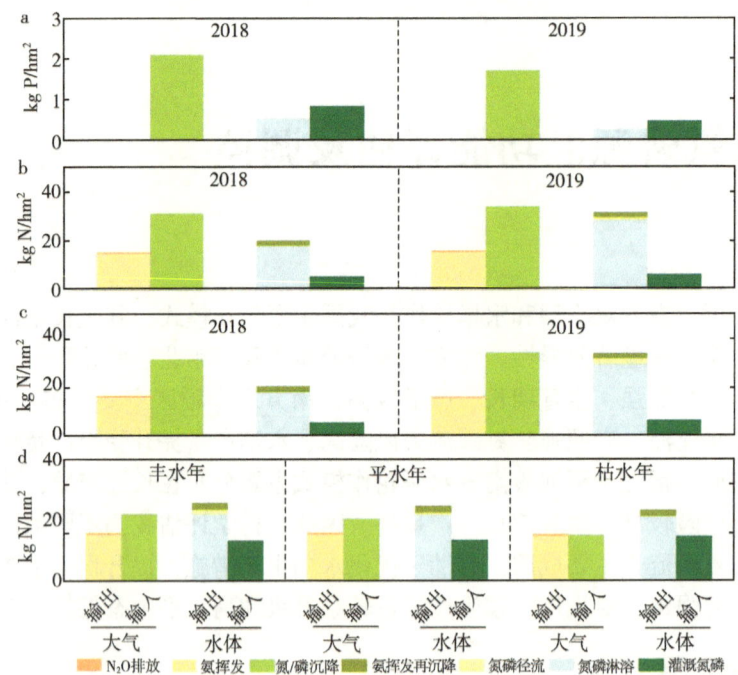

图 5-1 方正单季稻对于大气和水体的氮磷源汇功能评估

（a）磷的观测结果；（b）氮的观测结果；（c）氮的模型模拟验证；（d）氮的情景模拟结果。

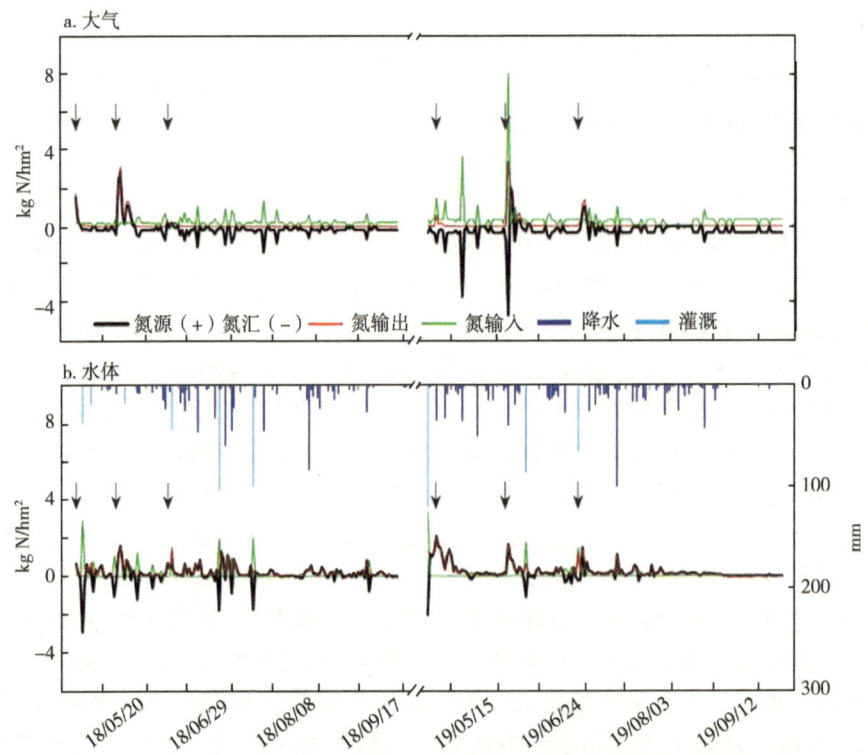

图 5-2 2018—2019 年方正单季稻向大气和水体输出及输入氮素的日动态

气的输出。而施肥期较高的田面水氮浓度也会导致氮淋溶侧渗量增大从而增加了向水体的输出量。方正单季稻在非施肥期对大气和水体主要表现为"氮汇",由于降水和灌溉事件将氮素输入稻田的量大于其造成的氨挥发和淋溶侧渗的量。

5.1.1.2 关键影响的行为过程

从评估结果来看,造成方正单季稻对于大气和水体表现为"氮源"的关键原因是施肥关键期的氨挥发。影响氨挥发过程的关键因素包括施氮强度、肥料类型、施肥方式等。以下将以方正单季稻生育期的水热条件和土壤特征为基础,利用机理模型的情景模拟,从氮肥、灌溉和排水制度识别造成"氮源"的关键行为过程。

1. 氮肥管理

施氮强度在 2018—2019 年为 131.3 kg N/hm^2,尚未超过最高环境效益施氮量(168.5 kg N/hm^2)(Zhang et al., 2018a),但是氮盈余达到 128~131 kg N/hm^2,远远超过了推荐的阈值(35 kg N/hm^2)(Zhang et al., 2019),因此有必要在其他农艺管理措施的配合下降低施氮强度。

氮肥类型在基肥和追肥均为尿素。若调整为有机无机肥配施,氨挥发和淋溶将分别减少 23% 和 15%,对水体的"氮源"从 8.7~12.2 kg N/hm^2 降低到 5.0~8.3 kg N/hm^2,枯水年情景下对于大气的氮源(0.4 kg N/hm^2)也将转化为氮汇(2.8 kg N/hm^2);如果调整为 BBF,虽然增加了少量氮流失,但氨挥发和氮淋溶将减少 44% 和 25%,"氮源"减少到 2.4~5.5 kg N/hm^2;如果选择 PCU,在丰水年和平水年情境下的"氮源"将进一步减少到 1.3~2.3 kg N/hm^2,而枯水年情境下将转化为对于水体的氮汇(1.0 kg N/hm^2)。因此,当前氮肥类型选择是造成"氮源"的关键行为过程,调整施肥类型具有较好的"源转汇"潜力(图 5-3)。

施肥方式为撒施,造成了较高的氨挥发(21.4~22.3 kg N/hm^2)和氮淋溶(21.3~22.1 kg N/hm^2)(图 5-4)。若将施肥深度增加到 10 cm,则降低了 35% 的氨挥发,使得对于大气的"氮汇"功能增强,然而却导致氮淋溶增加 30%,稻田对于水体的"氮源"将增加至 14.3~18.1 kg N/hm^2。考虑到方正单季稻对于水体的"氮源"功能远强于对于大气,同时对于水体的氮素"源转汇"功能更难实现,增加施肥深度反而增大了"氮源",不能实现稻田"源转汇"的可能。

施肥次数有 3 次,其比例为 40∶34∶26,其中基肥为 51.8 kg N/hm^2,分蘖肥和穗肥分别为 45.0 kg N/hm^2 和 34.5 kg N/hm^2。如果在丰水年将施肥比例从 40∶34∶26 调整为 60∶20∶20,则稻田氮流失减少 22%,稻田对于水体的"氮源"降低至 11.8 kg N/hm^2。如果在平水年和枯水年将施肥比例从 40∶34∶26 调整为 60∶20∶20,使得对稻田氮流失减少 16%~20%,然而却增加了氨挥发,从而削弱了对大气的"氮汇"功能,同时没有显著减少稻田对水体的"氮源"(<1%)。因此,调整施肥比例对丰水年是实现"源转汇"的有效手段,而对平水和枯水年的影响较小(图 5-5)。

2. 灌溉管理

方正单季稻的灌溉方式为常规淹水灌溉(非连续淹灌),泡田期大量灌溉,在分蘖期和抽穗期的灌溉上限甚至达到 100 mm 以上。如果调整为浅湿灌溉,灌溉用水量将

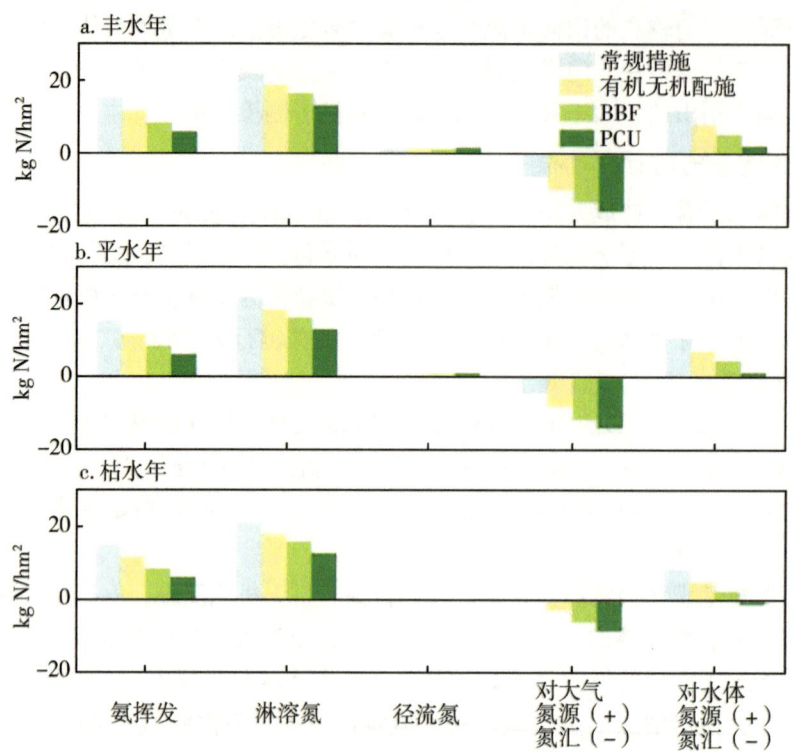

图 5-3　不同施肥类型下方正单季稻源汇功能

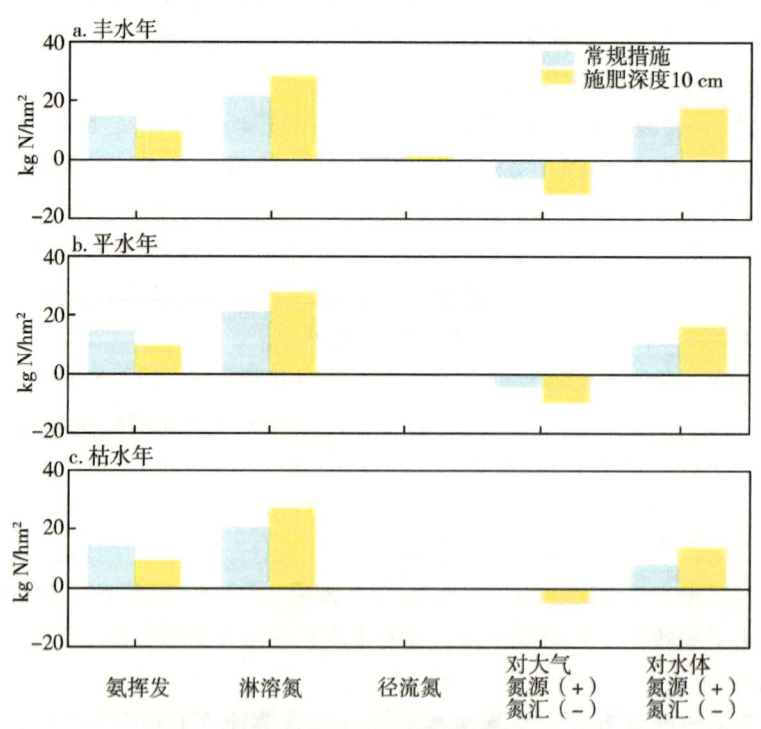

图 5-4　不同施肥方式下方正单季稻源汇功能

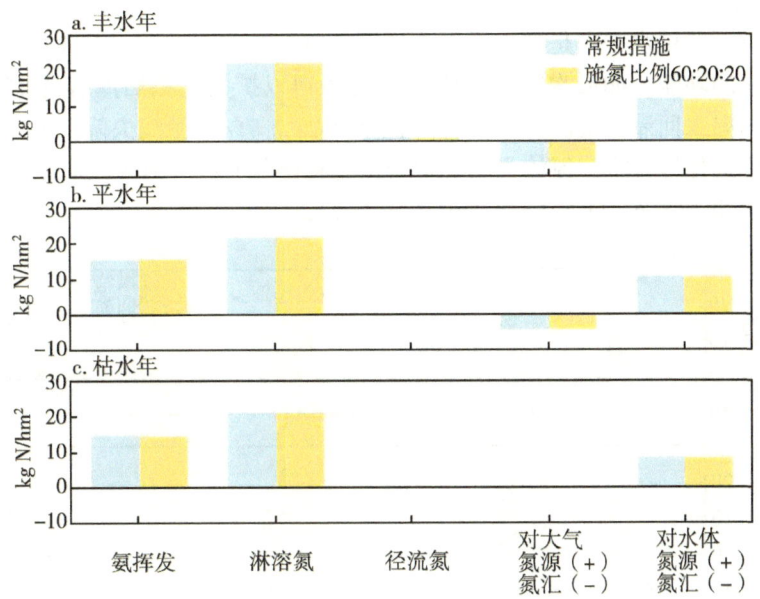

图 5-5 不同施氮比例下方正单季稻源汇功能

降低 15%~18%，氮淋溶下降 10%~14%，对于水体的"氮源"减少到 8.0~11.2 kg N/hm²（图 5-6）。因此，常规淹水灌溉是造成稻田对水体表现为"氮源"的关键过程，调整为浅湿灌溉是实现"源转汇"的有效手段之一。

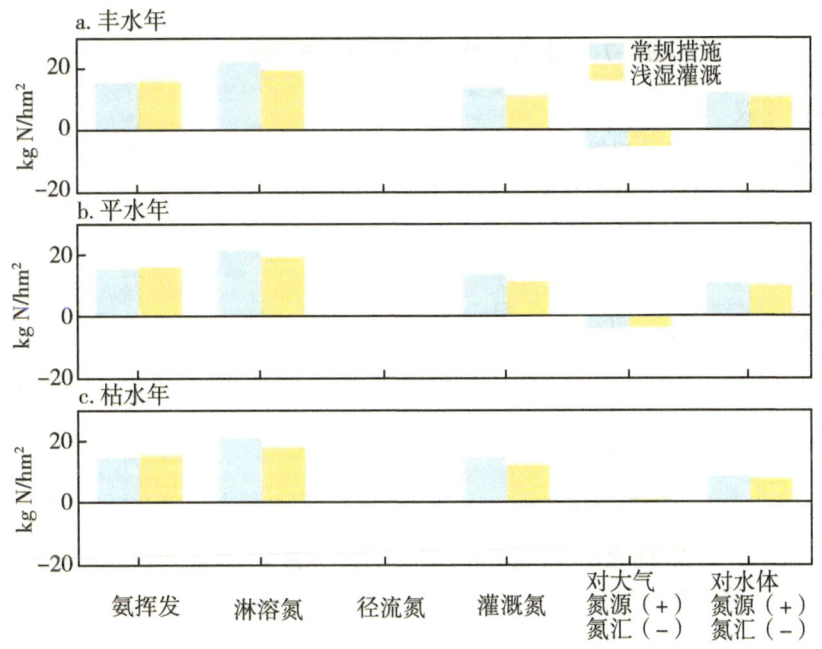

图 5-6 不同灌溉方式下方正单季稻源汇功能

3. 排水管理

方正单季稻的排水去向是稻田附近的沟渠，但沟渠容积过小，无法发挥选择性排水和沟渠水回灌的功能。如果沟渠（或沟塘）容积得以扩大到稻田库容的15%左右，同时优先采用沟渠水回灌，灌溉用水量将降低0.2%~2.7%，氮流失降低62%~74%；如果进一步采用选择性排水，氮流失相比常规措施将降低69%~91%，从而使得对于水体的"氮源"降低至8.6~11.4 kg N/hm²（图5-7）。

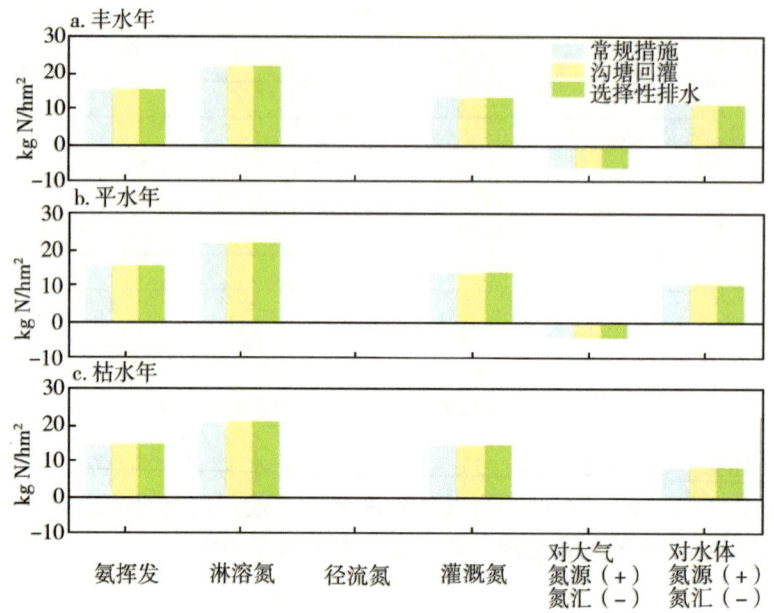

图5-7 不同排水管理措施下方正单季稻源汇功能

4. 调控建议

归纳起来，不合理的肥料类型和排灌方式是造成稻田对水体表现为"氮源"的最为关键的行为过程。因此，需要开展"源转汇"定向调控。图5-8展示了丰水年情景下不

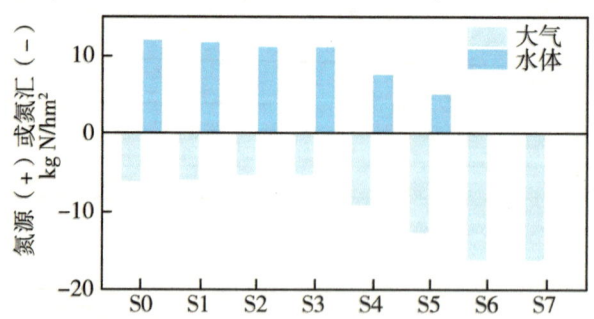

图5-8 方正单季稻丰水年情景下不同农艺管理措施组合累积"源转汇"潜力

注：S0：常规措施；S1：施氮比例更改为60∶20∶20，并减氮；S2：在S1基础上增加浅施灌溉措施；S3：在S2基础上增加沟塘回灌措施；S4：在S3基础上更改肥料类型为有机无机肥配施；S5：在S4基础上更改肥料类型为BBF；S6：在S5基础上更改肥料类型为PCU；S7：在S6基础上增加选择性排水措施。

同农艺管理措施的"源转汇"潜力。由于径流流失量较高,在丰水年进行源转汇调控的难度最大。当定向调控措施能够确保在丰水年实现"源转汇"功能,将能保证平水年和枯水年情景下稻田的"氮汇"功能。结果表明,仅调控施肥比例、施肥深度并采用浅施灌溉时,稻田对于水体的"氮源"仅降低7%。因此,至少还需要采用高效氮肥,比如使用包膜尿素,才能够使得稻田对于水体的"氮源"大量降低(99.6%),但仍无法实现稻田的"氮汇"功能。如果进一步再采用选择性排水措施,能够在此基础上进一步降低21%的氮流失,才能使稻田对于水体从"氮源"(12.1 kg N/hm²)转化为"氮汇"(0.03 kg N/hm²),对于大气的"氮汇"功能从 6.0 kg N/hm² 提升至 16.1 kg N/hm²。

5.1.1.3 源转汇调控途径

针对影响稻田源汇功能的关键行为过程,我们利用"模拟–优化"算法量化了丰水、平水、枯水年的稻田氮"源转汇"调控途径的最佳组合及其调控潜力(图5-9),相应的农艺管理措施和工程措施优化方案及运行规则为:

- 施氮强度:从 131.3 kg N/hm² 减少为 105.0 kg N/hm²(丰水年)、102.4 kg N/hm²(平水年)和 105.0 kg N/hm²(枯水年);
- 氮肥类型:从普通尿素替换为高效 PCU;
- 施肥方式:撒施;

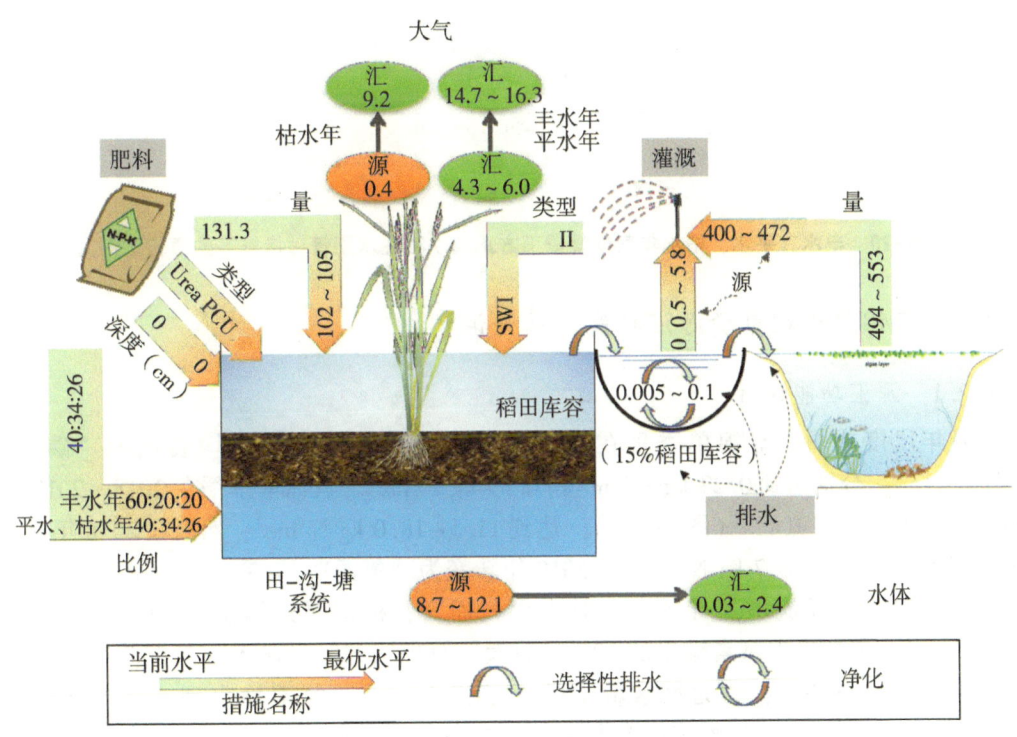

图 5-9 方正单季稻源转汇调控途径

- 施肥时间:将丰水年的基肥、分蘖肥和穗肥施氮比例从 40∶34∶26 修改为 60∶20∶20,平水、枯水年的施肥比例保持不变;

- 灌溉管理：采用浅湿灌溉方式，恢复田块15%库容的沟塘系统并优先使用沟塘水进行回灌；
- 排水管理：稻田产生的径流排入沟塘系统存蓄，采取选择性排水策略，根据降水和田面水浓度水平决定是否提前将田面水排入沟塘，并将沟塘水净化后再排放入邻近水体，实现"排清水，留肥水"。

基于上述调控措施，方正单季稻对于大气和水体在丰水、平水、枯水3个水平年均实现"氮汇"功能。丰水年和平水年稻田对于大气的"氮汇"功能分别达到16.3 kg N/hm² 和 14.7 kg N/hm²，而在枯水年，稻田将从"氮源"（0.4 kg N/hm²）转化为"氮汇"（9.2 kg N/hm²）。在丰水、平水、枯水年情景下稻田对于邻近水体本来都表现为"氮源"（8.7～12.1 kg N/hm²），但在调控措施的组合下，将分别达到0.03 kg N/hm²，0.9 kg N/hm² 和 2.4 kg N/hm² 的"氮汇"。方正单季稻在实现"氮汇"的情况下，能够保证产量的稳定（±0.5%），维持了土壤肥力（氮盈余为84.1～91.4 kg N/hm²），以及节省了14.7%～19.1%的灌溉用水（图5-10）。

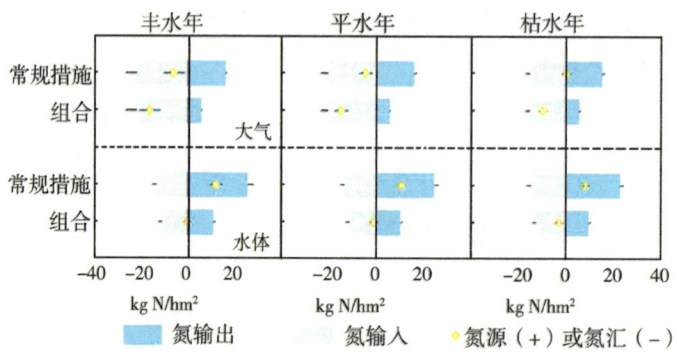

图5-10　丰水、平水、枯水年气候情景下方正单季稻在水肥管理措施下的源转汇潜力

5.1.2　盘锦单季稻氮磷源汇功能评估与调控

5.1.2.1　源汇功能评估

从年尺度来看，盘锦单季稻在2018—2019年对大气和水体均表现为"磷汇"（图5-11a），分别达到0.22 kg P/hm² 和 0.39 kg P/hm²。盘锦单季稻在2018—2019年对大气均表现为"氮汇"（图5-11b），达到11.5～18.0 kg N/hm²，然而在2018年对水体表现为"氮汇"（6.7 kg N/hm²），2019年转变为"氮源"（7.3 kg N/hm²），这主要是由氮磷淋溶和径流增加导致的。对于大气而言，稻田氮素输出为11.3～12.4 kg N/hm²，其中氨挥发占氮素输出的90%；而大气对稻田的氮素输入（氮沉降）分别为22.8～30.4 kg N/hm²，约为氮素输出的2倍以上。稻田氮素输出到水体共19.2～38.4 kg N/hm²，其中以氮淋溶侧渗为主（17.7～34.3 kg N/hm²）。

我们利用验证后的机理模型进一步评估了盘锦单季稻丰水、平水、枯水3个水平年的氮源汇功能。盘锦单季稻在丰水、平水、枯水3个水平年均对大气表现为"氮汇"（11.0～25.7 kg N/hm²），对水体均表现为"氮源"（10.3～17.0 kg N/hm²），其中氮淋

5 稻田氮磷源汇功能评估及调控

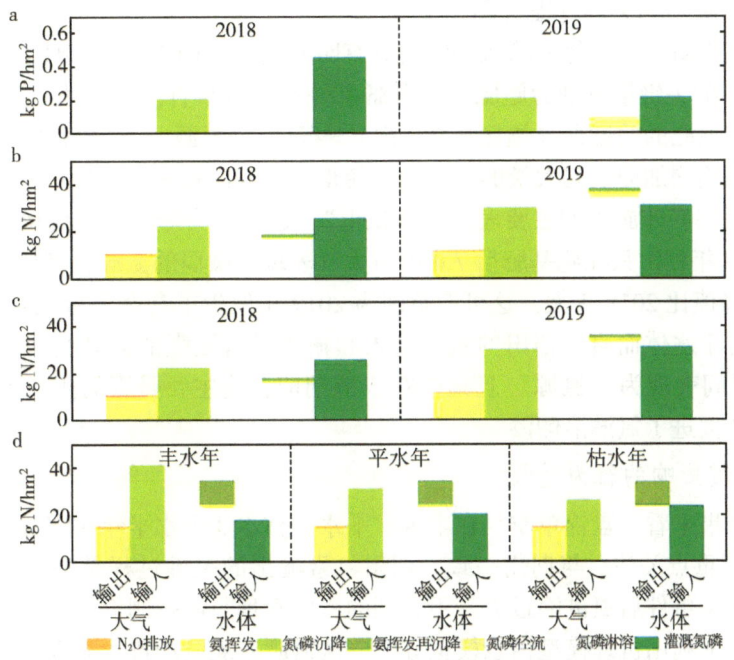

图 5-11 盘锦单季稻氮素对于大气和水体的氮磷源汇功能评估
（a）磷的观测结果；（b）氮的观测结果；（c）氮的模型模拟验证；（d）氮的情景模拟结果。

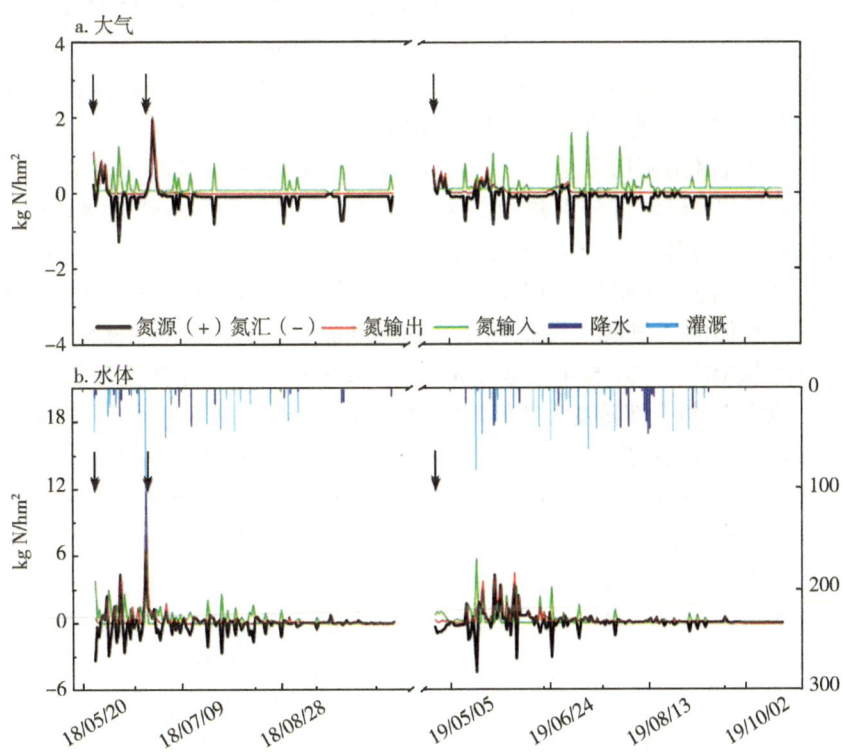

图 5-12 2018—2019 年盘锦单季稻对大气和邻近水体日尺度氮素输出及输入

· 137 ·

溶是造成"氮源"的关键过程（图 5-11d）。

从日尺度来看，稻田氮素输入和输出具有明显波动（图 5-12），对于大气和水体表现为"氮源"的关键期分别为施肥期和灌溉事件和降水事件。对于大气而言，2018 年稻田在基肥和追肥的关键期（施肥后 7 d 内）表现为"氮源"，主要是因为施肥造成田面水铵态氮快速增加而引起大量的氨挥发，使得施肥期的氮素输出约占全生长季氮素输出的 83%。稻田在非施肥期主要表现为"氮汇"，这是因为降水事件使得氮素大量沉降至稻田。2019 年稻田只在施基肥后 7 d 内对大气表现为微弱的氮源，其余时间均表现为"氮汇"，且峰值比 2018 年大，这可能是因为 2019 年发生了利奇马台风导致降水增多，沉降增加。对于水体而言，稻田的氮素输入和输出具有更强的波动性。稻田在生长季 56% 以上的时间表现为"氮源"且集中在拔节期前，这主要是因为生长前期较多的灌溉和降水事件促进了氮淋溶侧渗。

5.1.2.2 关键影响的行为过程

从评估结果来看，盘锦单季稻在丰水、平水、枯水 3 个水平年对邻近水体均表现为"氮源"，需要重点关注。与荆州一致，稻田氮素输出的关键过程是施肥关键期的氨挥发和降水或灌溉事件后氮淋溶过大。不合理的氮肥管理与灌排制度是造成此现象的主要原因，因此以下利用机理模型情景模拟方法，从氮肥、灌溉和排水制度 3 个方面识别造成"氮源"的关键行为过程。

1. 氮肥管理

盘锦水稻田在 2018—2019 年平均施氮强度为 219.0 kg N/hm²，已超过最高环境效益施氮量（168.5 kg N/hm²）（Zhang et al., 2018a），氮盈余达到 121.8 ~ 125.0 kg N/hm²，是推荐阈值（35 kg N/hm²）（Zhang et al., 2019）的 4 倍左右，因此非常有必要在其他农艺管理措施配合下降低施氮强度。

氮肥类型在基肥和追肥均为复合肥（N、P_2O_5、K_2O：27-20-8）。如果调整为有机无机肥配施，氨挥发和氮淋溶将分别减少 23% 和 15%，丰水年和平水年对水体的"氮源"从 5.3~8.1 kg N/hm² 降低到 1.5~4.3 kg N/hm²，枯水年情景下由氮源（1.5 kg N/hm²）也将转化为氮汇（2.4 kg N/hm²）。如果调整为 BBF，氨挥发和氮淋溶将减少 36% 和 25%，丰水年情景下对水体的"氮源"降低到 1.8 kg N/hm²，平枯水年由氮源（1.5~5.3 kg N/hm²）将转化为氮汇（1.0~5.0 kg N/hm²）；如果选择 PCU，氨挥发和氮淋溶将减少 60% 和 40%，"氮源"将全部转变为"氮汇"（1.6~8.9 kg N/hm²）。对于大气而言，更改施肥类型可以有效降低氨挥发从而使"氮汇"增加至 21.4~36.3 kg N/hm²。此外，虽然调整施肥类型后稻田氮径流流失增加，但其数值仍然非常小，相比于淋溶可忽略不计，这可能是因为盘锦稻田田埂高，不易产生径流。因此，氮肥类型选择是造成"氮源"的关键行为过程，调整施肥类型可以有效实现稻田氮素"源转汇"（图 5-13）。

施肥方式为机械深施（15 cm），但由于黏土含量不高，造成了较高的氨挥发和氮淋溶（图 5-14）。如果调整为施肥深度 10 cm，氨挥发会增加 15%，对大气的"氮汇"下降 7.2%，但是氮淋溶将减少 10%，稻田对于水体的"氮源"在丰平水年将下降至 3.2~6.0 kg N/hm²，枯水年转变为氮汇（0.6 kg N/hm²）。考虑到盘锦单季稻仅对水体表现为"氮源"，因此可以在损失部分对大气的"氮汇"功能下，适当减少施肥深度，

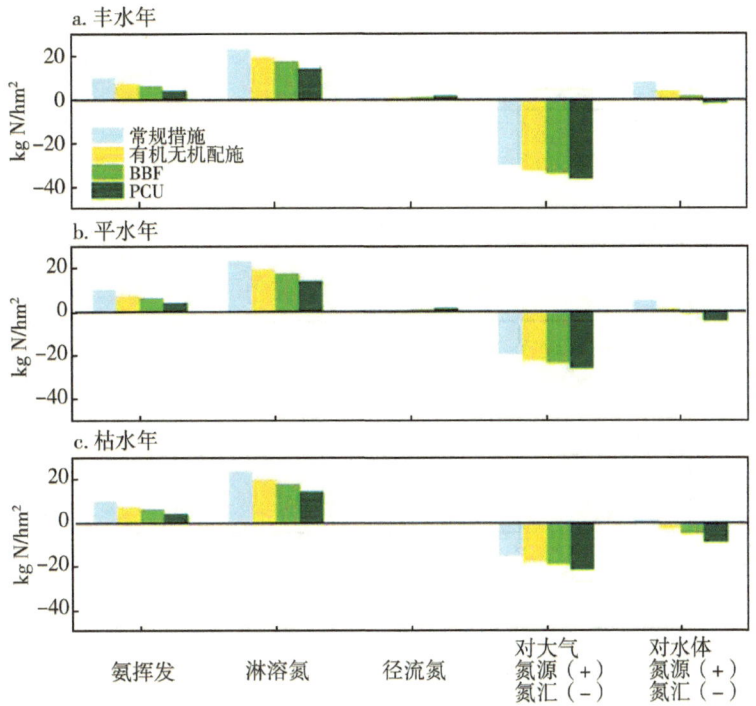

图 5-13 不同施肥类型下盘锦单季稻源汇功能

从而实现对水体的"源转汇"。

2018 年盘锦稻田施肥 2 次，施肥比例为 60∶40，其中基肥为 126 kg N/hm²，分蘖肥为 84 kg N/hm²，2019 年仅施基肥（162 kg N/hm²），但后续会输入螃蟹饲料。如果将施肥比例从 60∶40 调整为推荐比例 40∶60，并未出现稻田对水体氮源的减少，反而增加 3.3%，对大气的氮汇也下降 2.7%。因此，更改施肥比例难以实现盘锦单季稻田对水体的氮素"源转汇"功能，需要保持常规施肥比例（图 5-15）。

2. 灌溉管理

盘锦单季稻的灌溉方式与荆州一致，均为常规淹水灌溉，但在分蘖期和抽穗期的灌溉上限甚至达到 120 mm 以上，较高的灌溉上限使得氮淋溶较大。如果调整为浅湿灌溉，灌溉用水量将降低 10%，氮淋溶下降 7.7%，灌溉氮下降 13.3%。然而，仅在枯水年情景下对于水体的"氮源"由 1.5 kg N/hm² 减少到 1.3 kg N/hm²，丰平水年氮源均增加（图 5-16）。因此，虽然常规淹水灌溉是造成稻田对水体表现为"氮源"的关键过程，但仅依靠将其调整为浅湿灌溉无法实现对水体的"源转汇"。

3. 排水管理

盘锦稻田将水排至稻田附近沟渠，但由于沟渠容积过小，多余部分直接排至受纳水体，因此无法进行选择性排水和沟渠水回灌。如果沟渠（或沟塘）容积扩大到稻田库容的 30% 左右，并优先采用沟渠水回灌或者选择性排水，灌溉用水量虽然仅降低 1.1%~1.9%，但将完全不产生氮流失，灌溉氮下降 5.2%~5.3%。同时，丰水年和平水年对水体的"氮源"将分别降低至 7.7 kg N/hm² 和 5.0 kg N/hm²，而枯水年"氮

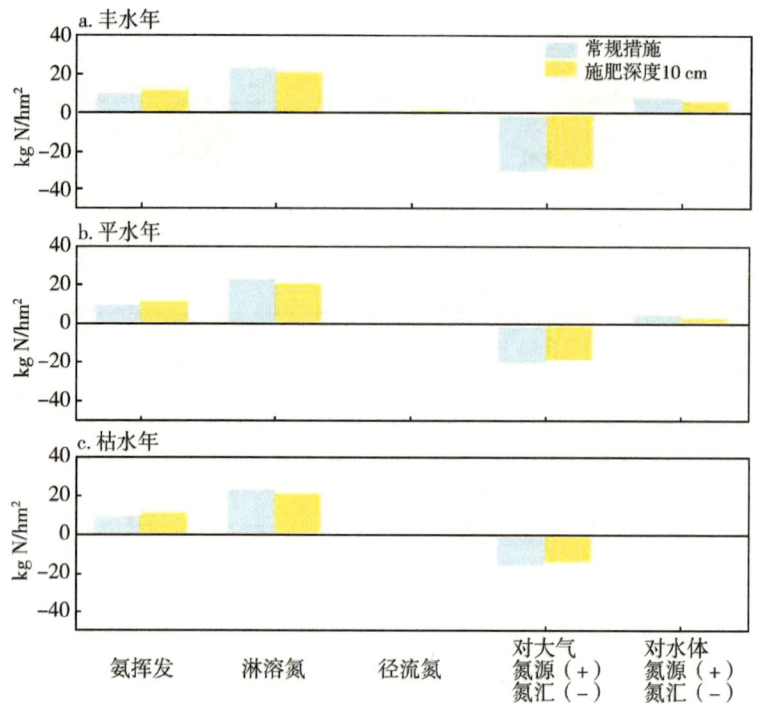

图 5-14 不同施肥方式下盘锦单季稻源汇功能

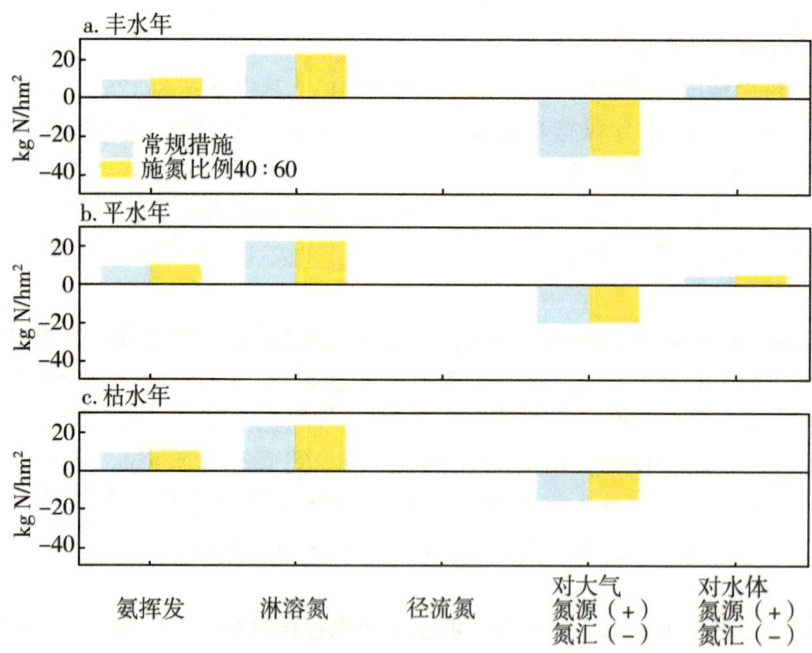

图 5-15 不同施氮比例下盘锦单季稻源汇功能

源"增加至 3.7 kg N/hm²。因此优化排水管理具有一定"源转汇"潜力,但效果较小,需要辅以其他措施来共同实现"源转汇"(图 5-17)。

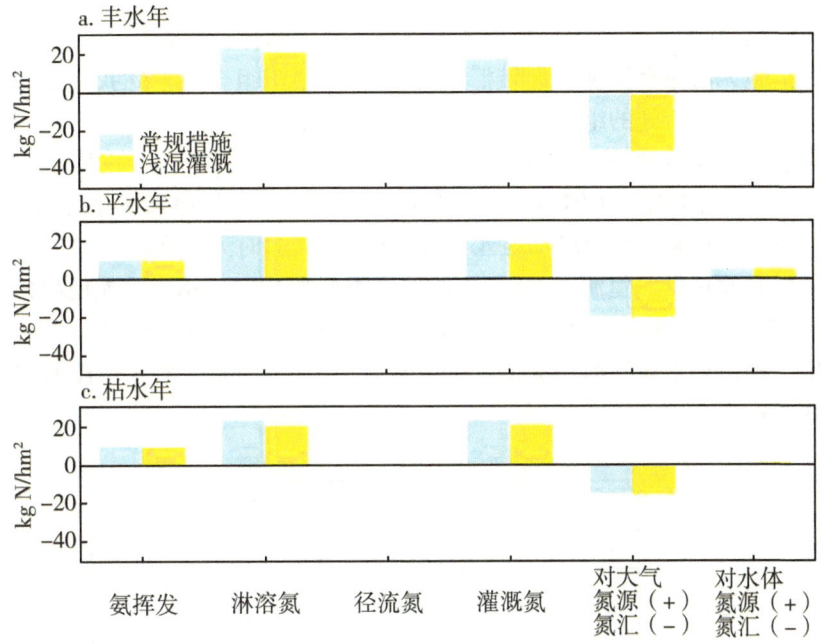

图 5-16 不同灌溉方式下盘锦单季稻源汇功能

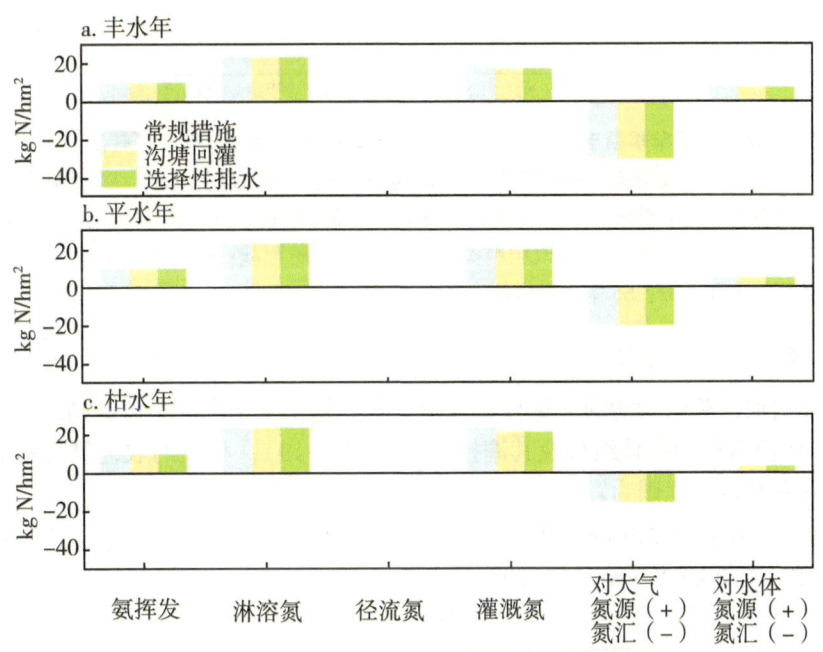

图 5-17 不同排水管理措施下盘锦单季稻源汇功能

4. 调控建议

根据以上分析,不合理的氮肥类型、施肥方式和排水制度是造成盘锦稻田对水体表现为"氮源"的最关键的行为过程。因此,需要开展"源转汇"定向调控。丰水年对水体的"氮源"最强,源转汇调控难度最大,因此如果在丰水年情景下调控措施可以实现"源转汇",那么平水年和枯水年情景下稻田对于水体也将表现为"氮汇"。并且,仅依靠单一措施无法完全实现"源转汇",需要多种措施组合。因此我们分析了丰水年情景下不同农艺管理措施的组合"源转汇"潜力(图5-18)。

结果表明,当保持常规施肥比例(60:40)及减氮(S1)并且调整施肥深度至10 cm(S2)时,稻田对于水体的"氮源"可降低67%,但是如果在此基础上增加浅湿灌溉措施(S3)"氮源"反而增加至4.13 kg N/hm²,此时无法实现"氮汇"功能。采用高效氮肥可有效减少"氮源",比如更改施肥类型为BBF(S6)才能使稻田对于水体从"氮源"(8.1 kg N/hm²)转化为"氮汇"(0.5 kg N/hm²)。如果进一步再采用选择性排水措施,稻田对于大气的"氮汇"提升至47.1 kg N/hm²,对于水体的"氮汇"反而减少至0.2 kg N/hm²。

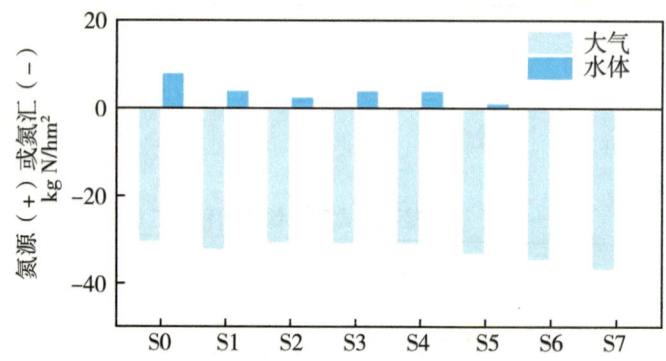

图 5-18　盘锦单季稻丰水年情景下不同农艺管理措施组合累积"源转汇"潜力
注:S0:常规措施;S1:保持60:40施氮比例措施及减氮;S2:S1基础上增加施肥深度10 cm措施;S3:S2基础上增加浅湿灌溉措施;S4:S3基础上增加沟塘回灌措施;S5:S4基础上更改肥料类型为有机无机肥配施;S6:S4基础上更改肥料类型为BBF;S7:S6基础上增加选择性排水措施。

5.1.2.3　源转汇调控途径

针对影响稻田源汇功能的关键行为过程,我们量化了丰水、平水、枯水年的稻田氮"源转汇"调控途径的最佳组合及其调控潜力(图5-19),相应的农艺管理措施和工程措施优化方案及运行规则为:

- 施氮强度:从219 kg N/hm²减少为172.8 kg N/hm²(丰水年)、177.0 kg N/hm²(平水年)和177.0 kg N/hm²(枯水年);
- 氮肥类型:从复合肥(CF)替换为高效PCU;
- 施肥方式:从施肥深度15 cm更改为10 cm且基肥施用后立即翻耕;
- 施肥时间:基肥、分蘖肥施氮保持为常规施肥比例60:40;
- 灌溉管理:采用浅湿灌溉,恢复田块30%库容的沟塘系统并优先使用沟塘水回灌;
- 排水管理:稻田产生的径流排入沟塘系统存蓄,采取选择性排水策略。

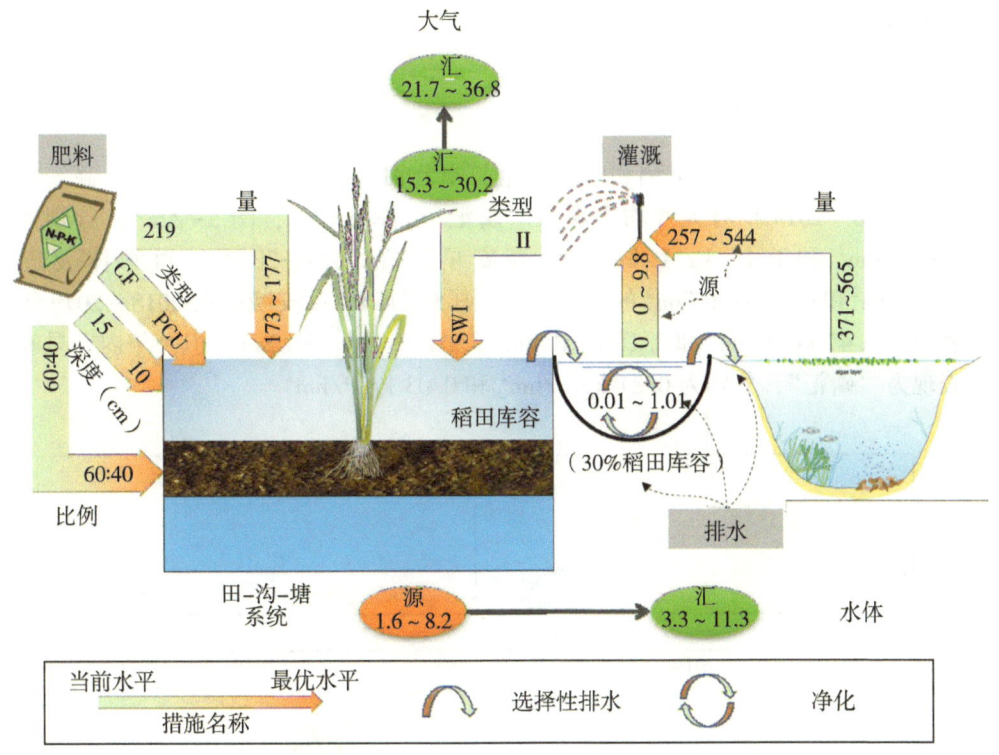

图 5-19　盘锦单季稻源转汇调控途径

通过运行上述组合调控措施，可使盘锦单季稻对大气和水体均实现"氮汇"功能。丰水、平水、枯水年情景下稻田对于大气的"氮汇"由 15.3~30.2 kg N/hm² 增加至 21.7~36.8 kg N/hm²。同时，稻对于邻近水体由"氮源"（1.6~8.2 kg N/hm²），全部转变为"氮汇"（3.3~11.3 kg N/hm²）（图 5-20）。通过定向调控措施，盘锦单季稻在保证产量的前提下有效实现"氮汇"，并且维持了土壤肥力（氮盈余为 70.6~80.3 kg N/hm²），节省了 13.8%的灌溉用水（图 5-20）。

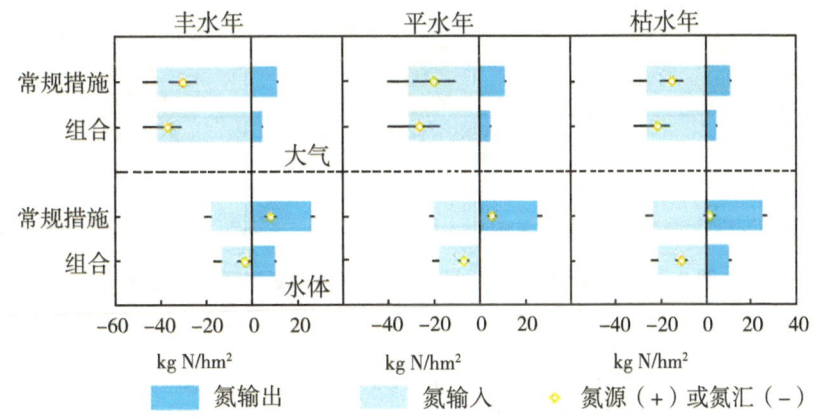

图 5-20　丰水、平水、枯水年气候情景下盘锦单季稻在水肥管理措施下的源转汇潜力

5.2 南方双季稻

5.2.1 源汇功能评估

高安实施双季稻制度,早稻和晚稻的生长季分别为 5—7 月,8—10 月。高安早稻与晚稻在 2018—2019 年对大气均表现为"磷汇"(图 5-21a,图 5-22a),分别达到 0.58 kg P/hm² 和 0.15 kg P/hm²。而高安早稻在 2018—2019 年对水体表现为 0.26 kg P/hm² 和 0.15 kg P/hm² 的"磷源"(图 5-21a),高安晚稻在 2018—2019 年对水体表现为 0.47 kg P/hm² 和 0.18 kg P/hm² "磷汇"(图 5-22a),但一年内,早晚稻共同表现为"磷汇",分别为 0.21 kg P/hm² 和 0.03 kg P/hm²。

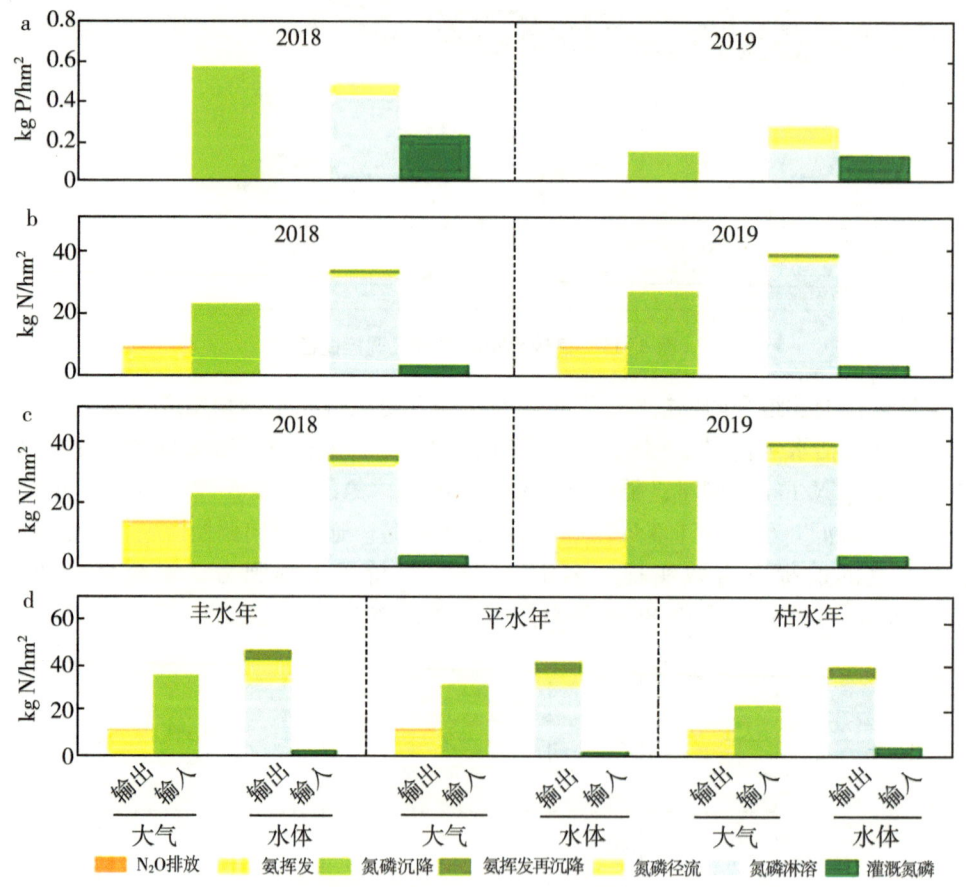

图 5-21 高安早稻氮素对于大气和水体的氮磷源汇功能评估
(a) 磷的观测结果;(b) 氮的观测结果;(c) 氮的模型模拟验证;(d) 氮的情景模拟结果。

高安早稻在 2018—2019 年对大气均表现为"氮汇"(图 5-21b),达到 13.5~17.4 kg P/hm²,高安晚稻在 2018—2019 年对大气从 0.3 kg P/hm² 的"氮汇"转化为 11.9 kg P/hm² 的"氮源",这是由于 2019 年晚稻期间降水减少导致的。对于水体来说，高安早晚稻在 2018—2019 年均表现为"氮源"，早稻达到 30.0~35.2 kg P/hm²，晚稻达到 4.2~24.4 kg P/hm²，且稻田对水体的氮素输出主要有氮的淋溶侧渗过程主导，氮淋溶量占总输出量的 68%~92%。

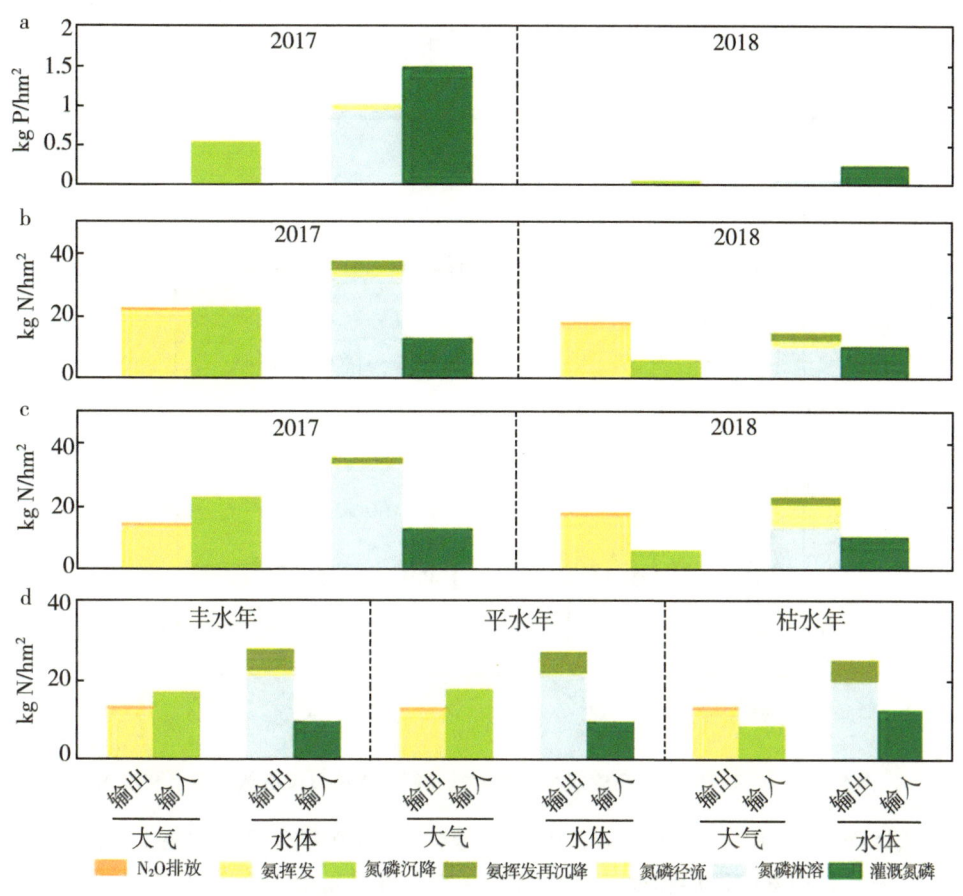

图 5-22 高安晚稻氮素对于大气和水体的氮磷源汇功能评估
（a）磷的观测结果；（b）氮的观测结果；（c）氮的模型模拟验证；（d）氮的情景模拟结果。

我们利用验证后的 WHCNS 模型分别评估了高安双季稻在丰水、平水、枯水 3 个水平年的氮源汇功能。高安早稻在丰水、平水、枯水 3 种降水水平的年份下对大气均表现为"氮汇"（10.9~24.2 kg N/hm²），晚稻在丰水年和平水年表现为"氮汇"（3.6~4.6 kg N/hm²），在枯水年表现为"氮源"（5.0 kg N/hm²），这也是由于枯水年 8—10 月降水量少导致的氮沉降较低引起的。对水体，高安早稻和晚稻在丰水、平水、枯水年均表现为"氮源"，早稻和晚稻分别达到 35.2~44.3 kg N/hm² 和 12.6~18.2 kg N/hm²，使得高安早稻与晚稻对大气-水体整体表现为一个较大的"氮源"，其中氮淋溶是形成"氮源"的主要过程（图 5-21d，图 5-22d）。

从日尺度来看，与其他站点相似，施肥和水分输入（包括降水和灌溉）同样是安陆中稻出现大气和水体氮素波动的主要原因。对大气而言（图 5-23a），早稻主要表现为氮汇，由于早稻 4 月底播种，7 月底收获，而 4—6 月是高安一年中降水频率最高的时期，所以沉降输入普遍较大，导致稻田表现为氮汇，尤其是在极端降水事件发生时，如 2018 年 6 月 23 日当日降水量超过 99 mm，使得单日氮汇达到 3.3 kg N/hm²。对于晚稻，由于降水量较小，同时施氮强度高于早稻，在施肥关键期大量氨挥发的损失使得稻田表现为氮源。2018—2019 年晚稻期间，施肥关键期的氮素输出达到了全生长季的 73%。

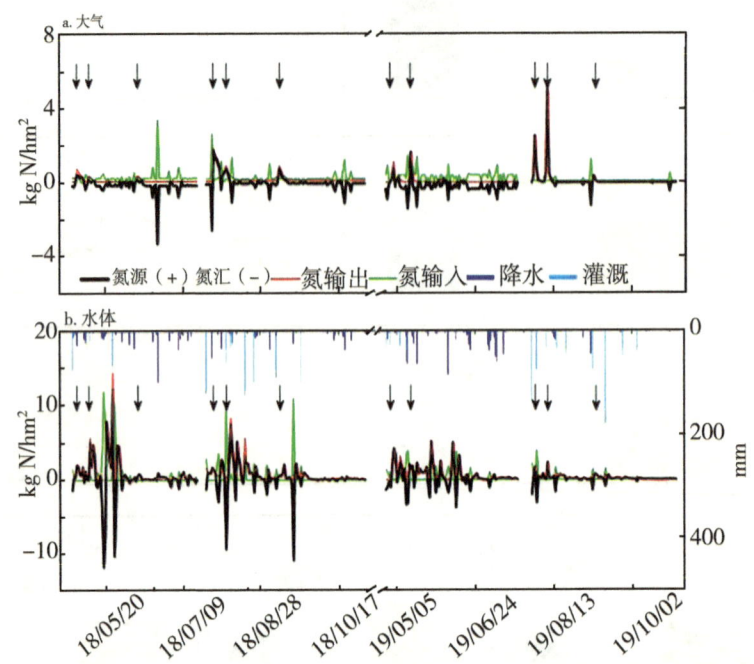

图 5-23 2018—2019 年高安双季稻对大气和邻近水体日尺度氮素输出及输入

对水体而言，2018 年的氮素源汇波动幅度强于 2019 年（图 5-23b）。其中主要的氮源氮汇波动是由淋溶侧渗和地下水补给主导的，可能是由于 2018 年高安土质较为疏松，孔隙度大，渗漏和补给的速率较大。高安双季稻对于水体在 68% 的时间内表现为氮源，且早稻的氮源功能比晚稻更多，这是由于早稻时期降水丰沛，径流和淋溶量大，而晚稻期间由于降水较少，需要大量灌溉，2018 年和 2019 年灌溉量分别为 617 mm 和 677 mm，远高于早稻的 163 mm 和 150 mm，灌溉氮输入也因此达到了 13.2 kg N/hm² 和 10.5 kg N/hm²。大水量灌溉事件使得高安晚稻在生长季内多表现为氮汇。如 2019 年晚稻泡田阶段 7 月 31 日和 8 月 3 日的灌溉量达到了 133 mm 和 75 mm，氮汇也因此分别达到 2.0 kg N/hm² 和 3.1 kg N/hm²。

5.2.2 关键影响的行为过程

从评估结果来看，只有枯水年情境下高安晚稻对大气表现为"氮源"，其余情境下高安早晚稻均表现为"氮汇"，而高安双季稻在丰水、平水、枯水 3 个水平年对水体均表现为"氮源"，且稻田对水体的氮素输出量较大，需要重点关注。与荆州类似，稻田氮素输出的关键过程是施肥关键期的氨挥发和降水或灌溉事件之后的氮淋溶过大。不合理的氮肥管理与灌排制度是造成此现象的主要原因,因此以下利用机理模型情景模拟方法,从氮肥、灌溉和排水制度 3 个方面识别造成"氮源"的关键行为过程。

5.2.2.1 氮肥管理

高安水稻田在 2018—2019 年平均施氮强度为早稻 122.0 kg N/hm², 晚稻 180 kg N/hm², 而氮素盈余达到了 118~155 kg N/hm², 远超推荐的阈值 (84 kg N/hm²) (Zhang et al., 2019), 因此有必要在保证产量的基础上,采用其他农艺管理措施,实现施氮强度的降低。

高安早稻和晚稻在基肥和两次追肥上均使用尿素。如果将尿素调整为有机肥和无机肥配施,早稻的氨挥发和淋溶将分别降低 25% 和 15%, 对水体的"氮源"从 31.8~41.1 kg N/hm² 转化为 26.7~36.1 kg N/hm² (图 5-24), 晚稻的氨挥发和淋溶将分别降低 34% 和 15%, 对水体的"氮源"从 8.9~14.5 kg N/hm² 降低为 5.4~11.0 kg N/hm² (图 5-25), 在丰水年和平水年对大气的"氮汇"进一步增加(从 3.6~4.6 kg N/hm² 增加到 7.9~8.8 kg N/hm²), 但在枯水年仍然表现为对大气的"氮源", 尽管只有 0.6 kg N/hm² (图 5-24c); 如果将施肥类型调整为 BBF, 氮的流失可能会增加, 这与径流事件的发生距离施肥日期的时间有关, 但同时减少了 34%~45% 的氨挥发和 25% 的淋溶, 实现了枯水年下晚稻对大气由"氮源"到"氮汇"的转变, 早稻和晚稻对水体的"氮源"分别减少到了 23.7~33.2 kg N/hm² 和 3.3~9.21 kg N/hm²。如果选择 PCU,

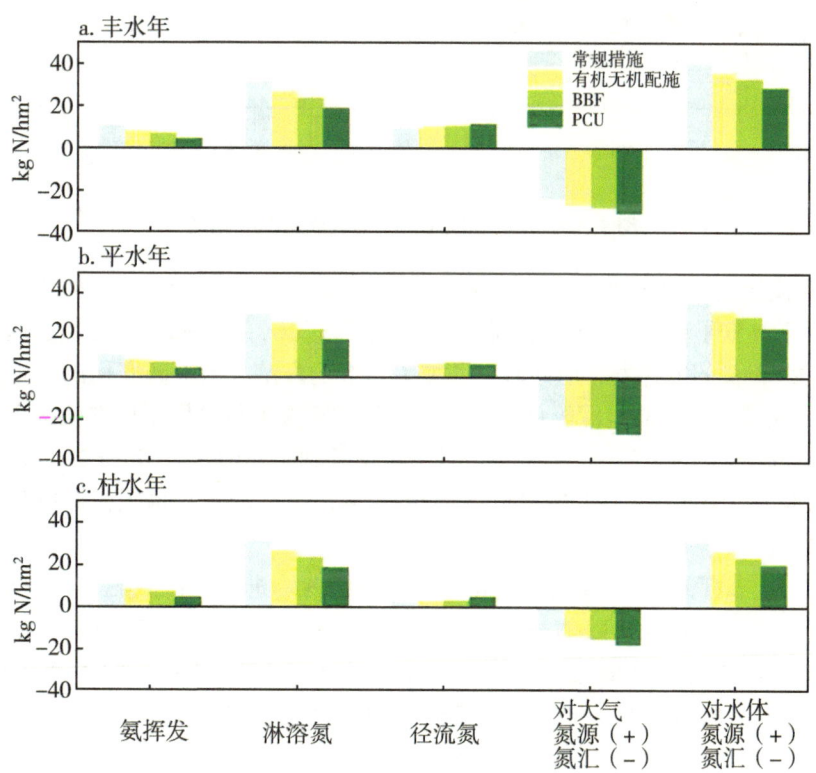

图 5-24 不同施肥类型下高安早稻源汇功能

则进一步增强早稻和晚稻对大气的"氮汇",削弱了对水体的"氮源"(图 5-24,图 5-25)。因此,PCU 作为施肥类型能够增强稻田对大气的"氮汇"功能,控制稻田对水体"氮源"的作用,并且对晚稻有一定的增产效应。

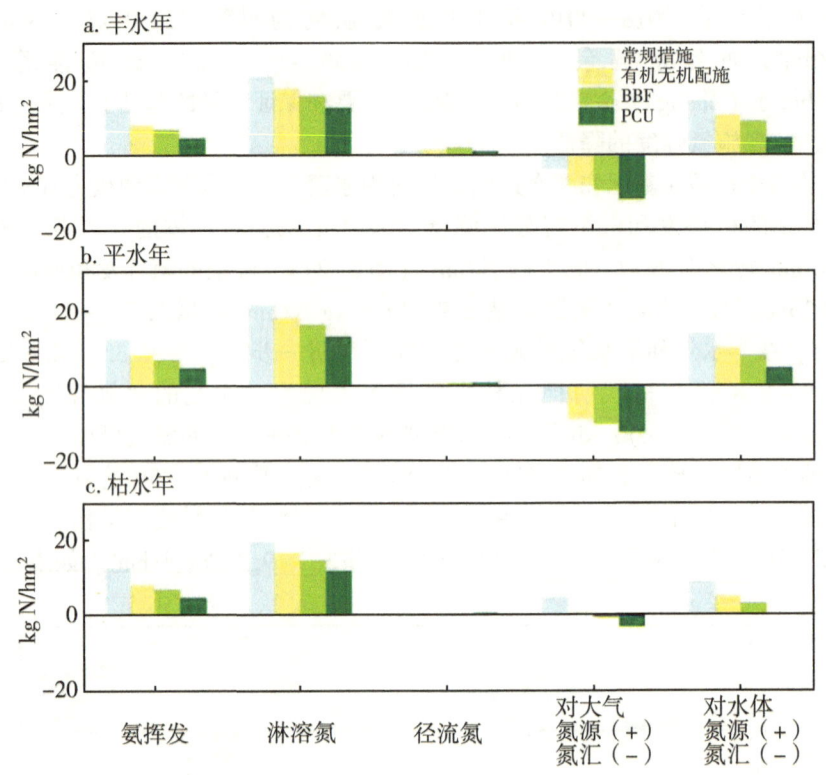

图 5-25 不同施肥类型下高安晚稻源汇功能

施肥深度上,高安早稻和晚稻均采用撒施。我们利用机理模型,模拟了机械深施 10 cm 条件下高安早稻和晚稻的氮素源汇功能(图 5-26,图 5-27)。虽然深施 10 cm 能够减少 32%~33% 的氨挥发,但同时也增加了 30% 的淋溶。加上高安稻田的土壤肥力较大,土壤中氮素含量较高,深施使得早稻和晚稻的氮淋溶量分别从原本就很高的 30.8~32.1 kg N/hm² 和 19.6~21.5 kg N/hm² 进一步增长到了 40.0~41.7 kg N/hm² 和 25.5~27.5 kg N/hm²(图 5-26,图 5-27)。鉴于高安稻田高淋溶量的情况,保持高安常规撒施的施肥方式。

施肥次数与时间方面,高安早稻和晚稻生育期内均进行 3 次施肥,其中早稻基肥、分蘖肥和穗肥分别为 60.0 kg N/hm²、48.2 kg N/hm² 和 28.2 kg N/hm²,比例为 43∶36∶21,晚稻基肥、分蘖肥和穗肥分别为 72.0 kg N/hm²、54.0 kg N/hm² 和 54.0 kg N/hm²,比例为 40∶30∶30。我们利用模型分别进行了多种施肥比例的模拟。结果发现,改变施肥比例可以减少氨挥发和氮流失。如果将高安晚稻的施肥比例调整为 20∶40∶40,可以降低氨挥发和氮流失;高安早稻在丰水、平水、枯水 3 种水平年下分别采用 36∶34∶30、57∶29∶14 和 29∶42∶29 的施肥比例可以增强对大气的"氮汇",

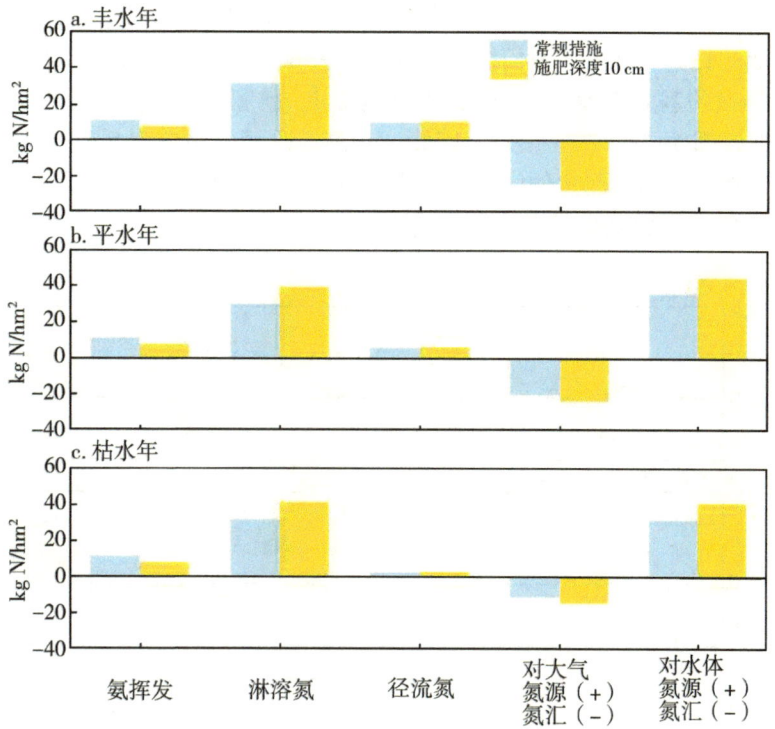

图 5-26 不同施肥方式下高安早稻源汇功能

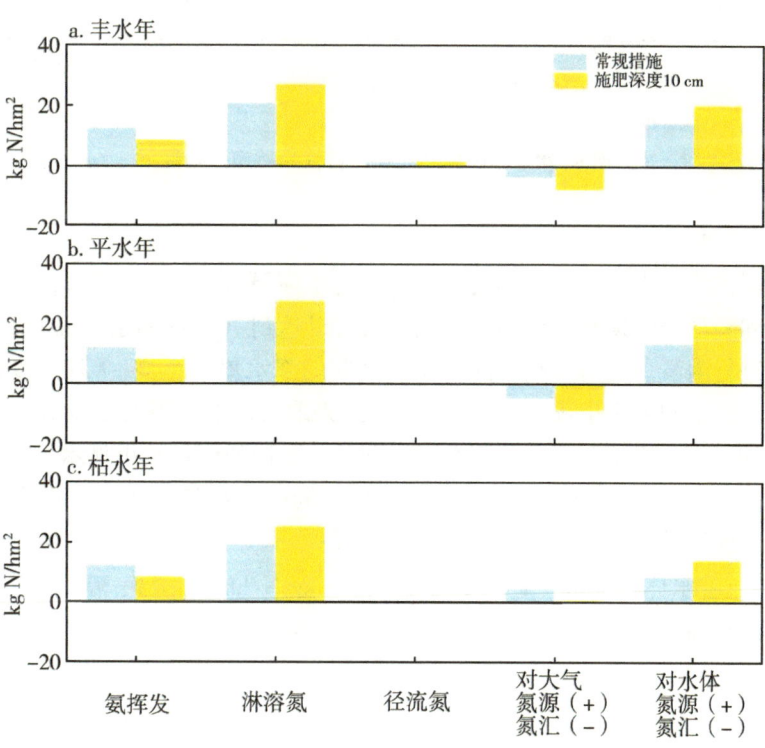

图 5-27 不同施肥方式下高安晚稻源汇功能

减弱对水体的"氮源"。同时由于高安早稻生长季降水频发且降水量大,为了避免极端降水事件造成的氮流失增大,我们统计了高安过去60年4—7月的降水情况,调整了施肥日期,将早稻的基肥提前1 d,分蘖肥推迟2 d,穗肥提前3 d,在丰水年能够减少18%的氮流失(图5-28,图5-29)。因此,对高安晚稻实施前氮后移,早稻在不同降水水平年份采用不同的氮肥比例,并结合降水情况灵活调整施肥时间可以在一定程度增强对大气的"氮汇"并减少对水体的"氮源"。

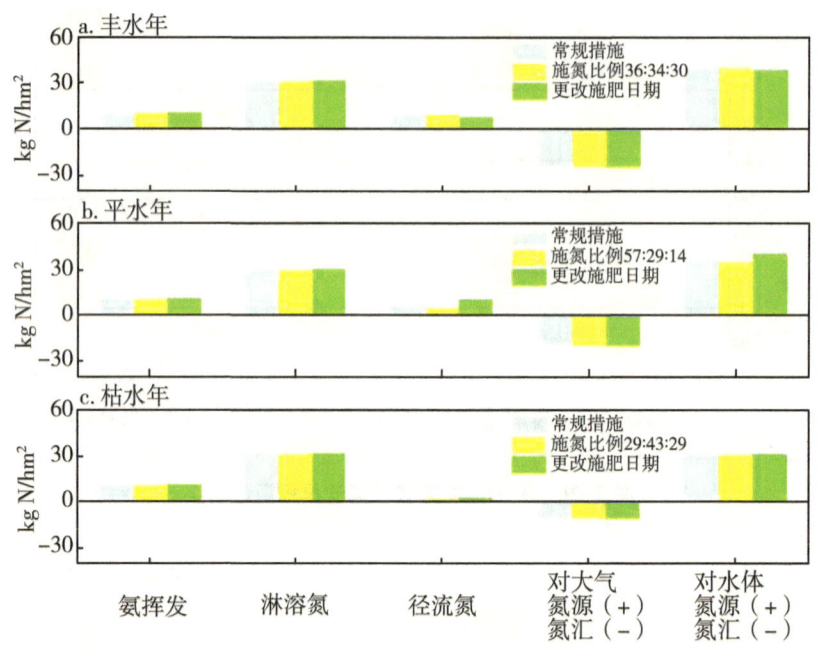

图 5-28 不同施肥比例下高安早稻源汇功能

5.2.2.2 灌溉管理

高安稻田的灌溉方式与荆州相同,为常规淹水灌溉(非连续淹灌),在泡田期大量灌溉,早稻和晚稻分蘖期和抽穗期的灌溉上限可以达到70 mm和120 mm以上,同时在乳熟期仍然进行灌溉。但与荆州不同的是,高安的降水集中在3—7月,覆盖了整个早稻生长季,早稻期间灌溉量仅需110~210 mm,采取浅湿灌溉意义不太大,即仅降水就将早稻稻田的田面水维持在一个较高水平,同时,我们的模拟结果显示,对早稻实施浅湿灌溉甚至增加了2%的氮淋溶和9%的氮流失,同时灌溉量也比常规灌溉更多。但对于晚稻来说,浅湿灌溉可以在不影响氨挥发的条件下,有效减少氮淋溶(11%)和氮流失(64%),将水体"氮源"减少到6.8~12.3 kg N/hm²(图5-30,图5-31)。因此在晚稻实施浅湿灌溉,具有一定水体"源转汇"潜力。

5.2.2.3 排水管理

高安早稻和晚稻的常规排水管理方式与荆州类似,排水主要通过稻田周围的沟渠和水塘作为中转,进一步汇入附近河道或者返回灌溉,因此按照同样方式我们量化了增加

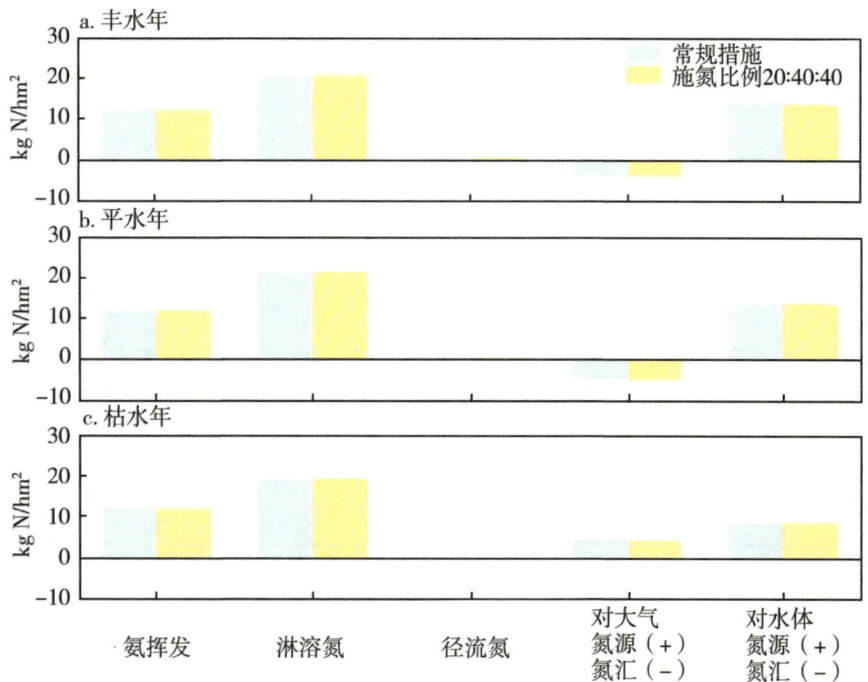

图 5-29　不同施肥比例下高安晚稻源汇功能

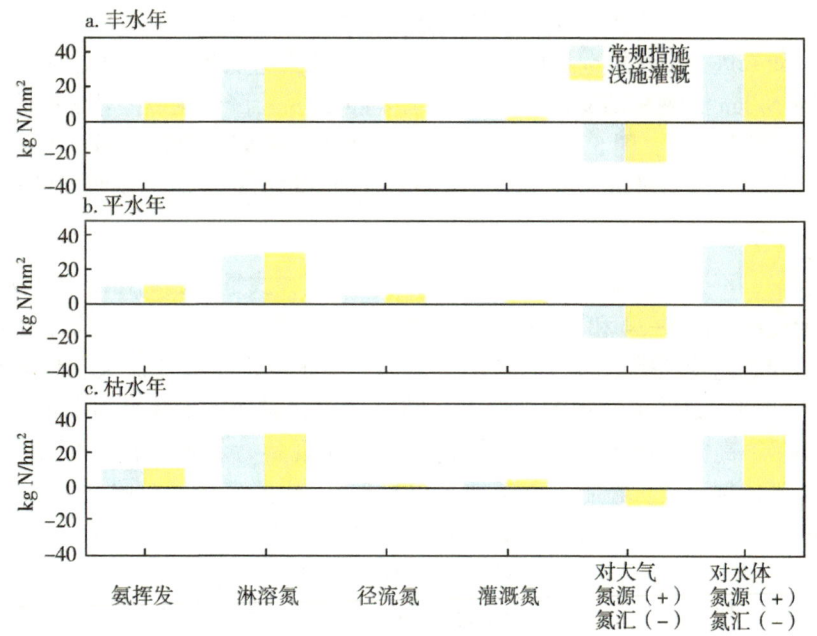

图 5-30　不同灌溉方式下高安早稻源汇功能

沟塘回灌和主动选择性排水措施对高安早稻和晚稻"源汇"功能的影响。高安的沟塘库容占稻田库容的 40%，能够容纳部分早稻期间产生的大量径流，但由于早稻生长季

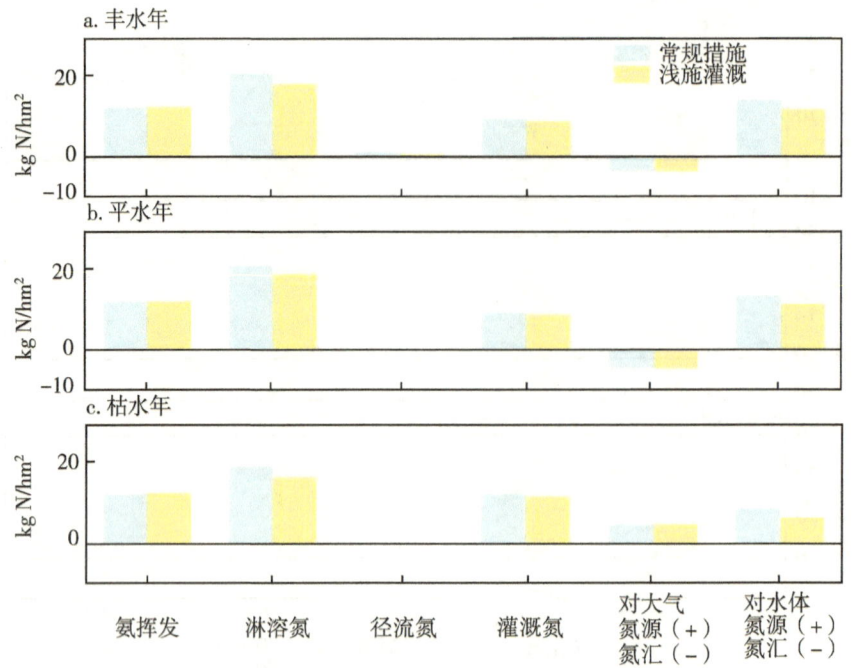

图 5-31 不同灌溉方式下高安晚稻源汇功能

内降水过于密集且降水量远超稻田和沟塘的容纳量,因此减少氮流失的水平有限(50%),且早稻生长季中沟塘储存的径流多为晚稻泡田时期所用,能够节约 8%~15% 的灌溉量。如果进一步采用选择性排水,早稻的氮流失将从 2.9~10.2 kg N/hm² 降低到 1.0~5.8 kg N/hm²,晚稻的氮流失从 0.2~1.4 kg N/hm² 降低为 0,对水体的氮源降低了 2%~14%(图 5-32,图 5-33)。排水的管理能够有效降低氮流失量,并节约了灌溉量,同时对氨挥发和氮淋溶过程无明显影响,是削减稻田对水体"氮源"的有效手段。

5.2.2.4 调控建议

归纳起来,不合理的施肥方式、肥料类型和灌溉方式是造成稻田对水体为"氮源"的关键行为过程。图 5-34 和图 5-35 从难度和经济可行性角度展示了丰水年情景下早稻和晚稻不同农艺管理措施的"源转汇"潜力。丰水年由于径流流失量较高且集中在早稻生长季期间,源转汇调控难度最大。结果表明,累加了上述所有具有"源转汇"潜力的措施后,高安早稻和晚稻对水体仍然无法实现从"氮源"向"氮汇"的转化,但当采取施肥比例调控、施肥日期调整(仅早稻)、浅湿灌溉(仅晚稻)、回灌以及施肥类型更改为有机无机配施后,高安早稻和晚稻对大气-水体整体能够实现从"氮源"到"氮汇"的转化,再使用更高效的氮肥,比如 PCU,并采取排水管理措施后,可以进一步增加对大气的"氮汇"(12.0~32.2 kg N/hm²),削弱对水体的"氮源"(2.8~19.9 kg N/hm²)(图 5-34,图 5-35)。

5.2.3 源转汇调控途径

针对影响稻田源汇功能的关键行为过程,我们利用模型"模拟-优化"算法量化了

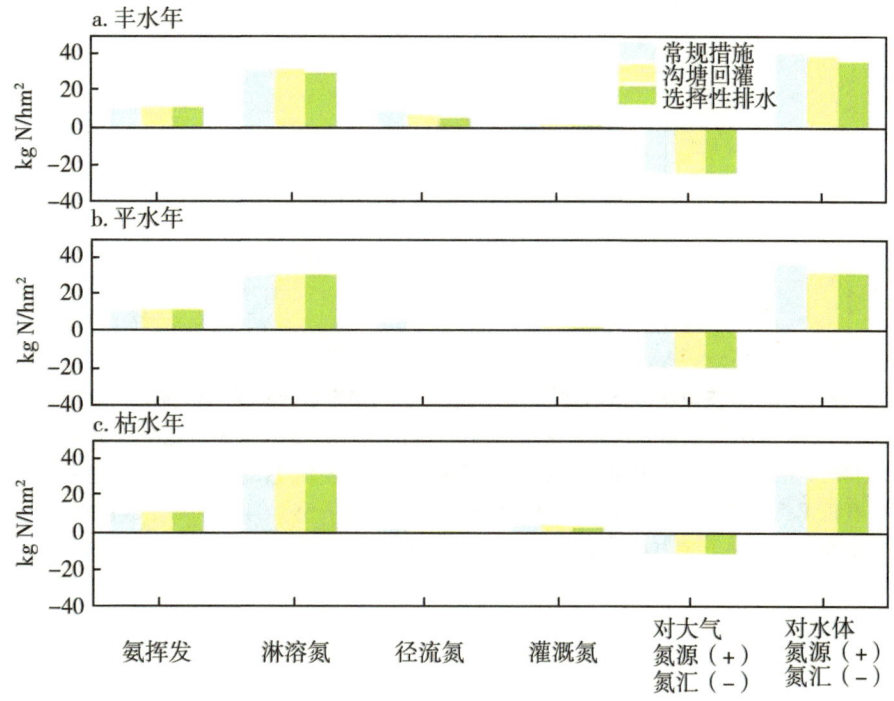

图 5-32 不同排水管理措施下高安早稻源汇功能

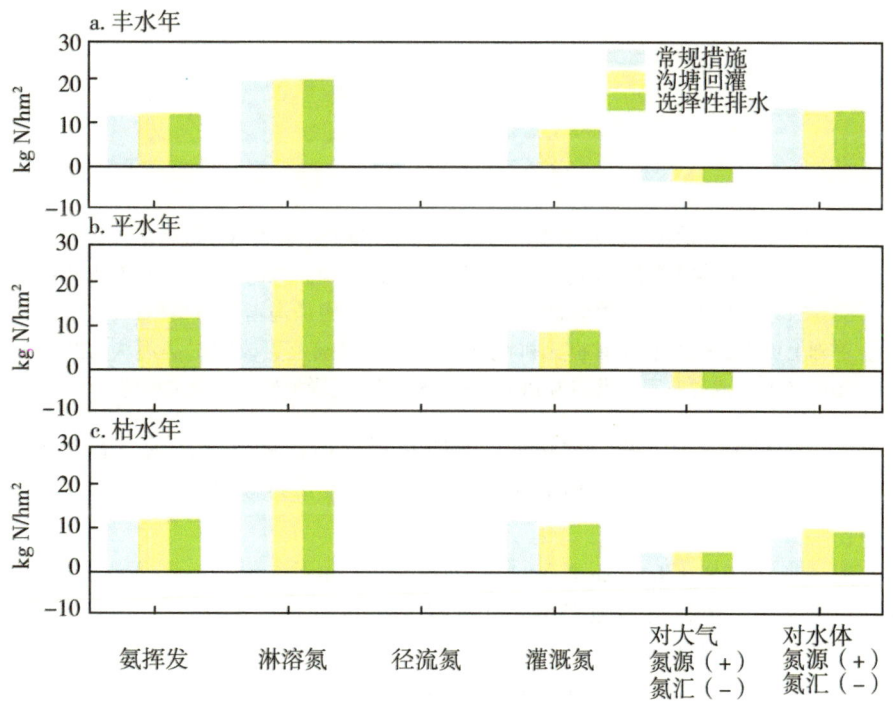

图 5-33 不同排水管理措施下高安晚稻源汇功能

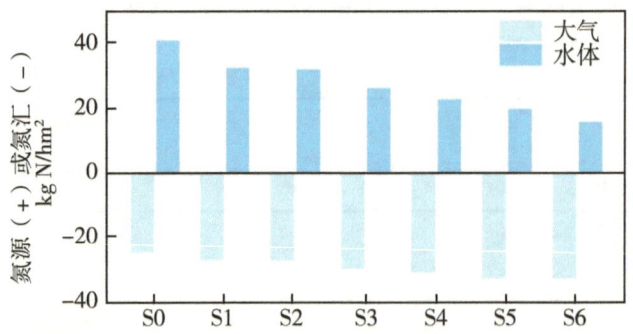

图5-34 高安早稻丰水年情景下不同农艺管理措施组合累积"源转汇"潜力

注：S0：常规措施；S1：施氮比例更改为36∶34∶30，并配合施肥日期调整和减氮措施；S2：S1基础上增加沟塘回灌措施；S3：S2基础上更改肥料类型为有机无机配施；S4：S3基础上更改肥料类型为BBF；S5：S4基础双更改肥料类型为PCU；S6：S5基础上增加选择性排水措施。

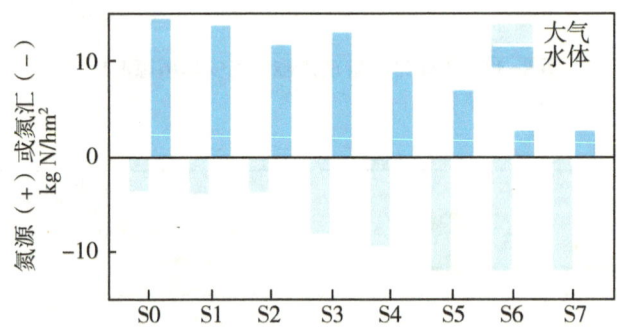

图5-35 高安晚稻丰水年情景下不同农艺管理措施组合累积"源转汇"潜力

注：S0：常规措施；S1：施氮比例更改为20∶40∶40，并配合减氮措施；S2：S1基础上增加浅湿灌溉措施；S3：S2基础上增加沟塘回灌措施；S4：S3基础上更改肥料类型为有机无机配施；S5：S4基础上更改肥料类型为BBF；S6：S5基础双更改肥料类型为PCU；S7：S6基础上增加选择性排水措施。

丰水、平水、枯水年的稻田氮"源转汇"调控途径的最佳组合及其调控潜力（图5-36，图5-37），相应的农艺管理措施和工程措施优化方案及运行规则为：

早稻：
- 施氮强度：从136.4 kg N/hm² 减少为95.0 kg N/hm²；
- 氮肥类型：将目前的施肥类型（尿素）更换为PCU；
- 施肥方式：保持撒施；
- 施肥比例：丰水年施肥比例调整为36∶34∶30，平水年调整为57∶29∶14，枯水年调整为29∶42∶29；
- 灌溉管理：保持常规灌溉模式，恢复田块40%库容的沟塘系统并优先使用沟塘水回灌；
- 排水管理：稻田产生的径流排入沟塘系统存蓄，采取选择性排水策略，根据降水和田面水浓度水平决定是否提前将田面水排入沟塘，并将沟塘水净化后再排放入邻近水体，实现"排清水，留肥水"。

晚稻：
- 施氮强度：从180.0 kg N/hm² 减少为171.0 kg N/hm²；
- 氮肥类型：将目前的施肥类型（尿素）更换为PCU；
- 施肥方式：保持撒施；
- 施肥比例：施肥比例调整为20∶40∶40；
- 灌溉管理：保持常规灌溉模式，恢复田块40%库容的沟塘系统并优先使用沟塘水回灌；

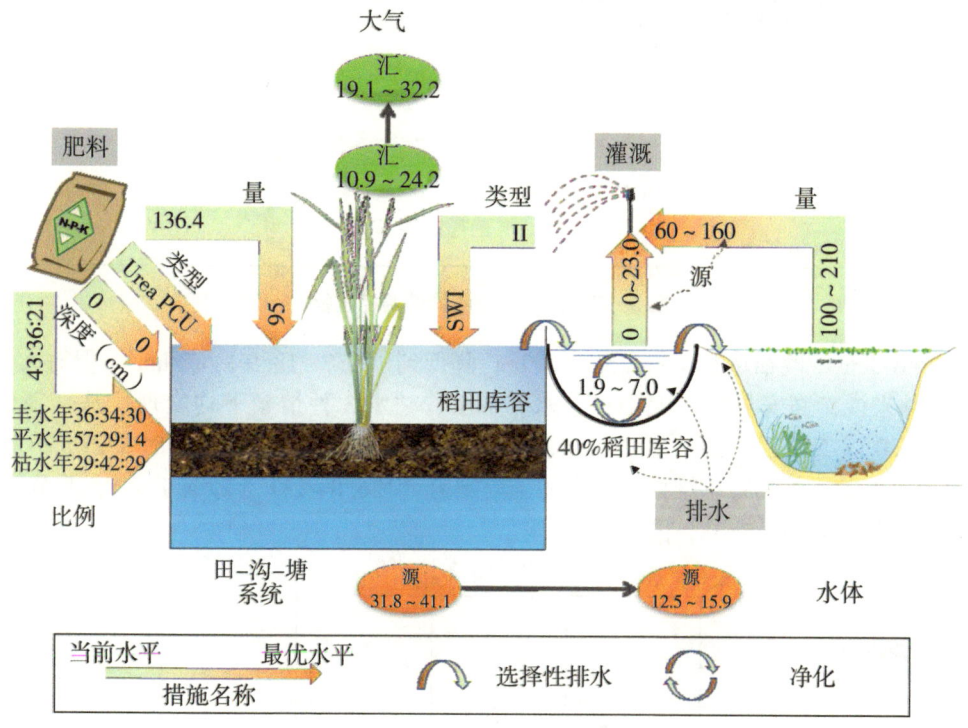

图5-36 高安早稻源转汇调控途径

- 排水管理：稻田产生的径流排入沟塘系统存蓄，采取选择性排水策略，根据降水和田面水浓度水平决定是否提前将田面水排入沟塘，并将沟塘水净化后再排放入邻近水体，实现"排清水，留肥水"。

基于以上调控措施，高安早稻和晚稻对于大气在丰水、平水、枯水3种情景下均能实现"氮汇"的功能，可以达到3.4~32.2 kg N/hm² 的水平。但高安早稻和晚稻对水体在丰水、平水、枯水3种情景下仍然不能实现从"氮源"到"氮汇"的转变，但经过上述调控措施组合，早稻对水体的"氮源"从31.8~41.1 kg N/hm² 降低到了12.5~

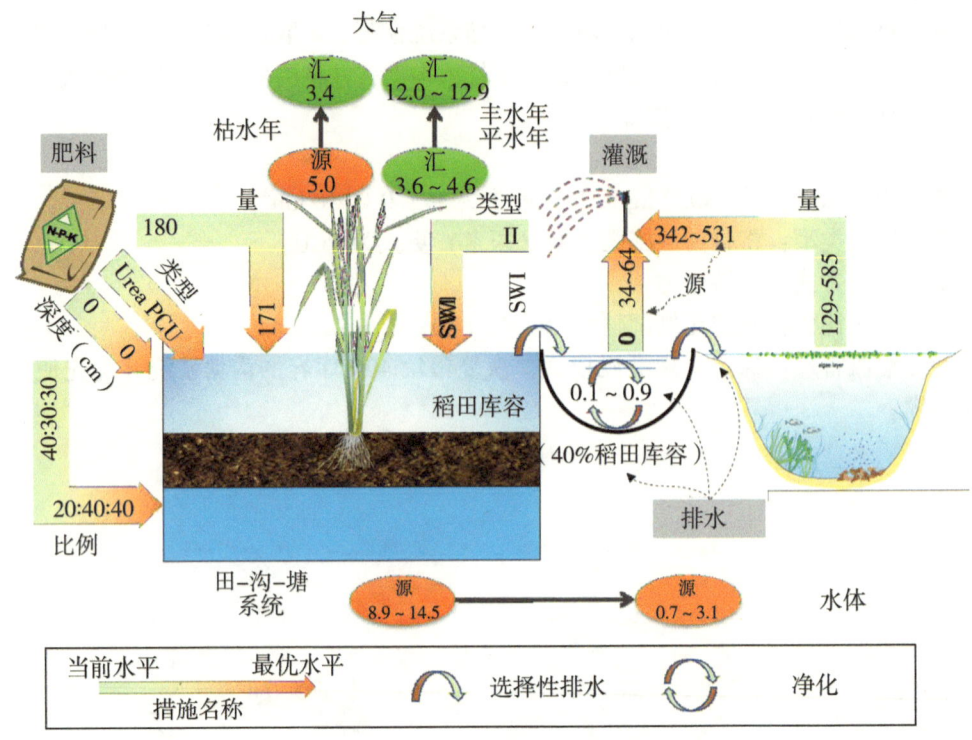

图 5-37 高安晚稻源转汇调控途径

16.0 kg N/hm², 晚稻从 8.9~14.5 kg N/hm² 降低到了 0.7~13.9 kg N/hm²。但对大气-水体整体来说, 高安早稻和晚稻在丰水、平水、枯水 3 种情景下均实现了从 "氮源" (9.4~21.0 kg N/hm²) 到 "氮汇" (2.8~16.2 kg N/hm²) 的转化, 同时保证了产量不下降 (-2.76%~0.3%), 维持了一定的土壤肥力 (126.8~137.3 kg N/hm²), 并节约了 16% 的灌溉用水 (图 5-38, 图 5-39)。

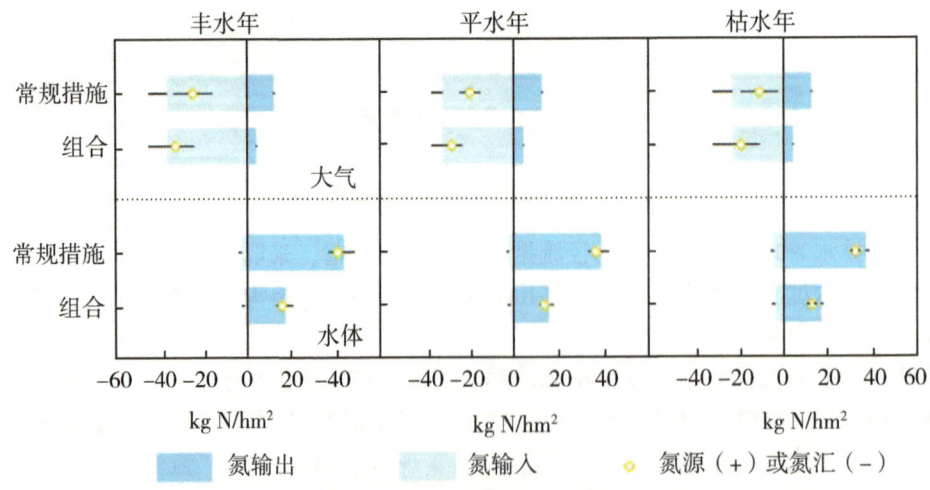

图 5-38 丰平枯水年气候情景下高安早稻在水肥管理措施下的源转汇潜力

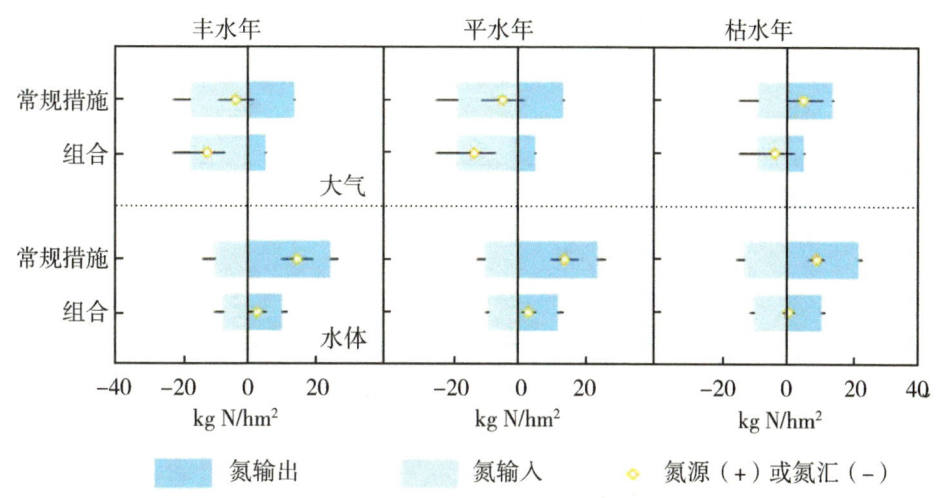

图5-39 丰水、平水、枯水年气候情景下高安晚稻在水肥管理措施下的源转汇潜力

5.3 稻旱轮作

5.3.1 荆州水旱轮作氮磷源汇功能评估与调控

5.3.1.1 源汇功能评估

从年尺度来看，荆州中稻在 2017—2019 年对大气和水体均表现为"磷汇"（图 5-40a），最高可以分别达到 1.51 kg P/hm² 和 1.47 kg P/hm²。然而，除了 2017 年以大气为受体的情景外，荆州中稻对大气和水体均表现为"氮源"（图 5-40b），分别达到 4.8~12.5 kg N/hm² 和 3.2~31.5 kg N/hm²。对于大气而言，稻田氮素输出为 24.5~29.3 kg N/hm²，其中超过 95% 是由氨挥发贡献；大气通过干湿沉降到稻田的氮素输入为 16.8~33.1 kg N/hm²。对于水体而言，稻田氮素输出为 17.8~50.6 kg N/hm²，其中以氮淋溶侧渗为主（13.4~34.1 kg N/hm²），其次为氮径流流失（2.8~13.1 kg N/hm²）。

为了理解结果的普遍性，我们利用验证后的机理模型（详见考核指标2），定量评估了丰水、平水、枯水 3 个水平年荆州中稻的氮源汇功能。首先，该模型能准确模拟稻田对于大气和邻近水体的源汇功能及各输入输出项的贡献（图 5-40c）。其次，该模型模拟结果表明（图 5-20d），对于大气而言，稻田在丰水年和枯水年表现为"氮汇"，分别达到 4.2 kg N/hm² 和 0.7 kg N/hm²，而在枯水年表现为"氮源"，达到 5.2 kg N/hm²。对于水体而言，稻田在丰水、平水、枯水年均表现为"氮源"，达到 16.2~23.8 kg N/hm²。

从日尺度来看，稻田氮素输入和输出的波动很大（图 5-41），对于大气和水体表现为"氮源"的关键期分别为施肥期和灌溉事件（以及极端降水事件）。对于大气而言，稻田主要在基肥和追肥的关键期（施肥后 7 d 内）表现为"氮源"，主要是因为施肥造成面水铵态氮急剧增加而引起大量的氨挥发，使得施肥期的氮素输出较大，占到了整个生长季的 80% 以上。稻田在非施肥期主要表现为"氮汇"，因为降水频发带来更多氮

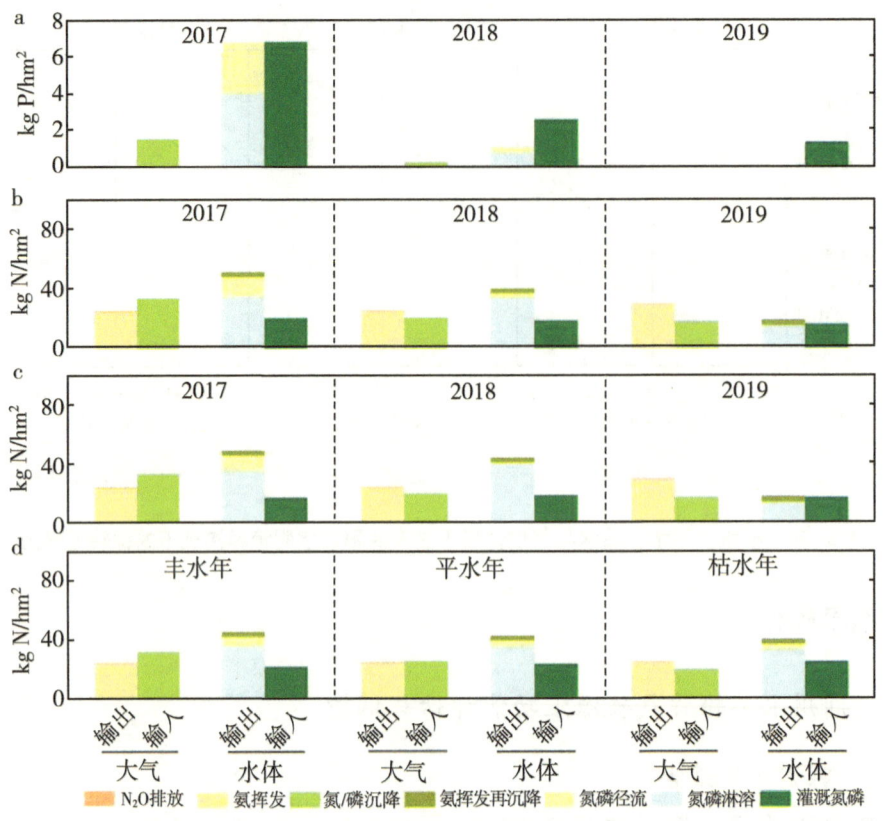

图 5-40 荆州中稻氮素对于大气和水体的氮磷源汇功能评估

（a）磷的观测结果；（b）氮的观测结果；（c）氮的模型模拟验证；（d）氮的情景模拟结果。

素输入稻田。对于水体而言，稻田的氮素输入和输出具有更强的波动性。稻田在生长季60%以上的时间表现为"氮源"，主要是因为灌溉促进了氮淋溶侧渗以及极端降水事件（>40 mm），通过促进"混合推流"和水-土界面"间歇性释放"而引发氮径流流失。

5.3.1.2 关键影响的行为过程

从评估结果来看，造成荆州稻田对于大气和邻近水体表现为"氮源"的关键原因是施肥关键期的氨挥发和降水或灌溉事件后氮淋溶过大。从敏感性来看，影响氨挥发过程的关键因素包括施氮强度、肥料类型、施肥方式和施肥时间等不合理氮肥管理因素，影响氮淋溶过程的关键因素不仅涉及不合理的氮肥管理因素，还涉及不合理的灌排制度。以下将以荆州中稻生育期的水热条件和土壤特征为基础，利用机理模型的情景模拟，从氮肥、灌溉和排水制度识别造成"氮源"的关键行为过程。

1. 氮肥管理

施氮强度在 2017—2019 年为 171.1 kg N/hm²，尚未超过最高环境效益施氮量（177 kg N/hm²）（Zhang et al., 2018a），但氮盈余达到 129~148 kg N/hm²，超过了推荐的阈值（84 kg N/hm²）（Zhang et al., 2019），因此有必要在其他农艺管理措施配合下降低施氮强度。

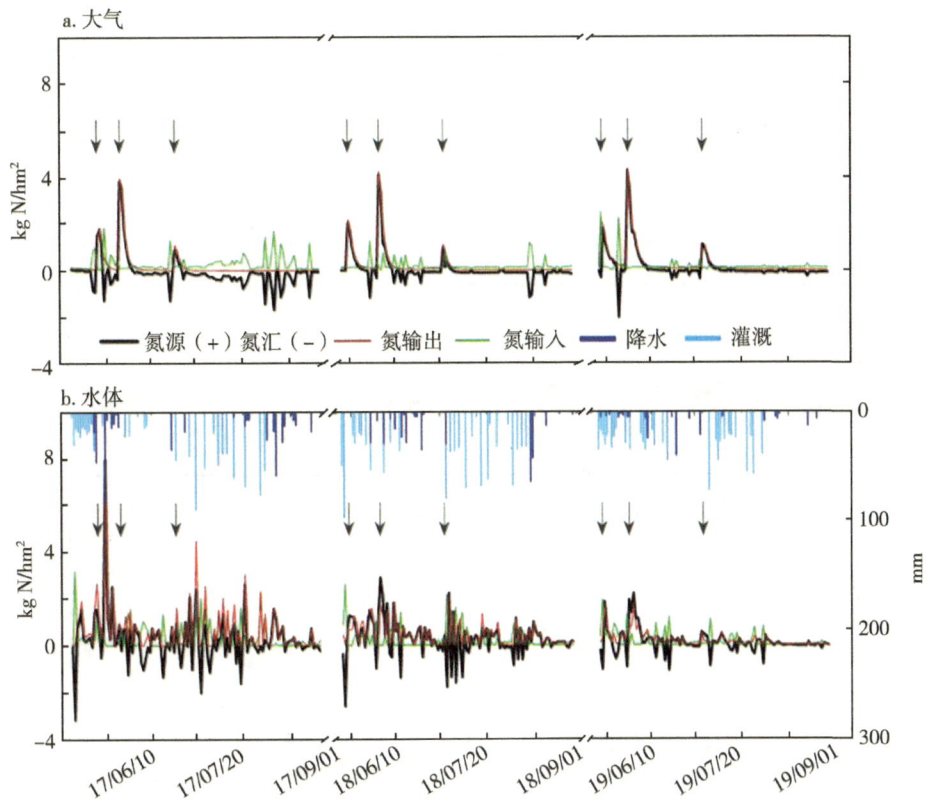

图 5-41 2017—2019 年荆州中稻对大气和邻近水体日尺度氮素输出及输入

氮肥类型在基肥和追肥均为尿素。如果调整为有机肥和无机肥配施，氨挥发和淋溶将分别减少 26% 和 15%，对水体的 "氮源" 从 16.2~23.8 kg N/hm² 降低到 9.9~18.2 kg N/hm²，枯水年情景下对于大气的氮源（5.2 kg N/hm²）也将转化为氮汇（1.0 kg N/hm²）；如果调整为 BBF，虽然增加了氮流失，但氨挥发和氮淋溶将减少 44% 和 25%，"氮源"减少到 5.9~15.4 kg N/hm²；如果选择 PCU，"氮源"将进一步减少到 0.5~9.1 kg N/hm²。因此，当前氮肥类型选择是造成 "氮源" 的关键行为过程，换句话说，调整施肥类型具有较好的 "源转汇" 潜力（图 5-42）。

施肥方式为机械深施（20 cm），但施肥之后并未立即翻耕，因此氨挥发量并不低，且由于土壤黏土含量不高，还造成了较高的氮淋溶，达到 33.8~35.1 kg N/hm²（图 5-43）。如果调整为施肥后立即翻耕，且施肥深度减少到 10 cm，虽然会增加 20% 的氨挥发，使得对于大气的氮汇下降，氮源增加，但氮淋溶将减少 17%，稻田对于水体的 "氮源" 将下降至 12.4~20.9 kg N/hm²。考虑到荆州中稻对水体的 "氮源" 功能远强于对于大气，同时对于水体的氮素 "源转汇" 功能更难实现，适当减少施肥深度并在施肥后立即翻耕具有一定 "源转汇" 潜力。

施肥次数有 3 次，其比例为 42：46：12，其中基肥为 72.7 kg N/hm²，分蘖肥为 78.3 kg N/hm² 和穗肥为 20.1 kg N/hm²。从过去 50 年荆州中稻生长季降水分布来看，极端降水事件主要发生在中稻分蘖期，相比而言抽穗扬花期的发生频次和强度更低。因

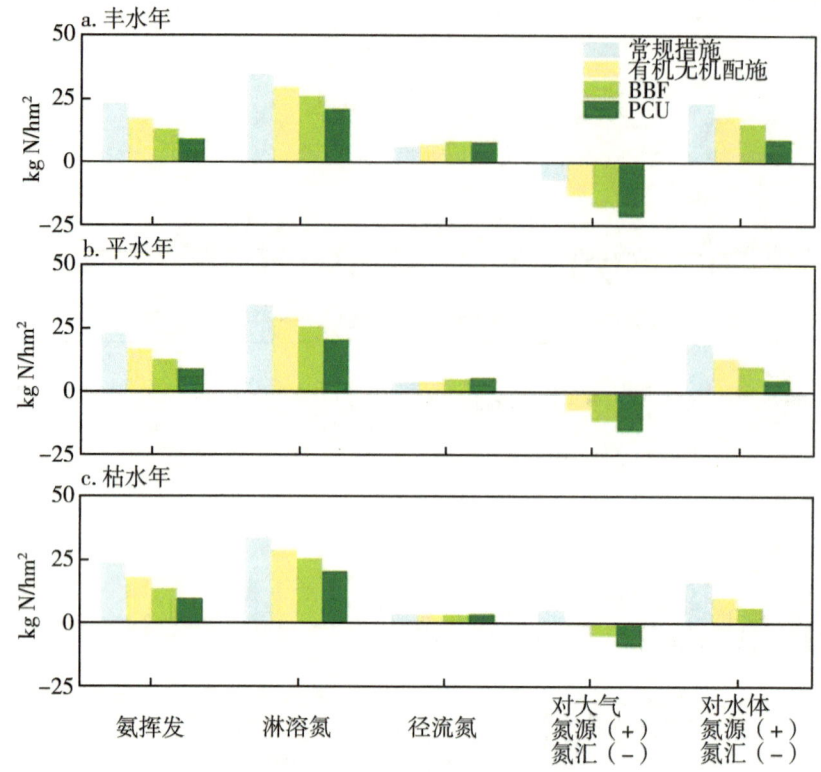

图 5-42 不同施肥类型下荆州中稻源汇功能

此，如果将施肥比例从 42∶46∶12 调整为 40∶15∶45，一方面可以提高产量，另一方面降低了三叶期和分蘖期田面水氮浓度，使得稻田氮流失减少 35%，稻田对于水体的"氮源"降低至 14.4~21.0 kg N/hm²（图 5-44）。

2. 灌溉管理

荆州中稻的灌溉方式为常规淹水灌溉（非连续淹灌），泡田期大量灌溉，在分蘖期和抽穗期的灌溉上限甚至达到 70 mm 以上，同时在乳熟期也会进行灌溉，导致氮淋溶较大。如果调整为我国广泛适应的浅湿灌溉，即减少泡田期灌溉，在分蘖、抽穗期降低灌溉下限和上限从而少量多次灌溉，同时在乳熟期和成熟期不再灌溉，灌溉用水量将降低 19%，氮淋溶下降 33%，对于水体的"氮源"减少到 11.4~18.7 kg N/hm²（图 5-45）。因此，常规淹水灌溉是造成稻田对水体表现为"氮源"的关键行为过程，调整为浅湿灌溉是实现"源转汇"的有效手段。

3. 排水管理

荆州中稻的排水去向是稻田附近的沟渠，但沟渠容积过小，多余部分直接排到邻近河道，因此，无法发挥选择性排水和沟渠水回灌的作用。如果沟渠（或沟塘）容积得以扩大当前平均水平（即稻田库容的 20% 左右），同时优先采用沟渠水回灌，灌溉用水量将降低 4%，氮流失降低 32%；如果进一步采用选择性排水（即根据降水情况提前将田面水排入沟塘，并在沟塘水净化后再排放到邻近水体），实现"排清水、留肥水"，

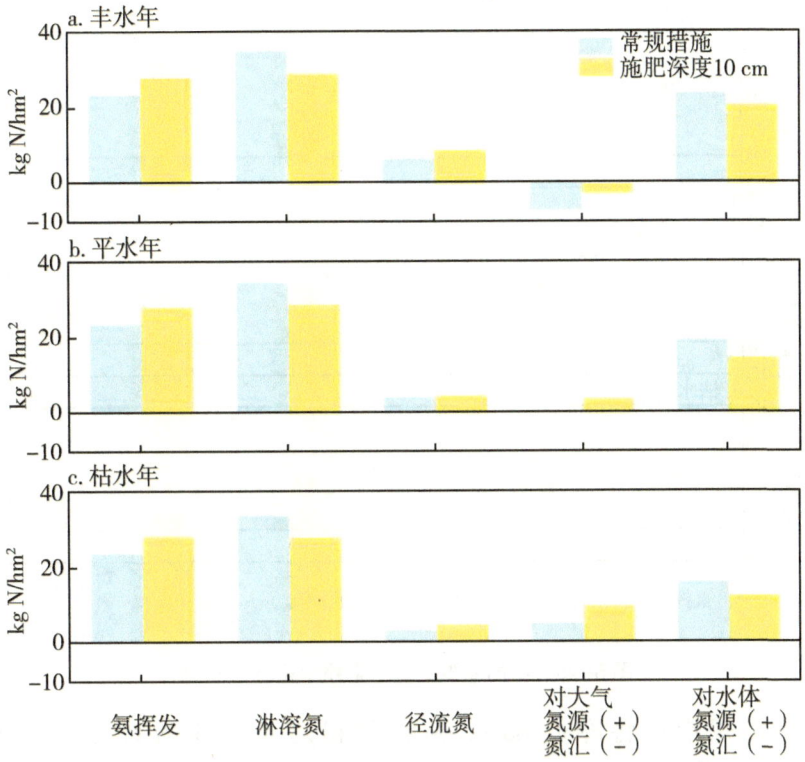

图 5-43 不同施肥方式下荆州中稻源汇功能

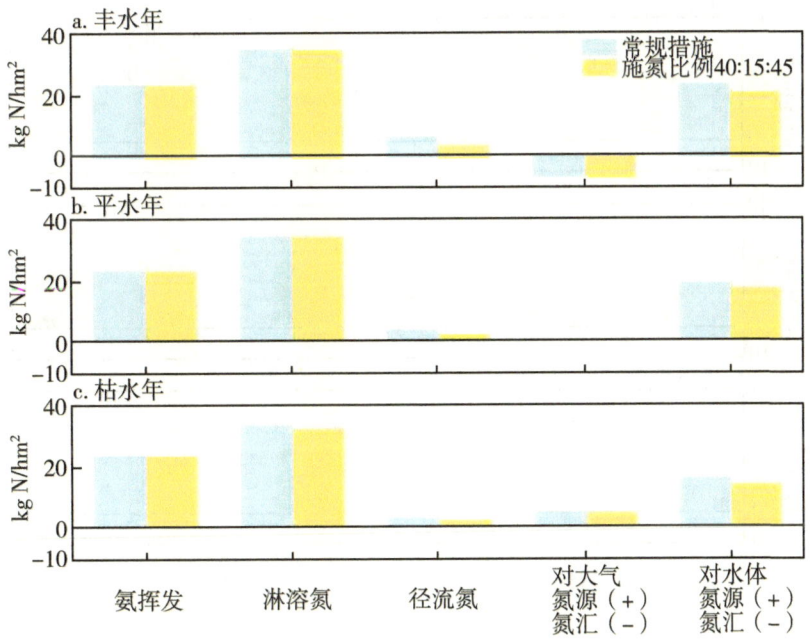

图 5-44 不同施氮比例下荆州中稻源汇功能

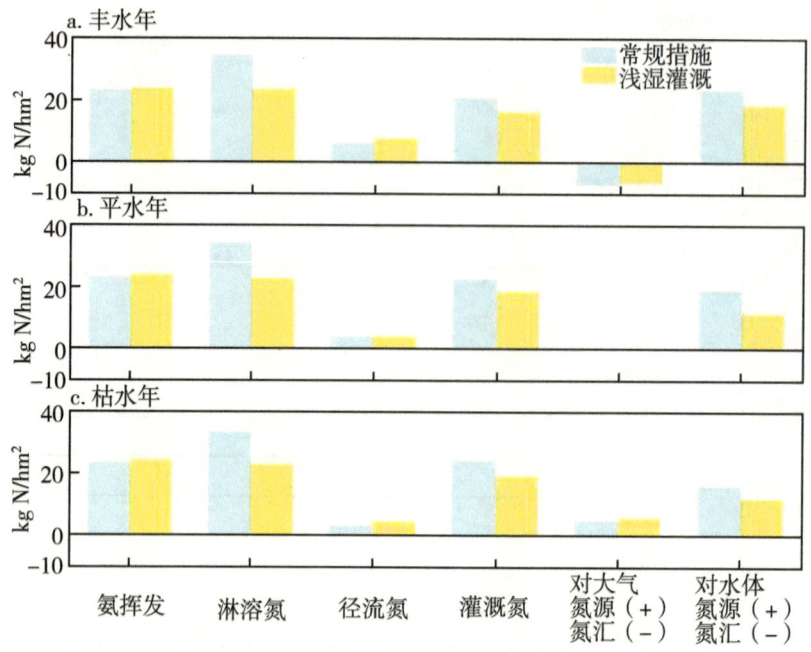

图 5-45 不同灌溉方式下荆州中稻源汇功能

氮流失相比常规措施将降低 66%,从而使得对于水体的氮源降低至 16.0~18.2 kg N/hm² (图 5-46)。

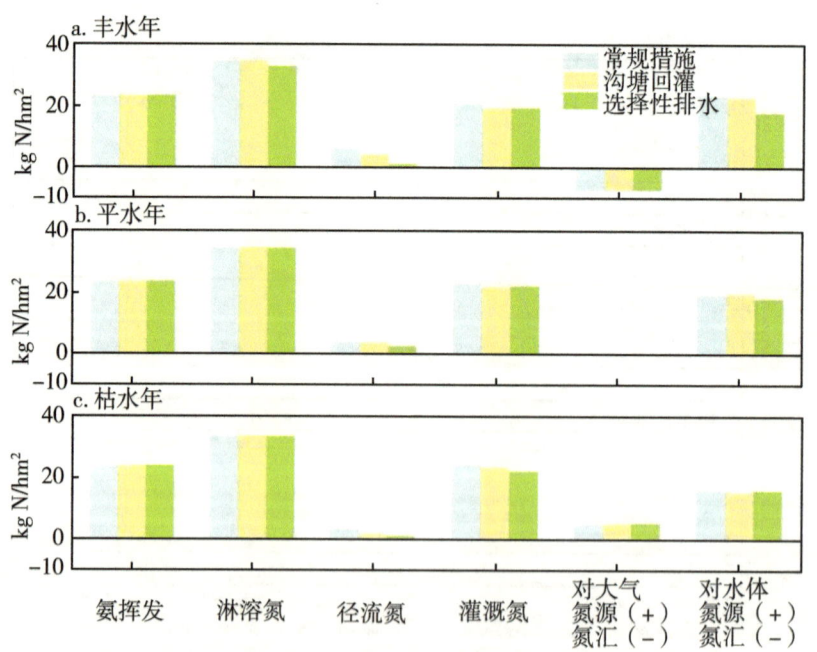

图 5-46 不同排水管理措施下荆州中稻源汇功能

4. 调控建议

归纳起来，不合理的施肥方式、肥料类型和灌溉方式是造成稻田对水体表现为"氮源"的最为关键的行为过程。图 5-47 从难度和经济可行性角度展示了丰水年情景下不同农艺管理措施的"源转汇"潜力。丰水年由于径流流失量较高，源转汇调控难度最大。若定向调控措施能确保在丰水年实现"源转汇"功能，将能保证在其他水平年稻田对于水体也表现为"氮汇"功能。敏感性分析结果表明，仅调控施肥比例、施肥深度并采用浅湿灌溉时，稻田对于水体的"氮源"降低 62%，但仍无法实现"氮汇"功能。因此，还需要采用成本相对较高的高效氮肥，比如使用包膜尿素可以将稻田对于水体从"氮源"（23.8 kg N/hm²）转化为"氮汇"（0.6 kg N/hm²），同时单独施用就能确保在枯水年对于大气从"氮源"（5.2 kg N/hm²）转化为"氮汇"（9.2 kg N/hm²）（图 5-47）。如果进一步再采用选择性排水措施，能够在此基础上进一步降低 56% 的氮流失，稻田对于水体的"氮汇"提升至 2.2 kg N/hm²，对于大气的"氮汇"提升至 21.7 kg N/hm²。

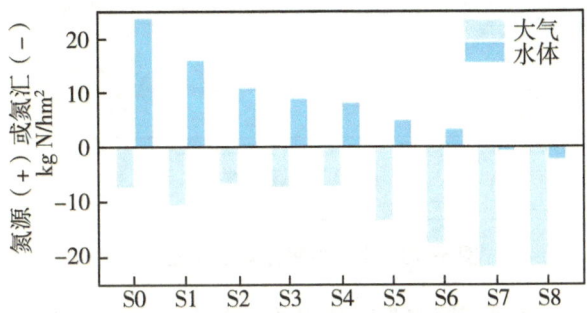

图 5-47 荆州中稻丰水年情景下不同农艺管理措施组合累积"源转汇"潜力

注：S0：常规措施；S1：增加 40：15：45 施氮比例措施及减氮；S2：S1 基础上增加施肥深度 10 cm 措施；S3：S2 基础上增加浅湿灌溉措施；S4：S3 基础上增加沟塘回灌措施；S5：S4 基础上更改肥料类型为有机无机肥配施；S6：S4 基础上更改肥料类型为 BBF；S7：S4 基础上更改肥料类型为 PCU；S8：S7 基础上增加选择性排水措施。

5.3.1.3 源转汇调控途径

针对影响稻田源汇功能的关键行为过程，我们利用"模拟-优化"算法量化了丰水、平水、枯水年的稻田氮"源转汇"调控途径的最佳组合及其调控潜力（图 5-48），相应的农艺管理措施和工程措施优化方案及运行规则为：

5.3.2 安陆水旱轮作氮磷源汇功能评估与调控

5.3.2.1 源汇功能评估

从年尺度来看，安陆中稻在 2018 年和 2019 年对大气和水体均表现为"磷汇"（图 5-49a），最高可以分别达到 0.55 kg P/hm² 和 0.47 kg P/hm²。针对氮素而言（图 5-49b），2018 年安陆中稻对大气和水体均表现为微弱的"氮源"，强度分别为 1.8 kg N/hm² 和 1.3 kg N/hm²；其中，稻田氮素的大气输出为 13.9 kg N/hm²，主要由

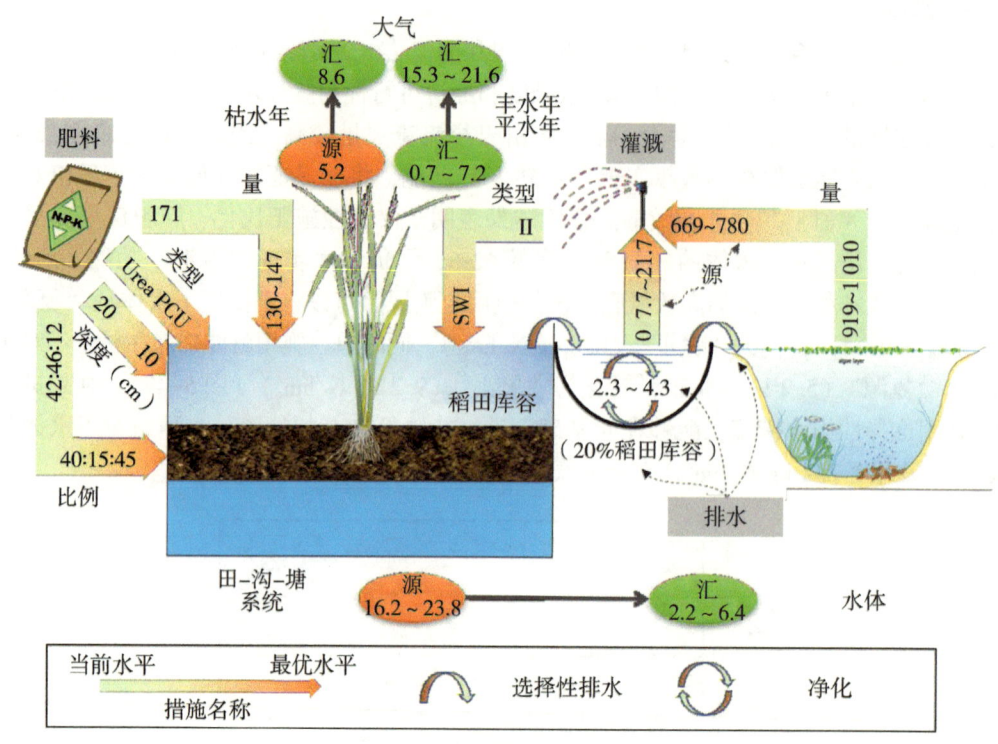

图 5-48 荆州中稻源转汇调控途径

氨挥发贡献（>95%）；通过干湿沉降到稻田的氮素输入为 12.1 kg N/hm²。对于水体而言，稻田氮素输出为 10.1 kg N/hm²，以氮淋溶侧渗为主（77%），其次为氨挥发再沉降（19%）。而在 2019 年，安陆中稻对大气和水体则分别表现为"氮汇"和"氮源"，强度分别为 4.9 kg N/hm² 和 8.5 kg N/hm²，主要是由于大气氮沉降增加，进而造成水体的氮素淋溶流失较多导致的。

基于安陆实测数据对机理模型进行校准后，能够实现安陆中稻对于大气和邻近水体的整体源汇功能以及各输入输出项贡献的准确模拟（图 5-49c）。因此，我们进一步利用该模型对安陆中稻在丰水、平水、枯 3 个水平年的氮源汇功能进行定量模拟和评估（图 5-49d）。结果表明：安陆中稻在丰水、平水、枯水年均表现为大气"氮汇"，强度为 3.7~23.3 kg N/hm²。而对于水体而言，安陆中稻在丰水、平水、枯水年则均表现为"氮源"，强度分别为 10.6 kg N/hm²、9.0 kg N/hm² 和 5.4 kg N/hm²。其中各输出的相对贡献类似，淋溶流失、径流流失和氨挥发再沉降 3 种途径的贡献分别为-60%，-30%和-10%。

从日尺度来看，施肥和水分输入（包括降水和灌溉）同样是安陆中稻出现大气和水体氮素波动的主要原因（图 5-50），但由于灌溉和降水事件发生频次相对荆州较小，因此水体氮素波动整体不如荆州明显。对大气而言，安陆中稻在非施肥期主要表现为"氮汇"，其中 2019 年生长季后期出现"氮汇"峰值，主要是由于降水事件造成的湿沉降，从而带来的氮素输入增加造成的。而在两次施肥关键期均表现为明显的大气"氮源"，氮素输出占到整个生长季的 75%以上，主要是施肥造成的氨挥发增加导致的。对

5 稻田氮磷源汇功能评估及调控

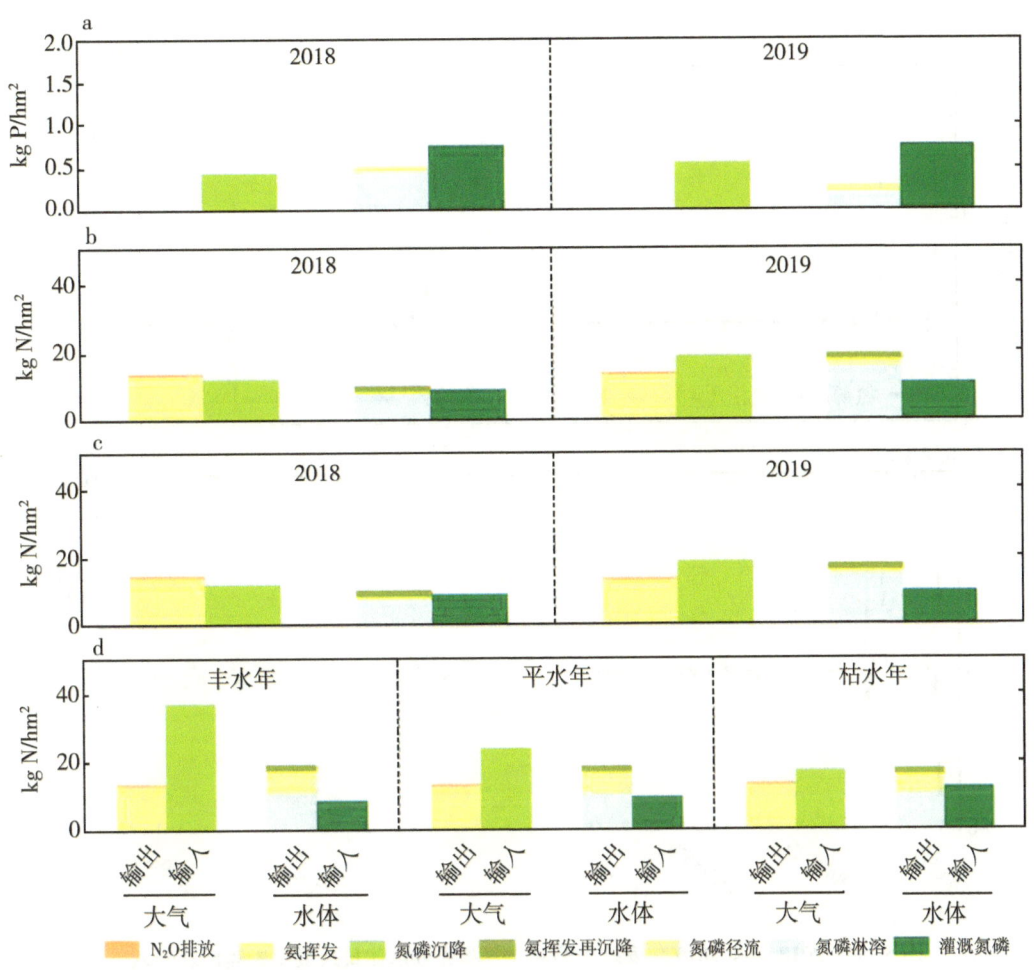

图 5-49 安陆中稻氮素对于大气和水体的氮磷源汇功能评估
（a）磷的观测结果；（b）氮的观测结果；（c）氮的模型模拟验证；（d）氮的情景模拟结果。

水体而言，灌溉的水分输入是水体表现为"氮汇"的重要原因，然而 2018 年早期的"氮汇"峰值的出现并未伴随着水分输入，主要是由于地下水补给造成的。2018 年生长季前期出现的两次"氮源"峰值主要是施肥配合灌溉而产生的氮淋溶增加导致的，而生长季后期由于水分输入事件较少，因此整体较稳定。相比之下，2019 年波动较频繁，主要是灌溉次数较 2018 年明显增多造成的。

5.3.2.2 关键影响的行为过程

安陆中稻对于大气和邻近水体表现为"氮源"的关键原因是施肥关键期的氨挥发和降水或灌溉事件后的氮淋溶和径流流失较大。从敏感性来看，影响氨挥发过程的关键因素包括施氮强度、肥料类型、施氮比例等不合理的氮肥管理因素，而影响氮淋溶过程除了不合理的氮肥管理因素，还包括不合理的灌排制度。因此，我们基于机理模型的情景模拟，在考虑安陆中稻生育期的水热条件和土壤特征基础上，从氮肥（包括肥料类型、施肥方式和施肥次数）、灌溉和排水制度 3 个方面对造成"氮源"的关键行为过程进行识别。

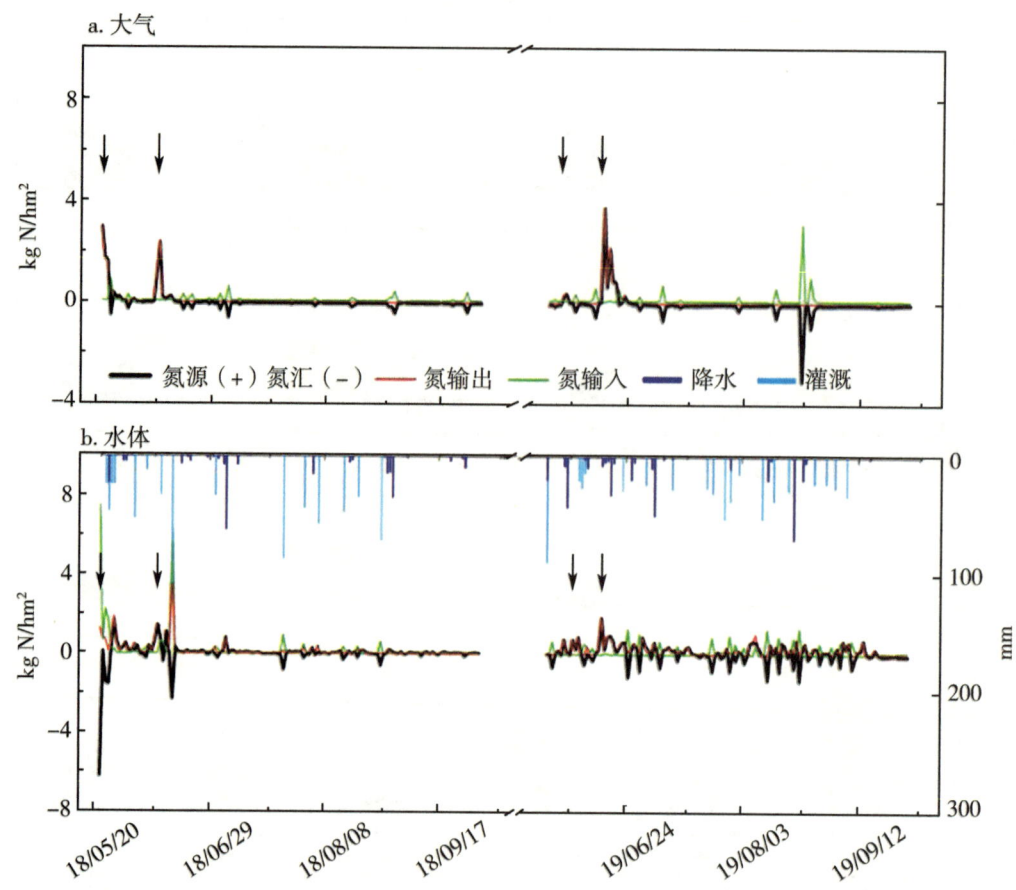

图 5-50 2018 年和 2019 年安陆中稻对大气和邻近水体日尺度氮素输出及输入

1. 氮肥管理

安陆中稻的施氮强度在 2018 年和 2019 年均为 151.5 kg N/hm², 尚未超过最高环境效益施氮量 (177 kg N/hm²) (Zhang et al., 2018a), 但氮素盈余却达到 122~129 kg N/hm², 远超过了推荐的阈值 (84 kg N/hm²) (Zhang et al., 2019), 因此十分有必要结合其他农艺管理措施, 在保证产量的基础上, 降低施氮强度。

施肥类型方面, 2018 年和 2019 年安陆中稻的基肥为复合肥和尿素, 追肥为尿素。利用机理模型, 通过设置有机无机配施、BBF 和 PCU 3 种施肥类型, 在丰水、平水和枯水 3 种水文年型下分别对安陆中稻源汇功能分别进行模拟 (图 5-51)。整体效果同荆州类似, 即有机无机配施、BBF 和 PCU 均具有大气"氮汇"增强和水体"氮源"减弱的效果, 且 3 种措施的效果逐渐加强。从不同氮素输出组分来看, 相比于常规措施, 调整为 3 种肥料类型虽然会增加氮径流流失, 尤其是 BBF 会使得氮径流流失增加 14%, 但同时能使得氮淋溶降低 15%~40%, 氨挥发降低 22%~61%。综合来看, 氮肥类型调整, 尤其是改用 PCU 具有较好的水体"源转汇"潜力, 同时具有增产 (12%) 的协同效益。

施肥方式方面, 安陆中稻常规措施为 10 cm 机械深施, 施肥之后进行翻耕。施肥方式

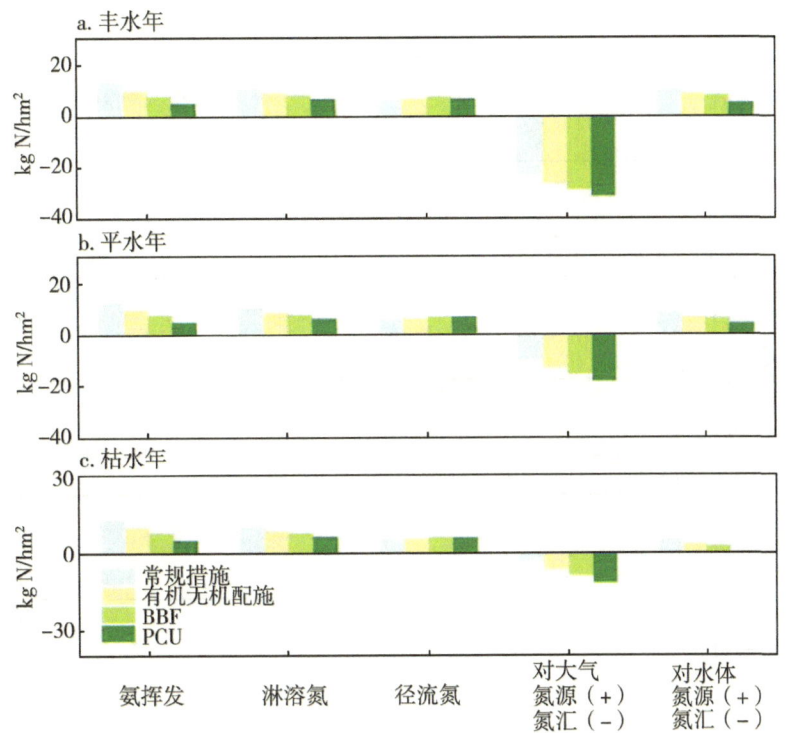

图 5-51 不同施肥类型下安陆中稻源汇功能

和土壤质地的差别使得安陆中稻同荆州相比，无论是氨挥发还是氮淋溶均不算高，分别为 13.0~13.3 kg N/hm² 和 10.5~11.0 kg N/hm²（图 5-52）。如果将施肥方式转变为撒施，大气氨挥发将会增加 54%，使得大气的"氮汇"能力在丰水年和平水年下降 31% 和 69%，而在枯水年"氮汇"甚至转成"氮源"。但对水体而言，氮淋溶和径流将分别下降 33% 和 4%，使得稻田对于水体的"氮源"下降 34%（2.7~7.7 kg N/hm²）。鉴于在丰水年情景下稻田对于水体氮素"源转汇"功能最难实现，因此若在丰水年采取撒施的施肥方式并配合翻耕，在保证大气"氮汇"效益的前提下，具有一定水体"源转汇"潜力。

施肥次数方面，安陆中稻生育期进行 2 次施肥，其中基肥和分蘖肥分别为 130.2 kg N/hm² 和 34.8 kg N/hm²，比例为 80∶20。如果将施肥比例调整为 50∶50，能够降低氨挥发和氮径流（尤其是丰水年，图 5-53），整体上呈现出既增强对大气"氮汇"也削弱水体的"氮源"的效益。但这一单一措施对水体的"源转汇"潜力有限，后续需探索结合其他农艺措施优化实现水体"源转汇"。

2. 灌溉管理

安陆中稻的灌溉方式同样为常规淹水灌溉（非连续淹灌），即在泡田期大量灌溉，分蘖期和抽穗期的灌溉上限甚至达到 70 mm 以上，同时乳熟期也会进行灌溉。虽然安陆的氮淋溶比荆州小（10.5~11.0 kg N/hm²），但浅湿灌溉同样能进一步降低氮淋溶（21%），此外，与荆州不同，浅湿灌溉同时能使得氮径流相比于常规灌溉下降 68%。综合来看，调整灌溉方式为浅湿灌溉可以在不影响安陆中稻大气"氮汇"功能的基础上，将水体"氮源"减少到 3.2~8.3 kg N/hm²（图 5-54），同时灌溉用水量将降低

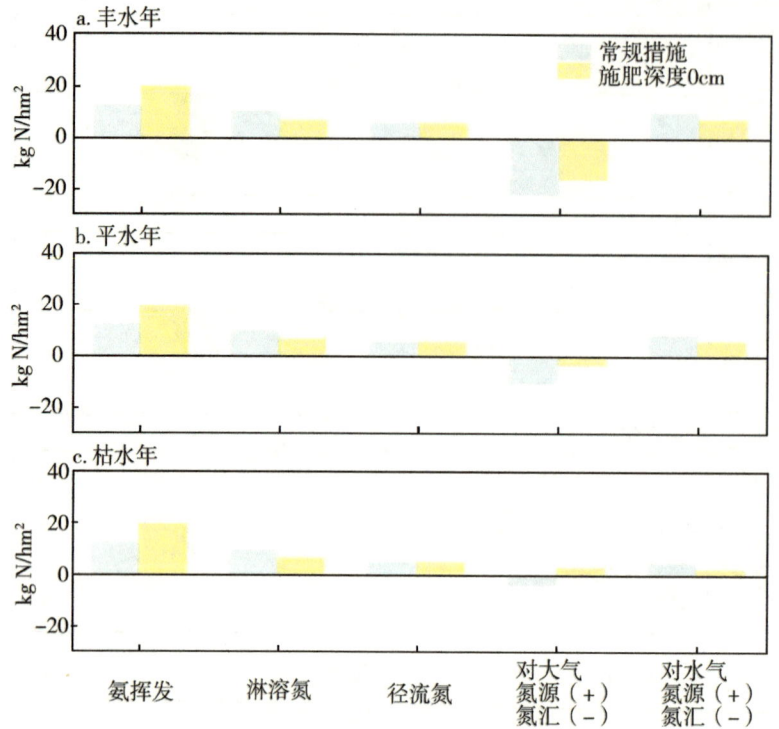

图 5-52 不同施肥方式下安陆中稻源汇功能

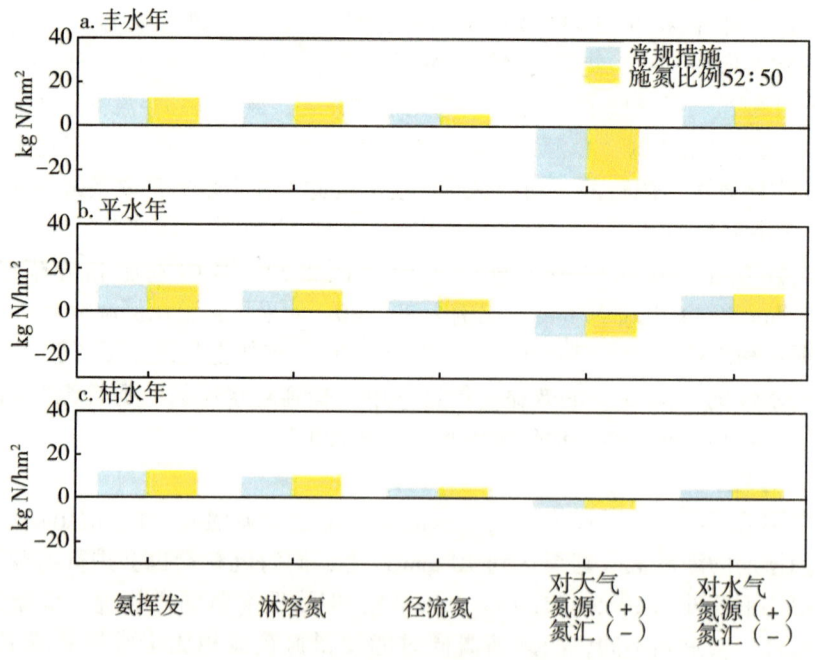

图 5-53 不同施氮比例下安陆中稻源汇功能

36%。因此具有较大的水体"源转汇"潜力。

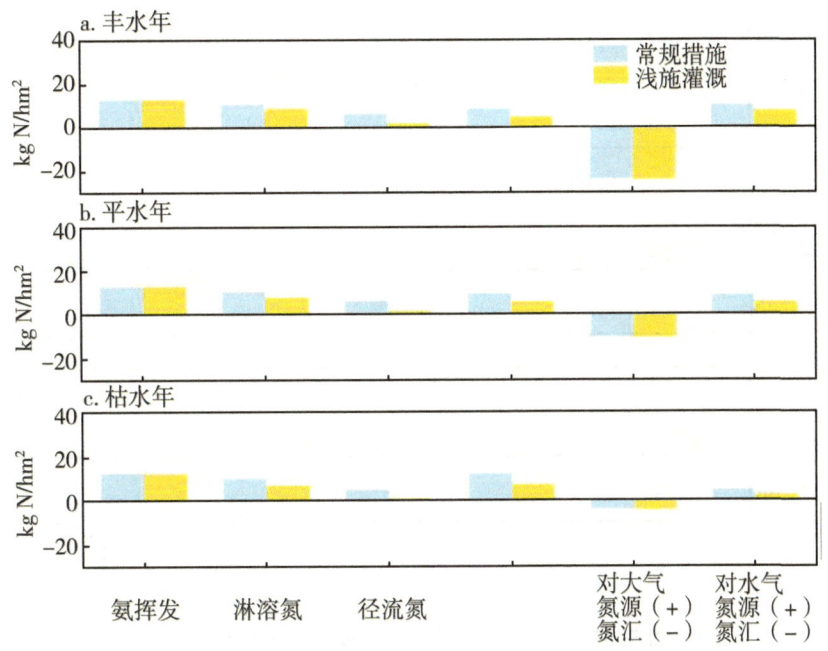

图 5-54 不同灌溉方式下安陆中稻源汇功能

3. 排水管理

安陆中稻的常规排水管理方式同荆州类似,排水主要通过稻田附近的沟渠,进一步进入到邻近河道,因此我们同样量化了增加沟塘回灌和主动选择性排水措施对安陆中稻"源汇"功能的影响。这两种措施对氨挥发和氮的淋溶过程均无明显影响,其主要效益为在保证产量的前提下,降低水体氮径流,从而削减水体"氮源",同时具有较大的灌溉节水潜力。具体而言,若优先采用沟渠水回灌,灌溉用水量将降低14%,氮流失降低62%;如果进一步结合降水预报提前采用选择性排水,实现"排清水、留肥水",氮流失相比常规措施将降低88%,从而使得对于水体的"氮源"降低至1.3~7.3 kg N/hm²(图5-55)。因此,增加沟塘回灌和选择性排水对水体氮素"源转汇"具有较大潜力,但排水管理措施优化对劳动力投入要求较高,今后的探究需要结合经济和环境进一步评估其综合效益。

4. 调控建议

综上所述,我们发现施肥方式、肥料类型和灌排方式的优化均具有一定的稻田氮素"源转汇"潜力,但单一农艺措施优化均不能实现安陆中稻水体"源转汇"功能。因此,有必要在考虑可行性和经济因素的基础上,探索实现安陆中稻"源转汇"的最优化农艺管理措施组合,这对指导安陆中稻的未来实践具有重要意义。此外,鉴于安陆中稻在丰水年淋溶和径流流失量较高,"源转汇"调控难度最大,我们专门探索了丰水年情景下不同定向调控措施的"源转汇"潜力。

在常规措施的基础上,增加优化施肥比例(S1)、施肥深度(S2)、浅施灌溉

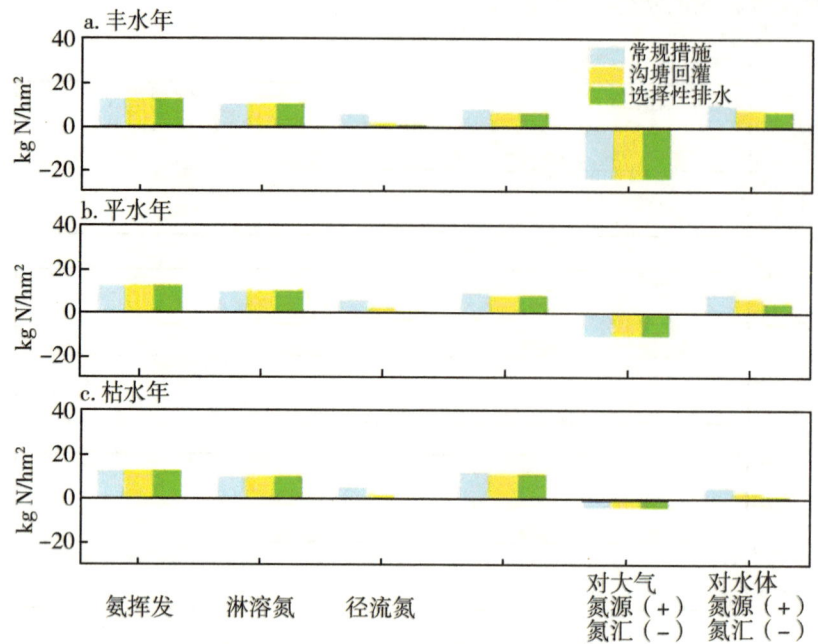

图 5-55 不同排水管理措施下安陆中稻源汇功能

(S3) 和回灌 (S4) 的措施,虽然能够使得安陆中稻对于水体的"氮源"降低 8%~50%,但仍无法实现"氮汇"功能,这一结果同荆州相同。因此,需要将氮肥类型调整为高效氮肥,比如使用包膜尿素 (S7) 才能使稻田对于水体从"氮源"(10.6 kg N/hm²)转化为"氮汇"(0.2 kg N/hm²)。如果在此基础上增加选择性排水措施 (S8),还能够在保证"氮汇"功能的基础上节约 53% 的灌溉用水(图 5-56)。

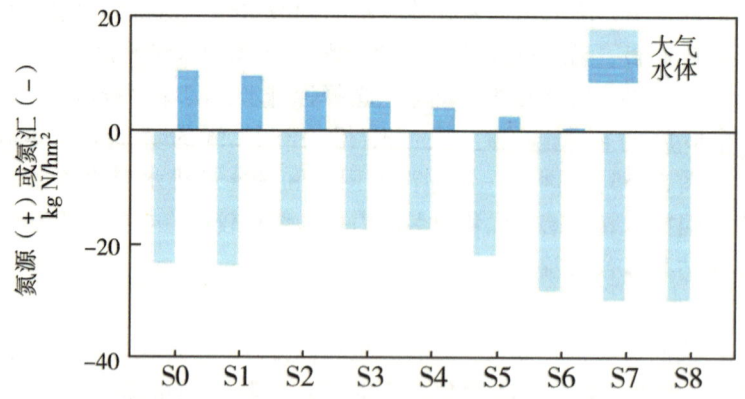

图 5-56 安陆中稻丰水年情景下不同农艺管理措施组合的"源转汇"潜力评估

注:S0:常规措施;S1:在 S0 基础上将施肥比例调整为 50:50 及减氮;S2:S1 基础上将施肥方式改为撒施;S3:S2 基础上由淹灌改为浅湿灌溉;S4:S3 基础上增加沟塘回灌措施;S5:S4 基础上将肥料类型更改为有机无机肥配施;S6:S4 基础上将肥料类型更改为 BBF;S7:S4 基础上将肥料类型更改为 PCU;S8:S7 基础上增加选择性排水措施。

5.3.2.3 源转汇调控途径

针对识出的影响稻田源汇功能的关键过程,我们利用"模拟-优化"算法探索出了安陆中稻在丰水、平水、枯水年的稻田氮"源转汇"调控途径的最佳组合,并量化了其调控潜力,相应的农艺管理措施和工程措施优化方案及运行规则具体如下(图5-57)。

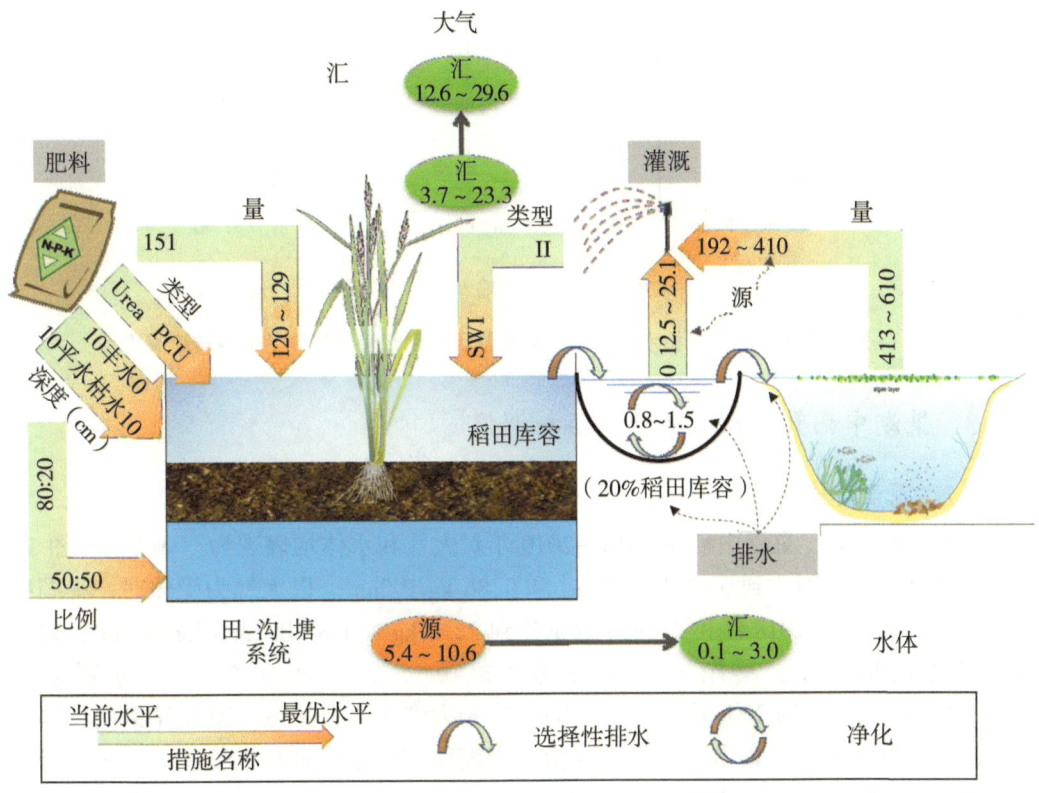

图5-57 安陆中稻源转汇调控途径

- 施氮强度:从 151.5 kg N/hm² 减少为 128.7 kg N/hm²(丰水年)、122.7 kg N/hm²(平水年)和 119.7 kg N/hm²(枯水年);
- 氮肥类型:从普通尿素调整为高效 PCU;
- 施肥方式:丰水年调整为撒施,平水年和枯水年则维持 10 cm 机械深施;
- 施肥时间:基肥和分蘖肥施氮比例从 80∶20 调整为 50∶50;
- 灌溉管理:将常规淹水灌溉调整为浅湿灌溉,恢复田块 20%库容的沟塘系统并优先使用沟塘水进行回灌;
- 排水管理:稻田产生的径流排入沟塘系统存蓄,采取选择性排水策略,根据降水和田面水浓度水平决定是否提前将田面水排入沟塘,并将沟塘水净化后再排放入邻近水体,实现"排清水,留肥水"。

基于优化调控措施,安陆中稻在丰水、平水、枯水3个水平年不仅能增强大气"氮汇",还能够实现水体的"源转汇"(图5-58)。其中,对大气的"氮汇"功能由

3.7~23.3 kg N/hm² 增强为 12.6~29.6 kg N/hm²。对水体由 5.4~10.6 kg N/hm² 的"氮汇"转为 0.1~3.0 kg N/hm² 的"氮汇"。同时，在最优化组合措施下，安陆中稻不仅能够实现"氮汇"，还维持了土壤肥力（氮盈余为 90.5~116.6 kg N/hm²），保证了产量（+0.1%~0.8%），以及节省了 41% 的灌溉用水（图 5-58）。

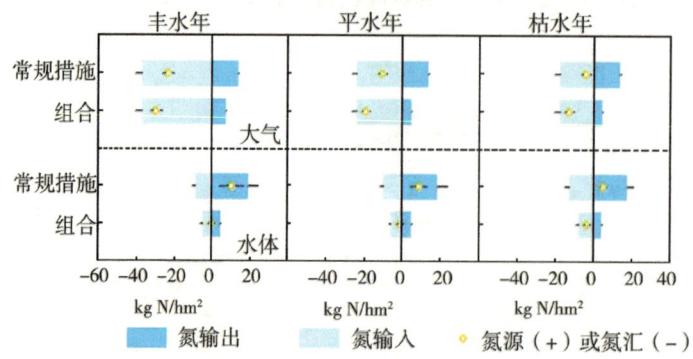

图 5-58　丰水、平水、枯水年安陆中稻在最优化水肥管理措施下的源转汇潜力

5.3.3　巢湖中稻氮磷源汇功能评估与调控

5.3.3.1　源汇功能评估

从年尺度来看，巢湖中稻在 2018—2019 年对大气和水体均表现为"磷汇"（图 5-59a），最高可以分别达到 0.08 kg P/hm² 和 0.86 kg P/hm²。以大气为受体时，巢湖中稻表现为"氮汇"，2018 年和 2019 年分别达到 22.3 kg N/hm² 和 13.5 kg N/hm²；以水体为受体的情景下，巢湖中稻表现为"氮源"，2018 年和 2019 年分别达到 7.3 kg N/hm² 和 5.0 kg N/hm²（图 5-59b）。对于大气而言，2018—2019 年巢湖稻田氨挥发较小，为 6.9~9.7 kg N/hm²，主要由于巢湖使用的基肥是有机肥和控施肥，能很大程度地减少氨挥发。稻田氮素输出为 7.7~10.8 kg N/hm²，其中超过 90% 是由氨挥发贡献。氮素沉降输入为 24.2~30.0 kg N/hm²。对于水体而言，2018—2019 年巢湖氮淋溶较低，为 12.9~14.3 kg N/hm²，主要由于巢湖土壤黏粒含量占 12%，饱和导水率较低且土壤氮含量不是很高导致。稻田氮素输出为 15.9~17.1 kg N/hm²，其中以氮淋溶侧渗为主（12.9~14.3 kg N/hm²），其次为氮径流流失（1.5~2.0 kg N/hm²）。

为了理解结果的普遍性，我们利用验证后的机理模型定量评估了丰水、平水、枯水 3 个水平年巢湖中稻的氮源汇功能。首先，该模型能准确模拟稻田对于大气和邻近水体的源汇功能及各输入输出项的贡献（图 5-59c）。其次，该模型模拟结果表明（图 5-59d），对于大气而言，稻田在丰水、平水、枯水年均表现为"氮汇"，丰水年"氮汇"最大（32.9 kg N/hm²），枯水年"氮汇"最小（3.3 kg N/hm²）。对于水体而言，稻田在丰平枯水年均表现为"氮源"，丰水年"氮源"最大（8.8 kg N/hm²），枯水年"氮源"最大（1.1 kg N/hm²）。

从日尺度来看，稻田氮素输入和输出的波动很大（图 5-60），对于大气和水体表现为"氮源"的关键期分别为施肥期和降水事件。对于大气而言，稻田主要在基肥和追

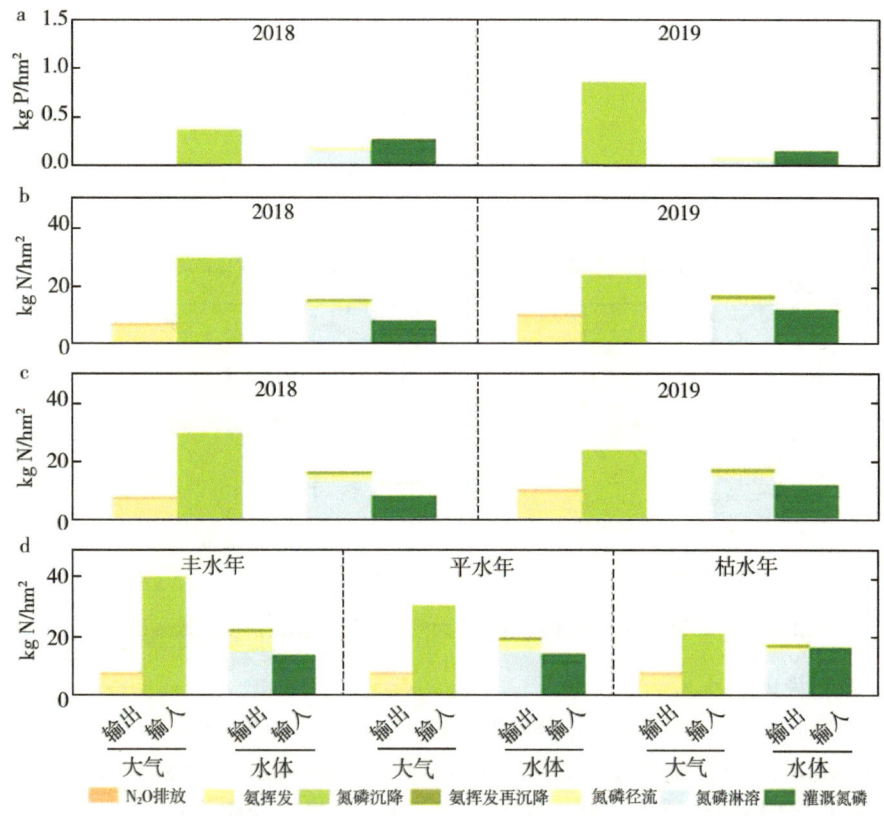

图 5-59　巢湖中稻氮素对于大气和水体的氮磷源汇功能评估
（a）磷的观测结果；（b）氮的观测结果；（c）氮的模型模拟验证；（d）氮的情景模拟结果。

肥的关键期表现为"氮源"，主要是因为施肥造成田面水铵态氮急剧增加而引起大量的氨挥发，使得施肥期的氮素输出较大，占到了整个生长季的 65% 以上。稻田在非施肥期主要表现为"氮汇"，因为灌溉和降水产生的径流带来更多氮素输入稻田。对于水体而言，稻田的氮素输入和输出具有更强的波动性。稻田在生长季 70% 以上的时间表现为"氮源"，主要是因为灌溉促进了氮淋溶侧渗以及极端降水事件（>40 mm），通过促进"混合推流"和水-土界面"间歇性释放"而引发氮径流流失。而在 2019 年 6 月 5 日和 7 月 10 日氮汇分别达到 3.2 kg N/hm² 和 4.5 kg N/hm²，均是由大量灌溉事件导致。

5.3.3.2　关键影响的行为过程

从评估结果来看，造成巢湖稻田对于大气和邻近水体表现为"氮源"的关键原因是施肥关键期的氨挥发和降水或灌溉事件后氮淋溶过大。从敏感性来看，影响氨挥发过程的关键因素包括施氮强度、肥料类型、施肥方式和施肥时间等不合理氮肥管理因素，影响氮淋溶过程的关键因素不仅涉及不合理的氮肥管理因素，还涉及不合理的灌排制度。以下将以巢湖中稻生育期的水热条件和土壤特征为基础，利用机理模型的情景模拟，从氮肥、灌溉和排水制度识别造成"氮源"的关键行为过程。

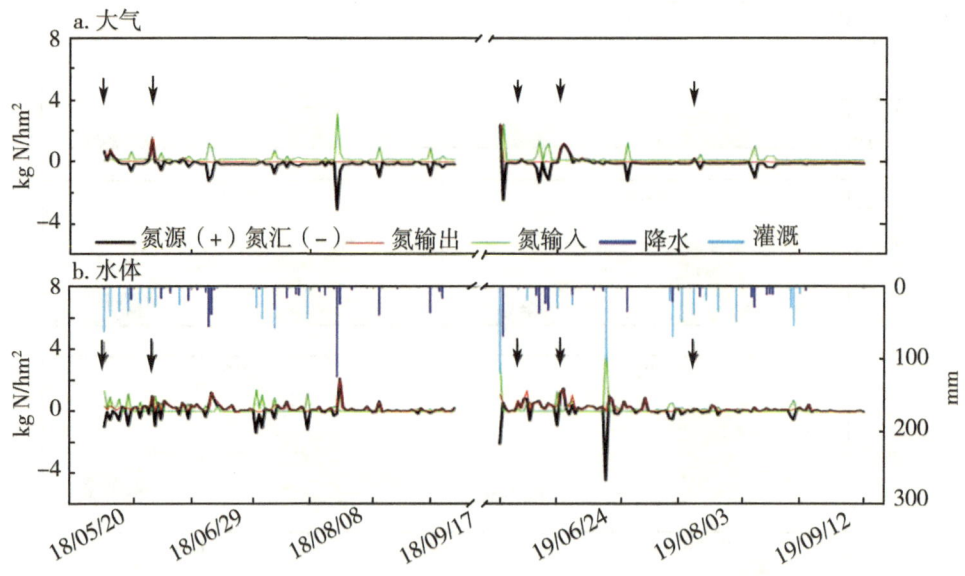

图 5-60 2018—2019 年巢湖中稻对大气和邻近水体日尺度氮素输出及输入

1. 氮肥管理

施氮强度在 2018 年和 2019 年分别为 162.3 kg N/hm² 和 218.0 kg N/hm²，2019 年施氮强度超过最高环境效益施氮量（177 kg N/hm²）（Zhang et al.，2018a），同时两年氮盈余分别达到 171.3 kg N/hm² 和 170.4 kg N/hm²，超过了推荐的阈值（84 kg N/hm²）（Zhang et al.，2019），因此有必要在其他农艺管理措施配合下降低施氮强度。

基肥的施肥类型为 80% 有机肥和 20% 控施肥，追肥的施肥类型为尿素。如果调整为 BBF，氨挥发和氮淋溶将减少 39% 和 25%，丰水年和平水年情景下对水体的"氮源"从 8.8 kg N/hm² 和 5.6 kg N/hm² 降低至 5.0 kg N/hm² 和 1.4 kg N/hm²，枯水年情景下对水体由"氮源"转化为"氮汇"（3.1 kg N/hm²）；如果选择 PCU，丰水年情景下对水体的"氮源"减少到 2.3 kg N/hm²，平水年对水体的"氮源"转化为"氮汇"（2.0 kg N/hm²），枯水年"氮汇"继续增加至 5.8 kg N/hm²。这两种施肥类型对大气的"氮汇"依次变大，从 13.3~32.9 kg N/hm² 增加至 17.3~36.9 kg N/hm²。因此，当前氮肥类型选择是造成"氮源"的关键行为过程，换句话说，调整施肥类型具有较好的"源转汇"潜力（图 5-61）。

目前巢湖的施肥方式为撒施（0 cm），氮淋溶为 15.1~15.3 kg N/hm²（图 5-62）。如果调整为施肥深度增加到 10 cm，虽然会降低 33% 的氨挥发，使得对于大气的"氮汇"增加，但氮淋溶将增加 30%，稻田对于水体的"氮源"将增加至 5.3~13.0 kg N/hm²。考虑到巢湖中稻对于水体的"氮源"功能远强于对于大气，同时对于水体的氮素"源转汇"功能更难实现，因此可以保持目前撒施的施肥方式。

目前基肥和追肥的施肥比例为 68∶32，其中基肥为 110.5 kg N/hm²，分蘖肥为 51.8 kg N/hm²。如果将施肥比例从 68∶32 调整为 40∶60，稻田对于水体的"氮源"功能略微上升，对于大气的"氮汇"功能保持不变，因此，施肥比例可以保持 68∶32

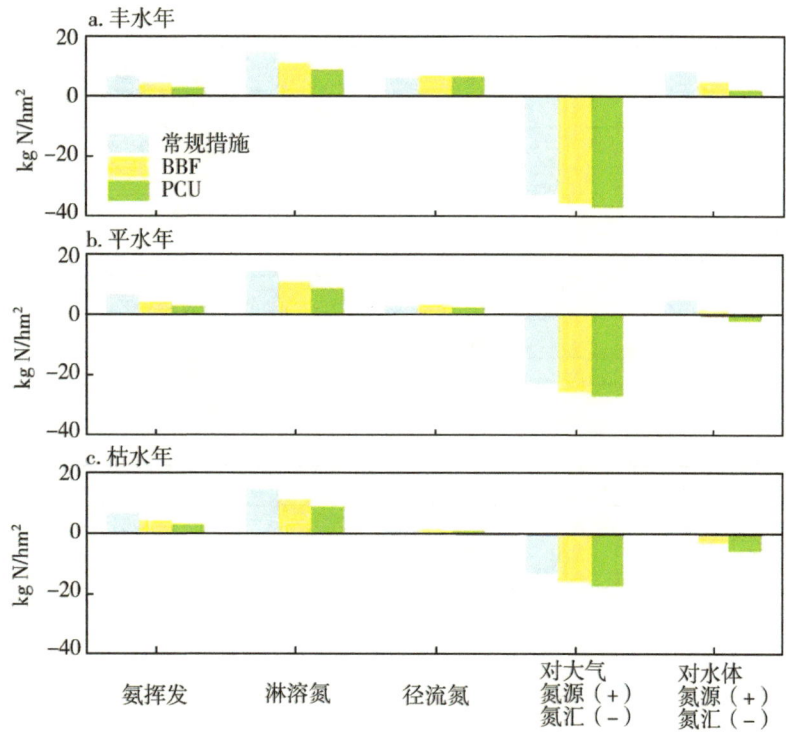

图 5-61 不同施肥类型下巢湖中稻源汇功能

(图 5-63)。

2. 灌溉管理

巢湖中稻的灌溉方式为常规淹水灌溉（非连续淹灌），泡田期大量灌溉，在分蘖期和抽穗期的灌溉上限甚至达到 100 mm 以上，同时在乳熟期也会进行灌溉，导致氮淋溶较大。如果调整为我国广泛适应的浅湿灌溉，灌溉用水量将降低 29%，氮淋溶下降 15%，灌溉氮下降 19%，径流氮下降 54%，对于水体的"氮源"从 1.1~8.8 kg N/hm² 减少到 0.1~7.2 kg N/hm²（图 5-64）。因此，常规淹水灌溉是造成稻田对水体表现为"氮源"的关键行为过程，调整为浅湿灌溉是实现"源转汇"的有效手段。

3. 排水管理

目前巢湖稻田没有很好地利用沟塘的蓄水和消减功能，因此，无法发挥选择性排水和沟渠水回灌的作用。如果将沟塘容积得以扩大当前平均水平（即稻田库容的 40% 左右），并较好地与沟塘进行耦合链接，同时优先采用沟渠水回灌，灌溉用水量将降低 14%，氮径流流失将降低 55%，对水体的"氮源"将由 5.1 kg N/hm² 降低为 3.6 kg N/hm²；如果进一步采用选择性排水，氮径流流失相比常规措施将降低 70%，使得丰水年和平水年情景下，水体的"氮源"降低至 5.1 kg N/hm² 和 4.3 kg N/hm²，枯水年情景下水体由"氮源"转化为"氮汇"（0.2 kg N/hm²）（图 5-65）。

4. 调控建议

归纳起来，不合理的肥料类型、灌溉方式和排水方式是造成稻田对水体表现为

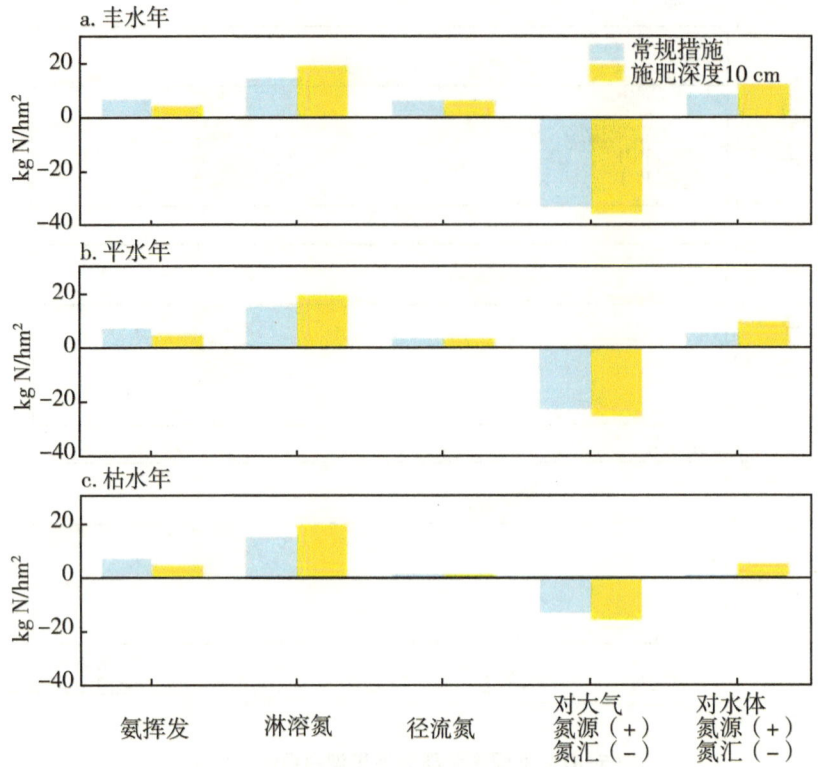

图 5-62 不同施肥方式下巢湖中稻源汇功能

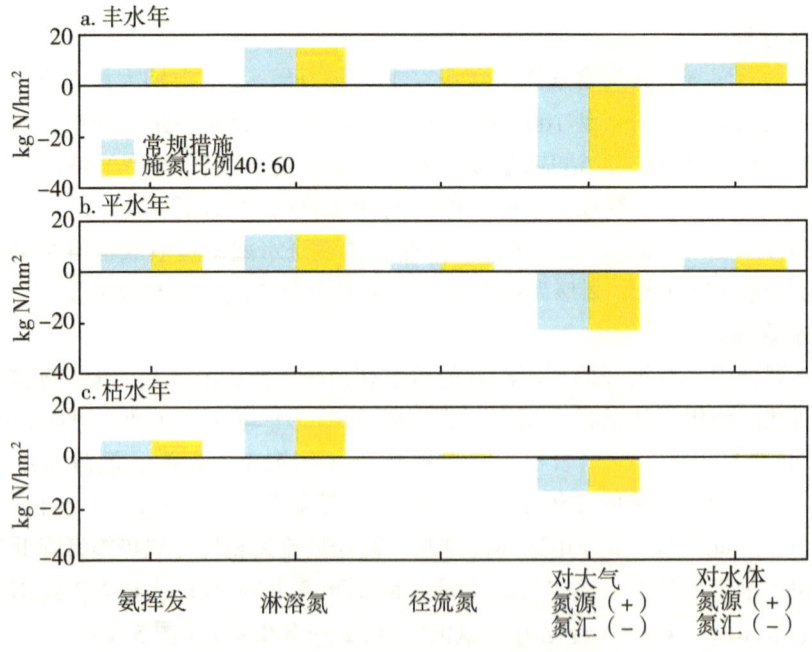

图 5-63 不同施氮比例下巢湖中稻源汇功能

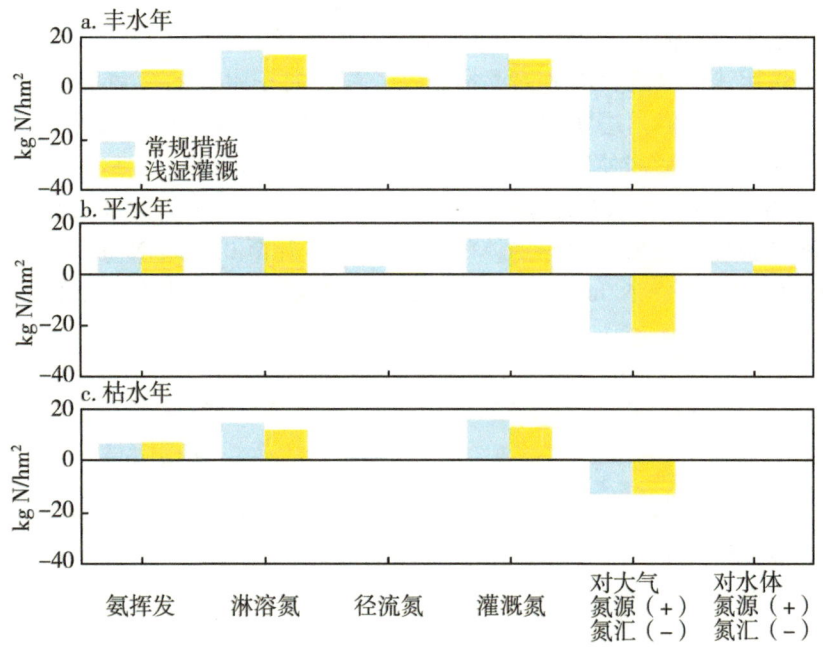

图 5-64 不同灌溉方式下巢湖中稻源汇功能

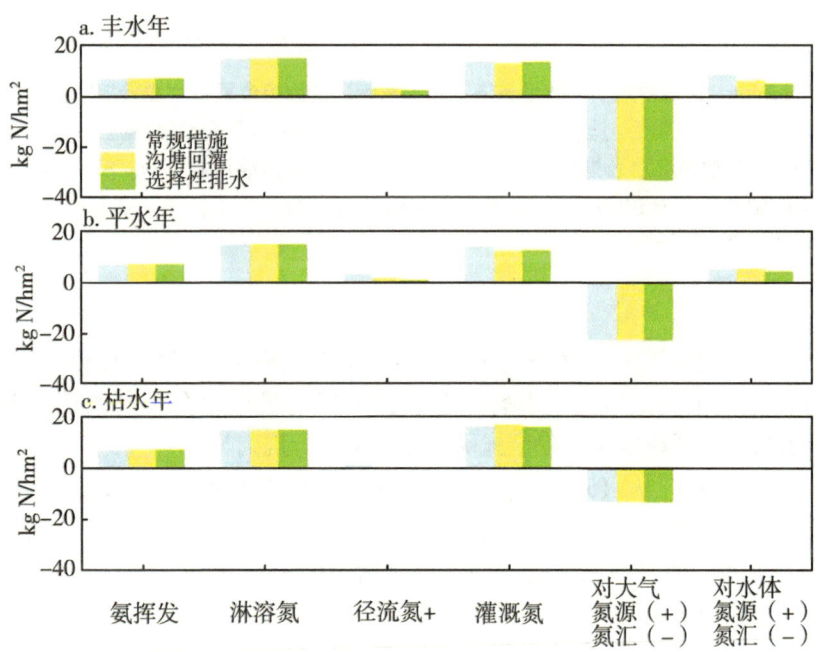

图 5-65 不同排水管理措施下巢湖中稻源汇功能

"氮源"的最为关键的行为过程。因此,需要开展"源转汇"定向调控。图 5-66 从难度和经济可行性角度展示了丰水年情景下不同农艺管理措施的"源转汇"潜力。丰水年由于径流流失量较高,源转汇调控难度最大。虽然将施氮比例调整为 40∶60

对于源汇功能没有显著影响，但在丰水年，该措施使得产量上升5%以上，配合减氮措施可以将稻田对水体的氮源从8.8 kg N/hm² 降低至8.4 kg N/hm²。在调控施肥比例的基础上采用浅湿灌溉和沟塘回灌措施时，稻田对于水体的"氮源"进一步降低至6.2 kg N/hm²，但仍无法实现"氮汇"功能。因此，至少还需要采用高效氮肥。直到使用包膜尿素时才能使稻田对于水体从"氮源"（8.8 kg N/hm²）转化为"氮汇"（0.2 kg N/hm²），如果在此基础上再增加选择性排水措施，能够在此基础上进一步降低43%的氮流失，稻田对于水体的"氮汇"提升至0.3 kg N/hm²，对于大气的"氮汇"提升至37.5 kg N/hm²（图5-66），同时能够节省9%从外部水体汲取的灌溉用水。

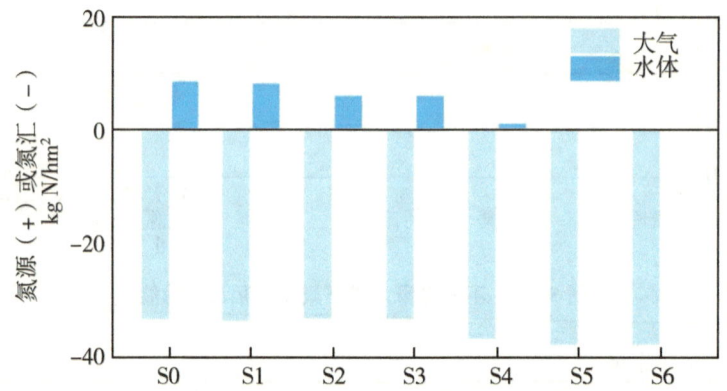

图5-66 巢湖中稻丰水年情景下不同农艺管理措施组合累积"源转汇"潜力

注：S0：常规措施；S1：施氮比例更改为40∶60并配合减氮措施；S2：S1基础上增加浅湿灌溉措施；S3：S2基础上增加沟塘回灌措施；S4：S3基础上更改肥料类型为BBF；S5：S3基础上更改肥料类型为PCU；S6：S5基础上增加选择性排水措施。

5.3.3.3 源转汇调控途径

针对影响稻田源汇功能的关键行为过程，我们利用模型"模拟-优化"算法量化了丰水、平水、枯水年的稻田氮"源转汇"调控途径的最佳组合及其调控潜力（图5-67），相应的农艺管理措施和工程措施优化方案及运行规则为：

● 施氮强度：从162.3 kg N/hm² 减少为125.0 kg N/hm²（丰水年）、128.2 kg N/hm²（平水年）和126.6 kg N/hm²（枯水年）；

● 氮肥类型：将目前的施肥类型（基肥为80%有机肥和20%控施肥，追肥为尿素）均更换为高效PCU；

● 施肥方式：保持撒施；

● 施肥比例：丰水年施肥比例改为40∶60，平水年和枯水年施肥比例保持68∶32；

● 灌溉管理：采用浅湿灌溉，恢复田块40%库容的沟塘系统并优先使用沟塘水进行回灌；

- 排水管理：稻田产生的径流排入沟塘系统存蓄，采取选择性排水策略，根据降水和田面水浓度水平决定是否提前将田面水排入沟塘，并将沟塘水净化后再排放入邻近水体，实现"排清水，留肥水"。

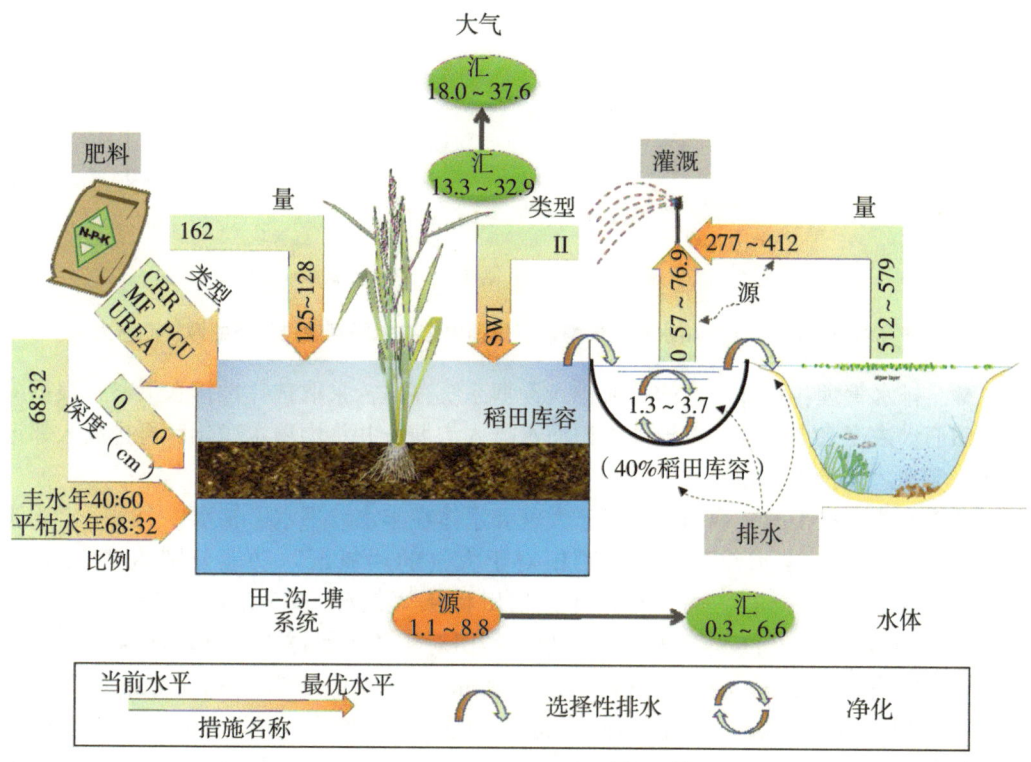

图5-67 巢湖中稻源转汇调控途径

基于上述调控措施，巢湖中稻对于大气和水体在丰水、平水、枯水3个情景下均实现"氮汇"功能。丰水、平水、枯水情景下稻田对于大气的"氮汇"功能分别达到 18.0~37.6 kg N/hm²。丰水、平水、枯水情景下稻田对于邻近水体本来都表现为"氮源"，但在调控措施的组合下，将分别达到 0.3 kg N/hm²、2.9 kg N/hm² 和 6.6 kg N/hm² 的"氮汇"。巢湖中稻在实现"氮汇"的情况下，还保证了产量不下降 (0.2%~1.2%)，维持了土壤肥力 (氮盈余为 96.4~117.9 kg N/hm²)，以及节省了灌溉用水 (29%~47%)（图5-68）。

- 施氮强度：从 171.1 kg N/hm² 减少为 133.4 kg N/hm²（丰水年）、130.0 kg N/hm²（平水年）和 144.1 kg N/hm²（枯水年）；
- 氮肥类型：从普通尿素替换为高效 PCU；
- 施肥方式：从施肥深度 20 cm 更改为 10 cm 且基肥施用后立即翻耕；
- 施肥时间：基肥、分蘖肥额和穗肥施氮比例从 42∶46∶12 修改为 40∶15∶45；
- 灌溉管理：采用浅湿灌溉，恢复田块 20% 库容的沟塘系统并优先使用沟塘水进行回灌；

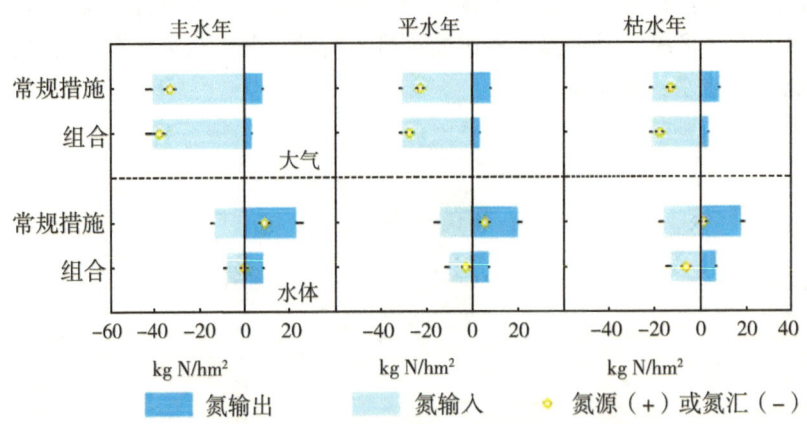

图 5-68　丰水、平水、枯水年气候情景下巢湖中稻在水肥管理措施下的源转汇潜力

● 排水管理：稻田产生的径流排入沟塘系统存蓄，采取选择性排水策略，根据降水和田面水浓度水平决定是否提前将田面水排入沟塘，并将沟塘水净化后再排放入邻近水体，实现"排清水，留肥水"。

基于上述调控措施，荆州中稻对于大气和水体在丰水、平水、枯水 3 个水平年均实现"氮汇"功能。丰水年和平水年稻田对于大气的"氮汇"功能分别达到 21.6 kg N/hm² 和 15.3 kg N/hm²，而在枯水年，稻田将从"氮源"（5.2 kg N/hm²）转化为"氮汇"（8.6 kg N/hm²）。丰平枯水年情景下稻田对于邻近水体本来都表现为"氮源"，但在调控措施的组合下，将分别达到 2.2 kg N/hm²、5.3 kg N/hm² 和 6.4 kg N/hm² 的"氮汇"。荆州中稻在实现"氮汇"的情况下，还保证了产量不下降（+1.1%~3.0%），维持了土壤肥力（氮盈余为 84.8~88.6 kg N/hm²），以及节省了 24% 的灌溉用水（图 5-69）。

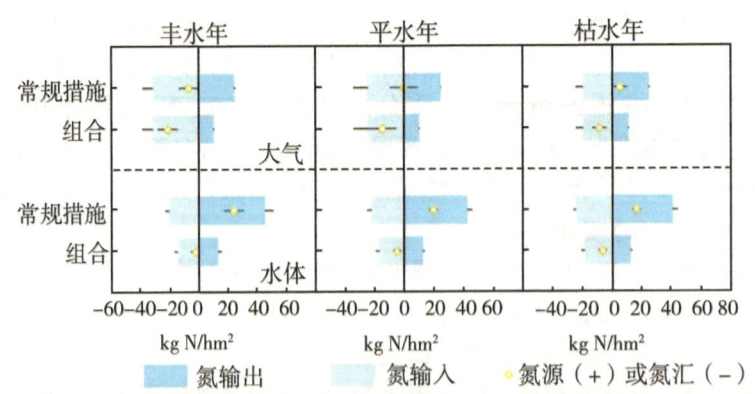

图 5-69　丰水、平水、枯水年气候情景下荆州中稻在水肥管理措施下的源转汇潜力

5.4 小结

5.4.1 我国稻田氮磷源汇功能评估

系统评估了我国稻田对于大气和邻近水体在丰水、平水和枯水年的氮磷源汇功能，明确了由源向汇换的主要行为过程、机制和调控途径。具体结论包括：发现我国水稻主产区稻田表现为"磷汇"，对大气主要表现为"氮汇"，但对邻近水体表现为"氮源"，施肥期和灌溉事件是"氮源"的关键期，不合理的施肥管理和田沟塘配比是造成"氮源"的关键行为过程，在"稻田灌排单元是污染源还是净化器？"这个科学问题上形成了新认识；发现优化灌排（即"控水扩容""循环利用""生态净化"）难以实现稻田氮的"源转汇"，优化施肥（即"控源增汇"）可以实现在枯水和平水年东北和长江中下游稻区氮的"源转汇"，同时优化施肥和灌排能够实现在丰水年氮的"源转汇"，不仅实现粮食稳产和保持土壤肥力，还节约15%~25%的施氮量和15%~47%的灌溉量，为我国稻田氮磷流失防控技术设计和减排效果评估提供科学依据。

从丰水、平水、枯水的情景模拟可以看出（图5-70），氨挥发和淋溶侧渗是稻田对于大气和水体源汇功能的关键因素。由于沉降量的减少，在丰水年下表现为汇的荆州（7.2 kg N/hm^2）和高安晚稻（3.6 kg N/hm^2），在枯水年下表现为氮源（5.4 kg N/hm^{2}和5.0 kg N/hm^2）。但考虑到对大气的氮源较小，且远小于氨挥发的氮素输入，稻田对于大气有较高的源转汇潜力。而对于水体，丰水、平水、枯水年下均表现为氮源。由于大量降水导致氮素淋溶和径流，丰水年相对于平水年和枯水年氮源更高，其中高安早稻达到了44.3 kg N/hm^2，实现源转汇的难度最大，也最值得关注。

5.4.2 我国稻田氮磷源汇功能的关键行为过程

从日尺度来看，稻田对于大气的氮素输出以氨挥发为主，其中70%以上发生在施肥关键期。而在非施肥关键期，稻田主要对大气表现为氮汇，这是由降水事件带来的氮素湿沉降导致。当把邻近水体作为受体时，稻田的氮素源汇功能波动较大，但主要受到侧渗和淋溶主导，而其中60%以上的时间表现为氮源，在施肥期流失的风险更大。

目前除巢湖在基肥采用20%的控释肥和80%的有机肥以外，其他站点稻田都采用尿素或复合肥作为肥料，产生大量的氨挥发。当使用先进的PCU时，氨挥发和侧渗淋溶能够有效降低60%和40%。目前盘锦、安陆和荆州都采用基肥深施，而方正、盘锦和高安都采用撒施。深施10 cm可以降低30%的氨挥发，但淋溶会增加40%~50%。在部分点位丰水年情景下采取撒施有助于实现对于水体的氮汇。施氮量过高使得稻田氮盈余能够达到120 kg N/hm^{2}以上，而在长江中下游稻区的巢湖，这一数字甚至能达到170 kg N/hm^{2}以上，高于推荐的阈值。在其他农艺管理措施配合的情况下减少施氮量能够全面降低氮素的径流淋溶输出和氨挥发，也具有较强的"源转汇"潜力。而东北地区的氮盈余本底值（35 kg N/hm^2）远低于长江中下游稻区，有着更

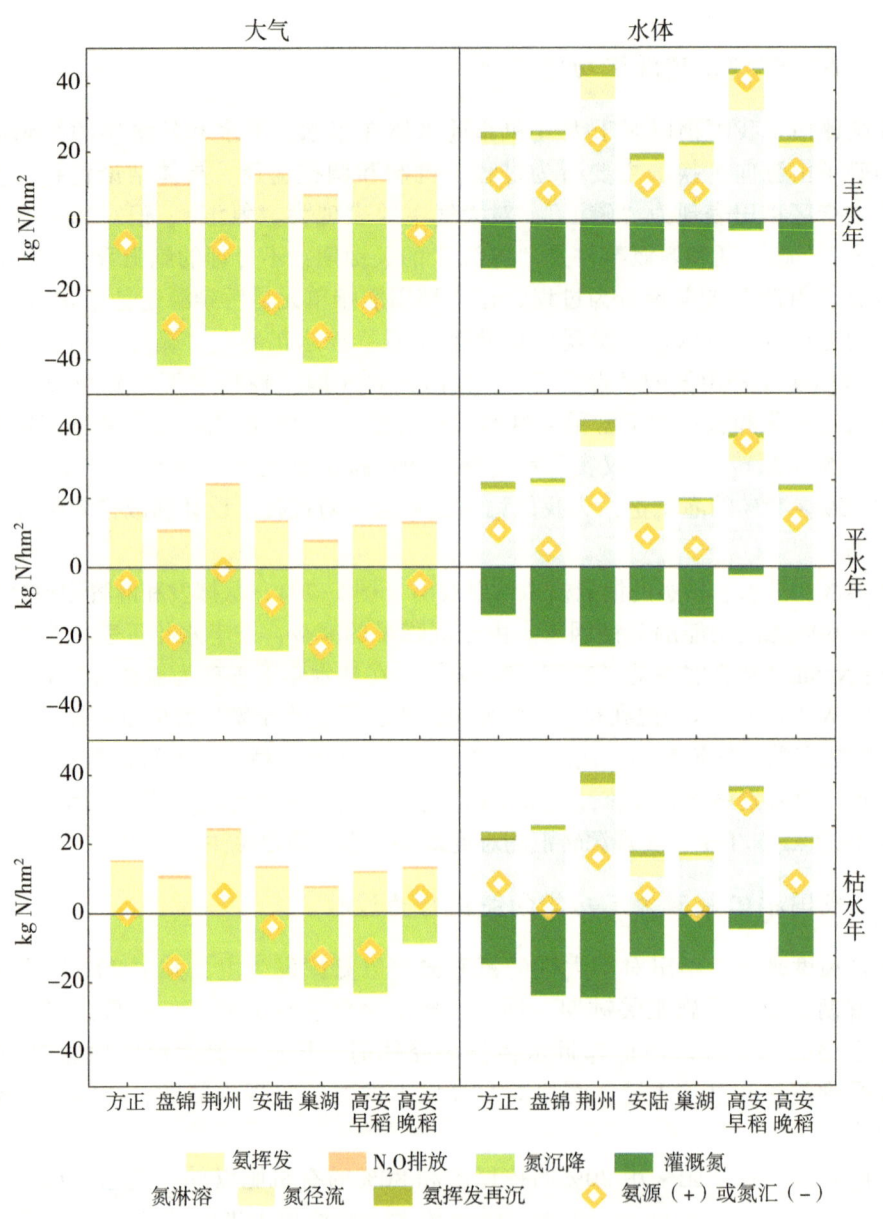

图 5-70 6 点位丰水、平水、枯水年气候情景下氮素源汇功能

高的减氮潜力。

不合理的灌溉制度也是稻田对水体表现为氮源的重要因素。目前，6 个点位均采取常规的淹水灌溉措施，当更改为浅湿灌溉，少量多次灌溉，并在乳熟期停止灌溉，能够在节省 10%~36% 的灌溉用水量的基础上，减少 50% 以上的径流流失，以及最高达到 20% 的侧渗和淋溶流失。但是在高安早稻，由于降水频繁，浅湿灌溉反而增加了灌溉量和径流淋溶损失。因此，浅湿灌溉虽然对于大部分站点有着较好的源转汇潜力，仍因根

据当地情况选择性采用。

当前6个点位稻田对于沟塘系统的利用仍不够充分。沟塘能够蓄集从稻田留出的径流并用于回灌，同时沟塘中的氮素浓度也会衰减。恢复当地适宜大小稻田库容的沟塘系统并用于回灌，能够减少至少32%的径流流失。如果在此基础上再采取选择性排水措施，能够进一步减少30%~60%的径流流失。由此可见，合理利用沟塘系统具有一定对水体源转汇的潜力。

5.4.3 我国稻田氮"源转汇"调控途径

从单个措施来看，优化施肥类型通过改变养分释放速率降低5~15 kg N/hm² 的"氮源"，减量或配方施肥能降低10 kg N/hm² 以内，但调整施肥时间对"氮源"的影响十分有限，翻耕或深施提高了侧渗和淋溶反而增加"氮源"；采用浅湿灌溉能降低10 kg N/hm² 左右的"氮源"，基于沟塘的排水系统能降低5~7 kg N/hm²。从组合来看，优化灌排难以实现氮的"源转汇"，但优化施肥可以实现在枯水和平水年氮的"源转汇"；对于丰水年，同时优化施肥和灌排可以确保氮的"源转汇"。我们对水稻主产区代表性站点基于丰水、平水、枯水年3种气候情景推荐了不同的最优组合。

对于邻近水体（图5-70），东北稻区单季稻和长江中下游中稻在组合措施下都能实现氮源转化为氮汇（0.03~11.3 kg N/hm²），源转汇潜力达到7.7~26.0 kg N/hm²。但高安双季稻的早稻和晚稻仍表现为氮源。其中早稻径流淋溶流失大，灌溉输入少，因此组合措施源转汇潜力有限，但仍能减少56%~40%的氮素输出，从而使氮源降低19.4~25.1 kg N/hm²。在枯水年，组合措施能够使得稻田对水体的氮源减小到12.5 kg N/hm²。在晚稻期间，优化水肥管理措施使氮源下降至0.7~3.1 kg N/hm²，极大程度上减少了稻田对于邻近水体的氮磷污染。

因此我们推荐，水稻生产中基肥和追肥采取高效氮肥（如包膜尿素），东北和长江中下游稻区，丰水年施肥以撒施为主，平水年和枯水年可根据实际情况深施10 cm并翻耕，在双季稻区，早稻晚稻均采取撒施以减少侧渗和淋溶。除双季稻的早稻生长季外，灌溉方式均采取改进的浅湿灌溉，同时根据当地稻田情况采取相当于稻田库容20%以上的自然沟塘系统并优先利用沟塘水进行回灌。东北地区径流较少，但在长江中下游，尤其是双季稻产区，在经济和技术支持下进一步以"排清水、留肥水"的原则实施选择性排水系统。最终可在减少15%~25%施氮量的前提下，实现粮食稳产、维持土壤肥力、节省15%~47%的灌溉用水量，最终促进稻田源转汇功能并在东北和长江中下游稻区实现氮汇（表5-1）。

表 5-1　6 个点位丰水、平水、枯水年气候情景下推荐水肥管理措施

	措施名称	方正	盘锦	荆州	安陆	巢湖	高安早稻	高安晚稻
丰水年	施氮量[1]	105	173	133	129	125	95	171
	施肥类型	PCU	PCU	PCU	PCU	PCU	PCU	PCU
	施氮比例[2]	60:20:20	60:40	40:15:45	50:50	40:60	36:34:30[3]	20:40:40
	施肥方式	撒施	深施[4]	深施	撒施	撒施	撒施	撒施
	浅湿灌溉	是	是	是	是	是	否	是
	沟塘比例[5]	15%	30%	20%	20%	40%	40%	40%
	回灌	是	是	是	是	是	是	是
	选择性排水	是	是	是	是	是	是	是
平水年	施氮量	102	177	130	123	128	95	171
	施肥类型	PCU	PCU	PCU	PCU	PCU	PCU	PCU
	施氮比例	40:34:26	60:40	40:15:45	50:50	68:32	57:29:14[3]	20:40:40
	施肥深度	撒施	深施	深施	深施	撒施	撒施	撒施
	浅湿灌溉	是	是	是	是	是	否	是
	沟塘比例	15%	30%	20%	20%	40%	40%	40%
	回灌	是	是	是	是	是	是	是
	选择性排水	是	是	是	是	是	是	是
枯水年	施氮量	105	177	144	120	127	95	171
	施肥类型	PCU	PCU	PCU	PCU	PCU	PCU	PCU
	施氮比例	40:34:26	60:40	40:15:45	50:50	68:32	29:42:29[3]	20:40:40
	施肥深度	撒施	深施	深施	深施	撒施	撒施	撒施
	浅湿灌溉	是	是	是	是	是	否	是
	沟塘比例	15%	30%	20%	20%	40%	40%	40%
	回灌	是	是	是	是	是	是	是
	选择性排水	是	是	是	是	是	是	是

注：1. 施氮量单位为 kg N/hm^2；2. 施氮比例为基肥和追肥的比例；3. 高安早稻在调整施氮比例的同时调整施肥日期，基肥提前 1 d，分蘖肥推迟 2 d，穗肥提前 3 d，具体操作应根据当季降水分布进行调整；4. 施肥方式深施均指施肥深度 10 cm 并翻耕；5. 沟塘比例指沟塘系统占稻田库容的比例。

对于大气，田间控肥措施能够大量减少氨挥发从而实现氮素输出的调控。而对于水体，控水、控肥、沟渠阻控和循环利用以及受污水体净化等不同阶段对氮素输出削减的规模存在差异（图 5-71）。田间控肥是稻田氮素输出削减的关键阶段，在东北稻区的方

正和盘锦贡献占比达到64%~71%（图5-72），而长江中下游稻区的荆州站，这一比例下降到55%~65%，巢湖和安陆进一步降低至42%~48%和52%~55%。对于双季稻区，田间控肥对高安早稻的贡献低于晚稻，但都是稻田氮素输出削减的主要措施和控制阶段。同时，不同的气候情景不会显著影响控肥阶段的作用。整体来看，田间控水是除控肥外的第二关键调控阶段。在东北稻区的方正和盘锦站，控水阶段贡献了氮素输出削减量的10%~22%，而长江中下游稻区的荆州、安陆和巢湖站，贡献占比显著提升至26%~45%，其中安陆站在平水年和枯水年时甚至超过田间控肥。对于高安双季稻，早稻时降水密集，不适宜采取控水措施，晚稻时控肥和控水综合贡献了78%~96%的氮素削减。沟渠阻控和循环利用以及受污水体净化阶段主要依托沟渠作用于径流流失的削减，相对于田间控肥和控水贡献较小，但对于高安站早稻生长季，降水丰沛，径流流失严重，沟塘蓄水回灌和衰减净化能够起到18%~35%和12%~23%的削减贡献，在实现稻田源转汇功能中起到不可忽视的作用。同时，不同于田间控肥和控水阶段，沟渠阻控回用和水体净化作用受到降水量的影响，在枯水年的贡献占比低于丰水年和平水年。

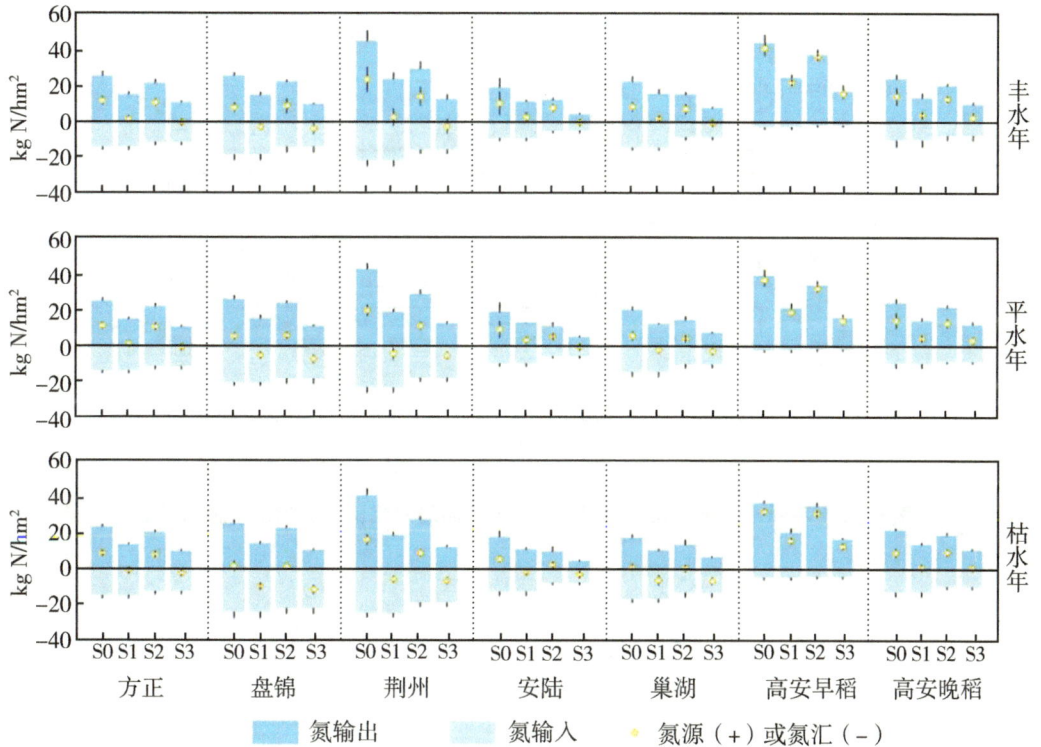

图5-71 6wh点位丰水、平水、枯水年气候情景优化水肥管理措施下稻田对水体源转汇潜力

注：S0、S1、S2、S3分别代表常规措施、优化施肥、优化灌排以及优化施肥和灌排组合。

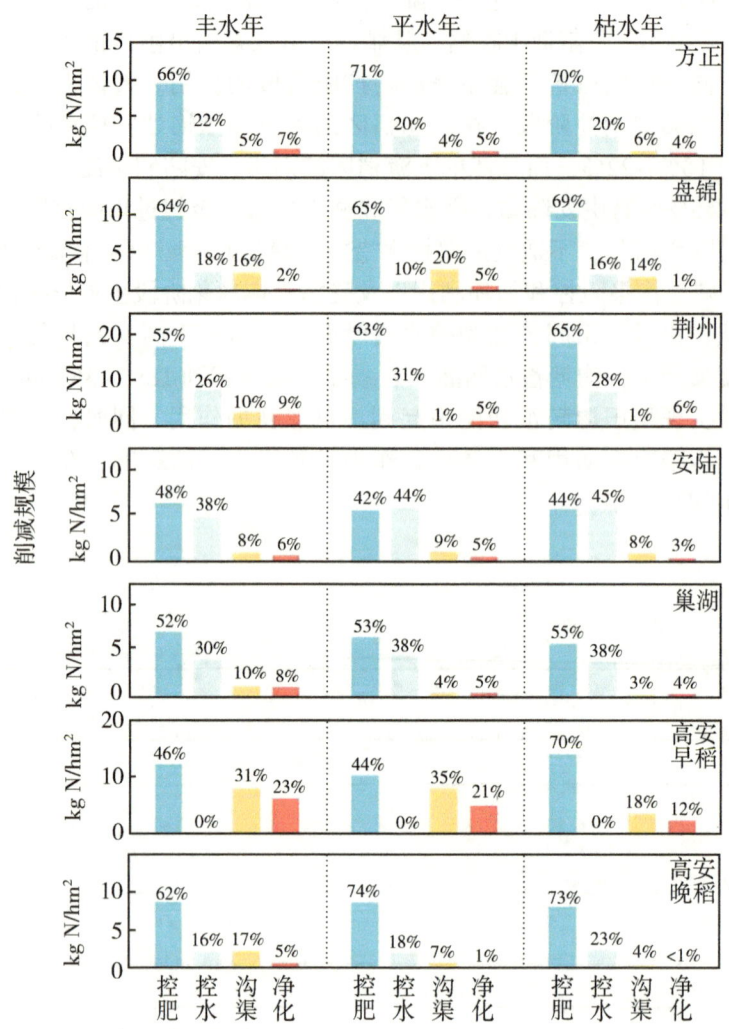

图 5-72 不同水文年型我国水稻主产区不同阶段对稻田氮素输出削减的贡献

第三部分

稻田氮磷流失防控技术体系构建与应用

6 稻田氮磷控源增汇技术

6.1 技术原理

6.1.1 确定水稻施氮量上限

6.1.1.1 水稻适宜施氮量确定

氮肥施用量介于 209.4~289.8 kg/hm² 时，东北单季稻、水旱轮作水稻、双季早稻和晚稻的产量达到最高值，分别为 8.64 t/hm²、8.64 t/hm²、5.81 t/hm² 和 7.67 t/hm²（图6-1）。其中，水旱轮作氮肥施用量最高，东北单季稻施氮量最低。在各种氮肥施用情景下，氮肥的损失量为 66.7~116.1 kg/hm²，占氮肥投入比例的 23%~34%。相比于我国传统的施氮量水平，综合考虑环境效益最佳施氮量，本结果表明我国稻田氮肥投入量可以减少 20%~45%。

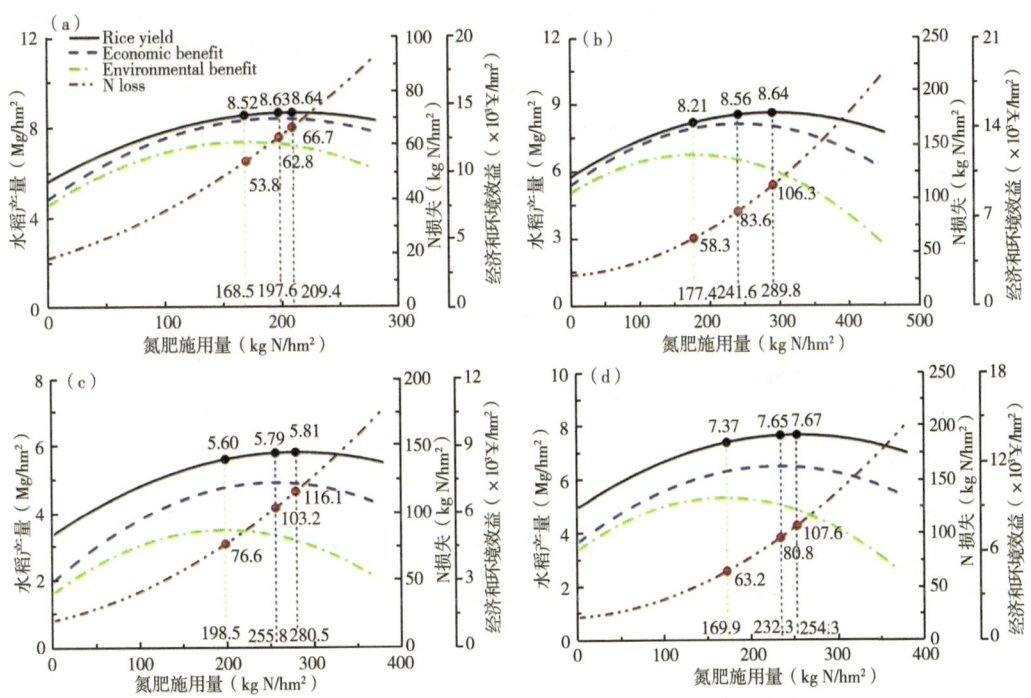

图6-1 氮肥施用量和作物产量、产量效应和环境效应之间关系

6.1.1.2 水稻施氮量上限确定

基于氮肥（化肥+有机肥）投入总量与水稻地上部吸氮量一致时可以满足水稻生长需求这一理论共识，团队成员综合分析了全国48个水稻长期定位试验10年的水稻百千克收获物需氮量数据、2005—2020年已发表论文的相关数据以及农业农村部科学施肥专家指导组文件《2020—2030年全国水稻区域氮肥用量定额指导意见》中关于水稻百千克收获物需氮量数据，明确了北方稻区和南方稻区不同产量水平下的水稻需氮量。同时，利用2010年启动的公益性行业专项"主要农区农业面源污染监测预警与氮磷投入阈值研究"氮投入阈值田间试验，构建了施氮量-产量效应曲线、施氮量-作物整体吸氮量效应曲线、施氮量-传统经济效益效应曲线（收益-各项成本投入）、施氮量-考虑环境治理成本的经济效益效应曲线、施氮量-氮损失曲线，确定了最佳产量施氮量、最佳环境效益施氮量，并与表观氮平衡进行了对比分析，明确了单季稻、双季稻以及中稻不同产量水平下的施氮量（Zhang et al., 2018）。在充分考虑北方和南方两个区域不同水稻施氮量的经济效益和环境效益，结合2017年第二次污染源普查67 746个地块调查数据中，当前农民习惯水肥管理措施下的产量与施氮量水平，采取分步走战略，优先管控当前部分氮肥过量施用区域，通过广泛征求相关专家意见，最终形成了北方稻区和南方稻区不同产量水平下的施氮限量。

综合上述研究结果，最终形成了南北方稻区水稻施氮量上限值，见表6-1。

表6-1 北方稻区水稻施氮量上限值

	产量水平（y, kg/hm²）	施氮量上限值（kg/hm²）
北方稻区单季稻	$y<7\ 500$	180
	$7\ 500 \leqslant y<9\ 000$	210
	$9\ 000 \leqslant y<10\ 500$	240
	$10\ 500 \leqslant y<12\ 000$	270
	$y \geqslant 12\ 000$	300
南方稻区早稻、双季晚稻	$y<6\ 000$	165
	$6\ 000 \leqslant y<7\ 500$	195
	$7\ 500 \leqslant y<9\ 000$	210
	$y \geqslant 9\ 000$	240
南方稻区中稻/一季晚稻	$y<6\ 000$	180
	$6\ 000 \leqslant y<7\ 500$	210
	$7\ 500 \leqslant y<9\ 000$	240
	$9\ 000 \leqslant y<10\ 500$	270
	$y \geqslant 10\ 500$	300

注：产量水平为正常生产条件下该地块近三年的平均产量；施氮量为当季施用肥料（包括有机肥料）的TN量；水环境敏感区施氮量上限值可另行制定。

6.1.1.3 水稻施氮限量值的可行性分析

本研究确定的施氮量上限与《三大粮食作物区域大配方》不同产量水平下的氮肥施用上限进行了对比，表明本标准的施氮限量要求略为宽松，为未来水稻产量增加预留了空间（表6-2）。

表6-2 《三大粮食作物区域大配方》中的水稻施氮量对比

水稻主产区	亚区	类型	配方产量水平（kg/hm²）	施氮量下限（kg/hm²）	施氮量上限（kg/hm²）	本标准（kg/hm²）
北方稻区	东北寒地单季稻区	单季稻	<6 750	69	90	150~180
			6 750~8 250	90	93	180~210
			8 250~10 500	114	139.5	210~240
			>10 500	139.5	168	270
	黑吉辽内蒙古单季稻区	单季稻	<7 500	105	136.5	180
			7 500~9 000	136.5	159	210
			9 000~10 500	159	180	240
			>10 500	184.5	210	270
南方稻区	长江上游单季稻区	中稻	<6 750	99	135	180~210
			6 750~8 250	135	129	210~240
			8 250~9 750	157.5	186	240~255
			>9 750	186	214.5	255~270
	长江中游单双季稻区	早稻	<5 250	91.5	126	150
			5 250~6 750	126	166.5	150~180
			6 750~8 250	166.5	199.5	180~210
			>8 250	199.5	232.5	210~240
		中稻	<6 750	108	136.5	180~210
			6 750~8 250	136.5	172.5	210~240
			8 250~9 750	172.5	201	240~255
			>9 750	201	237	255~270
		晚稻	<6 000	102	141	150
			6 000~7 500	141	172.5	180
			7 500~9 000	172.5	211.5	210
			>9 000	211.5	243	240
	长江下游单季稻区	中稻	<7 500	169.5	214.5	180~210
			7 500~9 000	214.5	258	240
			9 000~10 500	258	303	255
			>10 500	303	340.5	270

（续表）

水稻主产区	亚区	类型	配方产量水平（kg/hm²）	施氮量下限（kg/hm²）	施氮量上限（kg/hm²）	本标准（kg/hm²）
南方稻区	江南丘陵山地单双季稻区	早稻	<5 250	90	123	150
			5 250~6 750	123	165	150~180
			6 750~8 250	165	198	180~210
			>8 250	198	235.5	210~240
		中稻	<6 750	111	141	180~210
			6 750~8 250	141	169.5	210~240
			8 250~9 750	169.5	205.5	240~255
			>9 750	205.5	237	255~270
		晚稻	<5 250	90	123	150
			5 250~6 750	123	165	150~180
			6 750~8 250	165	198	180~210
			8 250	198	235.5	210~240
	华南平原丘陵双季稻区	早稻	<5 250	93	126	150
			5 250~6 750	126	165	150~180
			6 750~8 250	159	201	180~210
			>8 250	201	232.5	210~240
		晚稻	<5 250	93	126	150
			5 250~6 750	126	165	150~180
			6 750~8 250	159	201	180~210
			>8 250	201	232.5	210~240
	西南高原山地单季稻区	单季稻	<6 000	99	135	180
			6 000~7 500	135	166.5	210
			7 500~9 000	166.5	196.5	240
			>9 000	196.5	234	255~270

与第二次污染源普查67 746个地块调查结果进行了对比分析（表6-3），结果表明，基于产量水平，北方稻区7 471个地块中约66%的地块施氮量在本标准制定的施氮限量范围内；南方稻区60 276个地块中约74%的地块施氮量水平在施氮限量范围内，表明本标准的制定对目前水稻实际生产现状不会带来巨大的改变，而通过对少数施氮量过高地块施氮量的限制，还能够有效控制由于过量施肥带来的环境风险。

表 6-3 与实际调查地块施氮水平数据对比

区域-类型	水稻产量 (y, kg/hm^2)	本标准施氮量上限值 (kg/hm^2)	低于标准施氮限量的调查数据占比
北方稻区-单季稻	$y<7\,500$	180	77%
	$7\,500 \leqslant y < 9\,000$	210	75%
	$9\,000 \leqslant y < 10\,500$	240	60%
	$10\,500 \leqslant y < 12\,000$	270	51%
	$y \geqslant 12\,000$	300	76%
南方稻区-早稻	$<6\,000$	150	51%
	$6\,000 \leqslant y < 7\,500$	180	69%
	$7\,500 \leqslant y < 9\,000$	210	82%
	$\geqslant 9\,000$	240	84%
南方稻区-晚稻	$<6\,000$	165	61%
	$6\,000 \leqslant y < 7\,500$	195	79%
	$7\,500 \leqslant y < 9\,000$	210	82%
	$\geqslant 9\,000$	240	84%
南方稻区-单季稻	$y<6\,000$	180	73%
	$6\,000 \leqslant y < 7\,500$	210	79%
	$7\,500 \leqslant y < 9\,000$	240	77%
	$9\,000 \leqslant y < 10\,500$	270	74%
	$y \geqslant 10\,500$	300	87%

6.1.2 水稻磷最大允许投入量确定

6.1.2.1 稻田土壤有效磷环境阈值确定

习斌（2014）在南方水旱轮作区的研究结果表明湖泊库区土壤有效磷的环境阈值为 25 mg/kg，太湖地区水稻土磷素环境阈值为 25~30 mg/kg，紫色土稻田土壤有效磷的环境风险阈值为 67~114 mg/kg（李学平等，2011），北方稻田氮素流失的土壤有效磷环境风险阈值为 83 mg/kg（周全来等，2006）。典型双季稻区的早稻土壤有效磷环境阈值为 49 mg/kg，晚稻的为 57 mg/kg（朱坚等，2017）。不同地区、不同性质土壤的土壤有效磷的环境阈值差异较大。然而，水旱轮作区水稻土壤有效磷的农学阈值为 15 mg/kg，黄壤性水稻土壤有效磷的农学阈值是 15.8 mg/kg（刘彦伶等，2016），长江下游水稻土壤有效磷的农学阈值为 14.9 mg/kg（黄浦，2014）。综合考虑水稻生产和环境因素，本标准将土壤有效磷的阈值定为 30 mg/kg。

6.1.2.2 水稻磷肥最大允许投入量确定

以南方稻区最大水稻产量 10 500 kg/hm² 为目标产量，百公斤籽粒吸磷量为 0.93 kg（长江下游单季稻区，百公斤籽粒吸磷量最高），则最大磷肥施入量为 97.65 kg/hm²。长江下游太湖地区的土壤环境阈值为 26~32 mg/kg，故在土壤有效磷含量高于 30 mg/kg 时，最大磷允许投入量不应超过 100 kg/hm²。而在辽河三角洲和西南稻区，土壤有效磷含量低，辽宁省平均土壤有效磷含量为 20.24 mg/kg，以 12 000 kg/hm² 为目标产量，百公斤籽粒吸磷量为 0.89 kg（辽宁省百公斤籽粒吸磷量），由于辽河三角洲和东南沿海稻区为盐渍土，磷肥有效性低，校正系数为 1.25，故最大磷肥施入量为 133.5 kg/hm²，故在土壤有效磷含量低于 30 mg/kg 时，最大磷肥允许投入量不应超过 120 kg/hm²（表6-4）。

表6-4 水稻磷限量值

土壤有效磷水平（mg/kg）	施磷限量值（P_2O_5，kg/hm²）
<30	120
≥30	90

注：每 3~5 年监测一次土壤有效磷含量，视监测结果调整稻田施磷上限。水环境敏感区周边的施磷上限可根据当地实际情况确定。

6.2 控源新型肥料技术工艺

6.2.1 新型聚天尿素增效肥料的研发与应用

聚天（门）冬氨酸（PASP）是一种氨基酸类聚合物，作为一类环境友好型绿色聚合物，天然的聚天门冬氨酸主要存在于软体动物和蜗牛类的壳中。从结构上看，聚天门冬氨酸是由天门冬氨酸单体的氨基和羧基进行分子间缩合脱水而成的缩聚产物。PASP 分子中具有类似于蛋白质的酰胺键结构，微生物中相应的酶能够进入 PASP 的活性位点并发挥作用，结构主链发生分解并断裂成片段，最终分解为小分子物质（CO_2 和 H_2O），实现完全生物降解。在工业上，合成 PASP 的方法主要是由原料制备出中间体聚琥珀酰亚胺（PSI），然后在碱性条件下水解 PSI 得到 PASP。根据所用原料不同，可将合成方法分为天门冬氨酸法和马来酸酐法。天门冬氨酸首先经热缩聚得到 PSI，然后在碱性条下水解生成 PASP。中间体 PSI 的合成机理可分为两步。第一步，一个天门冬氨酸分子提供氨基，另一个天门冬氨酸分子提供一个羧基，两者脱水缩合形成酰胺键。第二步，酰胺键上的亚氨基再与提供羧基的天门冬氨酸分子上的另一羧基脱水缩合形成琥珀酰亚胺环。按照此两步机理，天门冬氨酸分子通过热缩聚脱水得到 PSI。马来酸酐法主要是以马来酸酐和氨供体为原料生产 PASP，除马来酸酐外，其他二元羧酸类试剂如马来酸和富马酸等也可作为反应原料；氨供体主要为氨水、氨气以及一些热解能产生氨的物质如尿素、碳酸铵、氯化铵等。马来酸酐与尿素在磷酸的催化下制备聚天门冬氨酸钠盐的路线可分为三步：第一步是马来酸酐和氨供体尿素通过开环反应生成铵盐；第二步是铵盐之间缩聚生成 PSI；第三步是 PSI 在碱性条件下水解得到聚天门冬氨酸钠盐。

6.2.1.1 聚天材料制备

（1）PSI 的制备。在反应釜中，以马来酸酐及其衍生物为原料，加入氨供体反应制备中间体，反应结束后将物料加热聚合制备 PSI。制备 PSI 时，马来酸酐及其衍生物包括马来酸酐、马来酸、富马酸等；氨供体包括氨水、氨气、碳酸氢铵、碳酸铵、尿素、氯化铵、硝酸铵等，综合考虑成本等因素，主要以马来酸酐和氨水为原料。为了保证马来酸酐及其衍生物的利用率，马来酸酐及其衍生物与氨的摩尔比一般不低于 1∶0.8，优选为 1∶(1~1.2)，更优选 1∶(1~1.1)。前体制备时，控制反应液温度不高于 80 ℃，反应时间不少于 0.5 h；PSI 制备时，时间不少于 1 h，反应温度不低于 160 ℃。

（2）改性剂的制备。利用有机二胺与马来酸酐反应，再按比例加入碱、碳酸氢盐、碳酸盐或氧化物，反应结束后加水配制成一定浓度的溶液，形成均匀透明液体，即为改性剂。有机二胺包括乙二胺、丙二胺、丁二胺、戊二胺、己二胺等，优选乙二胺；碱类包括 NaOH、KOH、Ca(OH)$_2$ 等，优选 NaOH、KOH、Ca(OH)$_2$；碳酸氢盐或碳酸盐为 NaHCO$_3$、Na$_2$CO$_3$、KHCO$_3$、K$_2$CO$_3$、Ca(HCO$_3$)$_2$、CaCO$_3$ 等；氧化物包括：CaO 等。马来酸酐与有机二胺的摩尔比为 1∶1；反应时间为 0.5 h 以上；马来酸酐与 NaOH、KOH、NaHCO$_3$、KHCO$_3$ 的摩尔比介于 1∶(0.8~1.2)，优选 1∶1，马来酸酐与 Ca(OH)$_2$、Na$_2$CO$_3$、K$_2$CO$_3$、Ca(HCO$_3$)$_2$、CaCO$_3$、CaO、的摩尔比介于 1∶(0.4~0.6)，优选 1∶1。

（3）将步骤（2）中的溶液加入反应釜中，加入步骤（1）中所制备 PSI，室温以上水解，得到改性聚天冬氨酸盐。基于提升 PASP 的降解性能、传导能力和螯合阻垢性能，合成了分子量大、侧链增长和螯合基团多的新型结构 PASP，改性过程主要分为两步：第一步，马来酸酐与乙二胺进行反应制备改性剂，然后将改性剂碱化；第二步，碱化后的改性剂对 PSI 进行开环改性，制备出侧链增长、螯合基团增多、分子量增大的改性 PASP。在反应过程中，通过对反应试剂加入比例、反应温度、反应时间等条件的严格调控，制备出分子量介于 4 000~15 000 的改性 PASP 产品（图 6-2）。通过聚天材料和尿素工艺复配，合成了改性聚天尿素（图 6-3）。

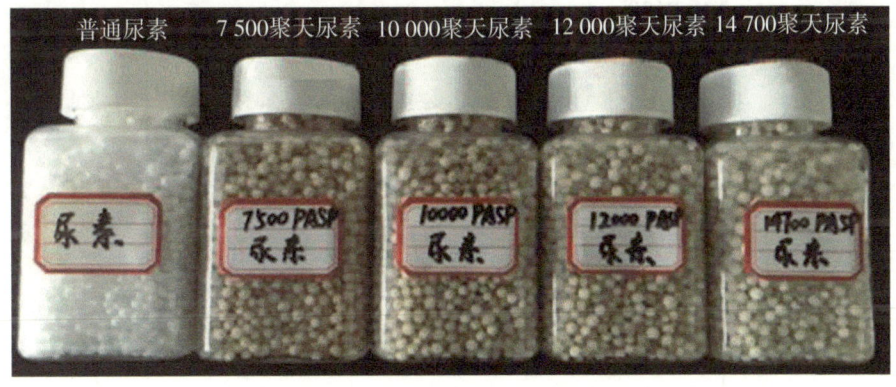

图 6-2 不同分子量聚天尿素产品

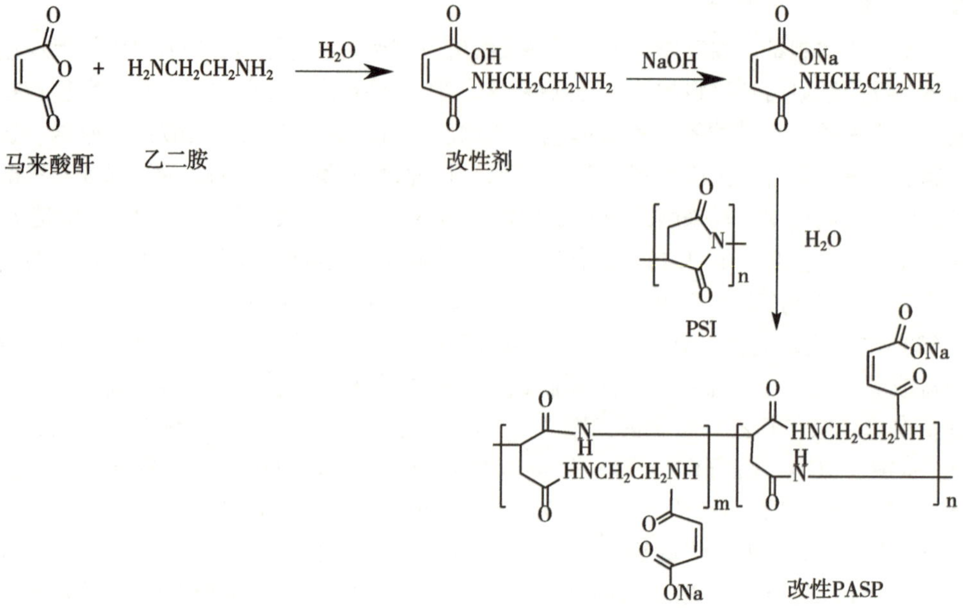

图 6-3 合成改性 PASP 的反应路线

6.2.1.2 不同聚天材料特性分析

通过对比分析 PASP-Na 和 M-PASP-Na 的 ^{1}H-NMR 结果发现，M-PASP 中存在亚甲基和次甲基特征基团、与氨基相连的甲基的氢质子以及马来酸酐结构中的亚甲基氢质子，表明了 M-PASP 的合成。

通过对比分析 PASP-Na 和 M-PASP-Na 的傅里叶图谱（图 6-4）可知，M-PASP 含有酰胺基、羧基、氨基等基团，具有聚天冬氨酸衍生物的特征，而且 M-PASP 结构

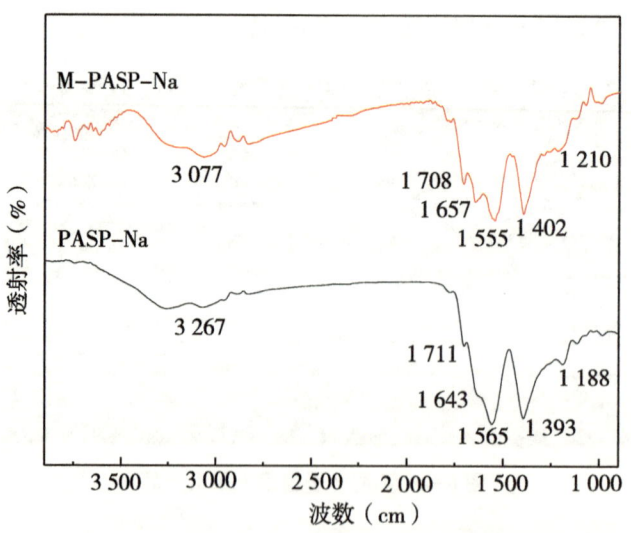

图 6-4 PASP-Na 和 M-PASP-Na 的傅里叶图谱

中的羧基含量比 PASP-Na 高。通过对比 PASP-Na 和 M-PASP-Na 的螯合阻垢性能可知，虽然 PASP 和 M-PASP-Na 的阻垢率均随着相对分子质量的增加而增加，但是 M-PASP-Na 的阻垢率明显比 PASP 的阻垢率高。这是因为 M-PASP-Na 相对分子质量比较大，含有更长的羧酸根分子链，一方面可以通过空间阻碍作用破坏结晶过程，防止晶粒的长大，另一方面通过螯合阳离子 Ca^{2+}、Mg^{2+} 等，增加其在溶液中的溶解度，酰胺基团中的氮原子带有负电荷对微晶也会产生吸附作用，降低微晶碰撞成垢的概率。但实验发现，当 M-PASP-Na 的分子量增加到 11 090.41 后，阻垢率出现下降趋势，这是因为如果水溶性高分子链过长，其构型容易变得卷曲，导致阻垢效果降低。所以控制 M-PASP 的相对分子质量在 11 000 左右可以得到较高的阻垢率（图 6-5）。

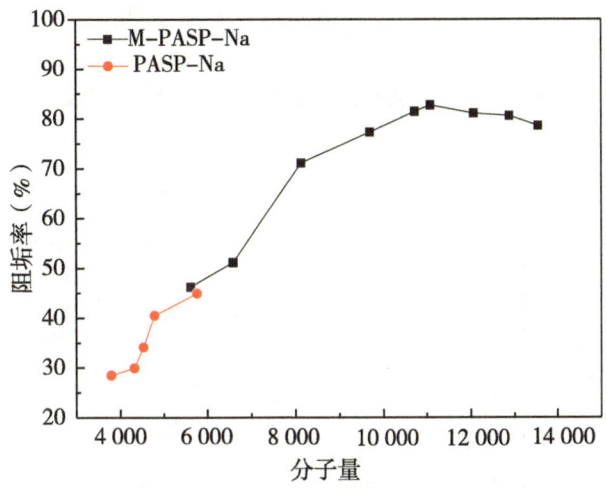

图 6-5 PASP-Na 和 M-PASP-Na 分子量对 $CaCO_3$ 阻垢率的影响

可根据合成原料配比变化及工艺参数调整，使改性聚天分子量可控制在 4 000 ~ 20 000，并由于结构和分子量的变化，使其阻垢、增效、缓释等性能发生变化，进而强化聚天产品功能。通过对比不同聚天分子量的参数，发现控制 M-PASP-Na 的相对分子质量在 11 000 左右时候，产品的稳定性较好。

6.2.2 新型聚天尿素增效肥料效果

6.2.2.1 改性聚天剂型的确定

在黑龙江、辽宁、浙江、安徽、湖北、江西 6 个省，开展水稻盆栽试验，对比分析改性聚天复配盐类（铵盐、钾盐、钙盐和锌盐）处理下，作物产量，田面水含氮量等指标，筛选最佳的改性聚天剂型。

以安徽试验点为例，在施肥后第 9 d，改性聚天处理的田面水硝态氮含量明显低于聚天处理和对照处理，其中钙盐改性聚天的硝态氮含量最低（图 6-6）。对比铵盐聚天、钾盐聚天、钙盐聚天和锌盐聚天对田面水硝态氮含量的影响可知，钙盐聚天和锌盐聚天对降低田面水硝态氮含量的效果更明显，其中钙盐聚天又优于锌盐聚天（图 6-7）。

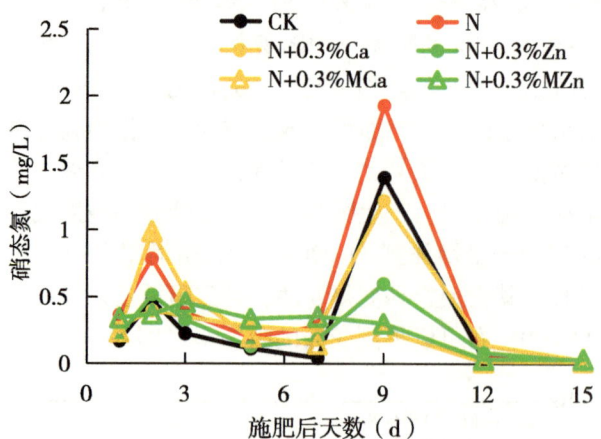

图 6-6 不同处理下水稻田面水硝态氮含量（安徽）

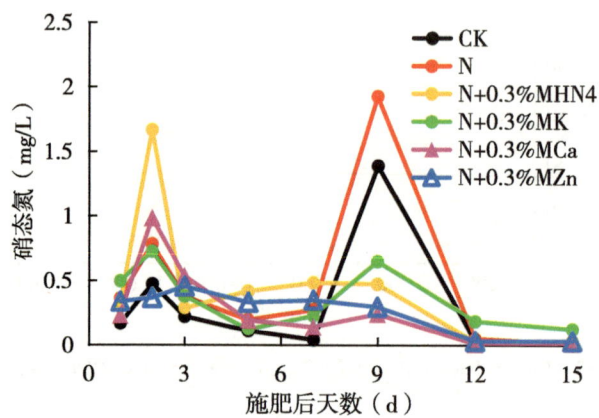

图 6-7 不同改性聚天处理的水稻田面水硝态氮含量（安徽）

以湖北和辽宁试验点为例，在施肥后，聚天处理及改性聚天处理的田面水硝态氮含量均低于仅施氮肥处理，其中钙盐改性聚天的硝态氮含量最低（图 6-8，图 6-9）。对比铵盐聚天、钾盐聚天、钙盐聚天和锌盐聚天对田面水硝态氮含量的影响可知，钙盐聚天和对降低田面水硝态氮含量的效果更明显（图 6-10，图 6-11）。

在水稻产量方面，与尿素处理相比，不同类型聚天钙盐添加后均有增产效果，水稻增产幅度为 7%~15%。辽宁、湖北和云南试验点的数据均表明，钙盐改性聚天处理的产量最高（图 6-12 至图 6-14）。

6.2.2.2 改性聚天钙盐添加量的确定

在黑龙江、辽宁、浙江、安徽、湖北、江西 6 个省，开展水稻盆栽试验，筛选 0.3%、0.6%、1.0% 等不同聚天钙盐添加量对田面水氮含量和作物产量的影响。筛选最佳的钙盐复配比例。

以安徽试验点为例，在施肥后期，所有聚天均能使田面水中的硝态氮含量降低，在

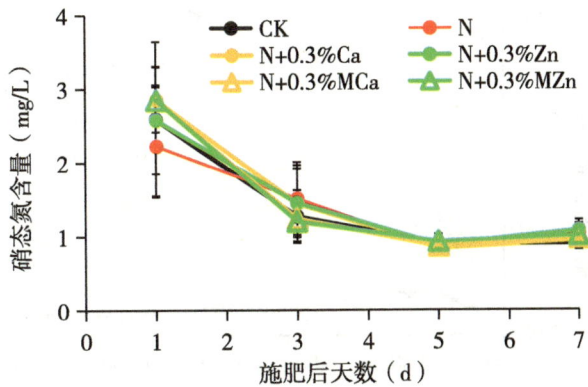

图6-8 不同处理下水稻田面水硝态氮含量（湖北）

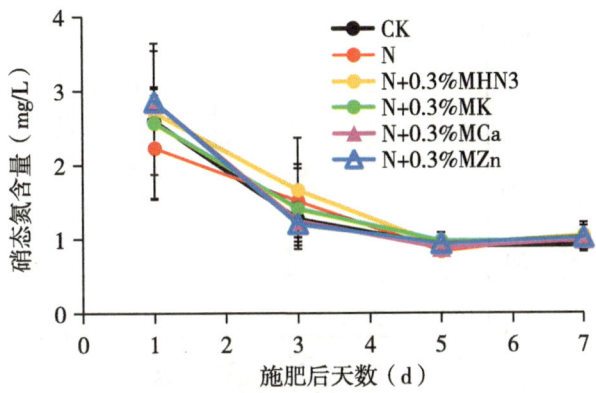

图6-9 不同改性聚天处理的水稻田面水硝态氮含量（湖北）

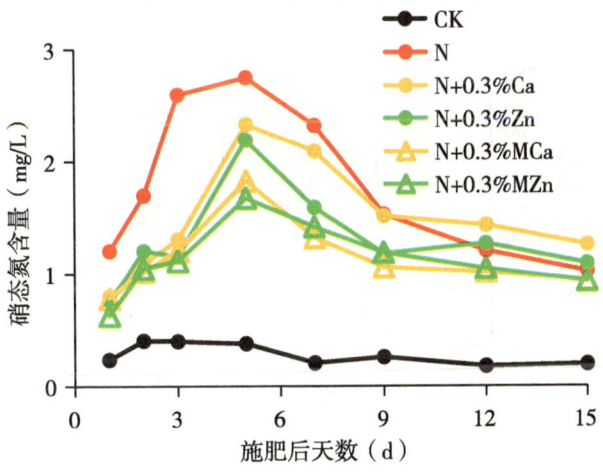

图6-10 不同处理下水稻田面水硝态氮含量（辽宁）

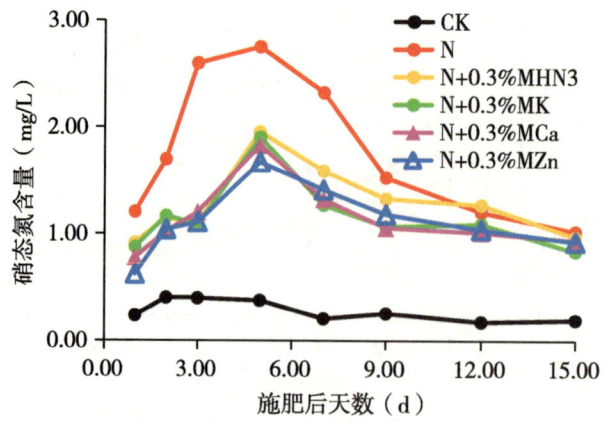

图 6-11 不同改性聚天处理的水稻田面水硝态氮含量（辽宁）

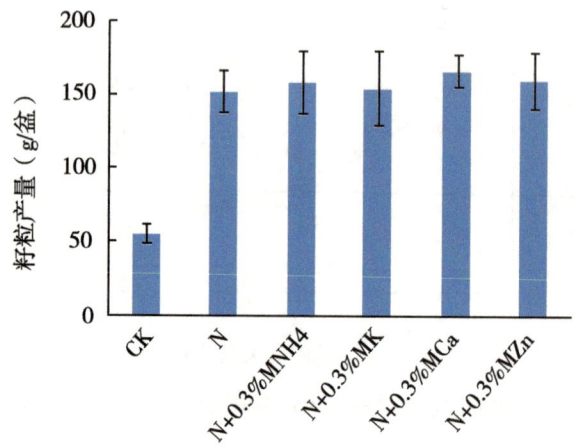

图 6-12 不同改性聚天处理的水稻产量（辽宁）

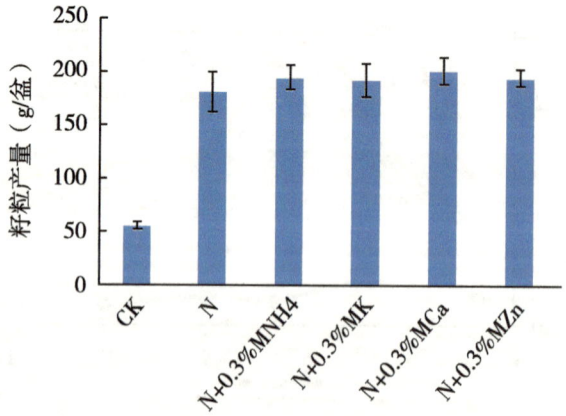

图 6-13 不同改性聚天处理的水稻产量（湖北）

6 稻田氮磷控源增汇技术

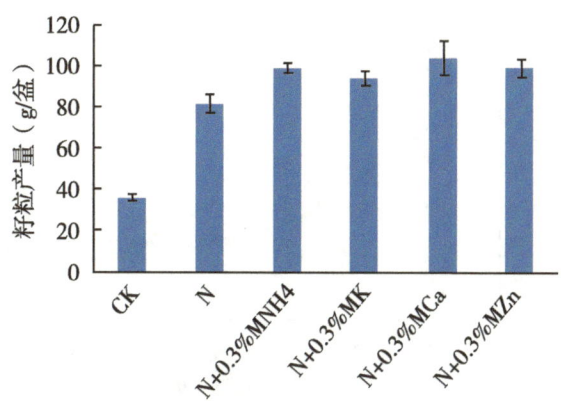

图 6-14　不同改性聚天处理的水稻产量（云南）

此阶段，钙盐添加量为 0.3% 时田面水硝态氮含量最低（图 6-15）。湖北试验点的结果与安徽试验点一致，即钙盐添加量为 0.3% 时田面水硝态氮含量最低（图 6-16）。辽宁试验点的结果表明，钙盐添加量为 1.0% 时，稻田田面水的硝态氮含量最低，但是与 0.3% 钙盐添加量处理差异较小（图 6-17）。

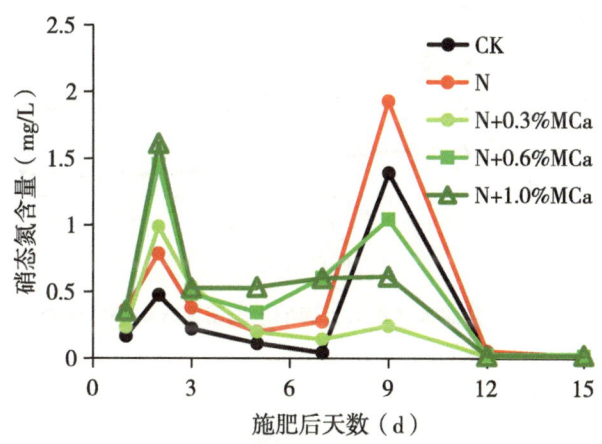

图 6-15　不同钙盐添加量聚天处理的水稻田面水硝态氮含量（安徽）

在作物产量方面，和尿素处理相比，加入不同添加量的改性聚天钙盐后水稻产量提高 9%~13%。其中，辽宁试验点的结果表明，钙盐添加量为 0.3% 时，水稻籽粒产量最高，比尿素处理产量增加 9.3%（图 6-18）。湖北和云南试验点则表明，钙盐添加量为 0.6% 时，水稻籽粒产量最高，但是和 0.3% 钙盐添加量处理没有显著差异。综合考虑成本收益，钙盐添加量为 0.3% 较好（图 6-19，图 6-20）。

6.2.2.3　改性聚天钙盐分子量的确定

盆栽试验的结果得出，在水稻上，聚天钙盐对提高作物产量和降低田面水硝态氮含量的效果最佳。因此，大田试验选择改性聚天钙盐，在辽宁和湖北两个省开展聚天钙盐不同分子量大田试验，研究 7 500、10 000、12 500、14 700 的聚天分子量对水稻产量和田

· 201 ·

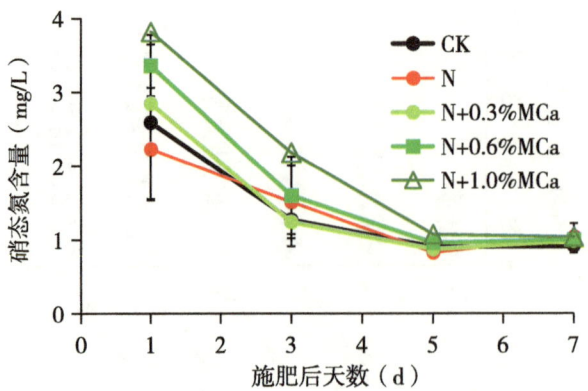

图 6-16　不同钙盐添加量聚天处理的水稻田面水硝态氮含量（湖北）

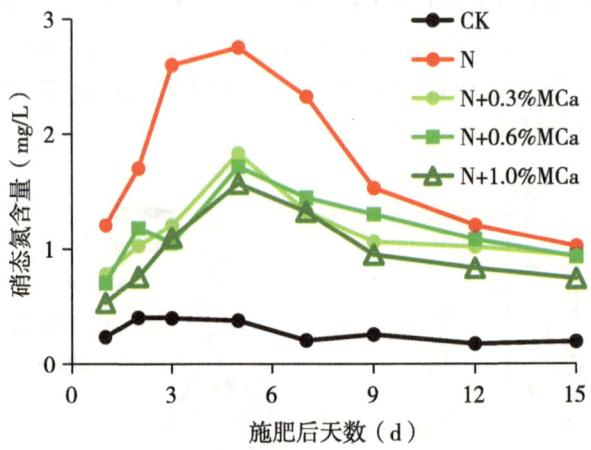

图 6-17　不同钙盐添加量聚天处理的水稻田面水硝态氮含量（辽宁）

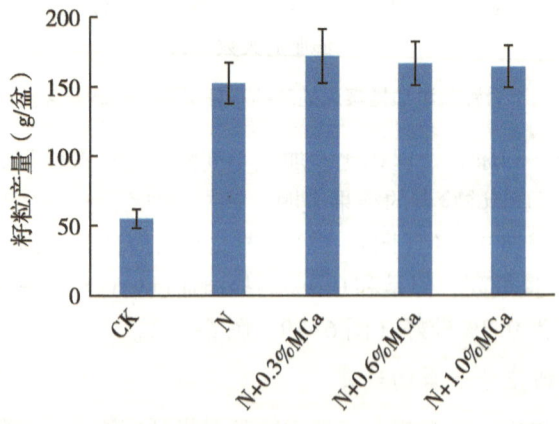

图 6-18　不同钙盐添加量聚天处理的水稻籽粒产量（辽宁）

面水水质的影响。

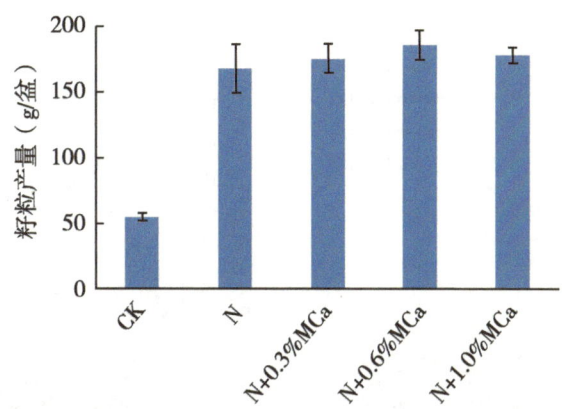

图 6-19　不同钙盐添加量聚天处理的水稻籽粒产量（湖北）

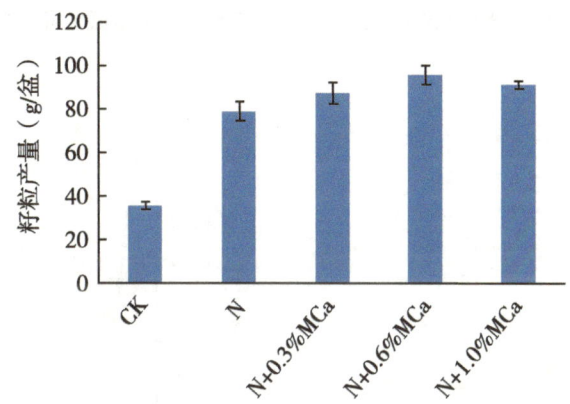

图 6-20　不同钙盐添加量聚天处理的水稻籽粒产量（云南）

湖北试验点结果表明，与施用普通尿素相比，施用不同分子量的聚天尿素均能降低田面水铵态氮浓度，从而降低稻田氨挥发损失风险（图 6-21），其中，分子量为 10 000 的聚天尿素降低田面水铵态氮浓度的效果最好。但不同分子量聚天尿素对田面水硝态氮含量的影响不同，与施用普通尿素相比，分子量为 7 500 和 12 500 的聚天尿素能够增加田面水硝态氮浓度，而施用分子量为 10 000 和 14 700 的聚天尿素能够降低田面水硝态氮浓度。

不同处理间田面水 TN 含量变化特征与铵态氮浓度略有差异（图 6-22），与施用普通尿素相比，基肥施用聚天尿素后，田面水 TN 浓度增加，而蘖肥施用聚天尿素后田面水 TN 浓度降低（图 6-23），其中分子量为 10 000 的聚天尿素降低效果最为明显。田面水 TP 变化特征与 TN 相类似。

辽宁试验点的结果表明，施入基肥后，不同分子量 PASP-Ca 处理 PU1、PU2、PU3、PU4 的田面水 TN 浓度均低于等量普通尿素 CK，其峰值较 CK 降低了 11.46%~26.80%。其原因可能是，PASP-Ca 与尿素复配后缓慢释放尿素，使田面水 TN 浓度相对较低。不同分子量 PASP-Ca 处理间的 TN 浓度峰值表现为 PU2 浓度最低，其次依次

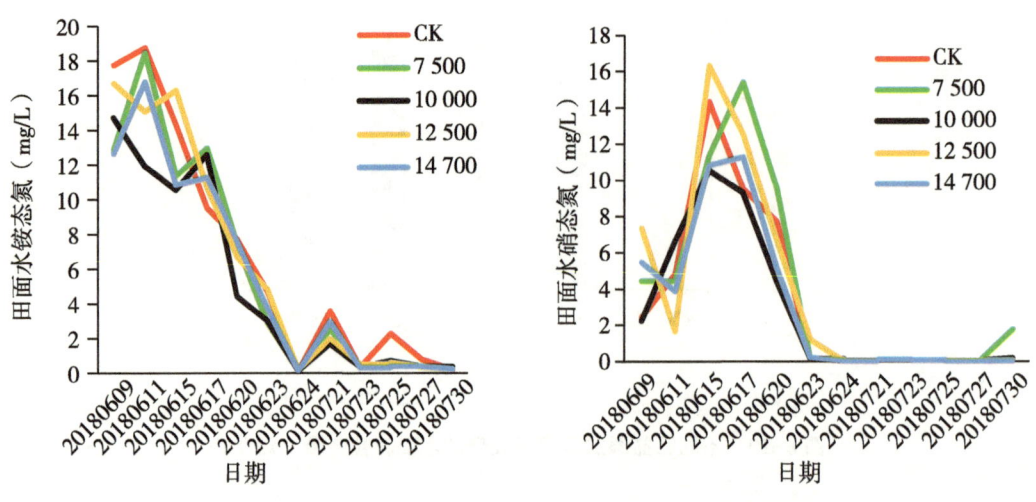

图 6-21　聚天尿素分子量对田面水铵态氮和硝态氮含量的影响

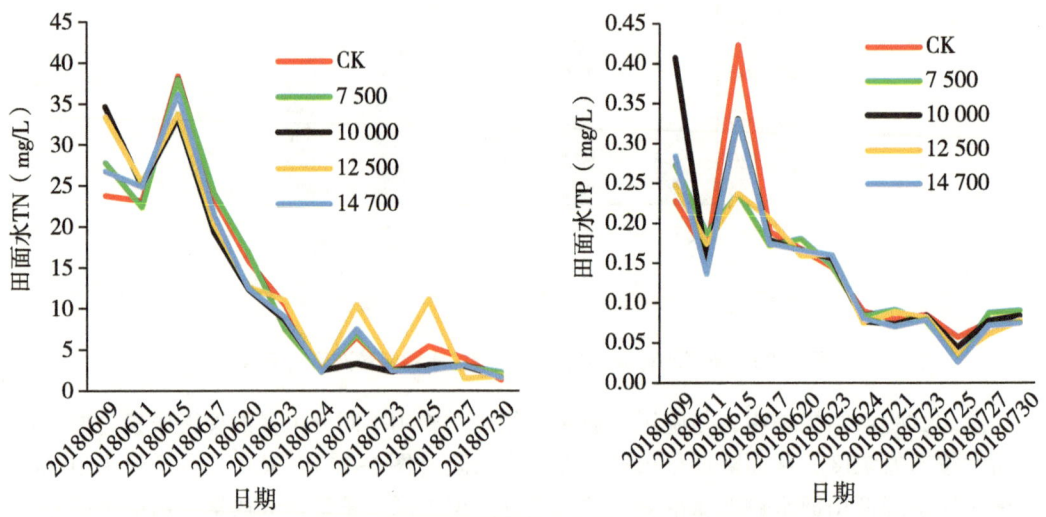

图 6-22　聚天尿素分子量对田面水 TN 和 TP 含量的影响

为 PU1、PU3，PU4 浓度最高。其原因可能是，PU2 处理外层包裹的 10 000 分子量 PASP-Ca 溶解速度相对较慢，因而被包裹的尿素释放相对较慢，所以 PU2 处理的田面水 TN 浓度相对较低。施入蘖肥后，不同分子量 PASP-Ca 处理 PU1、PU2、PU3、PU4 的田面水 TN 浓度与等量普通尿素 CK 无显著差异。不同分子量 PASP-Ca 处理间的 TN 浓度峰值表现为 PU2 浓度最低，其次依次为 PU3、PU1，PU4 浓度最高。

施入基肥后，不同分子量 PASP-Ca 处理 PU1、PU2、PU3、PU4 的田面水铵态氮浓度均低于等量普通尿素 CK，其峰值较 CK 降低了 20.24%~56.63%。其原因可能是，普通尿素溶解速度快，生成的铵态氮多，而 PASP-Ca 与尿素复配后缓慢释放尿素，生成的铵态氮少，同时 PASP-Ca 还能螯合田面水中大量的铵态氮，富集并固定到土壤耕作层水稻根系附近，从而降低了田面水铵态氮浓度。不同分子量 PASP-Ca 处理间的铵态

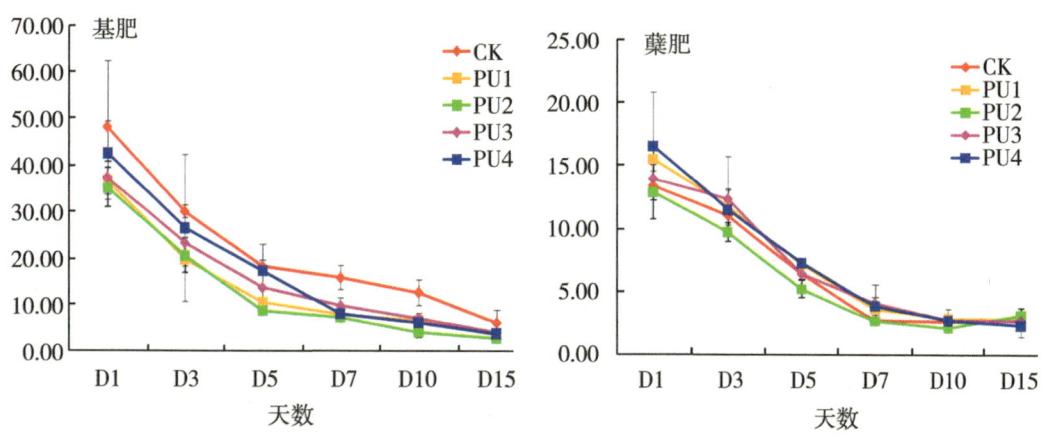

图 6-23 施肥后稻田田面水 TN 的动态变化

氮浓度峰值表现为 PU2 浓度最低，其次依次为 PU1、PU3，PU4 浓度最高。其原因可能是，PU2 处理尿素外层包裹的 10 000 分子量 PASP-Ca 释放尿素相对较慢，其次是 10 000 分子量 PASP-Ca 的分子结构更利于吸附较多的铵态氮并固定到土壤里，再者是 10 000 分子量 PASP-Ca 的分子结构利用土壤微生物中相应的酶进入 PASP 的活性位点，使结构主链发生分解并断裂成片段，裸露出大量的羧基，与田面水中的铵态氮结合并固定到土壤里，因此 PU2 处理的田面水铵态氮浓度相对较低。施入蘖肥后，所有不同分子量 PASP-Ca 处理 PU1、PU2、PU3、PU4 的田面水铵态氮浓度均低于等量普通尿素 CK 处理（图 6-24），其峰值较 CK 处理降低了 38.01%~89.80%。不同分子量 PASP-Ca 处理间的铵态氮浓度峰值表现为 PU4 浓度最低，其次依次为 PU1、PU3，PU2 浓度最高，此趋势与基肥期变化不一致。

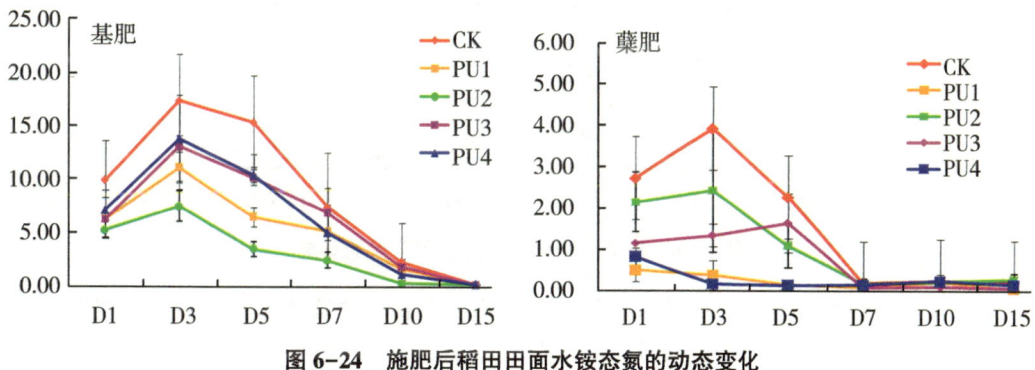

图 6-24 施肥后稻田田面水铵态氮的动态变化

施入基肥后，不同分子量 PASP-Ca 处理 PU1、PU2、PU3、PU4 的田面水硝态氮浓度均低于等量普通尿素 CK 处理，其峰值较 CK 处理降低了 14.20%~20.01%。不同分子量 PASP-Ca 处理间的硝态氮浓度峰值表现为 PU2 浓度最低，其次依次为 PU3、PU1，PU4 浓度最高，这说明 10 000 分子量 PASP-Ca 抑制铵态氮转化为硝态氮效果显著。施入蘖肥后，不同分子量 PASP-Ca 处理 PU1、PU2、PU3、PU4 的田面水硝态氮浓度均高于等量普通尿素 CK（图 6-25），此结果与基肥期趋势不一致，有待深入探究。不同分子量 PASP-Ca 处理间的硝态氮浓度峰值高低表现为 PU2 浓度最低，其次依次为 PU3、PU1，PU4 浓度最高。

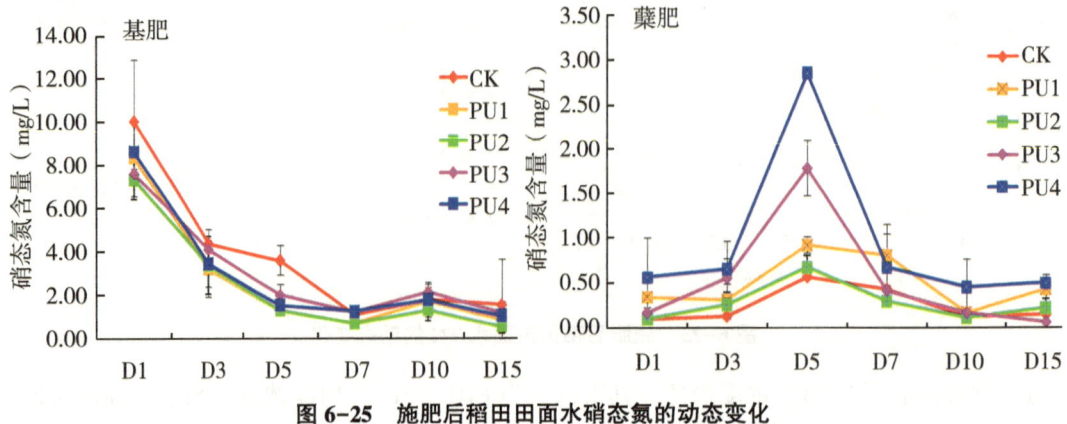

图 6-25　施肥后稻田田面水硝态氮的动态变化

在作物产量方面，湖北试验点水稻产量结果表明，和尿素处理相比，不同分子量的聚天尿素可使水稻增产 6%~13%。其中，分子量为 10 000 的聚天尿素使水稻产量增加了 9.14%（图 6-26）。

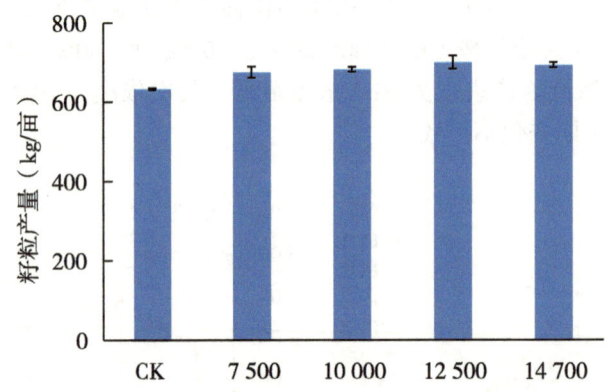

图 6-26　聚天尿素分子量对水稻产量的影响

辽宁试验点水稻生物学性状和产量结果发现：从株高方面来看，普通尿素处理高于所有 PASP-Ca 处理，与 PU1、PU3 差异显著，与 PU2、PU4 无显著差异。从水稻有效分蘖方面来看，PU2 处理显著多于 PU1、PU4 处理；PU2 处理较 CK 多 7.52%，无显著差异。从秸秆产量来看，PU2 处理多于其他处理，较 CK 多 9.14%，无显著差异；PU2 处理显著多于 PU1、PU3、PU4 处理。从水稻产量来看，PU2 处理多于其他处理，较 CK 多 9.14%，无显著差异；总之，PU2 处理可有效促进水稻吸收养分，供植株生长和分蘖，使水稻增产（表 6-5）。

表6-5 聚天尿素分子量对水稻株高、有效分蘖、秸秆和籽粒产量的影响

处理编号	株高 (cm)	有效分蘖 (个/株)	秸秆产量 (kg/亩)	籽粒产量 (kg/亩)
CK	91.50±2.18a	23.13±0.76ab	619.16±56.10a	778.84±27.59ab
PU1	85.17±2.52b	21.27±0.23bc	499.24±34.54b	648.81±17.96c
PU2	88.00±1.00ab	24.87±2.39a	675.76±57.36a	835.43±57.75a
PU3	85.10±4.62b	22.53±1.79abc	516.08±26.38b	758.63±16.21b
PU4	85.73±3.57ab	19.60±1.91c	489.13±75.52b	669.02±35.93c

注：不同小写字母代表处理间存在显著性差异（$P<0.05$）。

6.2.2.4 改性聚天肥料类型的确定

在我国安徽、黑龙江、江西、云南、浙江和辽宁开展筛选聚天肥料类型的大田试验。通过对比分析不施肥处理（空白对照）、尿素处理（CK）、聚天尿素处理（PU2）、腐殖酸处理（F）、聚天腐殖酸处理（PF）对水稻田面水水质和产量的影响以及对旱地作物铵态氮、硝态氮含量和产量的影响，筛选最佳的聚天肥料类型。

以黑龙江水稻为例，各处理对水稻田面水水质影响如下：施入基肥后第1 d各处理田面水可溶性TN浓度即达到峰值，随着时间的推移而降低，各施肥处理始终高于空白处理，不同肥料来看缓释肥处理（F、PF）均高于尿素处理（CK、PU2）。蘖肥后，尿素处理（CK、PU2）由于追施氮肥田面水可溶性TN浓度最高，随着时间的推移而降低，最后接近缓释肥处理（F、PF）；缓释肥处理（F、PF）没有追肥田面水可溶性TN浓度始终保持在较低水平并且缓慢降低，但始终高于空白处理（图6-27）。

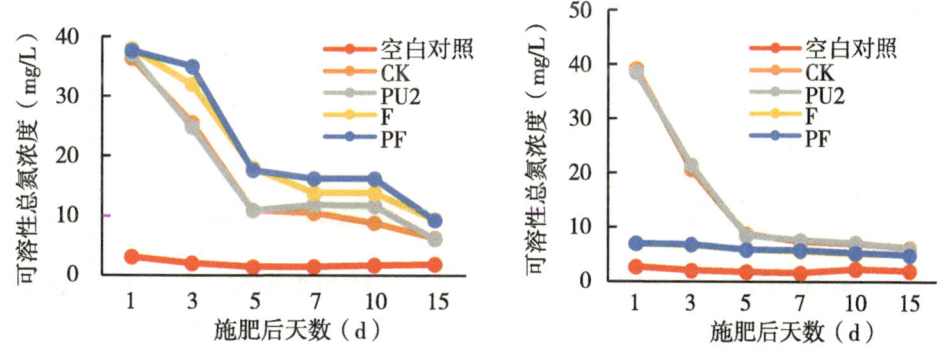

图6-27 施用基肥（左图）和蘖肥（右图）后田面水可溶性TN浓度变化

施入基肥后各处理硝态氮浓度均高于空白处理，但处理之间规律不明显，蘖肥和穗肥后，尿素处理（CK、PU2）田面水硝态氮浓度均高于缓释肥处理（F、PF）。但是，不同处理稻田田面水铵态氮浓度有明显变化。施用蘖肥后，CK处理由于追肥田面水铵态氮浓度最高，其次为PU2处理，二者随着时间的推移而降低，最后接近缓释肥处理（F、PF）；缓释肥处理（F、PF）没有追肥田面水铵态氮浓度始终保持在较低水平并且

缓慢降低，但始终高于空白处理。穗肥后，尿素处理（CK、PU2）由于追肥田面水铵态氮浓度最高，随着时间的推移而降低，最后接近缓释肥处理（F、PF）和空白处理；缓释肥处理（F、PF）没有追肥，始终保持在最低水平（图6-28）。

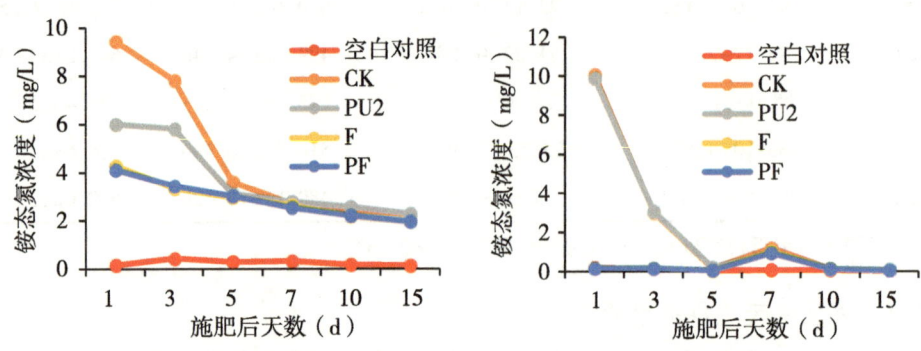

图6-28 施用蘖肥（左图）和穗肥（右图）后田面铵态氮浓度变化

在作物产量方面，以江西晚稻为例，在施氮量为目标产量80%条件下，与普通尿素（CK）比较，各处理以聚天腐殖酸复合肥（PF）晚稻稻谷产量8 697.9 kg/hm²最高（表6-6），较之CK处理增产8.6%，差异显著；其次是腐殖酸复合肥（F）稻谷产量8 437.5 kg/hm²，较之CK处理增产5.3%，差异不显著；聚天10 000（PU2）尽管较CK处理增产1.25%，但差异不显著。

表6-6 聚天控源产品对晚稻稻谷产量的影响（2018，江西高安）

处理	稻谷产量（kg/hm²）	较之CK（±%）
不施肥（空白对照）	5 333.3±331.2d	-33.4
普通尿素（CK）	8 010.4±95.5bc	—
聚天10 000（PU2）	8 100.3±118.3c	1.25
腐殖酸复合肥（F）	8 437.5±31.25ab	5.3
聚天腐殖酸复合肥（PF）	8 697.9±612.6a	8.6

以浙江水稻为例，与施用常规尿素处理相比，施用聚天尿素使水稻产量素增加8.4%，腐殖酸尿素、聚天腐殖酸尿素分别使水稻产量增加5.4%和6.5%（图6-29）。

6.2.2.5 改性聚天增效机制

1. 抑制尿素水解，螯合吸附铵根离子

利用培养试验研究了聚天钙盐对脲酶活性的影响，含有聚天门冬氨酸钙盐的处理在所有取样时间内脲酶的活性更低，在培养的第6 d两者差值达到最大，下降比例达到11.42%，说明聚天门冬氨酸对土壤中脲酶的活性存在抑制作用（图6-30）。脲酶的水解作用，是尿素中氮被利用的开始，脲酶活性受到抑制会在短期内直接影响到土壤中的铵态氮和硝态氮含量（图6-31）。同期相比，含有聚天门冬氨酸钙盐的土壤中的铵态氮、硝态氮和无机氮含量更低，在另一个层面上说明聚天门冬氨酸对脲酶的抑制作用起到了达到延缓尿素分解的效果。

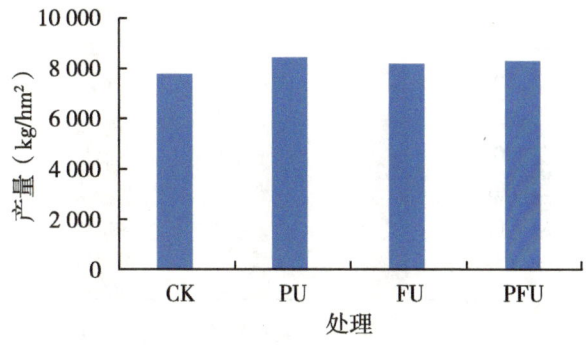

图 6-29 聚天控源产品对水稻产量的影响

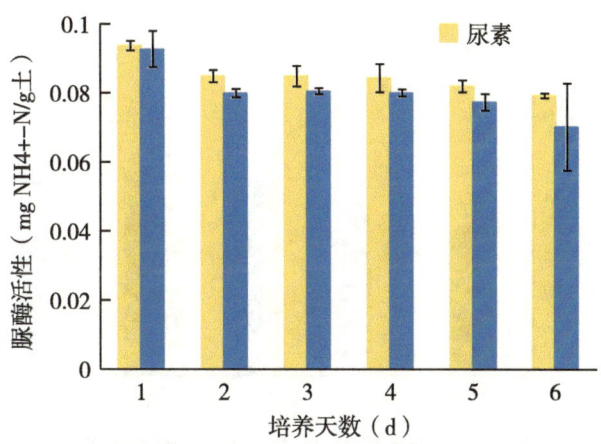

图 6-30 聚天尿素对土壤脲酶活性的影响

2. 抑制硝化反应

在硝化反应中，NH_4^+ 首先在氨氧化细菌（AOB）和氨氧化古菌（AOA）的作用下被氧化为 NO_2^-，然后亚硝酸盐氧化细菌（NOB）进一步将 NO_2^- 氧化为 NO_3^-；同时，NH_4^+ 在 comammox 细菌的作用下可以直接被氧化为 NO_3^-。因此，土壤中 AOA 和 AOB 细菌的数量会对土壤的硝化水平造成影响（图 6-32）。有研究表明在 NH_4^+ 含量高的土壤中 AOB 细菌对硝化反应起主导作用。本研究结果表明：氮肥的多次施用导致各处理土壤中 AOA 细菌数量要低于 AOB（图 6-33）；聚天门冬氨酸、DMPP 和秸秆的施用减少了土壤中 AOA 细菌数量，其中聚天门冬氨酸和秸秆对 AOA 细菌数量的影响达到了显著水平（$P<0.05$）。以上研究为添加固氮材料处理中 N_2O 排放量的减少提供了机理层面的解释。相比于常规氮肥，施用新型聚天尿素可抑制硝化反应，使土壤中硝态氮含量降低 7%~27%；原因在于新型聚天可显著降低土壤硝化细菌丰度，抑制硝化作用。

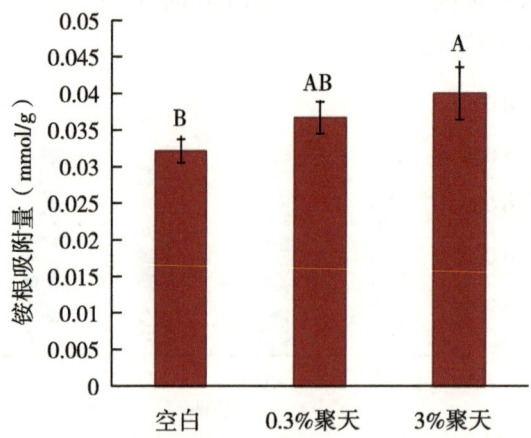

图 6-31 聚天添加量对土壤铵根离子吸附量的影响

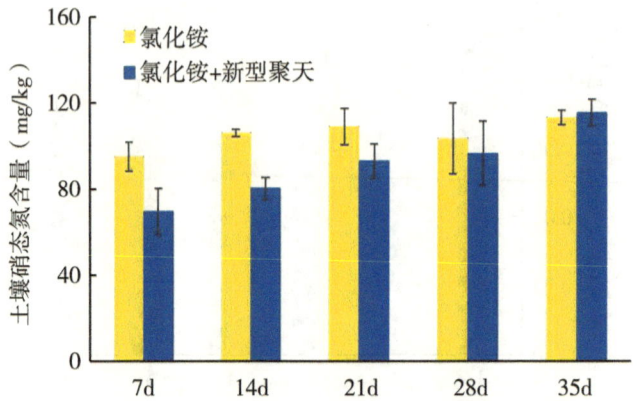

图 6-32 聚天尿素对土壤铵态氮含量的影响

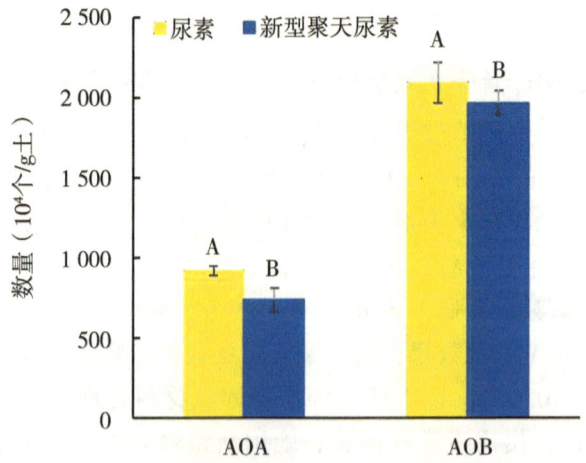

图 6-33 聚天尿素对土壤 AOA 和 AOB 含量的影响

3. 增加微生物种群丰度

以辽宁为例，在施肥后第 3 d，CK 处理土壤样品中含有细菌种类 1 830 个，PU2 处理土壤样品中含有细菌种类 1 861 个，两个样品中含有相同细菌种类 1 812 个；在施肥后第 5 d，CK 处理土壤样品中含有细菌种类 1 947 个，PU2 处理土壤样品中含有细菌种类 1 935 个，两个样品中含有相同细菌种类 1 910 个；在施肥后第 10 d，CK 处理土壤样品中含有细菌种类 1 842 个，PU2 处理土壤样品中含有细菌种类 1 905 个，两个样品中含有相同细菌种类 1 818 个。从施肥后第 3 d 到第 10 d，土壤细菌种类呈现先增加后减少的趋势，且除第 5 d 两个处理细菌种类无明显差异外，其余两个时期 PU2 处理土壤样品中细菌种类都高于 CK 处理。各处理土壤样品从细菌属水平上进行分类来看，在施肥后第 3 d，CK 处理土壤样品中特有细菌种类 4 个，PU2 处理土壤样品中特有细菌种类 22 个，两个样品中含有相同细菌种类 525 个；在施肥后第 5 d，CK 处理土壤样品中特有细菌种类 11 个，PU2 处理土壤样品中特有细菌种类 13 个，两个样品中含有相同细菌种类 567 个；在施肥后第 10 d，CK 处理土壤样品中特有细菌种类 5 个，PU2 处理土壤样品中特有细菌种类 35 个，两个样品中含有相同细菌种类 538 个。从施肥后第 3 d 到第 10 d，在种水平上土壤细菌种类呈现先增加后减少的趋势，且各时期 PU2 处理土壤样品中特有细菌种类都高于 CK 处理。

选择物种丰度比例大于 1% 的优势物种绘制目水平分布柱状图，在施肥后第 3 d、第 5 d 和第 10 d，各个处理有 10.60%～18.77% 左右属未能进行分类鉴别，3 个时期相对丰度最高的细菌主要有亚硝化单胞菌目（Nitrosomonadales）、厌氧绳菌目（Anaerolineales）和黄单胞杆菌目（Xanthomonadales），且不同处理各个优势物种相对丰度均有所差异。在施肥后第 3 d，CK 处理细菌相对丰度高于 PU2 处理的优势属有：黄单胞杆菌目（Xanthomonadales 植物病原菌，硝酸盐呼吸），CK 处理 9.16%、PU2 处理为 7.32%；其次是鞘脂杆菌目（Sphingobacteriales，实现同步硝化反硝化），CK 处理 4.74%、PU2 处理 4.47%；而 PU2 处理物种相对丰度高于 CK 处理的优势属有：主要以未分类和其他细菌为主，占比为 21.94%～46.55%；其次是厌氧绳菌目（Anaerolineales，在产甲烷生物系统中具有降解碳水化合物和其他细胞材料（如氨基酸）的重要作用），CK 处理 5.19%、PU2 处理 5.52%；亚硝化单胞菌目（Nitrosomonadales），CK 处理 4.90%、PU2 处理 5.64%。

在施肥后第 5 d，CK 处理细菌相对丰度高于 PU2 处理的优势属有：亚硝化单胞菌目（Nitrosomonadales），CK 处理 8.47%、PU2 处理为 5.69%；其次是厌氧绳菌目（Anaerolineales），CK 处理 7.33%、PU2 处理 5.28%；硝化螺旋菌目（Nitrospirales，可将亚硝酸盐氧化成硝酸盐），CK 处理 4.39%、PU2 处理 3.29%；其次是鞘脂杆菌目（Sphingobacteriales，实现同步硝化反硝化），CK 处理 2.33%、PU2 处理 2.53%；假单胞菌（Pseudomonadales 有极强分解有机物的能力），CK 处理 0.53%、PU2 处理 2.44%。在施肥后第 10 d，CK 处理物种相对丰度高于 PU2 处理的优势属有：亚硝化单胞菌目（Nitrosomonadales），CK 处理 9.73%、PU2 处理为 7.76%；其次是厌氧绳菌目（Anaerolineales），CK 处理 7.73%、PU2 处理 5.78%；硝化螺旋菌目（Nitrospirales，可将亚硝酸盐氧化成硝酸盐），CK 处理 3.64%、PU2 处理 2.93%；而 PU2 处理物种相对丰度高于 CK 处理的优势属有：主要以未分类细菌为主，占比为 12.17%~15.28%；黄单胞杆菌目（Xanthomonadales 植物病原菌，硝酸盐呼吸），CK 处理 3.60%、PU2 处理为 4.01%；芽孢杆菌目（Bacillales，防止肥分及水分流失），CK 处理 3.60%、PU2 处理为 4.01%；假单胞菌（Pseudomonadales，有极强分解有机物的能力），CK 处理 0.36%、PU2 处理 2.38%。

Alpha 多样性（Alpha diversity）反映的是单个样品物种丰度（Richness）及物种多样性（Diversity）。Chao1 和 ACE 指数衡量物种丰度即物种数量的多少。Shannon 和 Simpson 指数用于衡量物种多样性，受样品群落中物种丰度和物种均匀度（Community evenness）的影响。相同物种丰度的情况下，群落中各物种具有越大的均匀度，则认为群落具有越大的多样性，Shannon 指数值越大，Simpson 指数值越小，说明样品的物种多样性越高。ACE 指数显示施肥后第 3 d 和第 10 d，PU2 处理高于 CK 处理，且第 10 d 两者差异不显著；Chao1 指数显示施肥后第 3 d 和第 10 d，PU2 处理均显著高于 CK 处理。Simpson 指数显示除施肥后第 3 d 两者差异不显著外，施肥后第 5 d 和第 10 d，PU2 处理均显著低于 CK 处理。Shannon 指数显示在各个时期，CK、PU2 处理的差异不显著。通过综合分析 Alpha 多样性指数表明各处理间均有较高的细菌多样性，施肥后第 5 d 和第 10 d，PU2 处理显著高于 CK 处理。各处理细菌数量均较高，且在施肥后第 3 d、第 10 d，PU2 处理细菌数量显著高于 CK 处理（表 6-7）。

表 6-7 各个处理 Alpha 多样性指数值

编号	ACE 指数	Chao1 指数	Simpson 指数	Shannon 指数
CKD3	1 838.68d	1 845.26d	0.004 6c	6.45a
PU2D3	1 873.87bc	1 898.94bc	0.004 4c	6.50a
CKD5	1 953.08a	1 956.02a	0.013 7bc	6.50a
PU2D5	1 943.91a	1 950.62a	0.005 5a	6.19a
CKD10	1 851.25c	1 858.65cd	0.007 4c	6.47a
PU2D10	1 915.68ab	1 925.50ab	0.004 7b	6.31a

注：不同小写字母代表处理间存在显著性差异（$P<0.005$）。

本研究发现：第一，钙盐聚天和锌盐聚天对降低田面水硝态氮含量的效果更明显，其中钙盐聚天又优于锌盐聚天。第二，聚天钙盐添加量为 0.3% 时的增产效果达 9.3%，成本收益更佳。第三，与等量普通尿素相比，不同分子量 PASP-Ca 与尿素复配后可降低田面水 TN、铵态氮、硝态氮浓度。第四，聚天分子量为 10 000 的增产效果较好，聚天复配腐殖酸可以进一步提高作物产量。综合上述结果表明，与普通氮肥相比，PASP 与氮肥复配可影响参与氮代谢的微生物种类和丰度，改变土壤细菌群落结构和多样性，抑制铵态氮和硝态氮的转化，从而降低氮素流失风险。

6.3 增汇有机材料技术工艺

6.3.1 增汇材料的筛选及应用

6.3.1.1 有机材料氮固持特征

碳氮比是有机材料对无机氮固持或释放的关键，有机材料碳氮比与无机氮固持能力呈正相关 $y=0.184x-2.9402$，$R^2=0.7332$，有机材料碳氮比大于 16 时，有机材料具有固持无机氮的能力，碳氮比小于 16 时，有机材料具有释放无机氮的能力。高碳氮比的材料对无机氮都有固持作用（图 6-34）。

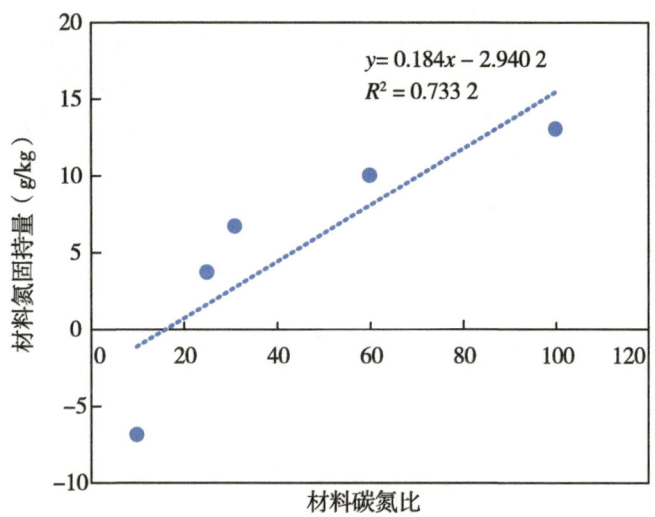

图 6-34 有机材料碳氮比与氮固持量的关系

有机材料腐解过程既是微生物生长过程，也是无机氮向有机氮的转化过程。随着材料的腐解，微生物新陈代谢速度和微生物总量都在增加，材料中无机氮不断向有机氮转化。试验结果表明，材料中无机氮和有机氮之间的转化较为明显，无论是哪种材料，随着培养时间增加材料中有机氮呈增加趋势，无机氮呈下降趋势（表 6-8）。自培养开始到培养结束，各种材料中 TN 量基本保持不变（C/N 31 的氮素增加了 0.03 g，C/N 60 的氮素减少了 0.06 g，C/N 99 的氮素增加了 0.02 g，C/N 25 的氮素减少了 0.17 g）。

表 6-8 培养试验中各种材料中氮素变化情况

材料 C/N	氮含量	3 d	7 d	15 d	30 d	60 d	90 d	120 d	150 d
C/N 25	无机氮（g）	0.14	0.16	0.10	0.04	0.05	0.06	0.04	0.04
	有机氮（g）	0.34	0.29	0.31	0.38	0.34	0.39	0.43	0.40

（续表）

材料 C/N	氮含量	3 d	7 d	15 d	30 d	60 d	90 d	120 d	150 d
C/N 31	无机氮（g）	0.06	0.15	0.03	0.00	0.03	0.03	0.01	0.01
	有机氮（g）	0.45	0.35	0.55	0.50	0.55	0.40	0.52	0.53
C/N 60	无机氮（g）	0.08	0.10	0.06	0.00	0.00	0.00	0.01	0.00
	有机氮（g）	0.29	0.20	0.24	0.43	0.40	0.42	0.39	0.35
C/N 99	无机氮（g）	0.03	0.05	0.07	0.07	0.09	0.07	0.05	0.05
	有机氮（g）	0.32	0.33	0.32	0.32	0.27	0.26	0.26	0.29

有机材料碳组分对无机氮固持和转化能力具有差异性。结果表明，C/N 99 材料对无机氮的固持能力最大（图6-35），C/N 25 材料对无机氮的固持能力最小。其中，C/N 99 材料对无机氮的固持能力为 9.19 kg/t，C/N 60 材料对无机氮的固持能力为 8.22 kg/t，C/N 31 材料对无机氮的固持能力为 5.50 kg/t，C/N 25 材料对无机氮的固持能力为 5.12 kg/t。从培养时间看，培养 0~7 d、30~90 d 及 120~150 d 期间是外源有机材料的氮素矿化期，7~30 d 和 90~120 d 期间是有机材料的氮素固持期。

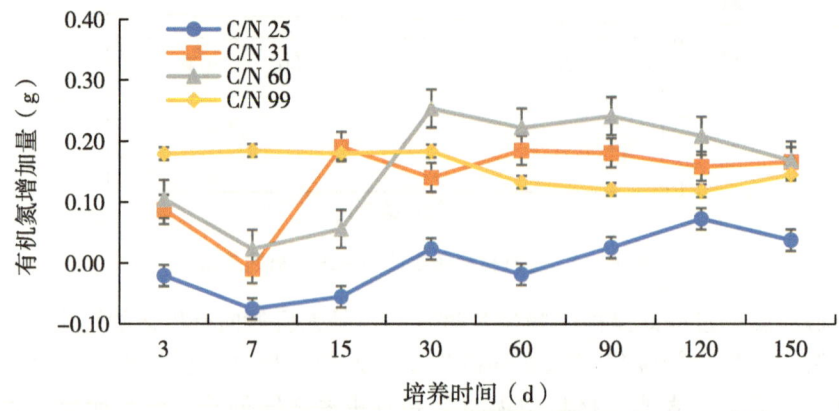

图 6-35　培养试验中各种材料氮素的吸收固持情况

6.3.1.2　有机材料中有机碳变化情况

随着有机材料的腐解，有机材料中的有机碳逐渐下降。培养结束时，C/N 31 材料中的有机碳下降 53.27%，C/N 60 材料中的有机碳下降 47.25%，C/N 99 材料中的有机碳下降 28.03%，C/N 25 材料中的有机碳下降 48.40%，各种有机材料中有机碳降解情况见表 6-9。4 种有机材料的有机碳下降数量不同，主要是因为材料有机碳的分解速度与有机材料中的碳组分不同的关系。其中，C/N 99 的松针中木质素含量相对较高，微生物分解利用较缓慢，因此，所降解的有机碳数量较少；C/N 31 的蚕豆秸秆中蛋白质和半纤维素含量相对较高，微生物分解利用较快。

表 6-9 培养试验中各种材料中有机碳变化情况

材料 C/N	0 d	3 d	7 d	15 d	30 d	60 d	90 d	120 d	150 d
C/N 25	16.09	14.52	14.26	13.76	14.12	8.51	6.29	8.41	8.30
C/N 31	16.49	14.49	12.87	10.76	8.94	7.35	6.53	9.76	7.71
C/N 60	16.09	12.38	14.05	14.10	9.92	7.24	9.06	9.62	8.49
C/N 99	18.66	16.46	14.87	16.23	14.29	12.50	12.61	13.17	13.43

从培养各个阶段来看，培养 0~60 d，有机材料中的有机碳呈快速分解阶段，培养 60~90 d，有机材料中有机碳呈慢速分解阶段。4 种有机材料相比，C/N 31 中有机碳的分解速度最快，其他 3 种材料在培养前 30 d 的分解速度较慢，C/N 99 和 C/N 60 在培养前期有机碳还略有增加（图 6-36），以此阶段激发的微生物种类有关系，可能激发了一些自养型微生物的生长，从空气中吸收了一些二氧化碳，导致材料中有机碳的增加。

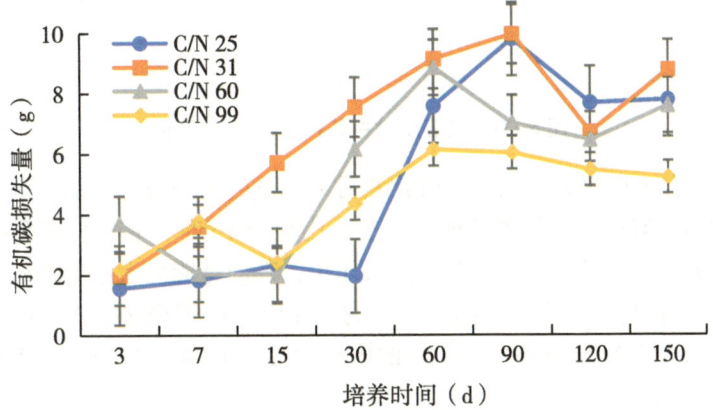

图 6-36 培养试验中各种材料碳素损失量变化

6.3.1.3 碳氮比变化情况

培养过程中，随着有机材料的腐解，有机材料中 C/N 逐渐下降。到培养结束时，蚕豆秸秆 C/N 降低 56.04%，小麦秸秆 C/N 下降 37.79%，松针 C/N 下降 31.66%，玉米秸秆 C/N 下降 28.37%，各种有机材料 C/N 分解详细情况见表 6-10。4 种有机材料的 C/N 下降程度不同，主要是因为材料有机碳分解速度和有机氮的增加速度有关。

表 6-10 培养试验中各种材料中 C/N 变化情况

材料 C/N	0 d	3 d	7 d	15 d	30 d	60 d	90 d	120 d	150 d
C/N 25	26.29	30.18	31.85	34.26	32.97	21.73	14.17	17.66	18.83
C/N 31	32.66	28.62	25.81	18.60	17.71	12.74	15.13	18.45	14.36
C/N 60	39.05	33.49	46.18	48.10	22.66	17.97	21.28	24.26	24.29
C/N 99	57.64	46.37	39.20	41.63	36.62	34.42	37.55	42.28	39.39

有机材料在整个培养过程中，4种有机材料的C/N总体呈下降趋势（图6-37），其中大麦秸秆C/N 60在培养3~15 d期间C/N呈上升趋势。由于4种材料受到碳组分的影响，相比较其他材料而言，松针C/N 99的C/N整体维持在较高水平，而蚕豆秸秆C/N 31的C/N整体维持在较低水平。

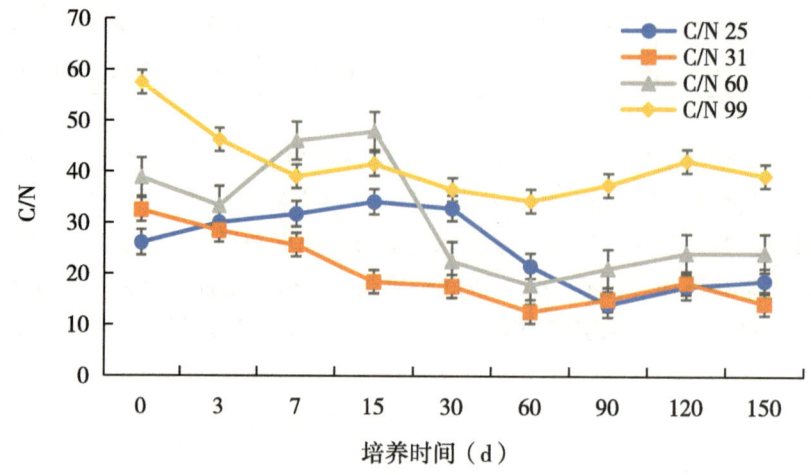

图6-37 培养试验中各种材料C/N变化

综上所述，有机材料碳氮比是有机物料对无机氮的固持或释放的关键，碳氮比大于16时，有机材料具有固持无机氮的能力，碳氮比小于16时，有机材料具有释放无机氮的能力。高碳氮比的材料对无机氮都有固持作用，其固持能力大小受有机材料碳组分影响，其中C/N 99材料对无机氮的固持能力为9.19 kg/t，C/N 60材料对无机氮的固持能力为8.22 kg/t，C/N 31材料对无机氮的固持能力为5.50 kg/t，C/N 25材料对无机氮的固持能力为5.12 kg/t。

6.3.2 有机材料的应用参数

6.3.2.1 不同用量对土壤无机氮的影响

在秸秆粒径相同的条件下，不同用量的处理中，土壤中无机氮浓度的变化规律基本一致。结果表现为秸秆使用200 d内，土壤中无机氮浓度逐渐降低，200 d浓度下降到最低。其中，0~60 d土壤无机氮浓度呈快速下降，可能是由于该时段为微生物对秸秆中小分子碳（比如单糖、蛋白质等）利用的主要时期；60~200 d土壤中无机氮浓度呈现缓慢下降，通过前期的微生物分解和利用，材料中的小分子碳被利用完，微生物主要分解利用秸秆中的纤维素及木质素；培养200 d以后，土壤中无机氮浓度呈无规律的上升趋势，因为这个时段是腐解的有机材料进行矿化。虽然不同秸秆用量中土壤有机氮浓度的变化规律一致，但是其影响程度却不同。随着秸秆用量的增加，其对氮素的影响程度也增大。经过360 d的培养，在相同粒径条件下，随着生物质材料的用量增加，土壤中总有机碳和总有机氮含量随之增加（图6-38）。

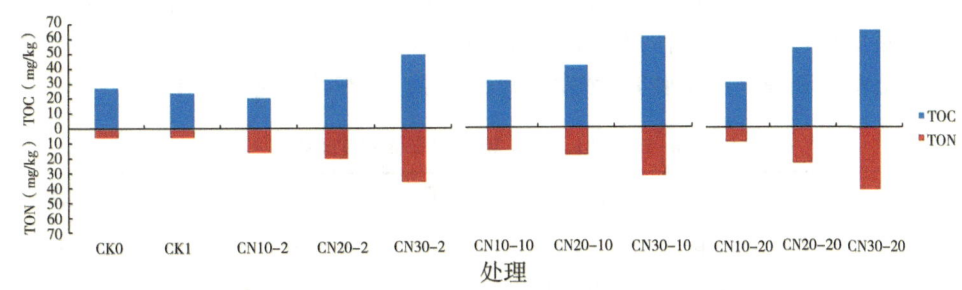

图 6-38 相同粒径下不同秸秆用量对土壤总有机碳氮的影响

6.3.2.2 不同粒径对土壤无机氮的影响

在相同秸秆用量的条件下,不同粒径的秸秆处理中,土壤中无机氮浓度的变化规律基本一致。结果表现为秸秆使用 200 d 内,土壤中无机氮浓度逐渐降低,200 d 浓度下降到最低。其中,前 60 d 土壤中无机氮浓度呈快速下降,可能是由于该时段为微生物对秸秆中小分子碳(比如单糖、蛋白质等)利用的主要时期;60~200 d 土壤中无机氮浓度呈现缓慢下降,通过前期的微生物分解和利用,材料中的小分子碳被利用完,微生物主要分解利用秸秆中的纤维素及木质素;培养 200 d 以后,土壤中无机氮浓度呈无规律的上升趋势,因为这个时段是腐解的有机材料进行矿化(图 6-39)。

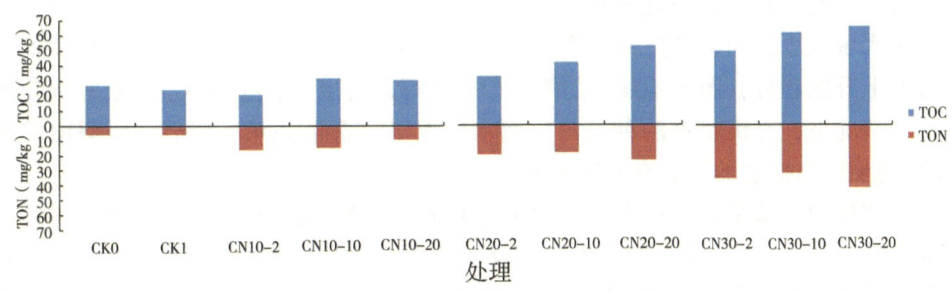

图 6-39 相同用量下不同粒径秸秆对土壤总有机碳氮的影响

等量施氮肥条件下,生物质材料的粒径越小,其对土壤中无机氮素转化固持效果越好。在等量施氮和生物质材料粒径条件下,生物质材料投入量越大,其对土壤中无机氮的转化固持效果越好。根据现行的耕作栽培技术及秸秆的其他利用现状,结合现行的机械水平。秸秆还田数量以全量还田,粒径为 1 cm。

6.3.3 有机材料田间筛选

6.3.3.1 不同有机材料对田面水水质的影响

化肥和稻田土壤是田面水中氮的重要来源,对田面水中 TN 浓度影响较大。化肥的投入显著提高了田面水 TN 浓度,并随着实验时间增长,田面水中 TN 浓度差异性显著。实验当年,由于实验地块的土壤肥力均匀,化肥对田面水 TN 浓度的影响较小,实验第 2 年化肥处理 TN 浓度就为空白处理的 2 倍,并有增加的趋势。蚕豆秸秆、松针及玉米等不同的有机材料对田面水 TN 浓度也有不同的影响，在化肥用量和材料有机碳相同的条件下，蚕豆秸秆和玉米秸秆都能增加田面水 TN 浓度，松针能降低田面水 TN 浓度。其中，蚕豆秸秆处理对田面水 TN 浓度提升更明显，详细情况见表 6-11。

表 6-11 2016 年和 2017 年田面水 TN 浓度

时间	类别	蚕豆秸秆	化肥	空白	松针	玉米秸秆
2016 年	平均（mg/L）	4.41	3.83	3.00	3.14	4.50
	极差（mg/L）	10.64	7.58	6.96	7.39	13.29
	变异系数（%）	68.31	56.75	60.63	64.54	81.20
2017 年	平均（mg/L）	13.01	11.30	6.69	11.15	11.74
	极差（mg/L）	73.87	69.05	52.44	59.08	38.65
	变异系数（mg/L）	149.34	155.99	188.26	147.20	120.74

从水稻整个生长期看，施肥期间田面水水质最差，其他时期水质相对较好，且田面水 TN 浓度变化较小。不施肥处理田面水 TN 浓度处于较低水平，其他的施肥处理中田面水 TN 浓度基本没有差异。在水稻种植后期，稻田灌溉主要采用间接灌溉方式，即：稻田灌溉后，稻田通过自然落干（自然落干是指：田间水分通过自然蒸发、植物蒸腾及下渗等方式损失）直至田面土壤微裂时进行下一次灌溉。由于田面水深度的下降导致稻田内水量减少，为了维持稻田系统的土壤固相与液相的浓度平衡，此时的田面水浓度反而有上升的趋势，图 6-40a 中的第 3 个峰值可以看出。因此可以看出在相同化肥用量相同的情况下，有机材料的种类与田面水中无机氮含量关系不明显，而稻田田面水 TN 浓度与稻田田面水的深度有一定关系。

化肥和稻田土壤是田面水中磷素的重要来源，对稻田田面水中 TP 浓度影响较大，施肥时期是田面水 TP 最高时期，化肥的投入显著提高了田面水 TP 浓度（图 6-40b）。从试验结果可看出，由于试验地块的土壤肥力较高并且均匀，试验当年，各处理对田面水 TP 浓度影响不明显（图 6-40c），但随着试验持续时间增长，各处理田面水 TP 浓度的差异性变大（图 6-40d），且处理内田面水浓度变异性也越来越小（表 6-12）。试验第 2 年化肥处理 TP 浓度为空白处理的 3 倍，并有扩大的趋势。蚕豆秸秆、松针及玉米等不同的有机材料对田面水 TP 浓度也有不同的影响，在化肥用量和材料有机碳相同的条件下，蚕豆秸秆、玉米秸秆及松针等有机材料都能增加田面水 TP 浓度。其中，蚕豆秸秆处理对田面水 TP 浓度提升更明显，详细情况见表 6-12。

表 6-12 2016 年和 2017 年田面水 TP 浓度

时间	类别	蚕豆秸秆	化肥	空白	松针	玉米秸秆
2016 年	平均（mg/L）	2.70	2.30	2.27	1.93	2.81
	极差（mg/L）	8.81	7.68	10.41	7.22	10.63
	变异系数（%）	1.09	1.13	1.36	1.16	1.27

(续表)

时间	类别	蚕豆秸秆	化肥	空白	松针	玉米秸秆
2017年	平均（mg/L）	2.19	1.46	0.58	1.68	1.64
	极差（mg/L）	5.07	4.77	1.08	5.34	5.02
	变异系数（%）	0.71	0.86	0.52	0.91	0.97

从水稻整个种植期看，试验第1年，不同处理（包括施肥及添加不同类型有机材料）田面水中TN无明显差异。随着试验时间的增长，有机物料在土壤中的降解，化肥对田面水的影响明显降低，相反，有机物料对田面水TP的影响明显增加。试验第2年，整个水稻种植期，不施肥处理的田面水中TP的浓度始终保持在较低的水平，尤其是在施肥期间更为明显。与化肥处理相比，所有添加有机物料处理田面水中TP浓度明显高于化肥处理和空白处理（图6-40d），尤其是蚕豆秸秆处理的效果更为显著。

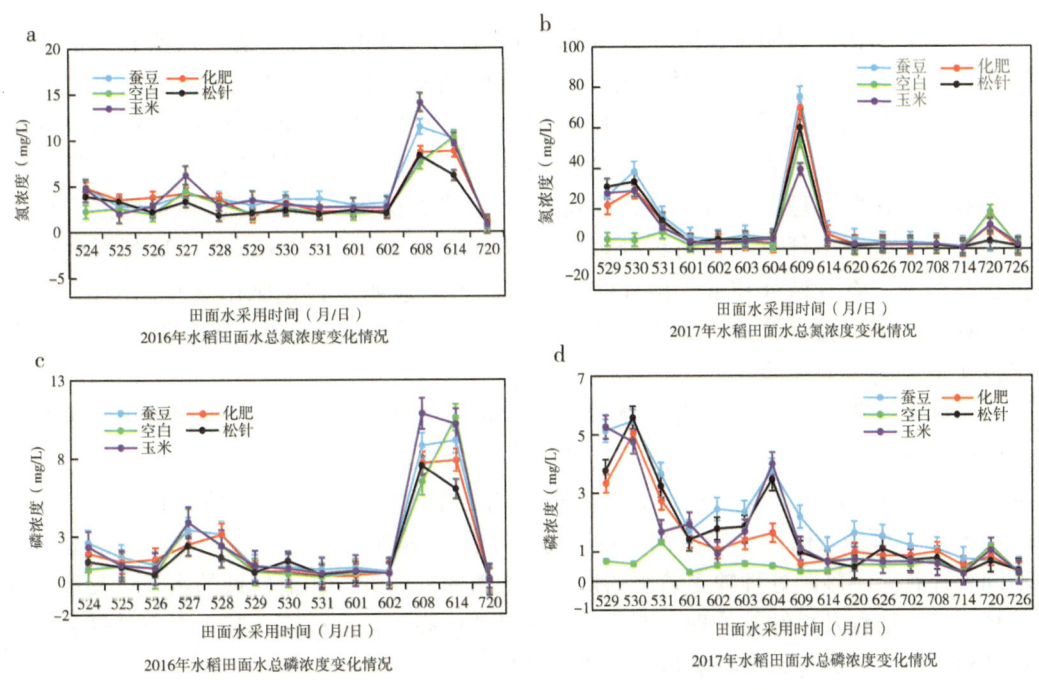

图6-40　2016年和2017年田面水水质情况

6.3.3.2　不同有机材料对稻田土壤氮磷影响

土壤无机氮包括土壤硝态氮和铵态氮是土壤氮素存在的主要形态之一，可直接被植物吸收利用，也是最容易随地表径流流失的氮素形态。由于试验地块的土壤肥力较高并且均匀。因此，试验第1年，以化肥处理相比，空白处理土壤无机氮含量虽有下降，但其差异不显著。蚕豆秸秆、玉米秸秆及松针等有机物料处理的土壤无机氮浓度都有不同程度下降。几个处理相比较而言，土壤无机氮下降比例从高到低的顺序依次是玉米、蚕豆秸秆和松针处理。随着试验持续，试验第 2 年，各试验处理土壤的无机氮含量稳定持续下降，土壤无机氮下降比例从高到低的顺序依次是松针、玉米秸秆和蚕豆秸秆处理，其中玉米秸秆和蚕豆秸秆处理下降幅度相对较小，详细情况见表 6-13。

表 6-13 2016 年和 2017 年稻田土壤无机氮

时间	类别	蚕豆秸秆	化肥	空白	松针	玉米秸秆
2016 年	平均数（mg/kg）	29.44	34.05	27.09	30.70	24.02
	极差（mg/kg）	69.25	89.48	37.79	70.23	47.31
	变异系数（%）	77.05	86.08	49.27	73.39	65.84
2017 年	平均数（mg/kg）	17.99	19.60	17.63	15.05	17.51
	极差（mg/kg）	54.90	70.37	54.64	44.66	53.53
	变异系数（%）	87.54	106.94	86.58	91.29	88.75

从整个水稻种植期看，图 6-41a 和图 6-41b 表明化肥是土壤无机氮累积的主要因素，土壤无机氮的累积高峰都是在水稻施肥期间，其余时期土壤无机氮虽然有所变化，但是其变化幅度都较小。在施肥期间，空白处理土壤的无机氮含量始终保持在较低的水平，与化肥处理相比，蚕豆秸秆、玉米秸秆和松针等处理土壤中无机氮含量都低于化肥处理。相对而言，2016 年，土壤无机氮下降幅度从高到低的顺序依次是松针、蚕豆秸秆及玉米秸秆处理，2017 年土壤无机氮下降幅度从高到低的顺序依次是松针、蚕豆秸秆和玉米秸秆处理。由此可以表明：在化肥用量相同的情况下，添加松针、蚕豆秸秆及玉米秸秆等有机物料后能有效降低土壤中无机氮含量，具有降低土壤氮磷流失风险。

土壤速效磷（Olsen-P）是土壤磷素存在的主要形态之一，可以直接被植物吸收利用。同时由于磷肥主要来源于磷矿石，化肥在施入土壤后极容易被土壤重新固定，从而降低磷肥的作物利用效率。因此，土壤速效磷含量直接受施肥的影响（图 6-41c，图 6-41d），土壤速效磷两个峰值都出现在施肥时期，其他时期速效磷的波动不明显。从不同处理看，不施肥处理缺乏磷肥的供给，土壤速效磷处于相对较低的水平。其他蚕豆秸秆、玉米秸秆及松针等处理土壤速效磷含量整体高于化肥处理，其中蚕豆秸秆和玉米秸秆对土壤速效磷含量的影响最大（表 6-14）。

表 6-14 2016 年和 2017 年稻田土壤速效磷

时间	类别	蚕豆秸秆	化肥	空白	松针	玉米秸秆
2016 年	平均数（mg/kg）	58.77	53.74	43.66	55.63	60.32
	极差（mg/kg）	40.64	9.39	20.09	30.55	44.11
	变异系数（%）	22.58	6.27	16.10	17.07	21.39

(续表)

时间	类别	蚕豆秸秆	化肥	空白	松针	玉米秸秆
2017年	平均数（mg/kg）	39.29	38.27	29.71	35.57	32.60
	极差（mg/kg）	50.43	47.86	41.96	47.67	46.83
	变异系数（%）	31.13	32.91	37.67	35.52	38.98

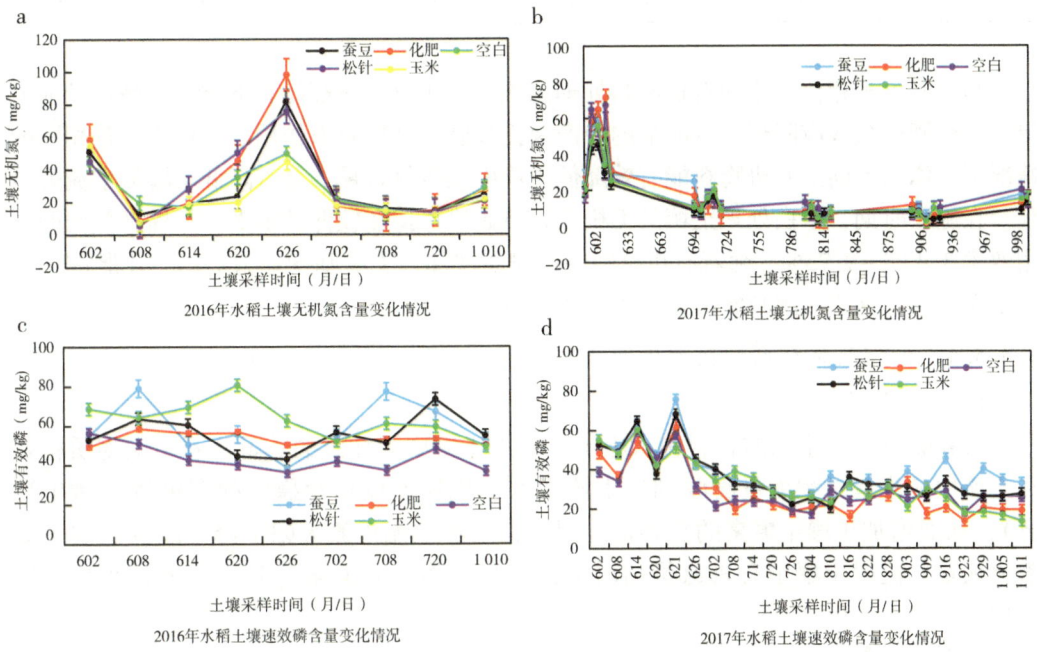

图 6-41　2016 年和 2017 年水稻土壤无机氮和有效磷

6.3.3.3　不同有机材料对稻田作物产量的影响

在稻-油轮作模式下，添加生物质材料可稳定提高作物产量和氮肥利用效率。与化肥处理相比，添加生物质材料可提高氮肥的利用效率3.42%~9.73%，但由于生物质材料的组分差异，对氮肥的利用效率提高程度有所差异（表6-15）。此外，由于本试验地块基础地力较高（土壤有机质含量为51.05 g/kg），因此，化肥的产量贡献率相对较低，换而言之，随着土壤基础地力的提高，化肥的产量贡献率将下降，这将对削减农田化肥用量发挥重要作用。

表 6-15　有机物料对作物产量及氮肥利用效率的影响

处理	氮施用量（kg/hm²）			氮吸收量（kg/hm²）			氮利用效率（%）
	水稻	油菜	小计	水稻	油菜	小计	
空白	0.00	0.00	0.00	156.54	103.99	130.27	—

(续表)

处理	氮施用量（kg/hm²）			氮吸收量（kg/hm²）			氮利用效率（%）
	水稻	油菜	小计	水稻	油菜	小计	
化肥	75.00	180.00	255.00	176.23	123.33	149.78	7.65
化肥+豆类秸秆	75.00	180.00	255.00	203.07	164.51	183.79	20.99
化肥+园林碎屑	75.00	180.00	255.00	191.89	124.17	158.03	10.89
化肥+麦类秸秆	75.00	180.00	255.00	188.35	160.83	174.59	17.38

与化肥处理相比，添加有机材料处理土壤中无机氮含量都显著下降，土壤基础地力提高，化肥产量效应降低，有明显的稳产及提高肥料利用效率作用。在化肥用量相同的情况下，添加不同的有机物料能有效降低土壤中无机氮含量，具有降低土壤氮素流失风险。在施肥时期，空白处理土壤的无机氮含量始终保持在较低的水平。可提高氮肥的利用效率3.42%~9.73%，随着有机材料还田时间增加，土壤基础地力提高，化肥的产量贡献率下降，这将对削减农田化肥用量发挥重要作用。

6.3.3.4 生物质材料增汇技术的适用性

1. 技术原理

将高碳氮比的生物质材料施入土壤，增加土壤中活性碳的总量，利用生物质材料在土壤中的降解过程大量吸收利用土壤中的无机氮形成相对稳定的有机氮（微生物氮），从而增加土壤中氮素的总容量。因此，土壤中无机氮大幅下降，减少土壤中氮素流失量。同时土壤中有机氮量的增加，提高了作物对氮素的利用效率，减少化肥施用量。

2. 技术参数

氮素固持参数。有机材料C/N>60，氮素增汇能力9~10 kg/t；有机材料C/N 30~60，氮素增汇能力7~8 kg/t；有机材料C/N 16~30，氮素增汇能力5~6 kg/t。

粒径参数。材料粒径越小氮素固持效果越好，结合生产实际情况，材料最佳使用粒径宜为1 cm左右。

效果参数。微生物态氮量提高21.04%~75.36%，可溶性TN提高30%以上，氮肥当季利用率提高5%~10%。

3. 技术要求

结合当地生产习惯、栽培措施等情况，选择直接还田、发酵后还田及发酵后加工成产品后还田等合适的还田方式。前3年还田的应适当增加氮肥用量，提高氮肥基肥比例；连续还田3年的，可结合实际适当降低化肥用量。宜就近/地选择作物秸秆、园林废弃物等C/N>16的有机材料，结合当地生物质材料产生或获取情况。园林废弃物宜结合犁地翻埋还田，粉碎粒径<1 cm，还田量<750 kg/hm²，翻埋深度宜为20~25 cm。厩肥宜结合犁地翻埋还田，还田量宜为15 000 kg/hm²，翻埋深度20~25 cm。前茬作物秸秆宜粉碎全量翻埋还田。当季水稻秸秆还田，应根据当地实际情况采用高留茬、覆盖、

开沟深埋及粉碎翻埋等方式还田。水稻秸秆留茬高度宜为 20~30 cm，冬季种植绿肥时留茬高度宜为 30~40 cm，春季耕地时与绿肥联合翻压还田；开沟深埋宜整株翻埋还田，深度宜为 30 cm。

6.3.3.5 稻-油轮作模式增汇材料田间验证试验

试验点位于云南省大理洱海流域，种植模式为水稻-油菜，夏季种植水稻，冬季种植油菜。由于本区域内农村分散式奶牛养殖较多，常年投入大量的有机肥（多年平均投入量 2.3 t/a），因此，稻田土壤肥沃，基础地力较高，土壤有机质含量 51.05 g/kg，TN 含量 2.66 g/kg，TP 含量 0.86 g/kg。

结果表明，优化施肥量+增汇材料与相当量化肥相比，虽然化肥的产量略高，但是没有显著性差异，水稻移栽后 7 d 内，田面水无机氮浓度相差不大，随着田面水的蒸发田面水量逐渐减少，田面水无机氮浓度也随之升高（表 6-16）。此时增汇材料处理的稻田土壤中无机氮浓度下降幅度较大，无机氮大量向有机氮转化。施用增汇材料的稳产前提下，能有效降低稻田土壤的无机氮含量，不能有效控制稻田田面水氮磷流失风险。但从长期来看，能减少水稻化肥施用量。

表 6-16 稻-油轮作模式增汇材料田间验证试验结果

类别	移栽后天数 (d)	空白	化肥	优化施肥+增汇材料
土壤无机氮（mg/kg）	7	20.31	22.88	25.40
	14	80.93	96.10	91.81
	21	53.49	71.95	28.19
田面水无机氮（mg/L）	1	1.584	2.175	1.678
	2	0.821	4.206	6.552
	3	1.968	2.460	2.494
	4	0.458	1.866	2.080
	5	0.606	1.008	2.244
	6	0.233	0.378	0.262
	7	0.183	0.226	0.238
	14	6.708	17.021	15.075
经济产量（kg/亩）	150	523.90	589.79	568.77
秸秆产量（kg/亩）	150	446.12	485.90	625.28
氮吸收量（kg/亩）	150	10.44	11.75	12.79

6.3.3.6 稻-烟轮作模式增汇材料田间验证试验

试验点位于云南省大理州洱源县三营镇，种植模式为水稻/烤烟-大蒜，夏季种植水稻或烤烟，冬季种植大蒜。由于本区域内农村分散式奶牛养殖较多，常年投入大量的有机肥（多年平均投入量月 2.3 t/a），同时大蒜是当地的重要经济作物，施肥量较高（氮肥使用量包括有机氮和无机氮约 43 kg/亩，其中化肥氮约为 27 kg/亩）。因此，基础地力较高，稻田表现出"肥而不肥沃"，土壤有机质含量 10.9 g/kg，TN 含量 3.66 g/kg，TP 含量 0.96 g/kg。结果表明：与施用化肥相比，在高肥力土壤中施用调理型增汇材料能有效减少化肥用料用量和能稳定作物产质量，同时可以维持土壤基础地力（表 6-17）。

表 6-17 稻-烟轮作模式增汇材料田间验证试验结果

时间	指标	空白	化肥 N-P$_2$O$_5$-K$_2$O 10-3-8	调理型增汇材料 N-P$_2$O$_5$-K$_2$O 0-0-0
基础土壤	pH	7.53	7.53	7.53
	有机质（g/kg）	109.06	109.06	109.06
	速效氮（mg/kg）	457.90	457.90	457.90
	速效磷（mg/kg）	115.14	115.14	115.14
移栽 50 d	pH	7.89	7.33	7.95
	有机质（g/kg）	113.11	101.19	111.51
	速效氮（mg/kg）	474.32	729.73	481.62
	速效磷（mg/kg）	121.10	141.11	113.45
移栽 75 d	pH	8.00	7.90	8.09
	有机质（g/kg）	102.41	99.53	106.32
	速效氮（mg/kg）	106.79	119.25	117.47
	速效磷（mg/kg）	92.216	56.590	92.60
收获	亩产量（kg/亩）	171	206	195
	亩产值（元/亩）	4 268	5 473	5 381

6.3.3.7 稻田-休闲种植模式增汇材料田间验证试验

试验点位于湖北省安陆市车站村，种植模式为水稻-填闲，夏季种植晚稻，冬季休闲。本区域有机肥投入量较少，只要是以秸秆还田为主，相比较而言土壤基础地力较差，耕作层含土壤有机质 11.35 g/kg、TN 0.97 g/kg、TP 0.19 g/kg、碱解氮 47 mg/kg 及速效磷 8.44 mg/kg。结果表明，培肥型增汇材料对水稻稳产具有较好的作用，对施肥时期田面水的影响较小（表 6-18）。

表 6-18 水稻-休闲模式增汇材料田间验证试验结果

处理内容	施肥方式	生物产量（kg/亩）	籽粒产量（kg/亩）	秸秆产量（kg/亩）
不施肥 N-P$_2$O$_5$-K$_2$O，0-0-0		965.5	486.4	479.1
优化施肥 N-P$_2$O$_5$-K$_2$O，11-6-8 全部肥料为化肥	40%氮肥底肥和磷钾肥作基肥一次施入，30%的氮肥作分蘖肥，30%的氮肥作穗肥	1 173.8	608.9	564.9
优化施肥+培肥型增汇材料 N-P$_2$O$_5$-K$_2$O，11-6-8 其中化肥氮磷钾肥分别为 3.3 kg、6 kg 和 0.3 kg	70%氮肥和磷钾肥作基肥施入，30%的氮肥作穗肥	1 157.5	606.1	551.4

6.4 技术集成

根据上述的控源技术和增汇技术的研究结果，基于产量水平、稻田基础地力，以投入产出平衡原则制定水稻氮磷投入上限，优先利用有机肥替代部分化肥，优选长效肥料并配套相应耕作、施肥技术，提高化肥利用效率，从源头上减少氮磷化肥用量；因地制宜选择高碳氮比有机增汇材料，配套适合的还田措施，提高土壤有机碳量、氮素容量，活化土壤磷素，提高土壤氮磷供给能力，进一步削减化肥投入量，减少稻田氮磷流失量。根据我国北方单季稻、南方双季稻及水旱轮作 3 大主要水稻产区的自然、气候及自然资源禀赋，水稻种植模式和管理措施，以肥料控源和土壤氮磷增汇技术为主，集成了东北单季稻控源增汇体系、南方双季稻控源增汇体系及南方水旱轮作控源增汇体系见表 6-19。

表 6-19 我国 3 大稻区控源增汇体系

体系	区域特征	关键技术	配套技术
北方单季稻区控源增汇技术	地势平坦、大规模化生产、机械化程度高；降水量小，降水径流偶有发生；冬季低温，秸秆腐解难	限量施肥、新型长效肥料、增汇产品、顶凌还田	侧深施肥技术、有机肥替代技术、节水灌溉/耕作技术
南方双季稻区控源增汇技术	地势平坦，规模化生产，机械程度中等；降水量大，早稻降水径流多、氮磷流失突出；冬季温度高，秸秆容易腐解	限量施肥、冬季绿肥稻秆留茬联合还田	有机肥替代技术、节水耕作/灌溉技术、前氮后移技术
水旱轮作稻区控源增汇技术	地势复杂，小规模生产，机械化程度低；降水量大，水稻种植前期径流大、氮磷流失突出；冬季温度高，秸秆容易腐解	限量施肥、前茬秸秆全量粉碎还田	有机肥替代技术、节水耕作/灌溉技术、前氮后移技术

6.4.1 东北单季稻控源增汇模式（顶凌还田）

6.4.1.1 技术背景

单季稻是我国东北地区唯一的水稻种植模式，其单季稻种植面积、总产量均占全国单季稻的20%以上。东北地区纬度较高，热量资源分布不均，区域性和阶段性低温冷害时有发生，水稻生长季易遭受低温冷害。冬季低温、土壤冻融期长，且春季普遍存在冻融交替期现象，土壤耕层（0~20 cm）白天融化，夜晚再度冻结，破坏土壤物理结构，形成地表裂痕和冻融水，造成氮磷地表径流和地下淋溶流失。东北地区夏季温暖湿润，降水适中，降水径流偶有发生，泡田期氮磷流失突出。东北平原是北方水稻种植的核心区域，地势平坦开阔，耕地集中连片，大规模化生产、机械化程度高。

6.4.1.2 体系

关键技术：限量施肥、新型长效肥料、秸秆顶凌还田。

配套技术：侧深施肥技术、有机肥替代技术、节水灌溉/耕作技术。

6.4.1.3 技术要点

(1) 基于产量水平、稻田基础地力，以投入产出平衡原则制定水稻氮磷投入上限，土壤速效磷含量大于30 mg/kg时，磷肥限量90 kg/hm²，土壤速效磷小于30 mg/kg，磷肥限量120 kg/hm²。

(2) 选择聚天门冬氨酸肥料或其他长效肥料作基肥耕地时翻埋施入，有条件的地方宜采用水稻侧深施肥机械进行施用。

(3) 次年春季3月中旬至4月上旬，观察田间冻融层在15 cm以上，选择晴朗天气，用铧式旋转犁将全部秸秆翻压入土，深度15 cm以上，掩埋率≥80%。

(4) 插秧前进行灌水泡田，泡田水层3~5 cm，再用搅浆平地机整平，作业后沉浆5~7 d即可插秧。利用泥浆层解决秸秆漂浮问题。

6.4.1.4 试验示范

1. 示范区概况

示范区位于辽宁省盘锦市盘山县坝墙子镇烟李村（图6-42），地处辽河三角洲中心地带，为辽河、大辽河入海口交汇处。属温带半湿润大陆性季风气候，年平均温度8.4 ℃，无霜期174 d，年均降水量612 mm，降水主要集中在6—8月。该地区种植制度以单季水稻种植为主。示范区土壤为水稻土，中等肥力。0~20 cm土壤基础理化性质为 TN 1.58 g/kg、TP 17.7 g/kg、全钾 28.7 g/kg、水解性氮 71 mg/kg、有效磷 18.96 mg/kg、有效钾 154 mg/kg、有机质 17.7 g/kg、全盐量 1.17 g/kg、pH 7.8。

2. 养分管理

对照区化肥施用：基肥施用高氮复合肥（30-14-10），施用量750 kg/hm²；返青肥施用复合肥（30-0-5），施用量75 kg/hm²；分蘖肥施用尿素（46%），施用量75 kg/hm²。折纯施氮总量282 kg/hm²，施磷总量105 kg/hm²，施钾总量75 kg/hm²。施氮比例为基肥80%、返青肥8%、蘖肥12%，基肥和追肥均为表施。

图 6-42 示范区试验图片（辽宁 1）

示范区化肥施用：施用新型长效肥料聚天门冬氨酸复合肥（28-12-8），肥料用量 750 kg/hm²，折纯施氮量 210 kg/hm²，施磷总量 90 kg/hm²，施钾总量 60 kg/hm²，较当地常规化肥施肥量减少 10%~40%，施肥方式结合秸秆深翻还田时将聚天复合肥作为基肥一次性深施。

3. 秸秆还田

采用顶凌还田和深翻浅旋作业进行秸秆还田。上季水稻收获时，采用水稻联合收割粉碎抛撒一体机，同步完成籽粒收获、秸秆留茬、粉碎和抛撒作业。水稻秸秆田间留茬 20~40 cm，秸秆粉碎长度≤10 cm，秸秆抛撒均匀覆盖还田，减少太阳辐射，降低土壤冻融交替频次，减少氮磷流失。春季土壤冻融交替期融化层在 15~20 cm 时，在水稻秸秆留茬覆盖基础上撒施全部肥料，然后用铧式旋转犁将地表全部秸秆翻压至 15~20 cm 入土，形成入土层；再用旋耕机进行浅旋至地表以下 10~15 cm 整地，形成整地层；在入土层和整地层之间形成新的犁地层，厚度 5~10 cm。

4. 田间主要管理节点的关键措施

春季冻融交替期采用新型长效肥料调控替代结合顶凌秸秆还田和深翻浅旋作业，泡田前修建田埂增加扩容，实现筑埂和池埂修复面积 100%，确保雨水、融雪能够留在格田里不流失。水稻插秧后在田埂上和排灌沟渠两侧种植单行或双行豆科作物，灌溉时进行水位控制减少稻田排水，并结合稻田尾水进行混合循环灌溉，施肥时避开降水且避免排水，水稻收获后秸秆留茬覆盖还田。

肥料调控替代指在当地常规化学施肥量的基础上减少化学肥料投入量的 10%~

40%；当地常规化学施肥量为：氮肥 N：150~270 kg/hm²、磷肥 P_2O_5：45~90 kg/hm²、钾肥 K_2O：45~90 kg/hm²，施肥方式指结合秸秆深翻还田时将肥料一次性深施。肥料调控替代是指作物秸秆、有机肥料和新型长效肥料替代部分无机肥料。水稻全量秸秆还田条件下，作物秸秆替代无机氮肥 10%~20%、无机磷肥 10%~15%、无机钾肥 20%~30%；施用有机肥料 1 500~3 000 kg/hm² 条件下，有机肥替代无机氮、磷、钾肥各 20%~40%；施用新型长效肥料条件下，长效型肥料替代全部无机氮肥，减少 10%~20%氮肥施用量。

顶凌秸秆还田和深翻浅旋作业，在冻融生产区，于春季冻融交替期融化层在 15~20 cm 时，在水稻秸秆留茬覆盖基础上撒施全部肥料，然后用铧式旋转犁将地表全部秸秆翻压至 15~20 cm 入土，形成入土层，再用旋耕机进行浅旋至地表以下 10~15 cm 整地，形成整地层；在入土层和整地层的中间形成新的犁地层，厚度是 5~10 cm。

5. 效果评价

水稻产量情况：水稻秋收时，示范区和对照区田块进行实打实收水稻产量测定，其中示范区平均产量为 11 437.64 kg/hm²，对照区平均产量为 10 957.86 kg/hm²，示范区较对照区产量提高了 4.38%。

肥料减施情况：保证水稻稳产前提下，氮肥减施 72 kg/hm²，磷肥减施 15 kg/hm²，氮磷化肥施用量削减比例分别为 25.53%和 14.29%。

氮磷减排情况：示范区和对照区稻田 TN 流失量分别为 1.17 kg/hm² 和 7.11 kg/hm²（表6-20），其中对照区泡田水流失量 3.2 kg/hm²，占流失总量 45%。示范区和对照区稻田 TP 流失量分别为 0.145 kg/hm² 和 0.267 kg/hm²。示范区氮磷减排率分别为 83.58%和 45.88%。

表6-20 氮磷流失量核算

处理	施氮量 （kg/hm²）	施磷量 （kg/hm²）	施钾量 （kg/hm²）	氮流失量 （kg/hm²）	磷流失量 （kg/hm²）	氮减排率 （%）	磷减排率 （%）
对照区	282	105	75	7.11	0.267	—	—
示范区	210	90	60	1.17	0.145	83.58	45.88

东北单季稻顶凌还田控源增汇模式能够显著减少化肥投入量和充分利用农业废弃物，达到降低生产成本、减少秸秆焚烧、降低氮磷流失的目的；秸秆顶凌还田改善了土壤的结构，减少了氮磷淋溶和径流流失；修建田埂增加扩容可提升水稻田间蓄水量，降低水土流失风险；水稻豆科间作种植可提高土地资源利用率，抑制田间杂草，减少农药投入；水位控制可节约灌溉用水，减少田间排水；混合循环灌溉可提高水资源利用率；秸秆留茬覆盖还田可降低土壤冻融交替频次。

6.4.2 东北单季稻控源增汇模式（稻蟹共生）

6.4.2.1 技术背景

我国是世界上稻田养殖面积和产量最大的国家，其中稻蟹种养属于稻渔综合种养模式之一，我国的稻蟹种养面积约为 1.967×10^5 hm², 占全国稻渔综合种养面积的 4.97%。稻蟹种养面积和产量排名前五位的省（市）分别是辽宁、吉林、江苏、天津和黑龙江，占全国稻蟹种养面积的 88.08% 和全国产量的 89.88%。我国的稻蟹种养主要集中在北方，以辽宁省为代表。稻蟹种养是对稻田进行一定改造并辅以基础设施和人工管理，既进行水稻种植又进行蟹种养殖的综合种养技术。稻蟹种养区，河蟹对田面水铵态氮浓度要求较低，秸秆可通过粉碎、发酵、造粒等工艺，加工成有机碳源材料还田施用，使得土壤团聚体含量增加，土壤氮磷养分不易流失，一定程度上减少化肥施用量，提高水稻产量质量。

6.4.2.2 体系

关键技术：限量施肥、有机替代、新型长效肥料、秸秆还田、稻蟹共生。
配套技术：有机碳源增汇材料施用、稀行种植技术。

6.4.2.3 技术要点

（1）稻田单位面积氮磷化肥施用量应平均减少 30% 以上。

（2）宜施用有机增汇材料、秸秆还田、有机无机配施、缓控释肥料等措施。秸秆还田 5 年以上地块，磷肥用量减少 10%~15%；施用有机肥时，有机肥氮占比宜为 20%~0%；施用缓控释肥料时，氮肥用量减少 10%~20%。

（3）宜结合翻耕秸秆还田或有机肥还田，采用一次性施肥方法，将所有肥料均匀深施 10~15 cm 后旋地耙田。北方冷凉地区宜在春季表层 10~15 cm 土壤冻融交替时提前作业。稻蟹共生期间不宜追肥。

（4）应利用河蟹田间除草，水稻秧苗密度宜为 16.8 万~22.5 万穴/hm²，宜采用 5~12 行比空插秧或 40 cm : 20 cm 宽窄行插秧，不应施化学除草剂。

6.4.2.4 试验示范

1. 示范区概况

试验地位于辽宁省盘锦市盘山县坝墙子镇烟李村（图 6-43）。地处辽河、大辽河入海口交汇处三角洲中心地带，滨海盐土和盐渍化土壤分布区。属温带半湿润大陆性季风气候，年平均温度 8.4 ℃，无霜期 174 d，年均降水量 612 mm。供试水稻品种为盐丰 47，供试土壤为水稻土，中等肥力。0~20 cm 土壤基础理化性质为 TN 1.58 g/kg、TP 17.7 g/kg、全钾 28.7 g/kg、水解性氮 71 mg/kg、有效磷 18.96 mg/kg、有效钾 154 mg/kg、有机质 17.7 g/kg、全盐量 1.17 g/kg、pH 7.8。5 月 15 日施肥旋耕，5 月 17 日泡田，5 月 22 日插秧，机械插秧密度为 30 cm×18 cm，10 月 15 日收获水稻。

2. 氮磷控源

限量施肥：试验设计 4 个处理：①单作水稻，常规施肥 N 270 kg/hm² + P_2O_5 90 kg/hm²（FP）；②减量施肥 N 210 kg/hm² + P_2O_5 90 kg/hm²（FP）+ 稻蟹共生模式（Fi），以下简称 FP+Fi；③氮磷优化 N 180 kg/hm² + P_2O_5 60 kg/hm²（OPT）+ 稻蟹共生模式（Fi），以下简称 OPT+Fi；④氮磷优化（OPT）+ 环保型聚天门冬氨酸包膜剂（B）+ 稻蟹共生模式（Fi），以下简称 OPT+B+Fi。每个小区 330 m²，3 次重复。所有氮磷钾肥作为基肥一次性施入，插秧密度相同。

图 6-43 示范区试验图片（辽宁 2）

新型长效肥料施用：试验设置 6 个处理：T1 为无氮空白处理，T2 为常规尿素处理，T3 为常规尿素+普通聚天门冬氨酸钙盐，T4 为常规尿素+普通聚天门冬氨酸锌盐，T5 为常规尿素+聚天门冬氨酸钙盐，T6 为常规尿素+改性聚天门冬氨酸锌盐。氮、磷、钾肥均按照田间施肥量（N 270 kg/hm^2、P_2O_5 90 kg/hm^2、K_2O 90 kg/hm^2）的 2.5 倍一次性基施。所有 PASP 盐添加量均按尿素施用量的 0.3%计算。

3. 碳源增汇

有机替代：在等氮条件下，设 4 个处理：①单施化肥（F），氮肥施用量为当地农民习惯施用量 262.5 kg/hm^2（以纯氮计）；②有机材料替代 20%化肥氮（M1）；③有机材料替代 40%化肥氮（M2）；④有机材料替代 60%化肥氮（M3）。小区间田埂高 0.2 m，并用塑料薄膜包埂，以减少小区间侧渗和串流。各小区采用单排单灌的灌排系统。所有试验处理有机肥、磷、钾肥全部基施，F、M1、M2 处理氮肥施用比例为基肥：蘖肥：穗肥=4：4：2；M3 处理氮肥施用比例为基肥：蘖肥=6：4。供试肥料为尿素（含氮 46.3%）、过磷酸钙（含 P_2O_5 12%）、氯化钾（含 K_2O 60%），有机碳源增汇材料为课题中试生产（N 1.33%、P_2O_5 0.09%、K_2O 0.32%）。

秸秆还田：设 4 个处理：①单施化肥（F），氮肥施用量为当地农民习惯施用量 262.5 kg/hm^2（以纯氮计）；②秸秆全量还田+下调 5%化肥氮（S1）；③秸秆全量还田+下调 10%化肥氮（S2）；④秸秆全量还田+下调 20%化肥氮（S3）。小区间田埂高 0.2 m，并用塑料薄膜包埂，以减少小区间侧渗和串流。各小区采用单排单灌的灌排系统。所有试验处理有机肥、磷、钾肥全部基施,氮肥施用比例为基肥:蘖肥=6:4。供试肥料为尿素(含氮46.3%)、过磷酸钙(含P_2O_5 12%)、氯化钾(含K_2O 60%)。

4. 田间主要管理节点的关键措施

共生单元:面积不宜小于0.5 hm^2,宜由多个田块和多条灌排沟渠组成。共生单元建设应符合SC/T 1135.1中的规定,且沟坑占比不超过10%。

田埂:共生单元四周田埂应夯实稳固,田埂高50~70 cm,顶宽宜大于50 cm,内坡比为1:1。田块田埂高50~60 cm,底宽80~90 cm,顶宽宜大于30 cm。

防逃设施:共生单元四周应修建高50~70 cm防逃围墙,宜选用茂金属聚乙烯薄膜,也可选择玻璃钢板、钙塑板、雪花板等表面光滑板材。在薄膜或其他板材外侧每隔50~80 cm用75~80 cm竹竿或木桩作桩,围墙底部埋深15~20 cm,拐角处应成弧形,形成全封闭稍向内倾斜的防逃围墙。在进水口和排水口处包裹双层尼龙网或铁丝网,网片孔径根据放养蟹苗的规格而定,以不能出逃为宜。

暂养坑塘(湿地或沟渠)与共生单元面积比1:10至1:15,暂养密度宜为7.5万~13.5万只/hm^2,水深宜0.6~1.5 m。暂养稻田与共生单元面积比1:8至1:10,暂养密度宜为6.0万~9.0万只/hm^2,水深宜为0.2~0.4 m。

5. 效果评价

限量施肥试验表明:在保证水稻稳产前提下,氮磷化肥施用量分别消减了60 kg/hm^2和19.5 kg/hm^2,氮磷化肥施用量削减比例分别为25.53%和14.29%,氮磷流失负荷分别降低了83.58%和45.88%。

新型长效肥料试验表明:施肥两周内,聚天门冬氨酸/盐处理水稻田面水氮素浓度总体低于常规尿素处理,尤其在施肥后第3 d和5 d,田面水铵态氮浓度显著降低,且改性聚天门冬氨酸/盐处理更有利于田面水氮素浓度降低。聚天门冬氨酸/盐的施用促进了水稻生长和养分吸收,有利于提高水稻产量及氮肥利用率,且改性聚天门冬氨酸/盐处理效果更加突出。综合来看,改性聚天门冬氨酸钙盐作为控释肥料能够促进水稻生长,有效降低水稻施肥后田面水氮素浓度,对于稻田氮素面源污染控制具有应用潜力。

有机替代试验表明:在本试验区有机碳源材料替代20%~40%化肥氮能保证水稻稳产在9 000~94 005 kg/hm^2,且可降低氮素流失风险。而有机碳源材料替代60%化肥氮造成水稻减产,因此要根据农田土壤地力情况选择适当的有机替代比例。

秸秆还田试验表明:不同施肥处理的田面水TN浓度存在差异,基肥施入后第1 d,基于秸秆全量还田下,下调5%、10%、20%化肥氮处理与单施化肥处理相比田面水TN浓度降低了26%~40%,说明秸秆全量还田下,化学氮下调5%~20%能有效地降低田面水中TN浓度,降低氮流失的风险。下调20%化肥氮产量9 075 kg/hm^2与单施化肥处理产量9 000 kg/hm^2相比无显著差异,说明秸秆全量还田下,化学氮下调20%,能够保证水稻不减产。

综上所述,稻蟹共生模式可保证水稻稳产,与常规施肥单作水稻处理相比,氮磷施用量分别减施了90 kg/hm^2和30 kg/hm^2,化肥投入量减少达33%,没有人为主动排水;控草效果可达到70.93%~80.89%,没有施用水田除草剂,减少农药投入45%,物种多样性指数提高5%左右,生态效益显著;增加河蟹产量330~450 kg/hm^2,每公顷增加收入9 900~13 500元，经济效益大幅提高。

6.4.3 东南沿海双季稻控源增汇模式

6.4.3.1 技术背景

绿肥-双季稻种植模式在南方稻区具有悠久的历史，也是目前南方稻区的一种主要种植模式。受亚热带季风气候的影响，南方双季区降水多集中在早稻生长的4—7月，导致该时段径流多、氮磷污染风险高。特别是随着直播、抛秧等技术的推广，稻田氮磷流失造成的污染强度成倍增加。但亚热带季风气候区冬季丰富的光、温资源又为冬闲季作物的生长提供了有利条件。冬闲季种植紫云英既能增加稻田的地表覆盖实现冬闲季稻田的节流减排，在早稻季还田又可提升土壤有机质含量。紫云英作为固氮作物，还田可减少稻田化肥氮磷的养分投入。根据生物质材料的本土性、原地性的原则，选择在南方种植面积较广的紫云英作为南方双季稻田控源增汇材料。

6.4.3.2 体系

关键技术：限量施肥、冬季绿肥与稻秸留茬联合还田、新型长效肥料。

配套技术：有机肥替代技术、节水耕作/灌溉技术、氮肥前移技术。

6.4.3.3 技术要点

（1）基于产量水平、稻田基础地力，以投入产出平衡原则制定水稻氮磷投入上限。土壤速效磷含量大于30 mg/kg时，磷肥限量90 kg/hm^2，土壤速效磷小于30 mg/kg，磷肥限量120 kg/hm^2。

（2）选择聚天门冬氨酸肥料或其他长效肥料作基肥耕地时翻埋施入，有条件的地方宜采用水稻侧深施肥机械进行施用，氮限量标准下调15%~20%。秸秆还田情况下，氮、磷限量标准不下调。

（3）紫云英田间管理要点。播前及时开沟，环田开围沟，围沟深20 cm；每隔5~8 m开"井"字沟，田块较小的开"十"字沟，沟深15 cm。沟应与排水口相通。紫云英在晚稻收割前10~15 d播种，同时配合晚稻高留茬，留茬高度宜为30~40 cm。紫云英不耐渍水，雨水较多的时段需及时清沟排渍。开春后，紫云英生长迅猛，适量追施氮肥能提高鲜草产量，可将早稻15%~20%的氮肥、40%~50%的磷肥移至紫云英季施用，氮肥于2月中旬到3月上旬生长旺盛期施用，磷肥宜作种肥或基肥。

（4）紫云英还田。水稻直播或插秧前10~15 d，于盛花期与晚稻秸秆一起翻压还田。宜先机械翻压，翻压作业深度为15~20 cm，晒垡2~3 d后灌浅水沤田。田面排水口高度宜调整至田埂高，早稻移栽前不主动排水，以防养分流失。

（5）早稻季水肥管理。紫云英还田量鲜草产量达22.5~37.5 t/hm^{2}时，早稻季应减少20%~40%的氮肥用量。早稻季氮肥宜按基肥40%~50%、追肥50%~60%施用；磷肥宜做基肥一次性施入。施肥后7~10 d内，宜适当提高排水口高度，在水稻的耐淹承受范围内不主动排水。

（6）晚稻季水肥管理。早稻季秸秆全部粉碎就地还田。晚稻氮肥宜按基肥50%~60%，追肥40%~50%施用，磷肥宜作基肥施用。晚稻生长期宜采用节水灌溉的原则，采用浅水勤灌的方式,避免主动排水。

6.4.3.4 试验示范

1. 示范区概况

示范区位于江西省余江区平定乡耙石村(图6-44),地处武夷山、怀玉山向鄱阳湖平原过渡地带,属亚热带湿润性季风气候区,年均温 17.6 ℃,年均降水量 1 791 mm,平均年日照时数 1 739.4 h,无霜期 258 d。该地区种植制度以双季稻种植为主。示范区土壤为水稻土,中等肥力。示范区耕层土壤(0~20 cm)的基础性质为:pH 5.07,有机质 27.4 g/kg,TN 1.85 g/kg,TP 0.36 g/kg,全钾 35.2 g/kg,碱解氮 123.1 mg/kg,有效磷 4.4 mg/kg,速效钾 56 mg/kg。双季稻种植模式为早稻-晚稻-紫云英,早稻品种为早籼615,晚稻品种为银两优丝苗,示范面积120亩。

图6-44 示范区试验图片(江西)

2. 养分管理

对照区化肥施用:施氮量180 kg/hm²、施磷量75 kg/hm²、施钾量150 kg/hm²。氮肥为普通尿素,磷肥作为基肥一次性施入,氮钾肥的基追比为基肥:分蘖肥=6:4。

新型长效肥料施用:施氮量180 kg/hm²、施磷量75 kg/hm²、施钾量150 kg/hm²。聚天门冬氨酸包膜尿素等氮替代普通尿素,磷钾肥不减,磷肥作为基肥一次性施入,氮钾肥的基追比为基肥:分蘖肥=6:4。

新型长效肥料施用+氮肥减量20%:聚天门冬氨酸包膜尿素等氮替代普通尿素的基础上减施20%氮肥用量。减氮20%处理折合纯氮施入量为144 kg/hm²,施磷量75 kg/hm²,施钾量150 kg/hm²。磷肥作为基肥一次性施入,氮钾肥的基追比为基肥:

分蘖肥=6∶4。

早稻季化肥氮减量+部分氮肥前移至紫云英季：紫云英全量还田基础上减少氮6.7%，折合纯施氮量168 kg/hm²，施磷量75 kg/hm²，施钾量150 kg/hm²。水稻季减施氮肥12 kg/hm² 移至紫云英季施用。

3. 绿肥还田

紫云英—水稻秸秆协同还田，晚稻采用高留茬收获，晚稻秸秆田间留茬30~40 cm，利用高茬秸秆为紫云英越冬提供掩蔽，同时为紫云英生长提供支撑。覆盖还田水稻秸秆总量4 500~5 250 kg/hm²，秸秆粉碎长度≤10 cm 均匀抛洒覆盖还田，收获前稻底套播紫云英，紫云英播种量30 kg/hm²。次年翻压还田时，紫云英和水稻秸秆混合还田，翻压深度10~15 cm。调控稻田有机投入物碳氮比，促进紫云英、水稻秸秆腐解和养分释放，实现水稻季化肥减量。

4. 田间主要管理节点的关键措施

新型长效肥料替代指在当地常规化学施肥量的基础上减少化学肥料投入量的20%；当地常规化学施肥量为：氮肥N：180~225 kg/hm²，磷肥P_2O_5：75~110 kg/hm²，钾肥K_2O：90~150 kg/hm²，施肥方式指结合绿肥（秸秆）深翻还田时将肥料深施。肥料调控替代是指水稻秸秆、绿肥和新型长效肥料替代部分无机肥料。绿肥（秸秆）替代无机氮肥10%~20%、无机磷肥10%~15%、无机钾肥20%~30%；施用新型长效肥料条件下，长效型肥料替代全部无机氮肥，减少10%~20%氮肥施用量。

稻田绿肥紫云英不耐渍水，春季降水较多时段需及时清沟排渍，防止渍水影响绿肥生长。对没有开沟的绿肥田，要及时开挖四周围沟和中沟，围沟深20 cm，中沟（即畦沟）每隔4~5 m 开一条，沟深15 cm。追施氮肥。开春后，绿肥迅猛生长，适量追施氮肥能提高鲜草产量。在2月中旬到3月上旬施尿素37.5~75 kg/hm²。水稻直播或插秧前10~15 d，于盛花期与晚稻秸秆一起翻压还田。宜先机械翻压，翻压作业深度为15~20 cm，晒垡2~3 d 后灌浅水沤田。田面排水口高度宜调整至田埗高，早稻移栽前不主动排水，以防养分流失。

水稻生长期宜浅-露-晒-湿结合，间歇灌溉，充分利用雨水补充灌溉。薄水至无水层栽秧，插秧后保持3 cm 水层3~5 d，自然落干露田1~2 d，复水2~3 cm 浅水湿润，浅水勤灌促分蘖，够苗晒田，拔节前复水，浅水间歇灌溉，干湿交替，收获前7~10 d 断水落干。施肥后7~10 d 内，宜适当提高排水口高度，在水稻的耐淹承受范围内不主动排水。

5. 效果评价

水稻产量情况：对照区习惯施肥处理折合亩产527.11 kg，新型长效肥料等氮替代处理亩产582.77 kg，新型长效肥料施用+氮肥减量20%处理亩产513.93 kg。聚天门冬氨酸包膜肥等氮替代处理较习惯施肥增产10.56%，聚天门冬氨酸包膜肥减氮20%处理较习惯施肥减产2.50%。早稻季化肥氮减量+部分氮肥前移至紫云英季处理折合亩产580.88 kg，较对照区习惯施肥处理增产10.2%。

紫云英配合化肥减施在肥料施入后前7 d 能显著的降低早稻季田面水中的TN、铵态氮、硝态氮和TP 的浓度，在基肥、分蘖肥和穗肥期能分别减少21.90%、

27.47%和20.02%的TN流失量,减少基肥期16.25%的TP流失量。整体而言,紫云英还田配合化肥减施能显著减少双季稻区早稻季TN的流失量,但对TP流失量的消减效应不明显。

6.4.4 长江流域水旱轮作控源增汇模式

6.4.4.1 技术背景

水稻-油菜水旱轮作模式是长江流域主要稻作模式,常年种植面积约2亿亩。高强度的稻油轮作种植模式消耗大量养分,生产上重施氮肥,轻有机肥,导致肥料利用率低、土壤养分不平衡。该区域地势复杂,生产规模小,难以大型机械化运行,随着农村劳动力减少,化肥浅施表施、重施基蘖肥现象严重,加之水稻种植季降水丰富、雨肥重叠,水稻种植前期氮磷流失突出。据多年联网监测,稻油水旱轮作模式稻田TN年均排放量为7.72 kg/hm^2,有的高达21.87 kg/hm^2,TP年均排放量为0.39 kg/hm^2,有的高达0.91 kg/hm^2。水稻收获季,每年产生2.1×10^8 t秸秆,秸秆含有丰富的碳、氮、磷、钾及微量元素,可作为土壤微生物能量和养分的载体,促进土壤微生物增殖增生,提高微生物活性,有利于无机氮源向有机氮源转化,提高土壤肥力,减少稻田面源氮磷流失。

6.4.4.2 体系

关键技术:限量施肥、新型长效肥料、前茬作物秸秆全量还田。

配套技术:有机替代技术、节水耕作/灌溉技术、前氮后移技术。

6.4.4.3 技术要点

(1)基于产量水平、稻田基础地力,以投入产出平衡原则制定水稻氮磷投入上限。土壤速效磷含量大于30 mg/kg时,磷肥限量90 kg/hm^2,土壤速效磷小于30 mg/kg,磷肥限量120 kg/hm^2。

(2)选择聚天门冬氨酸肥料或其他长效肥料、缓控释肥料作基肥耕地时翻埋深施,有条件的地方宜采用水稻侧深施肥机械进行施用。

(3)作物收获时,收割机配置秸秆粉碎抛撒机,边收获边将秸秆全部粉碎、匀抛,要求粉碎长度≤10 cm、秸秆覆盖率≥80%、留茬高度≤15 cm。

(4)氮肥施用量为当地常规施用量的90%,氮肥宜按基蘖肥60%~70%、穗肥30%~40%的比例分配施用,基肥宜深施,追肥宜浅水施用或以水带氮,避免雨前施肥,水稻磷肥用量宜适量移至前茬作物施用。

6.4.4.4 田间示范

1. 示范区概况

试验点位于湖北省安陆市车站村(图6-45),地处鄂东北丘陵与江汉平原的交汇处,属北亚热带季风气候,年均气温16.0 ℃,年均降水量1 100 mm,气候特征为春秋短、冬夏长,四季分明,夏季炎热多雨。供试土壤为水稻土,0~20 cm耕作层土壤基础理化性质为有机质11.35 g/kg、TN 0.97 g/kg、TP 0.19 g/kg、碱解氮47 mg/kg及速效磷8.44 mg/kg。水旱轮作种植模式为水稻-油菜,夏季种植晚稻,冬季种植油菜。本区域有机肥投入量较少，以秸秆还田为主，土壤基础地力较差。

图 6-45　示范区试验图片（湖北）

2. 氮磷控源

优化施肥和新型长效肥料施用：试验设置 4 个处理，3 次重复。不施肥空白处理（CK），常规施肥处理（T1），优化施肥处理（T2），优化施肥+聚天尿素处理（T3）。T1 常规施肥为普通尿素 N 165 kg/hm² + P_2O_5 45 kg/hm² + K_2O 60 kg/hm²，氮肥的基肥：蘖肥：穗肥为 4 : 3 : 3，磷肥一次性基施，钾肥的基肥：蘖肥：穗肥为 5 : 0 : 5；T2 优化施肥为普通尿素 N 165 kg/hm² + P_2O_5 90 kg/hm² + K_2O 120 kg/hm²，氮肥的基肥：蘖肥：穗肥为 4 : 3 : 3，磷肥一次性基施，钾肥的基肥：蘖肥：穗肥为 5 : 0 : 5；T3 优化施肥+聚天尿素，聚天门冬氨酸尿素 N 165 kg/hm² + P_2O_5 90 kg/hm² + K_2O 120 kg/hm²，氮肥的基肥：蘖肥：穗肥为 4 : 3 : 3，磷肥一次性基施，钾肥的基肥：蘖肥：穗肥为 5 : 0 : 5，聚天尿素中的聚天门冬氨酸（PASP）盐添加量为尿素的 0.3%，PASP 分子量为 10 000。种植模式为水稻-油菜水旱轮作，栽植方式为人工插秧。

3. 有机替代

水稻等氮量条件下，设 4 个处理，3 次重复。①单施化肥（F），化肥施用量为 N 165 kg/hm²+P_2O_5 45 kg/hm²+K_2O 60 kg/hm²；②有机替代 40%N+10%P_2O_5+50%K_2O/（稻草+绿肥）（C1）；③有机替代 20%N+45%P_2O_5+70%K_2O/（稻草+猪粪发酵有机肥）（C2）；④有机替代 20%N+30%P_2O_5+60%K_2O/（有机材料）（C3）。鲜猪粪发酵有机肥：N=1.31%（鲜基），P_2O_5=2.27%（鲜基），K_2O=1.75%（鲜基），有机质=22.85%（鲜基），水分含量=17.57%，N=1.59%（干基），P_2O_5=2.75%（干基），K_2O=2.12（干基）。有机材料为课题中试生产（N 1.33%，P_2O_5 0.09%，K_2O 0.32%）。供试化肥为尿素（N 46.3%），过磷酸钙（P_2O_5 12%），氯化钾（K_2O 60%）氮肥的基肥：蘖肥：穗肥为 4 : 3 : 3，磷肥和有机材料一次性基施，钾肥的基肥：蘖肥：穗肥为 5 : 0 : 5。

4. 田间主要管理节点的关键措施

限量施肥，氮肥宜按基蘖肥 60%~70%、穗肥 30%~40%的比例分配施用。宜将水稻磷肥用量适量移至前茬作物施用。基肥宜深施，追肥宜浅水施用或以水带氮；应避免雨前施肥。施用新型长效肥料条件下，长效型肥料替代全部无机氮肥，减少 10%~20%氮肥施用量。

有机替代指作物秸秆、有机肥料和有机材料替代部分无机肥料，在当地常规化学施肥量的基础上减少化学肥料投入量的 10%~40%。水稻全量秸秆还田条件下，作物秸秆替代无机氮肥 10%~20%、无机磷肥 10%~15%、无机钾肥 20%~30%；施用有机肥料 1 500~3 000 kg/hm² 条件下，有机肥替代无机氮、磷、钾肥各 20%~40%。

碳源材料还田方式结合深翻时将有机材料一次性深施。前茬小麦、油菜等作物收获时将秸秆粉碎，均匀抛洒在田面，粉碎长度≤10 cm，留茬≤18 cm；水稻移栽前，将旱季作物秸秆与其他基肥一起在泡田前翻耕或旋耕入土，秸秆埋伏率≥80%。根层厚度≥15 cm 的农田，每 3~4 年深翻深耕一次，根层厚度≤15 cm 的农田，每 2~3 年深翻深耕一次，翻耕深度≥30 cm。

5. 效果评价

限量施肥试验表明：在保证水稻稳产前提下，氮磷化肥施用量分别减少 30 kg/hm² 和 12 kg/hm²，氮磷化肥施用量削减比例分别为 18.39%和 11.52%，氮磷流失负荷分别降低 29.47%和 22.37%。

新型长效肥料试验表明：聚天门冬氨酸尿素能在一定时间内抑制土壤铵态氮的硝化作用，可使土壤铵态氮和硝态氮等无机态氮含量降低，且下降幅度大于普通尿素的处理，改性聚天门冬氨酸/盐处理更有利于田面水氮素浓度降低。聚天门冬氨酸尿素的施用促进了水稻生长和养分吸收，有利于提高水稻产量及氮肥利用率，且改性聚天门冬氨酸/盐处理效果更加突出。

秸秆全量还田增汇处理在保证水稻产量稳定的前提下，使基肥期至蘖肥后 4 d 期间田面水中 TN 含量平均降低 22.6%，使穗肥后 2 d 内 TN 含量平均降低 27.3%，使田面水中 TP 含量增加 2.3 倍。培肥型有机材料对水稻稳产具有较好的作用，对施肥时期田面水的影响较小。

6.5 小结

针对氮磷化肥用量、施用时期、分配比例不尽合理以及土壤氮磷固持能力不足所引起的稻田氮磷流失问题，本课题耦合了控源和增汇技术来减少稻田中氮磷流失。其中控源技术规定了我国南方稻区和北方稻区兼顾水稻产量和环境效益的水稻施氮和施磷量上限要求；研发了新型聚天冬尿素增效肥料，增效肥料田间应用后使水稻增产 9%~12%，使稻田氨挥发损失降低 22%，相关专利技术产品已实现有效转化。增汇技术筛选了高碳氮比有机物料提高土壤氮磷持留能力，明确了材料碳氮比大于 16 时，有机材料具有固持无机氮的能力，碳氮比小于 16 时，有机材料具有释放无机氮的能力。筛选了增汇材料的最佳粒径为 1 cm。控源和增汇技术耦合形成了 3 套稻田氮磷流失防治模式。该技术体系系统性好、操作性强、防控效果明显，为我国稻田氮磷流失防控提供了完整的技术支撑。

7 稻田控水减排技术

7.1 技术原理

7.1.1 稻田控水扩容实验设计

7.1.1.1 典型水稻主产区稻季降水与极端降水特征分析

选择位于长江中下游水稻种植区中心位置的巢湖稻区为研究区，系统分析巢湖地区63年的历史降水、温度等数据，研究单季稻生长季降水量在全年降水量中的比重，分析并比较不同肥期在稻季日降水概率与单次降水量的差异，研究稻季发生极端降水频次和单次极端降水量对不同肥期的影响。

采用百分位法定义极端降水阈值，具体方法为：把1957—2019年逐年的日降水量（$P \geqslant 0.1$ mm）序列按升序排列，将第95个百分位降水量的63年平均值定义为极端降水事件阈值，当日降水大于等于该阈值时，即认为该日发生极端降水事件。单次极端降水均值是指发生极端降水量累积与发生极端降水频次之比，即：单次极端降水均值=极端降水累积量/极端降水频次。

累计距平法：对于序列 x，其某一时刻 t 的累计距平用以下公式计算，将 n 个时刻的累计距平值分别算出，并画出累积距平曲线进行趋势分析。

$$\hat{x} = \sum_{i=1}^{t}(x_i - \bar{x}),\ t = 1,\ 2,\ \cdots,\ n$$

$$\bar{x} = \frac{1}{n}\sum_{i=1}^{n} x_i$$

1957—2019年巢湖地区逐日的降水、气温、相对湿度、日照时数、平均风速、大气压数据来源于中国气象数据网（http：//data.cma.cn/）。降水频次，是某日在多年中发生降水的次数；日降水概率，是某日在多年降水中发生降水频次与年份数之比，即：日降水概率=降水频次/年份数×100%；单次降水量，是某日多年累计降水量与该年份数中降水频次之比，即：单次降水量=累计降水量/降水频次。

统计区间划分：巢湖地区稻田田埂高度一般为 20 cm，在水稻种植后 1 个月内，水稻植株较矮，因此，为避免淹苗维持水稻正常生长，稻田排水口高度在基肥期、分蘖肥期和穗肥期分别设为 10 cm、15 cm、20 cm（"基肥期、分蘖肥期、穗肥期"分别代表"施基肥、分蘖肥、穗肥后稻田田面水氮素浓度衰减期间"）。一般该地区单季稻的插秧时间在每年的 6 月 6—25 日期间，收获日期根据当地情况一般在 10 月 8 日之前。

7.1.1.2 典型种植模式和施肥制度下稻田氮磷流失特征试验

2016—2018年间，在湖北省荆州市开展典型种植模式（移栽稻、机插稻、直播稻）和施肥制度（习惯施肥、控释掺混肥、优化减氮施肥或有机无机混施肥）下稻田灌排水质水量及氮磷流失特征研究。研究地区属亚热带农业气候带，年平均气温16.5℃，年平均降水量1 095 mm。试验所用的普通复合肥由湖北中化东方肥料有限公司提供，其养分含量为41（18-8-15）%。控释掺混肥由金正大生态工程集团股份有限公司提供，其养分含量为42（28-5-9）%；有机无机复混肥由湖北中化东方肥料有限公司提供，其总养分为40（18-10-12）%，有机质≥15%。

1. 移栽中稻水肥耦合对稻田氮磷流失与产量的影响试验

2016年，针对移栽中稻，设置2种灌溉模式和3种氮肥管理二因素交互试验，共设6个处理，3次重复，采用随机区组排列。2种灌排模式为：常规淹灌（CF）和浅灌深蓄（SIDS）。CF常规淹灌：水稻秧苗返青后田面保持10~80 mm水层，整个生育期不晒田，收获前10 d自然落干；SIDS浅灌深蓄：秧苗返青后将稻田一次性灌溉至田面水深40~60 mm，待其自然落干至表土以下100 mm左右（视稻田土壤湿润状况和水稻生长而定），再次灌溉至40~60 mm，往复进行，水稻扬花期，维持田面水深30~50 mm一周，收获前10 d自然落干；水稻返青期间如遇降水，稻田可蓄水至50 mm，分蘖期—拔节期间如遇降水，稻田可蓄水至100 mm，拔节期—成熟期间如遇降水，稻田可蓄水至150 mm。3种氮肥管理为：农民习惯施肥（FFP）、尿素与控释肥配施（CRF，即30%N来自尿素+70%N来自释放周期为70 d的控释掺混肥）和优化减氮施肥（OPT-N），不同施肥处理方案见表7-1。

表7-1 移栽中稻水肥耦合试验施肥方案

处理	施肥量（N-P$_2$O$_5$-K$_2$O）（kg/hm^2）	氮肥施用比例
习惯施肥（FFP）	180-75-105	基肥：蘖肥=7:3
控释掺混肥（CRF）	180-75-105	基肥100%
减氮施肥（OPT-N）	150-75-105	基肥：蘖肥：穗肥=5:3.5:1.5

2. 直播中稻水肥耦合对稻田氮磷流失与产量的影响试验

2017年，针对直播中稻，设置2种灌溉模式和3种氮肥管理二因素交互试验，共设6个处理，3次重复，采用随机区组排列。2种灌排模式为：常规淹灌（CF）和浅灌深蓄（SIDS）（表7-2）。3种氮肥管理为：习惯施肥（FFP）、控释掺混肥（controlled release fertilizer，CRF）和有机无机复混肥（Organic-inorganic mixed fertilizer，OMF）（表7-3）。

表 7-2　直播中稻水肥耦合试验田间水分管理模式

生育期	习惯水分管理模式（CF）	浅灌深（中）蓄（SIDS）
发芽期	平时维持田间水分饱和，即畦沟有水苗床无水，强降水过程及时排水	平时保持土壤水分为田间持水量的90%左右，即畦沟和苗床均无水，强降水过程水分滞留12~24 h后排出
苗期-分蘖初期	田面无水层时灌溉，控制水深水分饱和到1 cm，强降水过程当水深超过控制水深时开始排水	土壤水分为田间持水量90%左右时灌溉，控制水深为水分饱和到1 cm，强降水过程蓄水深度2~3 cm、滞留1~2 d后排出至控制水层
分蘖期-黄熟期	田面无水层时灌溉，控制水深5 cm左右，强降水过程当水深超过控制水深时开始排水	土壤水分为田间持水量90%左右时灌溉，控制水深5 cm左右，强降水过程蓄水深度10 cm左右、滞留2~3 d后排出至控制水层

表 7-3　直播中稻水肥耦合试验施肥方案

处理	施肥量（N-P_2O_5-K_2O）（kg/hm^2）	氮肥施用比例
习惯施肥（FFP）	180-75-105	基肥：蘖肥=7：3
控释掺混肥（CRF）	180-75-105	基肥：蘖肥=7：3
有机无机复混肥（OMF）	180-75-105	基肥：蘖肥=7.5：2.5

3. 直播稻和机插中稻水肥耦合对稻田氮磷流失与产量的影响试验

2018年，针对直播稻和机插中稻两种种植模式，设置2种灌溉模式和3种氮肥管理二因素交互试验，每种种植模式设6个处理，3次重复。2种灌排模式为：常规淹灌（CF）和干湿交替灌溉（AWD，灌溉下限为土壤饱和含水率的80%）。3种氮肥管理为：农民习惯施肥（FFP）、控释掺混肥（Controlled release fertilizer，CRF）和优化减氮施肥（OPT）（表7-4）。

表 7-4　直播稻和机插中稻水肥耦合试验施肥方案

处理	N-P_2O_5-K_2O用量（kg/hm^2）	氮肥施用比例
习惯施肥（FFP）	210-75-105	基肥：蘖肥=7：3
控释掺混肥（CRF）	210-75-105	基肥100%
减氮施肥（OPT）	180-75-105	基肥：蘖肥：穗肥=5：3：2

4. 测定指标与分析方法

稻田灌排水量：试验过程，据实记录每次灌水日期和灌溉水量；遇强降水过程需要防涝排水时，多点尺量排水前后田间水深，据此计算排水量。

水质监测：不同水肥处理小区进行田间排水时，在排水口取排水初期、中期、后期混合水样带回实验室预处理,按照现行地表水水质分析方法检测总氮(TN)、铵态氮(NH_4^+-N)、硝态氮(NO_3^--N)、总磷(TP)、溶解态磷(DP)和颗粒态磷(PP)含量。TN采用碱性过硫酸钾消解紫外分光光度法(GB11894—89);铵态氮采用纳氏试剂紫外分光光度法(本法与GB7479—87等效);硝态氮采用紫外分光光度法;TP和DP采用钼酸铵分光光度法,PP用差减法求得。

稻田氮磷流失量计算:根据田间排水水质和排水量计算单位面积流失量。

水稻植株样采集及测定:于返青期、分蘖期、拔节期、孕穗期、齐穗期、灌浆期和成熟期,从每小区取5穴生长均匀并有代表性的植株,分茎鞘、叶片和穗在105℃杀青、80℃烘干至恒重,称重并粉碎。植株TN量采用浓H_2SO_4-H_2O_2消煮凯氏定氮法,TP量采用浓H_2SO_4-H_2O_2消煮钒钼黄比色法。

土样的采集及测定:于收获后每个小区各取一次0~20 cm和20~40 cm深度的土壤混合样,土样TN量采用浓H_2SO_4-H_2O_2消煮凯氏定氮法;铵态氮(NH_4^+-N)采用KCl浸提-靛酚蓝比色法;硝态氮(NO_3^--N)采用KCl浸提-紫外分光光度法;TP量采用NaOH熔融钼锑抗比色法;速效磷采用$NaHCO_3$浸提-钼锑抗比色法。

测产:成熟后测定有效穗数、穗长、每穗粒数、结实率和千粒重。

7.1.1.3 典型水稻主产区关键生育期水稻适应性研究

1. 中稻分蘖期田面水位阈值测坑试验

为便于进行严格的水位控制,利用能够进行灌排控制的有底混凝土测坑进行田面水位阈值试验。试验地位于湖北省荆州市荆州区长江大学的农业试验基地(30°21′N,112°09′E,海拔高32 m)。该地区属于亚热带季风气候,年平均降水量为1 095 mm,年平均气温16.5℃,年均日照时间1 718 h,每年6—7月降水较多,正值中稻分蘖期。

1)人工抛秧稻和人工插秧稻移栽后适宜田间水深试验研究

供试中稻品种为丰两优香1号,2017年5月4日播种育秧,6月13日采取人工插秧和人工抛秧两种方式移栽,每测坑(6 m²)定植60蔸,每蔸3株秧苗。在水稻移栽后10 d内,按田面水深不同设置4个处理(0~2 cm、2~4 cm、4~6 cm和6~8 cm),每处理3个重复,采用完全随机设计。在水稻移栽后7日内,观察抛秧稻秧苗漂浮率。每3 d调查一次人工抛秧稻和人工插秧稻的分蘖数,连续调查30 d;水稻成熟后调查产量构成及其产量。

2)直播稻和机插稻分蘖期田间适宜蓄水深度试验研究

每个试验测坑可种植面积为4 m²,土层厚度1 m,配备独立的灌排控制装置。2018年5月15日进行水稻直播(每测坑8 g干种,约296粒,人工均匀撒播,无规则株距)和机插稻播种育秧,6月10日将机插规格秧苗(平均株高18 cm)人工移栽到测坑(行距30 cm,株距16 cm,每穴4株,基本苗为288株),6月18日(分蘖初期)开始不同蓄水深度处理。在试验处理前,用钢尺量得直播稻秧苗的平均株高为28 cm、机插苗的平均株高为26 cm。根据株高及降水级别,设置4个蓄水深度:4 cm、8 cm、12 cm和16 cm,设置2种栽植方式即机插稻(J)和直播稻(Z),J-4、J-8、J-12、J-16分别为模拟机插稻分蘖期蓄水深度依次为4 cm、8 cm、12 cm和16 cm处理；Z-4、Z-8、Z-12、Z-16 分别为直播稻分蘖期蓄水深度依次为 4 cm、8 cm、12 cm 和 16 cm 处理，每个处理 3 个重复。蓄水深度 4 cm、8 cm、12 cm 和 16 cm 分别模拟大雨（40 mm）、暴雨（80 mm）、大暴雨（120 mm）、大暴雨（160 mm）进行雨后蓄水试验。试验期间，每天上午 8:00 通过灌排装置进行灌水至试验设定水深，蓄水深度维持 22 d 不变，通过模拟分蘖时期持续降水的梅雨季节，了解不同栽植模式下水稻的耐涝性，进而找出这 2 种栽种方式下中稻在分蘖期的雨后适宜蓄水深度。试验处理结束后水稻管理与当地农户管理一致。

3) 直播稻和机插稻分蘖期雨后不同蓄水深度影响试验

2019 年利用测坑进行机插稻分蘖期雨后不同蓄水深度影响试验，以蓄水深度 3 cm 为对照，设计不同蓄水深度与蓄水时间组合试验，具体试验处理为：T1 (6 cm, 3 d)、T2 (6 cm, 7 d)、T3 (9 cm, 3 d)、T4 (9 cm, 7 d)、T5 (12 cm, 3 d)、T6 (12 cm, 7 d)。2019 年 6 月 3 日施分蘖肥，6 月 5 日降水约 80 mm，6 月 6 日进行蓄水处理。6 月 6 日根据降水量进行灌排水以达到试验处理水位要求，动态监测田面水水位及其氮磷含量变化。计算分蘖期氮磷流失量。

2020 年利用测坑进行直播稻和机插稻分蘖期雨后不同蓄水深度影响试验。水位阈值处理时水稻长势：直播稻平均株高 42.81 cm，分蘖数 5.21 个，机插稻平均株高 39.75 cm，分蘖数 4.97 个。采用完全区组设计，进行直播稻、机插稻分蘖期水位阈值试验，直播稻水位深度设 4 cm（H1）、8 cm（H2）、12 cm（H3）、16 cm（H4）、20 cm（H5）5 个水平，水位持续时间设 3 d（D1）、5 d（D2）、7 d（D3）3 个水平，共计 15 个处理，每个处理 3 个重复；机插稻水位深度设 4 cm（H1）、8 cm（H2）、12 cm（H3）、16 cm（H4）4 个水平，水位持续时间设 3 d（D1）、5 d（D2）、7 d（D3）、9 d（D4）4 个水平，共计 16 个处理，每个处理 3 个重复。

4) 测定项目与分析方法

(1) 水稻分蘖增长率。于处理开始后每 7 d 测定水稻的茎蘖数，机插稻与直播稻均测定 1 m² 总茎蘖数与总穴数，计算平均茎蘖数。

(2) 根系分布及根冠比。于处理结束恢复生长 2 周后进行田间取样，根据平均茎蘖数，每小区选择长势基本一致具有代表性的水稻 3 穴，取样时，以每穴水稻根为中心挖取长、宽、深均为 20 cm 的土块，将取出的土柱从上至下分别按 0~5 cm、5~10 cm、10~20 cm 切割，并将各层土柱分别置于 40 目尼龙网袋中用流水冲洗获得各层根系。然后将根及地上部鲜样放置恒温箱内，105 ℃ 杀青 30 min，然后 75 ℃ 恒温烘至恒质量，称量地上部干质量及根系干质量，计算根冠比。

(3) 产量及产量构成。产量及产量构成：水稻成熟后，每个小区选取具有代表性的 1 m² 水稻进行收获，使用脱粒机脱粒后风选清除杂质和空秕粒，后装入网袋在晴天进行晒干，称量已风干的水稻的实粒总重量。在水稻成熟期调查水稻的总有效穗数求出每小区的平均有效穗数，并根据平均有效穗数进行取样，在每个小区取样 3 蔸。记录每蔸有效穗数和茎蘖数后，将水稻穗子采取手工脱粒，稻草和枝梗烘干至恒重后称干重。籽粒脱粒后采用水选法将实粒和空秕粒分开，分开的样品烘箱烘干（无需完全脱水），置于空气中放置至吸湿平衡（相当于室内陈干样品的含水量）。称量实粒、空秕粒的风干总质量，并从实粒中 3 份 30 g 小样，空秕粒中取 3 份 2.0 g 小样，记录每份小样的粒数。所有小样置于烘箱中，在 80 ℃下烘干至恒质量后称量，接着完成产量构成因子（每穗实粒数、结实率、千粒质量）的统计。

2. 中稻全生育期田面水位适应性田间试验

2017—2020 年，在安徽省农业面源污染防治试验巢湖基地巢湖市烔炀镇西宋村（经度 117°40′48″，纬度 31°39′57″），以赣优 735 为供试水稻品种，开展田间尺度不同极限水位条件下水稻生长发育特征研究。该区为典型的中稻种植区，年平均温度为 16.8 ℃，年均降水量约为 1 360 mm。根据研究需要设置了不同的水位高度处理，每个处理 3 个重复，随机排列。每个小区内都标有刻度线来监测田间灌水深度，灌水深度低于刻度线时就进行灌溉，保证水位处理的准确性。氮磷钾肥品种：氮肥（尿素）（N，46%）；磷肥（过磷酸钙）（P_2O_5，12%）；钾肥（氯化钾）（K_2O，60%）。氮肥的施用采用 4∶4∶2 的施用方式（基肥 40%+分蘖肥 40%+穗肥 20%）；磷肥作基肥一次性施。钾肥在二次追肥时追肥 30%。

1）试验设计

2017 年试验设置水稻全生育期水位和施肥交互 9 个处理，分别为高水位+高施肥（T1）、高水位+中施肥（T2）、高水位+低施肥（T3）、中水位+高施肥（T4）、中水位+中施肥（T5）、中水位+低施肥（T6）、低水位+高施肥（T7）、低水位+中施肥（T8）、低水位+低施肥（T9）。返青-分蘖期：高水位 7 cm，中水位 5 cm，低水位 3 cm；分蘖期-孕穗期：高水位 20 cm，中水位 15 cm，低水位 5 cm；孕穗期-抽穗期：高水位 cm，中水位 5 cm，低水位 3 cm。高施肥处理：按照当地粮食丰产工程达到最优经济产量时的施肥量、施肥方式施用肥料。中施肥处理：在高施肥处理的基础上氮磷施肥减少 15%，钾肥施用量不变。低施肥处理：在中等施肥处理的基础上氮磷施肥减少 15%，钾肥施用量不变。

2018 年试验设置 4 个处理，分别为不施肥（常规灌水）、浅水层灌溉（5 cm）、中水层灌溉（10 cm）、深灌水深度灌溉（15 cm），每个处理 3 个重复，随机排列。除空白不施肥外，其余 3 个处理施肥量均相同。

2019 年试验设置水位和施肥交互 9 个处理，分别为高水位 15 cm+优化处理（T1）；高水位 15 cm+减量化处理（T2）；高水位 15 cm+空白处理（T3）；中水位 10 cm+优化处理（T4）；中水位 10 cm+减量化处理（T5）；中水位 10 cm+空白处理（T6）；低水位 5 cm+优化处理（T7）；低水位 5 cm+减量化处理（T8）；低水位 5 cm+空白处理（T9），整个生育期都保持相同的灌水深度。空白处理：不施肥。优化施肥处理：按照当地粮食丰产工程达到最优经济产量时的施肥量、施肥方式施用肥料。减量化施肥处理：在优化施肥处理的基础上氮磷钾施肥减少 20%。

2020 年开展了基肥期、分蘖肥和穗肥期水位阈值的盆栽试验，研究不同水位和淹水时间对田面水的 TN 磷浓度变化影响，以寻找适宜的水位和淹水天数。盆栽试验水位设置为 3 cm、6 cm、10 cm 或 5 cm、10 cm、15 cm 3 种（考虑到基肥期植株株高较低，为防止淹苗，基肥期水位处理与分蘖、穗肥期不同），淹水时间设置为 1 d、3 d、5 d、7 d、9 d、11 d，共分为 18 个处理，3 次重复。具体试验设计为：基肥期：（水位：

3 cm、6 cm、10 cm）×（淹水时间：1 d、3 d、5 d、7 d、9 d、11 d）；分蘖、穗肥：（水位：5 cm、10 cm、15 cm）×（淹水时间：1 d、3 d、5 d、7 d、9 d、11 d）。

2）测定指标与分析方法

① 株高测定。在各个生育期测定株高，测土面至每穴最高叶尖的高度，抽穗后测土面至最高穗顶的高度。② 茎蘖数测定。通过定点观测每穴茎蘖数，测定植株的茎蘖动态。③ 叶片中的光合速率、蒸腾速率和胞间 CO_2 浓度测定。齐穗期用 CRIA-3 便携式光合仪于晴天 9:00—11:00 测定。④ 叶绿素含量（SPAD 值）测定。用 SPAD-502Plus 便携式叶绿素测定仪分别在抽穗开花期、乳熟期和黄熟期，每个小区选取 5 株，每株选取 3 片叶子测定，取平均值。⑤ 稻田田面水氮磷指标测定。田面水、降水和灌溉水中 TN、可溶性氮、铵态氮、硝态氮、TP、可溶性磷。⑥ 土壤、植株样氮磷钾基本理化性质按照常规指标测定。⑦ 水稻成熟期收获，考种。

3. 稻田 TN 径流相关性因素及模拟损失分析

选择位于长江中下游水稻种植区的中心位置的巢湖稻区为研究区，在保证不减产前提下，依据田间试验中稻田田面水氮素浓度，基于 1957—2019 年降水、温度等数据，利用 SMNRL 模型，模拟稻田氮素径流损失与降水、径流量的相关关系，并分析不同水深、不同插秧日期的逐年氮素径流模拟值及其氮素流失风险概率。研究不同插秧日期和水深下各肥期的稻田氮素径流模拟值，比较氮素径流主要发生的肥期，分析合理的插秧日期和水深对降低氮素径流模拟值的贡献；通过调整主要发生期的施肥日期，选择能有效降低稻田氮素径流模拟值的插秧日期和施肥日期。

为模拟氮素径流损失，建立氮素径流损失模拟模型（Simulation model of nitrogen runoff Loss），简称 SMNRL 模型，即：将降水、蒸发与人工灌溉作为稻田田面水升降的驱动因素，在已知原始水深、排水口高度及田面水氮素浓度 3 个参数下，计算施肥后稻田氮素径流损失。利用 SMNRL 模型可计算出第 t 天氮素径流损失，并模拟 63 年（1957—2019 年）在 6 月 6 日至 6 月 25 日插秧时期 3 种水深各肥期衰减期内的氮素径流损失。模型公式如下：

$$N_f = \frac{[N + \sum_{n=1}^{t-1}(N_{i(n)} - N_{f(n)})] \times (H - H_d)}{H}$$

$$N = C \times H_s \times S \times 10^{-6}$$

$$N_i = \begin{cases} C_i \times (H_s - H) \times S \times 10^{-6}, & H \leq H_{\min} \\ 0, & H > H_{\min} \end{cases}$$

$$H = h + P - ET_0$$

式中：N_f 为第 t 天稻田氮素径流损失（kg/hm^2）；N 为施肥后（不考虑第 t 天前的灌溉与径流）第 t 天稻田中含有的氮素量（kg/hm^2）；$N_{i(n)}$ 为第 n 天稻田灌溉增加的氮素量（kg/hm^2）；$N_{f(n)}$ 为第 n 天稻田氮素径流损失（kg/hm^2）；H 为第 t 天稻田田面水水深（mm）；H_d 为稻田排水口高度（mm）；C 为第 t 天（不考虑灌溉水浓度）氮素浓度（mg/L）；C_i 为灌溉水氮素浓度，依据当地实际取 2.59（mg/L）；H_s 为设定的稻田田面水水深（mm）；S 为稻田面积（hm²）；H_{min} 为稻田田面水最低水深，本文取 10 (mm)；h 为第 $t-1$ 天稻田田面水水深（mm）；P 为第 t 天降水量（mm）；ET_0 为 Penman-Monteith 估算模型计算的第 t 天蒸散量（mm）。

氮素绝对流失模拟值，是利用 SMNRL 模型模拟的某一肥期逐年每一插秧时间的氮素流失量；氮素相对流失模拟值，是利用 SMNRL 模型模拟的某一肥期一年在某一插秧时间的氮素流失与该肥期氮素绝对流失最大值之比。流失风险，是根据氮素绝对流失模拟值大小确定的风险等级，将 $x=0$，$0<x\leq1$，$1<x\leq10$，$x>10$（kg/hm²）分为 4 个流失风险等级，依次为无风险（NR）、低风险（LR）、中流失（MR）、高流失（HR）。

文中 3 次肥期的氮素径流损失的组合模式为：①低水位组合氮素径流模拟值：基肥期、分蘖肥期、穗肥期依次为 3 cm、5 cm、5 cm，记为 LW；②中水位组合氮素径流模拟值：基肥期、分蘖肥期、穗肥期依次为 6 cm、10 cm、10 cm，记为 MW；③高水位组合氮素径流模拟值（基肥期、分蘖肥期、穗肥期依次为 10 cm、15 cm、15 cm），记为 HW。

4. 早稻关键生育期田面水位阈值盆栽试验

1）试验设计

在江西双季稻区，开展了早稻季返青期和分蘖期水位阈值试验，分析了不同水位和淹水时间的协同效应对早稻产量的影响。本试验供试品种为中嘉早 17，水位阈值试验共分两个时期实施，分别为早稻季返青期和分蘖期。试验为两因素随机区组设计，两因素分别为淹水时长和淹水深度。返青期共设计 5 个不同的淹水深度（2 cm、4 cm、6 cm、8 cm、10 cm）和 3 个淹水时长（2 d、4 d、6 d）；分蘖期共设计 4 个不同的淹水深度（4 cm、8 cm、12 cm、16 cm）和 5 个淹水时长（1 d、3 d、5 d、7 d、9 d）。淹水处理结束后管理模式同一般大田管理。每个处理 3 个重复。

2）测定指标与分析方法

各个生育期测定株高，测土面至每穴最高叶尖的高度。水稻成熟期收获考种。

7.1.1.4 典型稻作区流域氮磷流失特征模拟

1. 研究区选择

结合我国水稻主产区分布、气候特征以及农业景观特征等先决条件，选择位于长江流域水稻主产区的湖北省安陆市为典型稻作区，在具有田-沟-塘系统的洑水流域（113°39′—113°47′E，31°19′—31°30′N）开展流域模拟，流域总面积为 121.4 km²。洑水流域地势平坦，西北高东南低，海拔在 25~430 m，河道总长为 52.48 km。该区属于亚热带季风气候，光能充足，热量丰富，无霜期长。洑水流域多年平均降水量为 1 068 mm，5—10 月降水量约占全年降水量的 65%~70%，雨热同季，多年平均气温为 16.66 ℃。

2. SWAT 模型数据库构建及率定验证

SWAT 模型数据库主要包括空间数据库和属性数据库。空间数据包括数字高程模型（Digital elevation model，DEM）、土壤类型空间分布数据和土地利用空间分布数据；属性数据库包括土壤属性数据、气象数据和流域管理数据等。SWAT 模型构建的步骤为：首先基于 DEM 划分子流域，根据土地利用类型、土壤属性和坡度的分类，在每个子流域内再划分水文响应单元（HRU）；然后输入气象数据，最后编辑流域管理数据。为评价 SWAT 模型在各流域的适用性,凭借 SWAT-CUP 工具通过实际观测的数据对敏感性参数进行率定,并运用确定性系数(R^2)及纳什系数(Ens)对率定结果进行评估。通过对3个流域径流量及流域出口氮磷负荷进行率定和验证,结果表明率定后的 SWAT 模型可以较为准确地模拟稻作区流域的氮磷流失特征。

3. 不同水位控制情景设置

1) 田面水位情景

田面水位优化,设置了4个情景。其中,F0 情景为基础情景,其各生育期的排水水位为常规排水管理。3个田面水位优化情景,F3 情景关键生育期的排水水位为最优排水水位阈值,F1 情景和 F2 情景关键生育期的排水水位高度是介于 F0 和 F3 情景之间的适度水位管理。不同情景的田面水位设置见表 7-5。

表 7-5 不同排水优化处理的水位管理

生育期		H_{min}（mm）	H（mm）	H_{max}（mm）			
				F0 处理	F1 处理	F2 处理	F3 处理
泡田期		20	40	80	80	80	80
返青期		10	30	50	60	70	80
分蘖期	前期	20	40	60	70	80	95
	后期	0	0	0	0	0	0
拔节孕穗期		20	60	80	120	150	180
抽穗扬花期		20	60	80	100	120	150
灌浆期		20	60	80	120	150	180
黄熟期	前期	10	30	60	100	140	180
	后期	0	0	0	0	0	0

注：H_{min} 为灌溉水位,H 为稻田适宜水位,H_{max} 为排水水位。

2) 沟渠情景

沟渠优化,是通过提高沟渠植草密度,以便增加沟渠的粗糙度、降低沟渠流速,从而实现提高沟渠截留效果的目的。SWAT 模型中通过改变植草沟渠的曼宁系数(GWATN),来模拟不同植草密度的沟渠。经过实地考察,洣水流域内沟渠多为土沟,是未维护的杂乱生长着野草的沟渠。有研究表明,植草沟渠的曼宁系数设置为0.1时,可代表未维护的杂草覆盖沟渠(Gathagu et al.,2018)。因此,本研究中,把沟渠现状作为基础情景(D0),将其曼宁系数设置为0.10。另外,设置了两个沟渠优化情景,中等植被覆盖的沟渠(D1)和茂密植被覆盖的沟渠(D2),根据文献调研相应的曼宁系数分别设置为0.24(Leh et al.,2018)和0.35(Liu, et al.,2019);并设置无沟渠情景(ND)作为对照情景,分析不同植草沟渠对氮磷流失的截留效果。

3) 水塘情景

水塘优化,是通过增加水塘汇流面积比(PND_FR)的方式,增加降水及农田排水的截留，从而实现提高水塘截留效果的目的。把水塘当前现状作为基础情景（P0），在当前现状的基础上，设置水塘汇流面积比增加15%（P1）、30%（P2）及50%（P3）3个水塘优化情景，并设置无水塘情景（NP）作为对照情景。在SWAT模型中将研究区每个子流域的水塘汇流面积比增加相同幅度。实际生产中可通过人为措施达到增加水塘汇流面积比的目的，例如，修建小型沟渠将田间退水引入水塘，或将田块与水塘之间的地段整平使得田间径流能汇入到水塘。

4）田-沟-塘系统多环节情景

根据上文的田、沟、塘单环节情景，设置田-沟-塘系统多环节情景，分析多环节水循环优化下流域氮磷流失特征。根据洣水流域当前现状，设置田-沟-塘系统基础情景（BL），该情景为F0、D0和P0情景的组合；田-沟-塘系统最优情景（OP），该情景为F3、D2和P3情景的组合。另外，为评估BL和OP情景对流域氮磷流失的截留效率，设置了对照情景（CK），该情景为F0、ND和NP情景的组合。SWAT模型中情景设置及优化参数的详细信息见表7-6。

表7-6 SWAT模型中不同情景的输入参数

情景设置			情景代码	优化参数	参数含义	参数取值	数据来源
单环节情景	田面水位	基础情景	F0	H_{max}	排水水位（mm）	0~80	随生育期变动
		优化情景	F1			0~120	
			F2			0~150	
			F3			0~180	
	沟渠	基础情景	D0	GWATN	曼宁系数	0.1	未维护沟渠（Gathagu et al., 2018）
		优化情景	D1			0.24	中等植被覆盖沟渠（Leh et al., 2018）
			D2			0.35	茂密植被覆盖沟渠（Liu, et al., 2019）
		对照情景	ND				无沟渠
	水塘	基础情景	P0	PND_FR	水塘汇流面积比（%）	0.22~0.52	当前现状
		优化情景	P1			0.37~0.67	当前现状+15%
			P2			0.53~0.82	当前现状+30%
			P3			0.73~1.00	当前现状+50%
		对照情景	NP			0	无水塘
多环节情景		基础情景	BL		当前流域现状（F0+ND+NP）		
		最优情景	OP		田-沟-塘系统最优情景（F3+D2+P3）		
		对照情景	CK		对照情景，无沟塘系统（F0+D0+P0）		

4. 分析方法

以 CK 情景为对照,对各优化情景的氮磷流失削减率进行了计算,以评估田-沟-塘系统水循环优化对氮磷流失的截留效率。根据洣水流域水稻生长季的降水特征,将 56 年研究期(1964—2019 年)的水文条件分为丰水年、平水年和枯水年 3 种情景。利用方差分析法对不同水文年降水量的差异进行分析,利用 Shapiro-Wilk 检测和 Levene 检测验证数据的正态性和方差齐性,利用 Dunnet's T3 检验对显著性进行分析。结果表明,不同水文年降水量之间存在显著差异(表 7-7)。

表 7-7 不同水文年降水量的方差分析

水文条件	水稻季降水量(mm)			方差分析		
	平均值	最小值	最大值	S-W 检测	L 检测	D T3 检测*
枯水年	331.9	246.5	395.7	0.056	0	a
平水年	574.2	400.2	736	0.915		b
丰水年	905.7	749.4	1 094.7	0.157		c

注:* 不同字母表示数据间存在显著差异。

为了评价田面水位优化后稻田水容量的变化,利用稻田排水水位(H_{max})和稻田适宜水位高度(H)的差值计算了不同田面水位管理下稻田的水容量。值得注意的是,由于没有考虑降水事件对田面水位增加的影响,因此该方法可能高估了稻田的水容量。但是,总体来说,BL 情景和 OP 情景下稻田水容量的相对大小,对于评价田面水位优化对水资源的高效利用具有一定的指示意义。

7.1.2 稻田氮磷流失风险期田面水位阈值

7.1.2.1 中稻关键风险期水位阈值

1. 人工抛秧稻和人工插秧稻移栽后适宜田间水深

水稻的分蘖进程人工抛秧快于人工移栽,2~4 cm 水层深度最有利于水稻分蘖。人工移栽第 13 d,0~2 cm、2~4 cm、4~6 cm 和 6~8 cm 水层深度处理其分蘖增长率分别 56.0%、68.5%、48.2%、51.8%,抛秧处理其分别为 50.3%、72.9%、54.1%、56.9%。由此可以看出,抛秧移栽有助于水稻分蘖,其中移栽后田面水层深度维持在 2~4 cm 有助于水稻早发,使其 70%左右分蘖发生在分蘖前半程。2017 年 6 月 13 日水稻移栽后即遇暴雨,雨后第 1 d 调查结果显示,水稻移栽时田面水层 0~2 cm、2~4 cm、4~6 cm 和 6~8 cm 各处理下,漂秧率分别为 5.8%、6.7%、10.8%和 11.7%,即水稻移栽时田间水深越大,雨后漂秧率越高。暴雨过后,随着田面水位下降,曾发生漂秧的植株又重新扎根,逐渐恢复正常,到雨后 7 d 漂秧率仅有 2.0%左右(图 7-1)。综上所述,2~4 cm 水层深度最有利于水稻分蘖。抛秧移栽有助于水稻分蘖,其中移栽后田面水层深度维持在 2~4 cm 有助于水稻早发,使其 70%左右分蘖发生在分蘖前半程。人工抛秧稻与人工插秧稻相比,遭遇强降水后会出现部分漂秧。从控制抛秧稻的漂秧率看,抛秧时的田间水层以 0~4 cm 为宜移栽后不久遭遇强降水,抛秧时的田间水层 4 cm 以上会明显增加漂秧率，采取排水措施则存在较大氮磷流失风险。

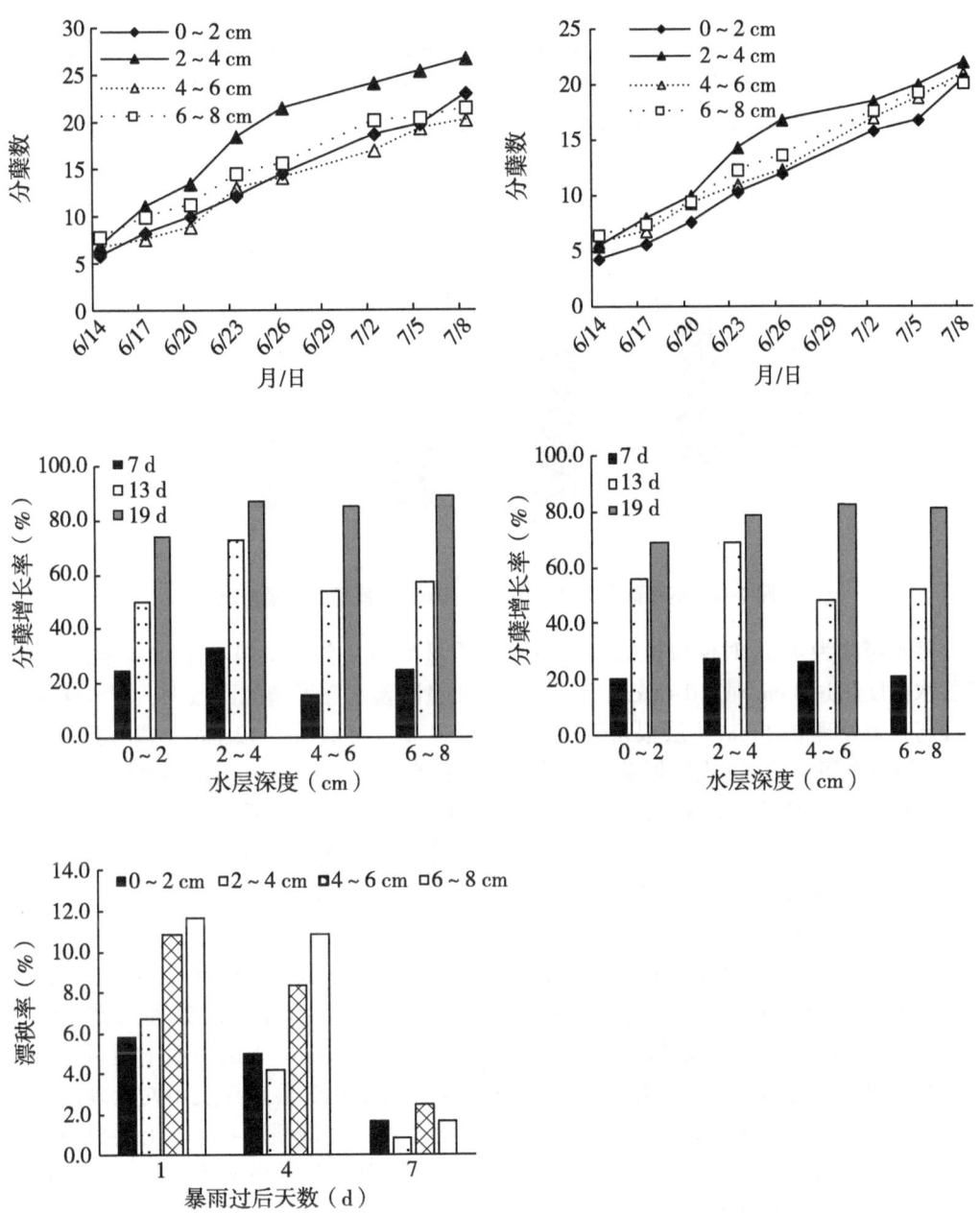

(a) 人工抛秧　　　　　　　　　　(b) 人工插秧

图 7-1　不同田面水位下抛秧稻和人工插秧稻的分蘖数、分蘖增长速率、抛秧后遇降水漂秧率

2. 直播稻和机插稻分蘖期田间适宜蓄水深度试验研究

机插稻在蓄水深度 4 cm 时分蘖增长率最高，为 56.13%，与其余处理均差异显著。蓄水深度 8 cm 分蘖增长率为 52.47%；而蓄水深度 12 cm、16 cm 分蘖增长率仅为

38.83%、35.10%。从水稻的分蘖增长率可以看出，在本试验所研究的蓄水深度下，机插稻分蘖期最佳适宜蓄水深度为 4 cm。蓄水深度 8 cm 时直播稻分蘖增长率最高，为 58.30%，与其余处理均差异显著。蓄水深度 4 cm 处理分蘖增长率为 54.33%；而蓄水深度 12 cm 和 16 cm 分蘖增长率分别为 44.07%、37.30%。从不同蓄水深度对水稻分蘖增长率的影响可以看出，在本试验所研究的蓄水深度下，直播稻分蘖期最佳适宜蓄水深度为 8 cm（图 7-2）。

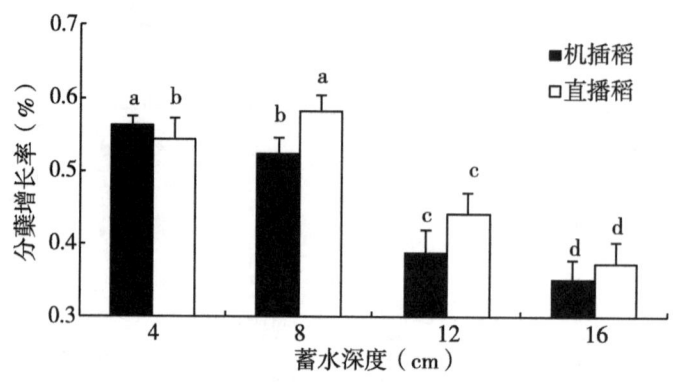

图 7-2 不同蓄水深度下模拟机插稻和直播稻的分蘖情况

蓄水深度为 4 cm 时模拟机插稻根系总干质量最高，各土层根系干质量也是最大，当蓄水深度超过 4 cm 时，0~5 cm 土层根系干质量随蓄水深度增加而减少，蓄水深 4 cm 处理与其余处理 0~5 cm 土层根系干质量均差异显著，蓄水深度 12 cm 处理与蓄水深度 16 cm 处理之间 0~5 cm 土层根系干质量差异不显著；而 5~10 cm 土层根系干质量各个蓄水深度不同处理间基本持平；最为突出的是 10~20 cm 土层根系干质量，蓄水深度为 4 cm 时水稻 10~20 cm 土层根系干质量最大，当蓄水深度超过 4 cm 时，10~20 cm 土层根系干质量随蓄水深度增加显著减少。

蓄水深度为 8 cm 时直播稻根系总干质量最高，各土层根系干质量也是最大，与其余处理 0~5 cm 土层根系干质量均差异显著，但蓄水深度 4 cm 处理与蓄水深度 12 cm 处理之间处理 0~5 cm 土层根系干质量差异不显著，蓄水深度 12 cm 处理与蓄水深度 16 cm 处理之间 0~5 cm 土层根系干质量差异不显著；5~10 cm 土层根系干质量各个蓄水深度不同处理之间均差异显著；10~20 cm 土层根系干各个蓄水深度不同处理间同样差异显著。同一蓄水深度下，除蓄水深度 4 cm 处理外，直播稻 0~5 cm 土层根系干质量均高于模拟机插稻，而直播稻除蓄水深度 8 cm 处理外，5~10 cm 土层根系干质量均低于模拟机插稻，但直播稻 10~20 cm 土层根系干质量均远远高于模拟机插稻，说明同一蓄水条件下，模拟机插稻根系主要生长在 5~10 cm 土壤表层，仅极少部分能够深扎至 10~20 cm 土层，而直播稻根系却能够更好地深扎。就蓄水深度对水稻根构型的影响看，模拟机插稻分蘖期的最适宜蓄水深度为 4 cm，而直播分蘖期的最适宜蓄水深度为 8 cm（图 7-3）。

蓄水深度 4 cm 时机插稻根冠比远高于其他蓄水深度，各个蓄水深度不同处理间均差异显著；当蓄水深度超过 4 cm 时，根冠比随着蓄水深度增加显著降低，说明增

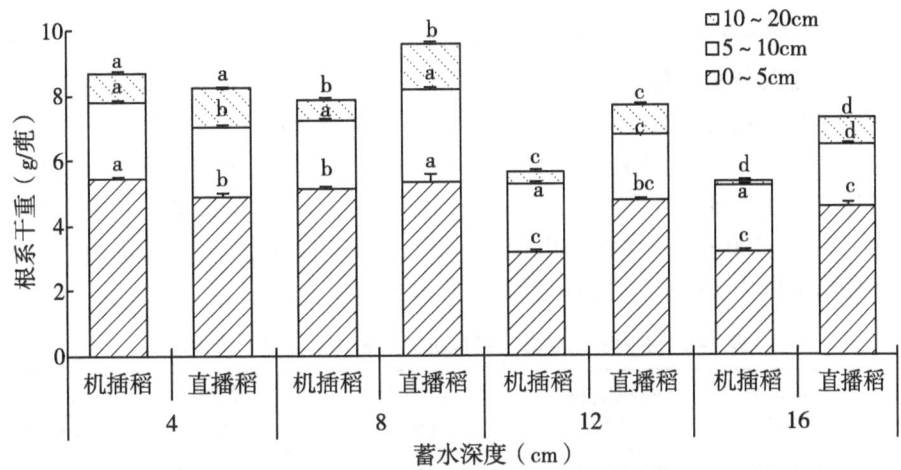

图 7-3 不同蓄水深度下模拟机插稻和直播稻的根系干重

加蓄水深度严重抑制了水稻地上部的生长。直播稻的根冠比呈先增加后降低的趋势，蓄水深度为 8 cm 时直播稻根冠比最大，并与其余蓄水深度不同处理均差异显著；但蓄水深度 12 cm 处理与蓄水深度 16 cm 处理根冠比差异不显著。在同一蓄水深度下，直播稻的根冠比远大于模拟机插稻，就蓄水深度对水稻根冠比的影响来说，模拟机插稻分蘖期水稻的最适宜蓄水深度为 4 cm，而直播分蘖期水稻的最适宜蓄水深度为 8 cm（图 7-4）。

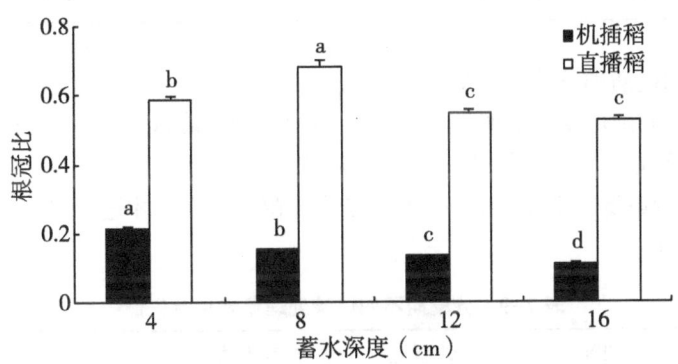

图 7-4 不同蓄水深度下模拟机插稻和直播稻的根冠比

蓄水深度 4 cm 时模拟机插稻的有效穗最多，每穗实粒数最多，结实率最高，千粒质量最大，实际产量最高，但与蓄水深度 8 cm 的处理差异不显著，即分蘖期保持蓄水深度 4~8 cm 不会明显降低水稻产量，并随着蓄水深度增加，水稻的有效穗数、每穗实粒数、结实率与千粒质量均随之降低，蓄水深度 8 cm 处理、蓄水深度 12 cm 处理、蓄水深度 16 cm 处理产量较蓄水深度 4 cm 处理分别降低了 3.75%、9.49%、11.97%；引起减产的最主要因素是每穗实粒数和结实率降低。分蘖期蓄水深度保持 8 cm 时直播稻产量构成要素最优，相应的产量也最高，在本试验所研究的蓄水深度下，蓄水深度低于或高于这个值均会引起减产。蓄水深度 4 cm 处理、蓄水深度 12 cm 处理、蓄水深度 16 cm 处理产量较蓄水深度 8 cm 处理分别降低了 5.03%、12.87%、16.45%，引起减产的最主要因素是每穗实粒数和结实率降低。同一蓄水深度下，模拟机插稻的有效穗远高于直播稻，千粒质量与产量也同样高于直播稻，除蓄水深度 8 cm 处理外，其结实率也略高于直播稻（表 7-8）。就蓄水深度对水稻产量因子的影响来说，模拟机插稻分蘖期水稻的最适宜蓄水深度为 4~8 cm，而直播分蘖期水稻的最适宜蓄水深度为 8 cm。当遭遇大暴雨（雨量>100 mm）导致农田排水不畅、允许水稻减产 12% 情况下，分蘖期模拟机插稻蓄水上限为 16 cm，直播稻蓄水上限为 12 cm。

表 7-8 不同蓄水深度下模拟机插稻和直播稻的产量构成

处理	有效穗数（兜）	每穗实粒数（粒）	结实率（%）	千粒质量（g）	实际产量（kg/m²）
J-4	16±0.58a	133.66±4.50a	76.01±1.5a	29.48±0.57a	0.984 6±0.01a
J-8	15±0.58a	129.66±8.62ab	74.55±1.34a	28.94±0.23ab	0.948 7±0.02b
J-12	13±0.53b	121.00±6.24b	71.07±1.02b	28.43±1.51ab	0.891 2±0.01c
J-16	13.00±0.52b	97.00±7.21c	67.30±0.95c	27.83±0.66b	0.866 7±0.01c
Z-4	8.66±0.58a	126.76±1.28b	74.46±0.58b	27.31±0.10a	0.871 2±0.02b
Z-8	9.33±0.57a	131.91±1.24a	78.89±0.89a	27.41±0.18a	0.917 3±0.01a
Z-12	7.33±0.57b	121.12±0.96c	70.27±1.97c	26.73±0.08b	0.799 2±0.02c
Z-16	7.00±0.00b	118.27±1.37d	66.36±2.07d	26.09±0.09c	0.766 4±0.04c

3. 直播稻和机插稻分蘖期雨后水位阈值

2019 年分蘖期雨后蓄水试验结果表明，不同处理下降水径流水量以 CK 最大，降水后第一天排水导致的 TN 流失量、铵态氮流失量 CK 处理最高；而 T4 处理（9 cm，7 d）的 TN 流失量最低（表 7-9）。一方面是由于降水 7 d 后才进行排水，且排水量低于 T6（12 cm，7 d）。

表 7-9 分蘖期不同试验处理氮磷总流失量　　　　　　　　　　单位：kg/hm²

处理	TN	铵态氮	硝态氮	TP	可溶性磷
CK	42.36	8.39	0.372 6	0.037 0	0.026 3
T1	27.44	4.81	0.176 3	0.032 3	0.037 2
T2	15.68	2.80	0.173 3	0.028 9	0.028 9
T3	4.51	0.39	0.073 3	0.009 8	0.021 9
T4	2.70	0.11	0.116 0	0.020 0	0.031 2
T5	10.86	0.84	0.107 8	0.010 3	0.030 5
T6	5.22	0.34	0.089 4	0.035 2	0.055 7

2019年各蓄水处理结束后测定水稻根系分布情况、根冠比结果分析表明，除 T5 (12 cm, 3 d) 与 CK 差异不显著，0~5 cm 各处理之间差异显著；当蓄水深度 6 cm，蓄水天数为 3 d 时，水稻根系生长状况最佳，其根系总干重最大，10~20 cm 根系干重仅次于 CK；同一蓄水深度下，蓄水 7 d 各土层根系均显著低于蓄水 3 d；除 CK 外，同一蓄水天数下，各土层根系随蓄水深度增加显著降低；值得一提的是，各土层根系 T3 (9 cm, 3 d) >T2 (6 cm, 7 d), T5 (12 cm, 3 d) >T4 (9 cm, 7 d)，表明雨后稻田可深蓄水但不建议久蓄（图 7-5，表 7-10）。

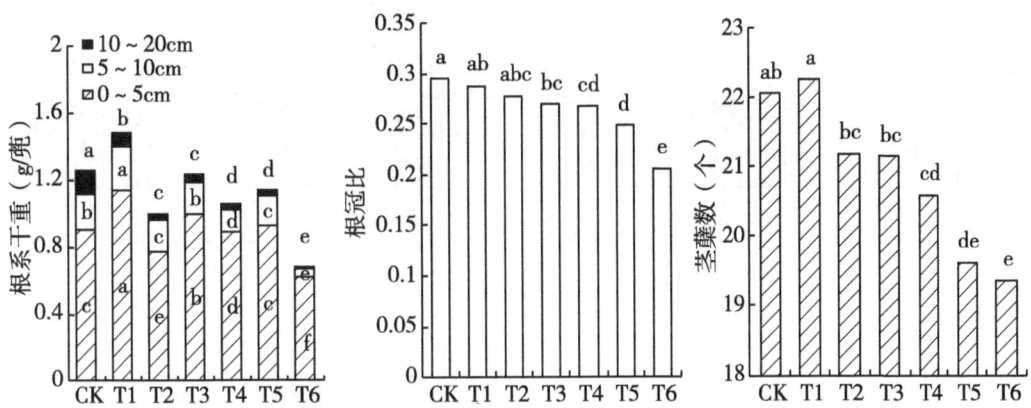

图 7-5 分蘖期雨后不同蓄水深度下根系分布、根冠比以及水稻茎蘖数

表 7-10 机插稻分蘖期不同试验处理产量构成

处理	有效穗数（个/蔸）	千粒重（g）	结实率（%）	每穗实粒数（粒）	产量（kg/hm²）
CK	15.33±0.57ab	24.85±0.17b	83.33±0.33ab	188.72±0.71a	10 646.33±71.05b
T1	16.33±0.57a	25.42±0.48a	84.00±0.28a	189.75±0.44a	11 032.33±55.15a
T2	14.00±1.00c	23.40±0.46c	81.52±0.42c	186.46±0.37b	10 256.00±63.00d
T3	14.33±0.57bc	24.47±0.22b	82.87±0.24b	187.33±0.33b	10 450.66±47.35c
T4	12.66±0.57d	23.61±0.17c	81.02±0.27c	184.62±0.63c	9 940.33±55.08e
T5	12.33±0.57d	22.69±0.28d	79.80±0.81d	182.38±0.97d	9 218.00±56.55f
T6	12.00±1.00d	21.50±0.17e	78.49±0.45e	181.34±0.89d	8 667.00±38.57g

2020 年试验结果表明，随着分蘖期田间水位增加，直播稻、机插稻株高均出现增长趋势。与蓄水 4 cm 相比，直播稻田间蓄水 16 cm 维持 3 d、机插稻田间蓄水 12 cm 维持 3 d，株高均有显著增长，试验期间株高增长量与田间水深及其持续天数呈极显著二元一次关系，与田间累积水深呈极显著对数关系。分蘖期田间水位增加，直播稻分蘖数呈现先增加后减少最后导致分蘖停止，与 4 cm 水层深度相比，直播稻

水层深度为 8 cm 时分蘖数增加，随着水层深度继续增加，分蘖数降低，当水层深度达到 20 cm 时，将分蘖停止；机插稻与直播稻有类似变化趋势，不同之处是随着水位深度增加，机插稻分蘖数降低但不会导致分蘖停止，试验期间分蘖数增加量与水位深度、水位持续天数呈极显著二元一次关系，与累积水位深度无显著关系（图 7-6，表 7-11）。

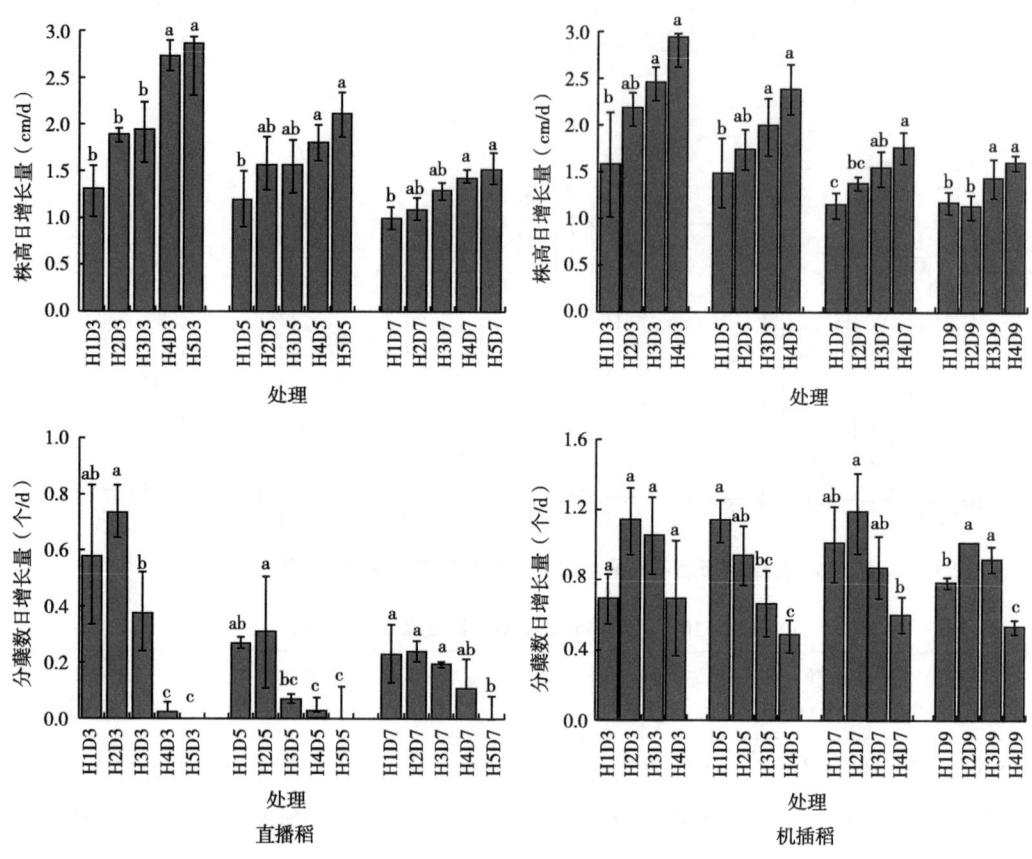

图 7-6 不同蓄水深度下水稻株高、水稻分蘖情况

表 7-11 主要生长指标与淹水因子之间的关系

变量	种植方式	影响因子	模型方程式	决定系数	F 值	Sig.
株高	直播稻	H、D	$Dy=0.264H+0.634D+1.544$	0.938	90.862	0.000
		SFW	$Dy=2.702\ln(SFW)-2.639$	0.920	150.367	0.000
	机插稻	H、D	$Dy=0.348H+0.818D+1.332$	0.950	122.462	0.000
		SFW	$Dy=-0.0003SFW^2+0.1005SFW+4.9516$	0.879	47.408	0.000

(续表)

变量	种植方式	影响因子	模型方程式	决定系数	F 值	Sig.
分蘖数	直播稻	H、D	$Ty=-0.115H+0.010D+2.248$	0.760	19.038	0.000
		SFW	—	—	—	—
	机插稻	H、D	$Ty=-0.185H+0.808D+2.086$	0.788	24.170	0.000
		SFW	—	—	—	—
产量	直播稻	H、D	$Ry=-1.586H-1.781D+119.876$	0.810	25.587	0.000
		SFW	$Ry=-0.254SFW+107.158$	0.744	37.794	0.000
	机插稻	H、D	$Ry=-1.423H-0.852D+114.915$	0.634	11.248	0.001
		SFW	$Ry=-0.169SFW+105.684$	0.538	16.328	0.001

从产量来看，直播稻与机插稻的产量均随分蘖期田间水位增加呈现先增加后降低的趋势，以分蘖期田间蓄水 8 cm 维持 3 d 的产量最高（比蓄水 4 cm 分别增产 10.00% 和 7.79%）；水稻产量随着蓄水深 8 cm 下持续时间延长和蓄水深度的增加呈下降趋势；与蓄水 4 cm 维持 3 d 相比，直播稻在田间蓄水 12 cm、16 cm、20 cm 下维持 3 d，产量分别下降 5.17%、8.39% 和 17.01%，机插稻 12 cm、16 cm 水位深度维持 3 d 产量分别下降 3.59%、11.76%（表 7-12，表 7-13）。

表 7-12 不同蓄水深度下模拟直播稻的产量构成

处理	有效穗数（个/蔸）	每穗粒数（粒）	结实率（%）	千粒重（g）	产量（kg/hm²）
H1D3	6.67b	171.27ab	72.72a	23.97a	7 250.00b
H2D3	8.00a	178.62a	73.38a	24.86a	7 975.00a
H3D3	5.67b	166.13ab	70.85ab	24.47a	6 875.00bc
H4D3	6.00ab	151.86ab	69.11b	25.83a	6 641.67c
H5D3	6.00ab	146.11b	68.63b	24.15a	6 016.67c
H1D5	6.33a	168.01a	72.22a	25.03a	7 208.33ab
H2D5	7.33a	174.27a	74.18a	24.78a	7 625.00a
H3D5	5.00a	157.2b	70.71ab	25.16a	6 541.67bc
H4D5	5.67a	146.75c	70.55ab	25.15a	5 958.33cd
H5D5	5.33a	147.33c	67.88b	24a	5 708.33d
H1D7	6.33a	169.56a	71.3a	23.45a	7 191.67a
H2D7	6.67a	172.93a	72.36a	24.74a	7 483.33a
H3D7	6.33a	155.45b	70.19a	24.41a	6 333.33b
H4D7	5.33a	148.2bc	70.15a	24.4a	5 800.00bc
H5D7	5.00a	141.21c	65.56b	23.74a	5 366.67c

表 7-13 不同蓄水深度下模拟机插稻的产量构成

处理	有效穗数 (个/兜)	每穗粒数 (粒)	结实率 (%)	千粒重 (g)	产量 (kg/hm²)
H1D3	23.67ab	208.61ab	74.89a	23.93a	7 650b
H2D3	25.67a	246.71a	76.35a	23.73a	8 240.33a
H3D3	20.67bc	209.44ab	73.86a	24.65a	7 375b
H4D3	17.33c	187.77b	70.38b	22.13a	6 750c
H1D5	23a	208.42ab	73.29ab	23.78a	7 595b
H2D5	24.33a	229.76a	76.06a	24.09a	8 225a
H3D5	19.33b	193.8b	73.84ab	23.69a	7 141.67c
H4D5	15.33c	184.54b	69.09b	22.66a	6 625d
H1D7	22.33a	206.38ab	73.09a	23.66a	7 538.33b
H2D7	23.33a	226.77a	74.33a	23.54a	8 083.33a
H3D7	18b	182.88ab	72.77a	23.67a	6 833.33c
H4D7	14.33c	175.23b	67.88b	23.4a	6 400d
H1D9	23a	206.15ab	74.05a	22.97a	7 538.33a
H2D9	24.67a	224.04a	74.04a	22.89a	8 050a
H3D9	16.67b	175.21b	72.99a	23.74a	6 666.67b
H4D9	13.00c	169.27b	67.65b	23.51a	6 266.67b

2019 年机插稻试验结果分析可得出以下结论：①仅从水稻生长状况与产量考虑，T1 作为最佳的雨后蓄水阈值，但考虑到 T1 由于排水导致 TN 流失量达到 27.44 kg/hm²，铵态氮流失量 4.81 kg/hm²，其流失量仅次于 CK，其氮磷流失将对环境造成的不利影响；②仅从氮磷流失对环境造成的不利影响考虑，T4（蓄水深度 9 cm，维持 7 d）TN 流失量最低，作为最佳的雨后蓄水阈值，但 T4 产量低，较 T1 减少了 9.9%；③结合氮磷流失量与水稻产量考虑，T3（蓄水深度 9 cm，维持 3 d）作为最佳的雨后蓄水阈值，其 TN 流失量为 4.51 kg/hm²，仅比 T4 多了 1.81 kg/hm²，产量较 T4 多了 510.33 kg/hm²。

根据 2020 年试验结果分析可得出以下结论：①以相对产量 90% 为水位阈值控制标准，直播稻、机插稻分蘖期 10 d 内累积水位深度分别为 67.55 cm、92.80 cm。②以水稻减产 10% 为排水指标，根据建立的模型估计，当分蘖期田间水层深度为 12 cm 和 16 cm 时，直播稻应分别在 6.1 d 和 2.5 d、机插稻应分别在 9.2 d 和 2.5 d 内通过排水将田面水层降到 8 cm 左右。

7.1.2.2 中稻全生育期水位适应性研究

1. 2017 年中稻全生育期水位适应性研究

同等施肥条件下高水位和低水位产量都较低，其中低水位+低施肥（T9）处理下水稻产量最低，而中水位条件下水稻产量较高，9 个处理中以低水位+高施肥（T7）处理下产量最高为 8 806.9 kg/hm², 与 T9 处理相比产量提高幅度为 8.64%（图 7-7）。对不同田间水位和施肥处理下水稻各生育期株高分析可知，各处理下水稻从分蘖期到拔节期最后到黄熟期水稻株高在不断增加。在分蘖期以高水位+高施肥处理最高为 86.5 cm，以低水位+低施肥处理最低为 84.3 cm，在拔节期和黄熟期情况相似，各个处理间并没有较大的差异，说明水位的差异对水稻株高影响不大。

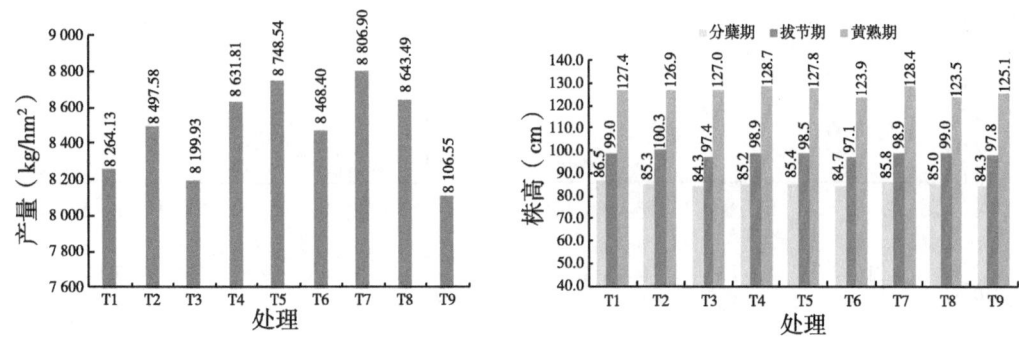

图 7-7 不同田间水位和施肥处理下水稻产量和株高

不同水位处理下水稻籽粒氮含量以中水位+高施肥（T4）种植模式下含量最高，磷和钾以高水位+中施肥（T2）和低水位+高施肥（T7）含量最高；秸秆养分含量中，在 9 个处理下氮、磷、钾含量分别以高水位+高施肥（T1）、中水位+高施肥（T4）、高水位+中施肥（T2）种植模式下含量最高，可以看出高水位模式对于水稻籽粒和秸秆养分含量的积累效果不如中等水位和低水位对氮磷钾的吸收效果显著（表 7-14）。

表 7-14　2017 年不同田间水位和施肥对水稻秸秆及籽粒氮磷钾吸收和积累影响　单位:%

处理	水稻籽粒氮磷钾积累			水稻秸秆氮磷钾积累		
	氮	磷	钾	氮	磷	钾
T1	1.59	0.16	0.39	0.89	0.10	2.49
T2	1.06	0.21	0.34	0.72	0.08	2.62
T3	1.32	0.17	0.39	0.63	0.12	2.36
T4	1.62	0.16	0.37	0.68	0.14	2.51
T5	1.45	0.21	0.37	0.63	0.09	2.55
T6	1.23	0.19	0.39	0.56	0.08	2.51
T7	1.31	0.19	0.40	0.80	0.08	2.56
T8	1.00	0.15	0.36	0.67	0.09	2.48
T9	1.13	0.17	0.38	0.67	0.07	2.51

对水稻季施入基肥后田面水氮磷浓度动态变化分析可知，各指标总体上低水位+高施肥（T7）处理浓度较高，第 1 d TN 浓度最高各处理均在 13.0~33.0 mg/L；稻田田面

水氮磷浓度日动态变化总体趋于下降的趋势，随着施肥时间的增加，浓度逐渐减小并趋于平稳（图7-8）。

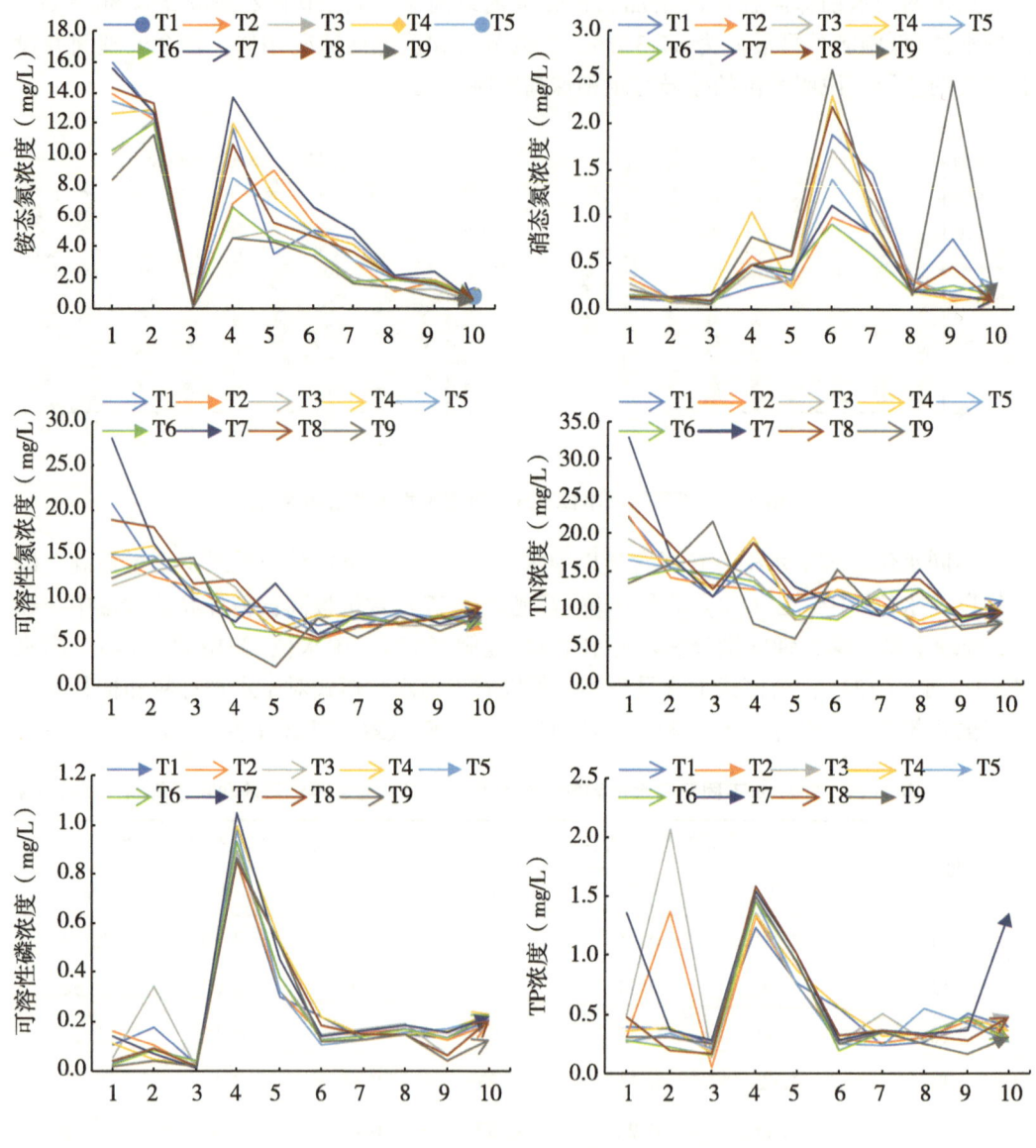

图7-8 中稻全生育期水稻适应性试验施入基肥后田面水中氮磷浓度动态变化（2017年）

对水稻季施入分蘖肥后田面水氮磷浓度动态变化分析可知，根据硝化-反硝化原理，铵态氮浓度高时，硝态氮浓度相对低。TN和可溶性TN均在施肥后的第3 d达到最大值，TN为14.0~21.9 mg/L，可溶性TN为13.2~18.7 mg/L；而TP没有很明显的变化趋势（图7-9）。

对水稻季施入穗肥后田面水氮磷浓度动态变化分析可知，各指标浓度变化趋势均

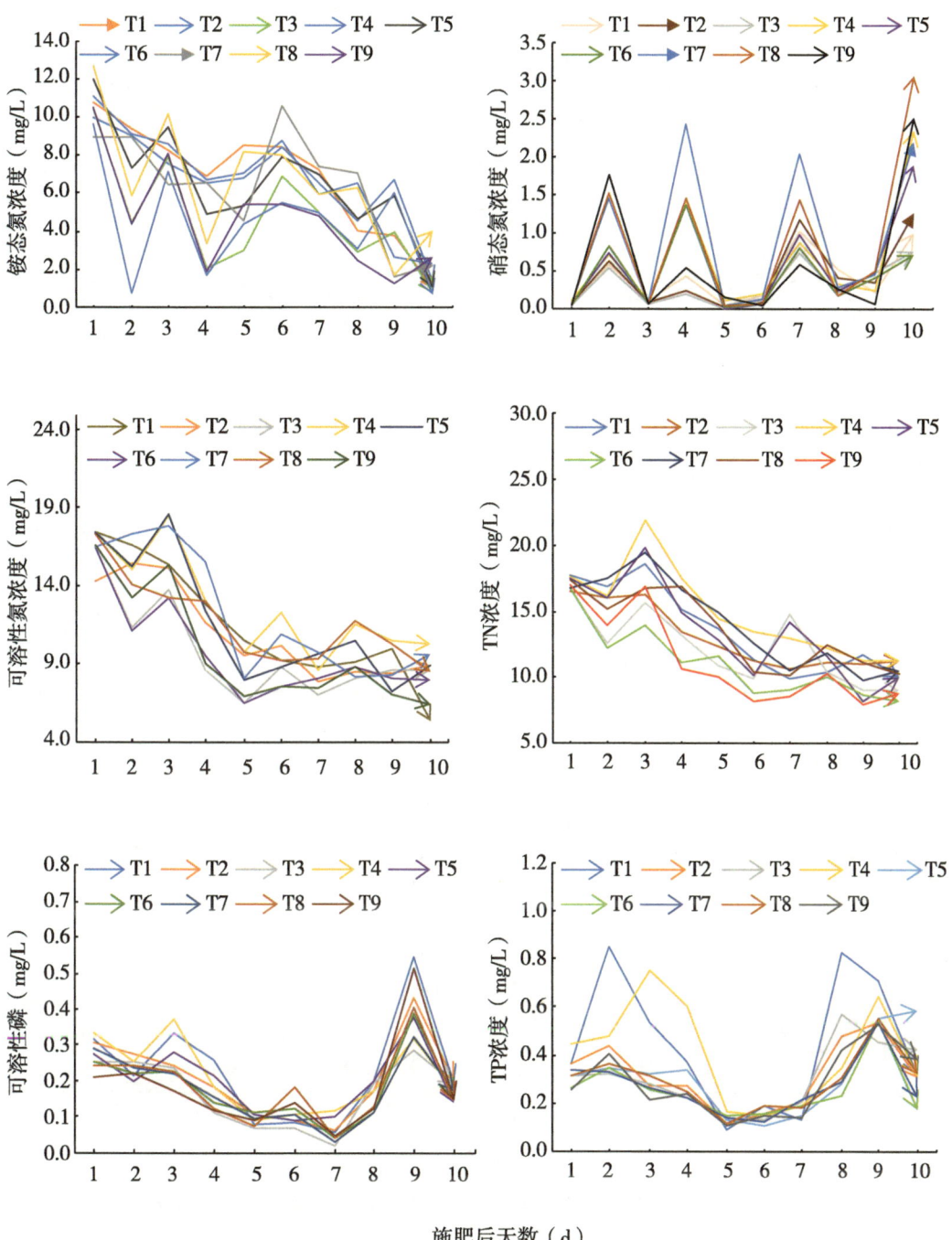

图 7-9 中稻全生育期水稻适应性试验施入蘖肥后田面水中氮磷浓度动态变化（2017 年）

呈现下降趋势，其中硝态氮、可溶性氮指标中低水位+中施肥处理下浓度相对较高。可溶性磷、TP 浓度在第 3 d、第 4 d 浓度最高，之后呈现均匀下降趋势（图 7-10）。

不同处理下收获期鲜土样养分含量硝态氮和铵态氮都是高水位+高施肥模式下含量

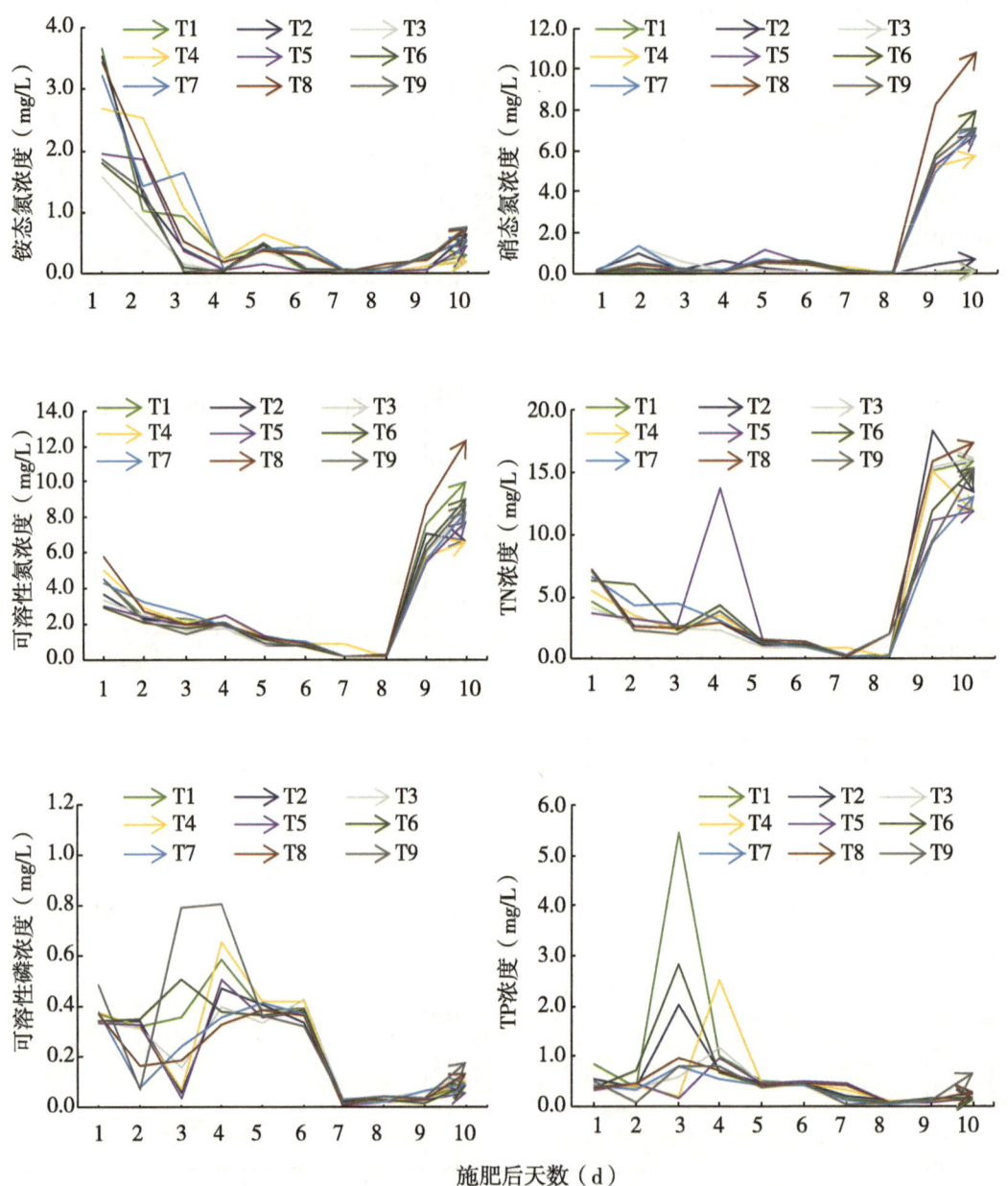

图 7-10 中稻全生育期水稻适应性试验施入穗肥后田面水中氮磷浓度动态变化（2017）

最大；总体上来说铵态氮以中水位模式下含量较高，硝态氮以高水位模式下含量较高。对水稻季干土样养分含量分析可知，速效钾含量低水位+低施肥处理最大，pH、有效磷含量各处理间相差不大（表7-15）。

表 7-15　不同田间水位和施肥对水稻收获期土壤养分状况影响

处理类型	含水率（%）	硝态氮（mg/kg）	铵态氮（mg/kg）	pH	有效磷（mg/kg）	速效钾（mg/kg）
T1	38.09	1.91	5.70	6.3	20.04	127
T2	39.22	1.53	3.64	6.1	20.73	140
T3	43.02	1.60	3.41	6.1	20.62	147
T4	37.92	1.14	4.71	6.1	22.49	147
T5	39.20	1.78	5.17	6.5	22.31	130
T6	40.27	1.24	5.32	6.2	21.61	163
T7	41.42	1.91	4.58	6.2	21.54	123
T8	38.79	1.26	3.05	6.1	19.00	143
T9	38.63	1.35	4.16	6.2	18.48	177

2. 2018 年中稻全生育期水位适应性研究

1）水稻生理生态指标和产量

对不同田间水分管理下水稻齐穗前各生育期株高测定分析可知，随着生育进程推移，株高逐渐增加，各处理表现一致。水稻返青期株高以浅水层灌溉（5 cm）处理最高，返青期稻田灌水深度较高可能会抑制水稻的生长。分蘖期后中水层灌溉（10 cm）和深水层灌溉（15 cm）处理的水稻株高略高于浅水层和常规灌溉处理（图 7-11）。在孕穗及成熟期，除不施肥（常规灌溉）处理外，其余 3 个灌水深度处理间株高无明显的差异。分蘖是水稻的重要生物学特性之一，是扩大群体的主要方式。水稻茎蘖动态变化规律是由新生分蘖的产生和无效分蘖的消亡过程共同作用形成的。在不同水分管理方式下，水稻茎蘖的动态变化具有相同的规律，均表现为随着生育期的推进先快速增加后缓慢减少的变化规律。深水层灌溉处理与浅水层灌溉和中水层灌溉处理相比，前期分蘖较快且先达到分蘖高峰，但是高峰值较低，在峰值后分蘖数明显低于浅水层和中水层灌溉处理。从产量上来看，各处理的水稻产量为浅水层>中水层>深水层>常规灌溉。浅水层处理产量分别比常规灌溉、深水层和中水层分别高 26.60%、11.05% 和 0.40%，差异显著。整体看，浅水层产量最高，其次依次为中水层、深水层，常规灌溉产量最低。

光合作用是水稻物质生产的基础，水稻 70%~80% 的灌浆物质来自抽穗后叶片的光合作用。植物的蒸腾作用与光合作用之间存在着平衡和依赖的关系，所以研究蒸腾作用对于研究光合速率具有重要意义。胞间 CO_2 的浓度是光合生态研究中的常用参数，一般来说，胞间 CO_2 的浓度越高光合速率也就越高。对孕穗期不同水分管理方式下净光合速率、蒸腾速率与胞间 CO_2 浓度分析可知，净光合速率以深水层灌溉处理最强，浅水层处理最弱，极差为 1.55 μmol/（m²·s），不施肥处理即常规灌溉处理与深水层灌溉处理差异较小，较浅水层和中水层处理高出 11.91% 和 9.15%。蒸腾速率不施肥>深水层灌溉>中水层>浅水层，极差为 2 mmol/（m²·s），不施肥处理分别比深水层灌溉、中水层

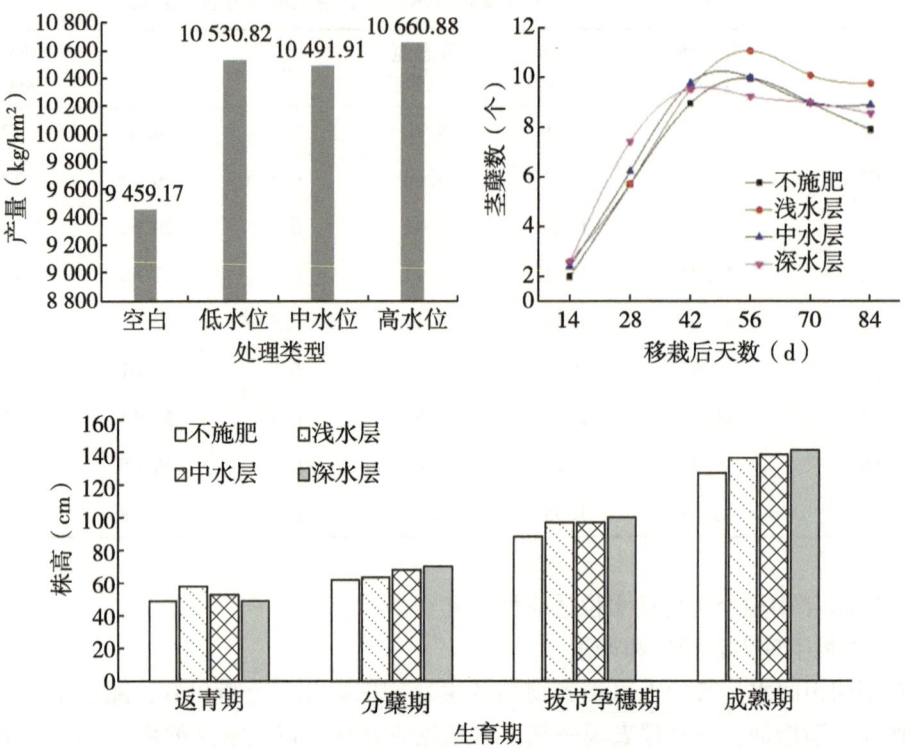

图 7-11 不同灌水深度处理下水稻的产量、茎蘖数和株高

和浅水层处理高出 0.82%、2.51% 和 22.17%。对于胞间 CO_2 浓度各处理间差异较小（表 7-16）。

表 7-16 孕穗期不同灌水深度下净光合速率、蒸腾速率与胞间 CO_2 浓度

处理	净光合速率 [$\mu mol/(m^2 \cdot s)$]	蒸腾速度 [$mmol/(m^2 \cdot s)$]	胞间 CO_2 浓度 (mL/m^3)
不施肥	14.27	11.02	369.21
浅水层	13.01	9.02	364.51
中水层	13.34	10.75	365.98
深水层灌溉	14.56	10.93	373.78

对不同灌水深度处理下水稻叶片叶绿素含量分析可知，抽穗开花期各处理叶片 SPAD 值差异不显著，乳熟期和黄熟期不同处理间叶片 SPAD 值差异显著（$P<0.05$）。各处理叶片 SPAD 值降幅具体表现为不施肥>浅水层>中水层>深水层灌溉。其中，抽穗期各个处理间叶绿素含量差异较小。乳熟期浅水层、中水层和深水层灌溉处理较不施肥处理叶片 SPAD 值分别增加 6.51%、9.78% 和 9.59%；黄熟期浅水层、中水层和深水层灌溉处理较不施肥处理叶片 SPAD 值分别增加 6.56%、12.27% 和 20.47%（表 7-17）。

7 稻田控水减排技术

表 7-17 不同灌水深度处理对水稻叶片叶绿素含量（SPAD 值）的影响

处理	抽穗期	乳熟期	黄熟期
不施肥	45.21a	37.28b	24.68c
浅水层	45.69a	39.88a	26.42b
中水层	45.37a	41.32a	28.14b
深水层灌溉	45.90a	41.23a	31.00a

2）田面水中氮磷浓度及氮磷蓄积量

对 3 次施肥后稻田田面水氮磷浓度变化特征分析可知，稻田田面水 TN 浓度变化总体表现出在施肥后的第 1 d 浓度达到高峰，随着时间的推移浓度开始降低，在 7~9 d 降到最低值并趋于稳定。追肥后亦表现出同样的规律。除不施肥外，施肥后第 1 d，各处理间田面水 TN 浓度差异较大，以浅水层处理浓度最高可达 58.13 mg/L，深水层灌溉处理田面水 TN 浓度相对较低为 44.70 mg/L，随着时间推移迅速降低，7~9 d 趋于稳定且接近于不施肥处理。在基肥施用后的第 2 至第 3 d 达到 TP 浓度的高峰，其后磷浓度逐渐降低。浅水层处理下田面水 TP 峰值最高可达 0.85 mg/L，较中水层和深水层灌溉处理分别高 25.49% 和 85.84%。峰值过后，田面水 TP 浓度下降较为缓慢，这可能与浅水层处理本身浓度较高有关。由于磷肥施入农田后较易被颗粒态物质吸附而富集在地表附近，所以在第 2 次追施氮肥或随着降水、灌溉土壤被扰动及田面水的挥发，出现了田面水 TP 浓度略有回升现象。

铵态氮是尿素施入田面后各种形态氮素数量与周转的关键物质，通过铵态氮与 TN 比值可以反映氮素流失与转化的相对水平。除不施肥外，3 次施肥后各处理稻田田面水中铵态氮/TN 比例均是先增加后降低，在施肥后的第 3 d 达到最大，之后开始逐渐降低，但在降低过程中会出现小幅度的波动，整体上铵态氮/TN 除少数降低至 30% 以下，大多数均保持在 40% 及以上。铵态氮是尿素施用后氮素转化的关键物质，也是稻田氮素流失的关键所在。硝态氮浓度的变化不如铵态氮明显，但硝态氮在氮素的形态变化中表现较为显著。硝态氮在施肥后的前 2 d 均表现出了较低的浓度，除不施肥外，其他处理硝态氮/TN 在 1.08%~12.34%，在第 3~4 d 达到硝态氮形态流失的高峰，之后逐渐降低，最后趋于稳定在 2% 左右（图 7-12）。

采用蓄积量 $\Delta Qi = A \times Ci \times Xi$ 进行数据处理，式中 A 为小区稻田面积，Ci 为各采样时间（D）各指标的浓度，Xi 为蓄水高度。由于小区面积 A 一样，灌水深度 10 cm 和 15 cm 分别是浅灌水深度的 3 和 2 倍。假定在稻田渗漏、蒸发量一定的前提条件下，深水灌溉和中水层灌溉处理的蓄积量分别是浅水灌溉的 3 和 2 倍，由此来比较分析各处理下稻田氮磷流失量。对 3 次施肥后不同蓄水深度下稻田氮磷蓄积量的动态变化分析可知，灌水深度为 15 cm 的处理下稻田可以蓄积的 TN 量最大，特别是施肥后第 1 d，最大可达 1.34 kg/hm²，其次是中水层处理可达 0.99 kg/hm²，浅水层处理下蓄积量最低，为 0.58 kg/hm²。在水稻整个生育期内（3 次施肥期间），在不考虑土壤下

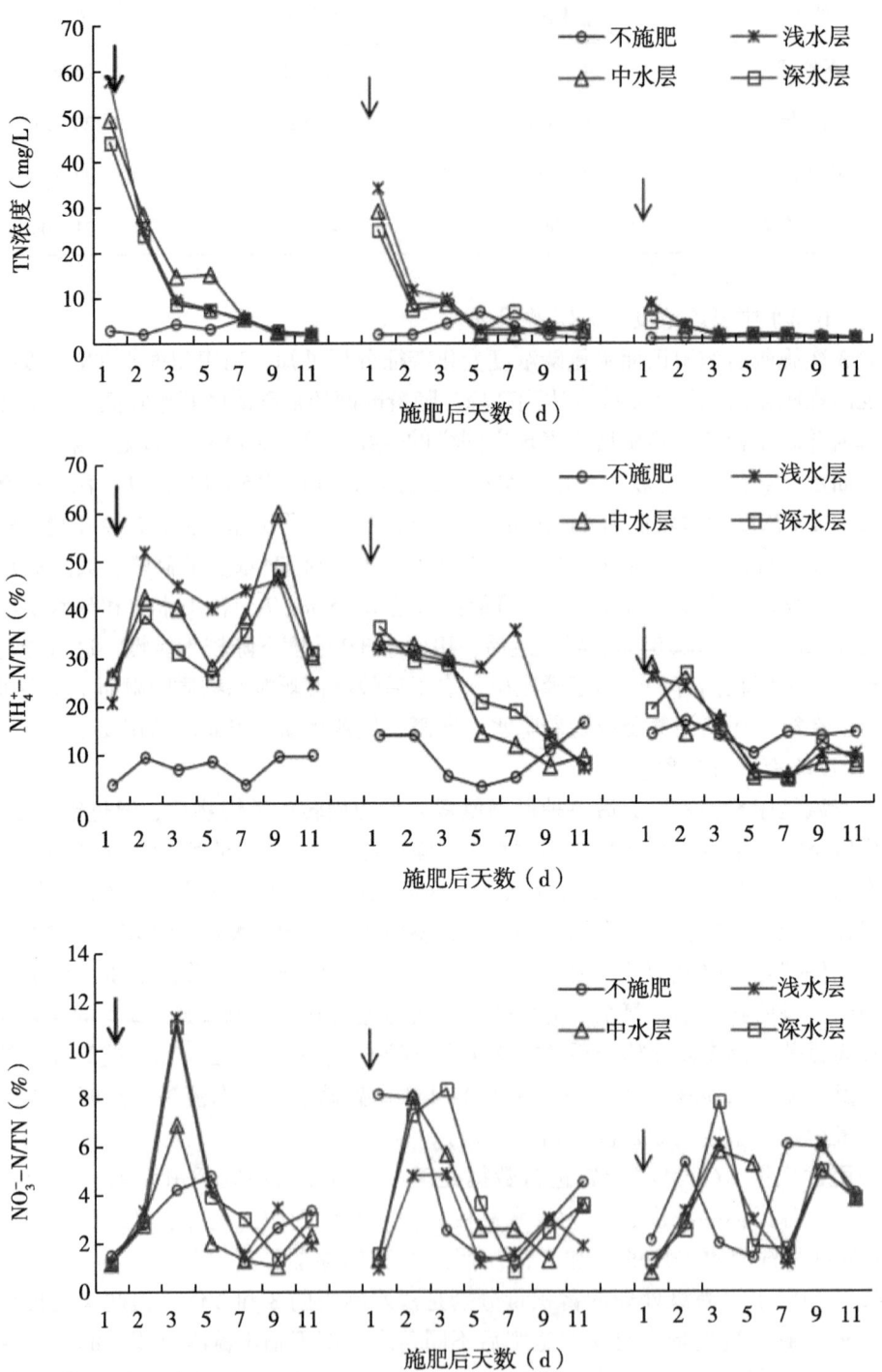

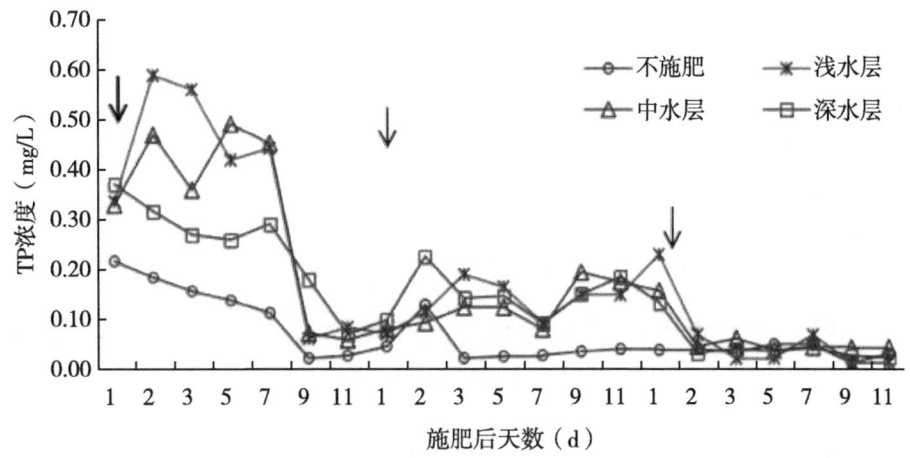

图7-12　3次施肥后稻田田面水中氮磷浓度动态变化

渗、蒸发的条件下，深水层处理可以蓄积5.22 kg/hm²，中水层处理可蓄积4.01 kg/hm²，浅水层可蓄积2.05 kg/hm²。总的来说，深水层相对于浅水层TN径流量减少了60.82%，中水层相对于浅水层TN径流量减少了48.91%。灌水深度为15 cm的处理下稻田可以储蓄的TP量最大，特别是施肥后第1 d，最大可达0.02 kg/hm²，其次是中水层处理可达0.013 kg/hm²，浅水层处理下蓄积量最低，为0.01 kg/hm²。在水稻整个生育期内，在不考虑土壤下渗、蒸发的条件下，深水层处理可以蓄积TP 0.14 kg/hm²，中水层处理可蓄积0.10 kg/hm²，浅水层可蓄积0.06 kg/hm²。总的来说，深水层相对于浅水层TP径流量减少了58.90%，中水层相对于浅水层TN径流量减少了45.36%（图7-13）。

3. 2019年中稻全生育期水位适应性研究

通过对不同田间水位和施肥水平对水稻产量及构成因子的影响分析，可以看出各不同灌水深度条件下，与不施肥相比，各施肥处理均显著提高了水稻产量，其中高水位条件下提升幅度最大，优化施肥和减量化施肥处理产量分别提高了16.43%和14.54%，优化施肥处理与减量化处理水稻产量没有明显差异。从不同灌水深度条件来看，不施肥条件下，高水位与中水位处理水稻产量没有显著差异（表7-18），均高于低水位；优化施肥条件下，高水位处理效果最好，显著高于中水位和低水位处理；减量化施肥条件下，各不同灌水深度之间没有显著差异。综合不同灌水深度和不同施肥处理来看，高水位+优化施肥处理产量最高显著高于其他处理。从产量构成因素来看，高水位+减量化施肥处理千粒重最大，其次是低水位+优化施肥处理，其余处理没有明显差异；从结实率、每穗粒数和有效穗数来看，高水位+优化施肥处理效果最高，均显著高于不施肥处理和优化处理。

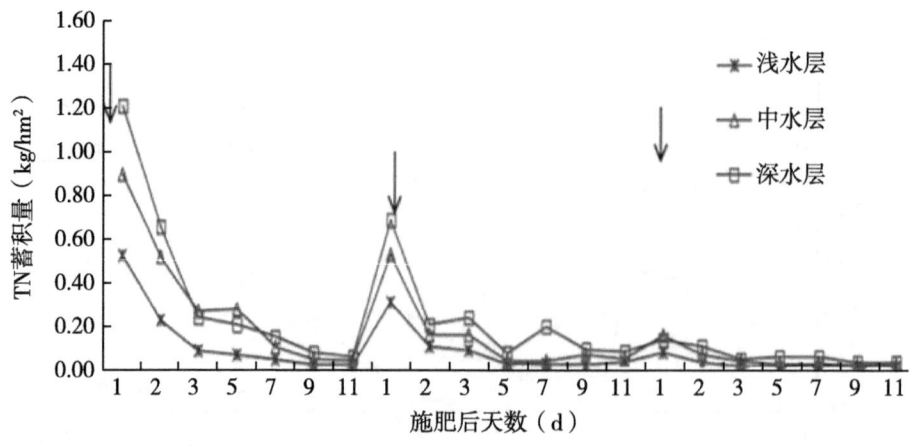

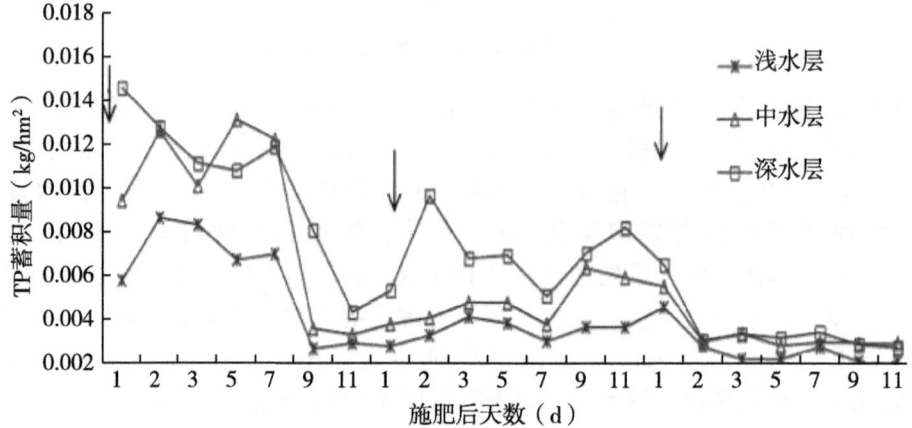

图 7-13 不同蓄水深度下稻田氮磷蓄积量

表 7-18 不同田间水位和施肥水平对水稻产量及构成因子的影响

处理	产量 (kg/hm²)	千粒重 (g)	结实率 (%)	每穗粒数 (粒)	有效穗数 (万穗/亩)
高水位 15 cm+优化处理（T1）	10 277.78a	26.13d	74.34a	181.11a	22.40a
高水位 15 cm+减量化处理（T2）	10 111.11ab	28.24ab	72.70abc	171.33ab	21.37ab
高水位 15 cm+空白处理（T3）	8 827.78d	26.72d	69.58e	120.66c	18.17cd
中水位 10 cm+优化处理（T4）	9 727.78c	26.87cd	70.01de	101.66d	17.17d
中水位 10 cm+减量化处理（T5）	9 833.33bc	26.00d	73.12ab	173.66ab	18.84c
中水位 10 cm+空白处理（T6）	9 033.33d	27.176c	72.53abc	167.33b	20.47b
低水位 5 cm+优化处理（T7）	9 916.67bc	27.15bcd	70.86dce	103.33d	18.58c
低水位 5 cm+减量化处理（T8）	9 961.11abc	25.91d	72.33abc	170.33b	21.54ab
低水位 5 cm+空白处理（T9）	8 122.22e	27.87c	72.01bcd	169.13b	20.89b

4. 2020年中稻全生育期水位适应性研究

1) 田面水氮磷浓度动态变化

在不同淹水天数下，同水位的 TN 和 TP 浓度并无显著差异，也无明显的规律性，这可能是因为水稻本身属于水培植物，淹水天数的变化对其影响小。稻田田面水 TN 和 TP 浓度变化趋势在不同水位下基本一致。稻田田面水 TN 浓度于施肥后第 1 d 达峰值，并再呈指数下降，基肥期于第 9 d、分蘖肥期和穗肥期于第 7 d 趋于施肥前水平；在基肥期和分蘖肥期，田面水 TP 浓度于施肥后第 1 d 达峰值，于第 1 d 后呈指数下降，并在第 7 d 趋于施肥前水平。在基肥期，水位越高，稻田 TN 磷浓度总体偏低，基肥期和分蘖肥期的稻田 TN 和 TP 浓度显著高于穗肥期，一是基肥期和分蘖肥期的施肥量多于穗肥期，二是穗肥期水稻正处于抽雄灌浆期对养分吸收快，也说明基肥期和分蘖肥期是稻田 TP 流失高发期（图 7-14）。

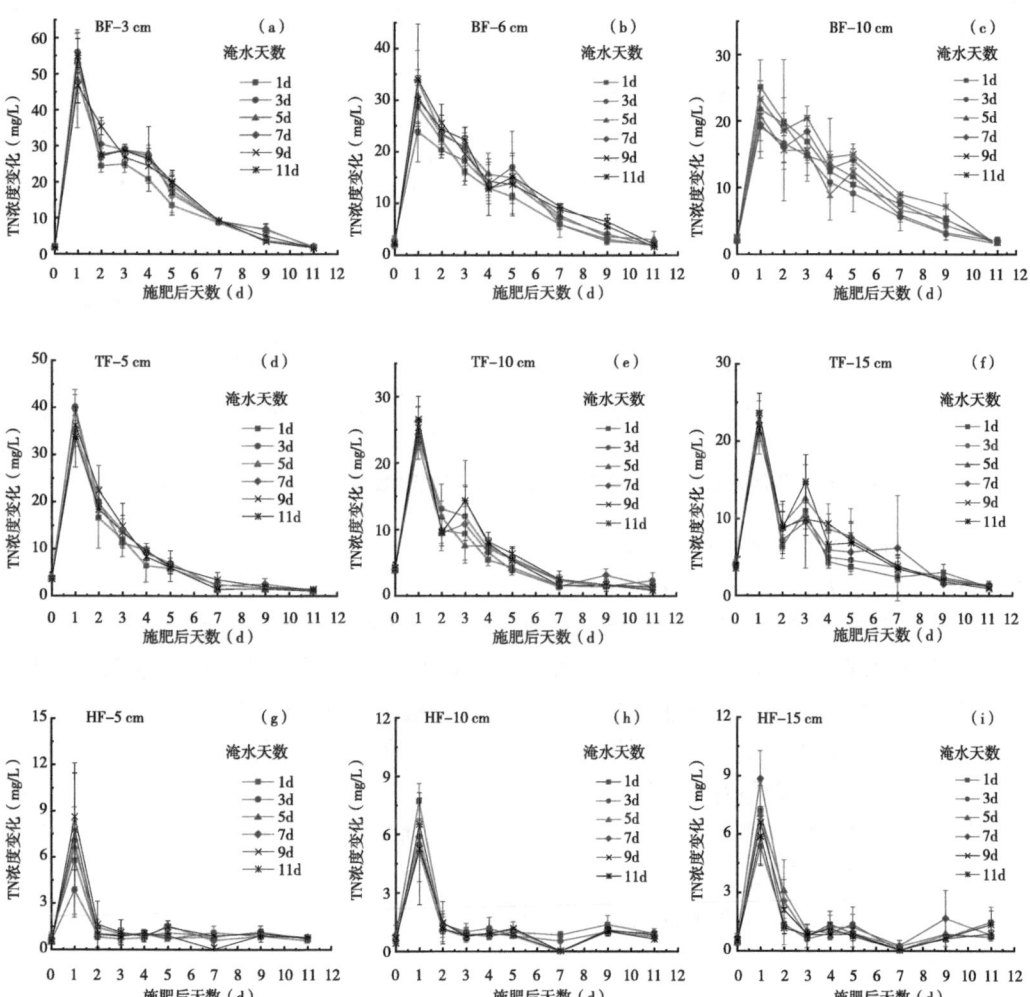

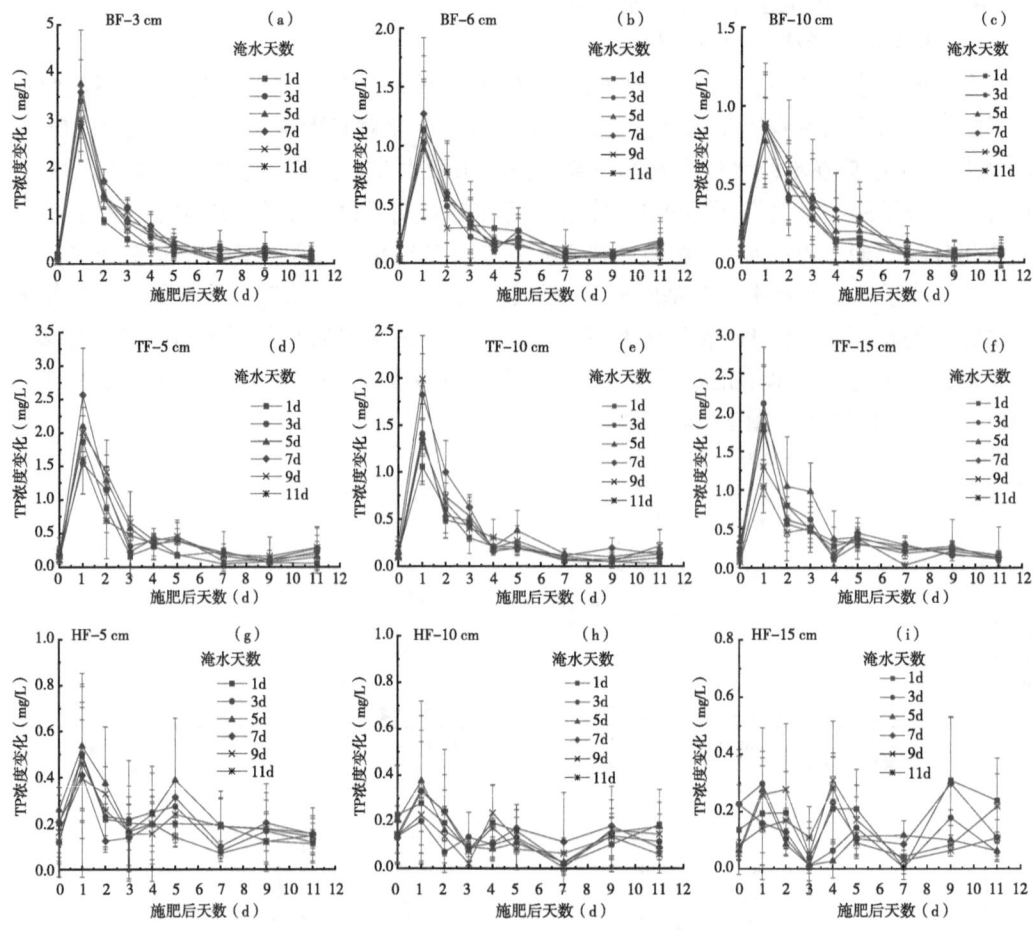

图 7-14 不同水位下在不同淹水时间下稻田氮磷浓度动态变化（2020 年）

2）水稻株高、产量和氮磷流失量

在不同淹水天数下，高水深的植株总重和茎秆重总体都低于低、中水深，低、中水深下的植株重和茎秆重不相上下。产量方面，不同水深和不同淹水天数处理差异不显著，总体表现为中水深条件下的产量高于低、高水深（除淹水 1 d 的中水深）。对于不同淹水和不同水深下，千粒重差别很细微，基本稳定在 25.5 g 左右。在肥期内调整水深和淹水天数对于水稻产量各项指标没有特别明显的规律和差异，说明在水稻生长过程中，短时间的水位调整对水稻产量影响不明显（图 7-15）。只考虑氮素流失不考虑产量的情况下则低水位（基肥期 3 cm，分蘖肥和穗肥期为 5 cm）最优；结合氮素流失和水稻产量，中水位（基肥期 6 cm，分蘖和穗肥期 10 cm）最优。

5. 中稻稻田 TN 径流相关性因素及模拟损失分析

1）稻田氮素径流与降水、径流量相关性分析

选取水稻近 63 年（1957—2019 年）在 6 月 10 日插秧时氮素径流模拟值、降水和模拟径流量数据，分析不同肥期和不同水深下稻田氮素径流模拟值与降水、模拟径流相关性（图 7-16）。

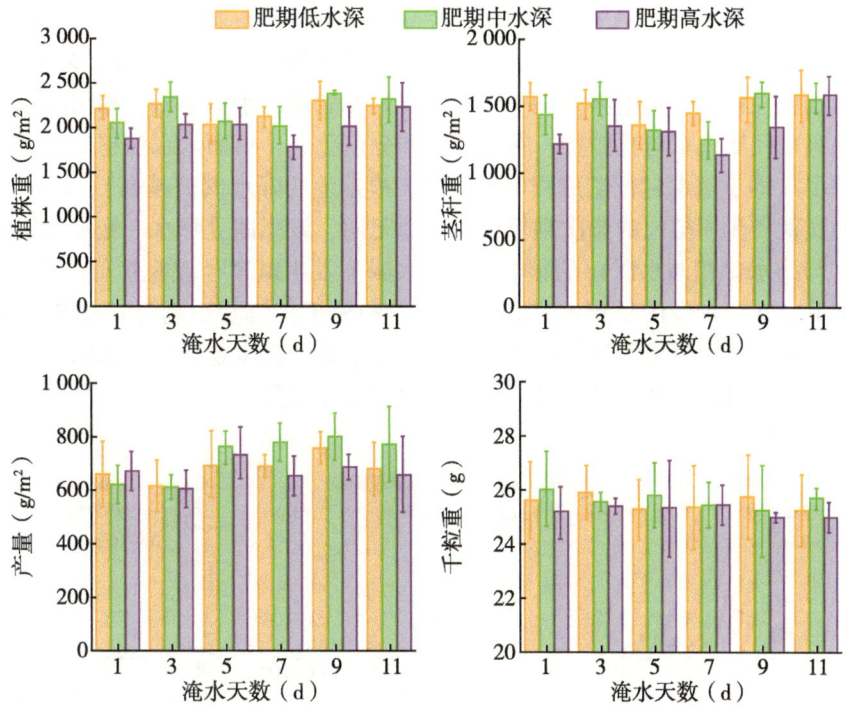

图 7-15 肥期不同淹水天数对水稻产量指标的影响

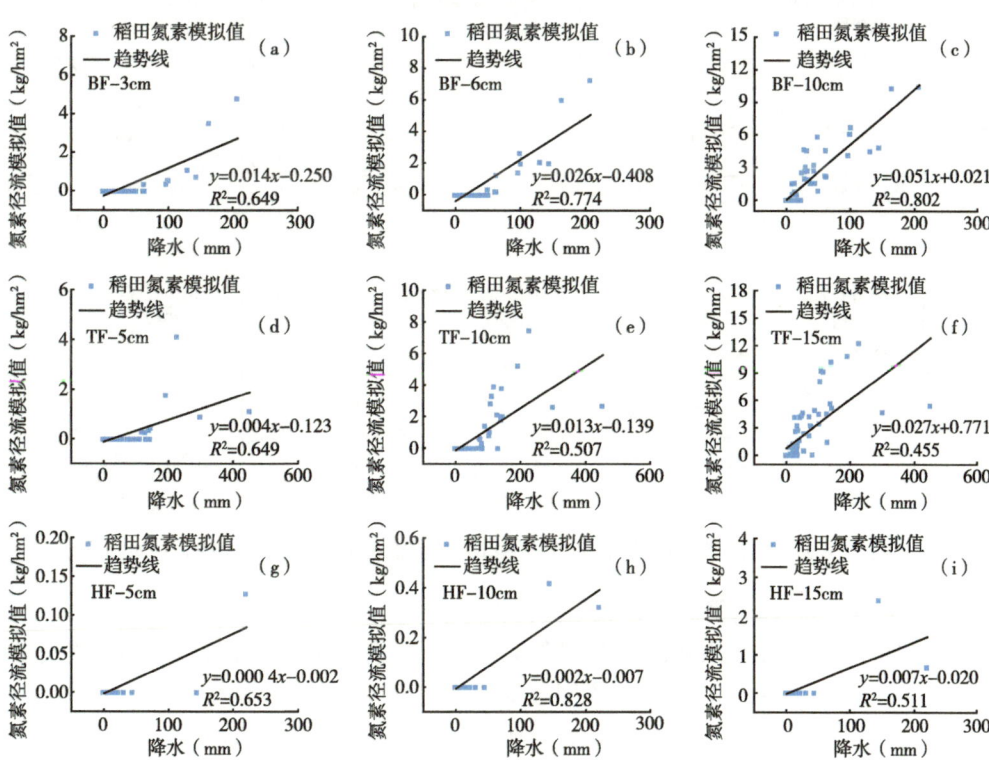

图 7-16 6 月 10 日插秧的稻田氮素径流模拟值与降水的关系（1957—2019 年）

不同肥期、不同水深下，降水与模拟径流量越多，稻田氮素径流模拟值也越多，稻田氮素径流模拟值与降水、模拟径流量均呈极显著正相关，受肥期和水深变化的影响，两者间的相关性存在一定差异（图7-17）。在同一肥期，水深越低，相同降水条件下稻田产生的氮素径流模拟值也越低；在基肥期和分蘖肥期，田面水水深越低，稻田所承载的降水越多（即：水深越低造成稻田氮素径流模拟值的降水阈值越高），降水条件下稻田产生的氮素径流模拟值的频次越低，而在穗肥期，该肥期受降水、施肥量偏低和缺少满水位（与排水口相同水深）的影响，3种水深下发生氮素径流模拟值的频次都较低。相同肥期下，水深越低的稻田氮素径流模拟值和模拟径流量也越低；在基肥期和分蘖肥期，低水深下产生氮素径流模拟值和模拟径流量的频次也越低，在穗肥期受水深变化而产生的氮素径流模拟值和模拟径流量的频次无明显差异。

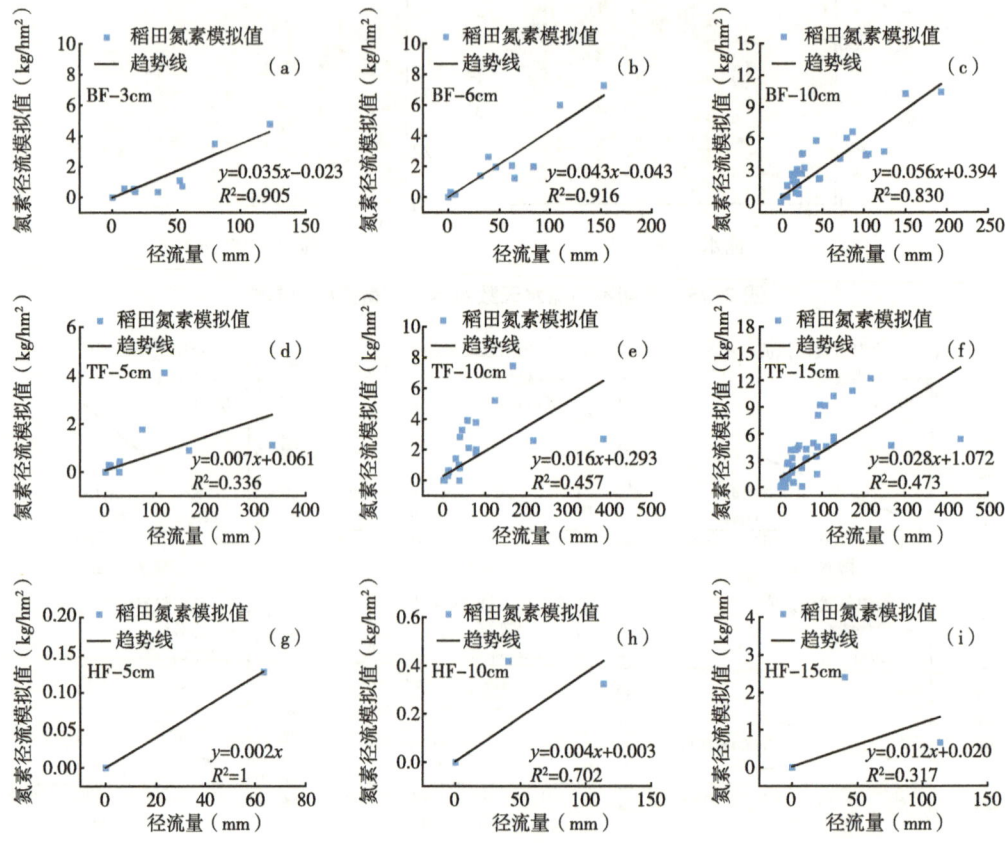

图7-17　6月10日插秧的稻田氮素径流模拟值与模拟径流量的关系（1957—2019年）

2）稻田氮素径流与降水、径流量相关性分析

受肥期和水深变化的影响，不同肥期和水深下氮素绝对流失模拟值与相对流失模拟值均存在很大差异，在3次肥期中不同级别的流失风险概率受水深变化影响大。

在基肥期中，10 cm水深下稻田氮素绝对流失模拟值为0~15.0 kg/hm²，存在流失风险的概率为61.4%，中高风险流失概率为48.3%；3 cm和6 cm水深下稻田氮素绝对流失模拟最大值分别为 7.7 kg/hm², 12.3 kg/hm²（图 7-18）。氮素相对流失模拟值依次在 51.8%和 82.4%以下，3cm 和 6 cm 水深下流失风险概率为 20.1%、29.1%，中高风险流失概率为 9.4%、21.3%，3 cm 和 6 cm 水深下存在的流失风险概率占 10 cm 水深下的 32.7%、47.3%（图 7-19）。在分蘖肥期，15 cm 水深下稻田氮素绝对流失模拟值为 0~20.1 kg/hm²，存在流失风险的概率为 61.4%，中高风险概率占 47.1%；5 cm 和 10 cm 水深下稻田氮素绝对流失模拟最大值依次为 10.7 kg/hm²、15.0 kg/hm²，氮素相对流失模拟值分别在 53.2%和 74.4%以下，存在的流失风险概率为 12.7%、26.8%，中高风险流失分别为 4.5%、19.0%，5 cm 和 10 cm 水深下存在的流失风险概率占 15 cm 水深下的 20.7%、43.7%。穗肥期中，15 cm 水深下稻田氮素绝对流失在 0~5.0 kg/hm² 范围内，流失风险概率为 5%，中高风险流失概率仅为 0.9%；5 cm 和 10 cm 水深下氮素绝对流失模拟最大值为 1.4 kg/hm²，2.3 kg/hm²，氮素相对流失模拟值为 29.1%、45.8%以下，存在的流失风险仅为 0.6%、1.4%，5 cm 和 10 cm 水深下存在的流失风险概率占 15 cm 水深下的 11.1%、27.0%（图 7-20）。

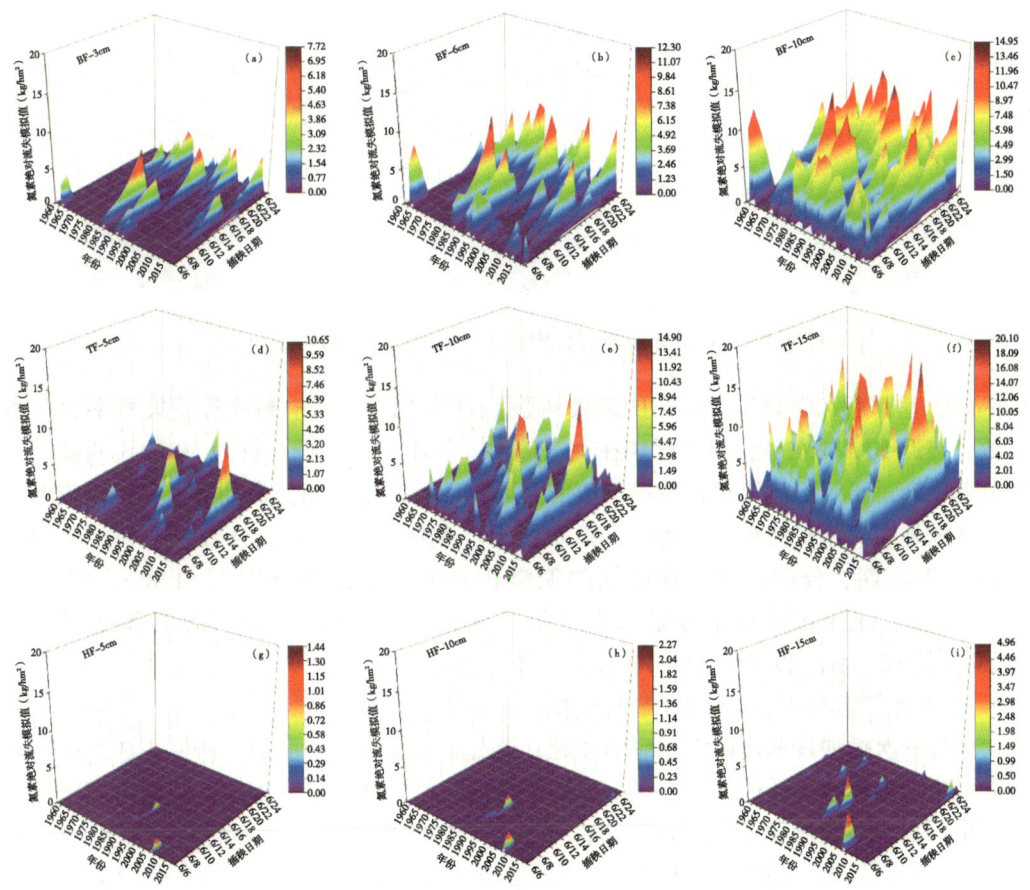

图 7-18 近 63 年逐年氮素绝对流失模拟值（1957—2019 年）

在整个插秧区间中，水深与排水口水深一致下（基肥期为 10 cm，分蘖肥期为

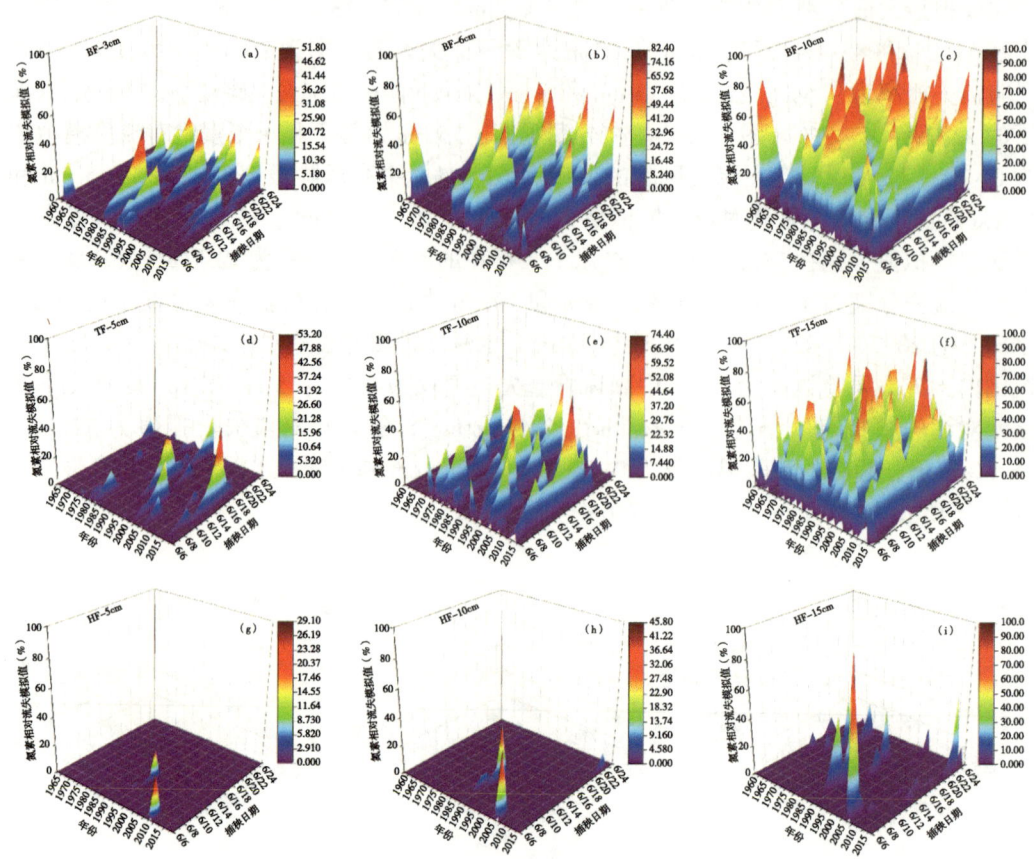

图 7-19　近 63 年逐年氮素相对流失模拟值（1957—2019 年）

15 cm），基肥期和分蘖肥期存在的流失风险概率为 61.4%，中高风险流失概率也基本一致，接近 50% 的水平，而穗肥期在 15 cm 水深下流失风险概率仅为 5%，说明基肥期和分蘖肥期是稻田产生氮素径流模拟值的高风险期，而穗肥期氮素径流损失处于较低水平。水深越高氮素径流损失也越大，低水深下（基肥期为 3 cm，分蘖肥期和穗肥期为 5 cm），基肥期、分蘖肥期、穗肥期的氮素相对流失模拟值分别在 51.8%、53.2%、29.1% 以下，流失风险概率分别占高水深（基肥期为 10 cm，分蘖肥期和穗肥期为 15 cm）的 32.7%、20.7%、11.1%。

3）3 次肥期的多年均值 TN 径流模拟损失分析

通过一次插秧日期而确定相应的基肥、分蘖肥和穗肥的施肥期，研究在 3 次肥期内氮素径流损失模拟合计值，由于 3 次肥期中有低、中、高水深，因此，根据不同肥期的低、中、高水深而建立 LW、MW、HW 水深组合。水深越高，稻田在整个肥期内的氮素径流模拟值越多，随着插秧日期的推迟，3 种水深组合的氮素径流模拟值总体呈波动上升的趋势（图 7-21）。

从插秧日期角度分析，在 LW、MW、HW 水深组合中，6 月 6—25 日插秧区间中氮素径流模拟值范围依次为 0.2~0.7 kg/hm²、0.9~1.9 kg/hm²、3.8~5.6 kg/hm²，氮素

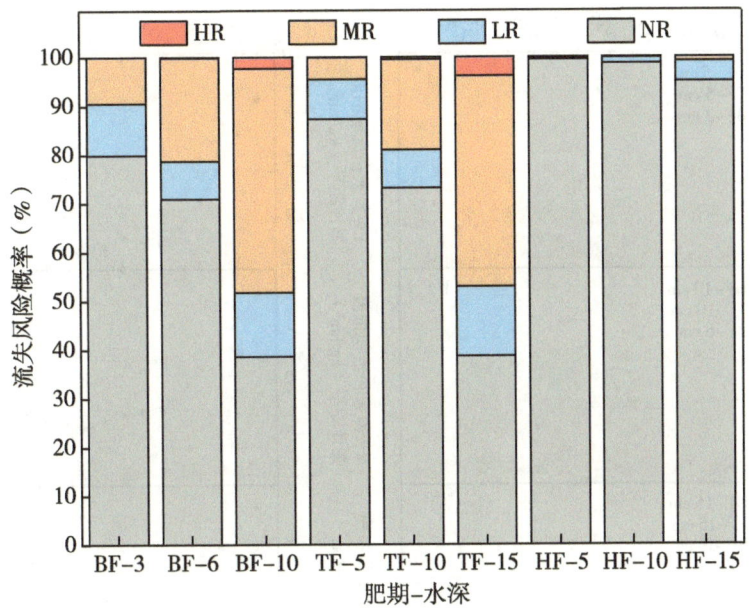

图 7-20 不同水深下 3 个肥期氮素流失风险概率

径流模拟值均值分别为 0.4 kg/hm²、1.4 kg/hm²、4.7 kg/hm²，3 种水深组合在插秧区间内最低值占最高值依次为 26.8%、49.5%、68.6%；插秧日期相同下，LW、MW 组合稻田氮素径流模拟值只占 HW 组合的 4.9%~12.9%、21.5%~34.3%，能分别降低 3.6~5.1 kg/hm²、2.8~3.7 kg/hm² 的氮素径流模拟值。从每次肥期占 3 次肥期比重分析，在 LW、MW、HW 组合中，基肥期依次占 3 次肥期的氮素流失的 35.5%~82.4%、31.6%~68.6%、38.5%~62.3%；分蘖期占 3 次肥期的 17.6%~64.3%、31.4%~68.0%、37.5%~61.0%；穗肥期占比最少，只占 3 次肥期的 0%~8.8%、0%~3.8%、0.2%~2.0%。

以上分析说明，水深相同，合理地调整插秧日期，LW、MW、HW 组合下稻田氮素径流模拟值分别能减少 0.5 kg/hm²、0.9 kg/hm²、1.8 kg/hm²，降低 73.2%、50.5%、31.4%；相同插秧日期下，LW、MW 组合比 HW 组合稻田氮素径流模拟值能分别减少 3.6~5.1 kg/hm²、2.8~3.7 kg/hm²，降低 93.1%~95.1%、67.0%~68.8%；在 LW、MH、HW 组合中，各肥期占 3 次肥期的氮素径流模拟值为基肥期 > 分蘖肥期 > 穗肥期，其中基肥期和分蘖肥期是稻田氮素径流模拟值主要发生期。

通过分析水稻近 63 年（1957—2019）在 6 月 10 日插秧时氮素径流模拟值、降水和模拟径流量，表明在不同肥期、不同水深下，稻田氮素径流模拟值与降水、模拟径流量均呈极显著正相关。在基肥期和分蘖肥期，田面水水深越低，降水条件下稻田产生的氮素径流模拟值的频次越低，氮素径流模拟值和模拟径流量的频次也越低；而在穗肥期 3 种水深下发生氮素径流模拟值的频次都较低，穗肥期受水深变化而产生的氮素径流模拟值和径流量的频次无明显差异。

在高水深下（基肥期 10 cm，分蘖肥和穗肥期 15 cm），基肥期和分蘖肥期存在的流

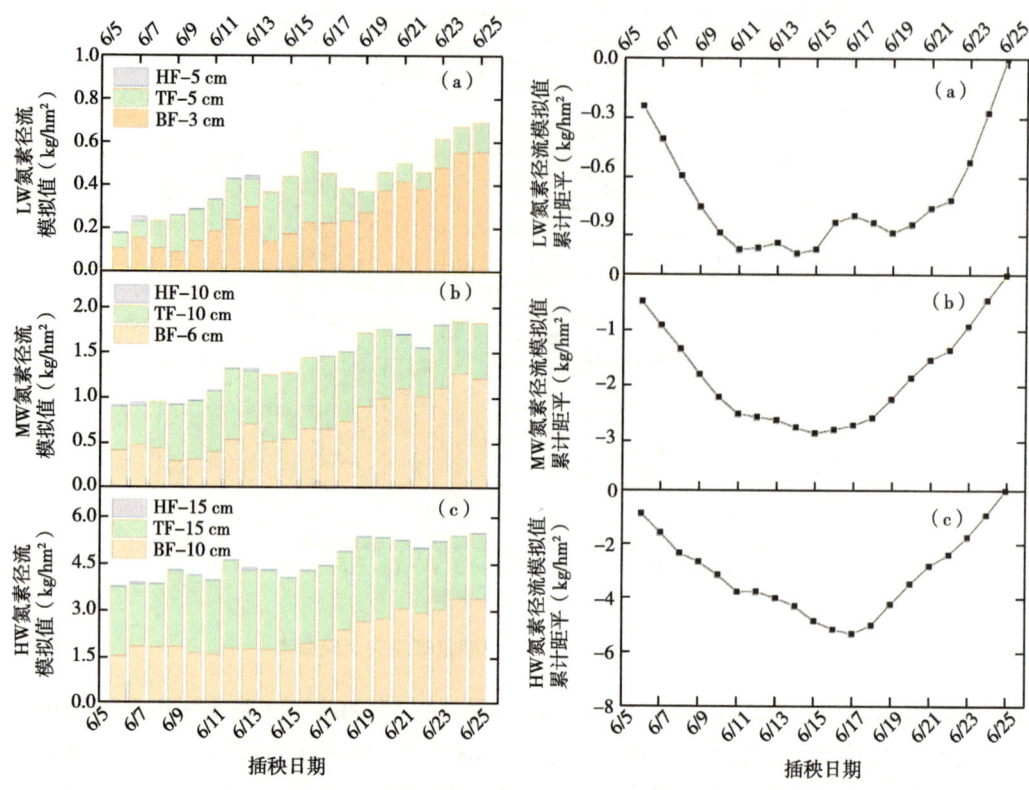

图 7-21　3 次肥期氮素径流模拟值（左）、径流模拟值累计距平（右）

失风险概率为 61.4%，中高风险流失概率接近 50% 的水平，而穗肥期流失风险概率仅为 5%，表明基肥期和分蘖肥期是稻田产生氮素径流模拟值高风险期。在低水深下（基肥期为 3 cm，分蘖肥期和穗肥期为 5 cm），基肥期、分蘖肥期、穗肥期的流失风险概率仅占高水深的 32.7%，20.7%，11.1%。

相同水深，合理地调整插秧日期，LW、MW、HW 组合下稻田氮素径流模拟值分别能减少 0.5 kg/hm²、0.9 kg/hm²、1.8 kg/hm²，降低 73.2%、50.5%、31.4%；相同插秧日期下，LW、MW 组合比 HW 组合稻田氮素径流模拟值能分别减少 3.6～5.1 kg/hm²、2.8～3.7 kg/hm²，降低 93.1%～95.1%、67.0%～68.8%；在 LW、MH、HW 组合中，各施肥期占全生育期的氮素径流模拟值从大到小顺序为基肥期 > 分蘖肥期 > 穗肥期，其中基肥期和分蘖肥期是稻田氮素径流模拟值主要发生期。

4）不同肥期下多年均值 TN 径流模拟损失分析

本节内容主要研究在 3 次施肥期中，受 20 d 插秧日期的影响下，在 1953—2019 年间每次施肥产生的稻田氮素径流模拟均值，得出插秧日期的变化对长期的氮素径流模拟值的影响。"正常施肥日期"是指基肥、分蘖肥和穗肥分别在插秧前 1 d、施基肥后的第 15 d 和第 55 d 时开始施肥，即为该肥期的第 0 d；而"调整施肥日期"是指在插秧日期确定下，在计划的施肥日期推迟或提前施肥，即基肥期施肥日期推迟 5 d 施肥，分蘖肥期和穗肥期提前 5 d 或推迟 5 d 施肥。考虑到基肥一般在插秧前一天施肥，若提前施肥对水稻生长没有意义，故在基肥期仅推迟 5 d。

在基肥期的正常施肥日期中，水深相同，不同插秧日期下，3 cm、6 cm、10 cm 水深下多年氮素径流模拟值分别为 0.1~0.6 kg/hm²、0.3~1.3 kg/hm²、1.5~3.4 kg/hm²，均值依次为 0.3 kg/hm²、0.7 kg/hm²、2.3 kg/hm²，合理地调整插秧日期至多能降低 83.1%、76.9%、54.8% 的氮素径流模拟值；插秧日期相同，水深不同下，3 cm、6 cm 比 10 cm 平均分别能降低 88.5%、69.1% 的氮素径流模拟值，说明低水深下基肥期至多能降低 88.5% 的氮素径流模拟值；不同插秧日期下，基肥期在 3 cm、6 cm、10 cm 水深下的流失概率为 7.9%~30.2%、15.9%~42.9%、44.4%~79.4%，均值依次为 20.1%、29.1%、61.4%（图 7-22）。

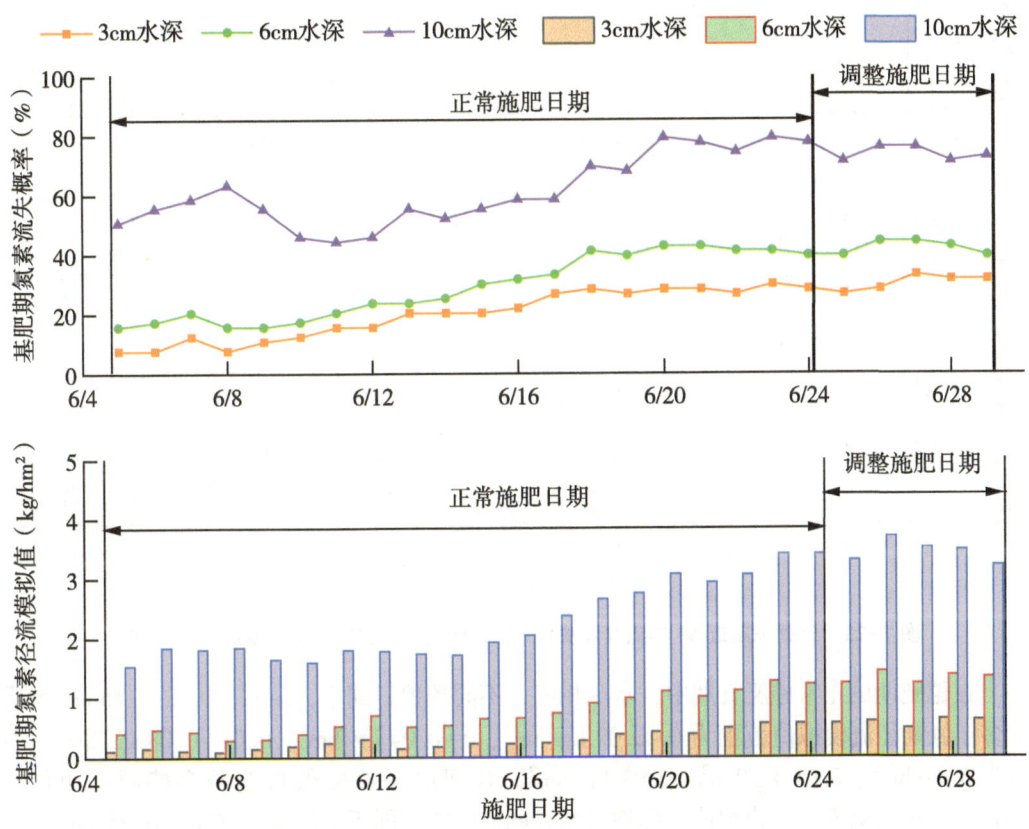

图 7-22　基肥期近 63 年氮素流失概率和径流模拟均值（1953—2019 年）

在分蘖肥期的正常施肥日期中，水深相同，不同插秧日期下，5 cm、10 cm、15 cm 水深下多年氮素径流模拟值依次为 0.1~0.3 kg/hm²、0.4~0.8 kg/hm²、2.0~2.9 kg/hm²，均值为 0.2 kg/hm²、0.7 kg/hm²、2.4 kg/hm²，合理地调整插秧日期至多能降低 79.2%、46.4%、28.7% 的氮素径流损失；插秧日期相同，水深不同下，5 cm、10 cm 比 15 cm 平均分别能降低 93.7%、72.3% 的氮素径流模拟值，说明低水深在分蘖肥期至多能降低 93.7% 的氮素径流模拟值；不同插秧日期下，分蘖肥期 5 cm、10 cm、15 cm 水深下的流失概率分别为 9.5%~17.5%、19.1%~31.8%、50.8%~71.4%，均值为 12.7%、26.8%、61.4%（图 7-23）。

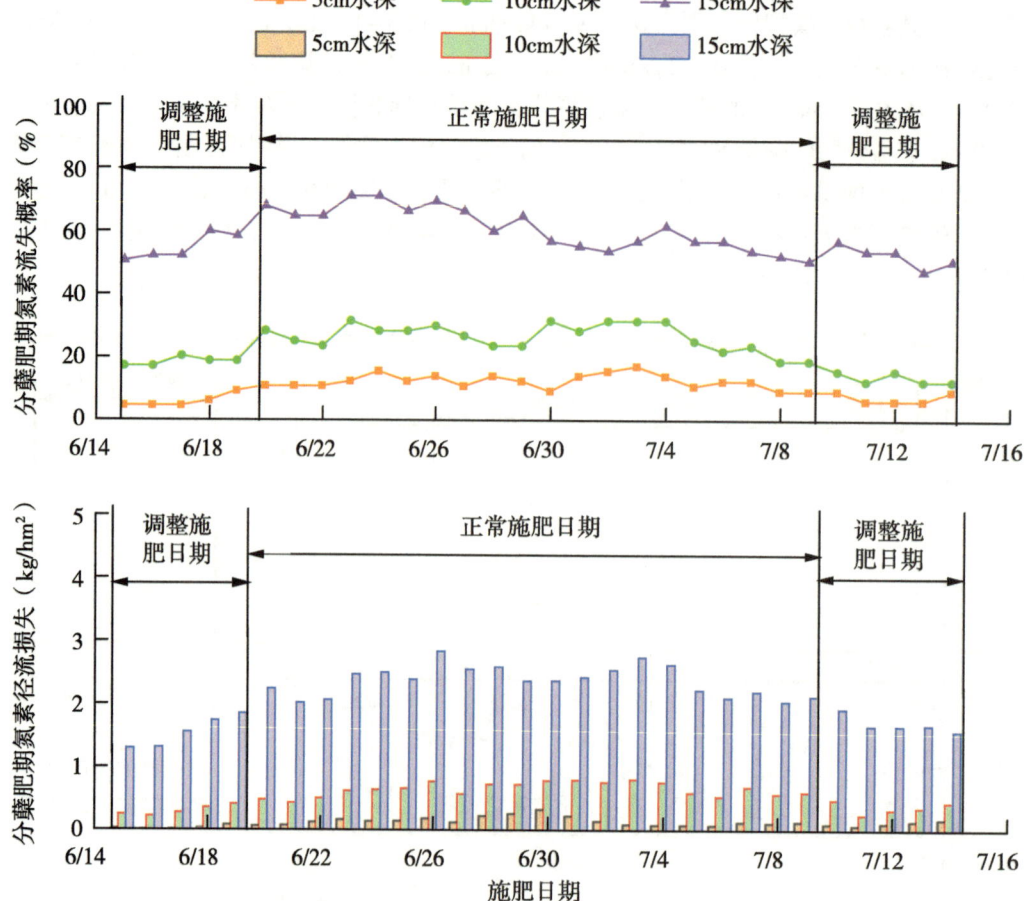

图 7-23 分蘖肥期近 63 年氮素流失概率和径流损失模拟均值（1953—2019 年）

在穗肥期的正常施肥日期中，水深相同，不同插秧日期下，5 cm、10 cm、15 cm 水深下多年氮素径流模拟值范围为 0~0.02 kg/hm²、0~0.04 kg/hm²、0.01~0.08 kg/hm²，均值为 0 kg/hm²、0.01 kg/hm²、0.03 kg/hm²，合理地调整插秧日期至多能降低 100%、100%、88% 的氮素径流模拟值；插秧日期相同，水深不同下，5 cm、10 cm 比 15 cm 平均分别能降低 94.5%、84.3% 的氮素径流模拟值，说明低水深在穗肥期至多能降低 94.5% 的氮素径流模拟值；不同插秧日期下，分蘖肥期 5 cm、10 cm、15 cm 水深下的流失概率分别为 0~1.6%、0~3.2%、1.6%~9.5%，均值为 0.6%、1.4%、5.0%（图 7-24）。

相同肥期下，水深越高则氮素径流模拟值和流失概率也越大，氮素流失主要发生在基肥期和分蘖肥期，而在穗肥期很低。水深相同、插秧日期不同、基肥期合理的插秧日期下，3 cm、6 cm 水深比 10 cm 至多能降低 83.1%、76.9%、54.8% 的氮素径流模拟值；分蘖肥期合理的插秧日期下，5 cm、10 cm 水深比 15 cm 至多能降低 79.2%、46.4%、28.7% 的氮素径流模拟值；在穗肥期合理的插秧日期下，5 cm、10 cm 水深比

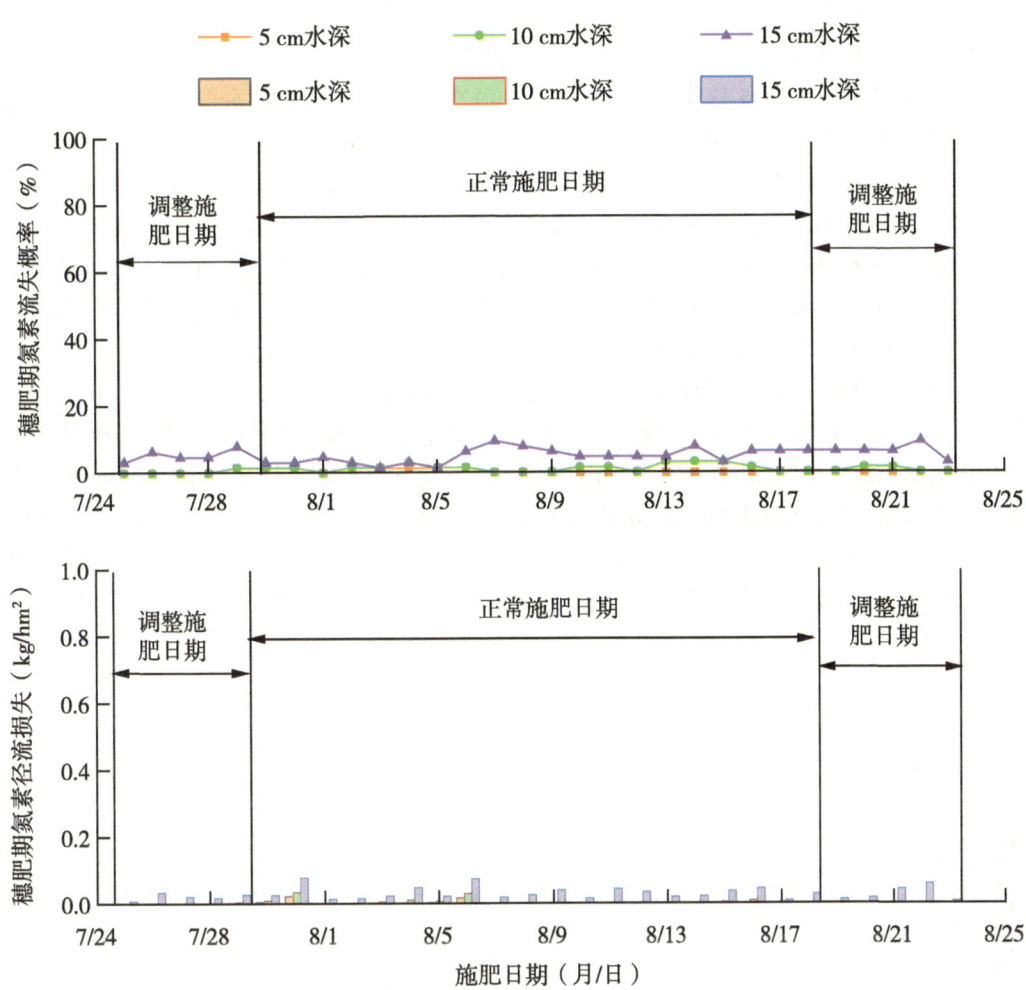

图 7-24 穗肥期近 63 年氮素流失概率和径流损失模拟均值（1953—2019 年）

15 cm 至多能降低 100%、100%、88%。插秧日期相同、水深不同下，在基肥期、分蘖肥期和穗肥期，低水深（基肥期为 3 cm，分蘖肥和穗肥期为 5 cm）至多能分别降低 88.5%、93.7%、94.5%。

5）调整施肥期下稻田 TN 径流损失风险决策分析

通过上一节分析，稻田氮素径流模拟值主要发生在基肥期和分蘖肥期，在穗肥期产生的流失很低；水深越低则肥期氮素径流损失也越低。综合这两点：本节仅通过调整基肥和分蘖肥施肥期，分析在低水深下（基肥期 3 cm，分蘖肥期 5 cm）调整施肥期对氮素径流损失的影响。6 月 5 日至 6 月 29 日施基肥期时，在对应的正常期施分蘖肥的基础上调整分蘖肥施肥日期，模拟计算施基肥和分蘖肥两次施肥产生的氮素径流损失的最低值、最高值时对应的延迟施肥日期，"分蘖肥期延迟天数"中的正数指推迟天数，负数指提前天数。提前施分蘖肥平均值是指根据施基肥后第 15 d 为分蘖肥的正常施肥日期，在此基础上提前 5 d 内施分蘖肥，并计算 5 次基肥和分蘖肥施肥产生的氮素流失之和的平均值；推迟施分蘖肥平均值是指在分蘖肥正常施肥日期的基础上推迟 5 d 内施分蘖肥，并计算 5 次基肥和分蘖肥施肥产生的氮素流失之和的平均值。

在施基肥期为 6 月 5 日至 6 月 29 日中，每次施基肥与调整施分蘖肥日期的氮素径流模拟值的最低值和最高值总体表现为随施基肥期的延迟而波动上升，除个别日期（在施基肥日期为 6 月 12、15、21、26 日和 29 日），正常施分蘖肥日期与调整施肥日期的最低值和最高值接近，绝大多数正常施分蘖肥日期下都处于最低值与最高值中部位置，在 6 月 5 日至 6 月 24 日期间施基肥，通过调整施分蘖肥日期产生的基肥和分蘖肥氮素流失之和平均占正常施基肥和分蘖肥的 81.0%，说明不调整施基肥期下仅调整施分蘖肥期平均能降低 29.0% 的氮素径流模拟值。

在 6 月 5 日至 6 月 29 日期间施基肥，最优施基肥阶段为 6 月 5 日至 6 月 9 日、6 月 13 日至 6 月 14 日两个阶段，在这两个施基肥阶段中，最优施分蘖肥日期只占正常施分蘖肥日期产生的氮素径流模拟值的 63.7%，说明调整施基肥日期和分蘖肥日期平均能降低 36.3% 的氮素径流模拟值。最优施基肥日期从优到劣依次为 6 月 5 日、6 月 7 日、6 月 8 日、6 月 6 日、6 月 9 日、6 月 13 日、6 月 14 日，结合水稻插秧日期（最早为 6 月 6 日）和调整施基肥日期（推迟 5 d 内），确定最优插秧阶段为 6 月 6 日至 6 月 15 日（图 7-25）。

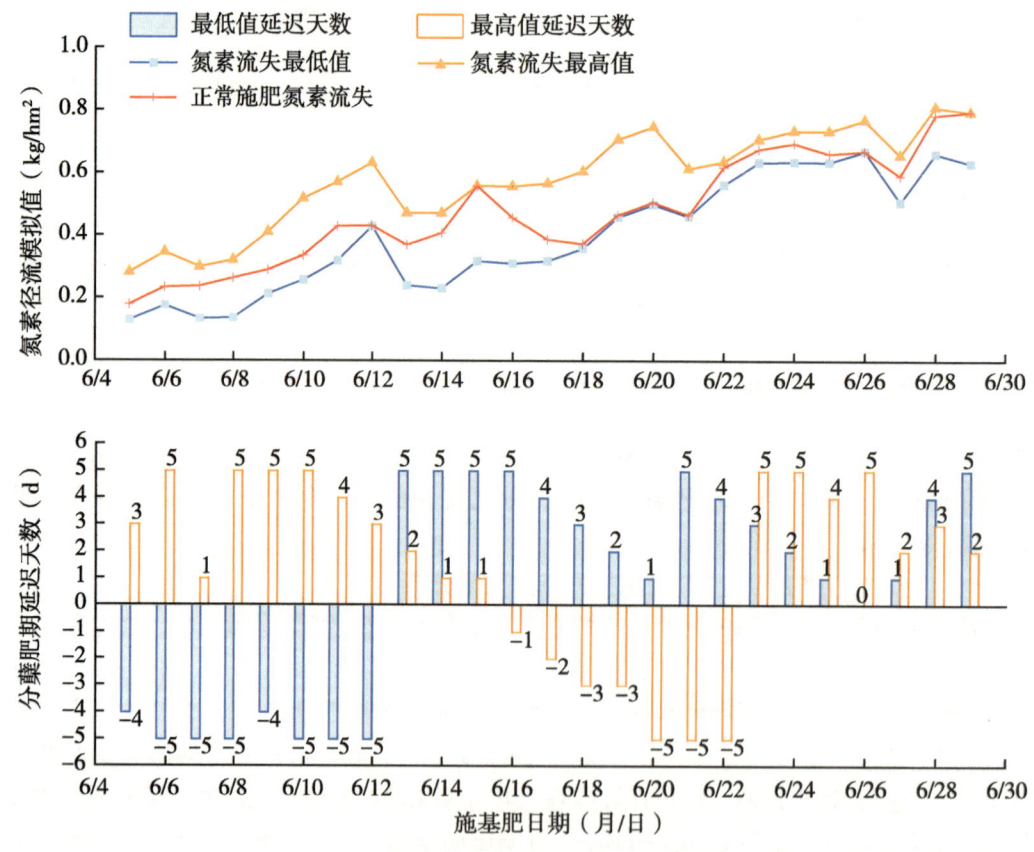

图 7-25 调整分蘖肥期氮素径流模拟值及施肥日期

在 6 月 5 日至 6 月 29 日期间施基肥，通过调整分蘖肥施肥日期可以将施基肥日期分为 3 个阶段：第一阶段（6 月 5 日至 6 月 14 日），分蘖肥提前、推迟施肥对基肥期和分蘖肥两个肥期氮素径流模拟均值分别为 0.3 kg/hm²、0.4 kg/hm²，提前比推迟施分蘖肥能降低 23.5%；第二阶段（6 月 15 日至 6 月 21 日），分蘖肥提前、推迟施肥对基肥期和分蘖肥两个肥期氮素径流模拟均值分别为 0.5 kg/hm²、0.4 kg/hm²，推迟比提前施分蘖肥能降低 18.1%；第三阶段（6 月 22 日至 6 月 29 日），分蘖肥提前、推迟施肥对基肥期和分蘖肥两个肥期氮素径流模拟均值分别为 0.67 kg/hm²、0.68 kg/hm²，提前比推迟施分蘖肥仅降低 1.4%。在 6 月 5 日至 6 月 9 日期间施基肥，分蘖肥施肥日期提前 4~5 d 最优，而在 6 月 13 日至 6 月 14 日期间施基肥，分蘖肥施肥日期推迟 5 d 最优。表明在施基肥期为 6 月 5 日至 6 月 9 日，分蘖肥期施肥日期可选择提前 5 d 内施肥，其中提前 4~5 d 施肥最优；在施基肥日期为 6 月 13 日至 6 月 14 日，分蘖肥期施肥日期可选择推迟 5 d 内和提前 5 d 施肥，其中提前 5d 施肥最优（图 7-26）。

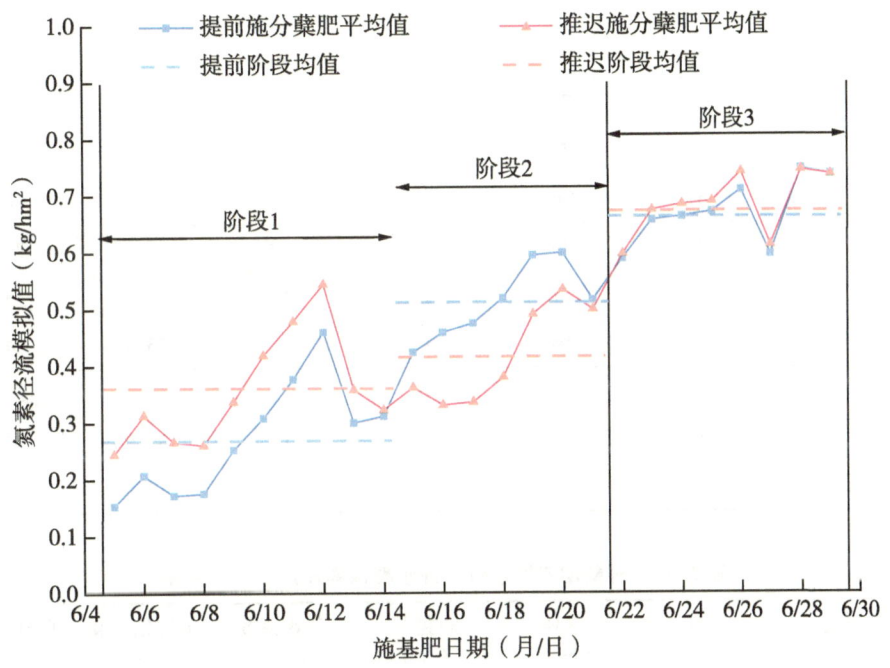

图 7-26　提前或推迟施分蘖肥平均值

7.1.2.3　早稻风险期水位阈值研究

在江西双季稻区，开展了早稻季返青期和分蘖期水位阈值试验，整体而言，在淹水深度相同的条件下，早稻的株高随着淹水深度的增加而降低。总穗数及有效穗数除淹水 2 cm 持续 2 d 处理略高于其他处理外，各处理之间差异不大。单株籽粒重各处理之间也无显著差异。这表明，在返青期即便淹水 10 cm 但只要持续时间不超过 6 d 对水稻后期的产量是没有显著影响的。分蘖期，在淹水 4 cm 的条件下，淹水时长对水稻的株高、总穗数、有效穗数和单株秸秆及稻谷重均无显著的影响。在淹水 8 cm 的条件下，淹水 3 d 几项指标均为最高。在淹水 12 cm 的各处理中，淹水 5 d 几项指标最高，但各处理之间差异不显著。在淹水 16 cm 的各处理中，淹水时间长的两个处理（7 d 和 9 d）无论是在株高还是有效穗数方面均高于其他处理，两处理的单株籽粒重也略高于其他处理（表 7-19，表 7-20）。

表 7-19 返青期不同水位处理水稻株高及产量构成要素

淹水深度（cm）	时长（d）	株高（cm）	总穗数（个）	有效穗数（个）	单株秸秆重（g）	单株籽粒重（g）
2	2	74	19	15	33.19	24.14
2	4	73	17	12	32.02	24.30
2	6	71	19	11	34.26	23.99
4	2	78	17	11	28.26	25.95
4	4	73	16	11	27.04	25.87
4	6	67	17	11	32.26	25.55
6	2	70	16	12	23.12	25.44
6	4	78	16	13	32.74	24.16
6	6	76	17	11	30.54	24.52
8	2	75	15	12	27.79	25.05
8	4	77	15	13	25.97	25.35
8	6	66	17	12	25.42	24.64
10	2	72	16	12	28.76	24.32
10	4	66	17	11	34.94	24.66
10	6	68	17	12	32.57	24.01

表 7-20 分蘖期不同水位处理水稻株高及产量构成要素

淹水深度（cm）	时长（d）	株高（cm）	总穗数（个）	有效穗数（个）	单株秸秆重（g）	单株籽粒重（g）
4	1	74	12	11	21.85	27.03
4	3	71	11	10	18.50	26.02
4	5	75	11	11	22.97	29.78
4	7	74	13	10	22.19	30.59
4	9	71	13	12	20.83	24.20

(续表)

淹水深度 (cm)	时长 (d)	株高 (cm)	总穗数 (个)	有效穗数 (个)	单株秸秆重 (g)	单株籽粒重 (g)
8	1	74	12	11	16.37	24.26
	3	75	15	15	21.12	29.92
	5	69	13	12	17.19	26.44
	7	73	17	14	20.01	27.54
	9	69	11	11	14.95	20.65
12	1	76	21	19	25.27	26.55
	3	72	20	15	26.01	26.67
	5	73	23	21	27.99	28.35
	7	74	22	15	26.41	27.53
	9	70	19	16	25.69	26.38
16	1	67	15	14	16.86	25.59
	3	70	16	14	22.29	22.90
	5	69	15	13	20.25	21.53
	7	75	17	15	27.03	25.97
	9	77	20	16	29.25	27.21

7.2 控水减排技术

7.2.1 稻田控水扩容的理论创新

以往多将稻田作为污染源对待，而忽视了稻田作为最大人工湿地的生态功能。本课题组根据以上研究进展，创新了稻田控水扩容理论（图7-27）。理论依据：在满足水稻生理生态需水的条件下，可以使田面低水位运行；充分发挥水稻耐淹性可以使田面高水位运行，即稻田蓄水容量呈现"弹性化"；稻田具有人工湿地的功能，可以吸收利用氮磷养分，提高雨水循环利用。设计原则：利用稻田蓄水容量的"弹性化"，尽量降低稻田灌溉水位使其低水位运行，当发生降水时尽量提高排水水位、增加雨水滞留时间，从而达到减少高氮磷浓度田面水外排。理念创新在于：将传统认知稻田为面源"污染源"转变为具有水量存蓄和污染净化功能的"人工湿地"；从传统的节水灌溉的水管理，转变为通过灌溉和排水管理达到面源污染减排的目的；从常规的全生育期管理或大水淹灌，转变为高风险期重点管控。最终目标：在保证水稻产量的前提下，通过精准调控田面水位，实现稻田生态水库的扩容，最大限度减少风险期高氮磷浓度田面水外排。稻田精准控水减排技术的关键在于明确我国不同稻区保障水稻正常生长的灌排管理技术操作要点和主要参数。

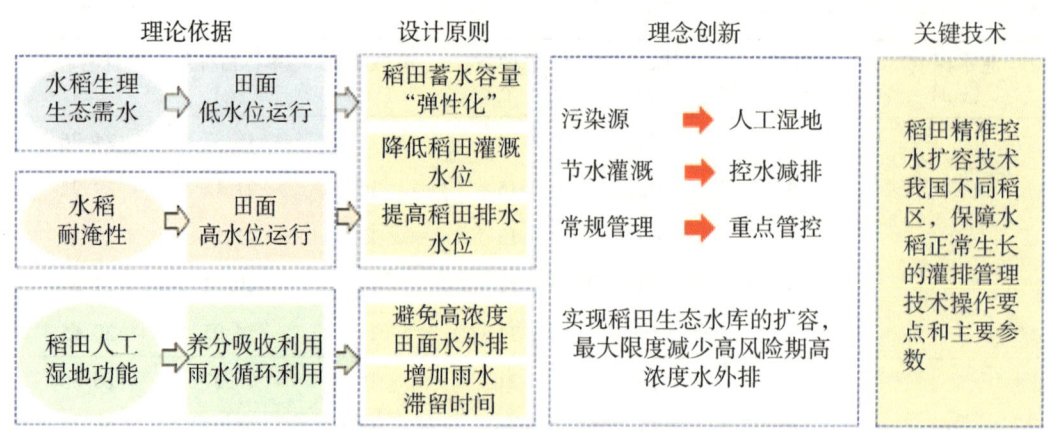

图 7-27 稻田控水扩容理论框架

7.2.2 不同稻区稻田精准控水减排技术操作要点及关键参数

第一，明确了我国不同稻区氮磷流失风险期，北方稻区风险期为整地泡田期，南方稻区直播稻风险期为整地泡田期、播种至三叶期、追肥后2周内，移栽稻风险期为整地泡田期、返青期、追肥后2周内。第二，规定了风险期稻田灌排管理要求，整地泡田期，应依据播种或移栽时适宜田面水位深度、土壤渗漏、蒸发、泡田天数、降水量等条件确定灌水深度；直播稻播种至三叶期，应湿润灌溉，田面无水层；返青期、蘖肥和穗肥后2周内，宜浅水灌溉，每次灌溉后不应超过适宜田面水位上限。第三，泡田整地后，田面水不应外排，直播稻播种至三叶期，应及时排除田面涝水；返青期、蘖肥和穗肥后2周内，当田面水位超过耐淹水深时，应在耐淹历时内排至允许蓄水深度。第四，非风险期，宜根据当地水资源条件选择适宜的节水灌溉模式，宜在水稻耐淹能力范围内充分发挥稻田的蓄水功能，耐淹水深和耐淹历时应符合 GB 50288 中的规定（表7-21，表7-22）。

表 7-21 灌溉后田面水位上限　　　　　　　　　　　　　　　　　　单位：mm

种植模式	返青期	蘖肥后2周内	穗肥后2周内
中稻	30	30	40
早稻	30	40	40
晚稻	40	40	40

表 7-22 返青期、蘖肥后2周内和穗肥后2周内排水调控指标

种植模式	调控指标	返青期	蘖肥后2周内	穗肥后2周内
中稻	允许蓄水深度（mm）	50	60	100~150
	耐淹水深（mm）	60~80	120~160	200~250
	耐淹历时（d）	1~3	3~5	4~6

(续表)

种植模式	调控指标	返青期	蘖肥后2周内	穗肥后2周内
早稻	允许蓄水深度（mm）	40	70	90
	耐淹水深（mm）	50~70	120~150	200~250
	耐淹历时（d）	2~4	3~5	4~6
晚稻	允许蓄水深度（mm）	50	70	90
	耐淹水深（mm）	60~80	130~160	200~250
	耐淹历时（d）	1~3	3~5	4~6

注1：淹水深度较大时相应的耐淹历时较短（取较小值），淹水深度较小时则相应的耐淹历时较长（取较大值）。

注2：中稻施穗肥后，强降水后出现高温天气时，从规避高温危害和控水减排的角度考虑，允许蓄水深度取较大值。

7.3 技术产品

7.3.1 流域尺度田面水位调控对稻区流域氮磷面源污染流失的影响

7.3.1.1 流域水文模型改进稻田模块的适用性评价

原SWAT模型中利用壶穴模块对稻田进行模拟，但壶穴模块为锥形设计，无法准确地模拟稻田实际的淹水状态，影响了模型模拟结果的精确度。同时，原模型中的产汇流、蒸散发、渗漏、侵蚀等过程的计算方法对稻田的适用性较低。因此，需要对原模型中的壶穴模块进行改良，以便更好地模拟稻田水文过程及氮磷流失特征（欧阳威等，2021）。在模型构型设定方面，改进模块包括田面和田埂，是截面积恒定的多边形的构型结构。在稻田浸没状态下，从植物蒸腾、冠层截留蒸发与液面蒸发3个部分计算蒸发量；若稻田持水量可满足日最大稳定下渗量，则下渗量按稳定下渗率计算；若当日持水量低于日最大稳定下渗量时，当日持水量即为下渗量。在排空状态下，从植物蒸腾、冠层蒸发和土壤水蒸发3个部分计算蒸发量；下渗量计算方法与旱田保持一致。此外，通过在稻田模块中添加3条水位线，用来模拟水稻生产实际过程中稻田的灌溉、排水和持水过程：当田面水位超过排水水位，稻田发生排水；当田面水位低于灌溉水位时，开始进行灌溉；当田面水位达到适宜水位时，停止灌溉操作（图7-28）。

将优化后的SWAT模型应用于我国南方中稻区洑水流域。结果表明，相比原SWAT模型，改进模型对土壤水分的模拟效果更优。土壤水的率定结果表明，在0~15 cm土层，改进的SWAT模型模拟的土壤水与田间实际监测值之间的均方根误差RMSE（Root mean square error）在率定期（2017/5/24—2017/12/31）和验证期（2018/5/30—2018/9/30）分别为2.23 mm和2.01 mm；在0~30 cm土层，RMSE在率定期和验证期分别为5.20 mm和5.46 mm。改进的SWAT模型能够较为准确地模拟稻田长期淹水条件下土壤水趋于饱和的基本特征。此外，在中期晒田和收获前排水期，SWAT模型较为准确地模拟出了土壤水快速下降的过程。SWAT模型在月尺度氮磷流失负荷的模拟方面也表现出较为满意的结果。对于TN流失负荷的模拟，R^2和Ens在率定期（2017/1—

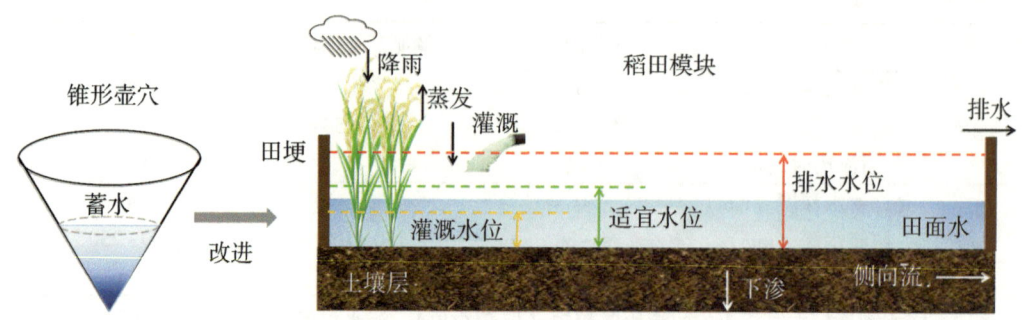

图 7-28 SWAT 模型中稻田模块改进示意图

2018/12）分别为 0.61 和 0.57，在验证期（2019/5—2019/10）分别为 0.64 和 0.52；对于 NO_3^--N 流失负荷，R^2 和 Ens 在率定期的分别为 0.62 和 0.54，在验证期分别为 0.58 和 0.52；对于 TP 流失负荷，R^2 和 Ens 在率定期分别为 0.61 和 0.50，在验证期分别为 0.66 和 0.52。因此，可认为改进的 SWAT 模型能较好地模拟洮水流域的氮磷流失特征。

7.3.1.2 田面水位优化对稻田氮磷流失的影响

在田面水位优化环节，提高稻田排水水位可以提高稻田水容量，从而减少径流发生量和氮磷流失量。水稻生长季，有机态氮（ON-N）和颗粒态磷（PP）是氮磷流失的主要形式，占总流失量的 68.45% 和 74.84%。稻田氮磷流失主要发生在生育早期（返青期-拔节孕穗期），该阶段的降水量占整个生育期的 75.20%，氮磷流失量占整个生育期的 89.23%。其中，分蘖期和拔节孕穗期的降水量分别占生育期降水的 40.51% 和 27.96%，这两个时期的氮磷流失量分别占总流失量的 45.92%~61.68% 和 23.26%~24.82%。虽然返青期的降水量仅占 6.42%，但在丰水年该时期的氮磷流失量较大（图 7-29）。

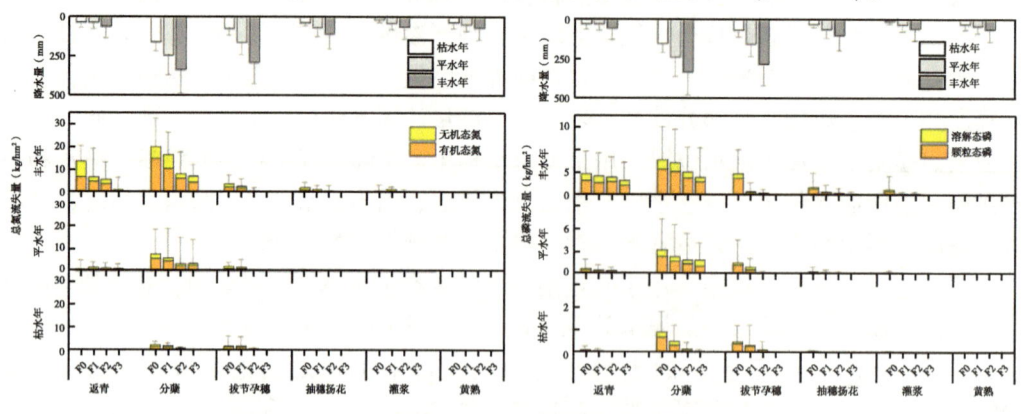

图 7-29 田面水位优化下不同生育期稻田氮磷流失量

与常规田面水位管理相比，将排水水位提高到最优高度（F3 情景），稻田 TN 和 TP 流失量分别减少 93.95% 和 81.46%。田面水位优化在枯水年的阻控效果优于丰水年。这是因为枯水年的降水频率和降水量较低，径流发生频率和径流量较低，甚至在特干旱年份没有降水径流的产生，因此枯水年提高排水水位可有效降低或消除氮磷径流流失；

而丰水年的降水量大和降水频率高,使得田面水位处于较高水平,稻田水容量较低,即便提高排水水位,丰水年的氮磷流失量仍然较大,因此田面水位优化在丰水年的氮磷截留效果远低于枯水年。另外,ON-N 和 PP 主要以土壤侵蚀的方式流失,IN-N 和 TDP 主要溶解于水中并随降水径流流失。提高稻田排水水位,不但减少了径流量,而且减少了降水造成的土壤侵蚀,因此各种形态的氮磷都能被有效截留(图 7-30)。

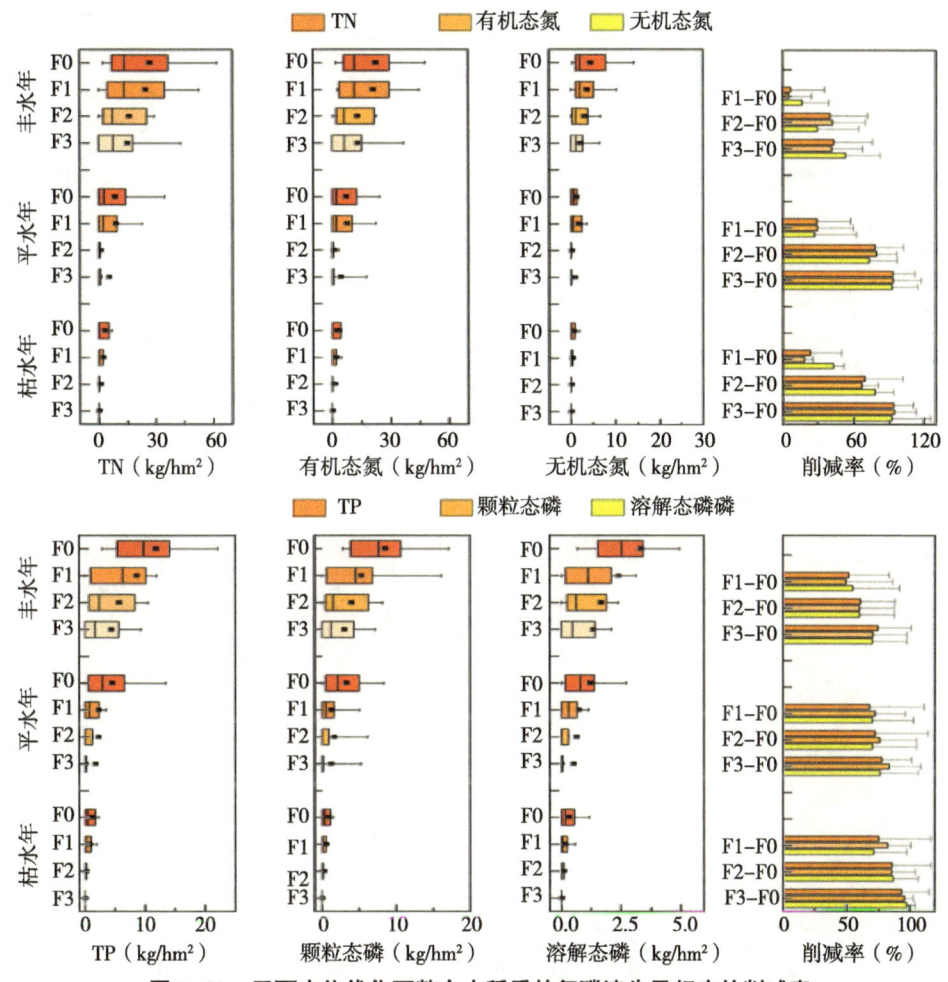

图 7-30 田面水位优化下整个水稻季的氮磷流失及相应的削减率

7.3.1.3 田面水位优化下沟渠和水塘优化对流域氮磷流失的影响

在沟渠优化环节,提高植草密度可有效提高沟渠对氮磷流失的削减率。研究结果表明,植草密度提高后,沟渠对流域氮流失的削减率从 1.18% 提高到 8.05%~16.02%,对流域磷流失的削减率从 1.18% 提高到 8.05%~16.02%。在水塘优化环节,提高汇水面积后,水塘对氮流失的削减率从 1.18% 提高到 8.05%~16.02%,对流域磷流失的削减率从 1.18% 提高到 8.05%~16.02%。以上结果表明如果维护和改善好流域内沟塘系统,稻作区面源污染将会得到有效控制。随着田面排水水位的提高,沟塘系统对氮磷的截留效果降低。这是因为,沟塘系统对氮磷元素的截留效果与农田排水中氮磷浓度和负荷有关,流入沟塘的氮磷浓度越大,流失负荷量越大,沟塘的截留效果越高。提高排水水位可以减少稻田径流量和氮磷流失量,因此导致沟塘截留效果降低(图7-31)。

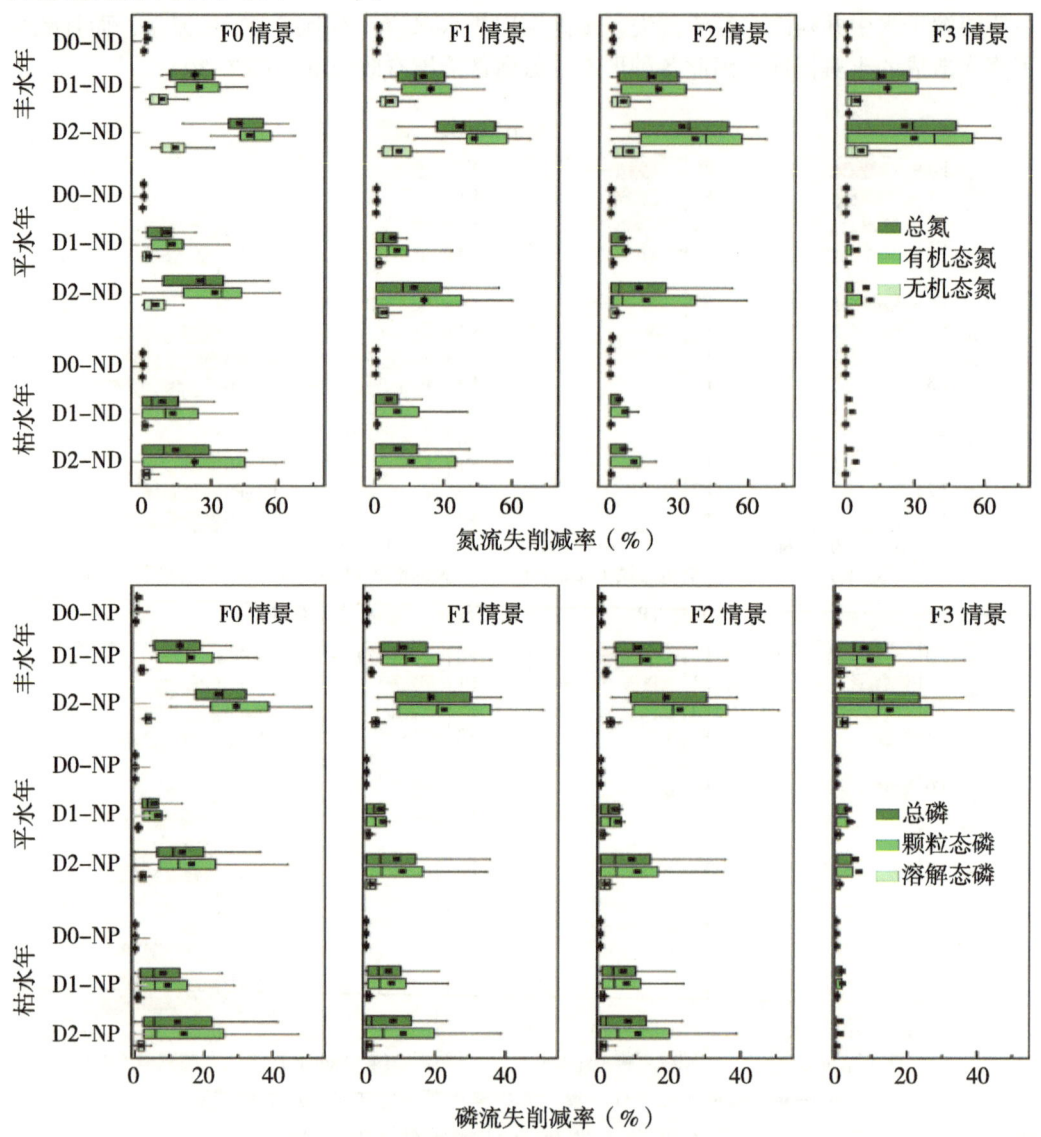

图7-31 沟渠优化下流域氮磷流失的削减率

ON-N和PP是沟塘截留的主要形式,这是因为沟塘系统能有效降低径流水中土壤颗粒的沉淀。在不同水文年下,沟渠和水塘对氮磷流失的截留效果不同。沟渠的截留效果随着氮磷流失量的增加而增加,因此,在丰水年,氮磷流失量较大,沟渠的截留效果高于枯水年。水塘的截留效果除了与氮磷流失负荷有关外,还与水力停留时间和水塘的水容量有关。枯水年的降水量和降水频率较低,稻田排水汇入水塘后有更多的水力停留时间,并且水塘的水容量较高,水塘水外排频率和外排量较低;而丰水年降水量较多,水塘即要容纳稻田排水又要容纳自然降水,使得水塘水容量较小,水力停留时间变短,水塘水外排频率增加。因此,在丰水年,水塘对氮磷流失的截留效果低于枯水年(图7-32)。

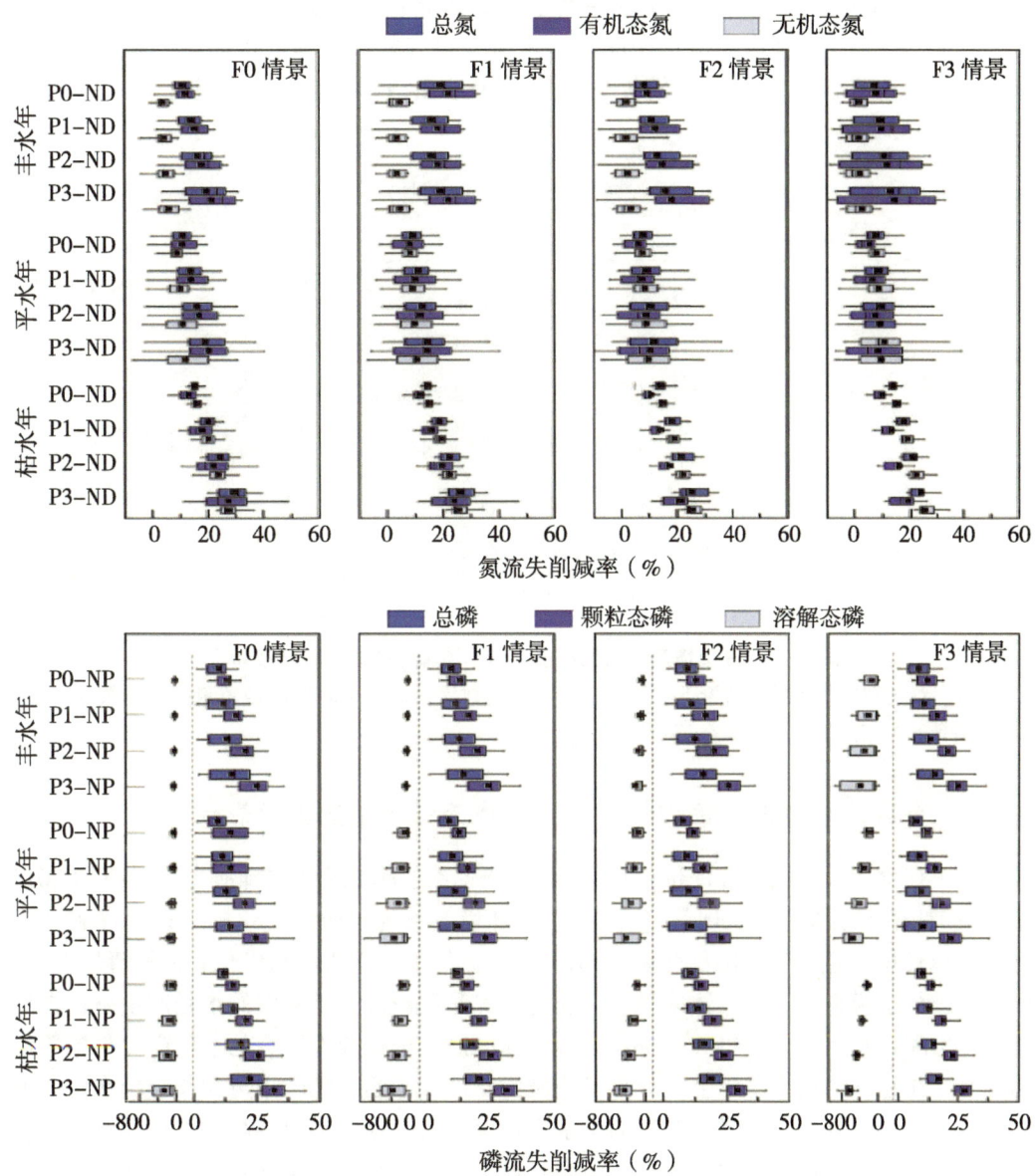

图7-32 水塘优化下流域氮磷流失的削减率

7.3.1.4 田-沟-塘系统多环节优化对流域氮磷流失的影响

与无田-沟-塘系统的对照情景(CK)相比,BL情景下,田-沟-塘系统对流域TN、ON-N、IN-N、TP和PP流失的削减率分别为11.25%、10.78%、8.75%、11.21%和14.80%;田-沟-塘系统最优化后(OP情景),相应的削减率分别提高到50.41%、58.29%、14.30%、49.00%和51.60%。OP情景下,氮磷流失的截留效果表现为田面水位优化>水塘优化>沟渠优化。在稻作区流域的实际管理中,可以通过修建植草沟渠连接农田和水塘，增加沟渠对氮磷流失的截留效率，提高水塘的汇水面积，使更多的农田排水先经过沟塘系统截留和净化后，再排入河流或湖泊。在长江流域水稻主产区充分利用田-沟-塘系统，建立基于源头减排（提高稻田排水水位）、过程阻控（提高沟渠植草密度）和末端净化（提高水塘汇水面积）相结合的多环节氮磷流失控制技术，可有效提高稻作区流域面源污染，从而促进农业可持续发展（图7-33）。

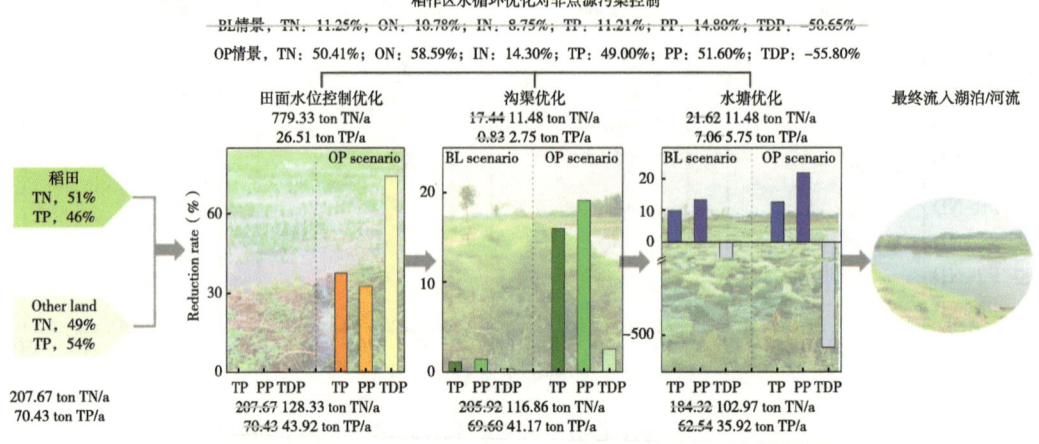

图7-33 基础情景和最优情景下洣水流域氮磷流失的迁移特征

注：红色数字代表最优情景下氮流失负荷，蓝色数字代表每个环节的截留量；灰色数字代表基础情景下的相应值。

7.3.2 全国尺度田面水位调控对稻区流域面源污染流失的影响

为了在全国尺度上综合评价稻田田面水位优化的面源污染减排潜力，对我国2015年稻田TN径流损失进行了现状（现状）、以环境效益为导向的优化施肥管理（施肥优化）和以环境效益为导向的优化施肥和田面水位优化管理（水肥优化）3种情景下TN流失量进行了模拟估算。具体来说，目前的情况是假设统计年鉴中的水稻产量是在常规施肥和田间排水管理下获得的，排水水位为50 mm。根据前人研究的水稻产量与施氮量的关系，在建立的模型基础上，计算了施肥优化情景下的氮肥施用量和相应的水稻产量（Zhang et al.，2018）。考虑到较高的排水水位要求农民提高水田垄高，这将导致更多的劳动力用于农田维护。因此，根据江西高安早稻季田面水位优化试验结果，通过提高排水水位至80 mm，建立了水肥优化情景下的水分管理模式。不同情景下的TN径流损失采用Chen等（2014）的计算方法。

与现状情景相比，施肥优化和水肥优化管理对氮素径流损失的控制效果显著。在目前的情况下，在全国范围内TN径流损失约为433.30 Gg/a，减少氮素径流损失的潜力因措施而异。实施施肥优化管理后，氮肥用量减少0.55 Tg/a以上，TN径流损失减少0.12 Tg/a。通过优化施肥和田面水位优化管理，TN流失量减少了0.19 Tg/a。此外，不同优势稻区的缓解强度差异较大。虽然长江流域约占全国稻田TN流失量的一半，但水肥优化管理对减少东南沿海稻田 TN 流失效果较好。其中，水肥优化管理下东南沿海、长江流域和东北稻区 TN 径流损失分别减少 66.55%、25.23% 和 22.00%。

7.3.3 稻田精准控水减排技术与决策支持系统构建

在前期稻田精准控水减排技术研究的基础上，以获得的不同稻区典型种植模式下的灌排管理调控指标为调控依据，耦合区域气象预测参数和农田土壤水含量特征，开发了基于气象-土壤-水文大数据的稻田精准控水扩容决策支持系统（图 7-34）。灌溉及排水主要决策方法为：设置了 3 条水位线分别为稻田最高持水水位（H_{max}）、稻田最低持水水位（H_{min}）、稻田最佳持水水位（H_p）。田面水位降至 H_{min} 时将触发灌溉操作，当田面水位高于 H_{max} 时将触发稻田排水，适宜水位线 H_p 是水稻正常生长的最适宜水位，灌溉到该水位线时停止灌溉操作；当稻田田面水位 H_0 低于灌溉水位线 H_{min} 时，形成灌溉

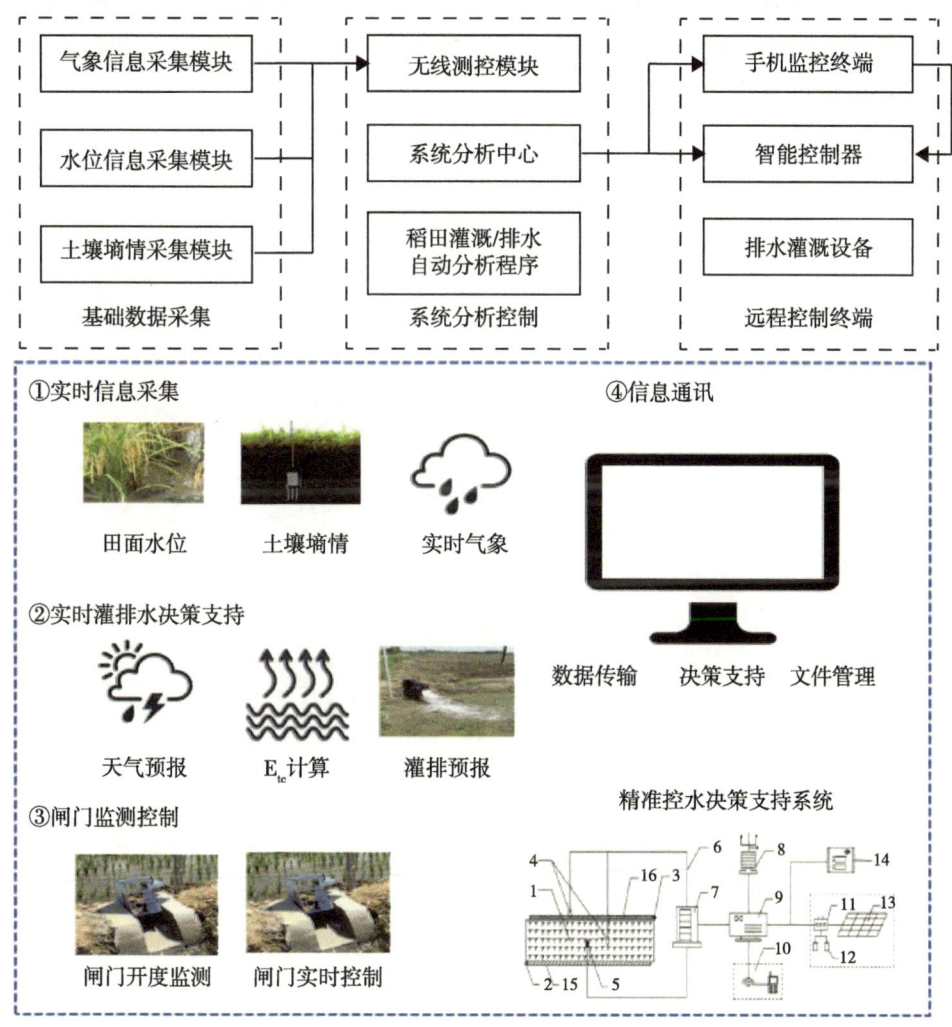

图 7-34 稻田精准控水扩容决策支持系统框架及流程示意图

决策；当稻田田面水位 H_0 高于排水水位线 H_{max} 时，形成排水决策，需在水稻耐淹水深和耐淹历时内将田面水位排至允许蓄水水位；并考虑了不同田面水位条件下蒸散发、渗漏等因素，通过调控灌溉水位、农田滞水时间（耐淹水深）、排水时间（耐淹历时）等参数，实现水稻生长需水、水位、水容量和土壤水特征的耦合响应。

7.4 小结

以田面水位调控为主要途径，以提高稻田蓄水容量、减少高风险期高氮磷浓度田面水外排为目标，开展典型水稻主产区水文气象特征和稻田灌排水质水量特征分析、稻田氮磷流失风险期识别以及风险期水稻适应性研究。研究结果表明，北方稻区氮磷流失风险期为泡田期，南方稻区氮磷流失风险期为泡田期、播种至三叶期、蘖肥后 2 周内和穗肥后 2 周内。研究明确了不同水稻主产区控水减排技术的运行参数及操作要点，形成了稻田精准控水扩容氮磷流失拦截新技术，开发了能够实现水稻生长需水、水位和水容量耦合响应的稻田精准控水扩容决策支持系统。稻田精准控水减排技术的推广应用可以在保证水稻产量的同时，有效降低我国稻作区氮磷流失风险，为水环境安全和水稻生产可持续发展提供科技支撑。

8 田沟塘水量水质协同调控技术

8.1 技术原理

8.1.1 研究路线

在系统总结国外相关研究和前期成果的基础上，以农学、环境科学、地理学、土壤学、测绘学、生态学等多学科理论和方法为基础，基于农田氮磷流失防控相关机理、技术、模型研究的最新进展，将遥感、中小尺度和微地形勘测技术与实地踏勘相结合，研究田-沟-塘的宏观布局和微观结构、调控节点与循环路径；通过现场监测、田间实验、实验室分析、水质水量耦合模型模拟等方法，综合运用现代传感器技术、地理信息系统，构建田-沟-塘水量水质协同调控与循环利用技术系统（图8-1）。

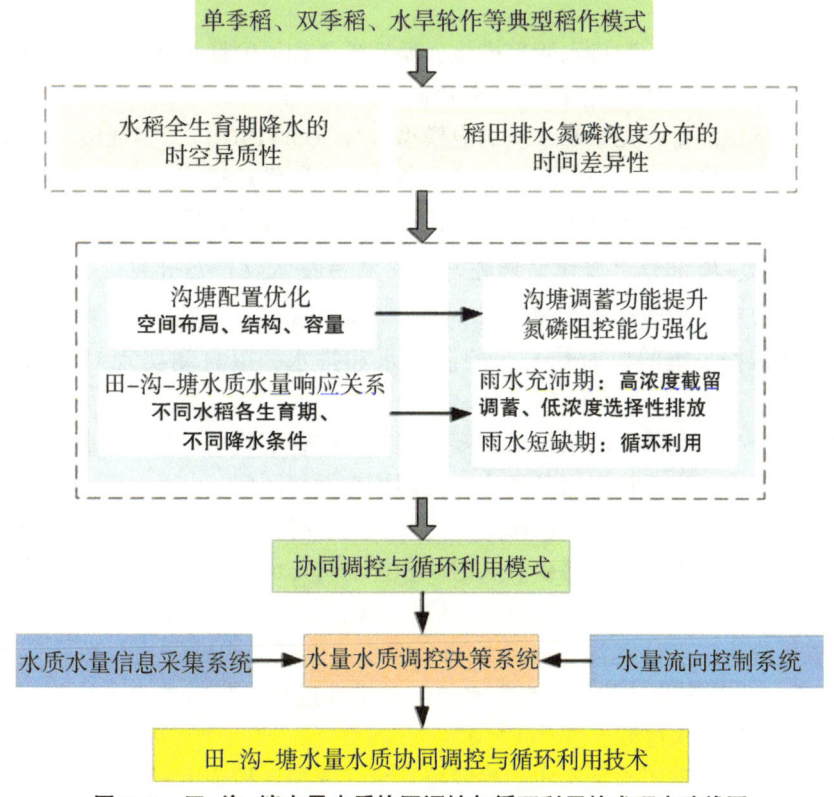

图8-1 田-沟-塘水量水质协同调控与循环利用技术研究路线图

8.1.2 研究方法

8.1.2.1 沟塘调蓄功能提升及氮磷阻控能力强化技术研究

选择典型排灌单元为研究区，通过人工调查、卫星遥感监测和无人机航测的方法，调查农田、沟渠、水塘等农田水利设施的基本参数，识别农田污染物径流流失路径，提取田沟塘基本结构、沟塘配比等关键参数。

结合区域雨季历史降水情况，分析稻田水量平衡，研究沟塘布局和结构对其蓄水与排涝能力的影响，评估沟塘调蓄能力；根据区域气象条件、径流控制目标及水稻全生育期水分需求，配置沟塘占比，控制沟塘水量，实现沟塘水量优化配置。

通过筛选全球沟塘水质净化的相关文献，提取环境、水质、沟塘参数等相关信息构建沟塘氮磷去除率数据库，并利用统计方法进行沟塘阻控能力影响因素分析。

在研究区设置沟渠和水塘样点，采集水体和底泥样品。对各形态氮磷、环境因子、植被覆盖度、浮游藻类种类数和密度、底泥微生物基因测序等指标进行分析，进而研究环境因子对沟塘水生生态系统组成的影响。

8.1.2.2 田-沟-塘水量水质响应机制及协同调控与循环利用模式研究

在试验区设置田、沟、塘监测点位监测施肥后及降水径流事件中田和塘出口水量水质，计算田块出口和灌排单元（塘出口）的氮磷负荷排放量，分析稻田、沟、塘氮磷的流失风险期。

在试验区采取精准控制排水管理措施、循环灌溉和风险期提前排水强化措施，监测减排效果，进行田-沟-塘水量水质协同调控。

自主研发稻田灌排单元水量水质响应模型（WQQM-PIDU），实现田-沟-塘水量水质响应关系的定量模拟，准确预测不同气候条件、水肥管理措施、沟塘配比及结构下稻田氮磷流失特征，指导稻田灌排单元设计，评估调控措施的氮磷面源污染减排效果。

8.1.2.3 田-沟-塘水量水质协同调控与循环利用技术及产品开发

基于试验区稻田面源污染关键风险时期、作物种植和沟塘基础数据，确定调控规则。用户终端依据采集的实时信息，控制进水和排水，以自动实现对田沟塘水位的调控。

依据水稻全生育期的径流水量水质耦合特征，结合现代测量技术、信息搜集传输技术和智能控制技术，实现稻田氮磷径流流失调控与循环利用。

根据试验区的田、沟、塘现状布局，充分利用已有的灌排设施设备，设置一个或多个调控单元协同调控农田面源污水。从灌溉和排水两方面，利用精准控制排水，循环灌溉和风险期提前排放3个协同调控技术手段，优化调控单元的灌排方式。

基于农田排水深度计算沟塘所需的剩余容积，再根据沟塘结构参数确定的沟塘水位-容量关系，计算沟和塘的排水目标水位，对排水过程进行精准水位控制，并研发相应的软件"稻田沟塘水位调控软件V1.0"。

提供面向用户的稻田水量水质远程调控系统，依据水稻全生育期内不同阶段的田间需水量和水环境保护要求，综合考虑田面水位-水质耦合变化，科学控制田间灌溉和排水。

基于传感器测的常规水质参数，通过智能算法反演得到TN、TP浓度，从而快速测定TN、TP浓度。通过自主设计研发农田地表径流水量水质监测仪（可调式、下沉式），实现不同降水条件下的径流及径流满流状态下流量监测。基于以上技术，实现水质和地表径流量的同时监测，结合田-沟-塘水量水质协同调控与循环利用技术和相关核心硬件、软件产品的研发，集成一套在线监测设备。

8.2 田沟塘协同调控技术工艺

8.2.1 沟塘调蓄功能提升及氮磷阻控能力强化技术研究

8.2.1.1 田沟塘关键参数的快速获取方法

1. 方法背景

调查农田及其配套建设的沟渠、水塘等农田水利设施基本参数，对农田水利规划设计、灌溉排涝等水资源管理、农田面源污染防控等领域具有重要意义。

目前，田沟塘参数的获取主要有人工实地调查、卫星遥感监测两种方式。其中人工实地调查依靠人力携带GPS，三维激光扫描仪等测量仪器对农田、沟渠、水塘进行实地测绘调查，制作田沟塘分布平面图、地形图、沟渠和水塘的截面图或三维图。人工实地调查工作量大，费时长，成本高。卫星遥感调查方法主要通过卫星遥感影像识别农田、沟渠和水塘地类，获取田沟塘空间分布和面积信息。受制于卫星遥感影像的分辨率以及数据获取时间，田间沟渠和水塘的识别率较低，其深度等结构参数也难以获取。

无人机作为一种小型的飞行器，其部署方便，可搭载全色相机、多光谱相机、激光雷达等多种传感器，已在农业环境监测领域得到较多应用。利用无人机航测，结合遥感影像和地面勘查可提高获取田沟塘参数的速度、降低成本、节省时间。

2. 方法流程

快速获取田沟塘参数，包括如下流程：首先，确定调查时间和调查方式；然后，获取遥感影像和高程数据，制作田沟塘矢量图；接着，进行空间拓扑关系分析，制作流向图；最后提取田、沟、塘基本结构参数，计算沟塘容量和沟塘配比（图8-2）。

具体步骤说明如下：

调查时间的确定。根据调查区的年内干湿特征确定调查时间，应在调查区域处于年内最干旱、沟塘水位最低的时间段开展调查。

调查方式的选择。在稻田连片、地势平坦的区域（如东北单季稻区），可采用卫星遥感影像分析与地面勘察相结合的方式开展调查；在稻区景观组成相对复杂、地势起伏的区域（如长江流域和东南沿海的水旱轮作区和双季稻区），可采用无人机航测结合地面勘察的方式开展调查。

利用卫星遥感影像或小型无人机航测获取影像和高程数据；对影像进行空间校正和空间拼接；对数据进行质量检查，制作正射影像图（DOM）和数字高程图（DEM）；对正射影像图进行目视解译或计算机自动分类，识别田块、沟渠，以及水塘的边界和底部轮廓，制作田沟塘分布矢量图。

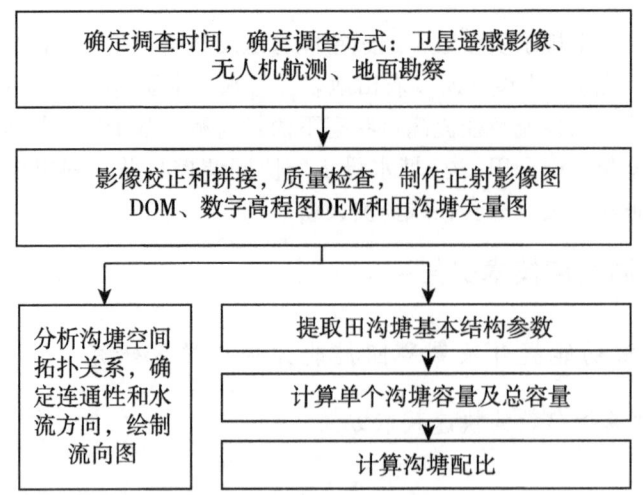

图 8-2 田沟塘关键参数的快速获取方法流程图

通过地理信息系统工具分析沟、塘的空间拓扑关系，明确沟塘的连通性；分析地表水在沟、塘中的水流方向，制作流向矢量图。

提取田块面积，沟渠长度、表面宽度、底部宽度、有效深度，水塘的周长、面积、表面高程、底部高程和有效深度等田沟塘基本结构参数。

计算各个沟渠的最大容量以及调查区沟渠总容量；计算各个水塘的最大容量以及调查区水塘总容量。

计算调查区的沟塘配比，以沟塘面积占比或沟塘容量配比表示。

3. 方法应用与结果分析

将该方法在湖北安陆的水旱轮作稻区进行了应用。首先，依据湖北省安陆市车站村的年内干湿变化情况、景观组成的复杂度和地势起伏情况，确定在沟塘水位处于年内最低水平的 1—2 月，采用无人机航测结合地面勘察的方式开展调查。选择天气晴好的一天，提前规划航线，使用无人机搭载全色相机和雷达进行影像拍摄，再结合地面加密控制点，获取地形信息。依据地面控制点，对影像进行空间校正和拼接，质量检查，制作 DOM（图 8-3）和 DEM（图 8-4）。

根据所获影像信息，识别田块、沟渠以及水塘的边界和底部轮廓，制作田沟塘分布矢量图，再通过地理信息系统工具分析沟、塘的空间拓扑关系，明确沟塘的连通性，结合 DEM，以水流从高程高处向低处流动的原则，分析地表水在沟、塘中的水流方向，制作流向矢量图。沟塘分布矢量图和流向矢量图如图 8-4 所示。

通过地理信息系统工具对田沟塘分布矢量图、DOM 和 DEM 进行测量和统计分析，获取田、沟、塘基本结构参数包括：田块面积，沟渠长度、表面宽度、底部宽度（沟渠的最低水位处的水面宽度）、有效深度（沟渠表面到最低水位之间的垂直距离），水塘的周长、面积、表面高程（水塘边界的矢量多边形所在位置的高程）、底部高程（水塘在低水位时期的水面高程）、有效深度（水塘的表面高程到最低水位之间的垂直距离）。对上述参数提取结果进行人工地面勘察核查，重点核查边坡比较大的水塘，确保

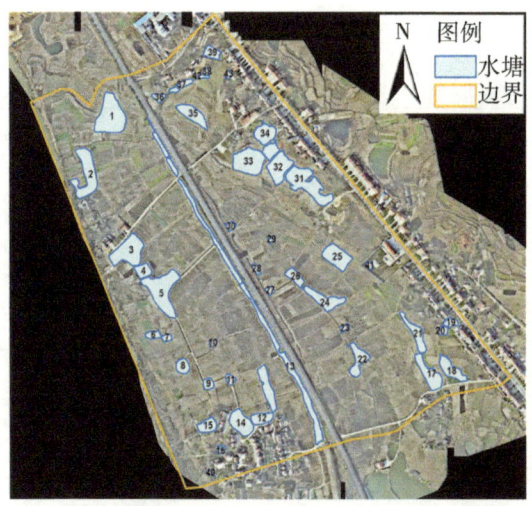

图 8-3 安陆研究区正射影像和水塘分布提取结果

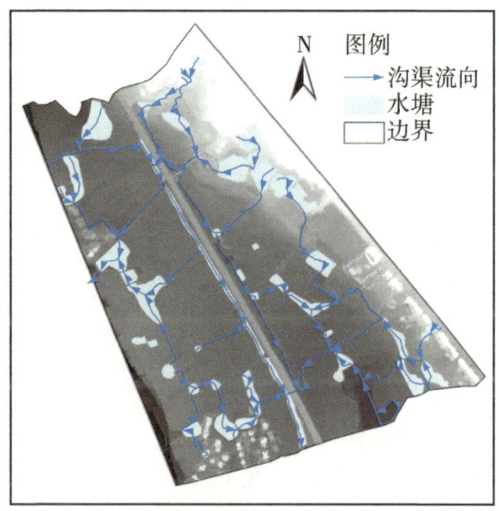

图 8-4 安陆研究区 DEM、沟塘矢量图及流向图

参数合理。

结果发现：安陆研究区的田块面积共 55.8 hm^2，沟渠总长度 4 460 m，各个沟渠的基本结构参数如表 8-1 所示。

表 8-1 安陆研究区沟渠基本结构参数

沟渠编号	长度 (m)	表面宽度 (m)	底部宽度 (m)	有效深度 (m)
0	62.4	4.1	1.8	0.9

(续表)

沟渠编号	长度（m）	表面宽度（m）	底部宽度（m）	有效深度（m）
1	135.9	1.0	0.4	0.5
2	218.7	1.0	0.5	0.4
3	170.7	1.0	0.5	0.5
4	154.8	1.5	0.5	0.6
5	69.1	4.1	2.3	0.9
6	47.1	4.1	2.3	0.9
7	133.3	2.5	1.0	0.6
8	199.3	2.5	1.2	1.0
9	184.8	4.1	2.3	0.9
10	72.0	4.1	2.3	0.9
11	80.5	4.1	2.3	0.9
12	59.0	3.0	1.8	0.6
13	33.3	3.0	1.8	0.6
14	167.2	2.5	1.0	0.9
15	201.9	3.0	1.5	1.0
16	127.7	4.1	2.3	0.9
17	132.5	4.1	2.3	0.9
18	45.5	0.6	0.4	0.4
19	250.5	2.5	1.0	0.6
20	175.1	3.0	1.5	0.9
21	196.8	4.1	2.3	0.9
22	281.4	4.1	2.3	0.9
23	132.8	0.6	0.4	0.4
24	174.7	1.5	0.5	0.5
25	56.7	1.0	0.5	0.5
26	45.3	0.4	0.4	0.5
27	39.9	0.6	0.4	0.4
28	25.3	0.6	0.4	0.4
29	122.8	0.6	0.4	0.4
30	196.5	1.5	0.5	0.6

(续表)

沟渠编号	长度（m）	表面宽度（m）	底部宽度（m）	有效深度（m）
31	62.4	1.8	0.5	0.5
32	272.4	1.8	0.5	0.5
33	132.0	0.6	0.6	0.5

安陆研究区的水塘总面积9.6 hm^2，各水塘的基本结构参数如表8-2所示。

表8-2 安陆研究区水塘基本结构参数

水塘编号	面积（m^2）	周长（m）	表面高程（m）	底部高程（m）	有效深度（m）
1	6 695.5	334.3	45.3	44.0	1.3
2	5 150.6	446.8	45.0	43.2	1.8
3	5 062.3	308.8	45.5	44.3	1.2
4	1 336.6	145.2	46.0	44.6	1.4
5	6 576.0	418.5	46.2	44.6	1.6
6	715.4	114.4	46.9	45.9	1.0
7	446.8	83.5	46.8	46.0	0.8
8	1 197.0	124.9	46.8	45.3	1.5
9	746.3	99.6	46.2	44.8	1.4
10	271.3	68.2	46.0	45.5	0.5
11	559.2	88.8	45.6	44.4	1.2
12	4 434.8	459.6	45.5	44.2	1.3
13	11 162.9	2156.5	45.2	44.2	1.0
14	3 046.6	212.9	45.6	44.3	1.3
15	1 623.2	163.3	46.0	45.1	0.9
16	376.3	118.6	46.4	45.8	0.6
17	3 081.3	278.5	46.7	46.2	0.5
18	2 459.1	244.2	48.0	47.3	0.7
19	751.8	122.6	50.0	49.4	0.6
20	512.3	85.7	50.0	49.3	0.7
21	2 332.5	296.4	47.2	46.4	0.8
22	2 529.5	285.3	44.5	42.6	1.9

(续表)

水塘编号	面积 （m²）	周长 （m）	表面高程 （m）	底部高程 （m）	有效深度 （m）
23	360.2	78.6	45	43.6	1.4
24	2 904.2	298.5	45.7	44.2	1.5
25	3 495.7	239.5	47.5	45.8	1.7
26	1 334.1	164.0	45.7	44.5	1.2
27	402.4	79.7	46.6	45.1	1.5
28	415.8	86.0	46.6	45.3	1.3
29	265.0	63.9	45.9	44.9	1.0
30	470.0	89.9	46.3	44.8	1.5
31	6 190.4	494.1	51.0	49.4	1.6
32	3 729.2	264.2	52.4	50.2	2.2
33	6 520.3	443.7	50.9	48.5	2.4
34	2 492.0	203.8	54.2	52.3	1.9
35	2 675.5	242.1	50.2	49.3	0.9
36	579.2	103.9	51.4	49.3	2.1
37	895.5	184.7	53.2	52.6	0.6
38	310.0	65.2	53.8	53.4	0.4
39	1 204.5	144.4	56.5	55.7	0.8
40	165.5	65.4	46.7	46.1	0.6
41	295.1	65.3	49.3	48.4	0.9
42	307.5	95.2	53.5	52.6	0.9
43	285.7	65.1	57.3	56.3	1.0

在此基础上，计算沟塘配比参数。安陆研究区田块面积 55.8 hm²，沟渠面积 1.1 hm²，水塘面积 9.6 hm²，沟塘面积占比为 16.1%；安陆研究区沟渠最大容量 0.64 万 m³，水塘最大容量 10.35 万 m³，田块面积 55.8 hm²，沟塘容量占比为：亩均配比 131 m³ 沟塘。

该方法获取的田间水系数据，识别的农田污染物径流流失路径，提取的田、沟、塘基本结构参数及沟塘配比参数，将为进一步评估沟塘调蓄能力、沟塘水量优化配置提供基础数据。

8.2.1.2 沟塘调蓄能力评估与沟塘水量优化配置

1. 历史气象数据分析

获取安陆研究区附近的国家基本气象站大悟（台站号 57395，31.34°N，114.07°E，海拔 74.9 m）的日降水量、最高气温、最低气温、日照时长、平均风速、平均相对湿度等数据,数据时段为 2013—2016 年。统计不同大小的降水量出现的频率、降水量的年际和年内变化。并用 FAO Penman-Monteith 公式计算潜在蒸散发量(PET),乘以水稻的作物系数计算稻田实际蒸散发量(ET),统计 PET 和 ET 的年际和年内变化。

依据我国气象部门对雨量大小的划分:小雨(日降水量 0.1~9.9 mm)、中雨(日降水量 10.0~24.9 mm)、大雨(日降水量 25.0~49.9 mm)、暴雨(日降水量 50.0~99.9 mm)、大暴雨(日降水量 100.0~249.9 mm)、特大暴雨(日降水量大于等于 250.0 mm),安陆研究区 2013—2016 年降水频率分布如图 8-5 所示。此四年间,研究区降水日数 428 d,占比 29%;其中 71.5% 为小雨,特大暴雨出现一次(雨量 302.6 mm)。92.3% 的降水小于 30 mm。

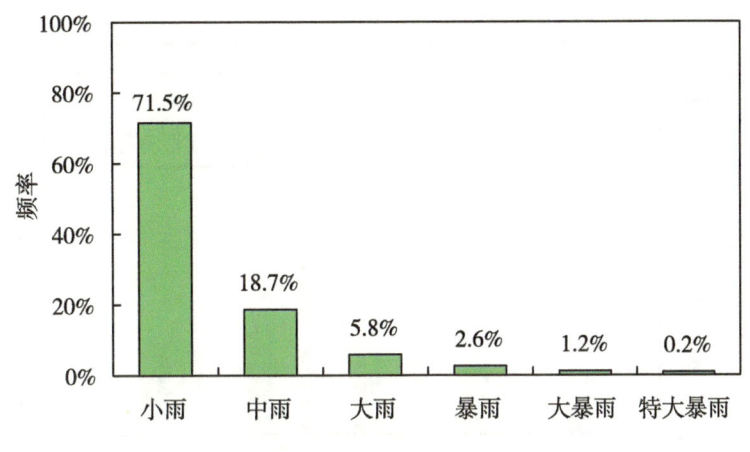

图 8-5 降水频率直方图

降水量、PET 和 ET 的年际分布情况如表 8-3 所示。由表可知,研究区总体较为湿润,年均降水量大于潜在蒸散发量和实际蒸散发量。雨量较少的 2013 年,降水量不能满足水稻蒸散发,需区域外灌溉补水。2014 和 2015 年生长季降水量和水稻实际蒸散发相当,若充分利用沟塘系统的水分调节能力,理论上无需外界灌溉补水,也不会产生径流;但从全年来看,降水量明显大于实际蒸散发量,研究区稻田有径流(地表或地下)排出。2016 年为丰水年,雨量多,并且集聚在生长季(比率为 0.72),降水量远大于蒸散发,应有较多径流排出,氮磷流失风险较大。

表 8-3 降水量、潜在蒸散发、实际蒸散发年际分布

年份	降水量			潜在蒸散发			实际蒸散发		
	全年(mm)	生长季*(mm)	比率	全年(mm)	生长季*(mm)	比率	全年(mm)	生长季*(mm)	比率
2013	878	553	0.63	1 077	570	0.53	958	626	0.65
2014	1 076	474	0.44	955	450	0.47	824	489	0.59
2015	1 026	537	0.52	980	493	0.50	848	529	0.62

(续表)

年份	降水量			潜在蒸散发			实际蒸散发		
	全年（mm）	生长季*（mm）	比率	全年（mm）	生长季*（mm）	比率	全年（mm）	生长季*（mm）	比率
2016	1 730	1 243	0.72	983	510	0.52	860	548	0.64
年均	1 177	702	0.60	999	506	0.51	872	548	0.63

注：*研究区水稻生长季为每年 5 月底到 9 月底。

降水量和 ET 的年内波动对比如图 8-6 所示。可见，降水和蒸散发的年内波动明显，水稻生长季的降水和蒸发量都明显多于休闲季。

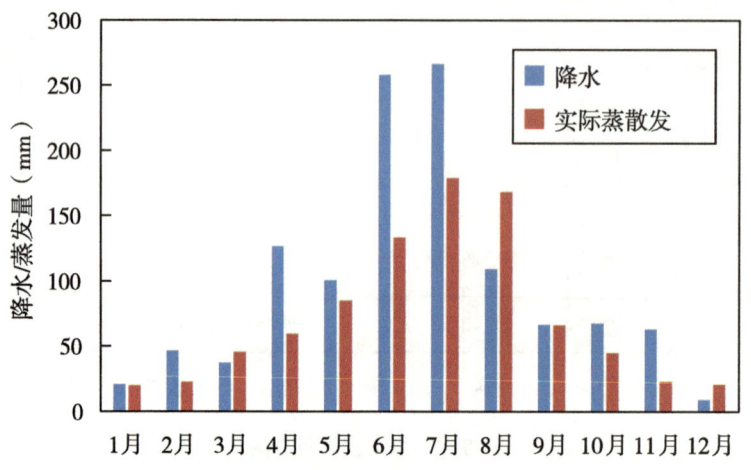

图 8-6 研究区稻田降水和蒸发年内波动对比图

降水和蒸散发往往不能平衡，尤其是水稻生长季。6 月和 7 月雨量明显多于蒸散发量，易产生径流；特别是 6 月，降水和蒸散发的差距最大，而且田间刚施用底肥，氮磷流失风险较大。而 8 月，降水量不能满足水稻蒸散发，需额外灌水。充分利用研究区沟塘系统的水量调节能力，将能协调降水和蒸散发在水稻生长季的不平衡，减少污染外排。

2. 沟塘调蓄能力评估与优化配置分析

基于田沟塘关键参数的快速获取方法在安陆研究区的研究结果，整个研究区水塘（图 8-3）底部有效高程（底部高程或死水位）的范围为 42.3~56.3 m，塘最高可调水位（表面高程以下 20 cm）范围为 44.3~57.1 m。将研究区塘的最高可调水位上限设为 0 m 水位，以下每 5 cm 设置一个调控水位，计算不同调控水位与水塘底部高程/死水位的水位差，用积分法（公式 8.1）求取不同调控水位对应的塘容量；总容量减去不同水位的塘容量为剩余容量。此外，计算不同调控水位条件下水塘所能承载的降水量；承载雨量等于剩余容量除以研究区面积。

$$V(H) = \sum_{i}^{N} A_i \cdot \Delta H_i = \sum_{i}^{N} \Delta H_i / N \cdot A_N$$

$$\Delta H_i = \begin{cases} H_i - H_{DEM,i} & \text{当 } H_i > H_{DEM,i} \\ 0, & \text{当 } H_i \leq H_{DEM,i} \end{cases} \quad (8.1)$$

式中：N 是目标水塘边界内的数字高程模型 DEM 的栅格总数，A_i 是第 i 个栅格的面积，A_N 是目标水塘边界内的面积总和，$\triangle H_i$ 是第 i 个栅格的水位差，即计算水位 H_i 和水塘底部高程 $H_{DEM,i}$ 的差值，当计算水位小于或等于水塘底部高程时，$\triangle H_i$ 取值 0；当计算水位 H_i 等于塘水位范围上限 H_{max} 时，对应的 $V(H)$ 即为目标水塘的最大容量 V_{max}；目标水塘的剩余容量 $V_{res}(H)$，即最大容量 V_{max} 和当前水位对应的容量 $V(H)$ 的差值：$V_{res}(H) = V_{max} - V(H)$。

计算启用不同数量的水塘进行调控（图 8-3），所能承载的容量和控制的雨量，设置 3 种调控模式如下所述：

情景一：研究区所有水塘全部启用，分别设闸门调控，各水塘调控水位相同。所有塘全部用于调控研究区全部水塘总面积 9.6 hm²，塘面积占比为 14.4%，总容量为 10.3 万 m³。剩余容量和承载雨量随调控水位的变化情况如图 8-7 所示，变化速率的拐点水位分别为 -1.90 m 和 -1.15 m。以 30 mm 承载雨量为目标，其对应的调控水位为 -0.31 m。

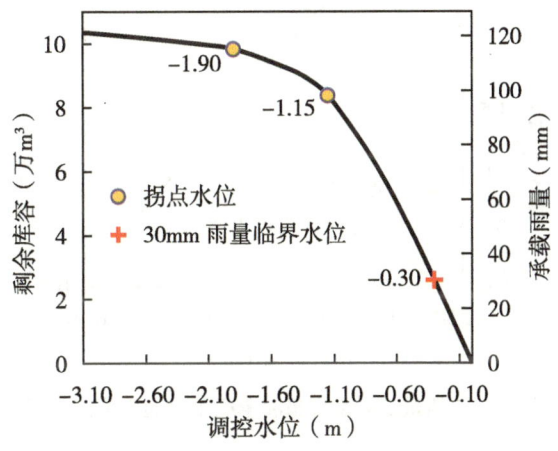

图 8-7 情景一剩余容量和承载雨量随水位变化图

情景二：仅启用 3~5 号、12~14 号和 31~34 号水塘，各水塘调控水位相同。仅启用 3~5 号、12~14 号和 31~34 号塘用于调控 3~5 号、12~14 号和 31~34 号塘的总面积为 5.1 hm²，塘面积占比为 7.7%，总容量为 6.1 万 m³。剩余容量和承载雨量随调控水位的变化情况如图 8-8 所示，变化速率的拐点水位分别为 -1.85 m 和 -1.15 m。30 mm 承载雨量对应的调控水位为 -0.70 m。

情景三：仅启用 3~5 号和 12~14 号塘用于调控，各水塘调控水位相同。3~5 号和 12~14 号塘的总面积为 3.2 hm²，塘面积占比为 4.81%，总容量为 2.9 万 m³。剩余容量和承载雨量随调控水位的变化情况如图 8-9 所示，变化速率的拐点水位为 -1.20 m。30 mm 承载雨量对应的调控水位为 -1.12 m。典型水位对应的塘容量、剩余容量和承载雨量见表 8-4。

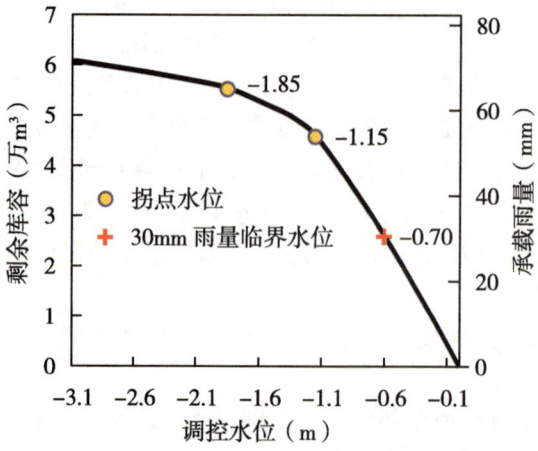

图 8-8 情景二剩余容量和承载雨量随水位变化图

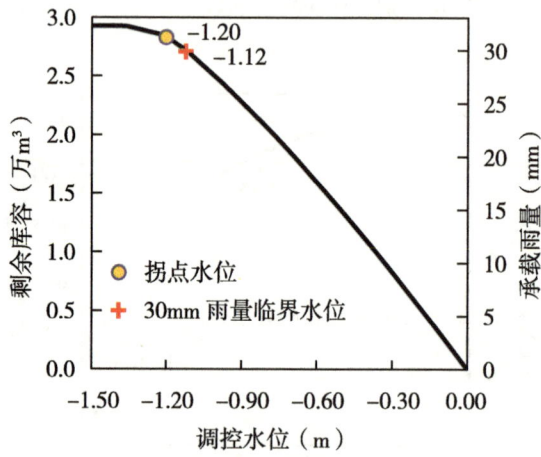

图 8-9 情景三剩余容量和承载雨量随水位变化图

表 8-4 情景三典型调控水位的塘容量、剩余容量及承载雨量对应表

水位（m）*	塘容量（万 m³）	剩余容量（万 m³）	承载降水量（mm）
0.00	2.93	0.00	0.0
-0.05	2.79	0.14	1.6
-0.10	2.65	0.28	3.1
-0.15	2.51	0.42	4.6
-0.20	2.37	0.56	6.2
-0.25	2.23	0.69	7.7
-0.30	2.10	0.83	9.2
-0.35	1.97	0.96	10.6

(续表)

水位（m）*	塘容量（万 m³）	剩余容量（万 m³）	承载降水量（mm）
-0.40	1.83	1.09	12.1
-0.45	1.70	1.22	13.5
-0.50	1.58	1.35	14.9
-0.55	1.45	1.47	16.3
-0.60	1.33	1.60	17.6
-0.65	1.21	1.72	19.0
-0.70	1.09	1.84	20.3
-0.75	0.98	1.95	21.6
-0.80	0.86	2.07	22.8
-0.85	0.76	2.17	24.0
-0.90	0.65	2.28	25.2
-0.95	0.54	2.39	26.3
-1.00	0.44	2.49	27.5
-1.05	0.34	2.59	28.5
-1.10	0.25	2.68	29.6
-1.15	0.17	2.76	30.5
-1.20	0.09	2.84	31.3

注：*以研究区塘的最高可调水位上限为 0 m 水位，负值代表再降水事件前将水塘水位自最高可调水位进行下调，从而预留降水径流时的调蓄容积。

利用该方法，可以根据区域气象条件、径流控制目标及水稻全生育期水分需求，配置沟塘占比、控制沟塘水量，实现优化沟塘的调蓄能力、减少径流外排的目标。

8.2.1.3 沟塘阻控能力的影响因素分析

沟塘作为一种低成本且节约土地的生态工程措施，被广泛运用于农业面源污染的处理当中（Cooper et al., 2004）。沟塘被认为与人工湿地有着相似的功能，连接着农田与受纳水体（Herzon and Helenius, 2008; Vymazal, 2007）。目前关于沟塘对水体的净化能力已经开展了很多野外实验，但是这些实验结果得到的结论差异很大（Zimmo et al., 2004）。沟渠对于氮磷的去除机理包括植物吸收、吸附、氨挥发、微生物降解等（图8-10），这些过程直接或间接受到多种环境因素的影响。本研究通过分析已有的多点实验结果，分析了沟塘阻控能力的影响因素，阐述了沟塘的水质净化潜力，为沟塘设计提供理论和数据支持。

本研究通过文献检索（数据库：Web of Science, Scopus, Science Direct, CNKI），收集了全球1960—2019年沟塘水质净化的相关文献，并筛选了文献，文献需要符合如下特征：沟塘去除率实验在野外进行，不包括模型模拟结果和室内实验；污染源为面源

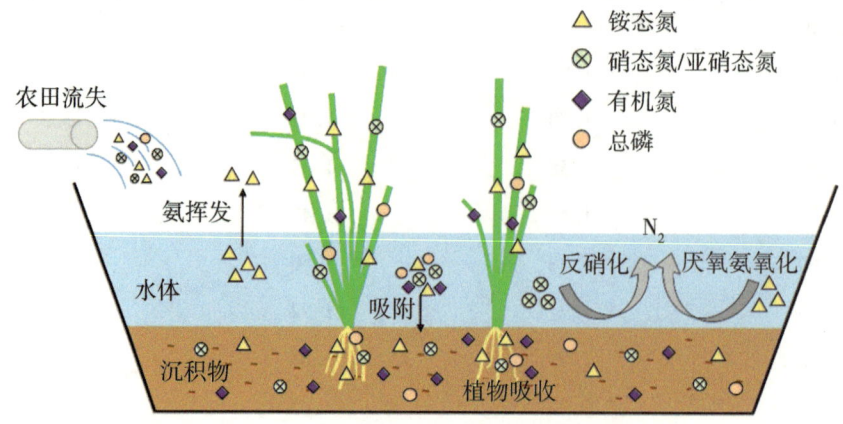

图 8-10 沟塘氮磷去除机理示意图

污染；沟塘去除率指标为 TN 或 TP。我们从文献中提取了进出水浓度、去除率、样本量、研究区位置、植被情况、水深、沟渠长度等信息构建沟塘氮磷去除率数据库。本研究分析得到沟塘氮磷的整体去除率，并通过非参数的 Kruskal-Wallis 检验和回归分析（Spearman 相关系数）对沟塘去除率的影响因素进行分析。

沟塘去除率数据库中 TN 样本量为 398 个，TP 样本量为 163 个。本研究的数据库中，沟塘对氮磷去除率范围变异性很大，TN 去除率范围为-112.6%到 96.2%，TP 去除率范围为-71.9%到 94.3%。巨大的变异性表明沟塘去除率受外在因素的强烈影响，当去除率为负值时，表明沟塘已经不是污染的汇，而是污染源。TN 去除率的平均值和中位数分别为 26.9% 和 25.0%，TP 去除率的平均值和中位数分别为 38.4% 和 38.2%（表 8-5）。已有研究证实沟塘等小微水体比大中型水体拥有更高的污染物去除率（Cheng and Basu，2017），因此沟渠在氮磷削减上具有较大应用潜力。

表 8-5 沟塘氮磷去除率数据库的描述性统计

指标	样本量	最小值	最大值	平均值	中位数	25%分位数	75%分位数
TN	398	-112.6%	96.2%	26.9%	25.0%	10.95%	44.5%
TP	163	-71.9%	94.3%	38.4%	38.2%	17.86%	58.82%

在沟塘去除率的野外实验（图 8-11）中，无论是长期监测还是单次实验均出现了一定数量的负值（表 8-5，图 8-12，图 8-13），尤其是在强降水过后，沟塘侧壁和底部受到降水冲刷侵蚀的影响，此时，沟塘可能会成为污染源而不是污染的汇。在影响沟塘去除率的众多因素中，本研究从植物、沟渠硬化、温度、进水浓度、水深、沟渠长度等方面进行了分析。

1. 植物对沟塘去除率的影响

没有植物覆盖的沟塘 TN、TP 去除率要显著低于有植物覆盖的沟塘（图 8-12b，$P<$

0.01；图 8-13b，$P<0.01$）。自然植物覆盖沟塘与人工筛选植物覆盖的沟塘 TN、TP 去除率没有显著性差异（图 8-12c，$P=0.421$；图 8-13c，$P=0.0616$），这表明植物对于沟塘的净化有很重要的作用，但是自然植物与人工筛选的植物具有相似的净化能力。

图 8-11　不同形态的沟渠
（a）无硬化沟渠，（b）部分硬化沟渠，（c）完全硬化沟渠。

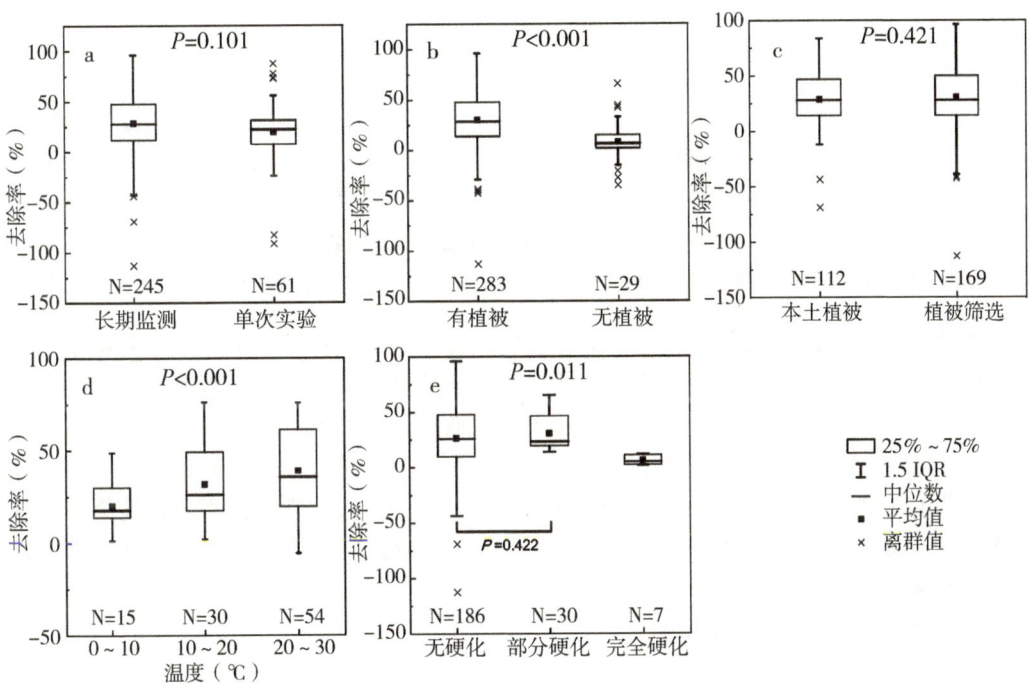

图 8-12　TN Kruskal-Wallis 检验结果
（a）长期监测与单次实验，（b）有植被与无植被，（c）本土植被与植被筛选，（d）温度，（e）沟渠硬化。

2. 沟渠硬化对去除率的影响

对沟渠采取硬化处理可以提升沟渠排水能力，是一种常见的沟渠处理方式。本研究根据沟渠的硬化程度，将沟渠分为无硬化沟渠、半硬化沟渠和硬化沟渠（图 8-11），其

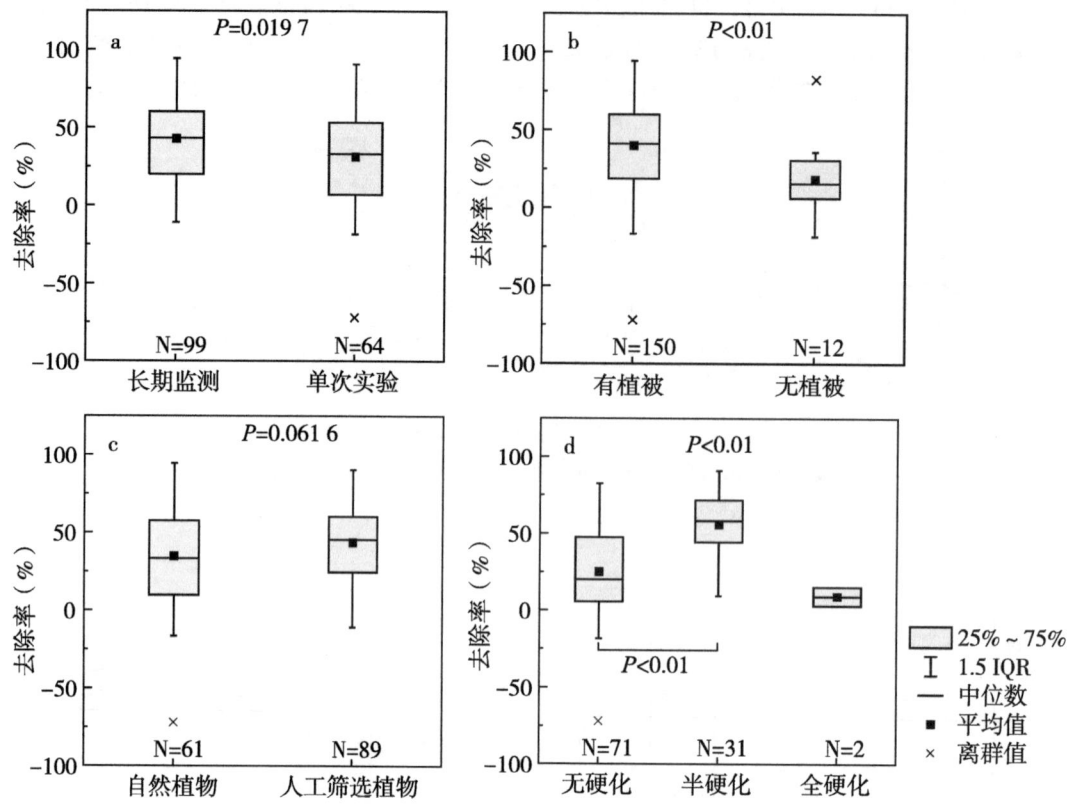

图 8-13 TP Kruskal-Wallis 检验结果
(a) 长期监测与单次实验，(b) 有植被与无植被，(c) 本土植被与植被筛选，(d) 沟渠硬化。

中半硬化沟渠是指只硬化侧壁，而沟渠底部仍然能生长植物；硬化沟渠是指对沟渠的侧壁和底部都进行硬化。对沟渠进行完全硬化改造虽然会提升沟渠的排水能力，但是会使沟渠几乎失去水体净化能力。对沟渠进行半硬化改造一方面可以提升沟渠的排水性能，另一方面也保留了沟渠的水体净化能力。对 TN 而言，无硬化沟渠与半硬化沟渠的去除率之间没有显著性差异（图 8-12e，$P=0.422$），而对于 TP 的去除，无硬化沟渠和半硬化沟渠间有显著差异（图 8-13d，$P<0.01$），这与人为影响下半硬化沟渠常种植人工筛选植物有关。

3. 温度对沟渠去除率的影响

TN 去除率中不同温度组别（0~10 ℃，10~20 ℃，20~30 ℃）之间的去除率呈现出显著差异（图 8-12d，$P<0.01$），温度最低的组别去除率最低，并且回归分析的结果表明温度与去除率之间呈现出显著的正相关（图 8-14a，$P<0.01$）。这些结果表明温度很有可能是沟塘 TN 去除率重要的限制因子，当冬季温度降低时，植物对污染物的净化能力下降，沟塘可能成为从污染的汇转变为污染源（Shen et al.，2021）。由于数据库中 TP 去除率温度数据较少，故未作此分析，可对数据库补充后再进行分析。

4. 进水浓度对去除率的影响

沟塘 TN、TP 进水浓度与去除率呈现出显著的正相关（图 8-14b，$P<0.01$；图 8-

15b，$P<0.01$），表明进水浓度越高，沟塘的去除率就越高，并且高浓度的进水为养殖场排水和农村生活污水。不同浓度污水的主要降解过程是不同的：高浓度的污水可能仅依靠吸附沉降就能有比较高的去除率；而低浓度的污水则更加依赖微生物降解过程。

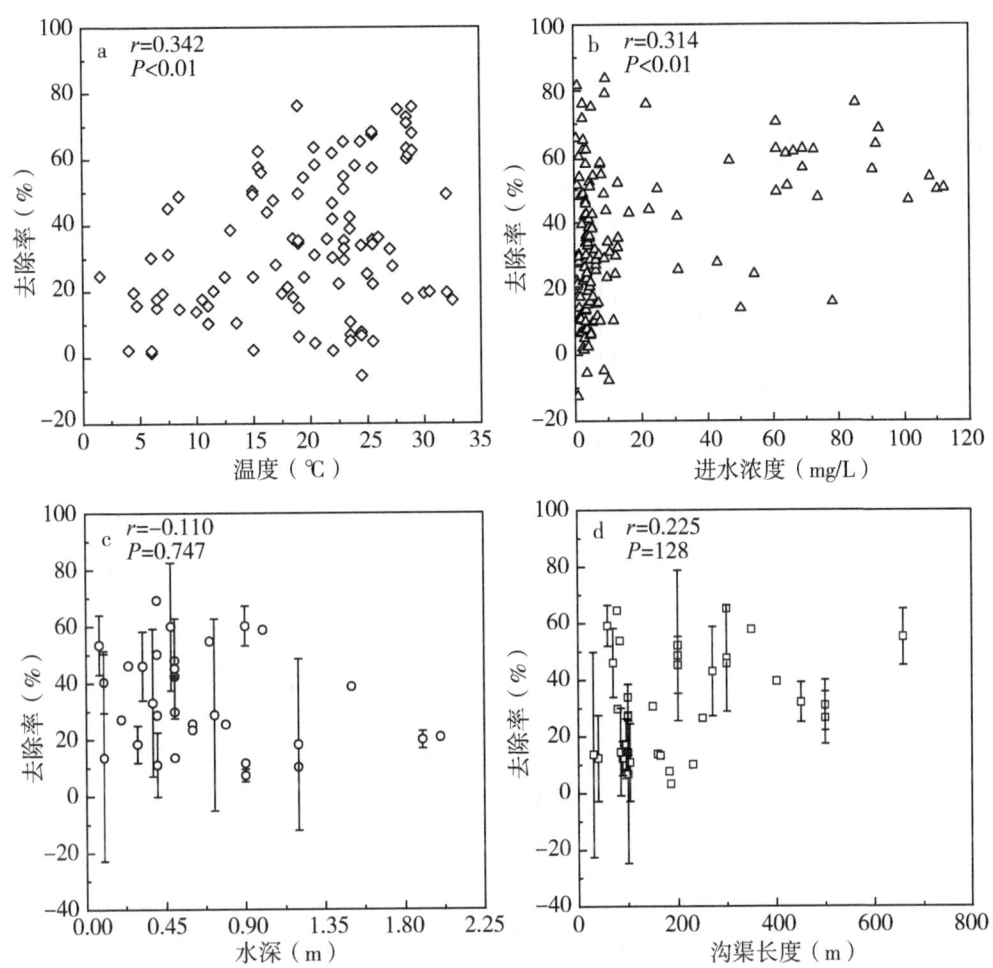

图 8-14　TN 去除率回归分析结果

（a）温度，（b）进水浓度，（c）水深，（d）沟渠长度。

5. 水深对去除率的影响

水深与 TN、TP 去除率之间没有显著相关性（图 8-14c，$P=0.747$；图 8-15（c），$P=0.212$）。尽管已有研究表明，水深越深，越不利于污染物的降解（Li et al.，2019；Shih et al.，2013），但是沟塘水深总体较浅（大部分水深<1m），水深总体变异不大，因此水深对沟塘去除率造成的影响比较有限。

6. 沟渠长度对去除率的影响

沟渠长度与 TN、TP 去除率之间呈现出弱正相关（图 8-14d，$r=0.225$；图 8-15d，

$r=0.25$),但是在 TN 去除率上相关性并不显著（$P=0.128$），在 TP 去除率上相关性显著（$P=0.022$）。理论上沟渠长度与水力停留时间（HRT）呈正相关，HRT 越大越有利于污染物的去除，但是大范围农田水利设施的修建使得沟渠的自然流向被截断，因此使得 HRT 与农田水利设施的调度相关，不同数据所得到的分析结果可能不同，因此沟渠长度与 TN 去除率未呈现出显著相关性，而与 TP 去除率呈现出显著相关性。

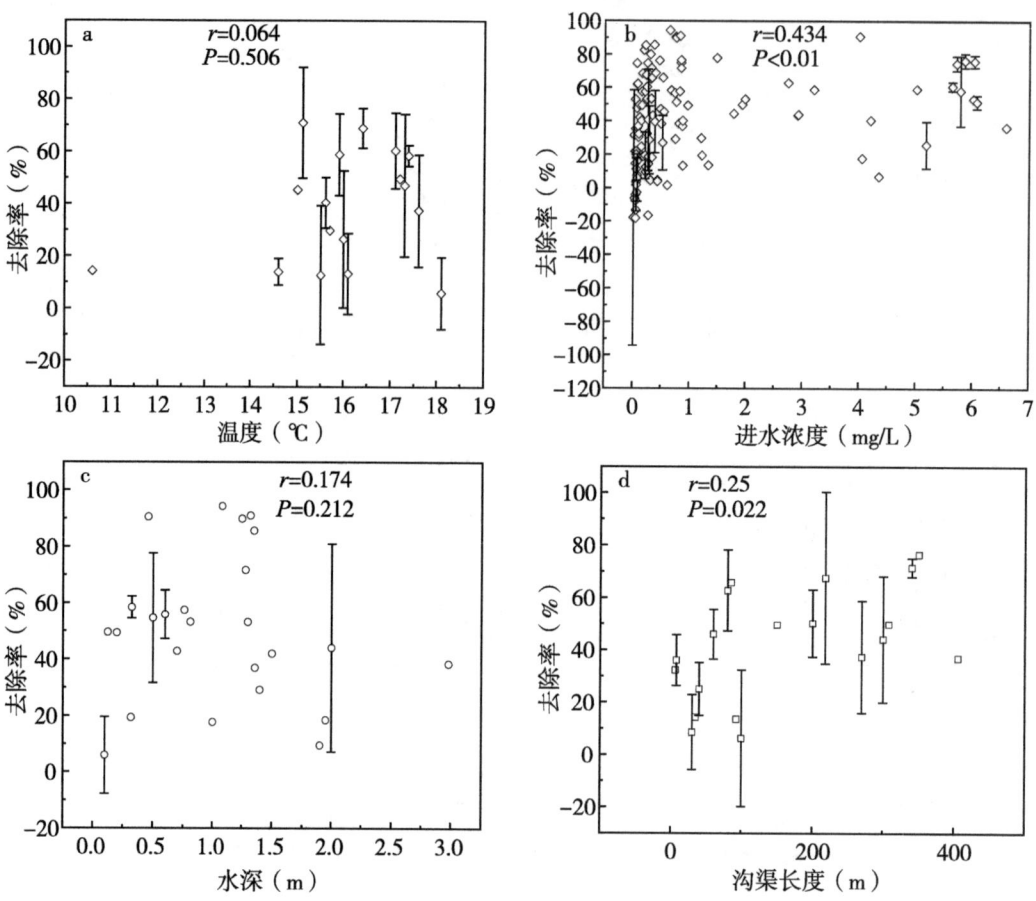

图 8-15　TP 去除率回归分析结果
（a）温度，（b）进水浓度，（c）水深，（d）沟渠长度。

影响沟塘脱氮除磷的因素非常复杂，其中包括了生物地球化学因素（如：温度、植被、有机物等）和水文因素（如：HRT），众多因素相互影响使得结果有时难以解释。相比之下，去除速率（特别是营养物螺旋理论中的 v_f）通常被认为更多地反映了生物地球化学因素，其代表了水体对于营养物的去除能力（Vymazal，2007；Booman and Laterra，2019）。已有文献所报道的 v_f 的影响因素（表 8-6）与我们的分析结果一致：温度、沟渠硬化（渠道化）和植被等因素会影响去除速率。此外，去除速率也可能会出现负值，当去除速率为负值时，表明水体的污染物浓度增加。

表 8-6 文献中所报道的动力学参数（v_f）

研究区	沟渠/河道描述	N/P 形态	v_f（mm/min）	实验时间	参考文献
阿根廷奇基塔海岸潟湖	渠道化	NH$_4$-N	5.47	2010.12—2011.1	Booman and Laterra, 2019
	不渠道化		25.23		
	渠道化	NO$_3$-N	6.74		
	不渠道化		12.35		
	渠道化	P-SRP	23.64		
	不渠道化		36.73		
美国北卡罗来纳海岸平原	有障碍物	NH$_4$-N	3.29	2003.10	Ensign and Doyle, 2005
	无障碍物		0.62		
	没有挡板	PO$_4$	0.41	2004.1	
	有挡板		28.86		
	有障碍物		2.49	2003.10	
	无障碍物		1.36		
	没有挡板		-1.7	2004.1	
	有挡板		53.5		
意大利波河流域	有植被	NH$_4$-N	12.91	2014.3—2015.10	Balestrini et al., 2018
	无植被		1.31		
美国北溪北卡罗来纳州	2008 年生态化修复	NO$_3$-N	1.26	2010 夏季	McMillan et al., 2014
			0.88	2010 秋季	
			0.08	2011 冬季	
			1.04	2011 春季	
美国北卡罗来纳州的洛基布兰奇	2002 年生态化修复		0.47	2010 夏季	
			0.11	2010 秋季	
			0.02	2011 冬季	
			3.55	2011 春季	
美国阿拉斯加布鲁克斯山脉	有植被，春季会有融雪	NH$_4$-N	-5.6	2013.7	Harms et al., 2019
			0.6	2013.8	
			0.5	2014.6	

本研究结果表明：沟塘能够有效降低水体氮磷浓度，对 TN、TP 的平均去除率分别可达 26.9%、38.4%，但沟塘并不总是污染的汇，在温度降低或降水量较大情景下，沟塘可能会从污染的汇向源转变；温度和进水浓度与去除率显著相关，温度是

影响沟塘去除率重要的限制因子,而水深和沟渠长度对去除率影响不大;植物对沟渠和池塘的净化功能至关重要,自然植物与人工筛选的植物具有相似的水体净化效果;硬化沟渠已经基本失去了生态功能,而部分硬化沟渠可以加快排水同时保留沟渠的水质净化能力。

8.2.1.4 环境因子对沟塘水生生态系统组成的影响

微生物、浮游藻类和高等水生植物广泛存在于稻田沟塘中,形成菌-藻-草生物共生系统。光照、温度、溶解氧、pH、C/N 及营养盐浓度等环境理化因子,会强烈影响水生生态系统中生理活动、行为行式、生长繁殖和种群结构,进而对沟渠生物结构演化及其生态环境功能造成影响。

在湖北省鄂州市华容区红莲湖附近的一个稻田灌排单元采集 28 个点位的水体样品和底泥样品,其中,21 个沟渠样点,6 个水塘样点,具体位置见图 8-16。采样区地势平坦,地面高程在 13~14 m,气候属亚热带季风气候,年平均气温 17 ℃,无霜期 268~272 d,年平均降水量 1 200~1 500 mm,年日照时数为 2 038~2 083 h。

图 8-16 监测样点分布图

1. 样品采集

水体样品利用采水器在水表面以下采集,每个水样一式两份,一份直接放入带有冰袋的保温箱中,用于后续碳氮磷含量分析;一份加入 15 mL 鲁哥试剂固定,用于浮游植物分析。底泥样品利用彼得森采泥器采集,每个底泥样品一式两份,一份直接放入带有冰袋的保温箱中,用于后续碳氮磷分析;一份立即放入含有干冰的保温箱中,用于后续微生物宏基因测序分析。每个点位样品采用五点混合采样法进行采集。

2. 指标分析

（1）植被覆盖度。通过目测法对沟塘水生植物进行植被覆盖度等级划分。

（2）浮游植物。在显微镜和解剖镜下进行浮游植物种属和计数鉴定。浮游植物鉴定参照《中国淡水藻类：系统分类及生态》。

浮游植物密度按以下公式（8.2）进行计算：

$$N = \frac{N_0}{N_1} \times \frac{V_1}{V_0} \times P_n \tag{8.2}$$

式中：N 为 1 L 水样中浮游植物的数量，个/L；N_0 为计数框总数，100；N_1 为计数过的方格数，20~30（具体视浮游植物数量多少而定）；V_1 为 1 L 水样浓缩后的体积，100 mL；V_0 为计数框的容积，0.1 mL；Pn 为计数的浮游植物个数，个。

浮游植物多样性指数按以下公式进行计算：

$$\text{Shannon-Wiener 指数}：H' = -\sum_{i=1}^{S} P_i \ln P_i \tag{8.3}$$

$$\text{Simpson 指数}：D = 1 - \sum_{i=1}^{S} P_i^2 \tag{8.4}$$

式中：S 为群落总物种数；Pi 为样品中属于第 i 种的个体的比例。

（3）底泥微生物。使用 TIANamp Stool DNA Kit 从底泥样本中提取 DNA。分别用 Qubit 3.0 和琼脂糖凝胶电泳对提取的 DNA 用进行定量和完整性检测。将 250 ng DNA 片段化为 200~500 bp，之后使用 VAHTS Universal DNA Library Prep Kit（ND607，Vazyme，China）试剂盒构建文库，使用 Novaseq 6000 sequencer（Illumina）测序仪，PE150 测序策略对文库进行测序。

将原始数据（Raw data）通过 FastQC（version 0.11.5）进行质量评估，再利用 Trimmomatic（version 0.36）软件进行数据质控，剔除低质量 reads 并剪去 reads 中的 adaptor 序列。质控后的 clean data 通过 megahit（v1.1.2）软件组装为 contig，通过 Prokka v1.13.3 做开放阅读框（ORF）预测分析，扫描长度超过 100 bp 的序列并将之翻译为氨基酸序列。使用 CD-HIT（version 4.7）将翻译出的预测氨基酸序列进行聚类分析（阈值 identity>95%，coverage>90%）。每一类中最长的基因序列被用以建立样本的非冗余基因集。用 Bowtie2（version 2.3.3.1）将 reads 和非冗余基因集进行比对。基于比对到非冗余基因集的 reads 数和比对上的基因长度，计算得出样本中每个基因的丰度并统计到样本基因丰度列表。通过 DIAMOND（version 0.9.10）软件将鉴定到的差异基因与 KEGG 数据库进行比对以获得基因的注释信息。之后，基于 Greengenes 数据库中的微生物分类学信息，来获得物种鉴定的注释信息。

（4）环境因子。分别用碱性过硫酸钾氧化法、紫外分光光度法、靛酚蓝比色法、N-（1-萘基）乙二胺光度法、过硫酸钾消解法和燃烧氧化-非分散红外法测定水体 TN、硝态氮、铵态氮、亚硝态氮、TP 和总有机碳。分别用凯氏法、酚二磺酸比色法、氯化钾溶液提取分光光度法、碱熔-钼锑抗分光光度法和重铬酸钾氧化比色法测定 TN、硝态氮、铵态氮、亚硝态氮、TP 和总有机碳。在原位利用 YSI 进行水体 pH、Eh、DO、温度、电导率、浊度、叶绿素与沟塘底泥 pH、Eh 的测量。

3. 植被覆盖度

沟塘水体大型水生植物覆盖度如表 8-7 所示，池塘水体、沟 1 至沟 3、沟 15 和沟 18 以及沟 19 至沟 21 无植被覆盖。沟 8 和沟 12 水体中为藻类覆盖，无大型水生植物。其他水体植被覆盖度不一，其中沟 6、沟 9 和沟 14 的植被覆盖度较高，分别达到 100%、70% 和 70%。

表 8-7 沟塘水体大型植被覆盖度（%）

编号	原位照片	覆盖度	编号	原位照片	覆盖度
沟 1		0	沟 15		0
沟 2		0	沟 16		20
沟 3		0	沟 17		20
沟 4		40	沟 18		0

(续表)

编号	原位照片	覆盖度	编号	原位照片	覆盖度
沟5		20	沟19		0
沟6		100	沟20		0
沟7		20	沟21		0
沟8		0	塘1		0
沟9		70	塘2		0

(续表)

编号	原位照片	覆盖度	编号	原位照片	覆盖度
沟10		10	塘3		0
沟11		40	塘4		0
沟12		0	塘5		0
沟13		20	塘6		0
沟14		70			

4. 浮游藻类

沟塘水体共检出浮游植物 7 门 160 属,其中硅藻门和绿藻门种类最多,分别有 79 和 46 属,隐藻门最少,只有 2 属。在沟塘水体中沟 1 和沟 4 种类数最多,均为 35 属,沟 11 和沟 12 种类数最少,分别为 6 和 7 属(图 8-17)。

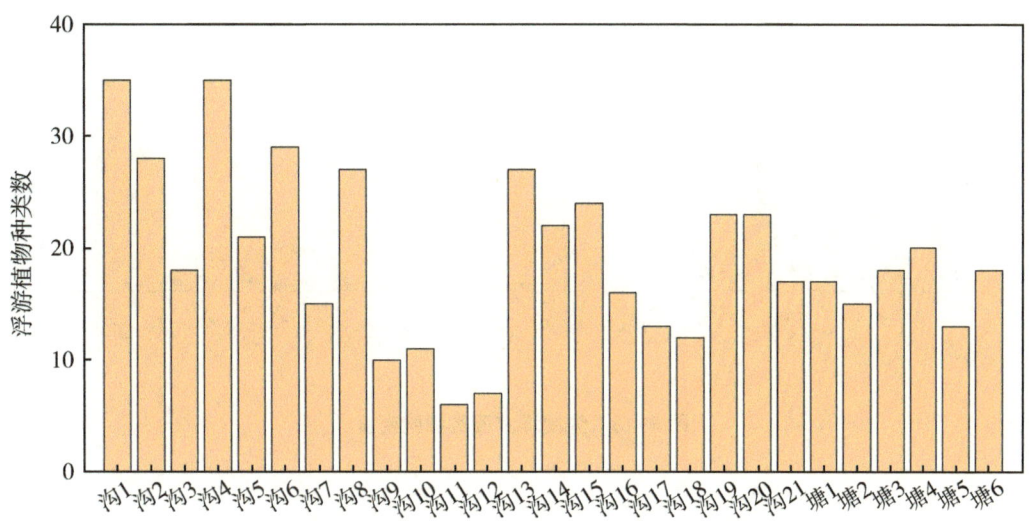

图 8-17 沟塘浮游藻类种类数

沟塘水体浮游植物的密度在 $0.62 \times 10^6 \sim 40.76 \times 10^6$ cells/L,平均密度为 9.11×10^6 cells/L,以金藻门最高,甲藻门密度最低,分别为 3.03×10^6 cells/L 和 0.04×10^6 cells/L。在沟塘水体中,沟渠 19 至沟渠 21 和塘 4 至塘 6 密度最高,分别为 40.76×10^6 cells/L、31.22×10^6 cells/L、20.41×10^6 cells/L 和 18.86×10^6 cells/L、28.86×10^6 cells/L、37.98×10^6 cells/L。沟 7、沟 9、沟 11 和沟 18 最低,分别为 0.83×10^6 cells/L、0.66×10^6 cells/L、0.62×10^6 cells/L 和 0.71×10^6 cells/L。与其他水体相比,沟渠 19 至沟渠 21 蓝藻和硅藻的密度占比明显上升,塘 4 至塘 6 的金藻密度占比明显上升,塘 1 至塘 3 的隐藻和裸藻的密度占比明显上升,沟渠 10 至沟渠 14 绿藻的密度占比密度占比明显上升(图 8-18)。

沟塘水体浮游植物 Shannon(香农)指数和 Simpson(辛普森)指数分别在 $0.30 \sim 2.71$ 和 $0.10 \sim 0.91$,平均值分别为 1.87 和 0.70,香农指数以沟 4、沟 5、沟 8 和沟 14 最大,分别为 2.71、2.66、2.70、2.50,辛普森指数以沟 11、沟 13、沟 14 和沟 20 最大,分别为 0.88、0.91、0.90、0.89(图 8-19)。

5. 底泥微生物

测序共得到 1 541 134 246 条 clean_read,获得 773 条与氮素转化相关的基因序列和 7 586 条磷素转化相关的基因序列。

样品中与氮循环相关的微生物丰度在 $20.94 \sim 23.09$,平均为 21.96,香农指数在

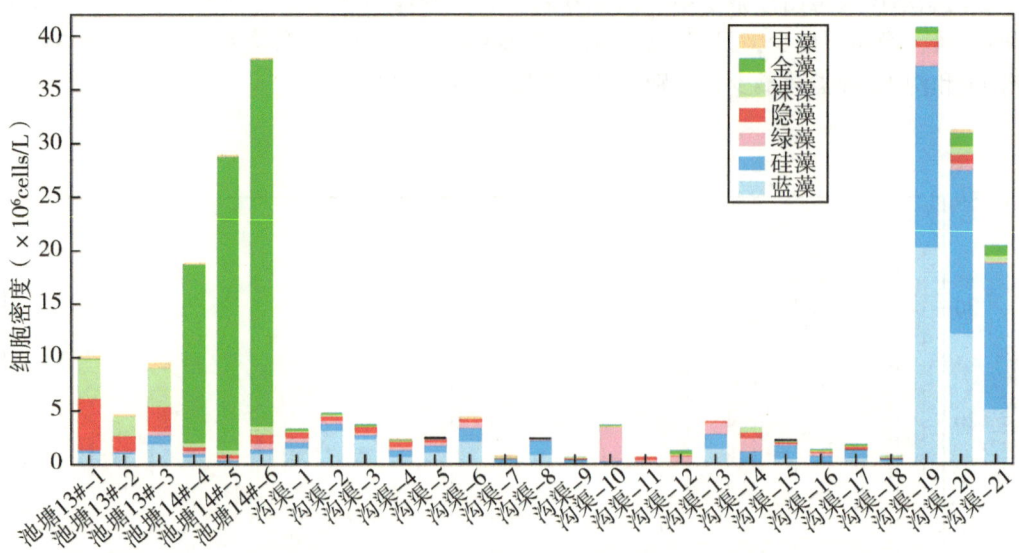

图 8-18 沟塘浮游藻类细胞密度

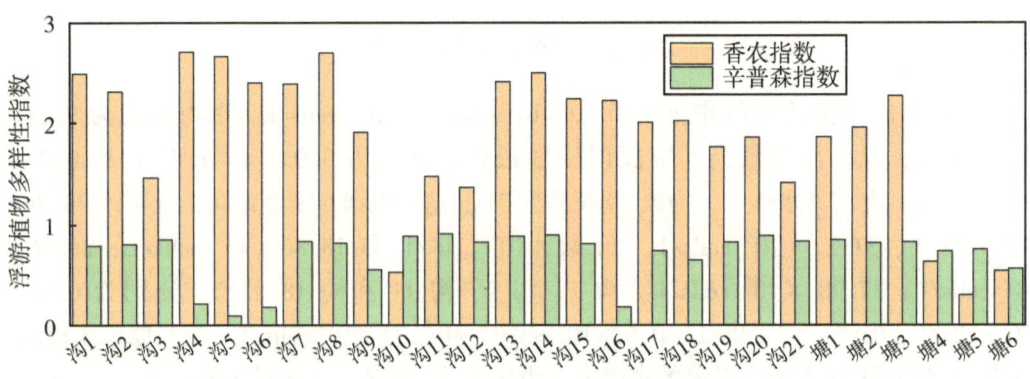

图 8-19 沟塘浮游藻类多样性指数

3.95~4.33，平均为4.19，辛普森指数在0.96~0.98，平均为0.97。与磷循环相关的微生物丰度在9.57~10.40，平均为9.97，香农指数在4.40~4.7，平均为4.64，辛普森指数在0.95~0.98，平均为0.97。总体来说，沟塘水体中碳氮磷微生物多样性较高。

沟塘水体中的与氮转化相关的优势菌主要 Desulfobulbusg、Geobacter、Dechloromonas 和 Sulfuritale。在沟3和沟5中，除 Anaeromyxobacter、Dechloromonas 和 Ideonella，其他微生物远低于其他水体（图8-20）。

沟塘水体中的与磷转化相关的优势菌主要是 Anaeromyxobacter、Pedosphaera、Draconibacterium 和 Geobacter。在沟3和沟5中，Anaeromyxobacter 远高于其他水体，Desulfobulbus、Draconibacterium 和 Flavobacterium 低于其他水体（图8-21）。

·316·

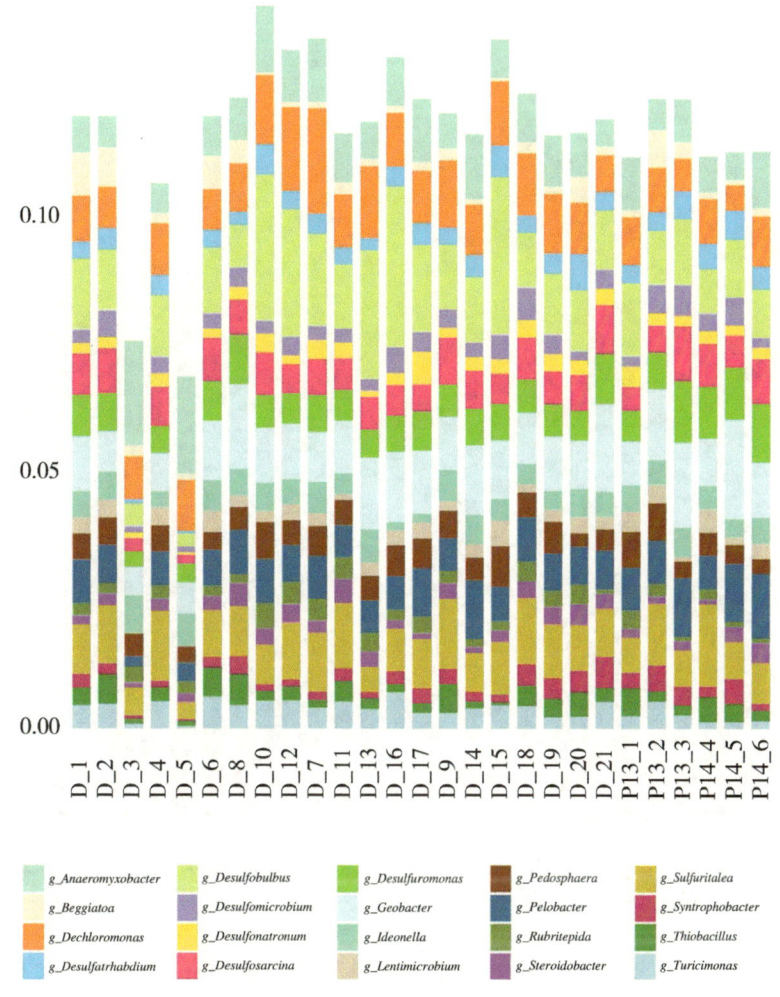

图 8-20　沟塘底泥氮素转化相关微生物分布图

6. 底泥微生物、藻类和大型植物覆盖度与环境因子的关系

底泥微生物、藻类和大型植物覆盖度与环境因子的关系如图 8-22 所示。底泥氮磷微生物丰度和多样性指数之间均存在显著的正相关关系，与水体氧化还原电位呈显著负相关。底泥氮素微生物多样性和土壤硝态氮呈显著正相关，与水体溶解氧、pH、叶绿素、浊度和底泥氮素微生物丰度呈显著负相关。底泥磷素微生物多样性与水体氧化还原电位呈显著正相关，与水体 pH、浊度和底泥氮素丰度呈显著负相关。大型植物覆盖度与底泥碳氮含量、水体有机碳、溶解氧、温度和浮游植物香农指数呈显著正相关，与浮游植物密度呈显著负相关。浮游植物密度与水体碳含量、铵态氮含量、溶解氧呈显著负相关，和水体亚硝态氮含量呈显著正相关。

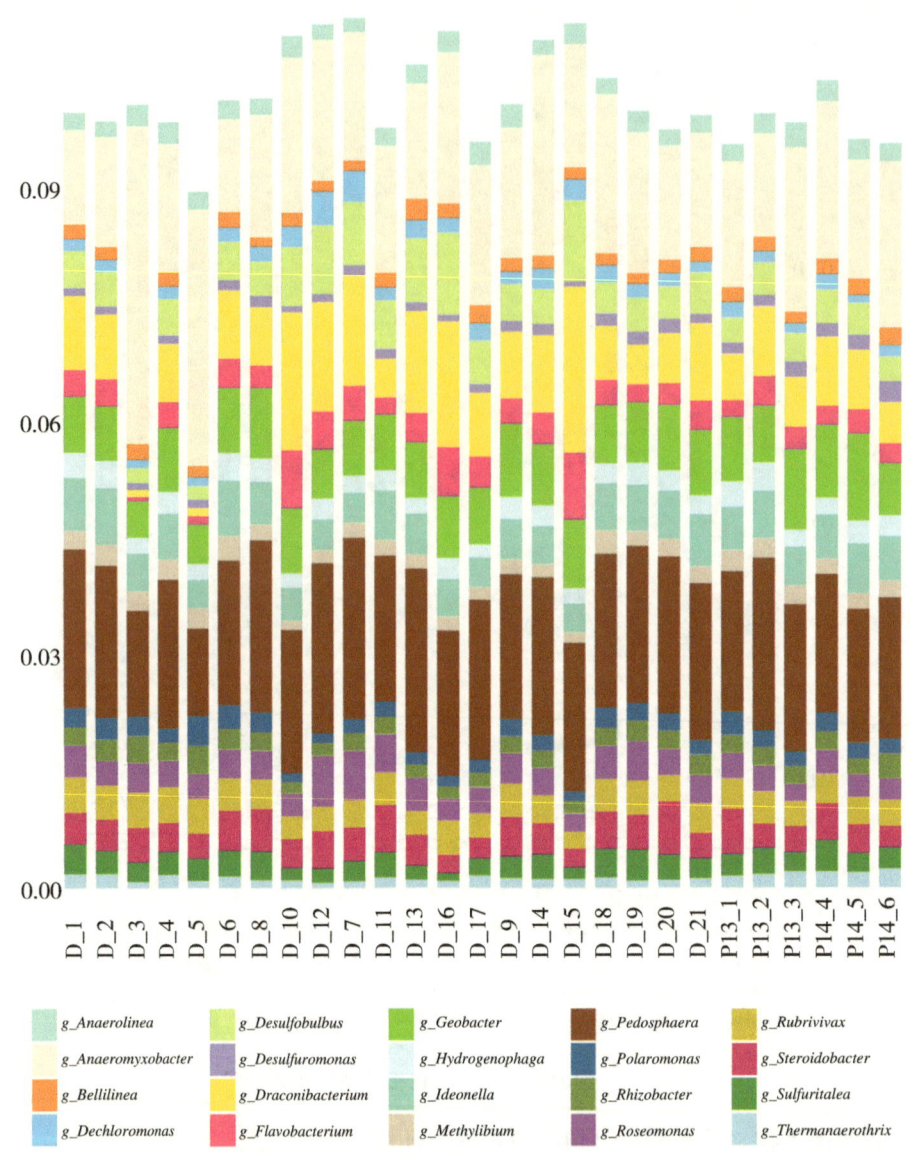

图 8-21 沟塘底泥磷素转化相关微生物分布图

8.2.2 田-沟-塘水量水质响应机制及协同调控与循环利用模式研究

8.2.2.1 田-沟-塘水质梯级变化特征与氮磷流失风险期

在湖北省安陆市车站村建立了 50 亩的稻田灌排单元试验区，该试验区有六块田、两条毛沟、一条农沟和一个塘，田-沟-塘结构及监测点位如图 8-23 所示。沟塘面积占比 5.2%，沟塘总容积能承载 50 mm 的田面排水。稻田施肥量为：氮肥 165 kg/hm²，磷肥 67.5 kg/hm²；氮肥分两次或 3 次施用，磷肥以基肥的方式一次施入，具有区域代表性。

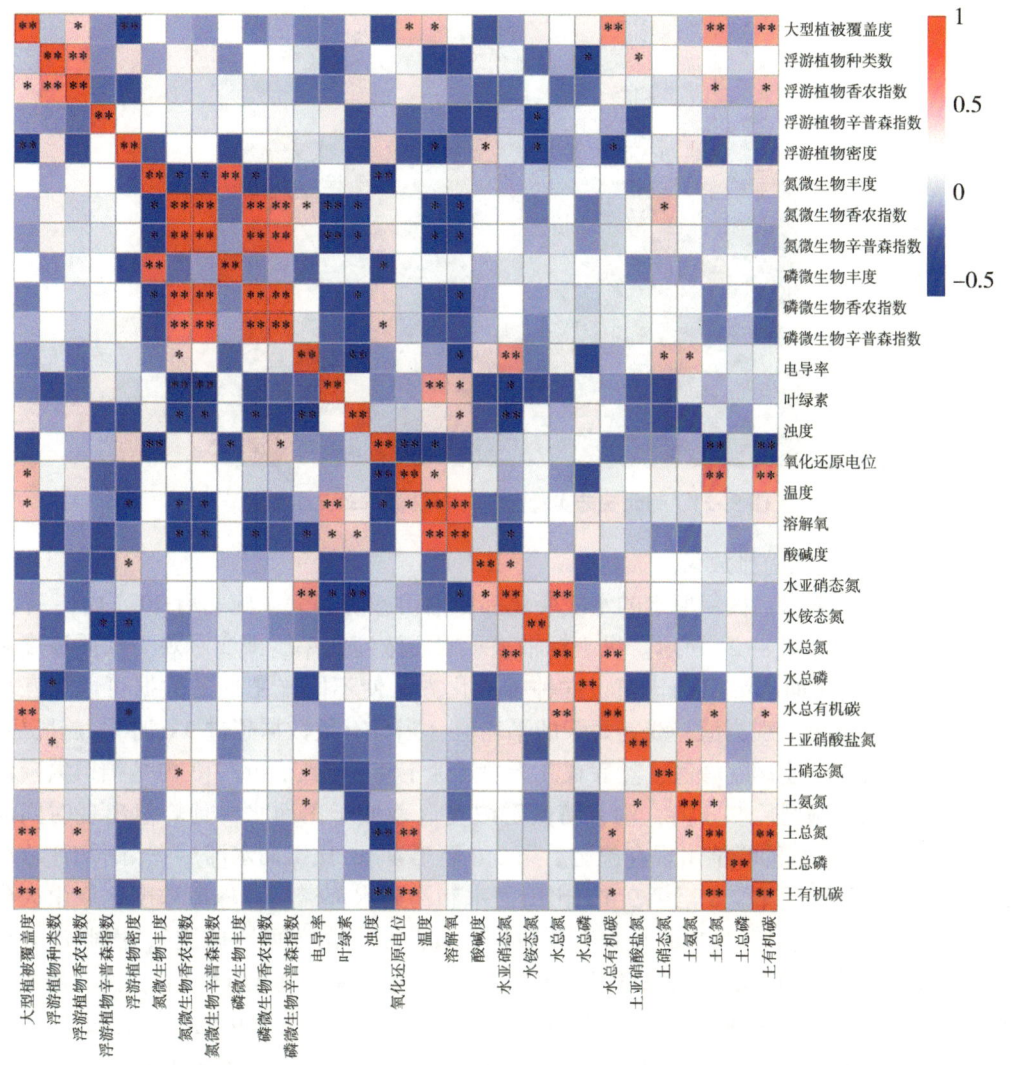

图 8-22 底泥微生物、藻类和植物覆盖度与环境因子的关系

注：蓝色和红色分别代表负相关和正相关，其颜色由浅至深代表相关性逐渐增强；＊代表在 0.05 水平上相关，＊＊代表在 0.01 水平上相关。

在该灌排单元进行了 2018—2019 年的水量水质监测，监测点位如图 8-23 所示。监测内容包括两方面：一方面，监测施肥后至少 20 d 内的田面水、沟渠水、塘水水位和水质，其中施肥后 5 d 内每天一次、之后每 2 天一次。水位由水位尺读数，水质通过采集每个水体的 3 个混合样，回实验室进行 TN、TP 的分析测试，测试方法参考国标法，TN 为过硫酸钾消解-紫外分光光度法，TP 为过硫酸钾消解-钼酸铵分光光度法。另一方面，监测径流事件中，田块排水和塘出口排水的水质，监测频率为径流发生后 0 h、0.5 h、1.0 h、2.0 h 直至结束。测试每个水样的 TN 和 TP 浓度，并计算径流事件平均浓度，然后根据水量平衡计算田块和塘出口的排水量，由此计算田块出口和灌排单元

图 8-23　湖北安陆实验区田-沟-塘灌排单元结构图

(塘出口) 的氮磷负荷排放量。

田面水、沟渠水、截留塘水的水质变化都和稻田施肥有关,施肥后 20 d 内田-沟-塘水质变化情况如图 8-24 所示。纵坐标轴表示水质浓度比率,即实际观测水质浓度和施肥后第 1 d 的田面水浓度的比值,这种标准化方法使不同施肥期的数据可以相互比较。图中的点是每个观测值,线是每天的平均值(当日有效数据超过 3 d 时)。施肥后,田面水氮磷浓度迅速达到峰值,然后在几天内迅速下降;施肥后的 7 d 内是稻田氮磷流失的高风险期。施肥后 7 d 内,沟、塘氮磷浓度显著低于田面水,且峰值出现时间滞后;沟渠水 TN 浓度的峰值出现在施肥后第 2 d 至第 4 d,比田面水滞后;塘水 TN 浓度的峰值出现在施肥后第 7 d 至第 9 d,比田面水和沟渠水都滞后。峰值浓度比率由大到小依次为:田、沟和塘。TP 的每日有效数据只有两个(两年两次施肥),因此没有绘制趋势线,但从观测值散点图也可以看出和 TN 相似的趋势。施肥 14 d 后,沟、塘氮磷浓度接近于田面水。该现象表明:稻田系统中的沟、塘具有缓冲功能,施肥后 14 d 内为稻田灌排单元氮磷流失防控的关键期。与田面水相比,沟渠水氮磷浓度峰值之后,峰值高度降低的现象,在湖北省潜江市的一个稻田灌排单元的研究中也存在 (Hua et al., 2019b)。该现象表明,稻田系统中的沟、塘具有缓冲和净化功能。

施肥后 20 d 内的水质总体沿程变化如图 8-24 所示。盒状图上方的数值 n 表示有效数据量,下方的字母表示根据 ANOVA 分析中的多重比较结果,多重比较同时采用了 Turkey's HSD 方法 (Abdi and Williams, 2010) 和 Duncan 方法 (Duncan, 1957),结果相同。由图可见,田面水的变化幅度最大,在施肥后有一个迅速的衰减。田面水的 TN 浓度都显著高于沟渠水和塘水。而第一级沟渠(毛沟)、第二级沟渠(农沟)和塘水的 TN 浓度没有显著差异。TP 的结果略有不同:TP 的田面水变化幅度比 TN 小,并且和沟塘水浓度的差异也比 TN 小。实际上,只在田面水和塘水之间观察到 TP 的显著性差异。总体而言,沟塘水的浓度明显低于田面水。

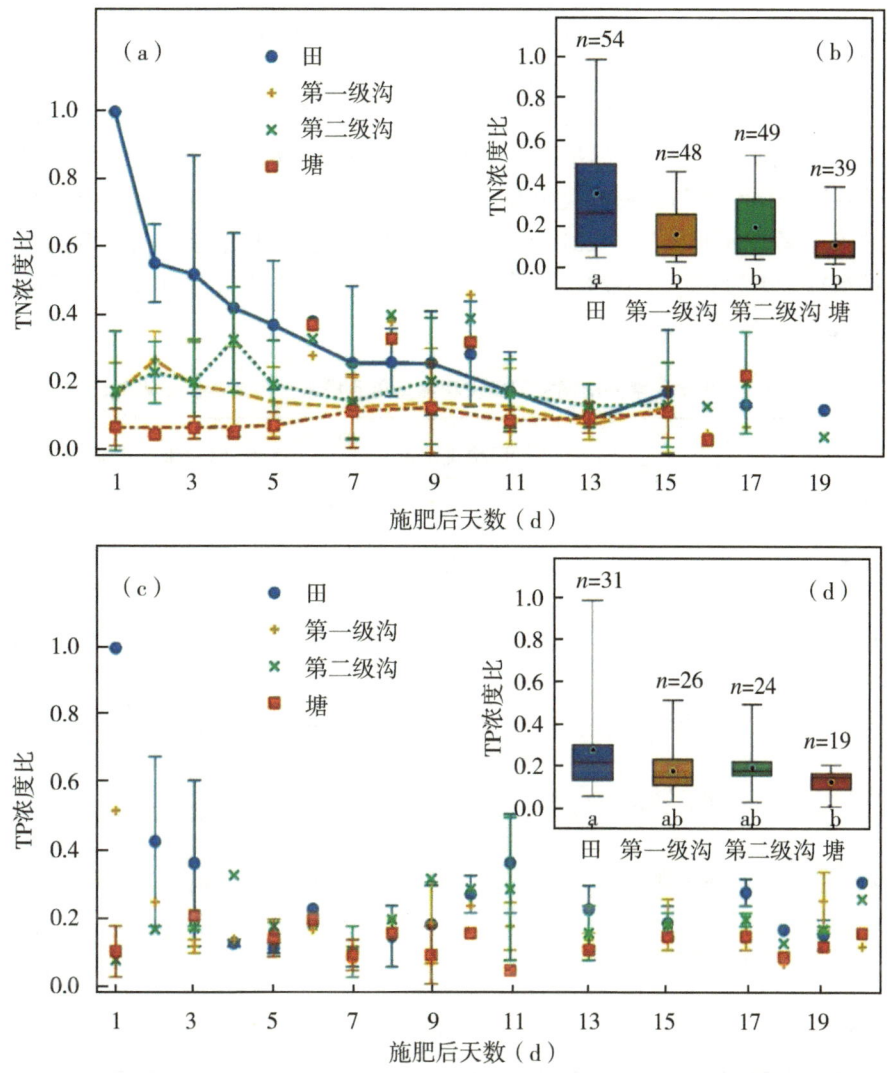

图 8-24 施肥后田面水、沟渠水、塘水的（a）TN 和（c）TP 变化趋势图

8.2.2.2 田-沟-塘协同调控措施下的减排效果监测

在上述安陆实验区开展了田-沟-塘协同调控研究。2018 年，采取了精准控制排水的管理措施，即在灌排单元出口的高浓度塘设置了溢流堰，仅在沟塘水位高于溢流堰时向外排放；2019 年，除精准控制排水外，还采取了循环灌溉和风险期提前排水两种强化措施。循环灌溉即优先取用沟塘存水回灌稻田，仅在沟塘存水不足时取用外部水源灌溉；风险期提前排水是在稻田施肥后的 1~2 周内，遇主动排水或大暴雨预报时，提前排放沟塘低浓度存水，腾出库容以存续高浓度农田排水的措施。

2018—2019 年的监测中，共监测到田块排水事件 7 次，其排水量、氮磷负荷量见表 8-8。几乎所有排水事件的灌排单元排放量都比田块排放量小，这表明精准控制排水措施能有效利用沟塘系统，减少氮磷负荷排放。只有2019年6月6日的排水事件例外，这次排水事件由一次雨量为104 mm的大暴雨引起。由于雨量很大，排水前沟塘已满，需要将沟塘水先泵出，以便于田面排水。由于沟塘水泵出量大于田面实际排水量，造成灌排单元氮磷排放量也大于田块的情况。这是需要采用泵站排水的低洼地区，沟塘水位管理的难点和挑战，也是应该尽量避免的失误。除此次排水事件外，控制排水措施都能显著降低系统的排水量和氮磷流失负荷：2018年仅有控制排水措施时，两次有监测数据事件的减排率均达到100%；2019年，同时采用3种控制排水措施时，两次有效管理事件的排水减排率为68%~100%，氮素流失负荷减排率为77%~100%，磷素流失负荷减排率为50%~100%。

表8-8 田-沟-塘协同调控下田块和灌排单元排水排污量观测结果对比

日期	排水类型	田块排水量（m³）	灌排单元排水量（m³）	田块排放负荷（kg）	灌排单元排放负荷（kg）
2018-5-27	泡田排水	1 262	—	TN：10.54 TP：0.42	—
2018-7-5	雨后排水	306	—	TN：0.36 TP：0.03	—
2018-7-12	晒田排水	102	0	TN：0.16 TP：0.01	0
2018-9-3	雨后排水	37	0	TN：0.05 TP：0.01	0
2019-6-3	泡田排水	644	0	TN：2.02 TP：0.11	0
2019-6-6	雨中径流和雨后排水	2 048	2 336	TN：5.14 TP：0.53	TN：5.44 TP：0.72
2019-6-29	雨后排水	296	94	TN：0.96 TP：0.04	TN：0.22 TP：0.02

8.2.2.3 稻田灌排单元水量水质响应模型研发与调控措施长期效果评价

由于监测结果受到所监测时段气象条件的局限性，并不能全面地反映调控措施的长期效果。为了实现田-沟-塘水量水质响应关系的定量模拟，准确预测不同气候条件、水肥管理措施、沟塘配比及结构下稻田氮磷流失特征，指导稻田灌排单元设计和评估调控措施的长期效果，在田-沟-塘的水量水质变化特征研究基础上，自主研发了稻田灌排单元水量水质响应模型（WQQM-PIDU）。

利用30年气象数据作为输入条件，采用WQQM-PIDU模型模拟评估精准控制排水、风险期提前排放、循环灌溉3种田-沟-塘协同调控措施的氮磷面源污染减排效果。

1. 模型原理和公式

WQQM-PIDU模型依据水文和营养物螺旋理论及典型灌排单元的实际观测资料研

发。可模拟水稻生育期内灌排单元田、沟、塘的每天的水位和水质变化，以及田块尺度和灌排单元出口的氮磷流失负荷，典型灌排单元如图8-25所示。

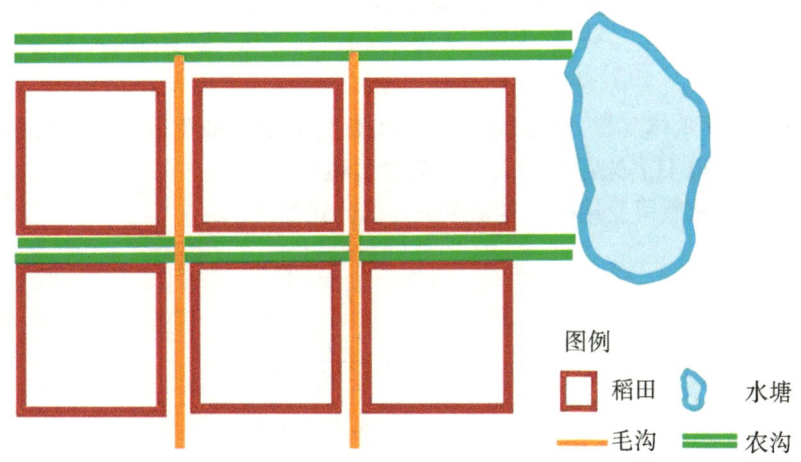

图 8-25 WQQM-PIDU 模型模拟的典型灌排单元结构示意图

（1）水量模拟。稻田灌排单元水量水质响应模型（WQQM-PIDU）采用水量平衡公式计算稻田田面水的变化（公式8.5）：

$$Hf_t = Hf_{t-1} + P_t + I_t - ET_t - F_t - D_t \tag{8.5}$$

式中：Hf_t 和 Hf_{t-1} 是稻田在 t 和 $t-1$ 日的田面水位（mm）；P_t 是日降水量（mm）；I_t 是灌溉量，ET_t 是蒸散发，F_t 是渗漏量，D_t 是地表径流量或排水量，单位均是 mm。灌溉和排水采用3种水位管理方式模拟，即田面水位低于最低适宜水位时灌溉，灌溉至最高适宜水位，田面水位超过耐淹水位时排水（Guo，1997，Xie and Cui，2011）。蒸散发采用 FAO Penman-Monteith 公式计算的潜在蒸散发和作物系数相乘求得。向沟渠的侧渗量采用达西公式计算（Hubbert，1956），下渗量在有田面水累积时取固定值计算。

沟渠和水塘的水位采用水量平衡一同计算，假设沟塘自然连通。水量平衡考虑降水、农田的地表径流和侧渗，沟塘的蒸散发和下渗。沟塘在第 t 日的容积变化量（ΔVdp_t，单位 mm·m²）按以下公式计算：

$$\Delta Vdp_t = (P_t - ET\_pd_t - Fc_t) \cdot S_{pd} + (F\_lat_t + D_t) \cdot S_f \tag{8.6}$$

$$Hdp_t, Qdp_t = f_{VH\_pd}(Hdp_{t-1}, \Delta Vdp_t) \tag{8.7}$$

式中：ET_pd_t 是沟塘的蒸散发（mm）；S_{pd} 是沟塘面积。单位是 m²；S_f 是农田面积（m²）。第 t 日沟塘水位（Hdp_t，单位 mm）和灌排单元出口的地表径流量（Qdp_t，单位 m³）采用一个水位-容积关系函数 f_{VH_pd} 计算：当沟塘在 $t-1$ 日的剩余容积小于沟塘在第 t 日的容积变化量（增量）ΔVdp_t 时，第 t 日的沟塘水位达到最高水位上限，多余的容积以地表径流排出 Qdp_t；当沟塘在 $t-1$ 日的剩余容积大于或等于沟塘在第 t 日的容积变化量（增量）ΔVdp_t 时，地表径流量为0，沟塘水位由水位-容量关系计算。

（2）水质模拟。田面水在施肥当天的初始浓度由用户设定，后续田-沟-塘水质变化计算方法如下：

a) 采用物料平衡公式计算各来源进水的混合浓度;

b) 采用营养物螺旋理论公式计算氮磷随时间的截留/衰减 (Wollheim et al., 2006; Wollheim et al., 2018)。物料平衡公式计算的混合浓度 (c_t, 单位 mg/L) 公式如下:

$$c_{t_{mix}} = \frac{L_{t-1} + L_t}{V_t} \tag{8.8}$$

式中: L_{t-1} 是某水体 (田或沟或塘) 在 $t-1$ 日自身的氮磷负荷量; V_t 是第 t 日该水体的水量; ΔL_t 是第 t 日各来源净输入的负荷量之和。

计算沟塘中水质截留变化的营养物螺旋理论公式如下:

$$c_t = c_{t_{mix}} \cdot exp(\frac{-v_f \cdot 1}{H_t}) \tag{8.9}$$

$$c_{t_{out}} = \begin{cases} c_{t_{mix}} \cdot exp(\frac{-v_f \cdot T}{H_t}) & (8.10) \\ c_{t_{mix}} \cdot exp(\frac{-v_f \cdot W_t \cdot L}{Q_t}) & (8.11) \end{cases}$$

其中, 公式 (8.9) 用于计算静水条件下, 田、沟、塘水体每天的氮磷浓度衰减, H_t 是该水体的水位深 (m); v_f 是氮磷截留速率 (m/d); 公式 (8.10) 和公式 (8.11) 用于计算径流事件中, 水流流动条件下沟和塘的水质变化。

(3) 负荷模拟。模型以水质浓度和流量的乘积, 分别计算从田块流出和从灌排单元出口流出的氮磷负荷, 渗漏水的氮磷浓度假设为地表水氮磷浓度的固定比值, 模拟随渗漏淋溶流失的氮磷负荷。最后, 采用以下公式计算系统的氮磷净输出量 (E_{net}):

$$E_{ent} = L_{tff} + L_{lch} - L_{irrg} - L_{prcp} \tag{8.12}$$

式中: L_{irrg} 和 L_{prcp} 分别是随灌溉和降水输入的氮磷负荷, L_{rff} 和 L_{lch} 分别是随地表径流和地下淋溶输出的氮磷负荷。

2. 田-沟-塘协同调控措施的长期效果模拟评价

(1) 精准控制排水。30 年 (1988—2017 年) 气象数据模拟的精准控制排水措施下, 田块和灌排单元氮磷负荷排放量对比如图 8-26。总体来说, 当沟塘面积占比为 5.2%, 容积能容纳 50 mm 田面排水时, 长江中游一季中稻地区的沟塘平均能削减田块排放 TN 负荷的 38% (范围是 15%~93%), TP 负荷的 30% (范围是 7%~92%)。其中, 泡田期 (Pd) 的削减效果最明显, 孽肥后的田块 TN 排放也很大程度被沟塘截留。但分蘖 (Tl) 后期和晒田期 (MSd) 沟塘的氮磷削减效果则较少。由于这一时期的氮磷浓度并不高, 这些峰值主要是因为较大的排水量。事实上, 这一时期对应长江流域的梅雨季节 (6 月底 7 月初), 频繁而量大的降水使沟塘水位也同时上升, 调蓄容量减少, 因此调蓄效果减弱。

(2) 风险期提前排。风险期提前排放的原理是以径流事件前主动的低浓度水排放置换径流过程中的高浓度水排放, 从而减少灌排单元的氮磷排放负荷。仅适用于田面水浓度显著高于沟塘水浓度的时期。具体而言, 可在以下两种情况下使用:

a) 泡田排水前;

b) 施肥后 15 d 内, 同时天气预报有大雨及以上降水时。

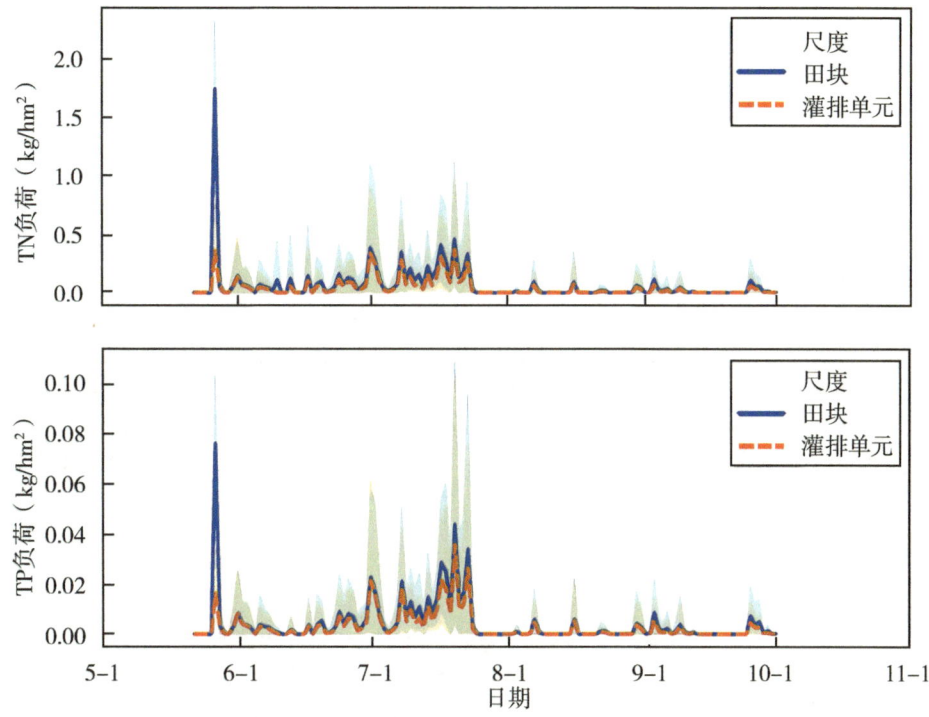

图 8-26 精准控制排水措施下田块和灌排单元出口氮磷排放负荷对比图

精准控制排水叠加风险期提前排放措施下，田-沟-塘水量水质变化如图 8-27。总体来说，当沟塘面积占比为 5.2%，容积能容纳 50 mm 田面排水时，长江中游一季中稻地区的沟塘平均能削减田块排放 TN 负荷的 42%（范围是 15%~97%），TP 负荷的 31%（范围是 7%~94%）。与仅采用精准控制排水措施相比，可进一步减排 TN 负荷 3%，TP 负荷 1%；并且可进一步降低地表径流排水浓度，TN 浓度平均降低 9%，TP 浓度平均降低 3%。

（3）循环灌溉。循环灌溉可最大化高浓度的水停留在灌排单元中的时间，利用沟塘的临时存储功能，把高浓度水回用在营养物需求最大、水位最浅，沉淀、反硝化等水-土界面过程反应最快的田块（Smith, et al., 1997; Wollheim, et al., 2006），从而大大提高系统内的营养物利用率，减少氮磷负荷排放量。循环灌溉适用于水稻全生育期。

精准控制排水叠加循环灌溉措施下，田-沟-塘水量水质变化如图 8-28。与风险期提前排水措施相比，循环灌溉能间歇降低沟塘水位，提高水资源和氮磷营养盐的循环利用率，为下一次稻田排水腾出更多的空间。总体来说，当沟塘面积占比为 5.2%，容积能容纳 50 mm 田面排水时，长江中游一季中稻地区的沟塘平均能削减田块排放 TN 负荷的 51%（范围是 17%~100%），TP 负荷的 44%（范围是 14%~100%）。与仅采用精准控制排水措施相比，可进一步减排 TN 负荷 15%，TP 负荷 17%；但可能造成地表径流排水浓度略有升高，平均升高 2%~6%。

3. 模型软件产品开发

WQQM-PIDU 模型一方面可为科技工作者提供稻田系统水循环和营养物质输移的

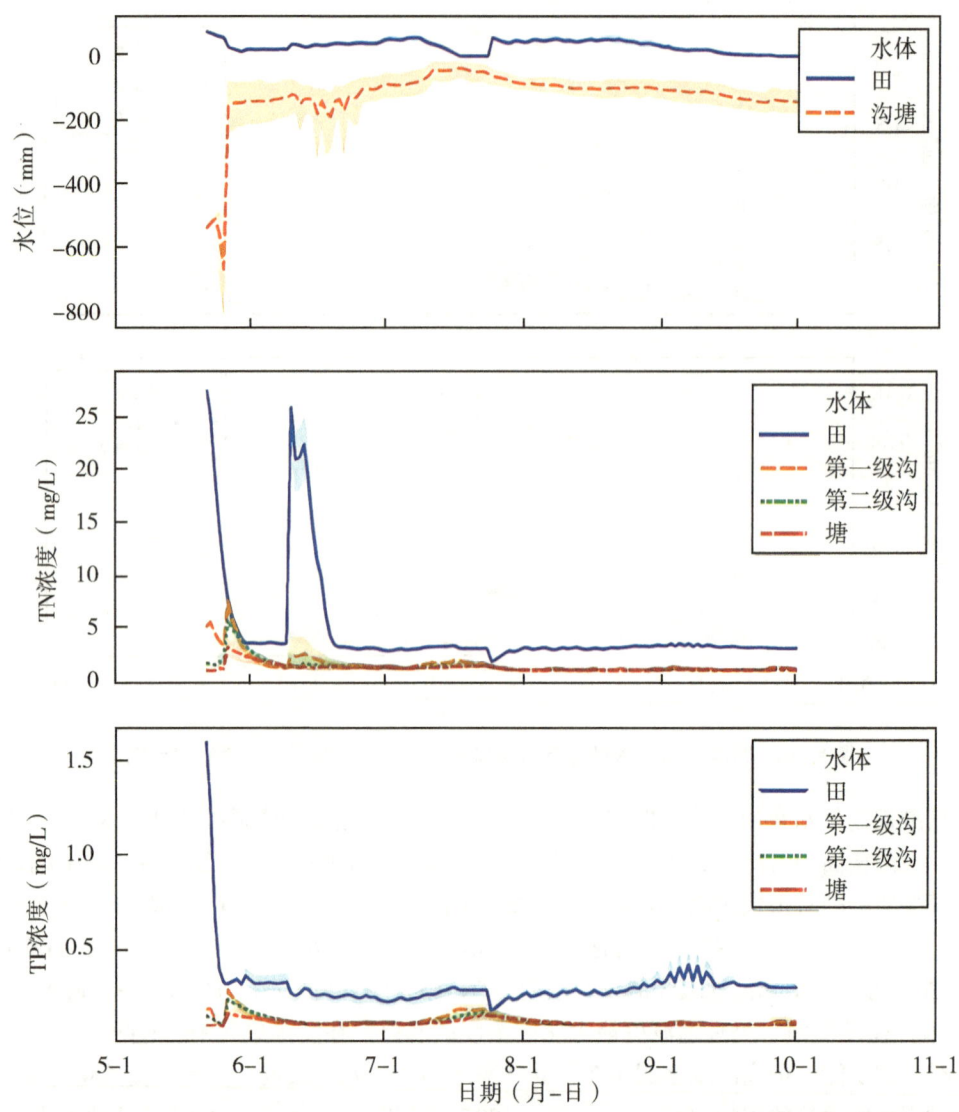

图 8-27 精准控制排水+风险期提前排放措施下田-沟-塘水量水质变化图

研究工具；另一方面也为农业、环保、水利相关管理人员实施田沟塘协同防控农田面源污染技术提供便利。为了方便科技工作者和管理人员使用，将该模型进行了产品化开发，开发的软件主要有以下 3 个方面的功能：

（1）依据稻田灌排单元的物理结构参数、气象数据、稻田水肥管理数据、氮磷迁移转化相关参数及灌排单元管理措施，快速计算田-沟-塘水量水质响应状况和系统氮磷流失负荷；

（2）评估所选择的田沟塘协同防控面源污染的强化措施的效果；

（3）对模拟结果自动绘图。

软件的使用流程见图 8-29。

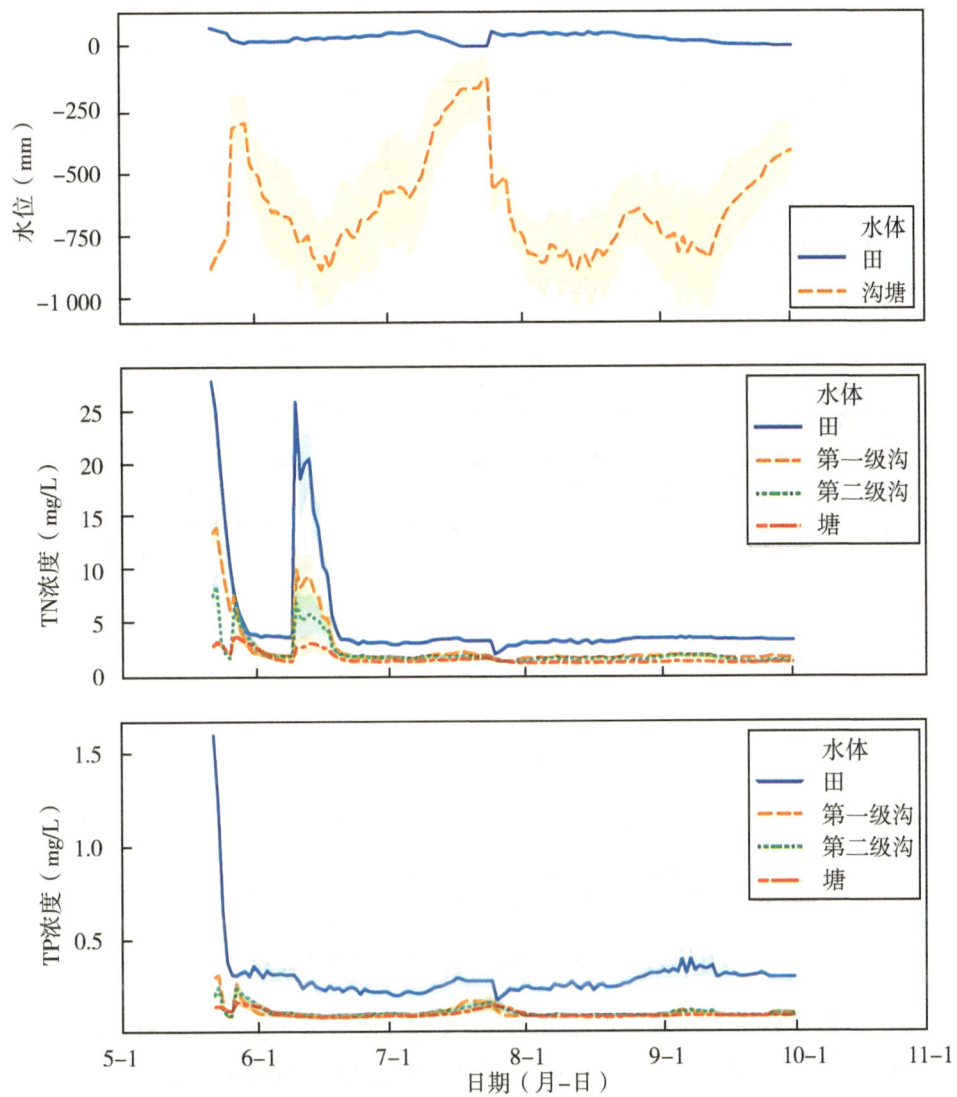

图 8-28 精准控制排水+循环灌溉措施下田-沟-塘水量水质变化图

稻田灌排单元水量水质响应模型打开用户界面，如图 8-30 所示。分别在"灌排单元结构""水稻生育周期及水肥管理""气象和土壤""氮磷参数"界面输入相应参数后，进入"灌排模式及输出选项选择"界面。

"灌排模式及输出选项选择"界面如图 8-31 所示。用于选择和输入灌排管理措施及相关参数，选择模拟结果的保存路径等。软件提供的灌排管理模式主要包括：一种常规管理，即"精准水位控制"，为默认选项；两种强化措施，即"风险期提前排水"和"循环灌溉"。"风险期提前排水"可设置"提前排水所致的塘/末级沟最低保证水位"和"风险期天数为施肥后多少天"两个参数。其中，"提前排水所致的塘/末级沟最低保证水位"，用于塘或末级沟有生态需水的情况或是养殖池塘有最低水位要求的情况；"风险期

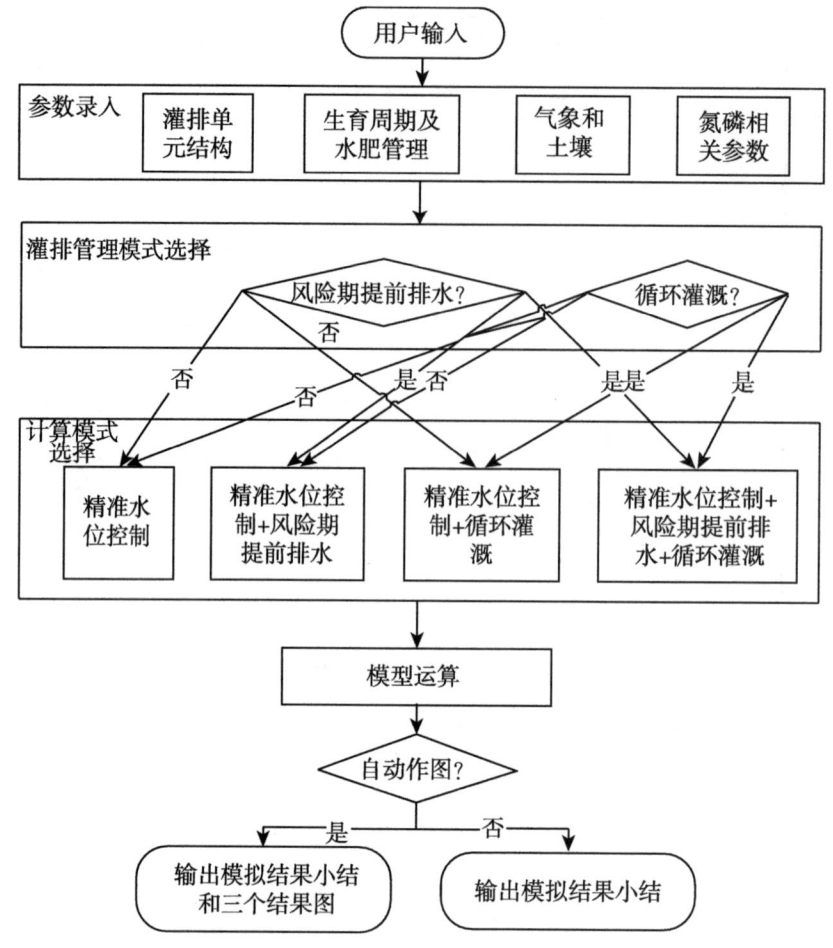

图 8-29 WQQM-PIDU 模型软件使用流程图

天数为施肥后多少天",用于控制在施肥后多少天的高风险期实施"风险期提前排水"的措施。"循环灌溉"可设置"循环灌溉所致的塘/末级沟的最低保证水位"一个参数,含义与"风险期提前排放"中"提前排水所致的塘/末级沟最低保证水位"的相似;两个强化措施同时选择时,两个"最低保证水位"参数可以相同,也可以不同。

当选择了至少一种强化措施后,可选择是否评价强化措施在氮磷减排方面的效果;同时,可选择将当前灌排模式下的模拟结果自动作图。最后,需选择模拟结果保存的位置,用于存放模拟结果文件。

模型运行结束后,将在界面输出模拟结果小结,若勾选了自动作图,软件将会对模拟结果自动绘制 3 个图:水量水质时间序列图、田块-灌排单元地表氮磷流失量对比图、氮磷流入流出负荷图(图 8-32)。3 个图将在 3 个窗口显示;同时以 .png 格式自动保存在所选择的结果文件夹中。

模拟结果小结,将显示田块和灌排单元两个尺度的氮磷年均流失负荷及其从地表径流和地下淋溶的比例;地表径流中氮磷的流量加权年均浓度;若选择了强化措施效果评

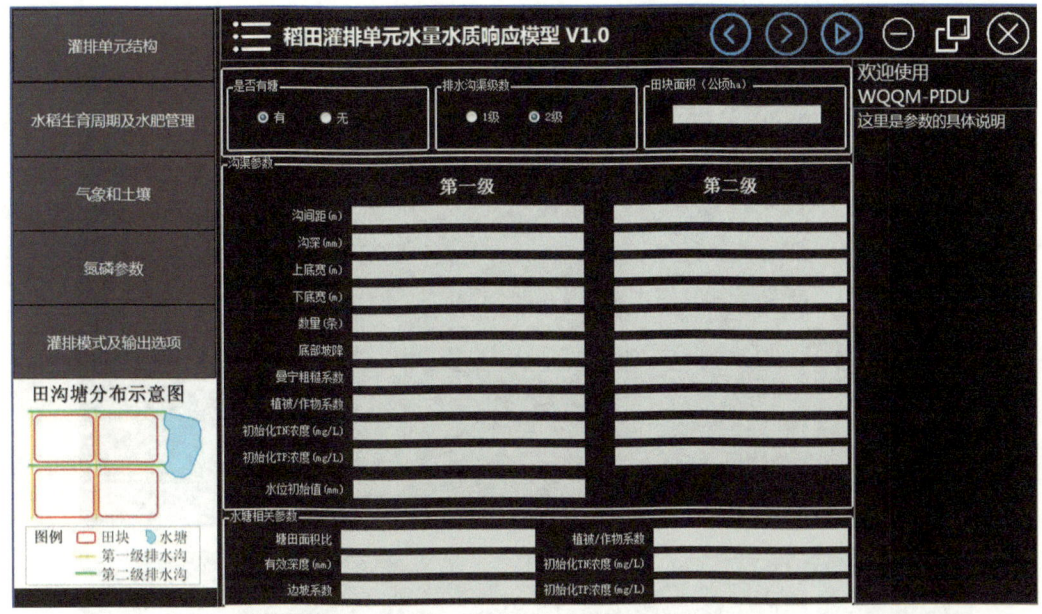

图 8-30　WQQM-PIDU 模型软件的用户界面

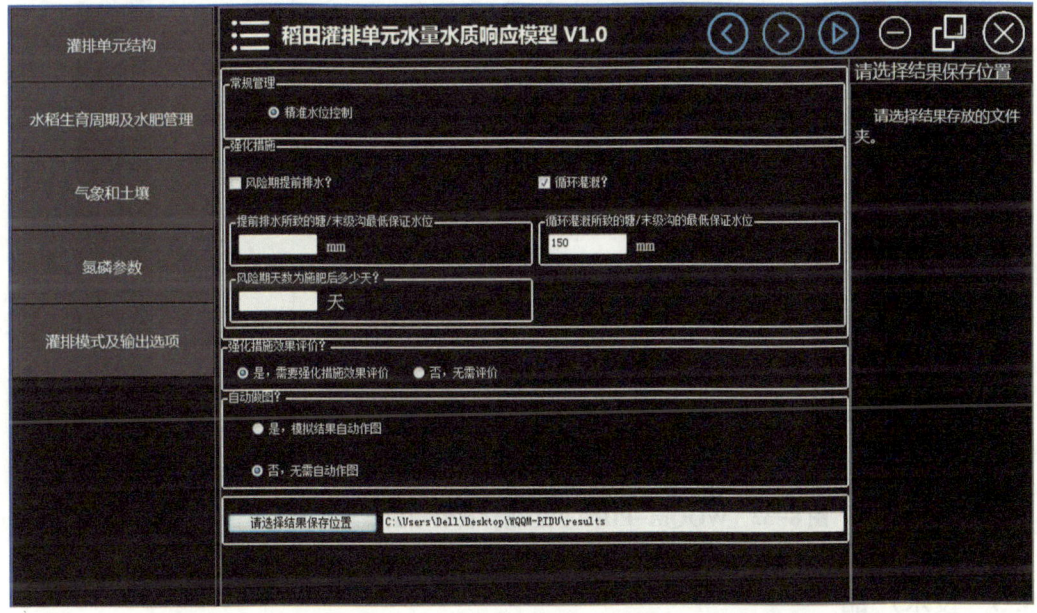

图 8-31　WQQM-PIDU 模型软件参数输入页面：灌排模式及输出选项

价，还将报告所选强化措施的效果，即与常规措施（精准水位控制）相比，所选强化措施的氮磷流失负荷减少了多少，径流氮磷浓度如何变化。

除上述模拟结果小结和自动绘制的图以外，模型软件还将生成多个文本文件，保存在指定的结果文件夹中。

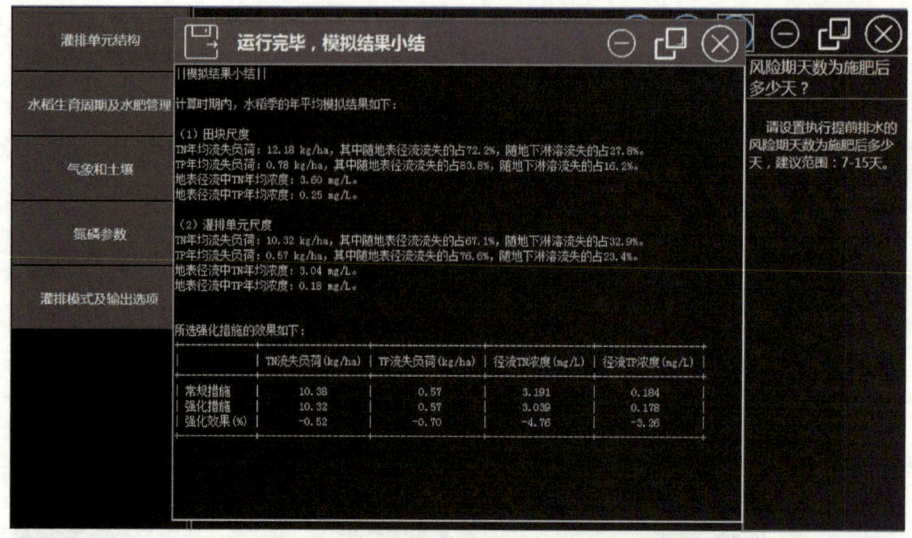

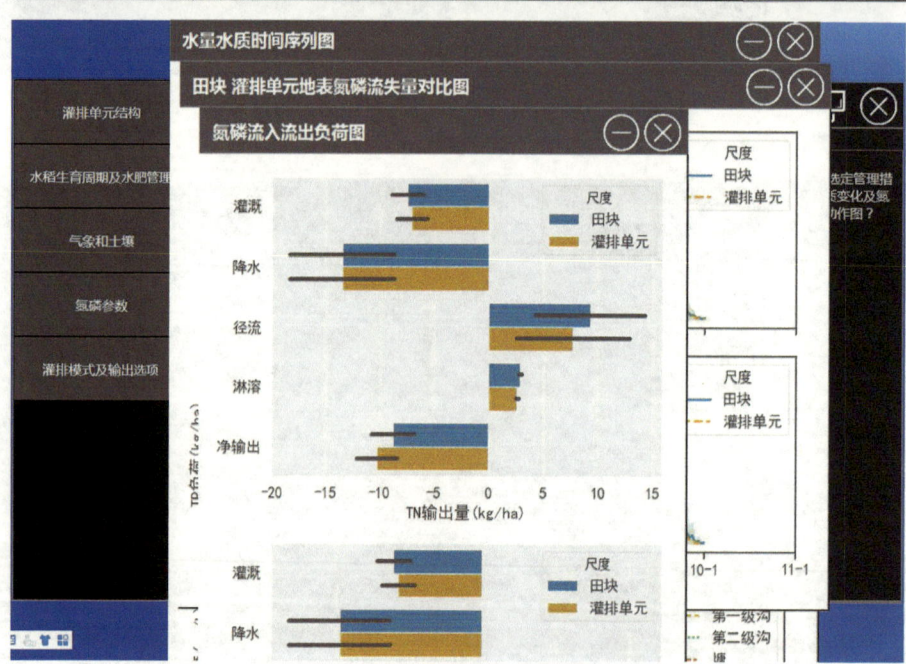

图 8-32 WQQM-PIDU 模型软件自动绘图结果界面示意图

8.3 技术产品

8.3.1 基于关键风险时期的田-沟-塘协同调控与循环利用技术

稻田氮磷流失是导致周边受纳水体富营养化的重要原因之一，施肥是导致水稻田面水浓度增加的重要驱动因素，在此期间降水和人为排水大大增加了稻田氮磷流失风险。在水稻全生育期内，通常氮肥分多次施入（如基肥、分蘖肥、穗肥、粒肥）、磷肥作为基肥一次性施入；而在自然降水、植物吸收、土壤吸附、渗漏、蒸发等多因素综合影响下，在水稻全生育期内田面水氮磷浓度呈现动态变化。目前，大量的单点研究表明，施肥后田面水氮磷浓度呈显著指数衰减，在 7 d 后氮磷浓度可削减约 80%；因此施肥后 7 d 是稻田氮磷流失的高风险期，也是稻田面源污染防控的关键时期和最佳时期（金洁 等，2005；田玉华 等，2006；谢学俭 等，2007；施泽升 等，2013）。

在稻田系统中，施肥是影响田面水氮磷浓度变化的重要人为因素，且施肥时间可知、可控，可作为稻田面源污染调控的重要依据；水量和水质共同影响稻田氮磷流失负荷，稻田面源污染调控必须同时考虑水量和水质两个因素。沟渠作为灌排单元的主要组成部分，同时具备控水和净化稻田径流的功能，因此，田沟塘联合可大大增加灌排单元面源污染调控能力。基于稻田面源污染关键风险时期的田沟塘联合调控模式充分利用稻田氮磷浓度变化的普遍规律，针对"施肥后 7 d"这一稻田氮磷流失高风险期，在满足水稻正常生长、沟塘生态系统稳定的前提下，尽量确保田沟塘初始控制水位处于较低水平，为可能发生的稻田氮磷降水径流流失提供最大的蓄水空间，可以更加高效地降低稻田氮磷流失风险。

8.3.1.1 调控步骤

基于稻田面源污染关键风险时期的田沟塘联合调控模式主要分为如下步骤：

（1）依据稻田氮磷流失的普遍规律，即每次施肥后氮磷浓度呈指数衰减、且 7 d 为快速衰减关键时期，确定灌排单元田沟塘水位联合调控关键时期为施肥后 7 d 内（图 8-33）。

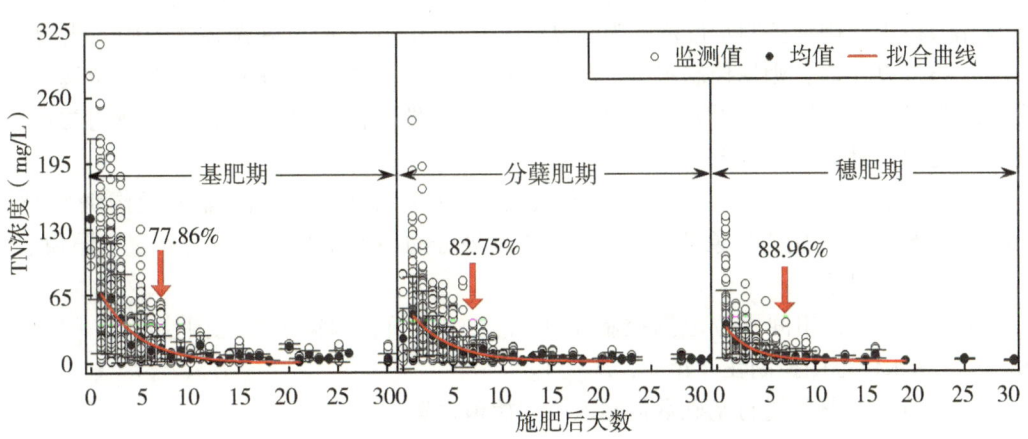

图 8-33 施肥后田面水 TN 浓度变化及关键期识别

（2）依据当地水稻品种、种植模式及灌溉标准，明确下列基础数据：稻田适宜水位 H_{1s}、上限水位 H_{1max} 和下限水位 H_{1min}，沟渠系统适宜水位 H_{2s}、上限水位 H_{2max} 和下限水位 H_{2min}，塘系统适宜水位 H_{3s}、上限水位 H_{3max} 和下限水位 H_{3min}，田埂高度 h，灌排单元沟塘配比系数 η，此处灌排单元沟塘配比系数 η 为稻田面积与沟塘面积之比，此处水位单位为 mm。

（3）依据雨情，分施肥后 7 d 内、施肥后 7 d 后两个时段分别制定灌排单元田沟塘联合调控规则。

田沟塘水量联合调控规则为：灌排单元田沟塘水量按田-沟-塘的顺序逐级调控，施肥后 7 d 内的田沟塘初始控制水位调节在施肥前完成，稻田小区田面水到达上限水位 H_{1max} 后排至排水沟，排水沟达到上限水位 H_{2max} 后外排至塘，塘达到上限水位 H_{3max} 后外排至受纳水体。即具体分关键风险时期（施肥后 7 d 内）和非关键风险时期（施肥 7 d 后）两个时段调控，具体包括：

a. 施肥后 7 d 内。

在稻田小区，如无雨，则施肥后 7 d 内田间控制水位范围为 $[H_{1min}, H_{1s}]$，且 7 d 内保持控制水位范围不变；如小雨，则降水前田间控制水位范围为 $[H_{1min}, (H_{1min}+H_{1s})/2]$；如中雨及以上，则降水前田间控制水位范围为 $[H_{1min}, H_{1min}+5]$；降水期间，田间水位调蓄上限为满足水稻正常生长所需的上限水位 H_{1max}，当田间水位超出 H_{1max}，则将田面水排放至沟渠。

在沟渠系统，如无雨，则施肥后 7 d 内沟渠控制水位范围为 $[H_{2min}, H_{2s}]$，且 7 d 内保持控制水位范围不变；如小雨，则降水前沟渠控制水位范围为 $[H_{2min}, H_{2s}-10*n*\eta]$；如中雨及以上，则降水前沟渠控制水位范围为 $[H_{2min}, H_{2s}-50*n*\eta]$，且在调控过程中，当 $H_{2s}-50*n*\eta \leq H_{2min}$ 时，则降水前沟渠控制水位范围为 $[H_{2min}, H_{2min}+5]$；降水期间，沟渠水位调蓄上限为维持沟渠生态系统稳定所需的上限水位 H_{2max}，当沟渠水位超出 H_{2max}，则将沟渠水排放至塘。

在塘系统，如无雨，则施肥后 7 d 内塘控制水位范围为 $[H_{3min}, H_{3s}]$，且 7 d 内保持控制水位范围不变；如小雨，则降水前塘控制水位范围为 $[H_{3min}, H_{3s}-10*n*\eta]$；如中雨及以上，则塘控制水位范围为 $[H_{3min}, H_{3s}-50*n*\eta]$，在调控过程中，当 $H_{3s}-50*n*\eta \leq H_{3min}$ 时，则塘控制水位范围为 $[H_{3min}, H_{3min}+5]$；降水期间，塘水位调蓄上限为维持塘生态系统稳定所需的上限水位 H_{3max}，当塘水位超出 H_{3max}，则将塘内的水经灌排单元出口外排至受纳水体。

其中，n 为施肥后 7 d 内天气预报报道的降水天数，η 为灌排单元沟塘配比，10 mm 和 50 mm 分别为气象部门根据降水强度划分的小雨和大雨 24 h 降水量上限值。

b. 施肥 7 d 后。

施肥 7 d 后，田间水位范围控制在 $[H_{1min}, H_{1max}]$，沟渠水位范围控制在 $[H_{2min}, H_{2max}]$，塘水位范围控制在 $[H_{3min}, H_{3max}]$。

(4) 在用户终端进行基础数据输入及初始值设置。

在用户终端输入的基础数据包括：水稻不同生育期的稻田适宜水位 H_{1s}、上限水位 H_{1max} 和下限水位 H_{1min}，沟渠系统适宜水位 H_{2s}、上限水位 H_{2max} 和下限水位 H_{2min}，塘系统适宜水位 H_{3s}、上限水位 H_{3max} 和下限水位 H_{3min}，田埂高度 h，灌排单元沟塘配比系数 η；所述的初始值设置包括：按步骤三中的灌排单元田沟塘联合调控规则分别设置施肥后 7 d 内和施肥 7 d 后的田沟塘的控制水位；将稻田小区进水阀门的初始高度设置为田埂高度 h，将稻田小区的排水阀门初始高度设置为上限水位 H_{1max}，将排水沟的排水阀门初始高度设置为上限水位 H_{2max}。

(5) 用户终端依据天气预报及水位传感器采集的实时水位信息，向阀门控制器下达指令,控制进水阀门、排水阀门和水泵的开或关,按照灌排单元田沟塘水量联合调控规则有序实现田沟塘系统的进水和排水,以自动实现对田沟塘水位的调控。

具体为:施肥后 7 d 内,初始状态下将各排水阀门分别调控至 H_{1max}、H_{2max}、H_{3max},当稻田小区水位 $H_1 \geq H_{1max}$ 时,田间多余径流经排水斗沟外排至排水沟内;当排水沟水位 $H_2 \geq H_{2max}$ 时,多余径流排至塘内;当末端塘系统水位 $H_3 \leq H_{3max}$ 时,实现灌排单元田沟塘系统氮磷零排放及后续沟塘系统所贮存雨水的循环利用;当末端塘系统水位 $H_3 > H_{3max}$ 时,将多余径流外排至受纳水体。施肥 7 d 后,将田、沟、塘各部分水位分别控制在相应生育期内的 $[H_{1min}, H_{1max}]$、$[H_{2min}, H_{2max}]$、$[H_{3min}, H_{3max}]$ 范围内。

8.3.1.2 调控方法适用情况

本方法依据水稻全生育期内田面水氮磷浓度对施肥的普遍响应规律,重点关注施肥后的氮磷高浓度时期,通过水位调节简单高效地实现田沟塘联合调控,达到降低稻田氮磷流失风险、提高氮磷利用率、保护周边水体环境等多重目标。

同时,在以小农经营为主、自动化条件尚不具备的地区,可分别依据上述单次施肥后 7 d 内、施肥 7 d 后的田沟塘联合调控规则部分或全部实行人工调控,如人工手动监测田沟塘水位以及调控进水阀门、排水阀门和水泵。且针对不同雨情下的田沟塘联合调控规则,本方法也适用于水稻生育期内的人工排水情况;也同样适用于其他类型的具有调蓄能力的灌排单元,如无塘系统的田沟模式灌排单元等。若稻田氮磷流失的关键控制时期不局限于施肥后 7 d,可根据当地实际氮磷流失关键时期进行调整。

8.3.1.3 调控模式的影响

基于稻田面源污染关键风险时期的田沟塘联合调控模式的有益效果是:

(1) 依据稻田氮磷流失普遍规律,重点关注稻田氮磷浓度高的流失高风险期、而非全生育期,调控针对性和主动性提高。

(2) 依据稻田田面水氮磷浓度变化衰减规律和不同时期的田沟塘生态需水要求,重点监测田沟塘水位,以田沟塘水位作为调控依据,大大降低对水质、土壤和气象在线监测的需求,简单高效,实用性强,便于推广。

(3) 按雨情分级设置田沟塘联合调控规则,在确保最大限度降低稻田氮磷流失风险的前提下,减少灌排水的调控量和调控频率。

8.3.1.4 调控系统的结构

基于稻田面源污染关键风险时期的田沟塘联合调控模式下调控系统的结构示意见图 8-34。

8.3.2 基于水质监测的田-沟-塘协同调控与循环利用技术

针对作物种类多样的区域,风险期难以判断,探讨基于水质监测的田-沟-塘协同调控与循环利用体系。针对稻田径流水量水质耦合特征,结合现代测量技术、信息搜集传输技术和智能控制技术,实现稻田氮磷径流流失调控与循环利用,达到削减氮磷、净化水体、资源回用的目标。

目前已有关于稻田面源污染调控的节水控水智能管理方法,该方法以气象、水位和

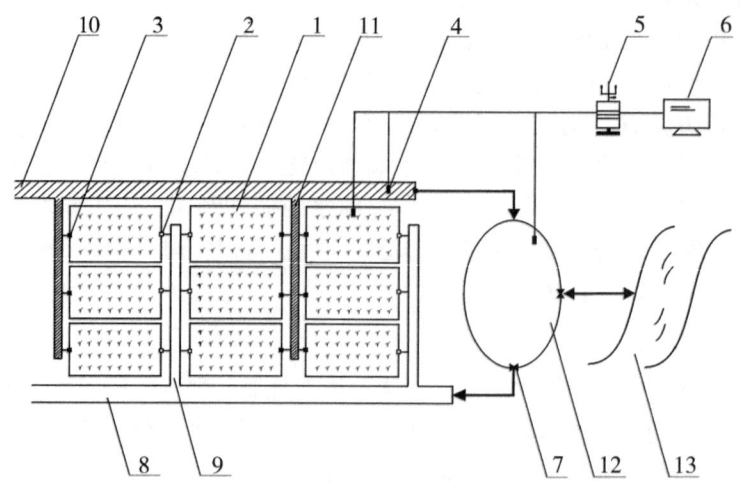

1, 稻田小区; 2, 进水阀门; 3, 排水阀门; 4, 水位传感器;
5, 信息采集模块; 6, 用户终端; 7, 水泵; 8, 灌溉渠; 9, 灌溉斗
渠; 10, 排水沟; 11, 排水斗沟; 12, 塘; 13, 受纳水体。

图 8-34　基于关键风险时期的田-沟-塘联合调控系统结构图

土壤墒情在线监测技术获取的田间水位、水分和气象数据作为稻田面源污染调控的依据，未考虑稻田在施肥等农艺措施下的水质变化规律，可能导致满足节水条件下的高浓度田面水外排现象。田沟塘一体化联合调控稻田面源污染的方法，提出依据水稻全生育期的径流水量水质耦合特征，结合现代测量技术、信息搜集传输技术和智能控制技术，实现稻田氮磷径流流失调控与循环利用，其方法特点是，调控的时期为水稻全生育期。

调控步骤如下：

（1）利用卫星遥感影像和小型无人机航测，结合地面勘察，确定稻田灌排单元的平面布局和空间结构，得到稻田灌排单元中田面、沟渠和塘堰的面积，以及田面水位和塘堰水位所对应的容积；由水稻专家确定适宜水稻生长的各生育期的田面最高水位 L_{fh} 和最低水位 L_{fl}；依据地方水环境保护目标确定氮排放阈值 N_m 和磷排放阈值 P_m。

（2）依据稻田灌排单元的平面布局和空间结构，规划田面和塘堰的通道，用沟渠连通田面和塘堰，形成田面-沟渠-塘堰循环通道，在沟渠与塘堰连接处设置直接连通到周边河流或湖泊的外排通道。

（3）在田面和塘堰中安装水位传感器和水质传感器，在田面与沟渠连接处、沟渠与塘堰连接处、塘堰出水口及外排通道安装闸门，在塘堰中安装水泵；水位传感器和水质传感器将监测到的信息实时无线传输至信息处理模块，信息处理模块无线连接调控决策模块，调控决策模块无线连接径流流向流量控制模块，径流流向流量控制模块无线控制闸门和水泵。

（4）计算稻田灌排单元汇水面积 S、水稻各生育期所对应的田面最高水位 L_{fh} 的容积 Q_{fh} 和最低水位 L_{fl} 的容积 Q_{fl}、塘堰最高蓄水位 L_{ph} 的容积 Q_{ph} 和最低蓄水位 L_{pl} 的容积 Q_{pl}。

(5) 依据气象信息预测的降水量或预计灌溉水量 D 调节田面水位 L_f 和塘堰水位 L_p。

①当 $D=0$，且信息处理模块接收到塘堰水的氮磷浓度高于田面水的氮磷浓度时，信息处理模块指令调控决策模块，调控决策模块启动径流流向流量控制模块，径流流向流量控制模块无线控制闸门和水泵，采取自流或泵提的方式，开始田面-沟渠-塘堰的水流循环；当 $D=0$，且信息处理模块接收到塘堰水的氮磷浓度小于或等于田面水的氮磷浓度时，信息处理模块指令调控决策模块，调控决策模块终止田面-沟渠-塘堰的水流循环。

②当 $0<D \leqslant [(Q_{ph}-Q_p)+(Q_{fh}-Q_f)]/(a\times S)$ 时，Q_p 为塘堰实时水位对应的容积、Q_f 为田面实时水位对应的容积、a 为径流系数；在径流产生后，信息处理模块指令调控决策模块，调控决策模块启动径流流向流量控制模块，径流流向流量控制模块无线控制闸门和水泵，采取自流或泵提的方式，将径流全部纳入塘堰和田面。

③当 $[(Q_{ph}-Q_p)+(Q_{fh}-Q_f)]/(a\times S)<D \leqslant [(Q_{ph}-Q_{pl})+(Q_{fh}-Q_{fl})]/(a\times S)$ 时：

如果信息处理模块接收到塘堰水和田面水的氮浓度低于氮排放阈值 N_m 或者磷浓度低于磷排放阈值 P_m 时，信息处理模块指令调控决策模块，调控决策模块启动径流流向流量控制模块，径流流向流量控制模块无线控制闸门和水泵，采取自流或泵提的方式，提前外排塘堰水和田面水，使塘堰和田面可以利用容积为 Q_{pn} 和 Q_{fn}，$Q_{pn}+Q_{fn}=Q_{ph}+Q_{fh}-a\times D\times S$；在径流产生后，通过调控决策模块启动径流流向流量控制模块，径流流向流量控制模块无线控制闸门和水泵，将径流全部纳入塘堰和田面。

如果信息处理模块接收到塘堰水和田面水的氮浓度等于或高于氮排放阈值 N_m 或者磷浓度等于或高于磷排放阈值 P_m 时，不外排塘堰水和田面水；在径流产生后，信息处理模块指令调控决策模块，调控决策模块启动径流流向流量控制模块，径流流向流量控制模块无线控制闸门和水泵，采取自流或泵提的方式，将径流纳入塘堰和田面；当塘堰水位和田面水位分别达到 L_{ph} 和 L_{fh} 时，通过外排通道，将其余的径流直接外排。

④$D>[(Q_{ph}-Q_{pl})+(Q_{fh}-Q_{fl})]/(a\times S)$ 时：

如果信息处理模块接收到塘堰水和田面水的氮浓度低于氮排放阈值 N_m 或者磷浓度低于磷排放阈值 P_m 时，信息处理模块指令调控决策模块，调控决策模块启动径流流向流量控制模块，径流流向流量控制模块无线控制闸门和水泵，采取自流或泵提的方式，提前外排塘堰水和田面水，将塘堰和田面分别降低至最低水位 L_{pl} 和 L_{fl}，在径流产生后，通过调控决策模块启动径流流向流量控制模块，径流流向流量控制模块无线控制闸门和水泵，将径流纳入塘堰和田面；当塘堰水位和田面水位分别达到 L_{ph} 和 L_{fh} 时，通过外排通道，将其余的径流直接外排。

如果信息处理模块接收到塘堰水和田面水的氮浓度等于或高于氮排放阈值 N_m 或者磷浓度等于或高于磷排放阈值 P_m 时，不外排塘堰水和田面水；在径流产生后，通过调控决策模块启动径流流向流量控制模块，径流流向流量控制模块无线控制闸门和水泵，将径流纳入塘堰和田面；当塘堰水位和田面水位分别达到 L_{ph} 和 L_{fh} 时，通过外排通道，将其余的径流直接外排。基于水质监测的田沟塘联合调控模式下调控系统的结构示意见图 8-35。

采取基于水质监测的田-沟-塘协同调控与循环利用体系。充分发挥稻田的自净功能，

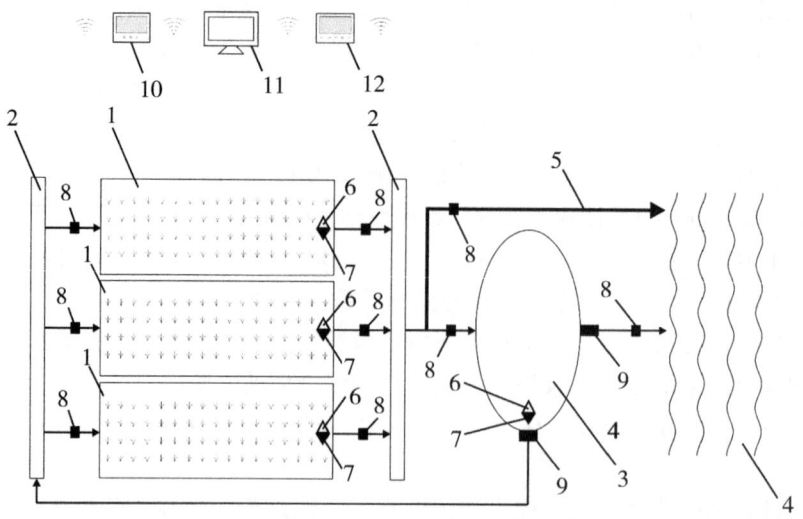

1，田面，2，沟渠，3，塘堰，4，周边河流或湖泊，5，外排通道，
6，水位传感器，7，水质传感器，8，闸门，9，水泵，10，信息处理模块，
11，调控决策模块，12，径流流向流量控制模块。

图 8-35 基于水质监测的田-沟-塘联合调控系统结构图

当氮磷浓度高于阈值时，不排或者减少塘堰水和田面水向外排放，延长氮磷在稻田中的停留时间；针对初期降水径流氮磷浓度大、后期氮磷浓度较小的特点，利用田面和塘堰消纳污染物含量较高的初期降水径流，将后期多余的、不能消纳的、污染物含量较低的径流，通过外排通道，直接排放，最大限度地减少降水径流对地表水体的污染。

8.3.3 田-沟-塘协同防控农田面源污染技术设计、运行与管护

在无塘可利用地区和有塘地区典型灌排单元的研究基础上，总结了田-沟-塘协同防控农田面源污染体系。其核心思想是：充分利用和增强沟塘系统的水量调蓄功能和污染净化功能，增加氮磷营养物在农田系统中的停留时间，增强营养物的利用率，减少排放总量、降低排放浓度。其技术核心是：重建和推广以田-沟（-塘）为灌排单元的分散式小循环灌溉排水管理模式，通过沟塘精准控制排水、风险期提前排放、循环灌溉等技术手段，实现低浓度水选择性排放、高浓度水截留回用。

根据区域的田、沟、塘现状布局，充分利用已有的灌排设施设备，设置一个或多个调控单元协同调控农田面源污水。若区域无塘，可改造洼地或利用主排水沟实现水量调蓄功能。优先利用沟、塘存水灌溉同一调控单元或下一级调控单元的农田，实现对水资源及氮、磷养分的循环利用。风险期，提前排放低浓度的沟、塘存水，腾出库容拦蓄首次高浓度的农田排水，将无序的无组织排放转变为有序的选择性排放。充分利用已有的提灌站、水闸、水泵等，避免或减少新增设施设备，建设和维护成本低；优化调控单元的灌排方式，只在风险期进行必要的提前排放，操作次数少、运行成本低、高效减排。

8.3.3.1 田-沟-塘配置要求

调控单元需由一定配比的田、沟（和塘）组成（图8-36），一体化水力连通，可通过一体化调、蓄、灌、排实现面源污染减排。可在农田排水口、沟与沟交汇处、沟与塘交汇处等安装水位监测设备和水闸。调控点应设在总排水口处（末级塘或末级沟尾端），配置水位监测设备、水闸和水泵；可在调控点配置水质监测设备；在总排水口处设置应急溢流通道。

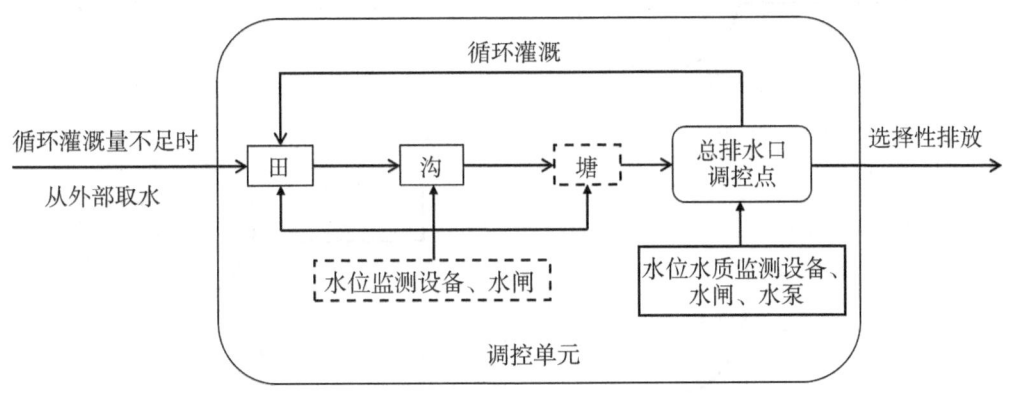

图8-36　典型田-沟（-塘）调控单元组成示意图

(1) 田。应配备独立的灌溉和排水系统，最好是管灌沟排；水田的田埂高度不宜低于25 cm，从而最大限度地发挥水田的蓄水能力，减少外排。参考《灌溉与排水工程设计标准》(GB 50288) 中农作物的耐淹水深和耐淹历时，水稻从返青期到成熟期耐淹水深从3~5 cm增加到30~35 cm。考虑到水稻生育期前期是氮磷流失风险较高的时期，拔节和孕穗期的耐淹水深为15~25 cm，水田田埂高度不宜低于25 cm。

(2) 沟、塘。利用总排水口调控点的水闸和水泵，一体化调控单元内沟、塘水位和库容。沟塘联合可调蓄的农田排水深不应低于30 mm。沟、塘应具备的调蓄容积总量不足时，可对沟、塘面积或深度进行改造；可改造洼地为塘；也可利用水闸提高沟、塘可调节的最高安全水位。沟、塘可采取适当的边坡、底部改造和植物配置等生态强化措施，但设施设备及植物等配置不应影响调蓄和行洪安全。

沟塘联合可调蓄容积的确定，应既不占用额外的土地资源，发挥沟塘的蓄存能力，又能最大限度地控制高污染负荷的农田排水外排、削减氮磷流失、实现水分和营养物的循环利用。农田面源污染的扩散方式主要是地表径流，包括受降水、融雪、灌溉等驱动的被动排水和人为主动排水。对于农田被动排水情况，通常会出现初期径流污染负荷明显高于径流后期的现象，这种现象被称为初期冲刷现象（First flush effect），有研究表明初期高浓度径流一般不超过半英寸。对于农田主动排水，通常发生在水稻泡田期排水，田的泡田期水层一般可控制在30 mm以下（茆智，2002；孙金昌等，2019；Zhuang et al.，2019），相应地，泡田期排水可控制在30 mm。沟塘联合可调蓄的农田排水深不低于30 mm，则能基本满足调蓄高浓度农田主动排水或被动排水的需求。

8.3.3.2 协同调控技术手段和运行规则

田-沟-塘协同调控技术涉及灌溉和排水两方面，主要包括：精准控制排水、循环灌溉和风险期提前排放3个技术手段（图8-37）。

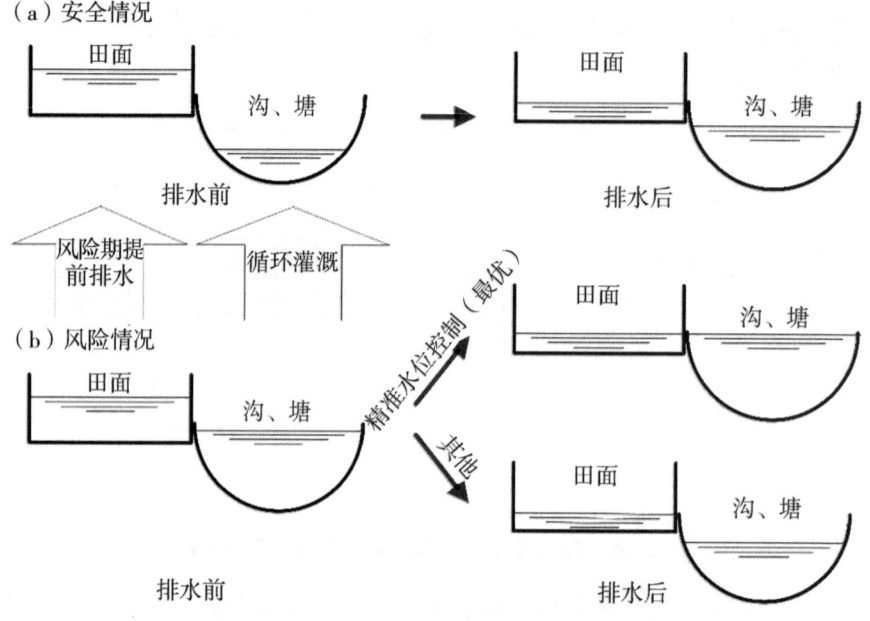

图8-37 精准控制排水、风险期提前排水和循环灌溉措施调控示意图

（1）精准控制排水。宜在农作物耐淹耐渍能力范围内充分发挥农田的蓄水功能，达到农作物耐淹耐渍能力上限后再排入沟塘；总排水口调控点的水闸通常宜维持在最高安全水位，充分利用沟、塘存蓄农田排水，减少外排；当地势低洼，需要借助泵站排水时，应精确计算农田排水所需占用的沟塘容积，只泵出相应沟塘存水实现农田排水。

（2）循环灌溉。应优先利用沟、塘存水灌溉农田，实现氮、磷养分及水资源的循环利用；不具备自流条件时，可利用水泵抽提循环利用。

（3）风险期提前排放。作物种类较为单一的调控单元，可按风险期判断是否选择性提前外排。风险期是指农田土壤或田面水中氮、磷含量较高且易流失的时段。依据相关研究表明：水田风险期通常在施肥后一至两周内及泡田期；旱地风险期通常在施肥后一至两周内及作物生长早期植被覆盖状况差的阶段（Thomas et al., 1992; Eggenschwiler et al., 2009; 钱晓雍等, 2010; Hua et al., 2017; Hua et al., 2019a）。

风险期内，可依据预期农田排水深计算所需的沟塘容量，并计算需将总排水口处的水位调至多少能恰好存蓄农田排水。当总排水口水位高于调控的目标水位时，宜提前外排沟、塘存水直至总排水口达到目标水位，并将调控点水闸恢复至最高安全水位处，拦蓄农田排水。沟、塘蓄满后，可从总排水口溢流外排。提前外排前1周内，若发生过风险期农田排水，不宜提前外排。并且，提前外排后的1周内，若再遇农田排水，也不宜再次提前外排。设置前后1周的调控窗口期，能保证氮磷营养物在沟塘内充分截留。

作物种类多样的调控单元，风险期可能难以判断，可依据总排水口水质在线监测结果判断是否选择性提前外排。总排水口水质相对良好时，可参考风险期调控放方法，提前外排沟塘存水；总排水口水质相对较差时，宜在农田排水蓄满沟、塘后，从总排水口溢流外排。

部分无塘可利用的区域，可将利用主排水沟调蓄，实现田-沟-塘协同调控与循环利用。

8.3.3.3 管理维护

（1）建立风险预案及设施设备的巡查制度，根据现场实际情况，分析可能存在的风险，并提出对策，当出现异常和故障时，及时处理。

（2）建立调控记录档案管理制度，定期采集运行效果数据，包括但不限于水质和水量监测。

（3）应适时对沟塘进行清淤，对枯萎植物、落叶等进行清理，对挺水植物定期刈割处理处置。

8.3.4 沟塘精准控制排水方法与软件开发

"精准控制排水"是上述田-沟-塘水量水质协同调控与循环利用技术的重要组成部分，其中稻田田面水的精准排水依据作物耐淹水深和耐淹历时进行控制，水位控制目标清晰，操作容易；但沟和塘在排水过程中的水位应如何控制，排水的目标水位是多少恰好能存蓄稻田排水，则随着灌排单元的沟塘配比、农田排水量变化而变化，存在一定的不确定性，尤其在不具备自流条件需泵站排水的地区需同时进行田、沟、塘抽排或者先抽排沟塘水再排田面水，容易造成实际沟塘排水超过存蓄稻田排水所需的量，导致过度排放（如图8-37b的其他情况）。

鉴于此，研发了沟塘精准控制排水方法及相应的软件，方便基层农技人员操作。

8.3.4.1 方法原理和公式

该方法基于农田排水深度计算沟塘所需的剩余容积，再依据沟塘结构参数确定的沟塘水位-容量关系计算沟和塘的排水目标水位。

沟塘所需的剩余容积按公式（8.13）计算。

$$V_{DP} = D_F \cdot S_F \tag{8.13}$$

式中：V_{DP}是沟塘所需的剩余容积，单位为立方米（m³）；D_F是稻田的平均排水深度，单位为米（m）；S_F是灌排单元内稻田的面积，单位为平方米（m²）。

沟塘水位-容量关系，按照灌排单元中沟、塘的组成及沟塘结构参数计算，其中沟的水位-容量关系按公式（8.14）计算，将沟横截面简化为梯形；塘的水位-容量关系按公式（8.15）计算，将塘简化为梯形台。

$$V_D = L_D \times (H_{D,max} - H_D) \times (W_{D,max} + W_D)/D \tag{8.14}$$

式中：V_D是沟的剩余容积，单位为立方米（m³）；L_D是沟的长度，单位为米（m）；$H_{D,max}$是沟可调节的最高安全水位，单位为米（m）；H_D是沟的排水目标水位，单位为米（m）；$W_{D,max}$是沟最高安全水位时的水面宽度，单位为米（m）；W_D是沟在排水目标水位的水面宽度，单位为米（m）。

$$V_P = (H_{P,\max} - H_P) \times (S_{P,\max} + S_P + \sqrt{S_{P,\max} \times S_P})/3 \qquad (8.15)$$

式中：V_P是塘的剩余容积，单位为立方米（m^3）；$H_{P,\max}$是塘可调节的最高安全水位，单位为米（m）；H_P是塘的排水目标水位，单位为米（m）；$S_{P,\max}$是塘最高安全水位时的水面面积，单位为平方米（m^2）；S_P是塘在排水目标水位时的水面面积，单位为平方米（m^2）。

假设沟和塘之间无闸门可自流平，联合式（8.13）、式（8.14）和式（8.15）即可求解沟和塘的排水目标水位。

8.3.4.2 软件开发

为了方便基层农技操作人员使用，基于该方法开发了一个"稻田沟塘水位调控软件V1.0"（软件登记号2019SR1289222）。软件的主要功能是沟塘配比参数和沟塘调控水位参数的快速计算。其中沟塘配比，可以指示一个稻田灌排单元对自身污染物的消纳能力：沟塘配比越大，污染物消纳能力越强。该软件计算两个参数表征灌排单元的沟塘配比，分别是："沟塘容积和田块面积之比"以及"沟塘面积占比"，前者是沟塘总蓄水容量能容纳多少田块排水量（深度）的直观指标，后者是沟塘在灌排单元中的占地面积比例。

该软件是免安装版，将软件包解压缩，即可运行。双击用户界面可执行程序"稻田沟塘水位调控软件V1.0.exe"，开始使用。操作流程如图8-38所示。

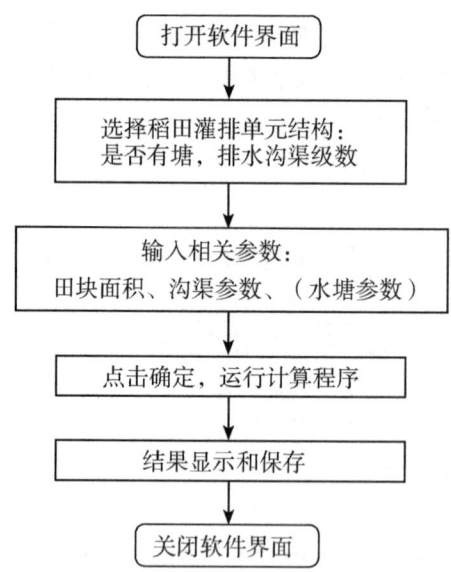

图8-38 "稻田沟塘水位调控软件V1.0"操作流程图

用户界面如图8-39所示。根据所需计算的区域实际特点，选择稻田灌排单元结构，在用户界面中点选"是否有塘"一级"排水沟渠级数"。用户界面右侧有田沟塘分布示意图和相关参数说明，会在鼠标点击相应参数时，对相应参数进行详细说明，供用户参考。当用户选定了稻田灌排单元结构后，界面会对应显示 4 种不同模式下需要输入参数的不同界面。

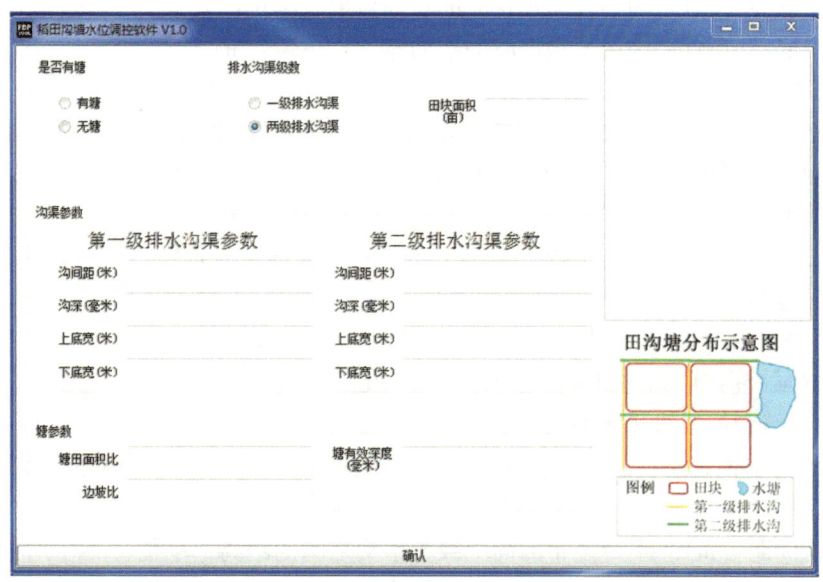

图 8-39 "稻田沟塘水位调控软件 V1.0"的用户界面

在 4 种不同模式下，依次输入需要输入的田块、沟渠（和水塘）相关参数。4 种模式的用户界面和需要输入的参数。具体参数说明如下：

（1）田-沟-沟-塘模式。当选择"有塘"并且有"两级排水沟渠"时，即为田-沟-沟-塘模式。输入参数包括：

A. 田块面积（亩）。调控区域/灌排单元的田块总面积，单位：亩。

B. 第一级和第二级排水沟渠参数。第一级排水沟是指：和田块直接连接的最小沟渠；第二级排水沟是指：第一级排水沟渠排入的较大一级沟渠。参数包括：

B1. 沟间距（m）。平行排布的同一级排水沟之间的距离，单位：m。

B2. 沟深（mm）。沟渠最高水位到沟渠死水位之间的有效深度，单位：mm。

B3. 上底宽（m）。沟渠最高水位时的水面宽度，单位：m。

B4. 下底宽（m）。沟渠死水位时的水面宽度，单位：m。

C. 塘参数

C1. 塘田面积比。调控区域/灌排单元的水塘表面积和田块面积的比值，如 0.050。

C2. 塘有效深度（mm）。水塘最高水位到死水位之间的有效深度，单位：mm。

C3. 边坡比。水塘边坡的垂直高差与水平距离之比，如 2.0。

（2）田-沟-塘模式。当选择"有塘"并且有"一级排水沟渠"时，即为田-沟-塘模式。输入参数包括：

A. 田块面积（亩）。

调控区域/灌排单元的田块总面积，单位：亩。

B. 排水沟渠参数。

B1. 总长度（m）。调控区域/灌排单元的沟渠总长度，单位：m。

B2. 沟深（mm）。沟渠最高水位到沟渠死水位之间的有效深度，单位：mm。

B3. 上底宽（m）。沟渠最高水位时的水面宽度，单位：m。

B4. 下底宽（m）。沟渠死水位时的水面宽度，单位：m。

C. 塘参数。

C1. 塘田面积比。调控区域/灌排单元的水塘表面积和田块面积的比值，如0.050。

C2. 塘有效深度（mm）。水塘最高水位到死水位之间的有效深度，单位：mm。

C3. 边坡比。水塘边坡的垂直高差与水平距离之比，如2.0。

（3）田-沟-沟模式。当选择"无塘"并且有"两级排水沟渠"时，即为田-沟-沟模式。输入参数包括：

A. 田块面积（亩）。

调控区域/灌排单元的田块总面积，单位：亩。

B. 第一级和第二级排水沟渠参数。

第一级排水沟是指：和田块直接连接的最小沟渠；第二级排水沟是指：第一级排水沟渠排入的较大一级沟渠。参数包括：

B1. 沟间距（m）。平行排布的同一级排水沟之间的距离，单位：m。

B2. 沟深（mm）。沟渠最高水位到沟渠死水位之间的有效深度，单位：mm。

B3. 上底宽（m）。沟渠最高水位时的水面宽度，单位：m。

B4. 下底宽（m）。沟渠死水位时的水面宽度，单位：m。

（4）田-沟模式。当选择"无塘"并且有"一级排水沟渠"时，即为田-沟模式。输入参数包括：

A. 田块面积（亩）。

调控区域/灌排单元的田块总面积，单位：亩。

B. 排水沟渠参数。

B1. 总长度（m）。调控区域/灌排单元的沟渠总长度，单位：m。

B2. 沟深（mm）。沟渠最高水位到沟渠死水位之间的有效深度，单位：mm。

B3. 上底宽（m）。沟渠最高水位时的水面宽度，单位：m。

B4. 下底宽（m）。沟渠死水位时的水面宽度，单位：m。

上述参数输入完毕之后，点击界面最下方的"确认"按钮，运行程序。计算结果会自动保存在一个名为"result.txt"的文本文件中；同时，自动打开在桌面上显示，如图8-40所示。

结果文件的第一行和第二行，是依据输入的参数计算的区域"沟塘配比"。

"沟塘容积和田块面积之比"，是沟塘总蓄水容量能容纳多少田块排水量（深度）的直观指标，单位是m；如：0.030 m，是指区域内沟塘最多能容纳0.030 m（30 mm）的田块排水。

"沟塘面积占比"，是沟塘在灌排单元中的占地面积比例，单位是%；如：5.20%，是指区域内沟塘占地面积为总面积的5.20%。

结果文件中，在"沟塘配比"之后，显示的是依据不同的田块排水量，各级沟塘

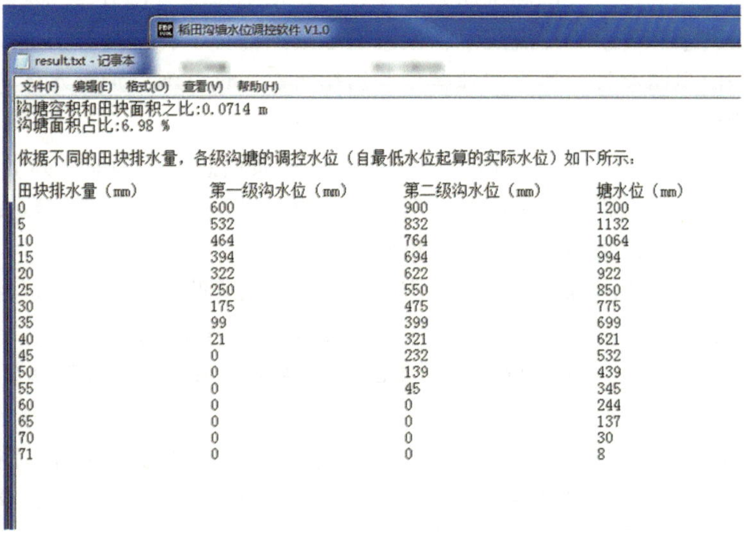

稻田沟塘水位调控软件 V1.0

result.txt - 记事本

文件(F) 编辑(E) 格式(O) 查看(V) 帮助(H)

沟塘容积和田块面积之比:0.0714 m

沟塘面积占比:6.98 %

依据不同的田块排水量，各级沟塘的调控水位（自最低水位起算的实际水位）如下所示：

田块排水量（mm）	第一级沟水位（mm）	第二级沟水位（mm）	塘水位（mm）
0	600	900	1200
5	532	832	1132
10	464	764	1064
15	394	694	994
20	322	622	922
25	250	550	850
30	175	475	775
35	99	399	699
40	21	321	621
45	0	232	532
50	0	139	439
55	0	45	345
60	0	0	244
65	0	0	137
70	0	0	30
71	0	0	8

图 8-40 “稻田沟塘水位调控软件 V1.0”的结果文件示例

的调控水位列表，该调控水位下的沟塘剩余容量刚好可以满足对应的田块排水量。列表中的田块排水量范围为 0 至沟塘最大容量对应的田块排水量，期间每 5 mm 列出一个值。基层农技人员在排水过程中，可依据该表格找到稻田排水深度对应的各级沟和塘的排水目标水位，对排水过程进行精准水位控制，避免过度排放。

8.3.5 面向用户的稻田水量水质远程调控方法研发

稻田氮磷流失是导致附近受纳水体富营养化的重要原因之一。水稻生长过程会经历泡田期、返青期、分蘖期、拔节期、抽穗期、乳熟期、黄熟期等不同阶段。在水稻生长全生育期内，不同生长阶段的田间需水量不同，加上降水事件的存在，需要进行多次灌溉和排水操作。由于在水稻全生育期内通常施磷肥 1 次（基肥）、施氮肥至少 3 次（基肥、分蘖肥、穗肥），灌溉约 10 次，加上自然降水、植物吸收、土壤吸附、渗漏、蒸发等多因素综合影响，导致水稻全生育期内田面水位及养分含量呈时序动态变化。水田氮磷流失主要由水稻生长季节大雨、暴雨后田面水溢出田埂产生的径流以及人为排水所致，施肥导致水稻田面水浓度增加，在此期间降水和人为排水大大增加了稻田氮磷流失风险。由于排水与田面水中的氮磷浓度变化密切相关，因此，田面水量-水质耦合变化是指导稻田水量管理的重要科学依据。

目前，已有关于水田水量自动调控装置和方法，灌排水控制主要以田间水量或水位作为判断依据、忽视了田面水水质状况，易导致在满足稻田水量需求情况下高浓度田面水的氮磷流失，加大农业面源污染及受纳水体富营养化风险。

面向用户的稻田水量水质远程调控方法主要优点是，依据水稻全生育期内不同阶段的田间需水量和水环境保护要求，综合考虑田面水位-水质耦合变化，科学控制田间灌溉和排水，实现 3 个目的：灌排水的远程控制、节水灌溉、最大程度地减缓稻田氮磷流失。

以往的稻田灌排水操作主要以田间水量或水位作为参考指标，忽略了田面水水质状况。该方法同时监测稻田水位和水质变化，并结合水稻作物生长节律和水环境保护要求科学指导稻田进水和排水，在满足水稻生态需水量的前提下，提高稻田氮磷利用率、最大限度减少稻田氮磷流失，尽可能地减少稻田排水对当地江河湖泊等水体造成的污染。

具体步骤如下：

（1）在监测小区中安装水位信息采集装置和水质信息采集装置；水位信息采集装置和水质信息采集装置将采集到的水位信息和水质信息实时发送给无线数传模块；无线数传模块将接收到的信息传输给数据分析模块。

信息采集装置采集到的数据包括：田面水位 H，用于监测田间水位是否满足水稻相应生育期的生态需水要求；水质传感器采集的铵态氮、硝态氮、pH、电导率、氧化还原电位、SS等水质信息，用于分析田面水的水质状况、筛选水质控制指标；水质监测指标可扩展。

（2）在稻田的灌水渠处安装进水阀门，在排水沟处安装排水阀门，稻田的进水阀门和排水阀门分别连接到阀门控制器；阀门控制器与数据分析模块连接；阀门控制器和数据分析模块分别与手机终端无线连接。

（3）在数据分析模块进行基础数据输入及初始值设置。依据稻田所处的区域特征及灌溉模式，输入基础数据至数据分析模块，包括：田埂高度 h，由水稻专家确定的该区域水稻全生育期中各生育期的适宜水位 H_s、上限水位 H_{max} 和下限水位 H_{min}，区域稻田水质控制指标及其浓度限制 C_s；进水阀门的初始高度设置为田埂高度 h，排水阀门初始高度设置为相应生育期的上限水位 H_{max}。

（4）数据分析模块依据实时接收到的信息进行数据分析及处理，给阀门控制器下达指令，自动控制进水阀门和排水阀门的开或者关。

当数据分析模块接收到稻田水位小于 $(H_s+H_{min})/2$ 时，数据分析模块给阀门控制器下达指令，阀门控制器打开进水阀门执行进水操作；直到数据分析模块接收到稻田水位等于 $(H_s+H_{max})/2$ 时，数据分析模块给阀门控制器下达指令，关闭进水阀门。

当数据分析模块接收到稻田水位大于 $(H_s+H_{max})/2$，且氮磷浓度小于区域稻田氮磷浓度排放限制时，数据分析模块给阀门控制器下达指令，阀门控制器将排水阀门的高度调整至 $(H_s+H_{max})/2$；当数据分析模块接收到稻田水位大于 $(H_s+H_{max})/2$，且氮磷浓度大于区域稻田氮磷浓度排放限制时，数据分析模块给阀门控制器下达指令，阀门控制器将排水阀门的高度调整至 H_{max}。

数据分析过程中，水质控制指标从水质信息采集装置的采集指标中选取，具体以 C_i/C_{si} 偏大者作为优选控制指标（C_i 为第 i 个指标的实测浓度，C_{si} 为第 i 个指标的区域稻田田面水排放浓度限值），或根据区域水环境敏感因子人为设定控制指标；区域稻田田面水氮磷排放浓度限值 C_s 标准参考《地表水环境质量标准（GB3838）》及地方水环境保护相关要求等确定。

数据分析模块具有水位-水质实时分析和水位-水质动态模拟双重功能；数据分析模块在水位水质实时分析过程中，考虑到田面水因蒸发、蒸腾、作物吸收和渗漏等过程发生损失，水位呈实时变化，田间水位以 $[(H_s+H_{min})/2, (H_s+H_{max})/2]$ 为水稻各生长期的常规水位调控区间。

数据分析模块在水位水质动态模拟过程中，分别设 C_0 为水质控制指标初始浓度、H_0 为初始水位、C_t 为模拟时刻浓度、H_t 为模拟时刻水位、P_t 为时段内降水量（近似为径流深）；在次降水事件的短时间内，忽略蒸发、蒸腾、作物吸收和渗漏影响，在稻田面积一定的前提下满足 $C_0H_0 = C_tH_t$、$H_t = H_0 + P_t$，依此可模拟不同次降水条件下（P_t）的水位-水质动态变化（$H_t \sim C_t$），尤其在 $C_0 > C_s$ 的情况下，预测结果可为手机终端依据当地天气预报等信息实施人工控制提供决策支持。

（5）手机终端接收数据分析模块发送的信息，进行实时监控，并可通过关闭自动控制程序，对阀门控制器进行人工控制。

面向用户的稻田水量水质远程调控方法结构示意图见图8-41。

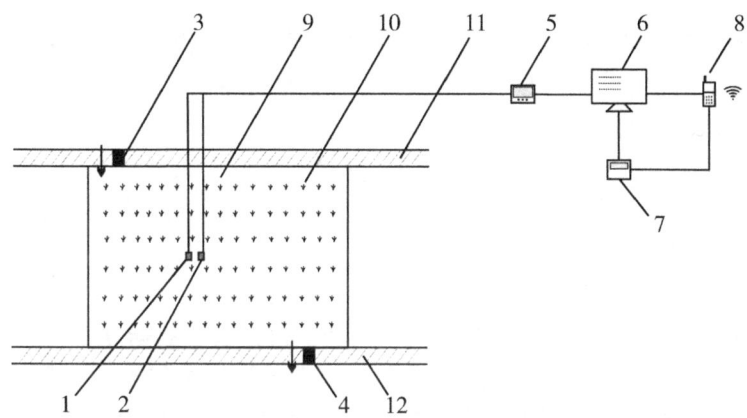

1，水位信息采集模块；2，水质信息采集模块；3，进水阀门；4，排水阀门；5，无线数传模块；6，数据分析模块；7，阀门控制器；8，手机终端；9，稻田监测小区；10，田埂；11，灌溉渠；12，排水沟。

图 8-41 面向用户的稻田水量水质远程调控方法结构示意图

以位于湖北安陆的研究区田块为监控对象，稻田为 100 m（长）×20 m（宽），田埂高度为 0.3 m。由于铵态氮是田面水中无机氮素的主要形态及影响氮素转化的关键物质，根据当地水质保护目标要求，水质控制指标选择铵态氮；稻田小区所在地受纳水体为Ⅴ类水质，田间排水的铵态氮参考《地表水环境质量标准（GB3838）》的Ⅴ级标准，即铵态氮控制浓度为 2.0 mg/L。

如图8-41所示，提供的面向用户的稻田水量水质远程调控系统，由水位信息采集模块、水质信息采集模块、灌溉阀门、排水阀门、无线数传模块、数据分析模块、阀门控制器和手机终端组成。水位信息采集模块，选用已有水位传感器，安装于稻田内，主要用于采集田间水位信息，并将数据传输给无线数传模块；水质信息采集模块，选用已有YSI多参数水质传感器，安装于稻田内，用于采集田面水铵态氮、硝态氮、pH、电导率、氧化还原电位、SS等信息，并将信息传输给无线数传模块；进水阀门，选用已有升降式、顶端溢流方式过水的阀门，有利于减少进水和出水对土壤和田面水的扰动；安装于稻田灌溉渠进水口，与阀门控制器无线连接，用于稻田进水；排水阀门，选用已有升降式、顶端溢流方式过水的阀门，有利于减少进水和出水对土壤和田面水的扰动；安装于稻田排水沟出水口，与阀门控制器无线连接，用于稻田排水；无线数传模块，与水位信息采集模块、水质信息采集模块、数据分析模块进行无线连接，用于接收水位信息采集模块和水质信息采集模块采集的水位和水质等相关信息，并将数据传输给数据分析模块。数据分析模块，与阀门控制器无线连接，用于接收、存储并分析无线数传模块传输的信息，可同时实现水位-水质实时分析和水位-水质动态模拟，并对阀门控制器发送控制指令。阀门控制器，分别与数据分析模块和手机终端无线连接，用于接收数据分析模块和手机终端发送的控制指令，并依据指令控制进水阀门和排水阀门的电机动作。手机终端，与数据分析模块和阀门控制器无线连接，用于接收数据分析模块发送的信息，进行实时监控，并可通过关闭自动运行程序、进行人工控制。具体的工作流程是：

（1）在稻田中设置监测小区，在监测小区中安装水位传感器和水质传感器，水位传感器和水质传感器将采集到的水位信息和水质信息实时发送给无线数传模块，无线数传模块将接收到的信息传输给数据分析模块。

（2）在稻田的灌水渠处安装进水阀门，在排水沟处安装排水阀门，稻田的进水阀门和排水阀门分别连接到阀门控制器，阀门控制器与数据分析模块连接；手机终端分别与阀门控制器和数据分析模块无线连接。

（3）在数据分析模块进行基础数据输入及初始值设置。

依据稻田所处的区域特征及灌溉模式，将基础数据输入数据分析模块，主要包括：田埂高度 $h=0.3$ m，区域水稻全生育期中各生育期的适宜水位 H_s、上限水位 H_{max} 和下限水位 H_{min}（见表8-9），水质指标及标准设为"指标=铵态氮，$Cs=2.0$ mg/L"；将进水阀门的初始高度设置为 0.3 m；以泡田期为例，排水阀门初始高度设置为 $H_{max}=$ 50 mm；在不同生长期，根据表8-9自动调整初始高度值。

表8-9 水稻全生育期生态需水量

生育期	泡田期	返青期	分蘖期	晒田期	拔节期	抽穗期	乳熟期	黄熟期
历时（d）	6	11	26	3	29	11	14	10
上限（mm）	50	50	50	0	60	50	50	自然落干
适宜（mm）	30	30	30	0	40	30	10	自然落干
下限（mm）	10	10	10	80%饱和	10	0	0（湿）	自然落干

（4）数据分析模块依据接收到的信息进行分析，给阀门控制器下达指令，自动控制进水阀门和排水阀门的电机动作：

①当数据分析模块接收到稻田水位小于 $(H_s+H_{min})/2$ 时，数据分析模块给阀门控制器下达指令，阀门控制器打开进水阀门执行进水操作；直到数据分析模块接收到稻田水位等于 $(H_s+H_{max})/2$ 时，数据分析模块给阀门控制器下达指令，关闭进水阀门。

②当数据分析模块接收到稻田水位大于 (H_s+H_{max})/2、氮磷浓度小于 2.0 mg/L 时，数据分析模块给阀门控制器下达指令，阀门控制器将排水阀门的高度调整至 (H_s+H_{max})/2；当数据分析模块接收到稻田水位大于 (H_s+H_{max})/2、氮磷浓度大于 2.0 mg/L 时，数据分析模块给阀门控制器下达指令，阀门控制器将排水阀门的高度调整至 H_{max}。

③当氮磷浓度大于 2.0 mg/L 且 $H=H_{max}$ 时，降水继续发生时，田面水自动溢流。

（5）手机终端接收数据分析模块发送的信息，进行实时监控；并可通过关闭自动控制程序，依据数据分析模块的水位-水质实时分析结果和水位-水质动态模拟结果，结合当地天气预报等信息进行人工控制。

8.3.6 农田地表径流水量水质在线监测技术与设备

8.3.6.1 TN、TP 高频反演技术及软件

1. 数据来源

本方法采集 2018 年湖北省典型灌排单元出水水质监测结果（图 8-42），包括 6 个出水水质监测点（5 个田面水出水水质监测点、1 个沟渠出水水质监测点），192 条数据（128 条田面水出水水质监测数据、64 条沟渠出水水质监测数据）（表 8-10）。其中，监测时间为基肥施用后的 9 d 内，于产流后 10 min、20 min、30 min、40 min、50 min、1 h、1 h20 min、1 h40 min、2 h、3 h、4 h 进行采样监测，采样监测数据为总氮（TN）/总磷（TP）浓度及其对应的、传感器可测的常规水质参数的序列数据。常规水质数据通过便携式多参数水质分析仪采集，包括 pH、电导率（EC）、溶解氧（DO）、水温（T）、氧化还原电位（ORP）、铵态氮（NH_4-N）、硝态氮（NO_3-N）、正磷酸盐。

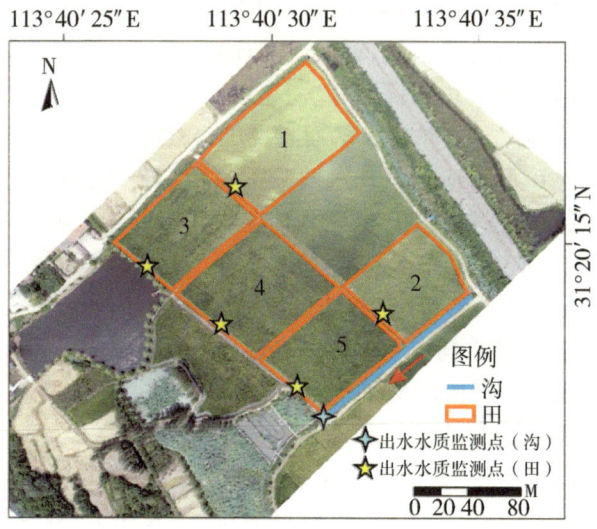

图 8-42 典型灌排单元监测点位分布

表 8-10　典型灌排单元出水水质监测结果汇总

数据源	指标	单位	均值	中位数	最小值	最大值	数据条数
田	TN	mg/L	11.45	8.71	1.60	25.34	128
	NH_4-N	mg/L	3.71	3.33	0.26	7.29	128
	NO_3-N	mg/L	3.63	2.25	0.11	10.21	128
	pH		8.22	8.28	7.03	8.66	128
	T	℃	30.09	29.75	23.40	39.20	128
	EC		804.26	784.00	410.70	1 557.00	128
	DO		1.56	0.58	0.08	6.96	128
	ORP		14.49	12.45	−18.20	81.50	128
沟	TN	mg/L	1.90	1.52	0.54	4.41	64
	NH_4-N	mg/L	0.75	0.64	0.23	2.06	64
	NO_3-N	mg/L	0.69	0.64	0.17	1.76	64
	pH		8.04	8.00	7.62	8.82	64
	T	℃	24.67	24.10	21.70	29.70	64
	EC		454.71	436.20	365.20	580.00	64
	DO		1.59	0.53	0.20	4.52	6v4
	ORP		23.28	28.15	−50.00	74.40	64

2. 方法设计

针对降水条件下人工采集样品难度高，基础数据缺乏，常规 TN/TP 监测方法费时费力、效率较低，农田面源污染关键特征指标监测周期长、费用昂贵、监测设施占地面积大等问题，研究了 TN、TP 快速反演方法及软件，基于传感器可测的常规水质参数、通过智能算法反演得到 TN、TP 浓度，从而实现 TN、TP 浓度的快速测定，基本构架见图 8-43。其中，TN 浓度所对应的常规水质参数包括 pH、电导率、溶解氧、水温、氧化还原电位、铵态氮、硝态氮；TP 浓度所对应的、传感器可测的常规水质参数包括 pH、电导率、溶解氧、水温、氧化还原电位、正磷酸盐。

本方法主要分为 3 个部分：TN/TP 浓度反演模型构建及优选、不同数据源情景下模型自适应性分析、缺失数据情景下模型可靠性分析。

1）TN/TP 浓度反演模型构建及优选

以采集的序列数据作为样本集（样本数量大于等于 50），选取 75% 的样本为训练样本，25% 的样本为测试样本，分别采用线性支持向量机回归（Linear support vector regression, Linear SVR）、K 近邻（K-nearest neighbors, KNN）、决策树（Decision trees, DT）、轻量级梯度提升机（Light gradient boosting machine, LightBGM）、随机森林（Random forest, RF）、梯度提升回归树（Gradient booting regression, GBR）、极端随

8 田沟塘水量水质协同调控技术

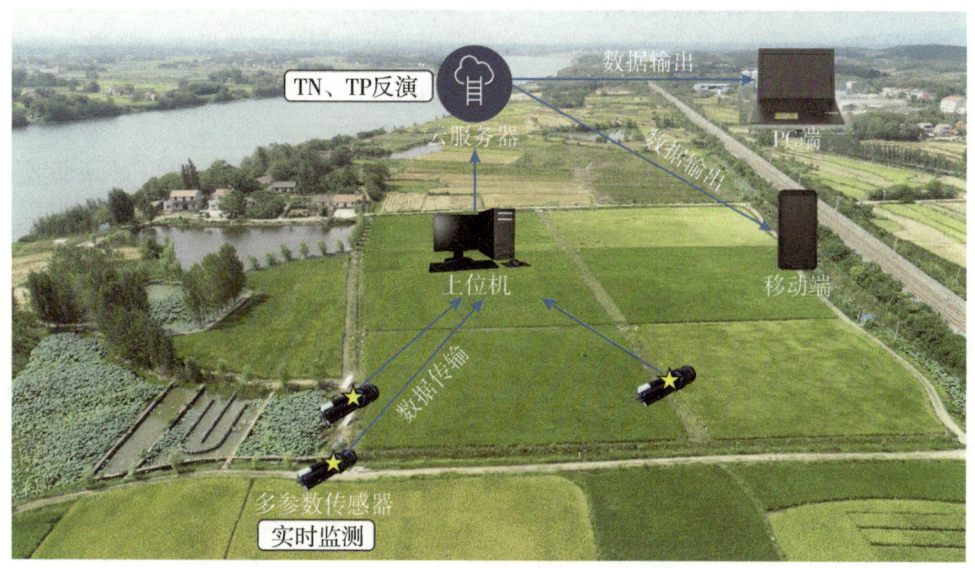

图 8-43 TN、TP 快速反演方法基本构架

树（Extremely randomized trees，ET）7 种算法建立 TN/TP 浓度与其对应的常规水质参数之间的响应关系，进行 TN、TP 浓度反演，通过比较各算法的精度进行模型优选。

  Linear SVR 是一种基于支持向量机（Support vector machine，SVM）的有监督线性回归模型。它通过将数据投影到一个新的超空间，以最小的经验风险和建模函数的复杂性拟合数据并进行预测（Were et al.，2015）；与线性回归不同，KNN 存储训练集中的 X 和 y，并且没有固定长度的权重向量，当要求对一个测试点 X_i 进行分类时，模型在训练集中查找最近的入口并返回相关的目标（Du et al.，2016），KNN 具有容量大、不局限于固定数量参数的特点，但是无法识别一个特征是否较其他特征更有区别性；DTR 是一种有监督的学习算法，它将输入空间分割成区域，每个区域都有单独的参数（Asadollah et al.，2021），DRT 根据训练数据的具体特征将数据划分为二分类组，每个非叶子节点与用于分类的特征相关联，每个叶子节点代表最终的类别，根节点到每个叶节点的路径对应特定的分类规则；LightBGM 是一种基于树型学习算法的高效算法，通过使用基于直方图的算法提高了的训练速度，且有较好的准确性，支持并行、分布式和 GPU 学习，并且能够处理大规模数据（Kobayashi and Yoshida，2021）；RF 是一种基于树的集成模型，在数据集的各个子样本上对多个决策树进行拟合，并使用平均法提高预测精度和控制过拟合（Tao et al.，2021），在 RF 中，集合中的每棵树都是由从训练集中抽取的样本替换而成，分割节点通过从所有输入特性或大小为 max_features 的随机子集中找到最佳分割；GBR 是将 boosting 推广到任意可微损失函数，建立了一个正向阶段递增的模型，它允许对任意可微损失函数进行优化，其两个最重要的参数是 n_estimators 和 learning_rate（Tao et al.，2021）；ET 是 Pierre Geurts 等人提出的集成算法模型，通过将多个决策树模型分别应用至各个子样本上，并使用平均值提高预测的准确性、控制过度拟合（Geurts et al., 2006），该算法在 RF 的基础上，提高了训练样本及划分属性选取的随机性，其决策树的规模大于随机森林，方差更小，泛化能力更强。整个 ET 的分裂过程主要涉及 3 个参数：每个节点随机算则属性的数量 K、分裂一个节点所需的最小样本量大小、最终模型中决策树的数量 M，分别决定了属性选择、平均输出的量、集成模型方差减少的强度。

本方法中，基于 ET 算法构建 TN、TP 反演模型通过 *Python* 的 *Scikit-learn* 库实现，其主要过程包括：

ⅰ. 将所采集样本集中的水质参数序列数据随机拆分成训练样本 (S, a) 和测试样本 (T, b)，其中，S 为训练样本集，a 为训练样本数据，T 为测试样本集，b 为测试样本数据。

ⅱ. 随机选定均匀切点 a_c^s，若 $a > a_c^s$，则返回树节点的左分支，若 $a < a_c^s$，则返回树节点的右分支，其中，$a_{min}^s \leq a_c^s \leq a_{max}^s$，$a_{min}^s$、$a_{max}^s$ 分别为训练样本数据最小、最大值。

ⅲ. 以均方误差 *MSE* 作为节点分裂评估标准，对节点的所有特征进行遍历，获得全部特征的分裂值，并选取分裂值最大的特征对该节点进行分裂。*MSE* 计算方法见式 8.16。

$$MSE = \sum_{i=1}^{n} \frac{1}{n} (f(x_i) - y_i)^2 \quad (8.16)$$

式中：n 为训练样本集中的样本数量，$f(x_i)$ 为第 i 个样本的 TN/TP 浓度预测值，y_i 为第 i 个样本中的 TN/TP 浓度实测值。

ⅳ. 重复步骤 ⅰ-ⅲ 迭代 V 次，建立极端随机树集合。

ⅴ. 计算反演模型的决定系数 R^2，若 R^2 大于等于设定的阈值，则判定该模型的预测性能满足要求，若 R^2 小于设定的阈值，则根据 *MSE* 调整参数后重复 ⅰ~ⅳ，直至满足要求。R^2 计算方法见式 8.17。

$$R^2 = 1 - \frac{\sum_{i=1}^{n}(y_i - f(x_i))^2}{\sum_{i=1}^{n}(\hat{y}_i -)^2} \quad (8.17)$$

式中：$\hat{y}$ 为 TN/TP 浓度实测值的平均值。

ⅵ. 实时采集常规水质参数，将采集的参数输入构建的反演模型中，实现 TN/TP 实时浓度反演。

2) 不同数据源情景下模型自适应性分析

调整极端随机树算法训练数据及测试数据的数据源，设置了以下 7 种情景，分析监测点位类型差异对反演精度的影响（表 8-11）。

表 8-11 TN/TP 浓度反演模型中不同数据源情景设置情况

情景编号	训练数据集		测试数据集	
	数据源	数据条数	数据源	数据条数
1	所有数据	144	所有数据	48

(续表)

情景编号	训练数据集		测试数据集	
	数据源	数据条数	数据源	数据条数
2	田 1, 2, 3, 4, 5	96	田 1, 2, 3, 4, 5	32
3	沟 1	48	沟 1	16
4	所有数据	160	田 1, 2, 3, 4, 5	32
5	所有数据	176	沟 1	16
6	沟 1	64	田 1, 2, 3, 4, 5	128
7	田 1, 2, 3, 4, 5	128	沟 1	64

3) 缺失数据情景下模型可靠性分析

在采集的 192 条数据中，随机选取 75% 的样本为训练样本，25% 的样本为测试样本，进行缺失数据情景下模型可靠性分析：通过随机去除样本中变量值的个数 n ($n=1, 2, 3$)，模拟野外监测时传感器探头失灵导致的部分数据缺失情景；通过设置缺失样本的比例 p ($p=25\%, 50\%, 75\%, 100\%$)，模拟野外监测站故障等导致的部分数据缺失情景。

3. 算法优选结果

基于铵态氮，硝态氮，正磷酸盐，pH，水温、电导率、溶解氧、氧化还原电位等水质传感器可迅速测量的常规水质指标，对比了 7 种智能算法下 TN、TP 浓度预测精度（图 8-44）。结果表明，在 7 种算法种，决策树（DT）、随机森林（RF）、梯度提升回归树（GBR）、极端随机树（ET）算法对 TN 的反演精度均在 0.9 以上，其中，极端随机树（ET）对 TP 的反演精度在 0.7 以上。因此，选用极端随机树作为本方法中 TN、TP 反演的最优模型。

4. 不同数据源情景下模型自适应性

不同数据源情景下模型自适应性评估结果表明，较 TP 而言，反演 TN 浓度的极端随机树算法模型对数据源差异的敏感性更低，即模型自适应性更好（图 8-45，表 8-12）。对于 TN 而言，在以全部点位数据（田和沟）为训练样本及测试样本对 TN 浓度进行反演时，模型的精度保持在 0.95 以上（情景 2，情景 3）；在以全部点位数据（田和沟）为训练样本，部分点位数据（田或沟）为测试样本对 TN 浓度进行反演时，模型的精度保持在 0.76 以上（情景 4，情景 5）；在以田（或沟）数据为训练样本，沟（或田）数据为测试样本时，模型的精度很差（情景 6，情景 7）。对于 TP 而言，在训练/测试样本监测点位类型不改变的情况下，模型预测精度的均值均在 0.60 以上（情景 2 和情景 3，情景 4 和情景 5），且对沟数据的预测效果（情景 3，情景 5）优于对田的预测效果（情景 2，情景 4）；与 TN 反演结果相似，在以田（或沟）数据为训练样本，沟（或田）数据为测试样本时，模型的精度很差（情景 6，情景 7），即训练/测试样本监测点位类型的变化会大幅影响模型预测精度。以上结果表明，本方法在获取训练数据

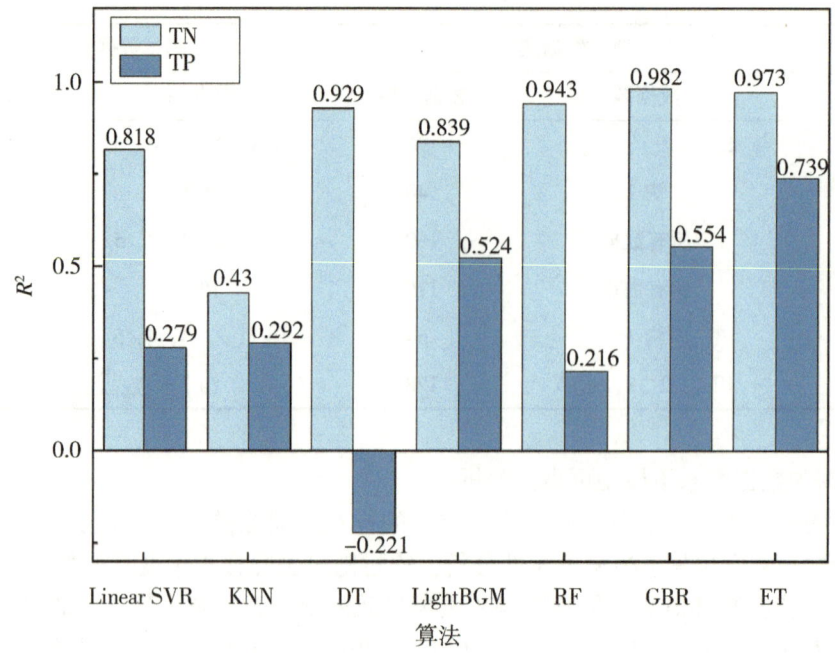

图 8-44 基于 7 种算法的 TN、TP 浓度反演精度对比

时,在采样点的选择上并不严格,只要采样背景或点位类型一致即可。此外,不同站点的数据可以积累作为训练数据,增加样本量。

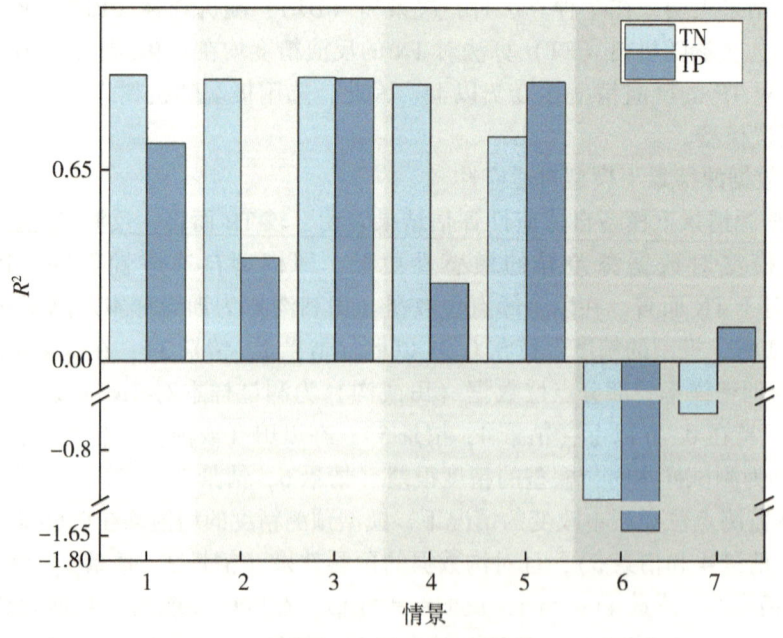

图 8-45 不同数据源情景下模型自适应性评估结果

表 8-12　不同数据源情景下模型自适应性评估结果

情景编号	训练数据集	测试数据集	R^2	
			TN	TP
1	所有数据	所有数据	0.973	0.739
2	田 1, 2, 3, 4, 5	田 1, 2, 3, 4, 5	0.958	0.351
3	沟 1	沟 1	0.965	0.961
4	所有数据	田 1, 2, 3, 4, 5	0.941	0.266
5	所有数据	沟 1	0.764	0.949
6	沟 1	田 1, 2, 3, 4, 5	-0.995	-1.618
7	田 1, 2, 3, 4, 5	沟 1	-0.653	0.115

5. 缺失数据情景下模型可靠性

结果表明，TN 的预测精度分别随缺失值个数 n、含缺失值的样本比例 P 增大而降低（图 8-46 至图 8-48）。在以所有数据为训练/测试样本（情景 1）进行 TN 浓度反演

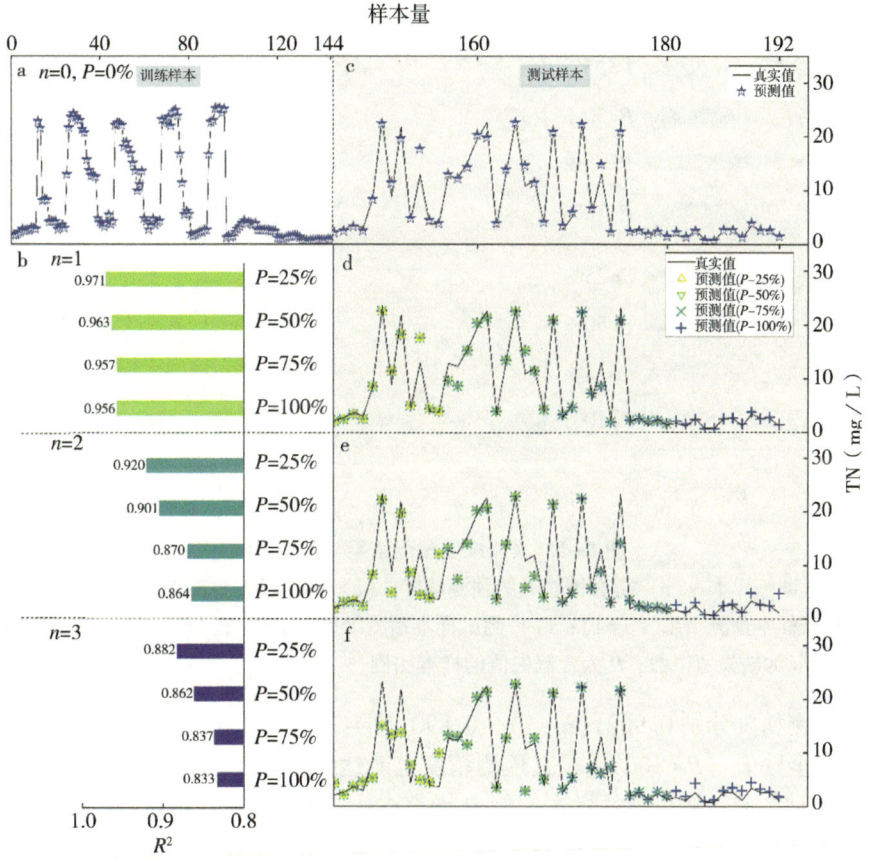

图 8-46　TN 浓度预测结果（情景 1）

（a）训练样本；（b）所有情景下的预测精度；（c）测试样本预测结果（$n=0$, $P=0$）；（d）测试样本中对缺失值的预测结果（$n=1$）；（e）测试样本中对缺失值的预测结果（$n=2$）；（f）测试样本中对缺失值的预测结果（$n=3$）；n 为缺失值个数；P 为含缺失值的样本比例，%。

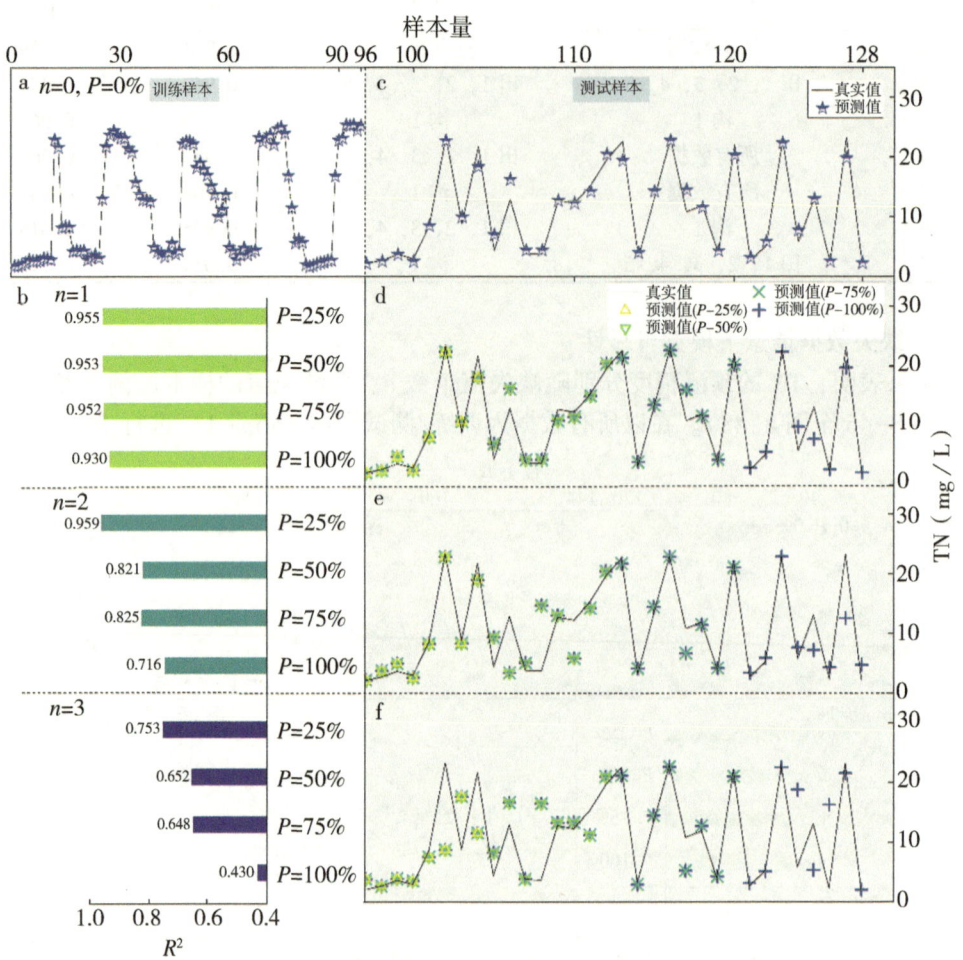

图 8-47 TN 浓度预测结果（情景 2）

（a）训练样本；（b）所有情景下的预测精度；（c）测试样本预测结果（$n=0$，$P=0$）；（d）测试样本预测结果（$n=1$）；（e）测试样本预测结果（$n=2$）；（f）测试样本预测结果（$n=3$）；n 为缺失值个数；P 为含缺失值的样本比例，%。

时，平均预测精度分别 0.962（$n=1$）、0.890（$n=2$）、0.853（$n=3$）；即使测试样本中的数据完全缺失（$P=100\%$），其预测精度也能达到 0.83 以上；当每个样本中缺失值个数 n 为 1 时，不管缺失值的样本比例 P 增至多大，TN 的预测精度均大于 0.95；当 n 从 1 增至 2 时，n 对 TN 预测精度的影响大于 P；当 n 从 2 增至 3 时，n 与 P 对 TN 预测精度的影响相差不大。在以田数据为训练/测试样本（情景 2）进行 TN 浓度反演时，平均预测精度分别 0.948（$n=1$）、0.838（$n=2$）、0.621（$n=3$）；n 对 TN 预测精度的影响增大，且预测精度对 n、P 的敏感性增大，即缺失值对模型预测精度影响增大；当每个样本中缺失值个数 n 为 1 时，不管缺失值的样本比例 P 增至多大，TN 的预测精度

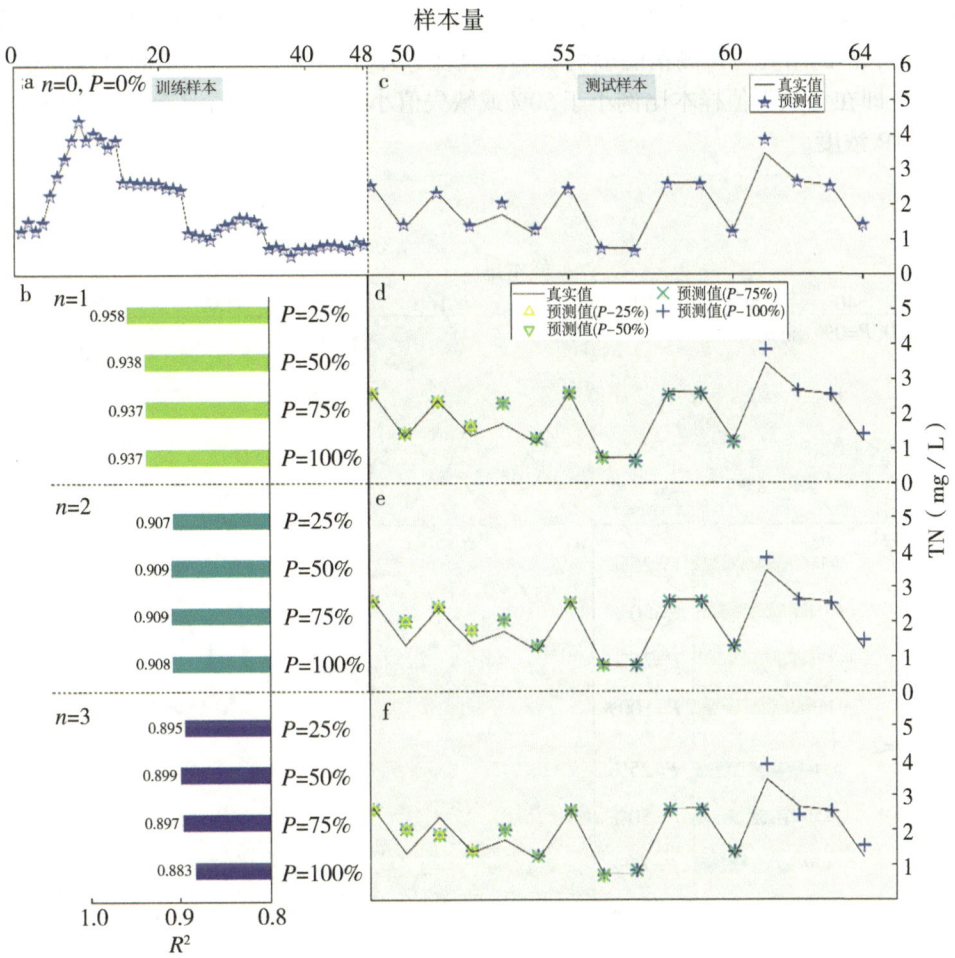

图 8-48　TN 浓度预测结果（情景 3）

(a) 训练样本；(b) 所有情景下的预测精度；(c) 测试样本预测结果（$n=0$, $P=0$）；(d) 测试样本预测结果（$n=1$）；(e) 测试样本预测结果（$n=2$）；(f) 测试样本预测结果（$n=3$）；n 为缺失值个数；P 为含缺失值的样本比例,%。

均大于 0.93。在以该数据为训练/测试样本（情景 3）进行 TN 浓度反演时，平均预测精度分别 0.943（$n=1$）、0.908（$n=2$）、0.893（$n=3$）；n 对 TN 预测精度的影响较高于 P，且模型对 P 的敏感性较低。

结果表明，TP 的预测精度分别随缺失值个数 n、含缺失值的样本比例 P 增大而降低（图 8-49 至图 8-51）。在以所有数据为训练/测试样本（情景 1）进行 TN 浓度反演时，平均预测精度分别 0.758（$n=1$）、0.692（$n=2$）、0.617（$n=3$）；在以田数据为训练/测试样本（情景 2）进行 TN 浓度反演时，平均预测精度分别 0.304（$n=1$）、0.170（$n=2$）、0.071（$n=3$）；在以该数据为训练/测试样本（情景 3）进行 TN 浓度反演时,平均预测精度分别 0.954 ($n=1$)、0.953 ($n=2$)、0.913 ($n=3$)。尽管点位差异对 TP 预测精度的扰动较大,但缺失数据对 TP 预测精度的影响模式仍与 TN 一致,即 n 对预测精度的影响整体高于 P;P 对预测精度的影响随 n 的增大而增大;在 n 小于等于 1 时,P 的增高对预测精度影响较小,且在 P 小于 50% 时,n 的增高对预测精度影响较小,即在含缺失值样本比例小于 50% 或缺失值小于等于 1 的情况下,该模型仍能较好预测 TP 浓度。

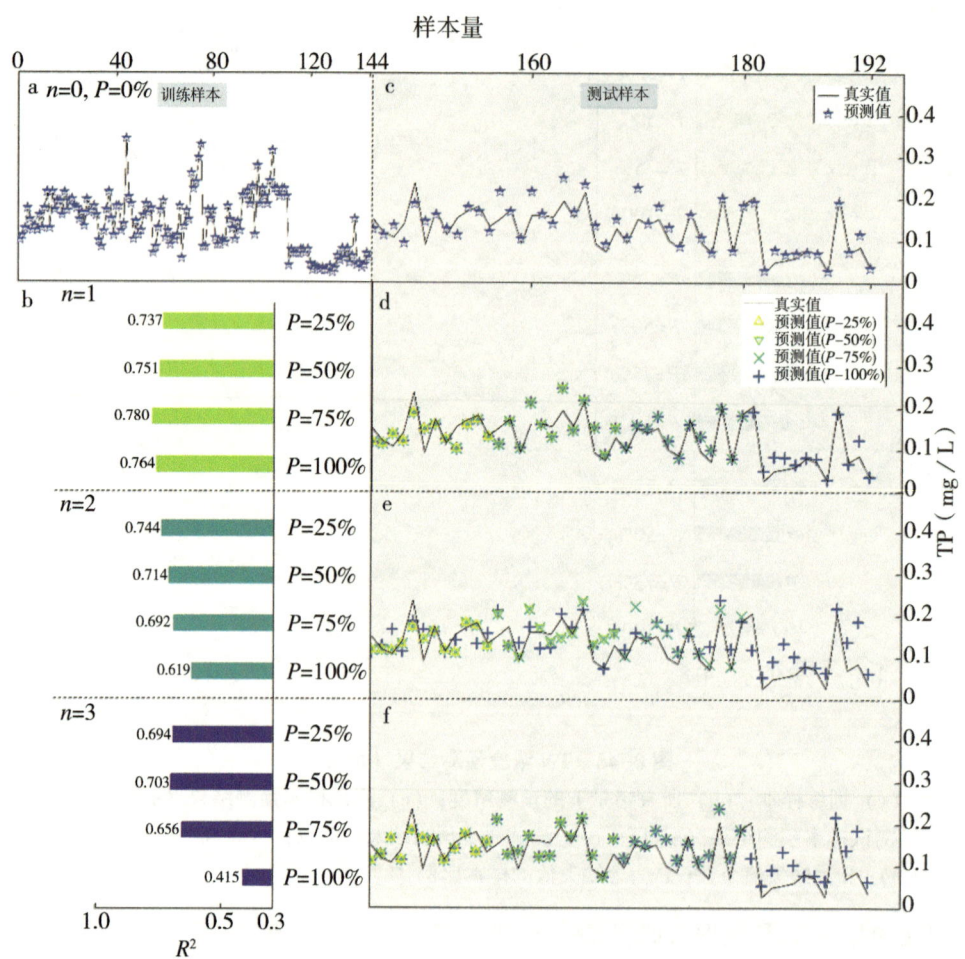

图 8-49 TP 浓度预测结果(情景 1)

(a) 训练样本;(b) 所有情景下的预测精度;(c) 测试样本预测结果($n=0$,$P=0$);(d) 测试样本中对缺失值的预测结果($n=1$);(e) 测试样本中对缺失值的预测结果($n=2$);(f) 测试样本中对缺失值的预测结果($n=3$);n 为缺失值个数;P 为含缺失值的样本比例,%。

整体而言,样本缺失值个数 n 为 1~2 的情况下,TN、TP 的预测精度随缺失数据比

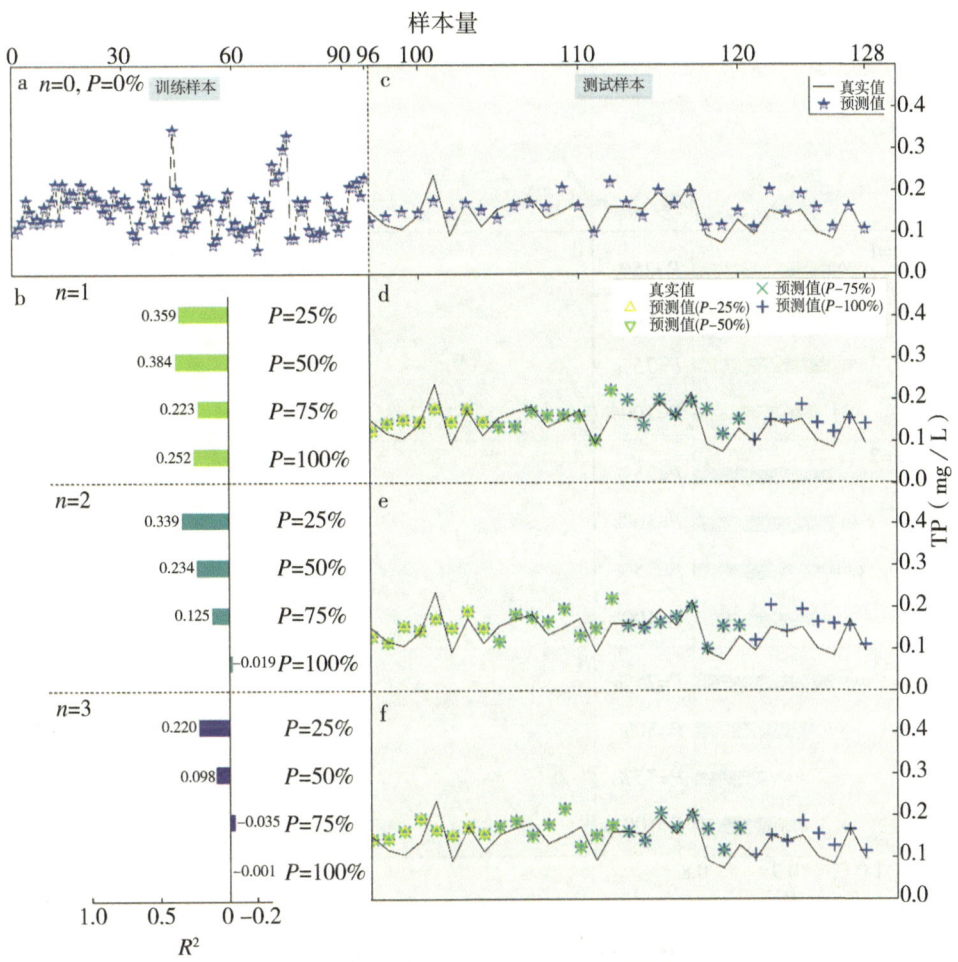

图 8-50　TP 浓度预测结果（情景 2）

(a) 训练样本；(b) 所有情景下的预测精度；(c) 测试样本预测结果（$n=0$，$P=0$）；(d) 测试样本中对缺失值的预测结果（$n=1$）；(e) 测试样本中对缺失值的预测结果（$n=2$）；(f) 测试样本中对缺失值的预测结果（$n=3$）；n 为缺失值个数；P 为含缺失值的样本比例,%。

例增大而降低。n 为 1（即以 6 组变量进行 TN、TP 浓度反演）时，对于 TP 而言，随着缺失数据比例增大，其整体反演效果较 TN 更好，模型对于缺失数据的敏感性较低。对于 TN 而言，在以全部点位数据（田、沟）为训练样本及测试样本（情景 2，情景 3）对 TN 浓度进行反演时，缺失数据对模型反演精度影响不大，模型的可靠性较好；当缺失值样本比例为 100%时，整体预测精度变差，但预测数据整体趋势变化仍与缺失值样本比例为 25%时一致。随着样本缺失值个数 n 的增加（即用于反演的变量越少），模型的反演精度越差，但整体而言仍能保持数据原有趋势，反演结果较为理想。以上结果表

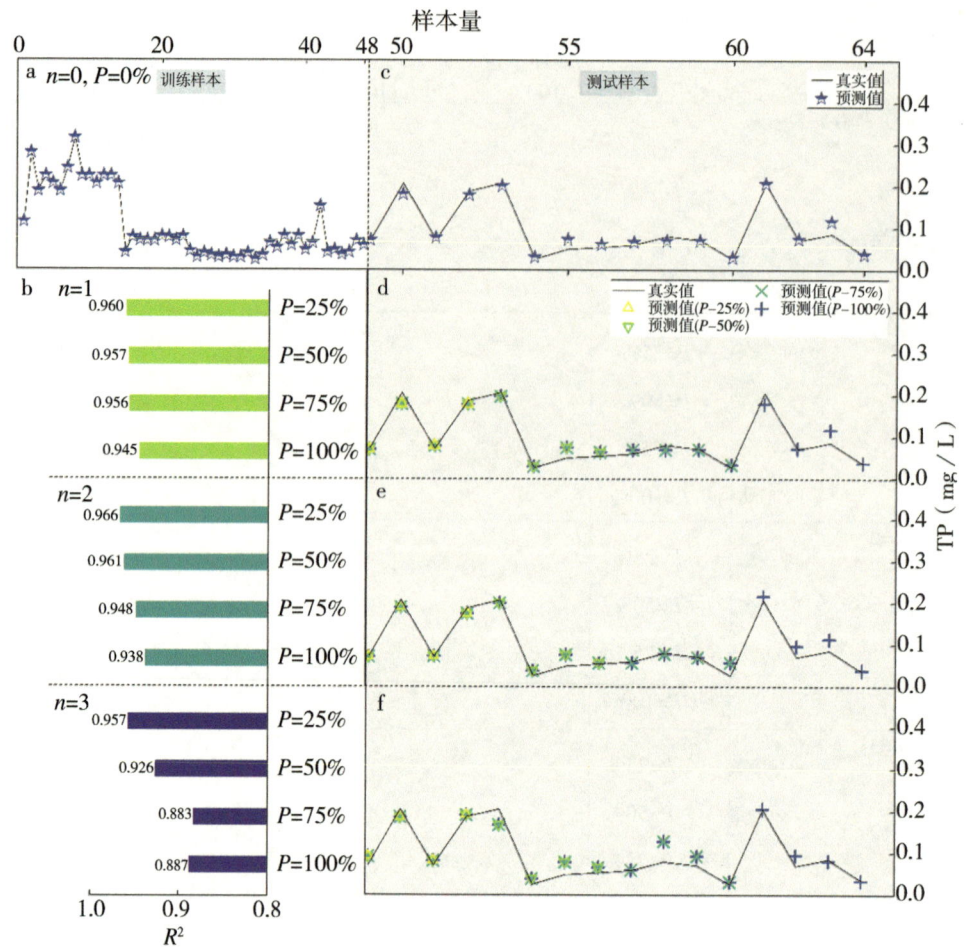

图 8-51 TP 浓度预测结果（情景 3）

（a）训练样本；（b）所有情景下的预测精度；（c）测试样本预测结果（$n=0$，$P=0$）；（d）测试样本中对缺失值的预测结果（$n=1$）；（e）测试样本中对缺失值的预测结果（$n=2$）；（f）测试样本中对缺失值的预测结果（$n=3$）；n 为缺失值个数；P 为含缺失值的样本比例，%。

明，在可接受的缺失数据比例情况下（50%以下）时，本方法对 TN、TP 浓度的反演效果仍较好，并且在缺失变量的情况下，本方法对 TN、TP 浓度趋势变化仍有较好的反演效果。

6. 精度验证

选取野外 21 组水样进行检测及精度验证。所用常规水质参数中，正磷酸盐为自主研发的磷酸盐电极测得，硝态氮采用紫外分光光度法（HJ/T 346—2007）测得，其余参数为传感器测得。第三方检测机构分别采用碱性过硫酸钾消解紫外分光光度法（HJ 636—2012）、钼酸铵分光光度法（GB 11893—1989）测定得到 TN、TP 浓度。

以 TN、TP 快速反演结果为预测值，以第三方检测机构检测结果为真实值进行对比，测试本方法对 TN、TP 的反演精度，测试指标为相对误差 δ、准确率 acc，其计算方法分别见式 8.18 及式 8.19：

$$\delta = \frac{|y_i - y_{true}|}{y_{true}} \times 100\% \tag{8.18}$$

$$acc = \frac{N_a}{N} \times 100\% \tag{8.19}$$

式中：y_i 为第 i 个样本中的 TN/TP 浓度预测值，y_{true} 为第 i 个样本中的 TN/TP 浓度真实值，N_a 为 δ<10% 的样本数量，N 为样本总数。

TN、TP 快速反演方法精度测试结果如表 8-13 所示。本方法的 TN 反演结果相对误差平均值为 4.82%，准确率为 80.95%；TP 反演结果相对误差平均值为 16.71%（去除两组异常值时），准确率为 61.90%，反演精度良好。

表 8-13　TN、TP 快速反演方法精度测试结果

样本编号	TN			TP		
	预测值 (mg/L)	真实值 (mg/L)	相对误差 (%)	预测值 (mg/L)	真实值 (mg/L)	相对误差 (%)
1	0.24	0.27	11.52	0.05	0.19	73.66
2	1.42	1.47	3.41	0.29	0.27	8.18
3	2.51	2.52	0.45	0.39	0.40	3.75
4	4.68	4.62	1.33	1.59	1.75	9.28
5	5.65	5.89	4.20	0.76	0.75	1.88
6	6.65	6.42	3.60	0.86	0.87	1.49
7	7.58	7.65	0.81	1.54	1.57	1.85
8	8.67	8.68	0.11	2.55	2.77	7.94
9	9.72	9.69	0.36	3.09	2.66	16.38
10	11.72	11.66	0.58	2.89	2.71	6.61
11	13.24	12.71	4.18	2.61	2.47	5.97
12	14.62	15.37	4.88	2.42	1.96	23.22
13	15.83	15.77	0.35	2.17	2.26	4.15
14	17.78	17.52	1.47	2.10	2.36	11.09
15	20.53	20.50	0.13	2.30	2.47	6.81
16	21.55	21.59	0.21	2.52	2.47	1.86
17	15.30	16.34	6.38	2.19	2.28	4.03

(续表)

样本编号	TN			TP		
	预测值 (mg/L)	真实值 (mg/L)	相对误差 (%)	预测值 (mg/L)	真实值 (mg/L)	相对误差 (%)
18	12.25	10.80	13.40	2.14	0.05	4 097.39
19	2.84	3.53	19.62	2.13	0.37	472.66
20	17.76	19.48	8.86	0.73	2.08	64.84
21	16.50	19.47	15.26	1.17	3.31	64.58

8.3.6.2　农田地表径流水量水质监测仪（可调式）

地表径流监测是研究土壤侵蚀和面源污染规律的重要手段。针对现阶段农田面源污染监测与防治领域监测手段单一，无法长期快速连续地监测等问题，本研究自主设计研发了农田地表径流水量水质监测仪（可调式），通过三角堰口的自动调节，有效扩大径流测量量程、并提高不同降水条件下的径流监测精度，可以广泛、实时、自动、准确地应用于监测不同降水条件下的径流；并通过浮漂与水质探头的结合，实现水量水质的实时在线监测。

本研究研发的农田地表径流水量水质监测仪（可调式）可以用于不同降水情况下的径流监测，其操作过程简便，自动化程度高，测量效果精确。

1. 仪器硬件设计

农田地表径流水量水质监测仪（可调式）是一种可调式地表径流监测装置，由矩形集流箱、可调式三角堰、液位传感器、数据处理器和上位机五部分组成，可以用于不同降水情况下的径流监测，其操作过程简便，自动化程度高，测量效果精确。

农田地表径流水量水质监测仪（可调式）设计见图 8-52。可调式三角堰由两块扇形活动堰板、丝杆模组、控制器组成。两块扇形活动堰板的圆心处固定在矩形集流箱正面扇形开口圆心处，控制器控制丝杆模组（图 8-53）活动实现调整三角堰角度变化，解决了单一堰口角度的三角堰不能满足不同降水条件下流量监测的问题，有效地增大了径流监测仪器的监测量程。该仪器将单电机连同滑轨整体封闭起来，并且整体上移至于堰口上方，减少人为和自然因素的接触，使得仪器即使是较为极端的情况下，也可以尽量保证电机的正常运行，减少故障率。通过活动扇面的外延，仪器由版本一的 30°、60° 堰口双角度变换改为 30°、60°、90° 三角度变换，扩大量程、并增加适用场景（图 8-54）。

2. 界面设计

可调式地表径流监测仪软件界面见图 8-55，可以现场通过液晶触摸屏主屏界面直接读取液位值、堰口角度、瞬时流量和累积流量；通过副屏界面查看历史时间内流量曲线。同时，也可以通过 PC 端和移动端远程实时在线监测仪器情况并读取数据。

8 田沟塘水量水质协同调控技术

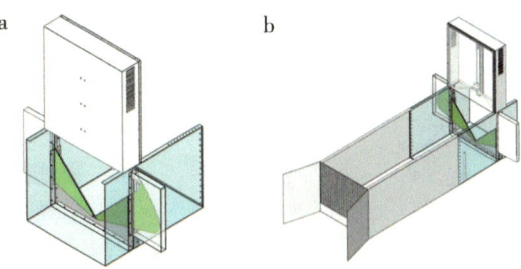

图 8-52 农田地表径流水量水质监测仪（可调式）
（a）堰口设计图；（b）整体设计图。

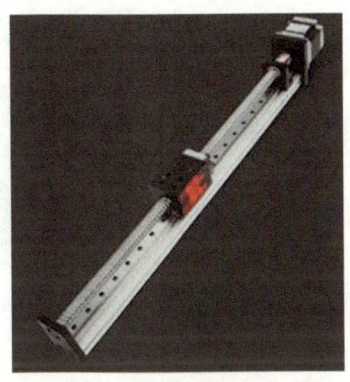

图 8-53 农田地表径流水量水质监测仪（可调式）丝杆模组

图 8-54 农田地表径流水量水质监测仪（可调式）实地安装图

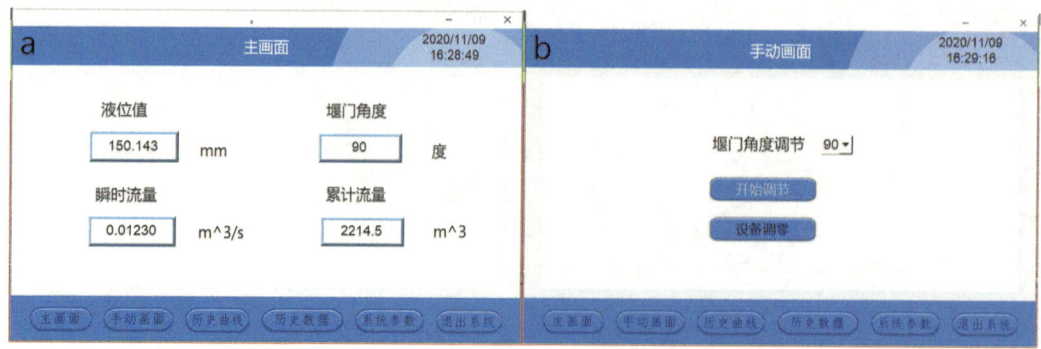

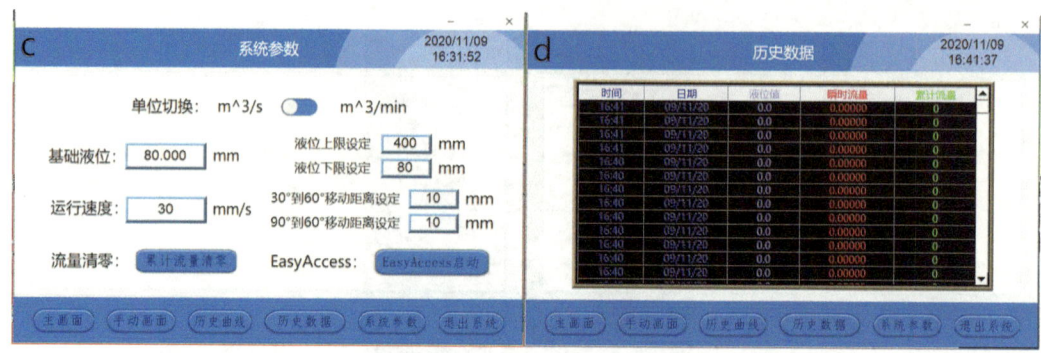

图 8-55 可调式地表径流监测仪屏幕主界面和堰口控制界面

3. 仪器参数

农田地表径流水量水质监测仪（可调式）可以实时在线监测流经三角堰口的瞬时径流流量、累积径流流量、液位等相关参数，详见表 8-14。

表 8-14 农田地表径流水量水质监测仪（可调式）仪器参数表

指标参数	说明
累积流量范围	$0\sim1\,000\ m^3$，清零不覆盖
瞬时流量范围	$0.2\ L/s\sim0.25\ m^3/s$（可扩展）
流量误差	<8%
探头测距范围	$0\sim500\ mm$（可定制）
测距精度	±0.5%
监测频率	分、秒（可设置）
工作电压	AC220V
控制主机外形尺寸	400 mm×300 mm×180 mm
传感器连接可选信号	rs485，4~20 mA

指标参数	说明
工作环境	常温、常压
选项功能	支持U盘数据采集，支持远程数据查看，可测量角度30°、60°、90°（可选）

4. 试验测试

对农田地表径流水量水质监测仪（可调式）进行量程精度等相关指标进行试验测试。以堰口角度30°和60°为例，测试过程和结果如下。

试验步骤：

（1）确定两个角瞬时流量的量程。由于仪器设计时具有数据记录功能，即所测得瞬时流量数据都记录在仪器所带的U盘中，所以，只需要控制进水口阀门，使水流量从小到大通过堰口，当水平面到达三角堰口上顶角位置时，保持水流量不变，持续5～10 min，使水波动最小，以减少水的波动对传感器测定液位的影响。重复实验。实验时，在实验开始和结束时，记录实验时间和进水口水表的数据，用以计算总的流量与仪器测定总流量对比。在流量稳定时，手动测量液位值，代入公式计算瞬时流量用以与仪器稳定的瞬时流量值对比。

（2）确定仪器最佳测定时间。根据仪器量程及可操作性分大流量、中流量、小流量测定仪器最佳测试时间。在两个堰口角度的情况下，调整进水阀，在每个流量下测定进水第1、第3、第5、第10、第15、第20分钟的瞬时流量，将测得瞬时流量与手动测量流量进行对比，计算仪器测试精确度，精确度高的时间为仪器最佳测定时间。实验时，在实验开始和结束时，记录实验时间和进水口水表的数据，用以计算仪器测定总流量精度。在流量稳定时，手动测量液位值，代入公式计算瞬时流量用以与仪器稳定的瞬时流量值对比。

（3）确定堰口30°与60°角度转换阈值。堰口角度在30°时，控制进水口阀门，使进水口流量缓慢增加，直到进水口流量最大，每一分钟记录瞬时流量，同理测出堰口角度在60°角瞬时流量。这两个角度下流量梯度的仪器所测值与手动所测值进行精确度对比，当60°角精确度比30°角精确度高时，则该精确度所对流量值为30°角变为60°角的流量值，60°变30°同理。仪器系统中，这两值均可手动输入，输入后则该仪器可以进行堰口的自动调节。重复实验。实验时，在实验开始和结束时，记录实验时间和进水口水表的数据，用以计算总的流量与仪器测定总流量对比。在流量稳定时，手动测量液位值，代入公式计算瞬时流量用以与仪器稳定的瞬时流量值对比。

（4）测定堰口自动调节情况下的仪器精确度。打开自动调节开关，输入所测得变换角度所需达到的液位值。控制进水阀，使水流量从小到大增加，然后稳定一定时间后，关闭进水阀。重复实验。在实验开始和结束时，记录实验时间和进水口水表的数据，用以计算总流量，将进水口水表总流量与仪器测定总流量进行对比，计算仪器测量结果的精确度。

结果分析：

(1) 两个角瞬时流量的量程测试结果见图 8-56。根据实验结果可知，仪器堰口角度为 60°时，仪器瞬时流量量程为 0~0.019 m³/s。仪器堰口为 30°时，仪器瞬时流量量程 0~0.008 m³/s。在测试时段内，60°堰口下，仪器所测得累计流量为 8.824 m³，进水口水表所测得累计流量为 9.482 m³，仪器监测误差为 6.9%，说明该仪器所测得水流量与实际通过堰口的流量相符。

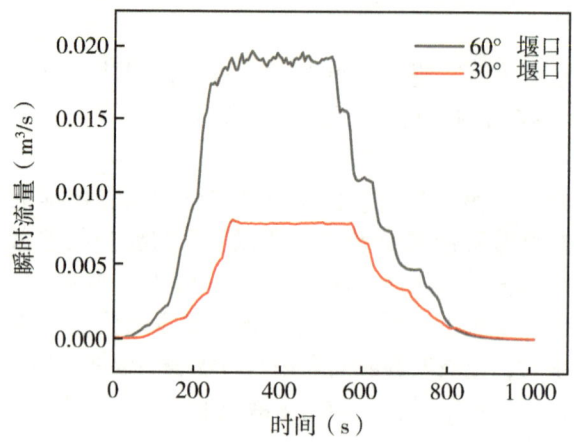

图 8-56 两堰口角度的量程图

(2) 不同测定时间间隔下，仪器测试结果见图 8-57。由结果可知，仪器在很短时间内即可取得较高精确度的数值，且随着时间的增加，精确度逐渐提高，随后小有波动，但变化不大。经过计算可知，为了保证较高的精确度和尽量节省测量时间，仪器在实际监测时，测定时间在 2~5 min 即可，具体取值视实际水波动情况决定，水波动剧烈，监测时间取 5 min；反之 2 min 即可。本实验为了较高精确度，实验时间取 5 min。此外，小流量下 30°堰口测得瞬时流量精确度比 60°堰口测得瞬时流量精确度高，这也验证了该仪器的创新点是符合实际的，具有较好的改进效果。

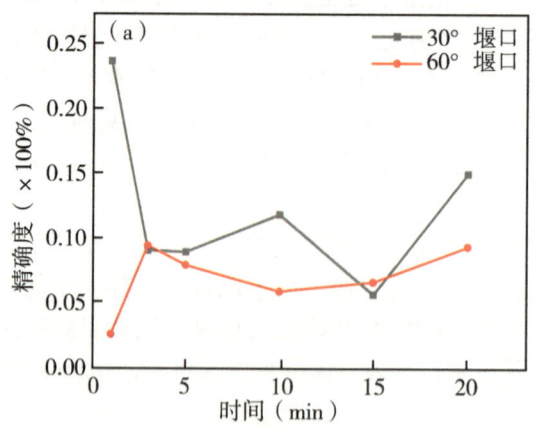

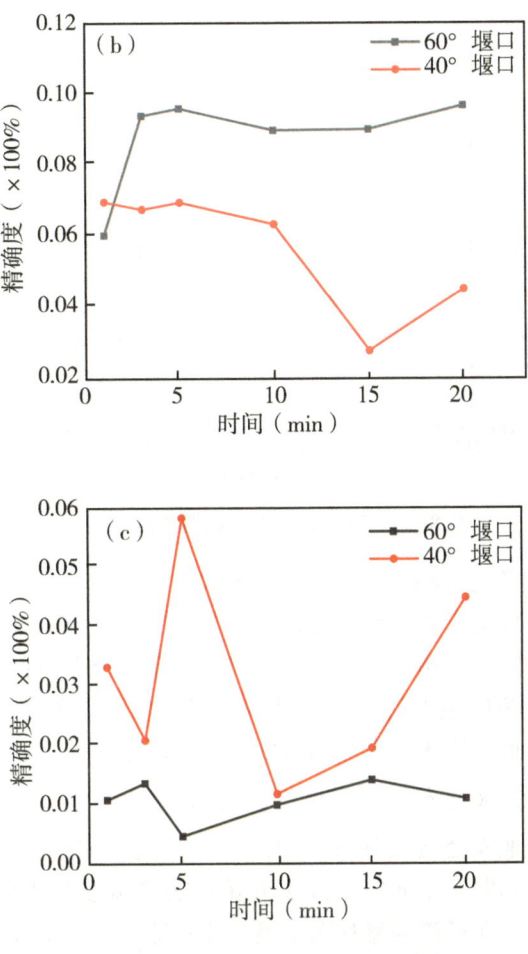

图 8-57 不同流量下仪器测试精确度
(a) 小流量；(b) 中流量；(c) 大流量。

(3) 当流经堰口瞬时流量小于 0.008 m³/s 时，仪器堰口 30° 的测定精确度高于 60°；当流经堰口瞬时流量达 0.008 m³/s 时，仪器堰口 60° 的测定精确度高于 30°。因此，当堰口流量到达 0.008 m³/s 时，可以对堰口角度进行调节来提高监测精度。当流量达到 0.008 m³/s 时，堰口角度由 30° 增至 60°，对应的液位值由 117 mm 降至 82 mm，仪器测量精度提高。

堰口自动调节情况下的流量测定结果见图 8-58。以流量 0.008 m³/s 为阈值进行自动调节，流量小于 0.008 m³/s 时堰口角度为 30°，流量大于 0.008 m³/s 时堰口角度为 60°。仪器能正常工作，测定量程为 0~0.019 m³/s。在时间 250~350 s 内，仪器测定的瞬时流量有波动，这是由堰口角度的变化所引起的。当堰口角度由 30° 变为 60° 时，堰口突然变大，导致水位急剧下降，从而引起瞬时流量的变化。仪器在测定时间内所测得累计流量为 3.559 m³，进水口水表所测得累计流量为 4.374 m³，仪器监测误差为 18.6%，因此，堰口的变化对流量的计算略有影响，后续需要进一步优化。

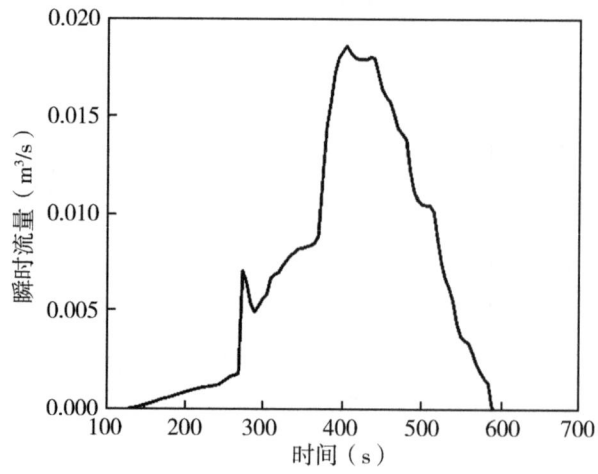

图 8-58 自动化情况下仪器监测结果

研发的可调式地表径流监测仪所采用的可调式的三角堰口的设计方法，摆脱了常规三角堰一直停留的固定堰角，通过堰口扇面的活动调节，从而有效地增大了径流监测仪器的监测量程；通过不同测量角度的有效测量，提高了径流监测的流量精确度；解决了不同降水条件下径流监测区域的时空异质性的问题，实际操作简便快捷，自动化水平高，精度高，可以广泛地应用于各个实验及实际监测场地。

8.3.6.3 农田地表径流水量水质监测仪（下沉式）

针对现阶段对农田地表径流监测所采用的常规径流监测仪器（如三角堰）进出水需要水头差、占地大等问题，本研究研发了农田地表径流水量水质监测仪（下沉式），该仪器通过下沉式设计，在径流满流状态下进行流量监测，因结构简单，不易淤塞，适配性高，可广泛应用于小型沟渠和农田排水口的水量原位、在线监测。也可通过加装水质探头实现水量水质的同步实时在线监测。

1. 设计思路

仪器整体设计思路见图 8-59，仪器整体呈一矩形箱体形状，顶部两侧开口为进出水口，箭头 1 所指为田面高度，箭头 2 所指为田埂高度。箱体内部为一 U 形过水通道。仪器箱体整体下沉于沟底，水流由进水口进入 U 形过水通道，待水流将过水通道填满后，再由出水口流出，通过测量过水通道的流速来检测流量。这种下沉式的设计可以保证整个过水通道满流，从而保证流量的精确测量。

2. 传感器选型

在传感器选型方面，从传感器的精度、测量原理、测量范围、安装方式、通信方式、对待测液的要求、传感器的材质等多方面综合筛选，共选择了如表 8-15 等数十款不同材质不同测量原理的水流速流量传感器，最后确定了精度高、安装便捷、拓展联通性强的沟渠管道式超声波流量计。

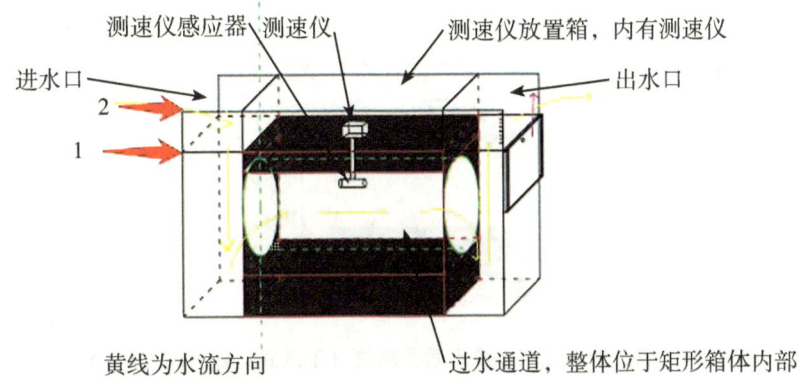

图 8-59　农田地表径流水量水质监测仪（下沉式）仪器示意图
注：箭头 1 所指为田面高度，箭头 2 所指为田埂高度。

表 8-15　农田地表径流水量水质监测仪（下沉式）传感器筛选

名称	型号	安装方式	测量范围	原理	描述
分体壁挂式超声波流量计	TM-1（中型）	外夹式	DN50-700	超声波传感	传感器外夹在过水通道外，需另做固定及保护部分，对过水通道要求较高
	TC-1（标准插入）	插入式	DN50-6000	超声波传感	破坏过水通道且易被杂质所干扰，对过水通道要求较高
热导式流量计		插入式		探头传感器温度变化导致电阻不同	主要用于开关，用于定量监测较少
插入转轮反渗透式流量计	KF11-12S	插入式		转轮速度不同	易被水中杂质干扰
插入式电磁流量计		插入式	DN100-1000	电磁感应定律，导电液体通过感应电压变化	对水质水量要求较高

3. 仪器硬件设计

根据仪器设计思路及选定传感器型号对农田地表径流水量水质监测仪（下沉式）硬件进行设计（图 8-60 至图 8-62）。

该仪器整体由进、出口两个箱体和过水通道组成，将进水箱进水口设置的拦水网小型化，在拦截泥沙淤泥及漂浮物的同时，减少占地面积；进水箱也可作为泥沙的沉降池，以及多参数水质水量传感器放置处；提拉式进水口，可水位控制，占地面积小。

4. 界面设计

农田地表径流水量水质监测仪（下沉式）软件界面见图 8-63，可以现场通过液晶触摸屏主屏界面直接读取流速、瞬时流量和累积流量；通过副屏界面查看历史时间内流

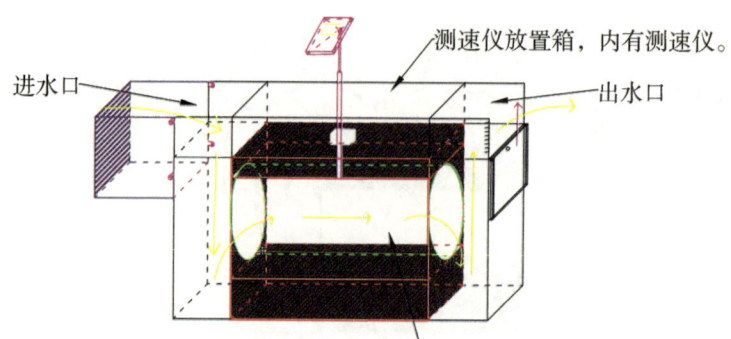

图 8-60　农田地表径流水量水质监测仪（下沉式）设计 CAD 示意图

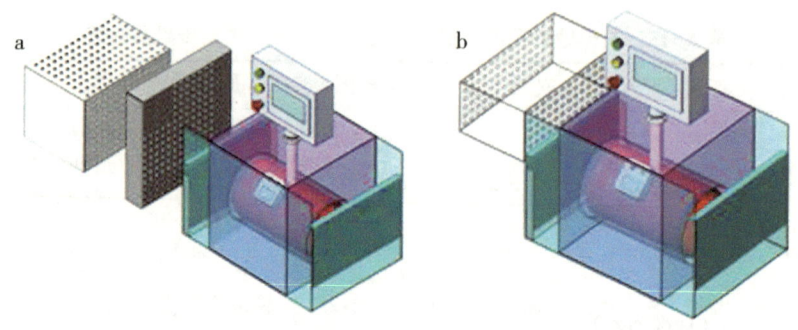

图 8-61　农田地表径流水量水质监测仪（下沉式）设计图
（a）加装沉降过滤网；（b）加装过滤网仪器整体图。

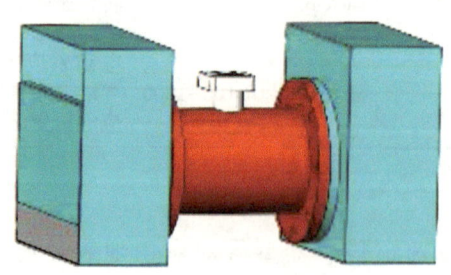

图 8-62　农田地表径流水量水质监测仪（下沉式）设计版本五

量曲线。同时，也可以通过 PC 端、移动端远程实时在线监测仪器情况并读取数据。

5. 规格参数

农田地表径流水量水质监测仪（下沉式）可以实时在线监测流经仪器的流速、流量等相关参数，详见表 8-16。

8 田沟塘水量水质协同调控技术

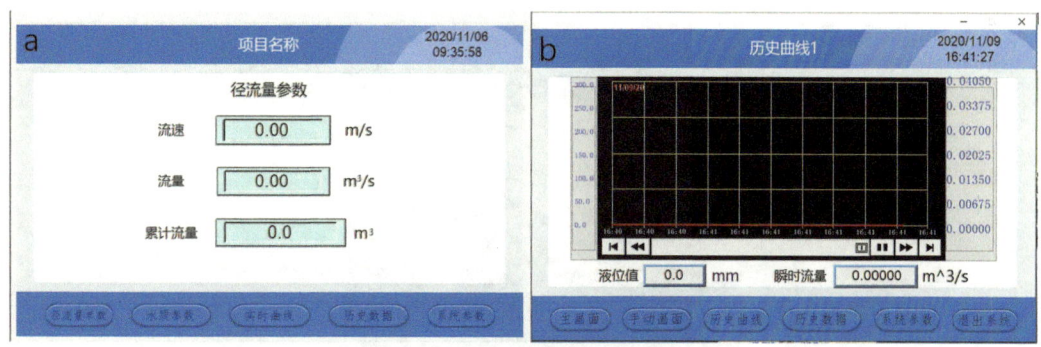

图 8-63 农田地表径流水量水质监测仪（下沉式）软件操作界面
(a) 主界面；(b) 历史曲线。

表 8-16 农田地表径流水量水质监测仪（下沉式）仪器参数

指标参数	说明
累积流量范围	0~1 000 m³，清零不覆盖
瞬时流量范围	0.002 77~0.138 m³/s（可扩展）
探头口径范围	探头口径范围：15~200 mm（可定制）
测距精度	±0.5%
监测频率	分、秒（可设置）
工作电压	AC220V
控制主机外形尺寸	400 mm×300 mm×180 mm
传感器连接可选信号	rs485，4~20 mA
工作环境	常温、常压
选项功能	支持U盘数据采集，支持远程数据查看

6. 产品实物

产品实物见图 8-64。农田地表径流水量水质监测仪（下沉式）采用下沉式过水通道的设计，在径流满流状态下配合水流传感器进行流量监测，无进出口水头差要求，下行式进水方式可防止泥沙堵塞，监测精度高，结构简单，占地小，易于安装。同时，通过匹配过水通道规格，可适用于不同规模的沟渠和农田排水口，实用性强，易于推广。

8.3.6.4 农田地表径流水量水质监测仪

农田地表径流水量水质监测仪以多参数反演农田径流 TN、TP 的快速监测技术为基本原理，以可调式地表径流监测仪和下沉式地表径流监测仪为放置场景，可实现水质和地表径流量的同时监测。仪器间的相互搭配结合使得其应用更为广泛，解决了传统监测方法对人力物力的消耗。

1. 仪器硬件设计

农田地表径流水量水质监测仪设计见图 8-65。分别将农田地表径流水量水质监测

图 8-64　农田地表径流水量水质监测仪（下沉式）实地安装图

仪（可调式）和农田地表径流水量水质监测仪（下沉式）作为依托场景，采用浮漂式将水质传感器依附于农田地表径流水量水质监测仪（可调式）中，采用嵌入式将水质传感器固定于农田地表径流水量水质监测仪（下沉式）中。

图 8-65　农田地表径流水量水质监测仪现场安装图

2. 软件设计

农田地表径流水量水质监测仪（多参数）软件界面见图 8-66，可现场通过液晶触摸屏主界面直接读取实时水质指标、流速、瞬时流量和累积流量或液位、角度、瞬时流量；通过历史数据界面读取水质历史记录数据。此外，可通过 PC 端、移动终端远程实时在线监测仪器情况并读取数据。

3. 传感器选型

通过对市面上多种常见的 8 项水质指标传感器的多次对比筛选，确定下列相应传感器型号对水质指标进行监测（表 8-17），并根据智能算法对 TN、TP 进行反演。

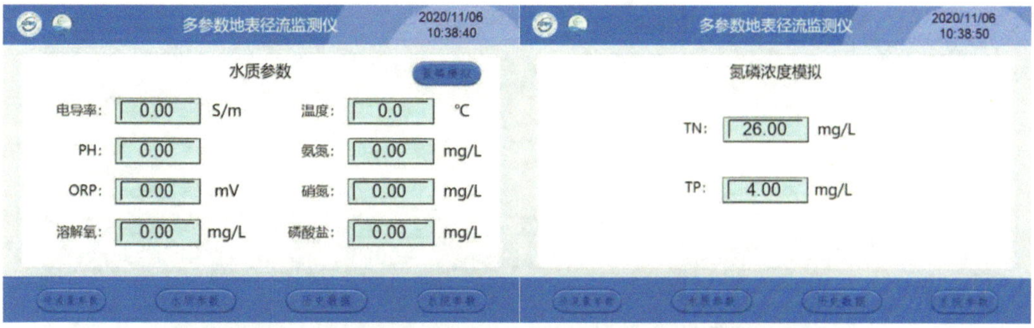

图 8-66 农田地表径流水量水质监测仪（多参数）软件界面图

表 8-17 传感器选型

项目名称		主要技术参数/规格
山东精讯	水质电导率传感器	测量范围：0~2 000 us/cm；测量精度：3%F.s
	水质 pH 传感器	测量范围：0~14 pH；测量精度：±0.5 pH
	水质 ORP 传感器	测量范围：±1 000 mV；测量精度：±0.5 mV
	水质溶解氧传感器+温度监测	量程：0~20 mg/L；测量精度：3%F.s、荧光法检测原理
	水质铵态氮传感器	量程 0~100 mg/kg；测量精度 5%F.s
	信号中转壳体以及电路元器件	集成出一路 485 输出
杭州陆恒	硝态氮电极	测量范围：硝酸根离子 0~2 000 mg/L；测量精度：硝酸根离子±5.0% F.S

农田地表径流水量水质监测仪以基于多参数反演农田径流 TN、TP 的快速监测技术为基本原理，以可调式、浮漂式和下沉式、嵌入式为放置场景。相较于其他在线水质监测仪器，农田地表径流水量水质监测仪（多参数）费用低廉、体积小，且监测频率高，解决了由于降水发生时间的不确定性往往导致不能及时进行监测，或由于恶劣天气导致人工采样无法顺利进行的问题，实现了地表径流水质、水量的实时原位在线监测。

8.3.6.5 田-沟-塘水量水质协同调控与循环利用技术集成

基于田-沟-塘水量水质协同调控与循环利用技术和相关核心硬件、软件产品的研发，集成稻田气象与水量水质信息采集单元、水量水质调控决策模块、水量流向控制单元等，实现了稻田氮磷迁移过程阻控与资源化利用；通过沟塘优化配置和多向、多节点、多回路的水量、流向控制等手段（图 8-67），提升沟塘净化能力、减少稻田氮磷流失，达到了雨水充沛期稻田高浓度水截留调蓄、低浓度水选择性排放，雨水短缺期稻田高浓度水循环利用的目标。

8.4 小结

利用卫星遥感影像和小型无人机遥感航测，结合地面勘测，实现稻田灌排单元平原

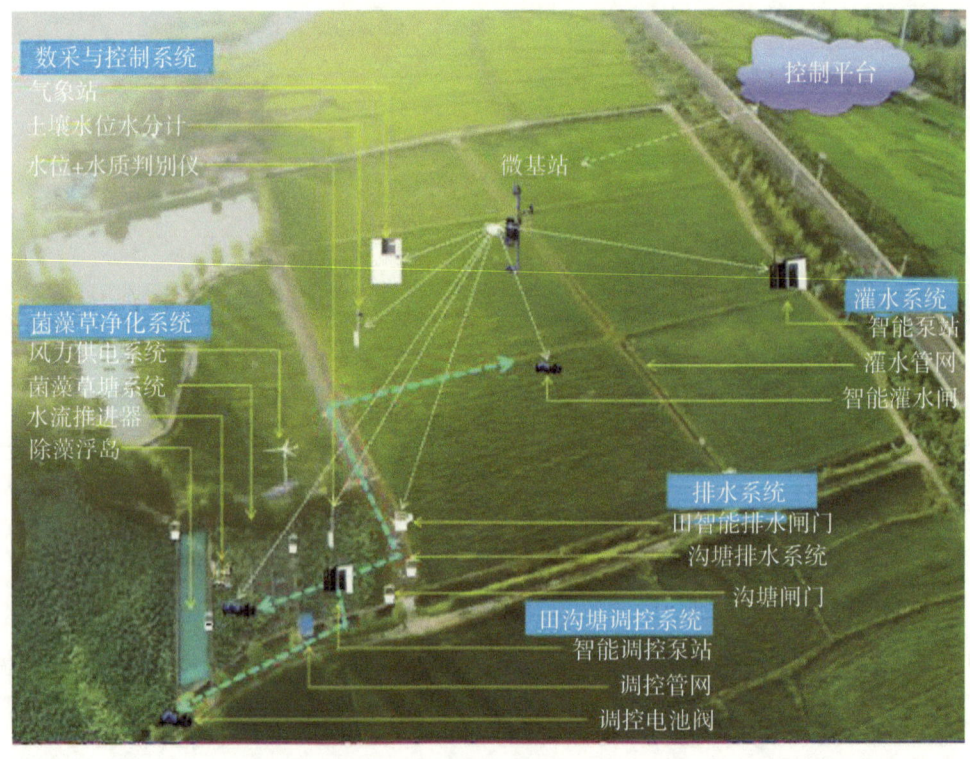

图 8-67 田-沟-塘水量水质协同调控与循环利用技术多向调控示意图

布局及空间结构的准确获取；明确了如何通过宏观的沟塘构建、配比优化和水量平衡调节；研发了水位精准调控、风险期提前排水、循环灌溉 3 个措施，提升沟塘调蓄功能、强化氮磷阻控能力。通过连续观测发现，沟、塘的水量水质随田面水呈现规律性变化。稻田系统中的沟、塘具有缓冲功能，施肥后 14 d 内为稻田灌排单元氮磷流失防控关键期。可通过简单的工程措施，强化沟、塘的调蓄功能，实现稻田排水的高效循环利用及生态净化。基于田、沟、塘水量水质观测结果和水稻不同生育期水分需求特性，研发了稻田灌排单元水量水质响应模型，不仅可定量模拟田-沟-塘水量水质响应关系，还可准确预测不同气候条件、水肥管理措施、沟塘配比及结构下不同水量平衡特征的稻田氮磷流失规律，指导灌排单元设计和灌排措施优化，提升沟塘调蓄功能、强化氮磷阻控能力。确定了适宜于水稻各生育期、不同降水条件的田-沟-塘水量水质协同调控与循环利用技术系统运行参数。技术原理上变被动为主动、变削减为利用、将无序的无组织排放转变为有序的选择性排放，实现稻田排水的高效循环利用及生态净化，创新了稻田氮磷流失防控理念。在无塘地区和有塘地区典型灌排单元的研究基础上，构建了田沟塘协同防控稻田面源污染体系，提出了工艺模式和构建方案明确了技术在不同稻区及不同模式下的运行参数及操作要点。

9 稻田排水菌藻草共生净化技术

9.1 基本原理

9.1.1 藻调控条件研究

试验探究栅藻在不同运行条件下的污染物去除效率。试验装置为序批式（Sequencing batch reactor，SBR）悬浮菌藻系统。选用 5 L 烧杯作为反应器进行试验。将烧杯置于磁力搅拌仪上，并将搅拌仪放置于定做的实验架中。试验配以不同瓦数的全光谱 LED 植物生长灯作为人工光源。调整位置使植物灯距离烧杯口顶部中央高于水面 20~25 cm 处，植物灯配有可自由开关和定时功能。试验装置如图 9-1 所示。

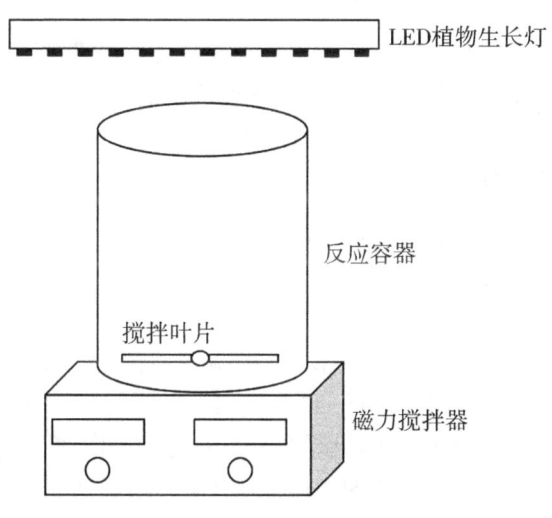

图 9-1 藻调控试验装置图

试验所使用的处理水均为实验室人工配制的模拟污水，配水各污染物的浓度参考 GB18918—2002《城镇污水处理厂污染物排放标准》中的一级 B 标准进行配制，在每组实验开始阶段现用现配。使用磷酸二氢钾作为磷源，氮源使用硫酸铵（NH_4^+-N）及硝酸钾（NO_3^--N）进行配制，COD 浓度使用邻苯二甲酸氢钾来提供，配制完成后用碳酸氢钠将尾水的 pH 值调至 7.0~7.1。试验用水水质参数如表 9-1 所示。

表 9-1 藻调控试验用水水质参数

指标	COD	TP	铵态氮	硝态氮	TN
浓度（mg/L）	75	1	8	15	23

9.1.1.1 温度对悬浮菌藻系统处理效果的影响试验

共设置 5 组反应器，1 至 5 号反应器均为试验组，分别设置其系统水温为 15 ℃、20 ℃、25 ℃、30 ℃、35 ℃。污水体积与藻液体积比为 4∶1。试验运行搅拌速率为 300 r/min；植物灯功率 8 W，水面中央光强约 18 000 lux。保持各试验组周围的试验环境条件一致。每天在相同的时间段使用便携式藻类分析仪测定叶绿素 a 的含量并取上层水样测定水质，以此判断藻类生长情况和系统处理效果。

9.1.1.2 光照强度对悬浮菌藻系统处理效果的影响试验

确定最佳运行温度后，后续试验在此最佳温度下进行。共设置 5 组反应器，编号为 1~5 号。其中 1 号反应器为对照组，不给予人工植物灯的照射，而是给予 4 个普通白炽灯的照射，调整其光强数据约为 17 000 lux。其余 4 组为实验组，2~5 号分别使用 5 W、8 W、12 W、15 W 的植物灯，并调整灯距离水面的距离，使各组的光强数值维持在 17 000 lux、19 000 lux、22 000 lux、26 000 lux 左右。其余参数与之前保持一致。

9.1.1.3 光照时间对悬浮菌藻系统处理效果的影响试验

使用前面试验确定的最佳温度、光照条件参数进行本部分试验。本组试验共设置 4 组反应器，均为实验组，编号为 1~4 号。每组反应器连接一个电子时间转换器，可以自动控制光照时间。1~4 号分别设定为每天 6 h、12 h、18 h 和 24 h 的光照时长。其余条件沿用前述的试验条件。

9.1.2 菌-藻-草共生系统净化技术研究

9.1.2.1 浅水型菌-藻-草共生系统研究

图 9-2 为试验装置示意图，由进水桶、蠕动泵、菌-藻-草共生系统、滤膜等组成。菌-藻-草共生系统的尺寸为 1.0 m×0.32 m×0.4 m，使用 PVC 板制作而成，边框及底座的 PVC 板厚度为 10 mm，中间的隔板厚度为 5 mm，中间隔板在塘中分隔出一个循环的水路使塘中的水能循环流动，池子四角做 45°倒角，水深 0.3 m，为使塘中藻类充分利用水中有机物进行繁殖生长，需提高菌-藻-草共生系统中水的溶氧量，故内置搅拌浆进行持续性地搅拌，使池内的水进行循环流动的速度保持在 0.15~0.20 m/s。菌-藻-草共生系统中通过不锈钢膜进行藻水分离，膜后接蠕动泵，出水经膜过滤后由蠕动泵吸出。整套装置放置在室外阳光充足处，在自然条件下运行。

同时，在塘中加入不同类型草，构建菌-藻-软性纤维生物绳（人工草）、菌-藻-细叶莎草、菌-藻-苦草 3 种菌-藻-草共生系统，探究菌-藻-草共生系统处理农田排水的可行性，重点考察不同填充度下的软性纤维生物绳对菌-藻-草共生系统处理 TN、TP、铵态氮、COD 效果的影响。

9 稻田排水菌藻草共生净化技术

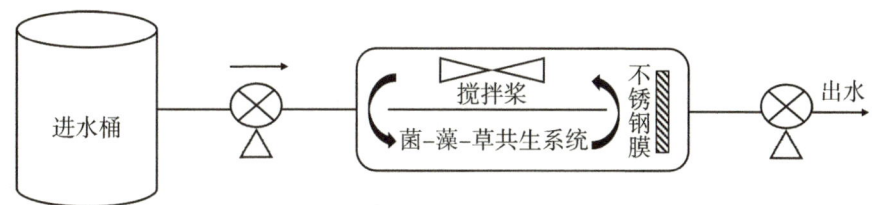

图 9-2 浅水型菌-藻-草共生系统试验装置及工艺流程

采用不锈钢膜作为试验用膜,来过滤出水中的藻类以及其他有机物颗粒等。使用 0.45 μm、1 μm、2 μm 3 种孔径的不锈钢管式烧结膜组件进行藻水分离对比研究,长 254.1 mm,内径 49.9 mm,外径 59.4 mm,有效面积为 0.047 5 m²,采用由外向内过滤方式。过滤过程中产生的跨膜压力由压力传感器测量,并由数据记录仪记录其随时间的变化,每秒测量、记录一次。

试验用水为人工配制模拟污水,模拟农田排水的平均水质,在自来水中添加葡萄糖、氯化铵、磷酸二氢钾等物质,配水碳氮磷的比值控制在 100∶20∶1 左右,符合农田排水低碳、高氮磷的水质类型,试验用水水质检测指标及测试方法如表 9-2 所示。

表 9-2 主要水质检测指标及测试方法

测定项目	测试方法
TN	过硫酸钾氧化-紫外分光光度法
TP	钼酸铵分光光度法
铵态氮	纳氏试剂分光光度法
硝态氮	紫外分光光度法
COD	快速消解分光光度法
叶绿素	叶绿素测定仪法

9.1.2.2 深水型菌-藻-草共生系统研究

试验装置由进水桶,菌-藻-草共生反应器,不锈钢膜组件等组成,其中反应器为直径 30 cm 的圆柱形透明有机玻璃柱,柱高 2 m,有效水深 1.8 m,有效容积为 127 L,气泵与反应器底部内置的一根曝气管相连接,通过曝气来控制反应器内水流速度,同时方便藻类均匀接受日光照射。潜污泵放置于进水桶中,由水位控制器对其进行控制,使污水可以自动从进水桶提升至反应器内。出水系统由不锈钢膜及蠕动泵构成,其中不锈钢膜的平均孔径为 3 μm,有效面积为 1 m²,放置于反应器内,用于过滤出水中的藻类,膜后接蠕动泵,出水经膜过滤后由蠕动泵吸出,同时根据 HRT 调节蠕动泵转速。整套装置放置于室外阳光充足处。试验装置以及整个工艺流程图如图 9-3 所示。

试验采用不锈钢膜作为膜组件,用来过滤反应器中的藻类从而提升出水水质。不锈钢膜采用管式不锈钢膜,滤芯为不锈钢丝构成的不锈钢膜片,平均孔径为 3 μm,有效膜面积为 1 m²,纯水通量为 200 L/(m²·min)。

试验用水为人工配水,模拟农田排水的平均水质,在自来水中添加葡萄糖、氯化

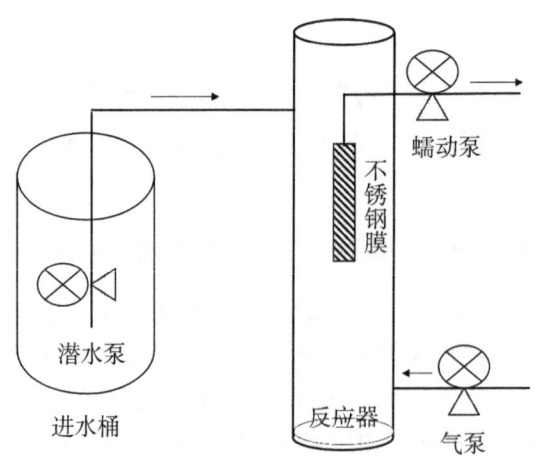

图 9-3 深水型菌-藻-草共生系统试验装置及工艺流程

铵、磷酸二氢钾等物质，配水碳氮磷的比值控制在 100∶20∶1 左右，符合农田排水低碳、高氮磷的水质类型，试验用水水质参数如表 9-1 所示。

试验主要检测指标和测定方法如表 9-2 所示。

9.1.2.3 确定系统最佳运行条件和参数

1. 不同水力停留时间

试验设置系统的水力停留时间梯度为 6 d、4 d、2 d 和 1 d，研究了不同水力停留时间下系统对农田排水中污染物的处理效果。

2. 不同水流速度

试验设置系统的水流速度的梯度为 0.1 m/s、0.2 m/s 和 0.3 m/s，研究了不同水流速度下系统对农田排水中污染物的去除效果。

3. 不同搅拌时间

试验设置系统的搅拌时间的梯度为 8 h、12 h 和 16 h，研究了不同搅拌时间下系统对农田排水中污染物的去除效果。

4. 不同草种类

实验构建了菌-藻-软性纤维生物绳（人工草，不同密度）、菌-藻-细叶莎草、菌-藻-苦草 3 种菌-藻-草共生系统，探究菌-藻-草共生系统处理农田排水的可行性。

5. 运行管理

根据 HRT 调节蠕动泵转速。进水时同步连续搅拌，夜间停止搅拌。进出水时间与搅拌时间相同，取样时间为运行周期内每天上午 9:00，分别采集进水、反应器混合液、不锈钢膜出水进行水质指标分析。进行不同 HRT 对系统处理农田排水的影响研究时，在同一个反应器内从 6 d、4 d、2 d 至 1 d 依次进行，一个处理水平试验结束后，调整至另一个处理水平试验时，至少在新的处理水平下运行两个周期至反应器运行稳定后，再进行正式试验。进行不同水流速度及搅拌时间对系统处理农田排水的影响研究时，同时在 3 个反应器中进行试验，当 3 个反应器均稳定运行并且水体中初始氮磷浓度基本一致后，开始正式试验。

9.1.2.4 系统的氮素去除机理

试验通过分析系统内各形态氮素与去除情况，同时对反应期间的分子量分布指数、DO 值以及 ORP 值进行测定，探究菌-藻-草共生系统中氮素的迁移转化与去除机理。

9.1.2.5 菌-藻-草共生系统物种多样性分析

为了考察菌-藻-草共生系统的微生物群落及其对农田排水处理效果的影响，采用群落多样性组成谱分析方法测定了运行成熟的菌-藻-草共生系统及对照组中的细菌及真核微生物。

9.1.3 藻水分离技术研究

9.1.3.1 水生生物塘藻水分离效果研究

选择我国南方常见的水花生（*Alternathera Philoxeroides*，原名喜旱莲子草，又名水苋菜，空心苋等），同时在其中有目的性放养少量植食性鱼类和螺类，形成一个生态型的稳定塘。在秋末间种浮萍，此时气温急剧降低，水花生的生长趋于缓慢甚至枯死，处理能力减弱，而浮萍的耐寒能力较强，则可作为对水花生的补充。水生生物塘的设计水力停留时间为 1 d，水深为 1.0 m，超高取 0.25 m，表面植物覆盖率100%，研究其藻水分离效果和运行需求。

9.1.3.2 不锈钢膜藻水分离效果、污染特征及其清洗

试验装置由藻类培养池、过滤桶、蠕动泵、不锈钢膜组件、压力传感器和数据记录仪等组成。其中藻类培养池尺寸为 1.25 m×0.40 m×0.40 m，包括边框、底座、隔板，材质为不锈钢，厚度为 7 mm，隔板作用是在塘中分隔出供水流循环流动的渠道，池子四角为 45°倒角，水深 0.30 m，内置搅拌桨连续搅拌，促进藻类与光的接触。过滤桶容积约 14 L，不锈钢膜组件置于其中，在底部设有曝气管。本研究使用 0.45 μm、1 μm、2 μm 3 种孔径的不锈钢管式烧结膜组件，长 254.1 mm，内径 49.9 mm，外径 59.4 mm，有效面积为 0.047 5 m²，采用由外向内的四端过滤方式。过滤过程中产生的跨膜压力由压力传感器测量，并由数据记录仪记录其随时间的变化，每秒测量、记录一次。藻类培养池结构如图 9-4 所示，图 9-5 为过滤试验装置及相应实物照片。

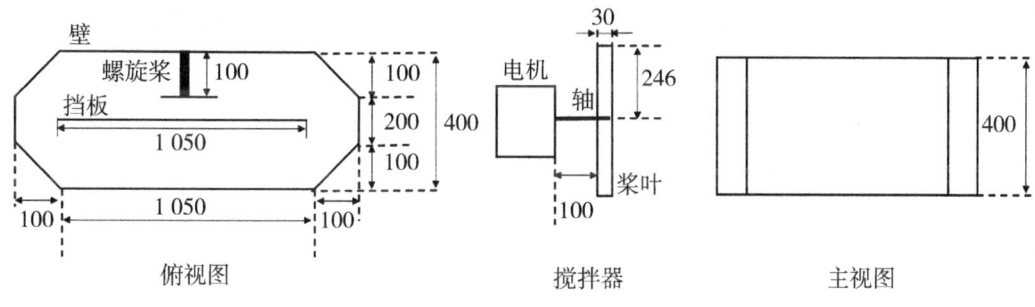

图 9-4 藻类培养池

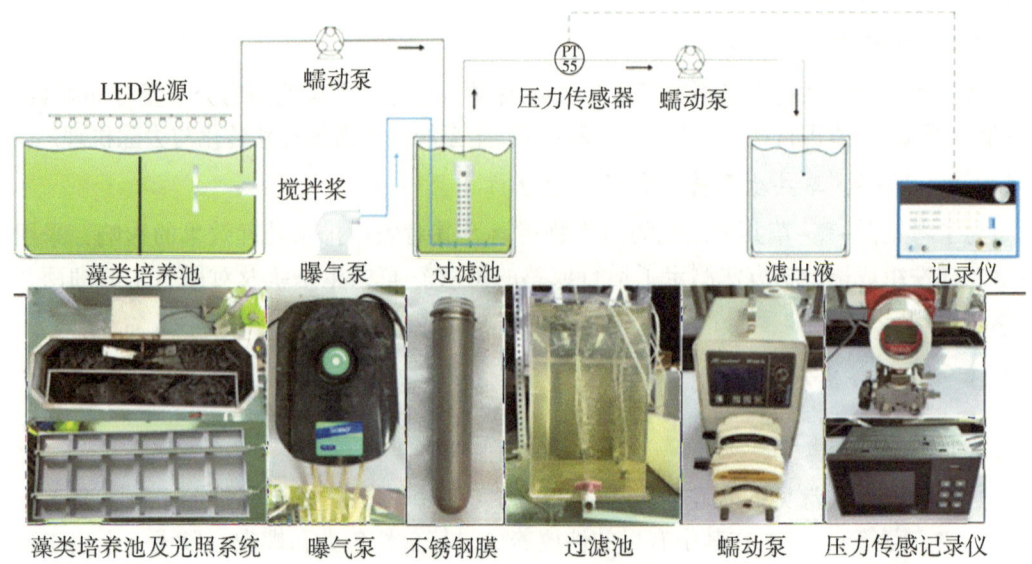

图 9-5 不锈钢膜藻水分离试验流程与装置图

试验主要检测指标为跨膜压力、藻类的工业分析、元素分析、叶绿素浓度、热解产物组成及热值等,其中跨膜压力由压力变送器测定,工业分析由热重分析仪进行,元素分析由元素分析仪、电感耦合等离子体发射光谱仪(ICP-AES)及波长色散型 X 射线荧光光谱仪(XRF)进行,叶绿素主要检测方法为叶绿素测定仪法,热解产物组成由热解-气相色谱-质谱联用仪(PY-GC/MS)测定,热值根据元素测定结果由经验公式计算得出,膜表面观察由 LaB6(六硼化镧)扫描电子显微镜完成,表面元素定量由 X 射线光电子能谱仪(XPF)完成,表面官能团由显微成像红外光谱仪(MFTIR)鉴定,由膜结构测试由高性能全自动压汞仪完成,亲水性由接触角测量仪完成。

不锈钢膜的性质测定包括:

1. 纯水通量

采用恒压泵测定不锈钢膜的纯水通量。在 20 ℃、0.1 MPa 压力下,使用电磁流量计测定纯水通过膜的通量大小。

2. 亲水性

采用接触角测量仪测定不锈钢膜的纯水静态接触角,以此表征膜的亲水性。

3. 孔隙度

采用高性能全自动压汞仪测定不锈钢膜的孔隙度。

以上参数均测定 3 次取平均值。

不锈钢膜的藻水分离性能测试包括:

1. 藻类去除率

分别测定过滤前后水体的叶绿素浓度,膜的叶绿素去除率 $R_{rejection}$ 通过下式计算:

$$R_{rejection} = \frac{C_{feed} - C_{permeate}}{C_{feed}} \tag{9.1}$$

式中：C_{feed}为进水中的叶绿素a（chl-a）浓度，$C_{permeate}$为滤出液中的chl-a浓度。

2. 临界通量的测定

膜临界通量是指膜污染增加明显的最小通量。其测定方法很多，本试验采用改进型步进通量法（IFSM）来测定不锈钢膜组件的临界通量。IFSM法采用与传统步进流量法的步进法，通量呈阶梯状提升，此通量为J_H。通过分析JH阶段跨膜压力（TMP）随时间的变化情况，可以得到总污染的临界通量J_c值。

3. 长期恒流过滤试验

以临界通量作为运行通量，进行富藻水体的长期恒流过滤试验。当TMP达到50 kPa时停止，TMP随时间的变化由记录仪记录，供后续分析。恒流过滤试验中得到的污染膜进行清洗测试。

不锈钢膜藻水分离的污染特征及机理研究采用膜过滤组合模型进行长期恒流过滤的数据分析。该模型包括5个子模型，即完全堵塞-滤饼过滤模型、完全堵塞-中间堵塞模型、中间堵塞-标准堵塞模型、中间堵塞-滤饼过滤和标准堵塞-滤饼过滤模型，5个子模型的表达式如表9-3所示。

表9-3 恒流过滤条件下的5种组合模型

模型	方程	拟合参数
完全堵塞-滤饼过滤	$\dfrac{P}{P_0} = \dfrac{1}{(1-K_b t)}\left(1 - \dfrac{K_c J_0^2}{K_b}\ln(1-K_b t)\right)$ （0.1）	K_c (s/m^2), K_b (s^{-1})
中间堵塞-滤饼过滤	$\dfrac{P}{P_0} = \exp(K_i J_0 t)\left(1 + \dfrac{K_c J_0}{K_i}(\exp(K_i J_0 t) - 1)\right)$ （0.2）	K_c (s/m^2), K_i (m^{-1})
完全堵塞-中间堵塞	$\dfrac{P}{P_0} = \dfrac{1}{(1-K_b t)\left(1 + \dfrac{K_s J_0}{2 K_b}\ln(1-K_b t)\right)^2}$ （0.3）	K_b (s^{-1}), K_s (m^{-1})
中间堵塞-标准堵塞	$\dfrac{P}{P_0} = \dfrac{\exp(K_i J_0 t)}{\left(1 - \dfrac{K_s}{2 K_i}(\exp(K_i J_0 t) - 1)\right)^2}$ （0.4）	K_i (m^{-1}), K_s (m^{-1})
标准堵塞-滤饼过滤	$\dfrac{P}{P_0} = \left(\left(1 - \dfrac{K_s J_0 t}{2}\right)^{-2} + K_c J_0^2 t\right)$ （0.5）	K_c (s/m^2), K_s (m^{-1})

表中，P代表TMP，P_0位初始跨膜压力，J_0为运行通量，t为时间，K_c为滤饼堵塞系数，K_b为完全堵塞系数，K_s为标准堵塞系数，K_i为中级堵塞系数。

模型拟合通过OriginLab 2018进行模型拟合，通过决定系数R^2和误差平方和误差平方和（SSE）比较每种模型的拟合程度，确定污染的主要机理。

膜的清洗研究包括传统清洗及热解清洗：

1. 传统清洗

本试验采用的传统清洗方式包括反冲洗、酸洗、碱洗、氧化物清洗4个步骤。对于污染后的膜，首先用纯水在10 kPa压力下进行反冲洗，而后测定纯水通量。接下来依次在 2 wt.% HNO_3、2 wt.% NaOH 和 2 000 mg/kg NaClO 中各浸泡 20 min，在每次化学清洗之后，由纯水漂洗至中性，并测定纯水通量。之后，使用压汞仪再次测定清洗后膜的孔径分布及孔隙度。

2. 热解清洗

污染膜的热解清洗采用马弗炉完成，马弗炉连接氮气吹扫装置以保证惰性气氛。将污染膜放入马弗炉后，开启氮气吹扫，约 30 min 后，保证氮气充满；而后开始升温，马弗炉升温速率 25 ℃/min，到达 600 ℃ 后，恒温 3 min，而后在马弗炉中降温至 200 ℃，后取出置于空气中自然冷却，并测定纯水通量。之后，使用压汞仪再次测定清洗后膜的孔径分布及孔隙度。

9.1.3.3 数据处理方法

试验数据采用 SPSS 22.0、OriginLab 2018 Pro、Microsoft Excel 2016 进行处理、分析及图表绘制。

9.2 菌藻草共生净化技术工艺

9.2.1 藻水分离工艺与关键技术研究

9.2.1.1 水生生物塘藻水分离技术研究

1. 水生生物塘的除藻效能

污水经过水生生物塘处理后，大量的藻类被去除，这反映在 Chl-a 浓度的变化上（图 9-6）。整个研究过程可以分成两个阶段：第一阶段从 2016 年 9 月到 2017 年 1 月底，进水中 Chl-a 浓度范围为 0.05~0.93 mg/L，平均为 0.4 mg/L；出水 Chl-a 浓度范围在 0.02~0.37 mg/L，平均为 0.11 mg/L。平均去除率为 66%。第二阶段为 2017 年 3 月至 6 月，进水中 Chl-a 浓度提高至 0.37~1.90 mg/L，平均为 1.11 mg/L，而出水 Chl-a 浓度

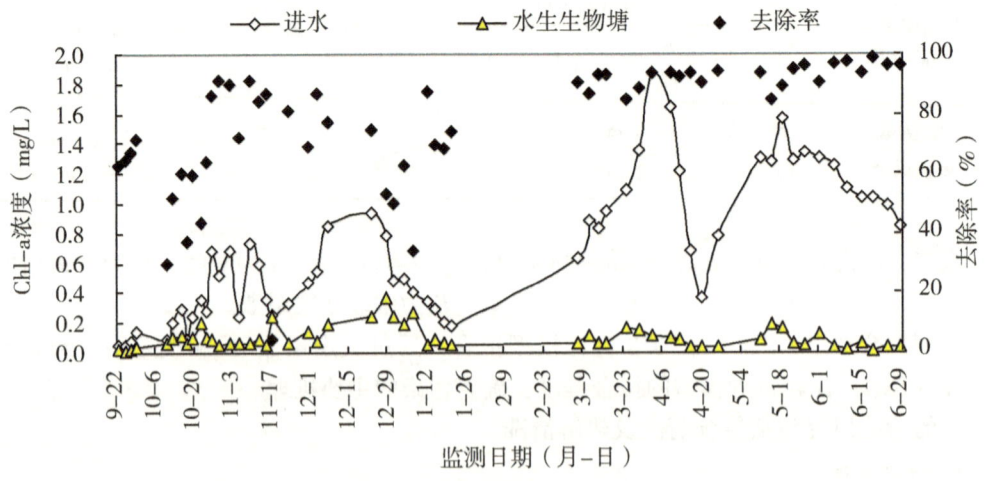

图 9-6 水生生物塘对 Chl-a 的去除

在 0.01~0.19 mg/L，平均值只有 0.08 mg/L，且趋势平稳，波动不大。Chl-a 平均去除率达 93%。从整体来看，高藻水经过水生生物塘处理后出水的 Chl-a 浓度很低，整体平均值为 0.10 mg/L，平均去除率为 86%。

2. 水生生物塘的悬浮性颗粒物（SS）去除效能

图 9-7 是水生生物塘 SS 去除效果图，与 Chl-a 去除相似，水生生物塘 SS 的去除第一阶段不如第二阶段。第一阶段出水波动较大，去除率范围 60%~90%，阶段平均为 75%，出水 SS 平均为 34.4 mg/L。3 月以后，SS 去除效果提高，平均出水浓度只有 11.7 mg/L。平均去除率达 93%。整体看来，水生生物塘平均进水 SS 为 158 mg/L，出水为 23 mg/L，去除率为 84%。Mohn（1980）研究表明塘内藻类浓度约占 SS 的 1.6%，这说明 SS 的去除同时会降低水生生物塘出水中的藻类含量。

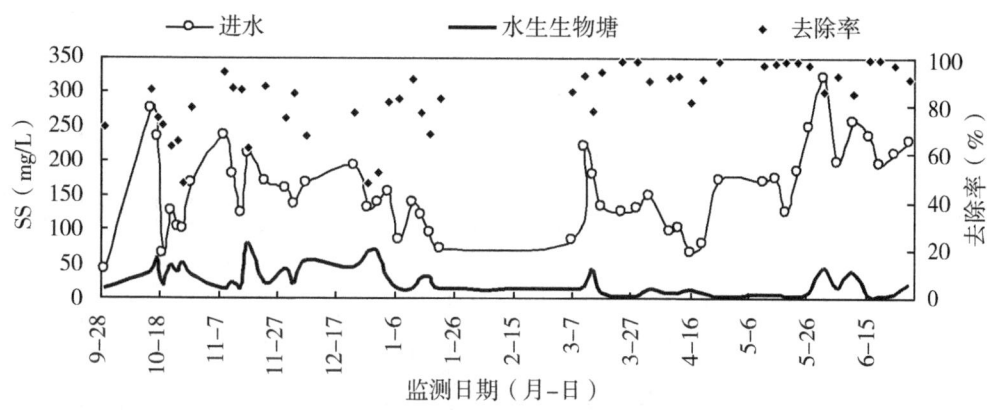

图 9-7 水生生物塘对 SS 的去除

综上所述，水生生物塘能有效去除高藻水中的藻类和悬浮物，对 Chl-a 和 SS 的平均去除率分别为 86% 和 84%。但水生生物塘去除污染物效果随季节有所变化，整体上呈现夏季好于秋季，冬季则效果最差。

9.2.1.2 不锈钢膜藻水分离技术研究

1. 膜孔径对膜初始性质及藻类去除率的影响

研究了 3 种孔径不锈钢膜 SS-0.45、SS-1 和 SS-2 的初始性质，主要包括亲水性、孔隙度、藻类去除率及纯水通量，结果汇总如表 9-4 所示。

表 9-4 不锈钢膜的初始性质

膜	纯水接触角（°）	开孔孔隙度（%）	堆积密度（g/mL）	表观密度（g/mL）	藻类去除率（%）	纯水流量（LMH/bar）
SS-0.45	119.10±2.01	17.54±0.88	5.452±0.049	6.230±0.200	90.37±0.46	(0.80±0.01)×10^5
SS-1	134.95±1.05	26.50±1.51	5.502±0.028	7.766±0.197	89.03±1.30	(1.12±0.05)×10^5
SS-2	133.27±1.74	37.76±4.91	4.865±0.035	8.037±0.157	82.98±0.67	(2.45±0.24)×10^5

主要结论如下：①3 种膜均为疏水性膜，SS-0.45 的疏水性略低于 SS-1 及 SS-2；②开孔孔隙度及总孔隙度大小顺序为 SS-2>SS-1>SS-0.45，闭孔孔隙度大小顺序为 SS-0.45>SS-1>SS-2；③纯水通量大小顺序为 SS-2>SS-1>SS-0.45；④藻类去除率大小顺序为 SS-0.45>SS-1>SS-2。

2. 不锈钢膜藻水分离性能研究

通过临界通量测定和长期过滤试验来对比 3 种孔径膜的藻水分离性能。

1) 不锈钢膜临界通量的测定

试验设置对 SS-0.45、SS-1 和 SS-2 分别设置 J_H 从 6 LMH、12 LMH、24 LMH 以 3 LMH、6 LMH、12 LMH 的步长增加，通过压力变送器和记录仪测定记录 TMP，设置 TMP 的随机最小增长值 10 Pa/min 为临界点，以 TMP 的增长率达到该值的通量作为临界通量 J_c。试验结果如图 9-8 所示。

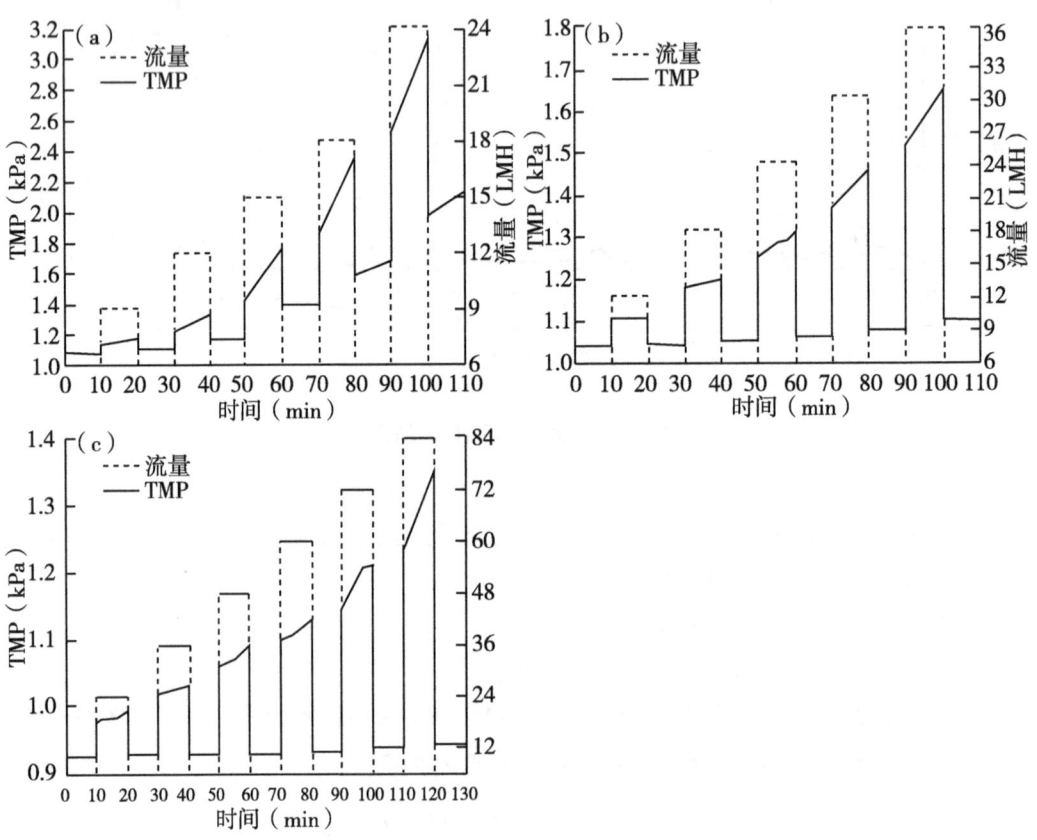

图 9-8　膜的改进型步进通量法测定结果

(a) SS-0.45；(b) SS-1；(c) SS-2。

对 SS-0.45 来说，在初始 J_L 通量下，膜压力约为 1.09 kPa，随着通量的增加，TMP 的增加率逐渐增大，当通量达到 15 LMH 时，TMP 增加速率超 10 Pa/min，因此其临界通量在 12~15 LMH。对 SS-1，在初始 J_L 通量下，膜压力约为 1.05 kPa，随着通量的增加，TMP 的增加率逐渐增大，当通量达到 36 LMH 时，TMP 增加速率超过

10 Pa/min，因此其临界通量在 30~36 LMH。对 SS-2 来说，在初始 J_L 通量下，膜压力约为 0.93 kPa，随着通量的增加，TMP 的增加率逐渐增大，当通量达到 84 LMH 时，TMP 增加速率超过 10 Pa/min，因此其临界通量在 72~84 LMH。可以看出，随着膜孔径的增大，临界通量也是增加的，对比 3 种膜，SS-2 可以在损失 8% 藻类去除率的条件下达到较 SS-1 和 SS-0.45 两倍以上的临界通量，因此 SS-2 具有更大的实际应用潜力。

2) 长期恒流过滤试验

3 种膜的 TMP 随时间变化情况如图 9-9 所示，以 TMP 达到 50 kPa 作为膜堵塞的标志，SS-0.45、SS-1 和 SS-2 的运行时间分别约为 23.596 h、16.534 h 和 14.280 h。根据运行通量、运行时间计算总过滤水量，SS-0.45、SS-1 和 SS-2 分别约为 240.68 L/m²、372.025 L/m² 和 1 019.57 L/m²。比较 3 种膜的 TMP-t 曲线，可以看到，在过滤的初始阶段，3 种膜的曲线重合度较高，膜压力增长速率接近，这是由于临界通量的设置可以将短期污染控制在较慢的速率下，随着时间的延长，SS-2 的 TMP 增长率开始上升，其次是 SS-1，3 条曲线开始出现差异，最终 SS-2 的 TMP 先到达 50 kPa，接下来是 SS-1 和 SS-0.45。

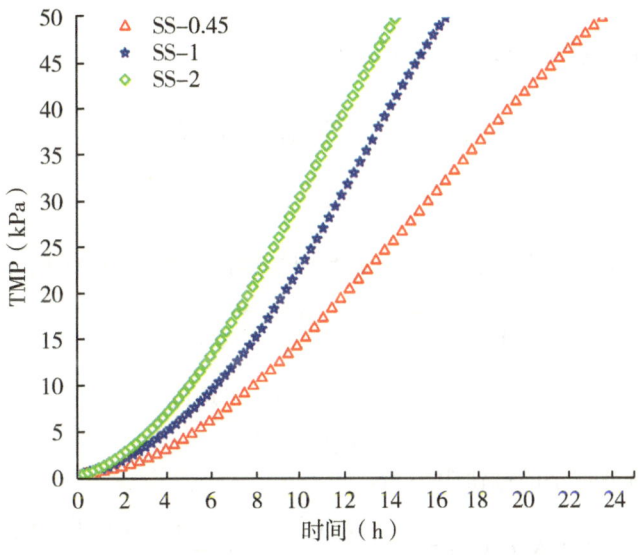

图 9-9 膜的长期恒流过滤试验

通过测定比较 3 种孔径膜的藻水分离性能，得出如下结论：①SS-0.45、SS-1 和 SS-2 膜的临界通量，分别为 12~15 LHM、30~36 LHM 和 72~84 LMH；②SS-0.45、SS-1 和 SS-2 的堵塞时间分别约为 23.596 h、16.534 h 和 14.280 h；③SS-0.45、SS-1 和 SS-2 的单位面积过滤量分别约为 240.68 L/m²、372.025 L/m² 和 1 019.57 L/m²。

3. 不锈钢膜藻水分离污染机理研究

Hou 等（2017）提出，随着过滤的进行，膜表面的滤饼会变得越来越紧致、厚实，从而阻止膜堵塞的发生，因此过滤会从滤饼堵塞-完全堵塞或者滤饼堵塞-中间堵塞机理变为单纯的滤饼堵塞。基于这一理论,Hou 等(2017)将有效膜面积系数 K 引入了恒压过滤的滤饼堵塞-完全堵塞模型中,认为随着过滤的进行,膜的有效面积将会下降至 $K*A_0$,其中 A_0 为初始有效膜面积,K 的范围在 0~1,从而对过滤过程进行了更准确的描述。但是,这一机理还未被进一步引入滤饼堵塞-中间堵塞模型中,在恒流过滤模型中也未有应用,因此本研究将这一机理进一步推广至上述两种空白领域中。

在恒流过滤条件下的滤饼堵塞-中间堵塞和滤饼堵塞-完全堵塞模型中,有效膜面积随时间的下降分别表述为:

$$\frac{A_i}{A_0} = \exp(-K_i J_0 t) \tag{9.2}$$

$$\frac{A_b}{A_0} = 1 - K_b t \tag{9.3}$$

基于过渡机理,上述两式被重新表述为:

$$\frac{A_i}{A_0} = (1-K)\exp(-K_i J_0 t) + K \tag{9.4}$$

$$\frac{A_b}{A_0} = (1-K)(1-K_b t) + K \tag{9.5}$$

同时,通过未堵塞膜区域的液体通量变为:

$$J_i' = \frac{J_0 A_0}{A_i} = \frac{J_0}{(1-K)\exp(-K_i J_0 t) + K} \tag{9.6}$$

$$J_b' = \frac{J_0 A_0}{A_b} = \frac{J_0}{(1-K)(1-K_b t) + K} \tag{9.7}$$

进行 J' 对时间 t 的积分,即可得到通过未堵塞膜区域的液体体积:

$$V_i' = \frac{\ln[\exp(K_i J_0 t)K + 1 - K]}{K_i K} \tag{9.8}$$

$$V_b' = \frac{J_0 \ln[(1-K)(1-K_b t)]}{K_b(K-1)} \tag{9.9}$$

由这部分滤过液带来的滤饼阻力为:

$$\frac{R_i}{R_0} = (1 + K_c J_i' V_i') = \left(1 + \frac{K_c J_0 \ln(\exp(K_i J_0 t)K + 1 - K)}{K_i K}\right) \tag{9.10}$$

$$\frac{R_b}{R_0} = (1 + K_b J_b' V_b') = 1 + \frac{K_c J_0^2 \ln[(1-K)(1-K_b t)]}{K_b(K-1)} \tag{9.11}$$

根据达西定律,TMP 随时间 t 的增加可计算得出:

$$\frac{P_i}{P_0} = \frac{R_i A_0}{R_0 A_i} = -\frac{K_c J_0 \ln[\exp(K_i J_0 t)K + 1 - K] + K_i K}{K_i K [\exp(-K_i J_0 t)K - \exp(-K_i J_0 t) - K]} \tag{9.12}$$

$$\frac{P_b}{P_0} = \frac{R_b A_0}{R_0 A_b} = \frac{K_c J_0^2 \ln(K_b K t - K_b t + 1) + K_b K - K_b}{(K_b K t - K_b t + 1)(K_b K - K_b)} \tag{9.13}$$

假设在两种模型中有效膜面积降低至恒定值的时间分别为 t_i、t_b,根据 Hou 等

(2017) 的假设，以膜面积下降至 $(1+0.01K)$ 的时间作为 t_i、t_b，在 K_b，K_i，K 3 个参数通过模型拟合得出后，t_i、t_b 可通过下两式计算得出：

$$\frac{A_i}{A_0} = (1 - K)\exp(-K_i J_0 t_i) + K = (1 + 0.01K) \quad (9.14)$$

$$\frac{A_b}{A_0} = (1 - K)(1 - K_b t_b) + K = (1 + 0.01K) \quad (9.15)$$

首先采用经典的组合模型对 SS-0.45、SS-1 和 SS-2 的过滤过程进行了拟合，拟合结果如图 9-10a、图 9-10c 和图 9-10e 所示，可以看出，其中包含滤饼过滤机理的模型能够达到较高的拟合优度，3 种相关滤饼过滤的模型拟合结果参数列于表 9-5 中。其中滤饼过滤-中间堵塞模型对于 SS-0.45、SS-1 和 SS-2 的拟合 R^2 最高，均达到了 0.99 以上。而中间堵塞-标准堵塞和完全堵塞-标准堵塞模型则与试验数据偏离较大，其中中间堵塞-标准堵塞模型的 R^2 是负值。

尽管滤饼过滤-中间堵塞模型对于 3 种不锈钢膜的试验曲线拟合 R^2 值均达到了 0.99 的水平，但从图 9-10 可以看出，拟合曲线与试验数据仍存在较明显的差异，特别是在过滤的开始阶段，3 种膜的拟合曲线均高于试验曲线，这说明滤饼过滤-中间堵塞模型预测的污染积累速度比试验过程更快。这是由于该模型认为，随着过滤时间的增长，膜表面所有孔隙都会被堵塞，因此其预测的膜面积下降速率高于实际情况。实际上，根据过渡-组合模型的假设，在膜过滤后期，仍会存在较为稳定的有效膜面积，而不会发生膜孔全部被堵塞的情况。使用过渡-中间堵塞-滤饼过滤模型及过渡-完全堵塞-滤饼堵塞模型的拟合结果如图 9-10b、图 9-10d 和图 9-10f 所示，拟合参数如表 9-5 所示。从图中可以看出，过渡-中间堵塞-滤饼过滤模型与试验数据的符合度较高，对 3 种膜的试验数据拟合 R^2 达到 0.999 8 以上，SSE 值相对经典中间堵塞-滤饼过滤模型减小 30 倍以上，说明这一模型较为符合实际情况。由于稳定膜面积常数 K 主要作用于堵塞模型，即 K_i 及 K_c，其优化效果与 K_i 与 K_c 的大小息息相关，由于在组合模型中 K_c 值本身极小，小于 10^{-5}，因此 K 的引入对于滤饼过滤-完全堵塞模型的改进程度较低，其 R^2 和 SSE 和原模型差异极小。

为了比较组合模型中子模型对总体的贡献，对 SS-0.45、SS-1 和 SS-2 的 $K_c J_0$、K_i 和 K_b/J_0 进行了计算（表 9-6），因为这些参数具有一致的单位（/m），能够进行横向比较。在所有模型中，$K_c J_0$ 均远大于另外两个参数，因此在 SS-0.45、SS-1 和 SS-2 的过滤过程中，滤饼过滤是主要的膜污染来源。横向比较 SS-0.45、SS-1 和 SS-2 的各项拟合参数，$K_c J_0$ (SS-0.45) > $K_c J_0$ (SS-1) > $K_c J_0$ (SS-2)，$K_c J_0$ 在经典滤饼形成过程中代表了滤饼带来的阻力随过滤液积累的增加速率，因此，SS-0.45 的滤饼阻力增加速率是最高的。同时，K_i (SS-0.45) > K_i (SS-1) > K_i (SS-2)，K_i 代表了在中间堵塞模型中，膜面积随着过滤液体积积累的减小速率，因此 SS-0.45 的有效膜面积下降速率是最大的。

过渡-组合模型的提出，填补了膜污染机理过渡理论在恒流过滤领域的空白，同时过渡-中间堵塞-滤饼过滤模型展现的极高精确度进一步证明了膜过滤后期有效膜面积的存在，因此后续的相关研究应该给予有效膜面积更多的关注。同时应指出，该过渡-组合模型仍有待进一步完善，因为它还不能准确地计算过渡时间，因此污染将后续的单一滤饼过滤机理准确插入其中以形成完整的两阶段模型。

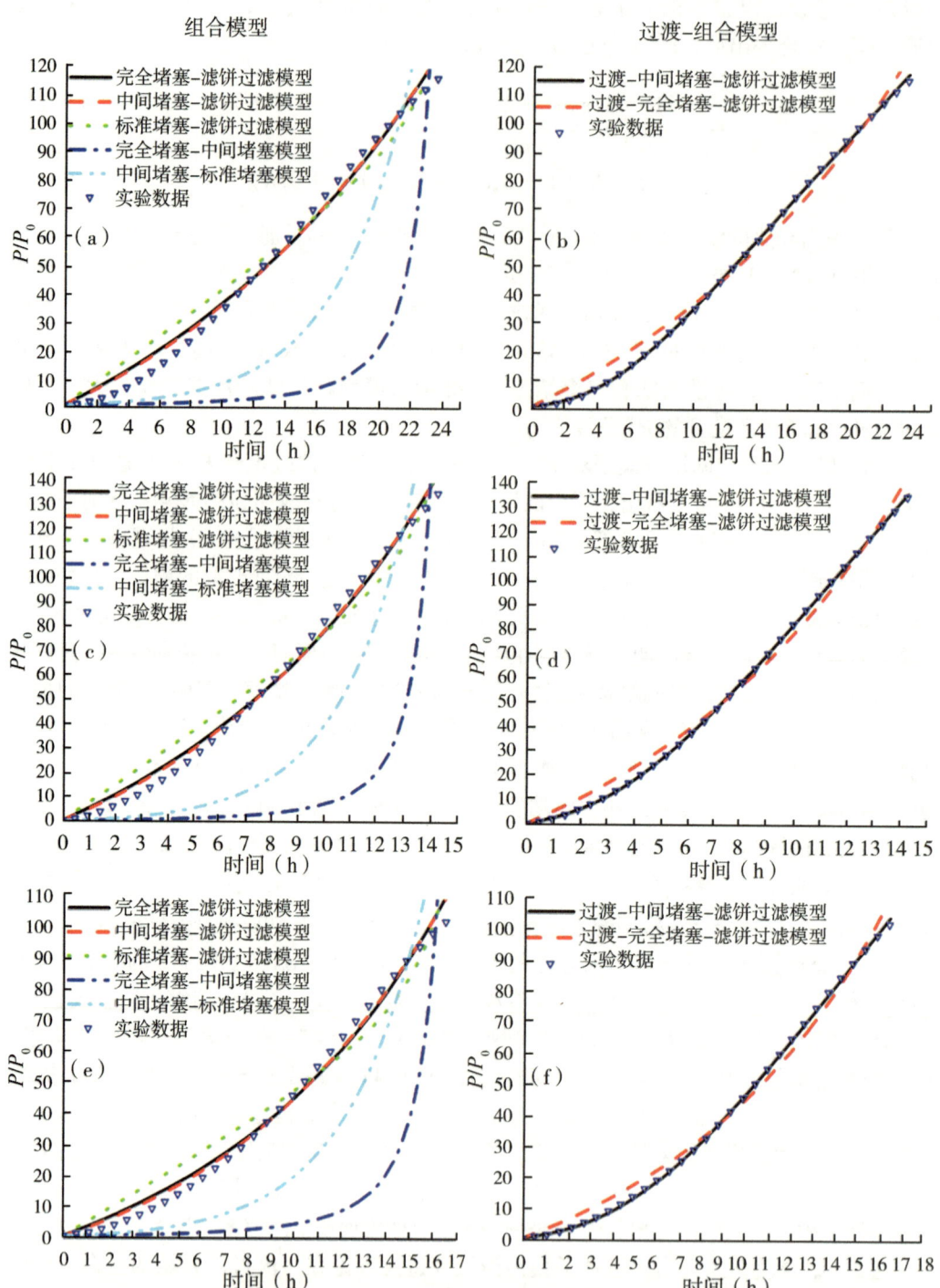

图 9-10　长期恒流过滤试验的组合模型拟合结果

(a) SS-0.45 (c) SS-1 (e) SS-2 和过渡组合模型拟合结果 (b) SS-0.45 (d) SS-1 (f) SS-2。

表9-5 3种包含滤饼过滤机理的组合模型的拟合参数

膜	完全堵塞-滤饼过滤	中间堵塞-滤饼过滤	标准堵塞-滤饼过滤
SS-0.45	$K_c = (9.77±0.08) × 10^7$ s/m² $K_b = (4.01±0.00) × 10^{-6}$ /s SSE=1.26×10⁶ $R^2=0.9891$	$K_c = (9.10±0.09) × 10^7$ s/m² $K_i = (1.88±0.00)$ /m SSE=1.08×10⁶ $R^2=0.9907$	$K_c = (1.36±0.01) × 10^8$ s/m² $K_s = (6.90±0.00)$ /m² SSE=3.80×10⁵ $R^2=0.9672$
SS-1	$K_c = (1.53±0.01) × 10^7$ s/m² $K_b = (7.46±0.00) × 10^{-6}$ /s SSE=5.60×10⁵ $R^2=0.9908$	$K_c = (1.34±0.01) × 10^7$ s/m² $K_i = (1.54±0.00)$ /m SSE=3.97×10⁵ $R^2=0.9935$	$K_c = (2.42±0.02) × 10^7$ s/m² $K_s = (4.03±0.00)$ /m² SSE=2.58×10⁶ $R^2=0.9576$
SS-2	$K_c = (4.70±0.04) × 10^6$ s/m² $K_b = (7.43±0.01) × 10^{-6}$ /s SSE=6.68×10⁵ $R^2=0.9926$	$K_c = (4.30±0.04) × 10^6$ s/m² $K_i = (0.60±0.00)$ /m SSE=5.13×10⁵ $R^2=0.9943$	$K_c = (6.95±0.05) × 10^6$ s/m² $K_s = (1.95±0.00)$ /m² SSE=3.01×10⁶ $R^2=0.9667$

表 9-6 过渡-组合模型的拟合参数

膜	过渡-中间堵塞-滤饼过滤模型		过渡-完全堵塞-滤饼过滤模型	
SS-0.45 $J_0=2.83\times10^{-6}$ m/s	$K_c=(1.71\pm0.04)\times10^6$ s/m^2	$K_i=(27.93\pm0.02)$ m	$K_c=(9.77\pm0.20)\times10^7$ s/m^2	$K=0.271\,9\pm0.107\,5$
	SSE$=2.2\times10^4$	$R^2=0.999\,8$	SSE$=1.26\times10^6$	$R^2=0.989\,1$
	$t_i=69\,710$/s	$K_cJ_0=48.39$	$t_b=181\,139$ s	$K_b/J_0=1.94$/m
SS-1 $J_0=7.08\times10^{-6}$ m/s	$K_c=(4.23\pm0.07)\times10^6$ s/m^2	$K_i=10.33\pm0.01$/m	$K_b=(7.46\pm7.18)\times10^{-6}$/s	$K=0.000\,3\pm0.968\,2$
	SSE$=1.27\times10^4$	$R^2=0.999\,8$	SSE$=5.60\times10^5$	$R^2=0.990\,8$
	$t_i=74\,735$ s	$K_cJ_0=29.96$/m	$t_b=134\,048$ s	$K_b/J_0=1.05$/m
SS-2 $J_0=1.7\times10^{-5}$ m/s	$K_c=(1.59\pm0.01)\times10^6$ s/m^2	$K_i=5.17\pm0.00$ m	$K_b=(8.32\pm1.12)\times10^{-6}$/s	$K=0.107\,2\pm0.120\,4$
	SSE$=5.1\times10^3$	$R^2=0.999\,9$	SSE$=6.68\times10^5$	$R^2=0.992\,6$
	$t_i=58\,533$ s	$K_cJ_0=27.03$/m	$t_b=120\,047$ s	$K_b/J_0=0.49$/m

通过拟合参数对膜污染的机理进行了较为深入的探讨和比较。得出如下主要结论：①包含滤饼过滤机理的 3 种模型对实验数据拟合效果较高，尤其是滤饼过滤-中间堵塞模型；②过渡-中间堵塞-滤饼过滤模型比原中间堵塞-滤饼过滤模型具有更高的拟合优度，能够更准确地描述污染过程；③3 种膜污染的主要来源均为滤饼过滤，其中 SS-0.45 随着过滤液体积增加的污染积累速率最高，而 SS-2 最小。过滤后期的稳定膜面积参数 SS-0.45 最小，SS-2 最大。

4. 不锈钢膜清洗方式研究

图 9-11 为传统清洗和热解清洗后的通量恢复率。对比传统清洗与热解清洗清洗效果，可以看出热解清洗后 3 种膜之间的差异与传统清洗趋势一致，但总通量恢复率均高于传统清洗，因此热解能够有效去除膜上的污染物。

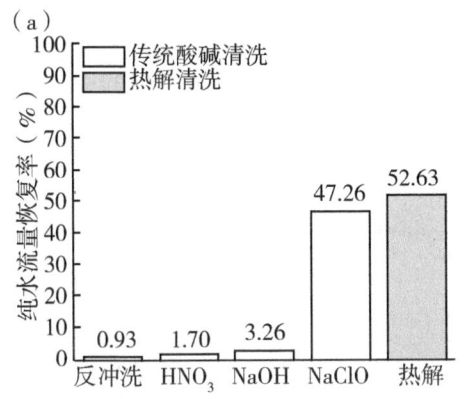
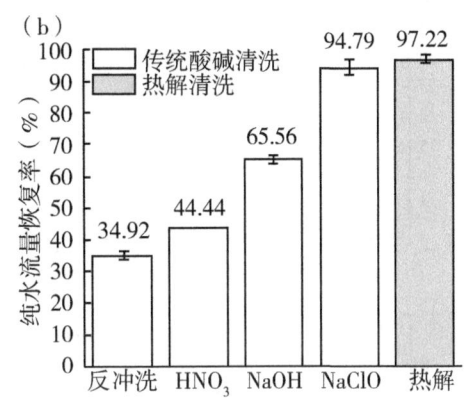
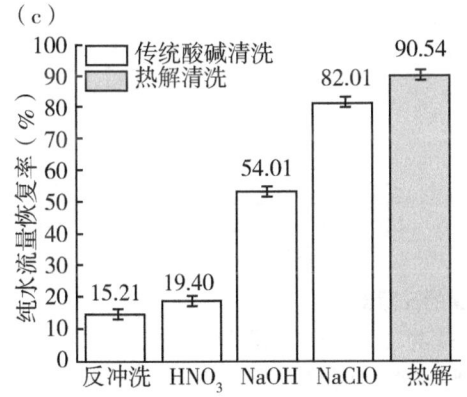

图 9-11　传统清洗和热解清洗后的通量恢复率

(a) SS-0.45；(b) SS-1；(c) SS-2。

为探究酸碱清洗对膜结构的影响，测定了清洗后膜的孔隙度及孔径分布，结果如图 9-12。对比新膜与酸碱清洗后的新膜，可以发现酸碱清洗会通过腐蚀导致膜孔径及孔隙度的增大。这种腐蚀效果主要作用于化学剂与孔洞内表面的接触界面，SS-2 具有最大的孔隙度，因此其孔隙度增加最为明显。如果忽略污染物在化学剂及膜骨架之间的缓冲作用，酸碱清洗的污染物去除率可以通过下式计算：

$$E_{TC} = 1 - \frac{\varepsilon_{NTC} - \varepsilon_{FTC}}{\varepsilon_N} \tag{9.16}$$

式中：E_{TC}是酸碱清洗的污染物去除率，ε_N、ε_{NTC}和ε_{FTC}分别代表新膜、酸碱清洗后的新膜及酸碱清洗后的污染膜的孔隙度，则酸碱清洗对 SS-0.45、SS-1 和 SS-2 的 E_{TC} 分别为 13.07%，89.32%和 86.66%。污染后的膜经过酸碱清洗后，孔隙度与孔径均小于酸碱清洗后的新膜，这是由于残留物依旧附着在孔洞内表面，减小了膜孔径及孔隙度。

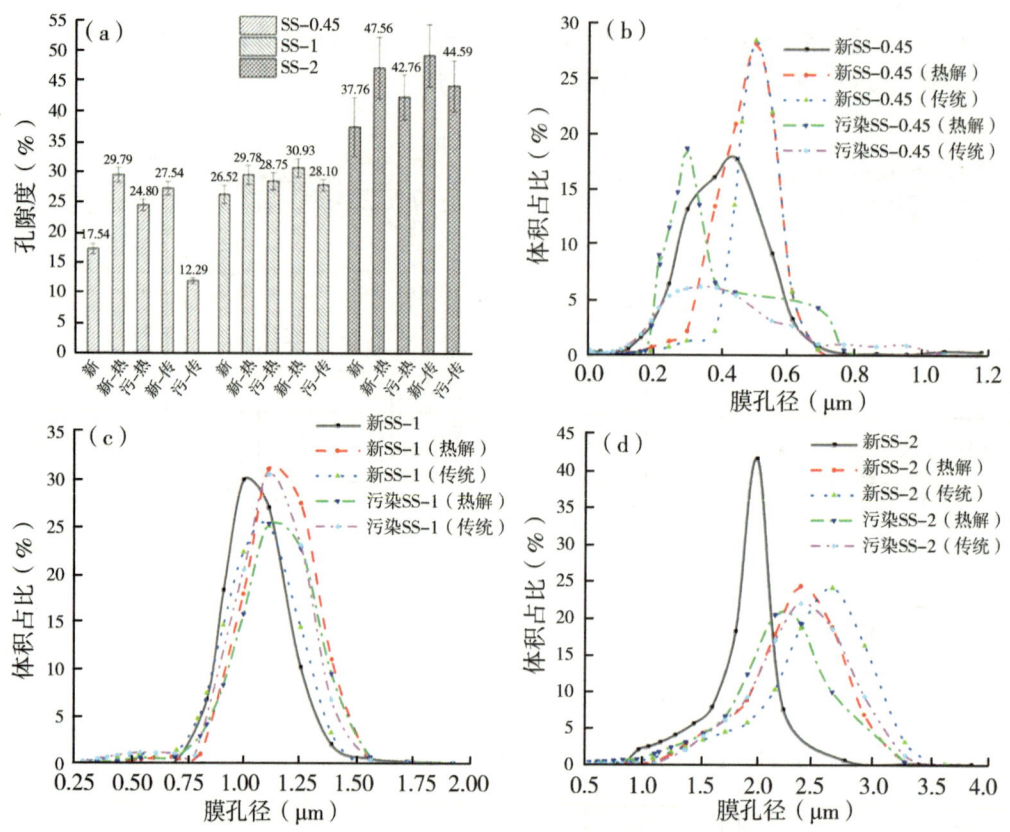

图 9-12 不同情况下膜的孔隙度

(a) 不同情况；(b) SS-0.45；(c) SS-1 和 (d) SS-2 孔径分布。

注：图中"新""污"分别代表新膜和污染膜，"热""传"分别代表热解清洗和传统清洗。

同样测定了热解清洗后的新膜和热解清洗后的污染膜的孔隙度及孔径分布情况。结果表明热解清洗也可以增加膜的孔隙度及孔径，其主要机理为热膨胀，其中 SS-0.45 的孔隙度增加率最高，达到 100%以上，这是由于 SS-0.45 中含有更多的封闭孔隙，在不锈钢粉末受热膨胀后，封闭孔隙与外界联通，在膜孔径增加的基础上进一步导致了总孔隙度的增加。由于污染物对热膨胀过程的影响较小，热解清洗的污染物去除率可以通过下式计算：

$$E_{PC} = 1 - \frac{\varepsilon_{NPC} - \varepsilon_{FPC}}{\varepsilon_N} \quad (9.17)$$

式中：E_{PC}是热解清洗的污染物去除率，ε_N，ε_{NPC}和ε_{FPC}分别是新膜、热解清洗后的新膜及热解清洗后的污染膜的孔隙度。因此 SS-0.45、SS-1 和 SS-2 的 E_{PC} 分别为 71.55%、96.09%及 87.30%，均高于传统清洗。热解清洗后的污染膜的孔径分布及孔隙度的情况与传统清洗后的污染膜的孔径分布及孔隙度情况一致。将热解清洗后的膜在 Vega LaB6 SEM 的照片与新膜照片进行了对比，如图 9-13 所示。热解清洗后，不锈钢粉末的大小分布和边缘形状基本不变，但是表面有明显的残留物，表现为白色、圆形的颗粒，其大小与较小的不锈钢粉末相当。这种残留物在 SS-0.45 上最多，而 SS-1 和 SS-2 上的残留物较少，多数孔洞是敞开的。即使如此，可以预见，在多轮次的堵塞-热解清洗后，残留物的积累会导致严重的孔堵塞。煅烧技术可能是解决这一问题的有效方

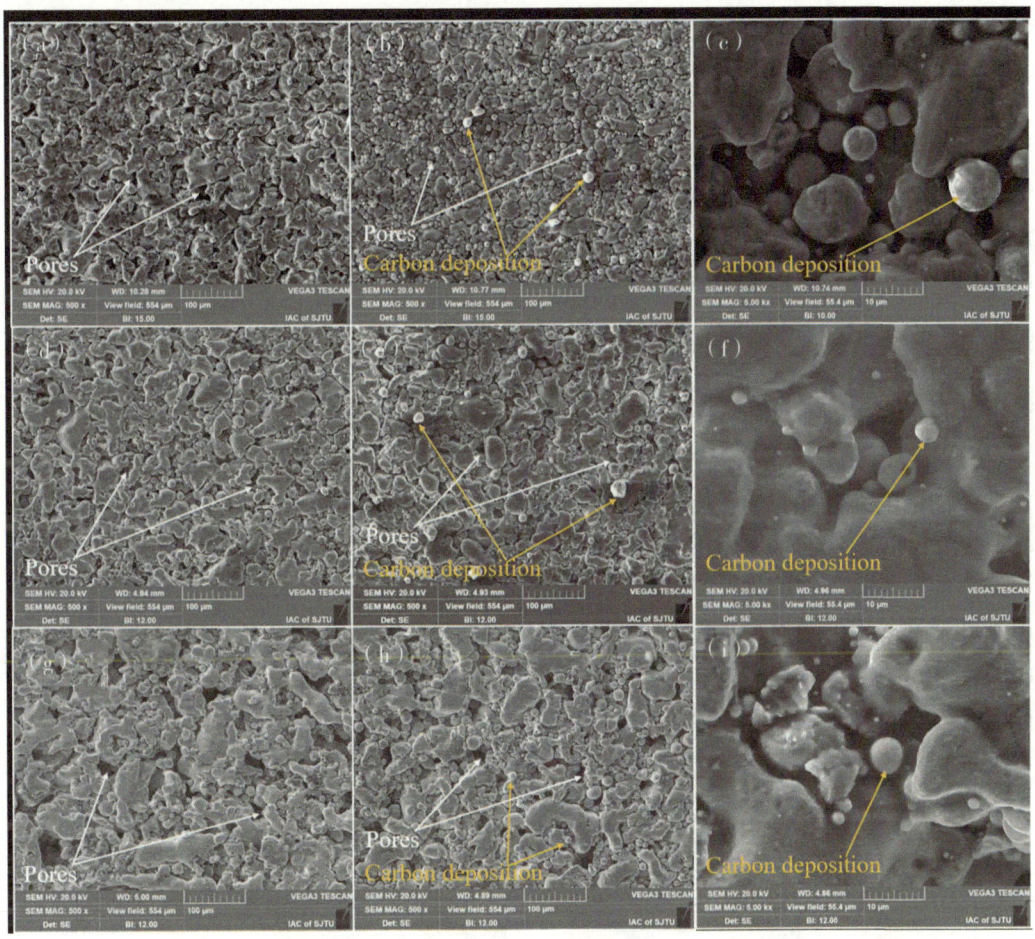

图 9-13 Vega LaB6-SEM 照片

未使用的 (a) SS-0.45；(d) SS-1；(g) SS-2，热解清洗后的 500 倍 (b) SS-0.45；(e) SS-1；(h) SS-2，5 000倍 (c) SS-0.45；(f) SS-1；(i) SS-2。

法，煅烧常用于去除金属催化剂上的碳累积，在煅烧过程中，碳粒子会在空气中被高温氧化，残留的灰分则通过吹扫去除。

热解清洗后的污染膜的孔径分布及孔隙度的情况与传统清洗后的污染膜的孔径分布及孔隙度情况一致。值得注意的是，热解清洗后的污染 SS-0.45 相对传统清洗后的污染 SS-0.45 在较小的膜孔径处具有更多的孔隙度，说明热解清洗相对传统清洗具有更强的小孔隙污染物去除能力。

通过对比研究清洗对膜结构的影响和对污染物的去除效果，得出的主要结论如下：

（1）传统 SS-0.45、SS-1 和 SS-2 的流量恢复率分别为 47.26%±0.14%、94.79%±2.50%、82.01%±2.00%，其中单个步骤对流量回复率的贡献顺序为氧化剂清洗>碱洗>反冲洗>酸洗，说明氧化剂和碱对于藻类污染物有更强的去除能力；热解清洗后 SS-0.45、SS-1 和 SS-2 的流量恢复率分别为 52.63%±0.19%、97.22%±1.49%、90.54%±2.20%，均高于传统清洗，说明了热解清洗的有效性，同时也表明 SS-1 的清洗难度最低，SS-2 次之，而 SS-0.45 的最高。

（2）传统清洗及热解清洗均会导致膜孔径和孔隙度的增大，前者对 SS-2 的作用最为明显，而后者对 SS-0.45 的最为明显。

（3）传统清洗对 SS-0.45、SS-1 和 SS-2 的污染物去除率分别约为 13.07%、89.31%及 86.66%；热解清洗对 SS-0.45、SS-1 和 SS-2 的污染物去除率分别约为 71.55%、96.09%及 87.30%；残留物会导致清洗后的污染膜孔隙度及孔径小于清洗后的新膜，减小程度随污染物残留量变化。

9.2.2 菌-藻-草系统污染物去除效果研究

9.2.2.1 水温对菌-藻-草系统污染物去除效果的影响

1. 水温对藻类生长状况的影响

不同温度下叶绿素 a 平均初始/最终浓度如图 9-14 所示。1~5 号反应器内的叶绿素 a 浓度增长倍数分别是原来的 2.48 倍、4.23 倍、5.60 倍、5.72 倍和 4.00 倍，由结果可知，随着系统温度的提升，最终叶绿素浓度先增加后减少，水温 30 ℃的 4 号反应器出现叶绿素 a 浓度峰值，水温 25 ℃的 3 号反应器与之相差不大。在水温 15 ℃条件下栅

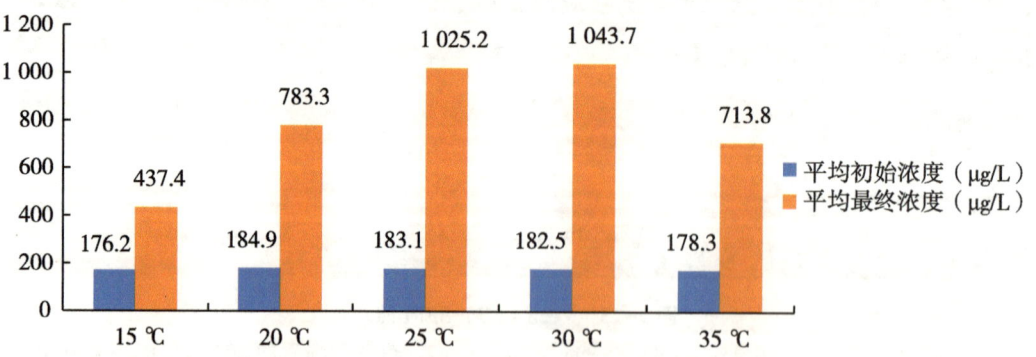

图 9-14 不同温度下平均初始/最终叶绿素 a 浓度对比

藻的活性显然很低，水温20℃时，叶绿素a浓度也不是很高，而在35℃时藻类浓度也不高，推测是由于在此温度下部分藻类开始永久失活。据此，大致可以推断出栅藻的适宜生长温度区间为25~30℃。

2. 水温对TP去除效果的影响

图9-15展示了不同温度下系统TP浓度变化趋势。1~5号反应器平均TP去除率分别为23.15%、49.20%、64.67%、65.78%和7.70%。结果表明，与其他反应器相比，5号反应器内TP的净化效果很差，与其余试验组有明显差别。这是由于在高温环境下一部分藻体已经死亡分解，细胞内的磷元素转移进入了水体内，而尚有活性的藻正常代谢了一部分TP，代谢掉的磷略多于细胞内的磷元素，在两者的叠加作用下从数据上反映为较小的正去除率。1~4号反应器中的TP去除率随水温的增高而增大，3号、4号的处理效能大致相同，说明在25℃水温环境下继续小幅增加水温对TP去除率的变化很小。

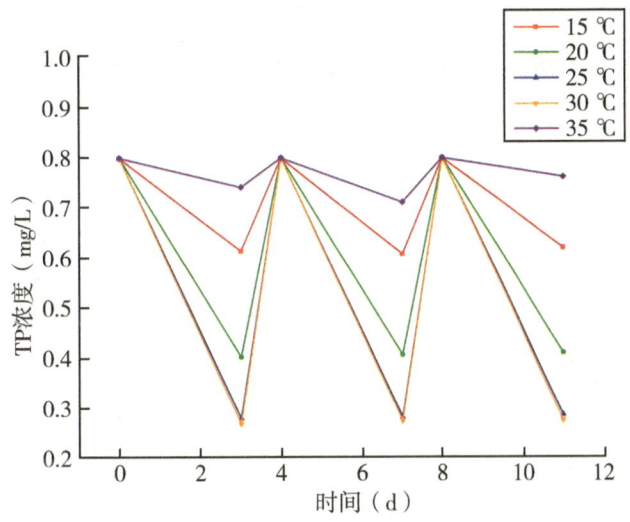

图9-15 不同温度下系统TP浓度变化趋势

3. 水温对铵态氮去除效果的影响

图9-16展示了系统不同温度条件下平均铵态氮浓度变化趋势。1~5号反应器铵态氮平均去除率数值分别是33.28%、50.27%、69.07%、69.18%和43.24%。35℃时系统内的铵态氮去除率较高，原因在于藻细胞失活后氮主要以有机氮的形式进入反应器，表现了对铵态氮较好的去除率，对铵态氮影响并不强烈，这部分铵态氮的去除大部分是依靠正常藻体的代谢。1~4号内铵态氮去除率同样随水温的增高而增加。

4. 水温对TN去除效果的影响

图9-17展示了系统平均TN浓度变化趋势。1~4号反应器内平均去除率为20.02%、51.39%、65.73%和65.05%。5号反应器出现了负去除率，平均值为-16.52%。对于TN的处理，由于藻体死亡分解，藻体内氮素进入反应器中，造成反应器内TN含量的升高，两者叠加便出现了负去除。

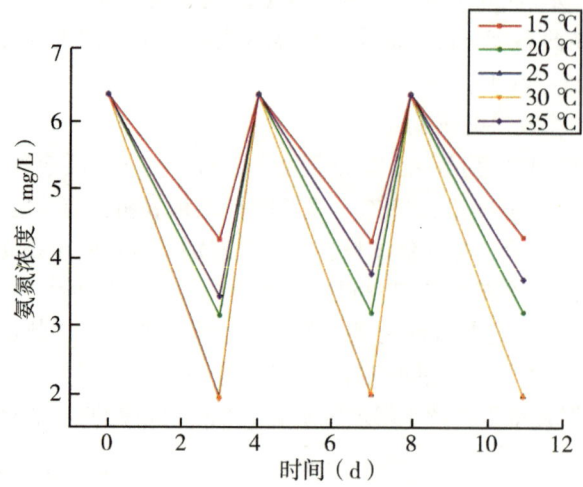

图 9-16 不同温度下系统铵态氮浓度变化趋势

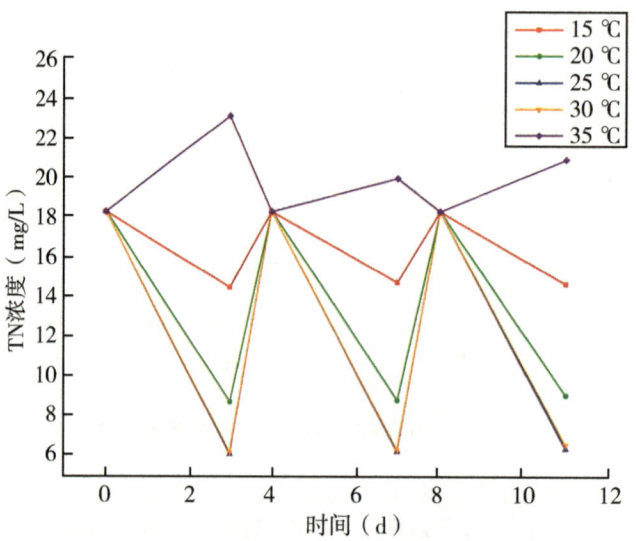

图 9-17 不同温度下系统 TN 浓度变化趋势

9.2.2.2 光照对菌-藻-草系统污染物去除效果的影响

1. 光照强度对菌-藻-草系统污染物去除效果的影响

以 25 ℃作为系统水温,其余条件均保持不变。试验实际处理三批次污水,两批次间停止反应进行 1 d 的藻水分离操作,总共运转 11 d。图 9-18 为不同光照强度下叶绿素平均初始/最终浓度值。1~5 号反应器内的叶绿素 a 浓度增长倍数分别是原来的 3.48 倍、4.15 倍、5.61 倍、5.82 倍和 5.90 倍,横向对比可知,随着光照强度的增高,叶绿素的最终浓度始终呈现增高态势,证明了光照强度对净化效能的正优化作用。

图 9-19 展示了不同光照强度下系统 TP、铵态氮、TN 浓度变化趋势。1 至 5 组对

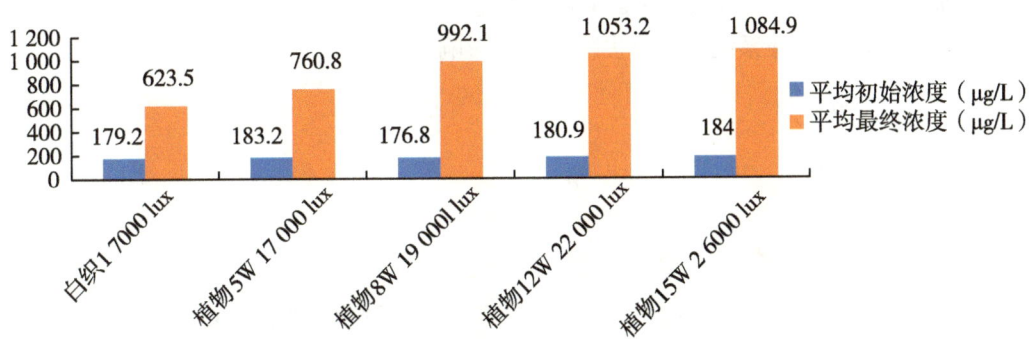

图 9-18 不同光照强度下叶绿素平均初始/最终浓度

TP 的平均去除率分别为 29.39%、41.43%、64.86%、75.57% 和 76.27%；对铵态氮的平均去除率分别为 37.60%、49.07%、69.63%、81.77% 和 81.93%；对 TN 的平均去除率分别为 36.12%、53.83%、66.81%、79.75% 和 79.85%。和叶绿素 a 浓度的走势基本一致，随着光强的增加，各项污染物的去除率也随之增加，只是增速越发变慢，观察 4 号、5 号反应容器的去除率相差较小。

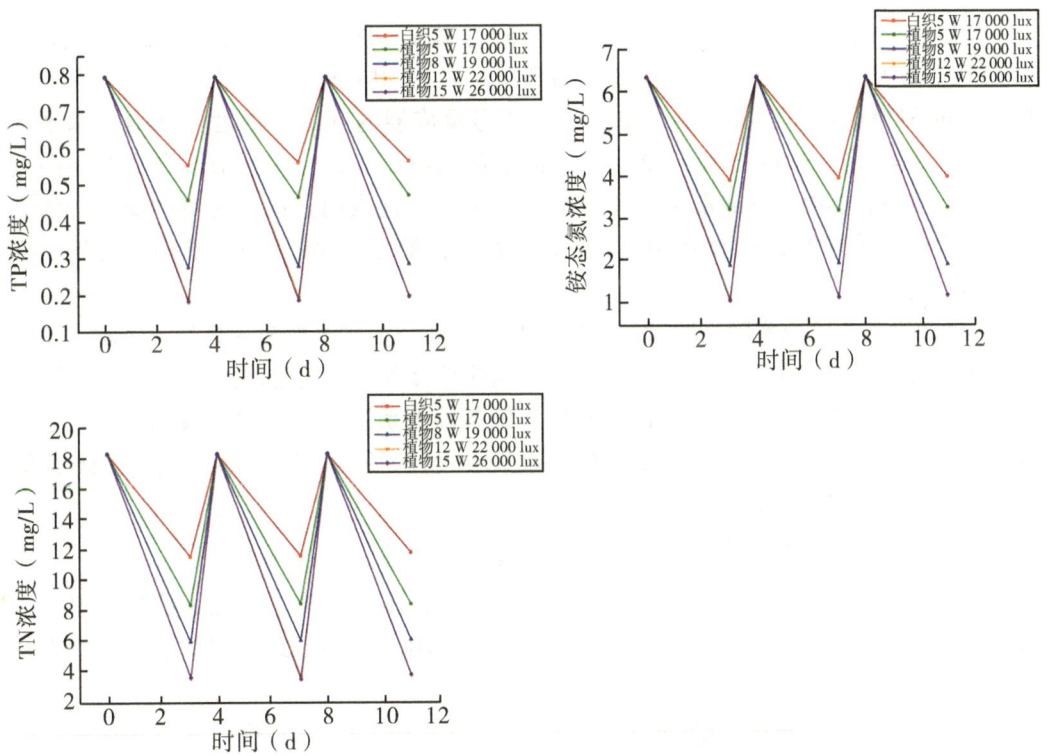

图 9-19 不同光照强度下系统 TP、铵态氮、TN 浓度变化

根据图 9-18 与图 9-19 可知，在光强一致的情况下，采用白炽灯照射的试验组各污染物去除率明显低于使用全光谱 LED 植物生长灯照射组，这一结果反映了全光谱光源对微藻的生长和净化水体效果起到了积极作用。

2. 光照时间对菌藻系统污染物去除效果的影响

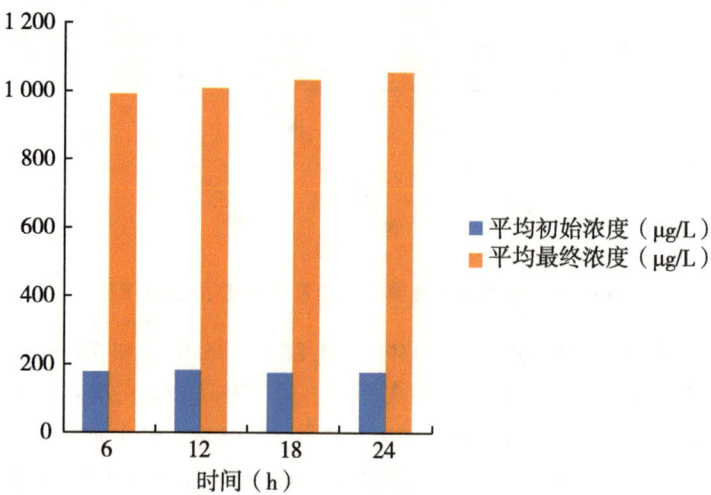

图 9-20　不同光照时间下叶绿素平均初始/最终浓度

设置 4 个试验组，1~4 号分别设置一天 6 h、12 h、18 h 和 24 h 的光照。水温设置为 25 ℃，使用 12 W 植物灯，其余参数参考 9.1.1.1，共运转 7 d。图 9-20 展示了不同光照时间下叶绿素平均初始/最终浓度。1~4 号反应器内叶绿素浓度分别增至原来的 5.54 倍、5.46 倍、5.86 倍和 5.92 倍。不同于前几组试验，叶绿素浓度具有明显的差异，该组反应容器内的叶绿素 a 浓度均超过 1 mg/L，这表明光照时间对微藻生产的影响程度比较轻微，在反应组均使用 12 W 植物灯后，最终浓度都有明显提升，光照强度的影响更大。

3 种污染物去除效率随光照时长增加而增加，在 18 h 的光照时间条件下去除效率最佳（图 9-21），但与光照 12 h 时相差不大，据此综合考虑，光照时长 12 h 较为适宜。

综上所述，最佳光照时间为 12 h 左右。该条件下系统对 TP、铵态氮和 TN 的去除效率达到 79.27%、83.32% 和 83.38%，系统出水水质为 TP 0.166 mg/L、铵态氮 1.068 mg/L、TN 3.058 mg/L。

9.2.2.3　水力停留时间对菌-藻-草系统处理农田排水的影响研究

水力停留时间（HRT）是污水处理的重要参数，不仅会影响系统的处理效率，也直接决定了反应器的容积大小，因此，本节对不同 HRT 系统处理农田排水效果的影响进行探究，旨在寻求最优 HRT 工况条件。

设定菌-藻-草系统的 HRT 梯度为 6 d、4 d、2 d 和 1 d。通过曝气来对水体进行搅拌，将反应器内水流速度控制在 0.2 m/s 左右，搅拌时间为 12 h，从上午 6 点至下午 18 点，试验运行周期为 21 d。

试验在运行过程中，进出水时间与搅拌时间同步，进水方式为在水位控制器控制下间歇进水，出水方式为蠕动泵抽吸不锈钢膜出水。取样时间为每天上午 9:00，分别采

9 稻田排水菌藻草共生净化技术

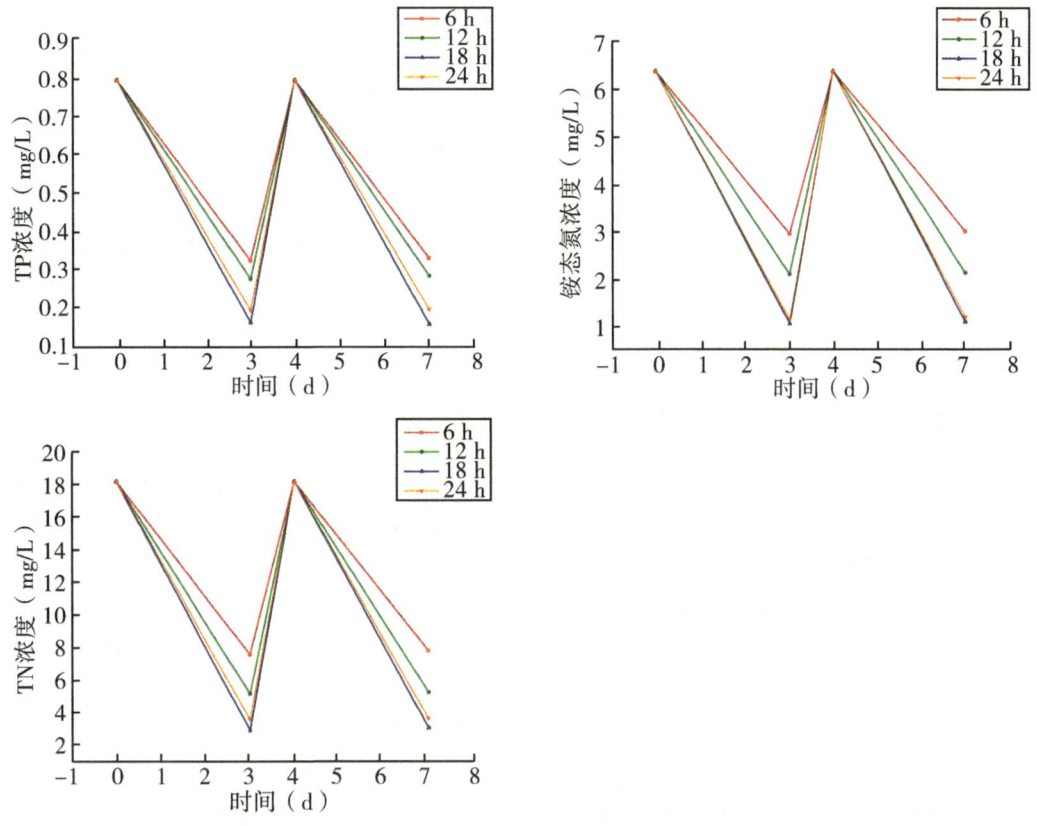

图 9-21 不同光照时间下系统 TP、铵态氮、TN 浓度变化

集进水、反应器混合液，不锈钢膜出水进行水质分析。

1. 水力停留时间对 TN 去除的影响

不同 HRT 下反应器混合液以及系统进出水 TN 变化如图 9-22 所示，由图可知，系统进水 TN 浓度在 5.28~9.55 mg/L，平均浓度为 8.20 mg/L。HRT 为 6 d 时，反应器内 TN 质量浓度随运行时间逐渐下降，反应器运行稳定时，反应器内 TN 平均质量浓度为 1.32 mg/L，基本可达到地表水Ⅳ类标准；不锈钢膜出水的 TN 平均质量浓度为 0.83 mg/L，可达到地表水Ⅲ类标准。HRT 为 4 d 时，反应器内 TN 质量浓度随运行时间逐渐下降，反应运行稳定后，反应器内 TN 平均浓度为 1.39 mg/L，基本可达到地表水Ⅳ类标准；不锈钢膜出水的 TN 平均浓度为 0.93 mg/L，可达到地表水Ⅲ类标准。HRT 为 2 d 时，反应器运行稳定时，反应器内 TN 平均质量浓度为 1.20 mg/L，可达到地表水Ⅳ类标准，不锈钢膜出水的 TN 平均质量浓度为 0.94 mg/L，可达到地表水Ⅲ类标准，但出水水质不够稳定。HRT 为 1 d 时，反应器内及不锈钢膜出水的 TN 浓度差异不大，在运行稳定期反应器内 TN 平均质量浓度为 3.16 mg/L，不锈钢膜出水的 TN 平均质量浓度为 3.00 mg/L，属于地表水劣Ⅴ类水质，且质量浓度有逐渐上升的趋势。可以看出，当 HRT 为 6 d 时，系统对 TN 的处理效果最好，且出水水质稳定，不锈钢膜出水可以稳定达到地表水Ⅲ类标准。

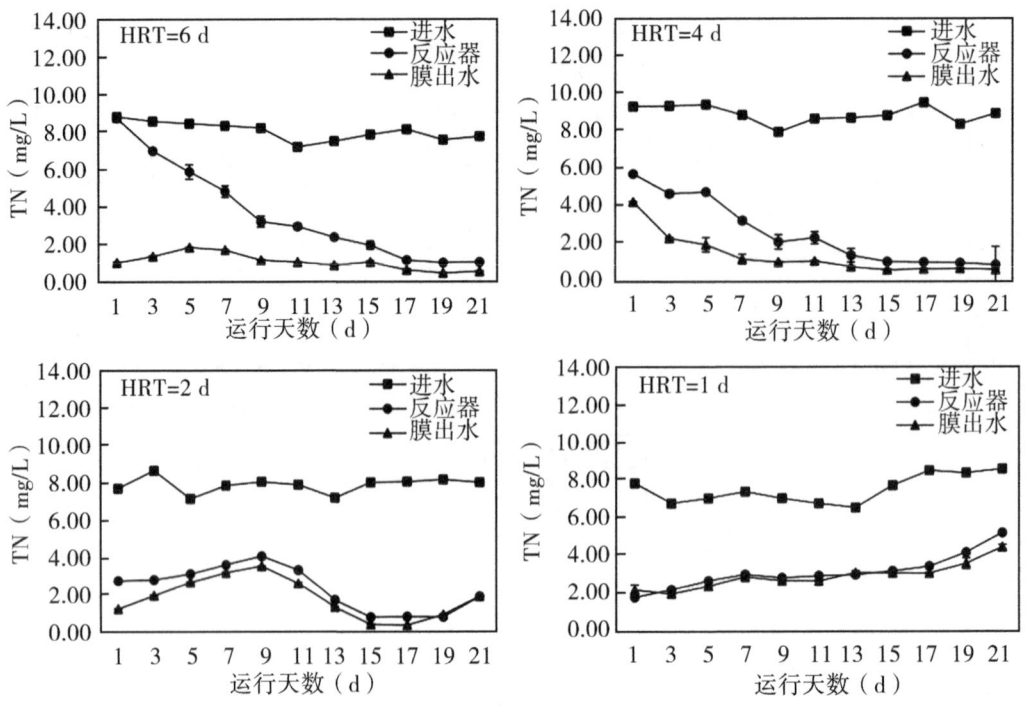

图 9-22 不同 HRT 下 TN 的去除效果

为探究不同 HRT 对系统中 TN 去除的影响，对系统稳定运行之后不同 HRT 下 TN 的平均去除率的差异进行了考察，如图 9-23 所示。系统稳定运行后，HRT 为 6 d 时反应器对 TN 的平均去除率为 86.0%，整个系统（指菌-藻-草系统，下同）对 TN 的平均去除率为 92.7%；HRT 为 4 d 时反应器对 TN 的平均去除率为 84.9%，系统对 TN 的平均去除率为 92.0%；HRT 为 2 d 时反应器对 TN 的平均去除率为 83.9%，系统对 TN 的平均去除率为 86.7%；HRT 为 1 d 时反应器对 TN 的平均去除率为 58.0%，系统对 TN 的平均去除率为 60.2%。HRT 为 6 d、4 d 和 2 d 时，反应器对 TN 的去除率没有太大差异，这 3 个 HRT 下，系统对 TN 的去除率随着 HRT 的缩短，平均去除率呈缓慢下降的趋势。当 HRT 缩短至 1 d 时，系统对于 TN 的去除率迅速下降，即对于 TN 的处理效果变差。

HRT 为 6 d、4 d 和 2 d 时，系统对 TN 的去除均有比较好的效果，而且 HRT 越长，菌-藻-草系统本身对 TN 的去除效果越好；经过不锈钢膜过滤之后，出水水质基本都能达到地表水Ⅲ类标准，但是不排除温度对藻类和细菌的活性影响。HRT 为 2 d 时，随着气温的逐渐升高 TN 的去除效果也随之增加，反应器内和膜出水的 TN 质量浓度都在不断下降，但出水水质并不稳定，随着气温的下降，菌藻活性降低，反应器内及膜出水的 TN 质量浓度随之增高，去除效果下降。同时，在 HRT 为 6 d 到 1 d 的运行周期内，前期反应器混合液与膜出水 TN 质量浓度差异比较大，后期越来越小，其主要原因为，反应器启动前期菌-藻-草系统处于驯化期，细菌活性相对较低。藻类在氮素充足的环境下会通过鸟氨酸-氨循环将过量氮素储存于细胞内。一般藻类细胞的直径为 3～10 μm，而不锈钢膜孔径小于藻类细胞，可以将藻类截留在膜表面和反应器内，从而导

9 稻田排水菌藻草共生净化技术

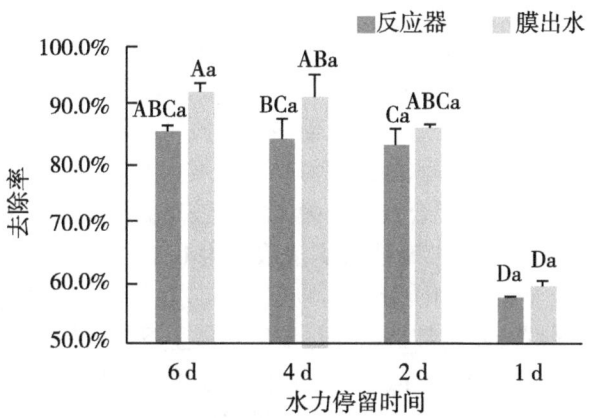

图 9-23 不同 HRT 下 TN 的平均去除率

致反应器混合液与膜出水 TN 质量浓度差异比较大；而后期部分藻类从悬浮态转变为附着态或团聚态，导致混合液悬浮藻浓度和 TN 浓度都明显下降，不锈钢膜对小分子的氮素截留能力较差，从而使反应器和膜出水之间的 TN 质量浓度差异变小。

2. 水力停留时间对铵态氮去除的影响

不同水力停留时间下反应器混合液以及进出水铵态氮的处理效果如图 9-24 所示。系统进水的铵态氮浓度在 5.59~8.44 mg/L，平均质量浓度为 6.97 mg/L。HRT 为 6 d

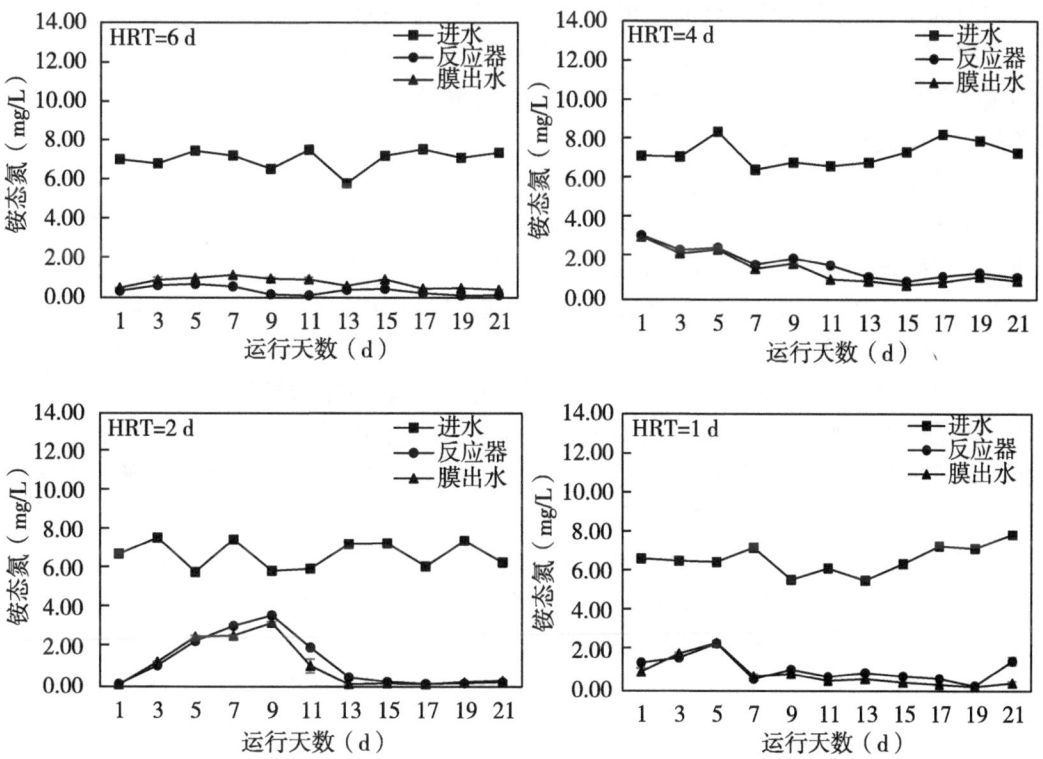

图 9-24 不同水力停留时间下铵态氮的去除效果

时，反应器内铵态氮质量浓度在运行周期内一直比较稳定，反应器内铵态氮平均质量浓度为 0.35 mg/L，基本可达到地表水 Ⅱ 类标准；不锈钢膜出水的铵态氮平均质量浓度为 0.76 mg/L，可达到地表水 Ⅲ 类标准。HRT 为 4 d 时，反应器内铵态氮质量浓度随着运行时间逐渐下降，反应运行稳定后，反应器内铵态氮平均浓度为 1.23 mg/L，基本可达到地表水 Ⅳ 类标准；不锈钢膜出水的铵态氮平均浓度为 0.92 mg/L，可达到地表水 Ⅲ 类标准。HRT 为 2 d 时，反应器混合液以及膜出水的铵态氮呈现先增加后降低的趋势，反应器运行稳定后，反应器内铵态氮平均质量浓度为 0.27 mg/L，可达到地表水 Ⅱ 类标准，不锈钢膜出水的铵态氮平均质量浓度为 0.21 mg/L，可达到地表水 Ⅱ 类标准。HRT 为 1 d 时，反应器内及膜出水的铵态氮质量浓度总体呈下降的趋势，在运行稳定期反应器内铵态氮平均质量浓度为 0.81 mg/L，可达到地表水 Ⅲ 类标准，不锈钢膜出水的铵态氮平均质量浓度为 0.51 mg/L，可达到地表水 Ⅲ 类标准。

可以看出，水力停留时间为 6 d、4 d、2 d 和 1 d 时，菌-藻-草系统对铵态氮的去除效果比较稳定，基本达到了地表水 Ⅲ 类标准。在 6 d、4 d、2 d 和 1 d 这 4 个不同的水力停留时间下，反应器内的铵态氮质量浓度与不锈钢膜出水的铵态氮质量浓度均差异不大，说明不锈钢膜对于铵根离子的截留能力较差，不锈钢膜无法对反应器中的铵根离子进行截留，从而使反应器混合液与不锈钢膜的铵态氮质量浓度差异不大。HRT 为 6 d 时，运行周期内反应器混合液的铵态氮质量浓度差异不大，HRT 为 4 d 时，反应器内铵态氮的质量浓度随时间逐渐下降，HRT 为 2 d 和 1 d 时，反应器内铵态氮的质量浓度出现明显的峰值。这主要是因为配水的主要氮源为 NH_4Cl，随着 HRT 的逐渐降低，导致了系统的污染负荷随之增大，负荷的增大导致反应器内硝化细菌生物量不足，造成短期的铵态氮累积，随着硝化细菌的逐渐增殖，系统内的铵态氮浓度随之迅速下降。

3. 水力停留时间对氮素形态的影响

系统运行过程中，不同 HRT 下反应器内铵态氮、硝态氮、TON 的值为系统内 TN 质量浓度减去铵态氮质量浓度与硝态氮质量浓度之和所得到的理论值）的质量浓度变化情况如图 9-25 所示。可以看出反应器内的铵态氮在 HRT 为 6 d 时，运行周期内铵态氮的质量浓度差异不大，HRT 为 4 d 时，反应器内铵态氮的质量浓度随时间逐渐下降，HRT 为 2 d 和 1 d 时，反应器内铵态氮的质量浓度出现明显的峰值。正如上一小节所说，这是因为配水的主要氮源为 NH_4Cl，负荷的增大导致反应器内硝化细菌生物量不足，造成短期的铵态氮累积，从硝态氮也可以证明这个猜测，可以看出来，随着硝化细菌增殖，系统内的铵态氮浓度迅速下降，硝态氮浓度稳步上升。

对于硝态氮来说，HRT 为 6 d 和 4 d 时，硝态氮的值呈现一个逐渐下降的趋势，水力停留时间为 2 d 时，硝态氮的值呈现一个逐渐小幅的上升，HRT 为 1 d 时，硝态氮的质量浓度是一个逐渐上升的趋势。侧面验证了由于污染负荷的增大使铵态氮累积，但随着硝化细菌的增殖，硝化反应的进行，反应器内的铵态氮浓度迅速下降，硝态氮浓度稳步上升。

为探究系统内部是否存在硝化/反硝化作用，试验对 HRT 为 6 d，水流搅拌速度为 0.2 m/s，搅拌时间为 12 h 的工况条件下 24 h 内反应器水体的 DO（溶解氧）值以及

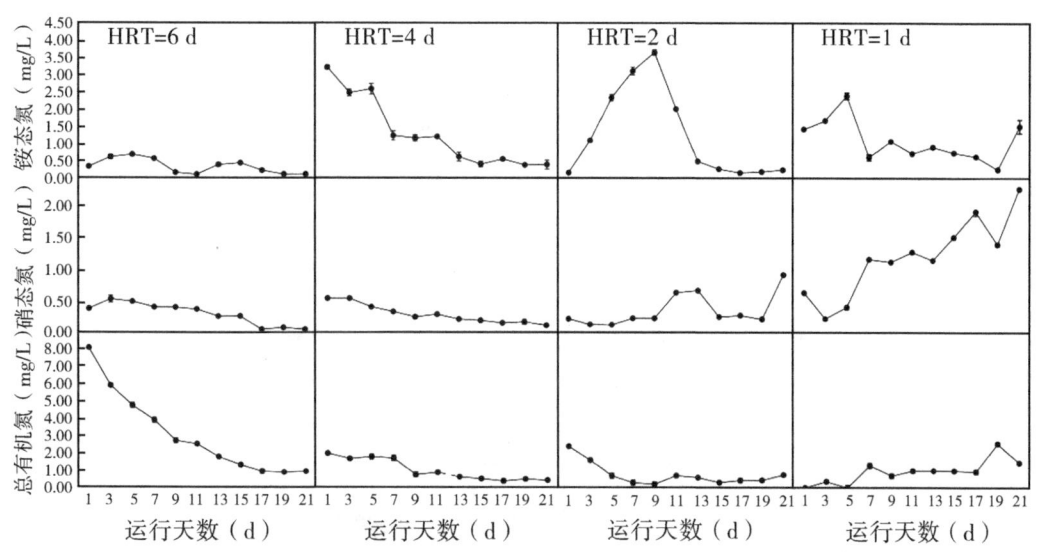

图 9-25 不同 HRT 下系统内铵态氮、硝态氮和总有机氮浓度变化

ORP（氧化还原电位）值进行了测定，从 0:20 开始至次日的 0:20 结束，每 30 分钟进行一次数据采集，所得到的结果如下，图 9-26 为 24 h 内系统内的 DO 值和 ORP 值的变化情况。

对于 DO 来说，系统的水流搅拌时间为 12 h，即从上午 6:00 开始从底部对水体进行曝气，起对水体进行搅拌的作用，因此上午 6:00 开始水体中的 DO 值开始快速上升，并在正午时分达到最大值，反应器中的水体在水流持续搅拌期间处于好氧状态，下午 18:00 对反应器水体停止搅拌，水体中的 DO 值开始直线下降，直至日落之后水体中的藻类及其他微生物将氧气耗尽，夜间系统水体中为无氧状态。对于 ORP 来说，日出之后，水体中的 ORP 开始缓慢上升（此运行周期内日出时间比搅拌开始的时间要早），系统开始对水体进行搅拌之后，随着水体中的 DO 值逐渐升高，水体中的 ORP 值急剧升高，并于上午 9:00 时之后维持在一个相对稳定的数值，直至日落之后水体中的 DO 值降至 0 点，水体中的 ORP 迅速下降。

从 DO 值以及 ORP 值都可以看出，水体在 24 h 内中是存在无氧环境并显示出还原性的，由于好氧状态和厌氧状态在 24 h 内变化，可以说系统内部的确存在硝化/反硝化作用。日出之后水体中由于藻类光合作用以及搅拌带来的氧气，使水体呈现好氧状态，硝化反应在此时进行；日落之后藻类以及其他好氧微生物将氧气耗尽，使水体呈现出厌氧状态，反硝化作用得以进行。试验通过测定 24 h 内水体中的 DO 值以及 ORP 值，确定了系统内交替进行着硝化以及反硝化作用。

对于总有机氮来说，HRT 为 6 d 时，总有机氮的质量浓度呈现一个逐渐下降的趋势，HRT 为 2 d 时，总有机氮在运行初期有一个下降的趋势后逐渐稳定，HRT 为 1 d 时，总有机氮有缓慢上升的趋势。

可以看出，HRT 为 6 d 时，在运行前期系统内部只有氨化作用和硝化作用，导致总有机氮逐渐下降，硝态氮缓慢累计，运行后期系统内部开始出现反硝化作用，使硝态氮

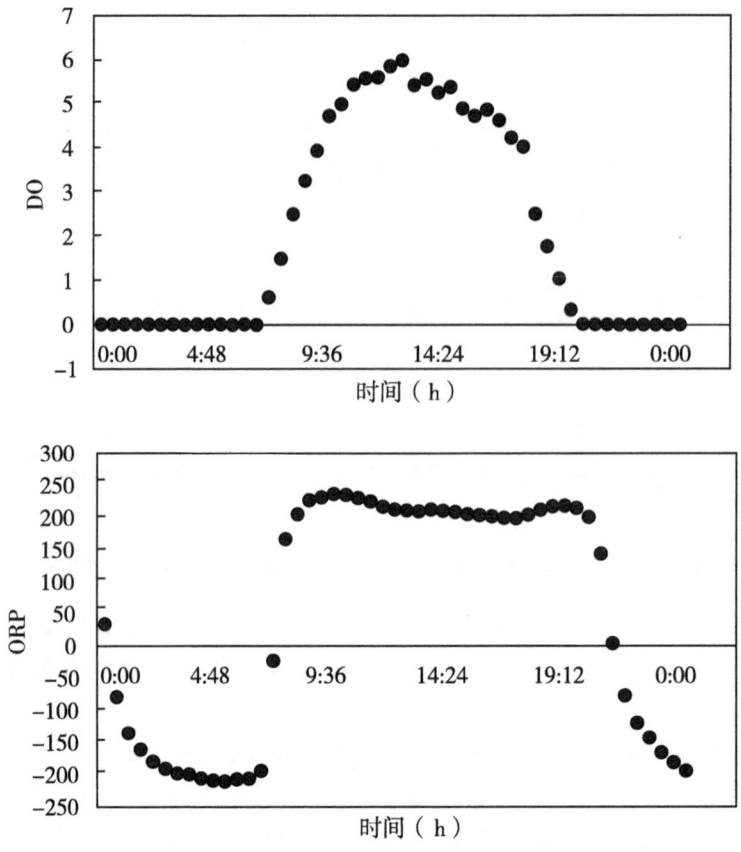

图9-26 共生系统内溶解氧及氧化还原电位值24 h变化情况

开始逐渐下降。HRT为2 d时，系统运行前期系统内部只有氨化作用，导致铵态氮质量浓度升高，10 d后系统内出现硝化作用，铵态氮浓度开始下降，硝态氮开始累计，运行16 d之后反硝化作用开始出现，硝态氮质量浓度开始下降，但稳定的时间不长铵态氮又开始上升硝态氮开始累积，说明系统不够稳定。HRT为1 d时，系统运行过程中以氨化作用和硝化作用为主，反硝化作用不明显，因此系统内铵态氮质量浓度逐渐下降，硝态氮逐渐累积。

从系统内的氮素形态来看，HRT为6 d时，系统内氨化作用，硝化作用和反硝化作用均比较明显，系统内部比较稳定，能够达到比较好的氮的去除效果。

为考察反应器内哪种氮素形态与藻类生长有关，用叶绿素浓度来表征系统内藻类的生物量，对铵态氮、硝态氮、TON这3种氮素形态类型与叶绿素浓度进行相关分析，结果表明系统内TON浓度与藻类生长显著相关。

运行周期内反应器内TON浓度与叶绿素浓度的相关分析如图9-27所示，可以看出，藻类吸收系统内其他类型的氮素从而生长，转化成自身的有机氮，藻类含量越多，系统内有机氮含量越高，反应器内TON浓度与叶绿素浓度在0.01水平上显著相关。进一步证明了氮素在反应器的迁移转化规律，膜-菌藻系统的脱氮机理是以藻类的过量储存氮素特性为基础，并以膜分离截留藻类而实现。

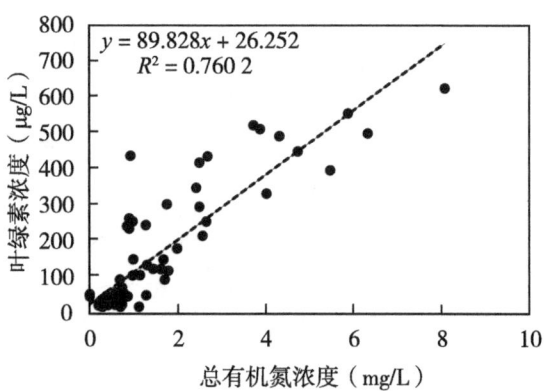

图 9-27 反应器内叶绿素与总有机氮浓度的相关性

对于硝态氮来说，HRT 为 6 d 和 4 d 时，硝态氮的值呈现一个逐渐下降的趋势，水力停留时间为 2 d 时，硝态氮的值呈现一个逐渐小幅的上升，HRT 为 1 d 时，硝态氮的质量浓度是一个逐渐上升的趋势。侧面验证了由于污染负荷的增大使铵态氮累积，但随着硝化细菌的增殖，硝化反应的进行，反应器内的铵态氮浓度迅速下降，硝态氮浓度稳步上升。

通过以上试验探究出系统中对于氮素的去除主要包括：藻类在氮素充足的环境下将过量氮素储存于细胞内，同时，由分子量分布指数变化以及藻类与 TOC 的相关关系可知藻类开始从悬浮态转变为附着态或团聚态，导致混合液悬浮藻浓度和 TN 浓度都明显下降；由 24 h 内 DO 与 ORP 的变化可知，系统内还存在硝化/反硝化作用，从而对氮素进行去除。

4. 水力停留时间对磷素去除的影响

系统进出水和反应器内混合液 TP 浓度变化如图 9-28 所示。由图可知，进水 TP 浓度在 0.07~0.72 mg/L，平均值为 0.46 mg/L。HRT 为 6 d 时，反应器内 TP 浓度在 0.08~0.58 mg/L，反应器内 TP 质量浓度随运行时间逐渐下降，平均 TP 浓度为 0.1 mg/L，可达到地表水Ⅲ类标准；不锈钢膜出水 TP 浓度为 0.01~0.03 mg/L，平均浓度为 0.02 mg/L，可达到地表水Ⅰ类标准。HRT 为 4 d 时，反应器内 TP 浓度在 0.08~0.43 mg/L，反应器内 TP 浓度可以达到 0.1 mg/L 左右，可达到地表水Ⅱ类标准；不锈钢膜出水 TP 浓度可达到 0.02 mg/L 左右，可达到地表水Ⅰ类标准。HRT 为 2 d 时，反应器内 TP 浓度在 0.04~0.25 mg/L，平均浓度为 0.08 mg/L，可达到地表水Ⅱ类标准；不锈钢膜出水的 TP 浓度为 0.01~0.10 mg/L，平均浓度为 0.03 mg/L，可达到地表水Ⅱ类标准。HRT 为 1 d 时，反应器内 TP 浓度在 0.02~0.12 mg/L，平均浓度为 0.08 mg/L，可达到地表水Ⅱ类标准；不锈钢膜出水 TP 浓度为 0.01~0.10 mg/L，平均浓度为 0.05 mg/L，可达到地表水Ⅱ类标准。

同时，为了探究不同水力停留时间对系统中 TP 去除的影响，考察了系统运行稳定之后，不同水力停留时间下 TP 的平均去除率的差异，如图 9-29 所示。系统运行

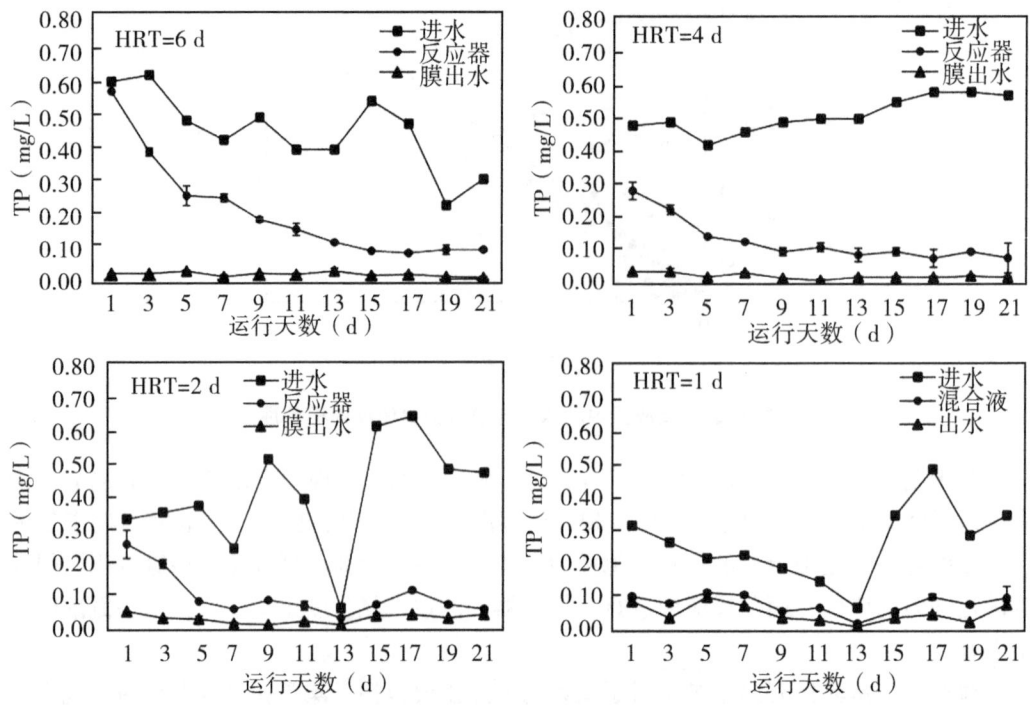

图 9-28 不同 HRT 下 TP 的处理效果

稳定后,HRT 为 6 d 时反应器对 TP 的平均去除率为 83.1%,整个系统(指菌-藻-草系统,下同)对 TP 的平均去除率为 96.2%;HRT 为 4 d 时反应器对 TP 的平均去除率为 83.7%,系统对 TP 的平均去除率为 95.7%;HRT 为 2 d 时反应器对 TP 的平均去除率为 84.5%,系统对 TP 的平均去除率为 76.4%;HRT 为 1 d 时反应器对 TP 的平均去除率为 76.4%,系统对 TP 的平均去除率为 86.6%。HRT 为 6 d、4 d 和 2 d 时,反应器对 TP 的去除率没有太大差异,HRT 为 1 d 时,反应器对 TP 的去除率下降,处理效果明显降低。HRT 为 6 d 和 4 d 时,系统对 TP 的去除效果差异不大,但随着 HRT 的缩短,系统对 TP 的平均去除率呈逐渐下降的趋势,即系统 TP 的去除效果逐渐变差。

5. 水力停留时间对化学需氧量去除的影响

如图 9-30 所示,进水 COD 浓度平均值为 40.29 mg/L。HRT 为 6 d 时,反应器内 COD 在 3~138 mg/L,平均浓度为 77 mg/L;不锈钢膜出水的 COD 在 1~152 mg/L,平均浓度为 44 mg/L。HRT 为 4 d 时,反应器内 COD 在 37~104 mg/L,平均浓度为 71 mg/L;不锈钢膜出水的 COD 在 33~71 mg/L,平均浓度为 46 mg/L。HRT 为 2 d 时,反应器内 COD 在 16~158 mg/L,平均浓度为 44 mg/L;不锈钢膜出水的 COD 在 6~162 mg/L,平均浓度为 40 mg/L。HRT 为 1 d 时,反应器内 COD 浓度在 6~45 mg/L,平均浓度为 27 mg/L;不锈钢膜出水在 10~43 mg/L,平均浓度为 25 mg/L。可以看出,系统对 COD 的处理效果不明显,不锈钢膜出水多在地表水 Ⅴ 类水以上。

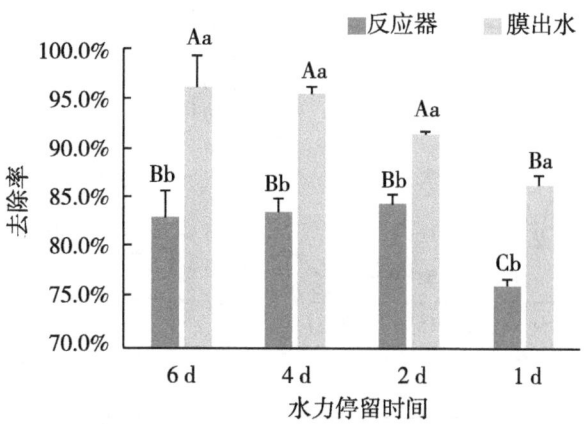

图 9-29 不同 HRT 下 TP 的平均去除率

系统的进水 COD 浓度模拟了一般农田排水的平均浓度，HRT 为 6 d 和 4 d 时，反应器内的 COD 质量浓度比进水的 COD 质量浓度还要高，这是因为在该运行周期内，HRT 越长，系统内生长的藻类越多，相当于水体中含有大量有机质，导致反应器内的 COD 质量浓度比进水的 COD 质量浓度要高。HRT 为 2 d 和 1 d 时，随着不锈钢膜的抽吸出水，大量的藻类被截留在不锈钢膜表面，反应器水体内悬浮类藻类减少，导致反应器内的 COD 浓度降低。同时，不锈钢膜出水的 COD 浓度要明显低于反应器内 COD 浓度，说明不锈钢膜能对反应器内的 COD 进行有效截留。

9.2.2.4 水流速度对菌-藻-草统系统处理农田排水的影响研究

设定菌-藻-草系统的水流速度梯度为 0.1 m/s、0.2 m/s 和 0.3 m/s，研究不同水流速度下菌-藻-草系统对农田排水中污染物的去除效果。试验运行周期内，为保证系统的稳定运行，设定系统的水力停留时间为 6 d，通过曝气来对水体进行搅拌，从而控制反应器内的水流速度，搅拌采用间歇搅拌的方式，搅拌时间为 12 h，从上午 6:00 至下午 18:00，试验运行周期为 21 d。

系统在运行过程中，进出水时间与搅拌时间同步，进水方式为水位控制器控制下间歇进水，出水方式为蠕动泵抽吸不锈钢膜出水。取样时间为每天上午 9:00，分别采集进水、反应器混合液，不锈钢膜出水进行水质指标分析。

1. 水流速度对 TN 去除的影响

不同水流速度下反应器混合液以及系统进出水 TN 变化如图 9-31 所示。在此运行周期内，系统进水 TN 浓度在 5.70~8.95 mg/L，平均浓度为 7.55 mg/L。水流速度为 0.1 m/s 时，反应器内 TN 质量浓度随运行时间逐渐小幅下降，反应器运行稳定时，反应器内 TN 平均质量浓度为 1.43 mg/L，基本可达到地表水Ⅳ类标准；不锈钢膜出水的 TN 平均质量浓度为 0.88 mg/L，可达到地表水Ⅲ类标准。水流速度为 0.2 m/s 时，反应器内 TN 质量浓度随时间逐渐下降，反应器运行稳定时，反应器内 TN 平均质量浓度为 1.13 mg/L，可达到地表水Ⅳ类标准；不锈钢膜出水的 TN 平均质量浓度为 0.67 mg/L，可达到地表水Ⅲ类标准。水流速度为 0.3 mg/L 时，反应器内 TN 质量浓度与不锈钢膜出水的 TN 质量浓度

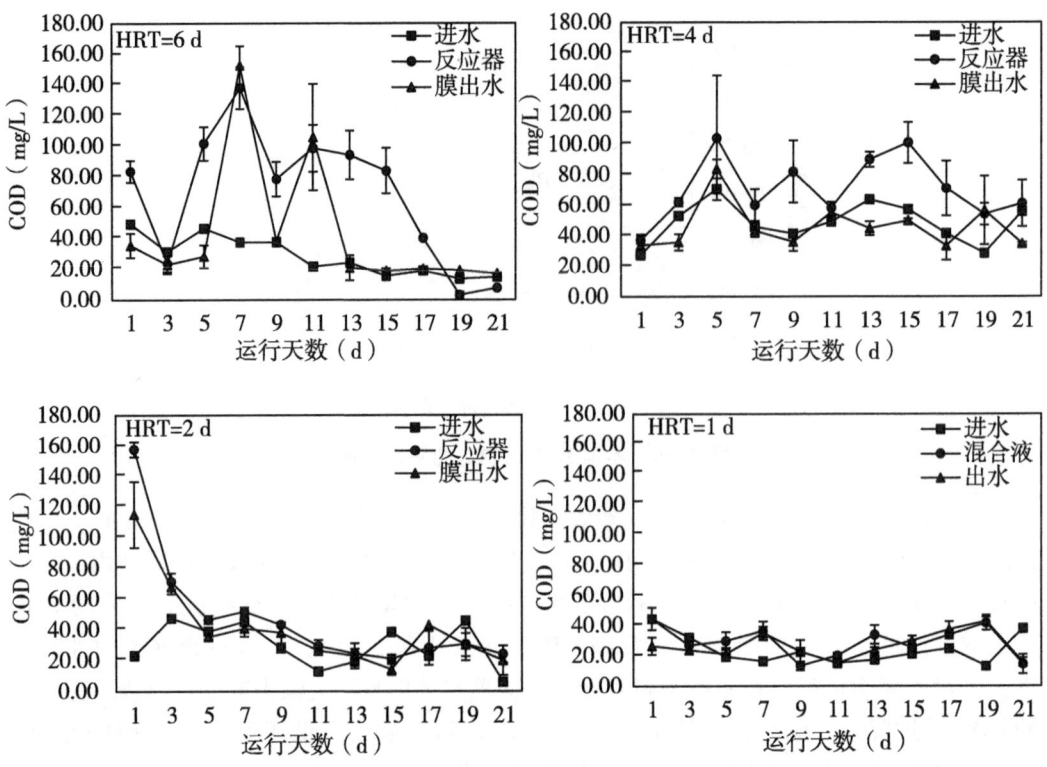

图9-30 不同水力停留时间下化学需氧量的处理效果

差异不大，反应器内 TN 平均浓度为 1.21 mg/L，可达到地表水Ⅳ类标准；不锈钢膜出水的 TN 平均质量浓度为 1.01 mg/L，可达到地表水Ⅳ类标准。可以看出，当系统内水流速度为 0.2 m/s 时，系统对于 TN 的处理效果最好，且出水水质稳定。

考察了系统稳定运行之后不同水流速度下 TN 的平均去除率，从而对不同水流速度对系统中 TN 去除的影响进行探究，结果如图 9-32 所示。系统稳定运行之后，水流速度为 0.1 m/s 时反应器对 TN 的平均去除率为 80.8%，整个系统（指菌-藻-草系统，下同）对 TN 的平均去除率为 87.4%；水流速度为 0.2 m/s 时反应器对 TN 的平均去除率为 83.8%，系统对 TN 的平均去除率为 93.0%；水流速度为 0.3 m/s 时反应器对 TN 的平均去除率为 83.4%，系统对 TN 的平均去除率为 86.1%。可以看出，水流速度为 0.2 m/s 时，反应器及系统对于 TN 的去除率最高，即对于 TN 的处理效果最好。

试验采用在反应器底部曝气的方式来实现对反应器内水体的搅拌，起到混合藻类，同时增加系统内藻类反应速率的作用。可以得出，并不是水流速度越快则反应器对 TN 的处理效果越好。对于菌-藻-草系统的推流、搅拌或曝气并不是越多越好，适宜的曝气率可以促进系统中藻类的生长，过量的推流、搅拌或曝气一方面会抑制藻类的生长，影响系统内藻类光合作用的进行，并且限制了藻类对污水水体中的营养物进行吸收同化；另一方面，过量的推流、搅拌或曝气会破坏细菌与藻类在系统中的相互作用，菌-藻-草系统的协同效应和共生平衡会被削弱，从而使系统对污染物的处理效果下降。

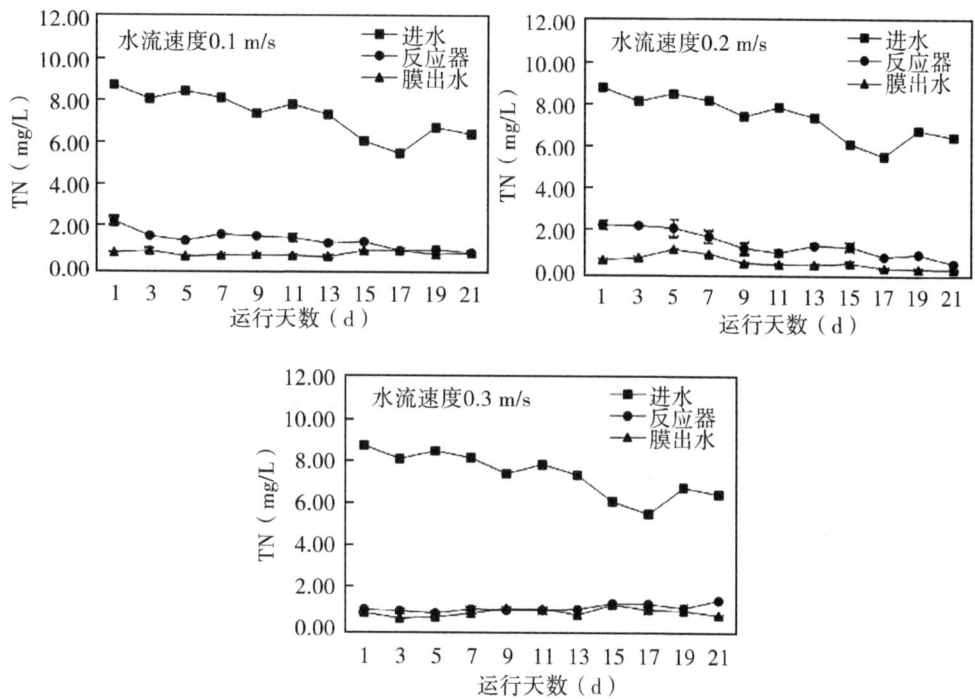

图 9-31 不同水流速度下 TN 的去除效果

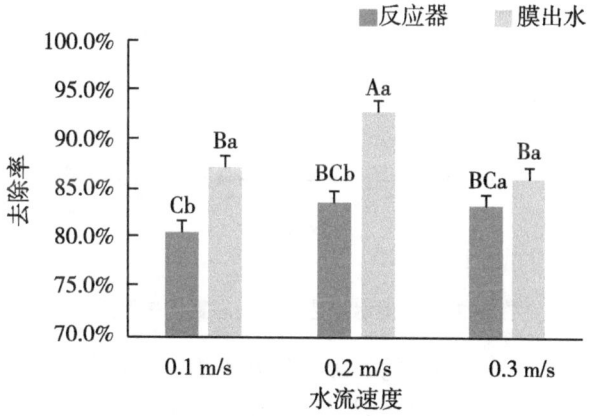

图 9-32 不同水流速度下 TN 的平均去除率

同时，水流速度为 0.3m/s 时，反应器混合液与不锈钢膜出水的 TN 质量浓度差异最小，这主要是因为过快的水流速度加速了藻类从悬浮态到附着态或团聚态的转变，从而导致 TN 质量浓度差异变小。

2. 水流速度对铵态氮去除的影响

不同水流速度下反应器混合液以及进出水铵态氮的处理效果如下图 9-33 所示。系统进水的铵态氮浓度在4.99~7.67 mg/L，平均质量浓度为6.49 mg/L。不同的水流速度下系统对铵态氮的处理效果一直比较稳定。水流速度为0.1 m/s时，反应器内铵态氮的平均质量浓度为0.15 mg/L，基本可达到地表水Ⅱ类标准；不锈钢膜出水的铵态氮平均质量浓度为0.13 mg/L，基本可达到地表水Ⅰ类标准。水流速度为0.2 m/s时，反应器内铵态氮平均浓度为0.35 mg/L，基本可达到地表水Ⅱ类标准；不锈钢膜出水的铵态氮平均质量浓度为0.30 mg/L，可达到地表水Ⅱ类标准。水流速度为0.3 m/s时，反应器内铵态氮平均质量浓度为0.16 mg/L，可达到地表水Ⅱ类标准，不锈钢膜出水的铵态氮平均质量浓度为0.15 mg/L，可达到地表水Ⅱ类标准。

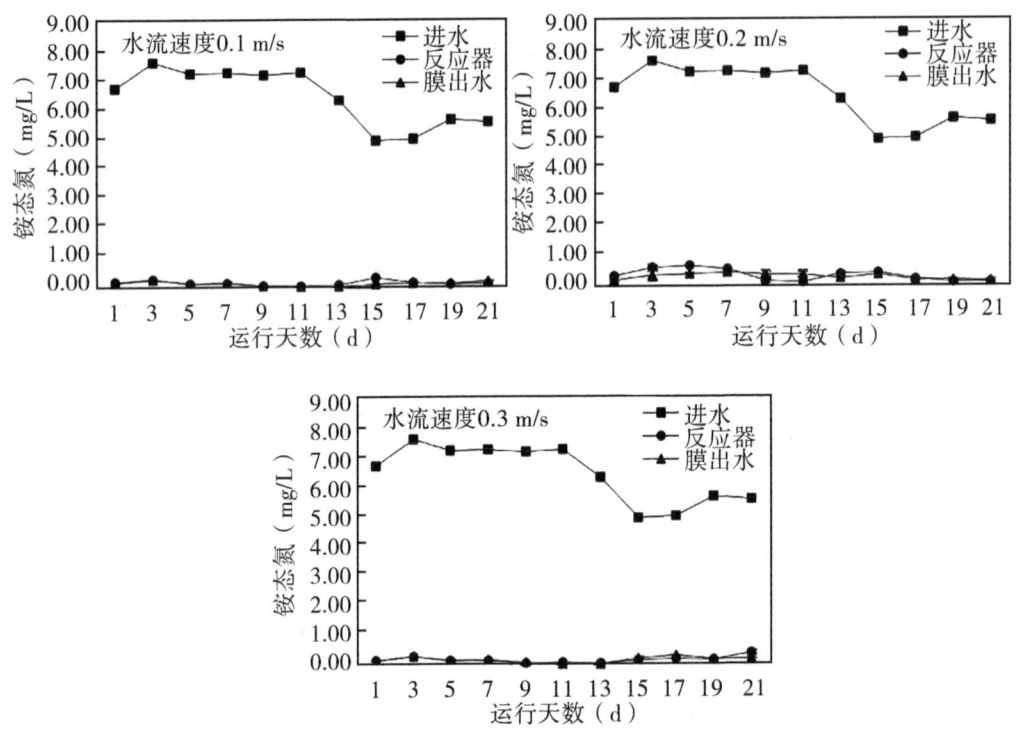

图9-33　不同水流速度下铵态氮的去除效果

可以看出，水流速度对铵态氮的处理效果并不明显，不同水流速度下不锈钢膜出水均可达到地表水Ⅱ类标准。这主要是因为人工配制的污水采用的氮源为NH_4Cl，反应器中的氮在氨化细菌的作用下能较快地分解成铵态氮。一方面在水流的搅拌作用下，水体中的NH_3能较快地从水体逸出挥发，另一方面随着硝化反应的进行，进步促进水体中的铵态氮的去除。

3. 水流速度对氮素形态的影响

不同水流速度下反应器内铵态氮、硝态氮、TON（TON的值为系统内TN质量浓度减去铵态氮质量浓度和硝态氮质量浓度之和所得到的理论值）的质量浓度变化情况如图9-34所示。可以看出当水流速度为0.1 m/s时，反应器内的铵态氮、硝态氮的质量浓度在运行周期内差异不大，TON 随着系统运行时间逐渐下降。水流速度为 0.2m/s 时，反应器内的铵态氮出现明显的峰值，但随着硝化/反硝化作用的进行，总体上铵态氮呈现逐渐下降的趋势，并且硝态氮并没有发生累积，硝化/反硝化作用运行良好。水流速度为 0.3 m/s 时，由于水流速度较快导致水中富氧速度随之加快，水体中的反硝化作用受到抑制，从而使硝态氮在运行中期发生累积。

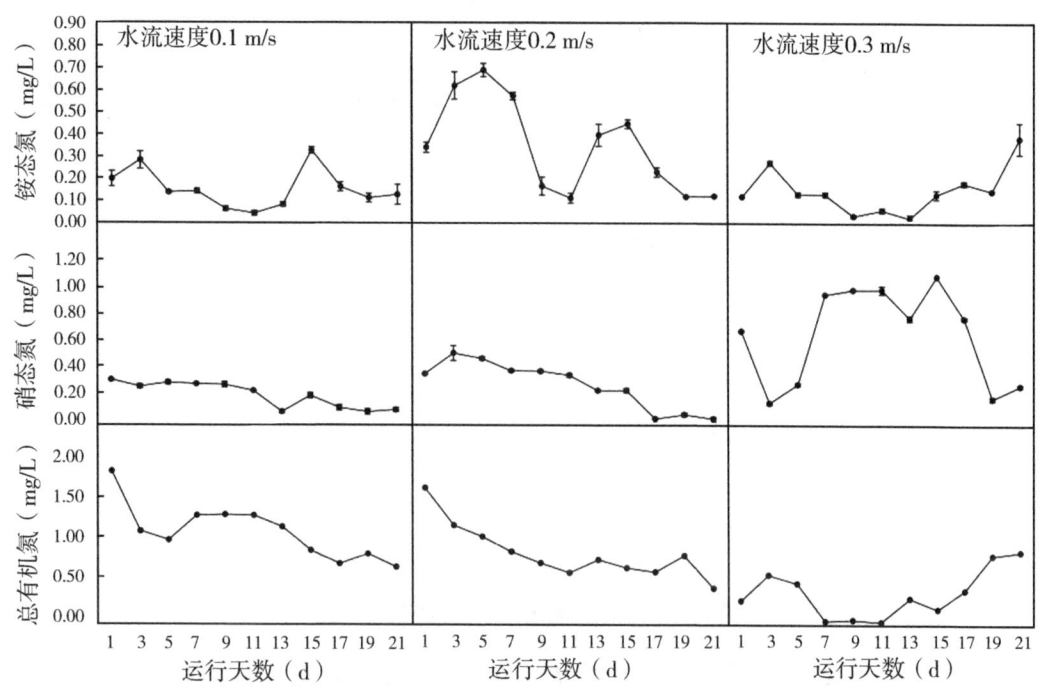

图 9-34　不同水流速度下反应器内铵态氮、硝态氮和总有机氮浓度变化

4. 水流速度对磷素去除的影响

系统进出水和反应器混合液 TP 浓度变化如图 9-35 可知，在进水周期内，进水 TP 浓度在 0.27~0.80 mg/L，平均值为 0.56 mg/L。水流速度为 0.1 m/s 时，反应器内 TP 浓度在 0.12~0.21 mg/L，反应器内 TP 平均质量浓度为 0.17 mg/L，可达到地表水Ⅲ类标准；不锈钢膜出水 TP 平均质量浓度为 0.02 mg/L，可达到地表水Ⅱ类标准。水流速度为 0.2 m/s 时，反应器内 TP 浓度在 0.07~0.12 mg/L，反应器内 TP 平均质量浓度为 0.09 mg/L，可达到地表水Ⅱ类标准；不锈钢膜出水 TP 平均质量浓度为 0.02 mg/L，可达到地表水Ⅱ类标准。水流速度为 0.3 m/s 时，反应器内 TP 浓度在 0.04~0.08 mg/L，反应器内 TP 平均质量浓度为 0.05 mg/L，可达到地表水Ⅱ类标准；不锈钢膜出水 TP 平均质量浓度为 0.04 mg/L，可达到地表水Ⅱ类标准。

为探究不同水流速度对系统中 TP 去除的影响，对系统运行稳定之后不同水流速度下 TP 的平均去除率进行对比，结果如图 9-36 所示。系统运行稳定后，水流速度为 0.1m/s 时反应器对 TP 的平均去除率为 81.2%，整个系统（指菌-藻-草系统，下同）对 TP 的平均去除率为 93.6%；水流速度为 0.2 m/s 时反应器对 TP 的平均去除

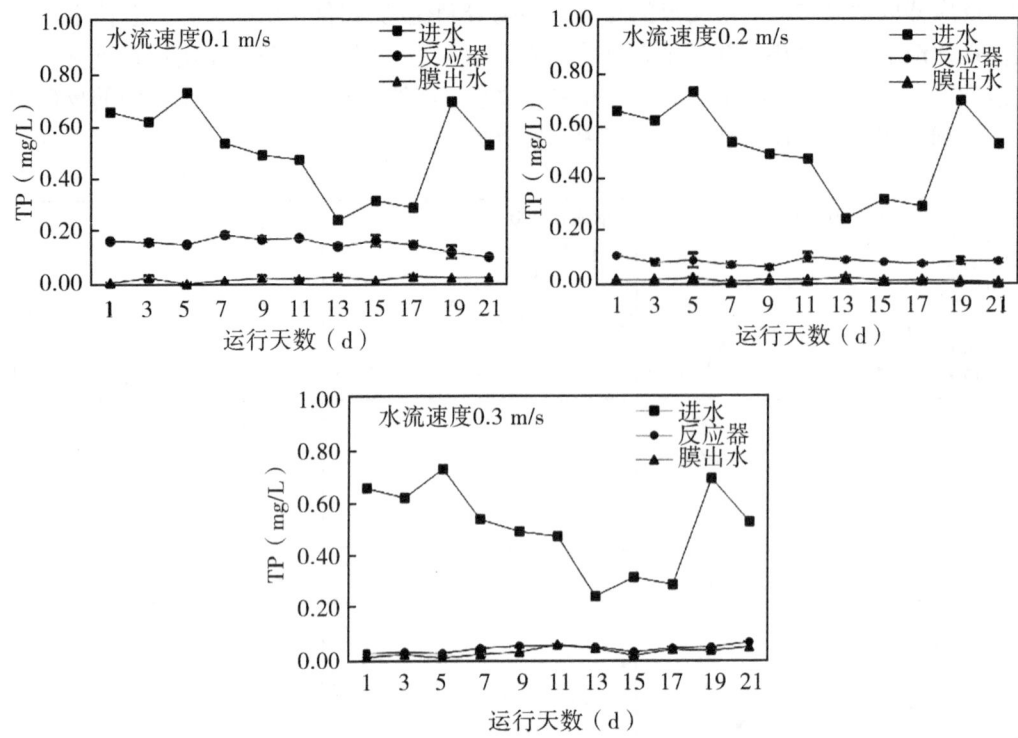

图 9-35 不同水流速度下 TP 的去除效果

率为 85.8%，系统对 TP 的平均去除率为 97.1%；水流速度为 0.3 m/s 时反应器对 TP 的平均去除率为 85.9%，系统对 TP 的平均去除率为 90.2%。随着水流速度的加快，反应器对于 TP 的去除率逐渐上升，但 0.2m/s 与 0.3 m/s 的水流速度对于 TP 的处理效果差异不大。水流速度为 0.2m/s 时，系统对于 TP 的平均去除率最高，去除效果最好。

随着水流速度的增加，反应器与不锈钢膜出水的 TP 质量浓度之间的差异越来越小，这是因为共生系统中对于磷元素的去除主要是靠化学沉淀以及藻类对磷的同化吸收来实现的，水流速度的加快加速了系统中的藻类从悬浮态转变为附着态或者团聚态，从而使反应器与不锈钢膜出水之间的 TP 质量浓度差异逐渐变小。

5. 水流速度对化学需氧量去除的影响

系统进出水及反应器内 COD 的变化见下图。如图 9-37 所示，在运行周期内，进水 COD 浓度在 16.5~35.8 mg/L，进水 COD 的平均质量浓度为 24.31 mg/L。水流速度为 0.1 m/s 时，反应器内 COD 在 19~61 mg/L，平均浓度为 33 mg/L；不锈钢膜出水的 COD 在 19~42 mg/L，平均浓度为 28 mg/L。水流速度为 0.2m/s 时，反应器内 COD 在 11~40 mg/L，平均浓度为 27 mg/L；不锈钢膜出水的 COD 在 15~43 mg/L，平均浓度为 25 mg/L。水流速度为 0.3 m/s 时，反应器内 COD 在 14~41 mg/L，平均浓度为 28 mg/L；不锈钢膜出水的 COD 在 15~52 mg/L，平均浓度为 27 mg/L。

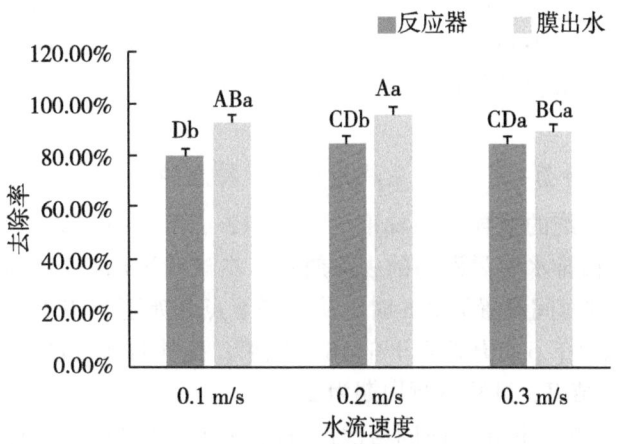

图 9-36 不同水流速度下 TP 的平均去除率

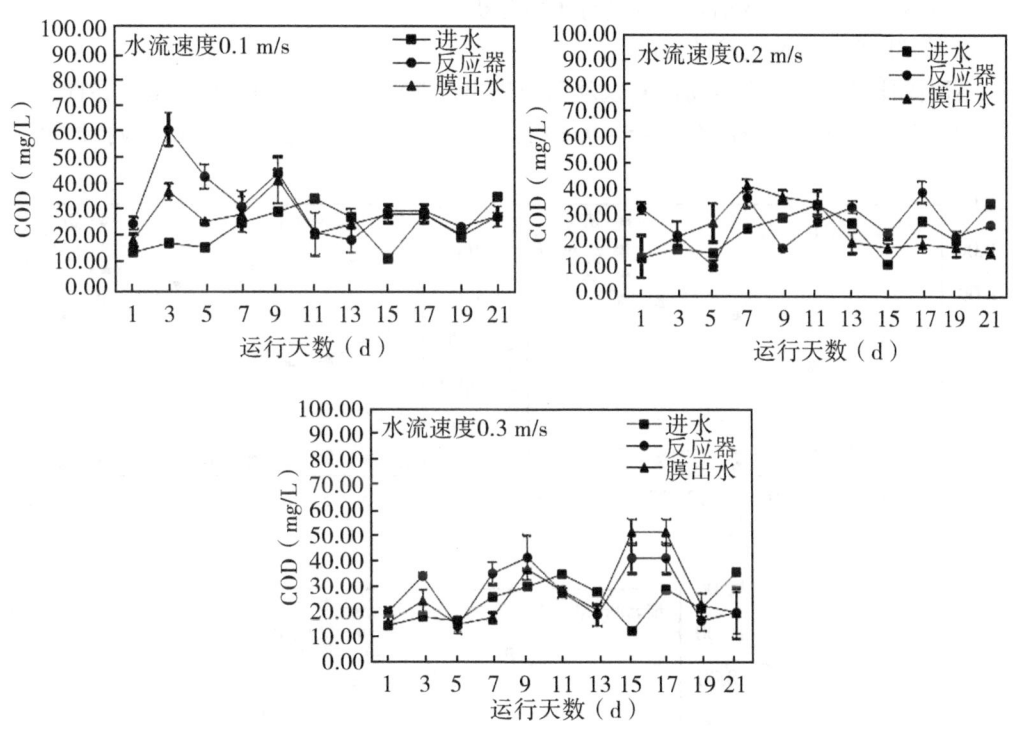

图 9-37 不同水流速度下化学需氧量的去除效果

可以看出，在进水 COD 水质在 16~36 mg/L 时，不同的水流速度下系统对 COD 的处理效果并不明显。在 0.1 m/s、0.2 m/s 和 0.3 m/s 这 3 个水流速度下，反应器混合液及不锈钢膜出水中的 COD 质量浓度与系统的进水 COD 质量浓度差异不大。这是由于系统的进水 COD 浓度就不高，进水属于低碳的水质类型，随着系统的逐渐运行，反应器内悬浮类藻类减少，则水体中悬浮藻类所代表的悬浮有机质也减少，所导致的 COD 浓度都不高。同时，对反应器内 COD 浓度和不锈钢膜出水的 COD 浓度进行比较可以发现，不锈钢膜出水的 COD 浓度要明显低于反应器内 COD 浓度，说明即使在 COD 浓度不高，悬浮藻类生物量较低的情况下，不锈钢膜依然能对反应器内的 COD 进行有效截留。

9.2.2.5 搅拌时间对菌-藻-草统系统处理农田排水的影响研究

设定菌-藻-草系统的搅拌时间梯度为 8 h、12 h 和 16 h，研究了不同搅拌时间下菌-藻-草系统对农田排水中污染物的去除效果。本试验采用在反应器底曝气的方式对水体进行搅拌。搅拌时间设置为 8 h 时，从上午 8 点开始至下午 16 点结束；搅拌时间设置为 12 h 时，从上午 6 点开始至下午 18 点结束；搅拌时间设置为 16 h 时，从上午 4 点开始至下午 20 点结束，试验运行周期为 21 d。

试验在运行过程中，进出水时间与搅拌时间相同，水力停留时间设置为 6 d，通过曝气控制反应器内的水流搅拌速度稳定在 0.2 m/s。进水方式为水位控制器控制下间歇进水，出水方式为蠕动泵抽吸不锈钢膜出水。取样时间为每天上午 9:00，分别采集进水、反应器混合液，不锈钢膜出水进行水质分析。

1. 搅拌时间对 TN 去除的影响

不同搅拌时间下反应器混合液以及系统进出水 TN 变化如图 9-38 所示。在此运行周期内，系统进水 TN 浓度在 4.85~9.20 mg/L，平均浓度为 6.98 mg/L。搅拌时间为

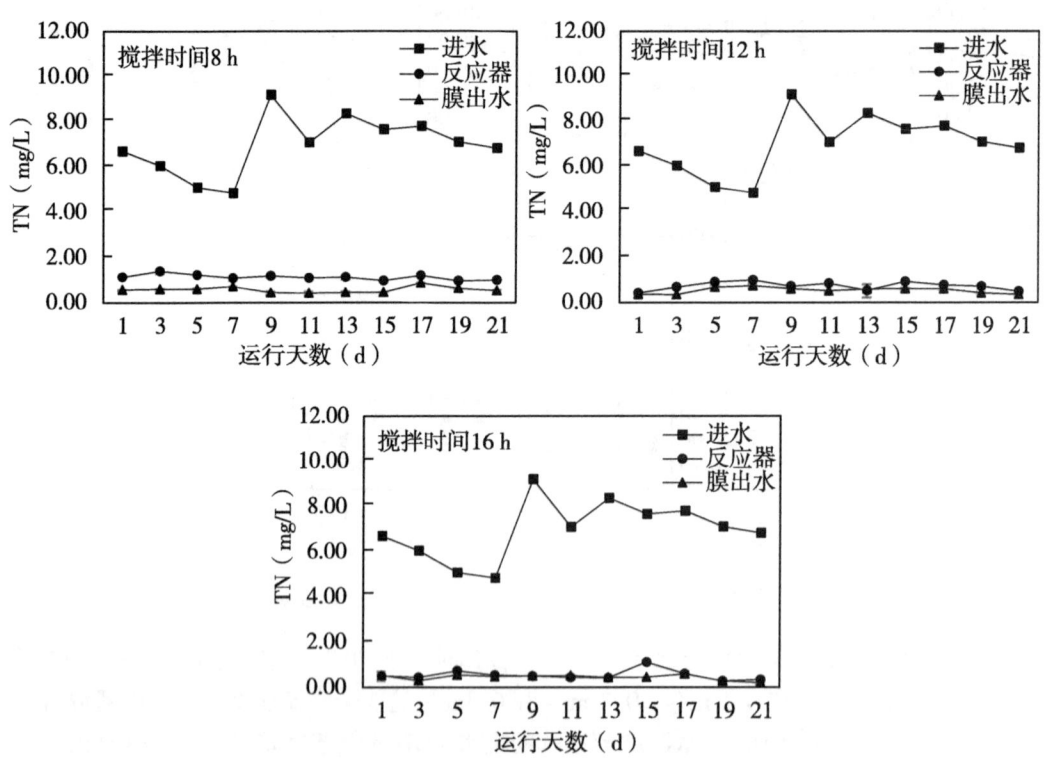

图 9-38 不同搅拌时间下 TN 的去除效果

8 h、12 h、16 h 时，反应器混合液以及不锈钢膜出水均运行稳定。搅拌时间为 8 h 时，反应器内 TN 平均质量浓度为 1.13 mg/L，可达到地表水Ⅳ类标准；不锈钢膜出水的 TN 平均质量浓度为 0.57 mg/L，可达到地表水Ⅲ类标准。搅拌时间为 12 h 时，反应器内 TN 平均质量浓度为 0.72 mg/L，可达到地表水Ⅳ类标准；不锈钢膜出水的 TN 平均质量浓度为 0.53 mg/L，可达到地表水Ⅲ类标准。搅拌时间为 16 h 时，反应器内 TN 平均质量浓度为 0.54 mg/L，可达到地表水Ⅲ类标准；不锈钢膜出水的 TN 平均质量浓度为 0.45 mg/L，基本可达到地表水Ⅱ类标准。可以看出，系统的搅拌时间为 8 h、12 h、16 h 时，系统对 TN 均取得了不错的处理效果，且出水水质稳定，当搅拌时间为 16 h 时，系统对 TN 的处理效果最好，不锈钢膜出水可基本达到地表水Ⅱ类标准。

为探究不同搅拌时间对系统中 TN 去除的影响，对系统稳定运行之后不同搅拌时间下 TN 的平均去除率进行了考察，结果如图 9-39 所示。系统稳定运行后，搅拌时间为 8 h 时反应器对 TN 的平均去除率为 83.2%，整个系统（指菌-藻-草系统，下同）对 TN 的平均去除率为 91.4%；搅拌时间为 12 h 时反应器对 TN 的平均去除率为 89.1%，系统对 TN 的平均去除率为 92.1%；搅拌时间为 16 h 时反应器对 TN 的平均去除率为 91.9%，系统对 TN 的平均去除率为 93.4%。不同搅拌时间下反应器及系统对 TN 的去除率随搅拌时间的增长逐渐上升，但 3 个搅拌时间下，系统对于 TN 的去除率差异不大。

在进水 TN 浓度后期增大的情况下，系统对于 TN 的去除效果依然比较稳定，水流搅拌时间为 8 h、12 h 和 16 h 时，系统对 TN 的去除均有比较好的效果。并且随着搅拌时间的增长，反应器混合液以及不锈钢膜出水的 TN 质量浓度的差异越来越小。这主要是由于搅拌在反应器中起搅拌、促进藻类在水体中完全混合的作用，搅拌时间的增长促进了菌藻之间的相互作用，提高了反应器对污染物的处理效果。同时，搅拌时间的增长，意味着藻类和细菌的活性也随之持续增强并保持，从而加速了藻类从悬浮态到附着态或团聚态的转变，导致 TN 质量浓度差异变小。

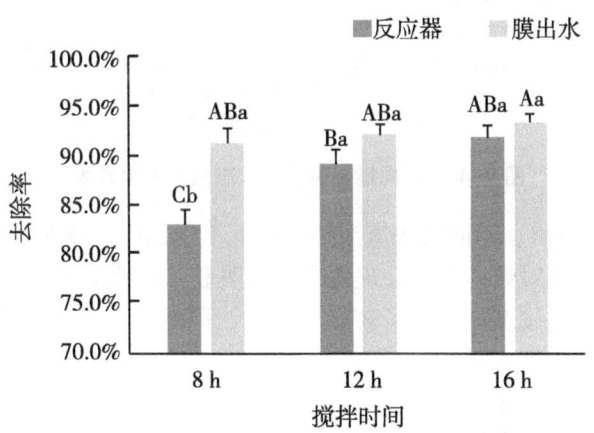

图 9-39 不同搅拌时间下 TN 的平均去除率

2. 搅拌时间对铵态氮去除的影响

不同搅拌时间下反应器混合液以及进出水铵态氮的处理效果如图 9-40 所示。系统进水的铵态氮浓度在4.59~7.35 mg/L，平均质量浓度为6.30 mg/L。在不同的搅拌时间下，菌-藻-草系统对铵态氮的处理效果一直比较稳定。搅拌时间为8 h时，反应器内铵态氮的平均质量浓度为0.27 mg/L，基本可达到地表水Ⅱ类标准；不锈钢膜出水的铵态氮平均质量浓度为0.13 mg/L，基本可达到地表水Ⅰ类标准。搅拌时间为12 h时，反应器内铵态氮平均浓度为0.25 mg/L，基本可达到地表水Ⅱ类标准；不锈钢膜出水的铵态氮平均浓度为0.16 mg/L，可达到地表水Ⅱ类标准。搅拌时间为16 h时，反应器内铵态氮平均质量浓度为0.23 mg/L，可达到地表水Ⅱ类标准，不锈钢膜出水的铵态氮平均质量浓度为0.17 mg/L，可达到地表水Ⅱ类标准。

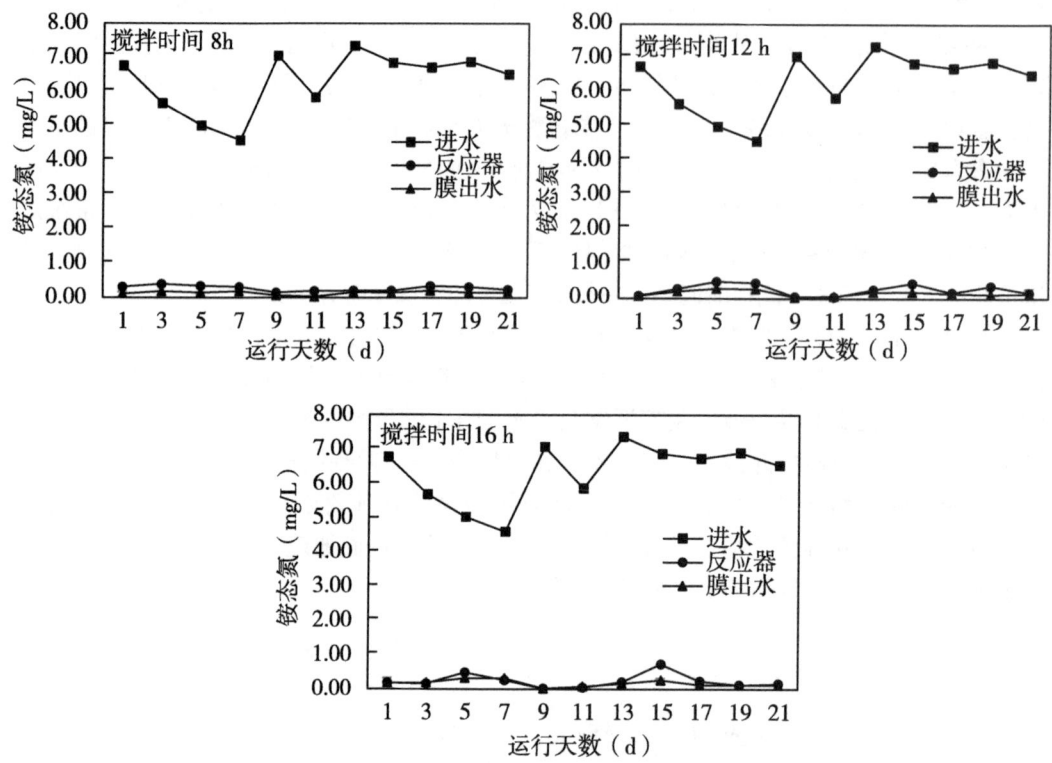

图9-40 不同搅拌时间下铵态氮的去除效果

从图9-40可以看出，不同的水流搅拌时间下不锈钢膜出水都可以达到地表水Ⅱ类标准，水流的搅拌时间对铵态氮的处理效果并不明显。搅拌加速了水体中的NH_3从水体中逸出挥发，水体中的铵态氮达到了较好地去除，同时，系统中氨化作用、硝化/反硝化作用也能够有效去除铵态氮。

3. 搅拌时间对氮素形态的影响

反应器内铵态氮、硝态氮、TON（TON的值为系统内TN质量浓度减去铵态氮质量浓度和硝态氮质量浓度之和所得到的理论值）在不同水流搅拌时间下的质量浓度变化情况如图9-41所示。搅拌时间为8 h时，铵态氮、硝态氮、TON质量浓度在运行中期内都相对平稳，搅拌时间为12 h和16 h时，污染负荷的升高反而促进了硝化反应的进行，使得铵态氮浓度迅速下降，造成短期的硝态氮累积，随着系统的逐渐运行，系统内的各类反应逐渐调整到比较平衡的状态。

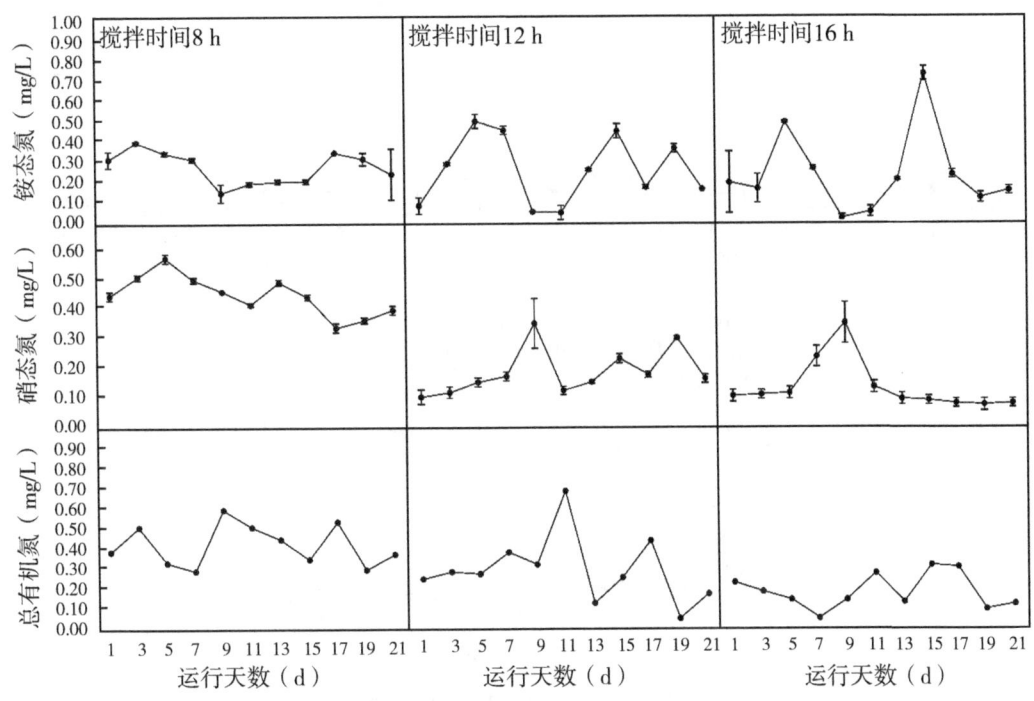

图 9-41　不同搅拌时间反应器内铵态氮、硝态氮和总有机氮浓度变化

4. 搅拌时间对磷素去除的影响

系统进出水和反应器内混合液 TP 浓度变化如图 9-42 所示。在运行周期内，进水 TP 浓度在 0.31~0.96 mg/L，平均质量浓度为 0.63 mg/L。搅拌时间为 8 h 时，反应器运行稳定，反应器内 TP 浓度在 0.05~0.12 mg/L，反应器内 TP 平均质量浓度为 0.08 mg/L，可达到地表水 Ⅱ 类标准；不锈钢膜出水 TP 平均质量浓度为 0.05 mg/L，可达到地表水 Ⅱ 类标准。搅拌时间为 12 h 时，反应器运行稳定，反应器内 TP 浓度在 0.03~0.11 mg/L，反应器内 TP 平均质量浓度为 0.07 mg/L，可达到地表水 Ⅱ 类标准；不锈钢膜出水 TP 平均质量浓度为 0.03 mg/L，可达到地表水 Ⅱ 类标准。搅拌时间为 16 h 时，反应器运行稳定，反应器内 TP 浓度在 0.02~0.06 mg/L，反应器内 TP 平均质量浓度为 0.05 mg/L，可达到地表水 Ⅱ 类标准；不锈钢膜出水 TP 平均质量浓度为 0.03 mg/L，可达到地表水 Ⅱ 类标准。

对系统运行稳定之后不同水流搅拌时间下 TP 的去除效率进行对比，从而探究搅拌时间对于系统去除 TP 的影响，结果如图 9-43 所示。系统运行稳定后，水流搅拌时间为 8 h 时反应器对 TP 的平均去除率为 87.1%，整个系统（指菌-藻-草系统，下同）对 TP 的平均去除率为 90.7%；水流搅拌时间为 12 h 时反应器对 TP 的平均去除率为 87.9%，系统对 TP 的平均去除率为 95.1%；水流搅拌速度为 0.3m/s 时反应器对 TP 的平均去除率为 92.2%，系统对 TP 的平均去除率为 94.6%。随着搅拌时间的增长，反应

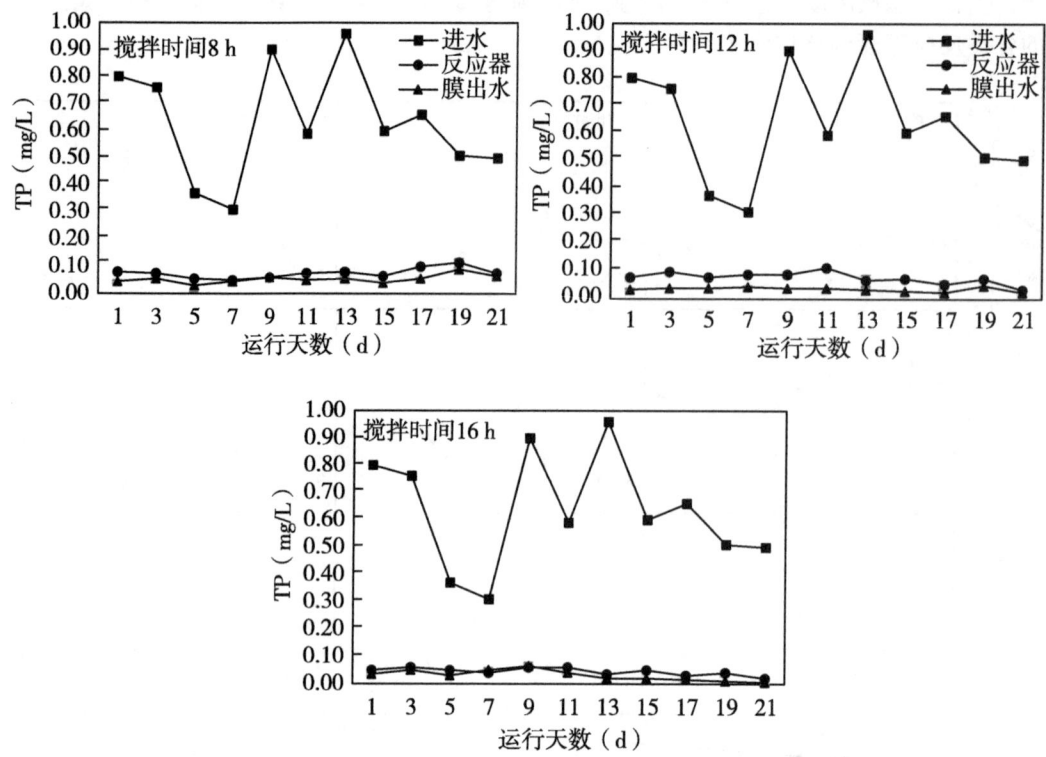

图 9-42 不同搅拌时间下 TP 的去除效果

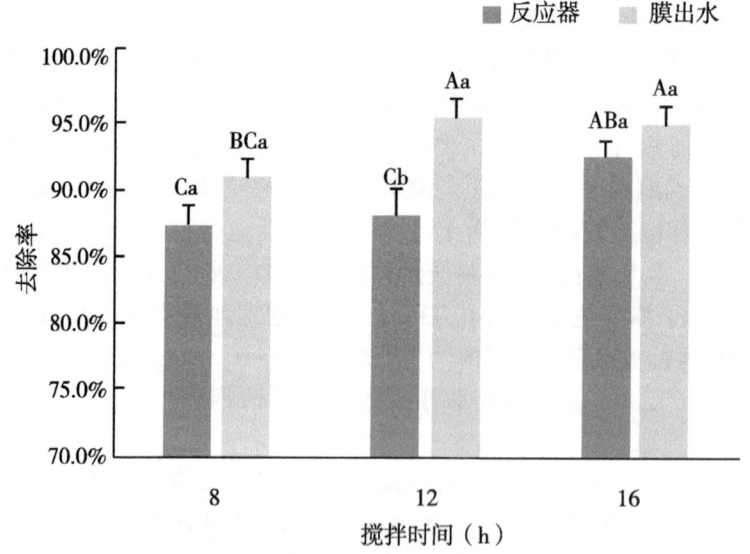

图 9-43 不同搅拌时间下 TP 的平均去除率

器对于 TP 的去除率逐渐上升，16 h 的搅拌时间使反应器对于 TP 的去除率最高。同时，随着搅拌时间的增长，TP 的去除率逐渐上升，12 h 与 16 h 的搅拌时间对于 TP 的去除率差异不大，处理效果相似。

可以看出，系统对 TP 的处理效果非常稳定，搅拌时间为 8 h、12 h、16 h 时反应器混合液及不锈钢膜出水均可以达到地表水 Ⅱ 类标准，但相比较而言，搅拌时间为 12 h 或 16 h，对 TP 的去除率最高。菌-藻-草系统对于 TP 的去除主要是靠藻类对磷酸盐的同化吸收以及水体中的化学沉淀作用来实现的，搅拌时间的增长会加速菌藻之间的相互作用以及水体间的化学反应，因此，水流的搅拌时间为 12 h 或 16 h 时对 TP 的去除率最高，但不同的搅拌时间下反应器混合液及不锈钢膜出水均可以达到地表水 Ⅱ 类标准，系统对 TP 的处理效果好且稳定。

5. 搅拌时间对化学需氧量去除的影响

系统进出水及反应器混合液 COD 的变化如图所示。由图 9-44 可知，在运行周期内，进水 COD 浓度在 12.1~40.6 mg/L，平均浓度值为 23.2 mg/L。搅拌时间为 8 h 时，反应器内 COD 在 8.9~33.4 mg/L，平均浓度为 26.6 mg/L；不锈钢膜出水的 COD 在 10.8~31.5 mg/L，平均浓度为 23.6 mg/L。搅拌时间为 12 h 时，反应器内 COD 在 11.0~39.7 mg/L，平均浓度为 25.16 mg/L；不锈钢膜出水的 COD 在 10.4~30.9 mg/L，平均浓度为 23.6 mg/L。搅拌时间为 16 h 时，反应器内 COD 在 13.7~49.4 mg/L 之间，平均浓度为 25.1 mg/L；不锈钢膜出水的 COD 在 5.1~35.8 mg/L，平均浓度为 22.8 mg/L。可以看出，不同的水流搅拌时间下系统对于 COD 的处理效果并不明显，在运行周期内，反应器混合液及不锈钢膜出水中的 COD 质量浓度与系统的进水 COD 质量

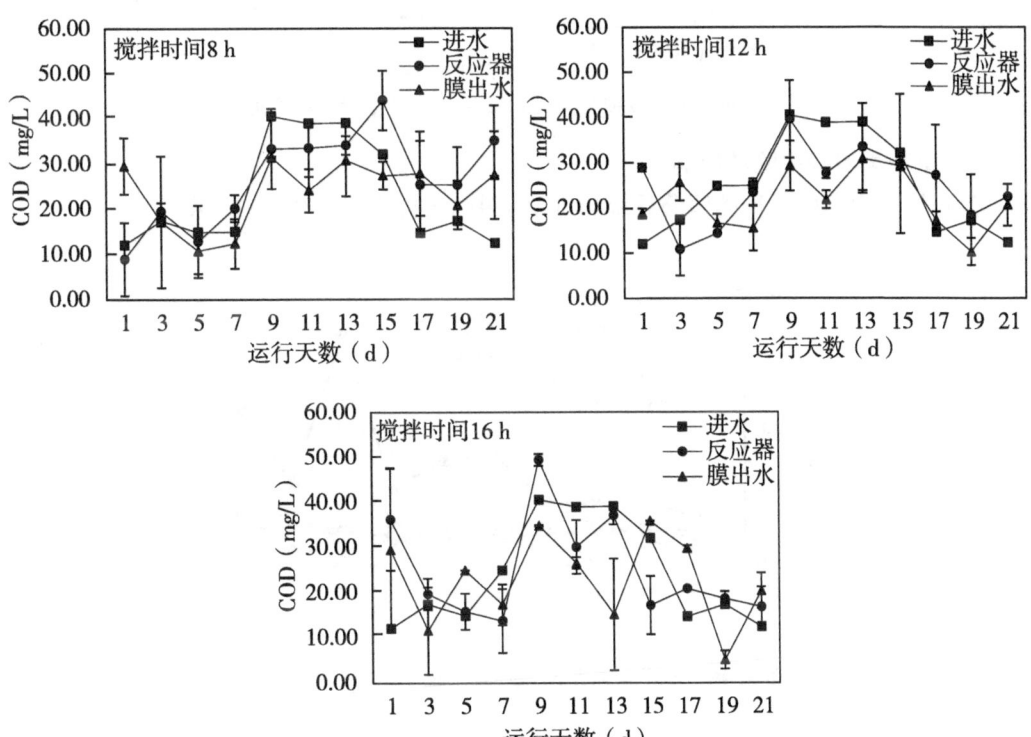

图 9-44 不同搅拌时间下化学需氧量的去除效果

浓度差异不大。这是由于进水水质的 COD 浓度不高，且反应器内悬浮类藻类的生物量比较低导致的。

9.2.2.6 草种类对系统处理农田排水的效果影响

1. 种类与及密度对系统的影响

1) 草种类与叶绿素含量

运行周期内不同草种类菌藻系统叶绿素平均含量如图 9-45 所示。可以看出，30% 纤维绳-菌藻系统中的叶绿素浓度明显高于其他载体系统，平均达到了 500 μg/L，其次为苦草-菌藻系统，叶绿素平均浓度为 106 μg/L，而在细叶莎草-菌藻系统叶绿素含量最低，平均浓度只有 46 μg/L，低于空白组菌藻共生系统的 68 μg/L，说明高等水生植物细叶莎草对藻类生长有明显的抑制作用。

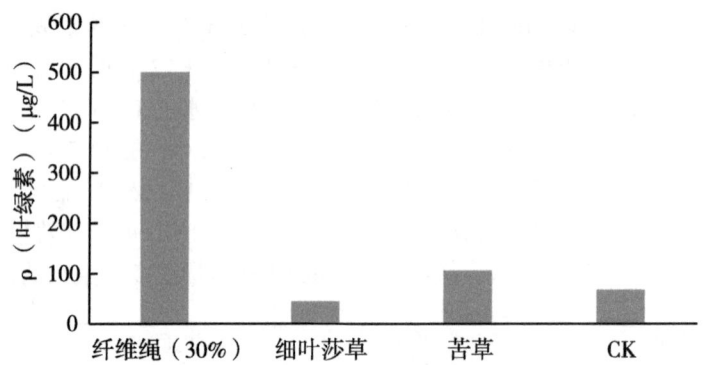

图 9-45 不同草种类菌-藻-草系统中叶绿素平均含量

2) 草种类对磷去除的影响

运行周期内不同草种类菌藻系统的进出水中 TP 含量如图 9-46 所示。

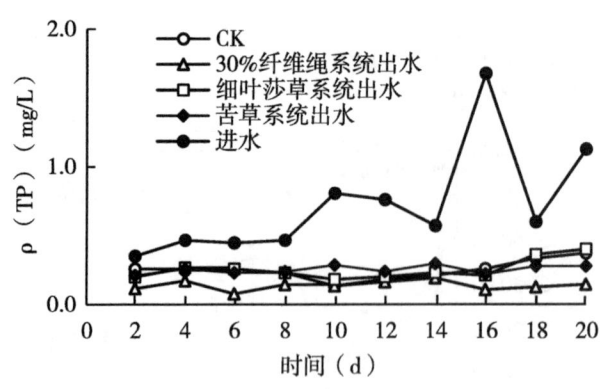

图 9-46 不同草种类菌-藻-草系统 TP 的去除效果

由图可知，进水中 TP 质量浓度在 0.35~1.67 mg/L，平均值为 0.73 mg/L，空白组菌藻共生系统出水 TP 平均值为 0.24 mg/L，30%纤维绳-菌藻系统出水 TP 平均值为 0.14 mg/L，细叶莎草-菌藻系统出水 TP 平均值为 0.25 mg/L，苦草-菌藻系统出水 TP

平均值为 0.25 mg/L，4 个系统的 TP 去除率分别为 67.12%、81.02%、65.10%、65.22%。可以发现，细叶莎草和苦草作为载体时，系统对 TP 的去除效果相当，而当纤维绳（30%）作为载体时，对 TP 去除效果更加明显。

3) 草种类对氮去除的影响

运行周期内不同草种类菌藻系统对 TN 和铵态氮的平均去除率如表 9-7 所示。

表 9-7　不同草种类菌藻系统 TN、铵态氮的平均去除率

不同草种类菌藻系统	TN 平均去除率（%）	铵态氮平均去除率（%）
30%纤维绳	88.61	76.58
苦草	88.93	76.74
细叶莎草	86.54	71.20
CK	70.94	35.28

由表可知，空白组菌藻共生系统中 TN 和铵态氮的去除率分别为 70.94%、35.28%；引入载体后，TN 和铵态氮的去除率有了明显提升，其中 30%纤维绳-菌藻系统与苦草-菌藻系统的去除效果提升明显，TN 的去除率达到了 88% 以上，铵态氮的去除率达到了 76% 以上。

4) 草种类对化学需氧量去除的影响

运行周期内不同草种类菌藻系统的进出水中 COD 含量如图 9-47 所示。进水中 COD 在 47.65~141.50 mg/L，平均为 73.69 mg/L，空白组菌藻共生系统、30%纤维绳-菌藻系统、细叶莎草-菌藻系统和苦草-菌藻系统出水 COD 平均值分别为 25.73 mg/L、19.16 mg/L、16.65 mg/L 和 26.52 mg/L；4 个系统的 COD 平均去除率分别为 65.08%、73.99%、77.40% 和 64.00%。由于细叶莎草对藻类的生长有抑制作用强，而水中的藻类本质为有机质，因此，细叶莎草-菌藻系统出水 COD 浓度较低。

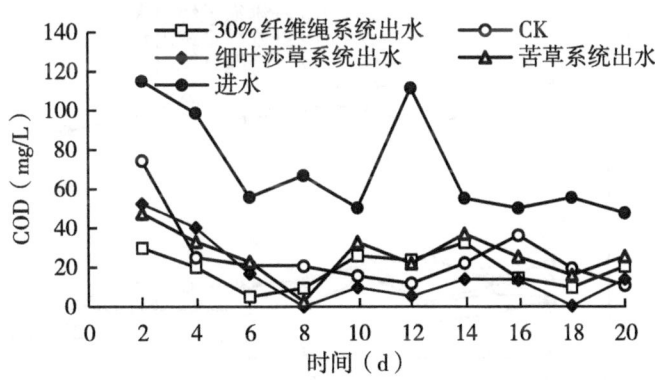

图 9-47　不同草种类系统 COD 的去除效果

2. 草密度对系统氮素去除的影响

1) 草密度与叶绿素含量

运行周期内不同草密度系统中叶绿素平均含量如图 9-48 所示。由图 9-48 可知，

随着软性纤维绳填充度的增加，系统中叶绿素的平均含量也随之升高，可能原因是纤维绳为微生物提供了额外的生长繁殖空间，而微生物增殖反过来促进了藻类的增殖。

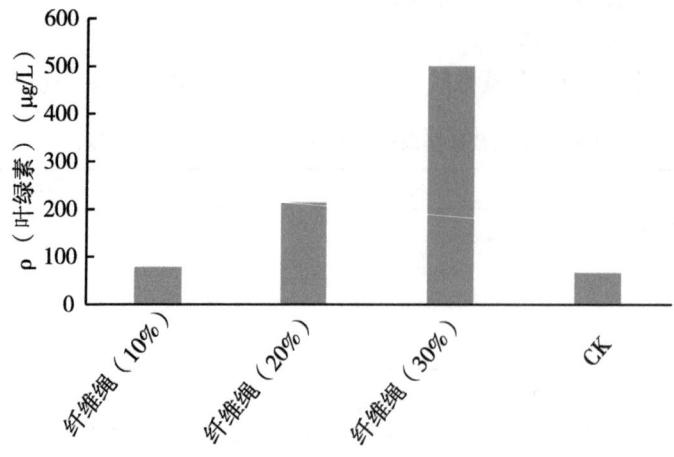

图 9-48　草密度与叶绿素平均含量

2）草密度对氮去除的影响

运行周期内不同草密度系统进出水中 TN 含量如图 9-49 所示。由图 9-49 可知，进水中 TN 的质量浓度介于 14.25~17.45 mg/L，平均值为 15.45 mg/L，空白组菌藻共生系统出水 TN 平均值为 4.49 mg/L，10% 纤维绳-菌藻共生系统出水 TN 平均值为 4.26 mg/L，20% 纤维绳-菌藻共生系统出水 TN 平均值为 3.18 mg/L，30% 纤维绳-菌藻共生系统出水 TN 平均值为 1.76 mg/L，4 个系统的 TN 去除率分别为 70.94%、72.43%、79.42%、88.61%。可知，低密度系统 TN 的去除效果明显低于中密度和高密度系统。

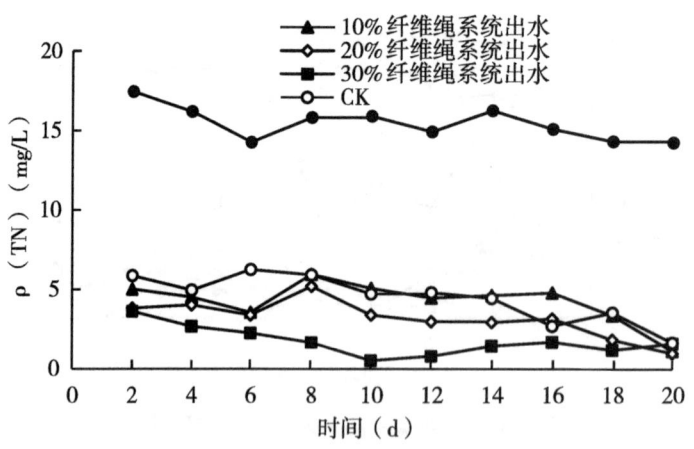

图 9-49　不同草密度系统的 TN 去除效果

运行周期内不同草密度系统的进出水中铵态氮含量如图 9-50 所示。可以发现，进水中铵态氮的质量浓度介于 4.40~11.16 mg/L，平均值为 6.32 mg/L，空白组菌藻共生系统出水铵态氮平均值为 4.09 mg/L，10%纤维绳-菌藻共生系统出水铵态氮平均值为 3.96 mg/L，20%纤维绳-菌藻共生系统出水铵态氮平均值为 2.88 mg/L，30%纤维绳-菌藻系统出水铵态氮平均值为 1.48 mg/L，4 个系统的铵态氮平均去除率分别为 35.28%、37.34%、54.43%和 76.58%。整个运行周期内，系统内的铵态氮含量随时间逐渐下降，这是由于随着系统的运行，硝化细菌大量增殖，导致系统内的铵态氮下降。另外，由于载体密度的增加，藻类含量增多，使得载体密度与铵态氮的去除效果呈明显的正相关关系。

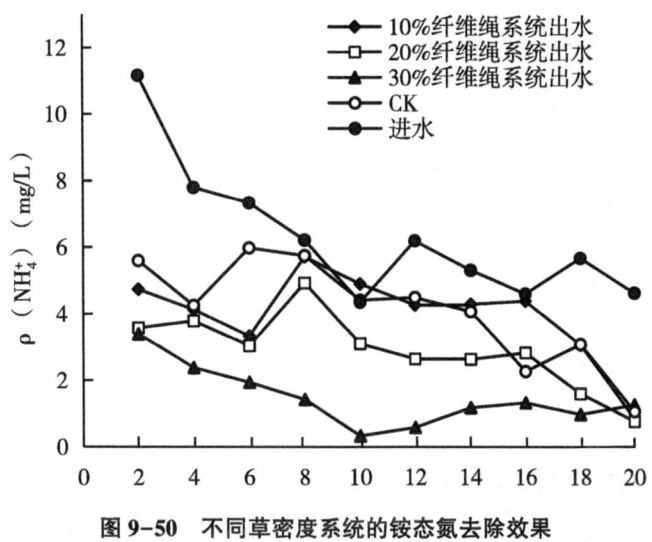

图 9-50 不同草密度系统的铵态氮去除效果

3）草密度与氮素形态的转化

运行周期内不同草密度系统的进出水中硝态氮含量如图 9-51 所示。由图 9-51 可知，随着运行时间的推移，硝态氮发生积累，各个系统中的硝态氮的含量均有上升的趋

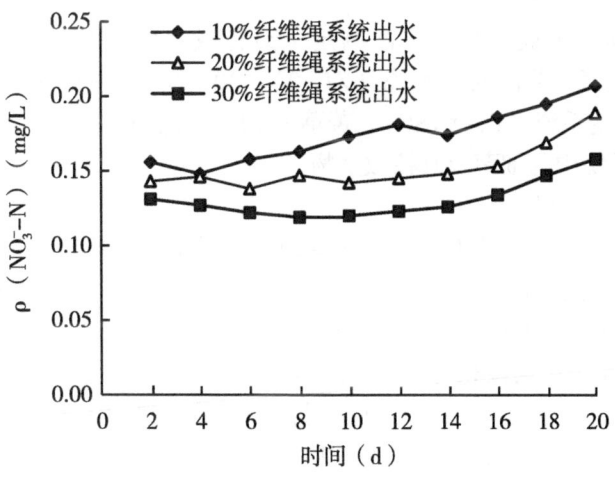

图 9-51 不同人工草密度系统硝态氮的去除效果

势，间接验证了随着系统运行时间的推移，硝化细菌开始增殖。

图9-52显示的是3个不同草密度系统内叶绿素含量与系统出水中铵态氮浓度的关系，由图可知，3个系统内二者关系都显著相关，即系统内的叶绿素含量越高，出水中的铵态氮含量越低，进一步表明了系统内的藻类以铵态氮为主要氮源，通过藻类的同化吸收从而达到对氮元素的去除。

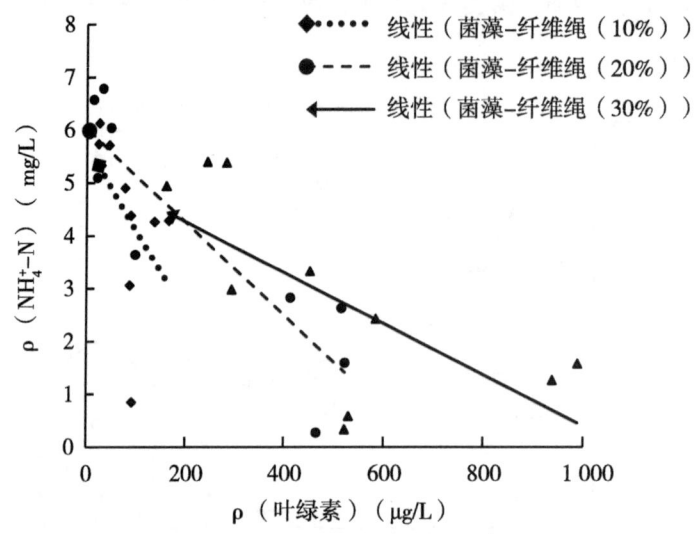

图9-52 不同草密度系统中叶绿素含量与出水中铵态氮浓度的相关性

综上所述，菌-藻-草共生系统中采用软性纤维绳作为载体对系统污染物去除有较好效果，当草密度为30%时，系统对污水处理效果较好，当进水中TN的范围为19.03~110.80 mg/L，TP范围为0.35~1.67 mg/L时，系统对TN和TP的去除率分别为55.27%和67.12%。

9.2.2.7 菌-藻-草共生系统微生物多样性分析

采用群落多样性组成谱分析方法测定了运行成熟的10%纤维绳-菌藻共生系统（ZT-1）、20%纤维绳-菌藻共生系统（ZT-2）、30%纤维绳-菌藻共生系统（ZT-3）、细叶莎草-菌藻共生系统（JZ-XYSC）、苦草-菌藻共生系统（JZ-KC）和对照菌藻共生系统（JZ）6个系统中的细菌及真核微生物。

1. 真核微生物多样性

图9-53为各菌-藻-草共生系统真核生物分类学组成分析图。由图可知，ZT-1系统中子囊菌相对丰度达到了50%，褐藻达到了20%，此外还存在纤毛类动物，隐菌等微生物；ZT-2系统中子囊菌相对丰度同样达到了50%，此外存在轮虫，纤毛类动物等真核生物；ZT-3系统中褐藻相对丰度接近30%，此外存在大量隐藻等真核生物；JZ系统中轮虫的相对丰度达到了90%，存在少量的子囊菌；JZ-XYSC系统中子囊菌相对丰度接近70%，也存在较多的褐藻，相对丰度超过了25%；JZ-KC系统中隐藻的相对丰度超过了60%，此外存在一些子囊菌和轮虫，相对丰度都在15%左右。

图9-54显示的是各个系统中物种丰度等级曲线，每条折线代表一个样本，折线在

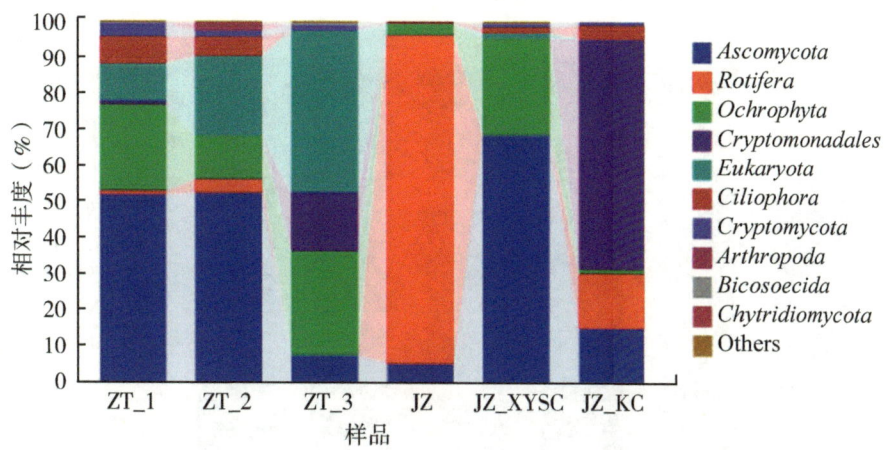

图 9-53 真核生物分类学组成分析图

横轴上的长度反映了该样本具有该丰度的 OTU（Operational taxonomic units，通常按照 97% 的相似性阈值将序列划分为不同的 OTU，每一个 OTU 通常被视为一个微生物物种，相似性小于 97% 就可以认为属于不同的种）的数目。折线的平缓程度，反映了群落组成的均匀度，折线越平缓，则群落中各 OTU 间的丰度差异越小，群落组成的均匀度越高，折线越陡峭，则均匀度越低。由图 9-46 可知，丰度差异性：JZ>JZ-KC>JZ-XYSC>ZT-2>ZT-3>ZT-1，物种组成均匀度：JZ<JZ-KC<JZ-XYSC<ZT-2<ZT-3<ZT-1。

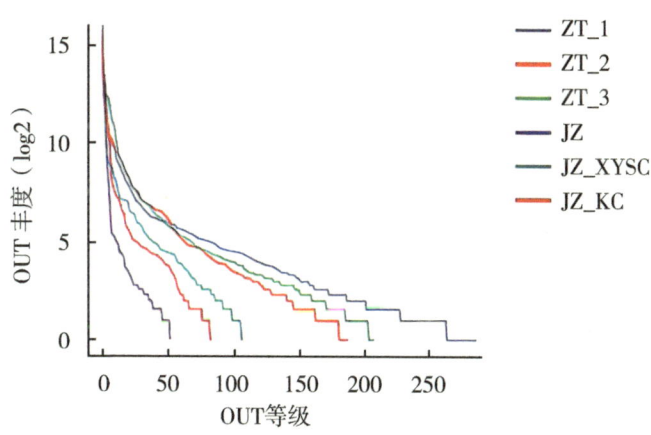

图 9-54 真核微生物丰度等级曲线

2. 细菌多样性

图 9-55 为各菌-藻-草共生系统细菌生物分类学组成分析图。由图 9-55 可知，每个系统中都存在大量的变形菌，JZ-XYSC 系统中变形菌相对丰度接近 90%；ZT-3 系统中最少，相对丰度也达到了 60%。此外 ZT-3 和 JZ-KC 系统中含有较多的蓝藻细菌，相对丰度都超过了 20%，此外对照组 JZ 系统中含有较多的放线菌，相对丰度达到了 20%

以上；另外，每个系统中均存在少量的拟杆菌和厚壁菌等。

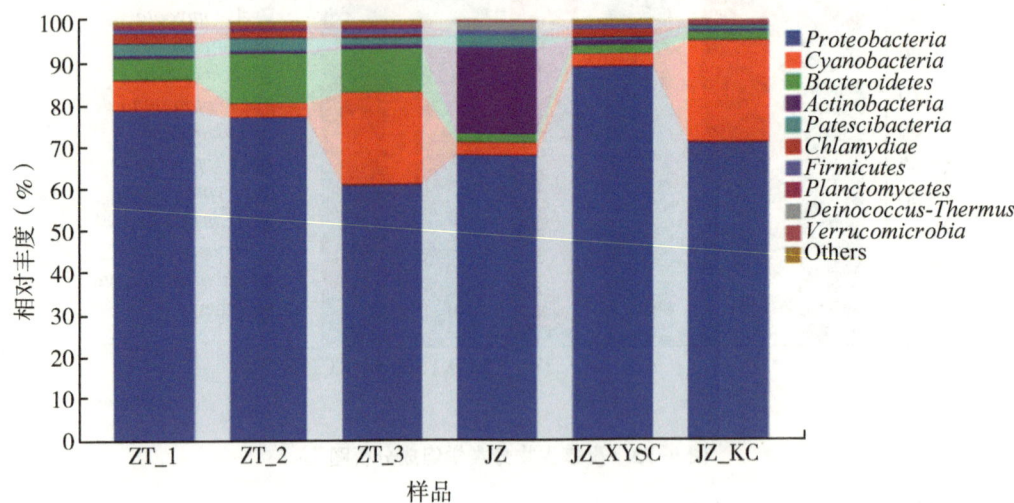

图 9-55 细菌生物分类学组成分析图

图 9-56 为各菌-藻-草共生系统细菌丰度等级曲线图。由图 9-56 可知，JZ-KC 系统其均匀度最低，ZT-3 系统均匀度最高，其余 4 个系统物种差异性和均匀度相差无几。

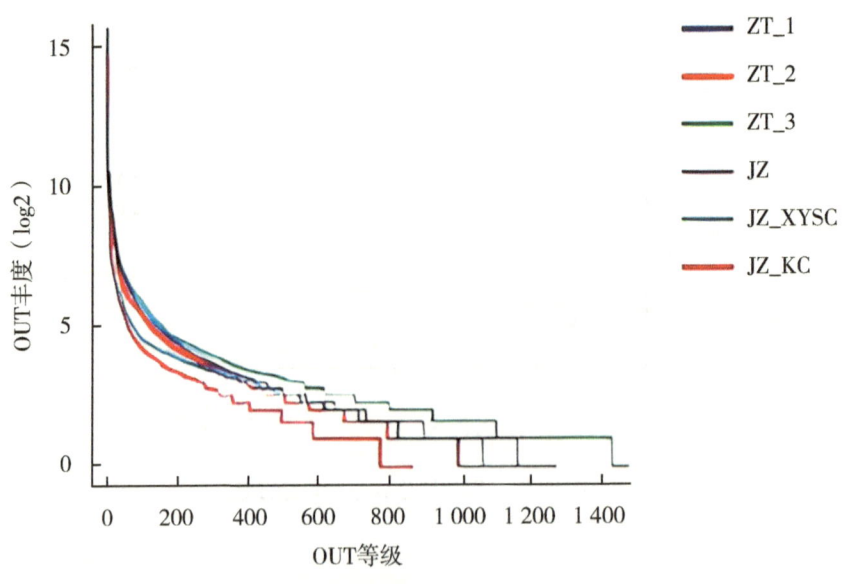

图 9-56 细菌丰度等级曲线图

综上所述，可以发现 ZT-3 系统中含有较多的蓝藻细菌，褐藻和拟杆菌等，这些微生物对污染物的分解吸收作用和微生物之间的互作导致 ZT-3 系统有较好的脱氮除磷及有机物去除效果。

9.3 技术产品

9.3.1 菌-藻-草净化系统构建技术关键产品研发

9.3.1.1 太阳能推流装置

太阳能推流装置（专利号：ZL201710407256.8），通过控制水流速度约束藻类生长情况和浓度。装置由太阳能光伏电池组件、电机、传动杆以及搅拌桨等组成，宽度 0.25~4.0 m，叶片长度 0.3~0.75 m，单机可服务长 40 m，宽 0.5~6 m 的沟塘（图 9-57，图 9-58）。

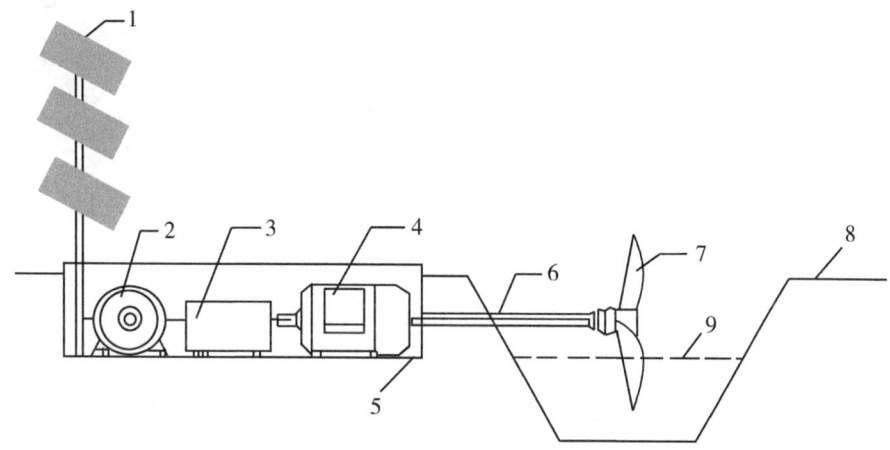

1-太阳能电池柱；2-逆变器；3-蓄电池；4-电机；5-地埋箱；6-传动杆；7-搅拌桨；8-地面；9-沟塘液面。

图 9-57 太阳能推流装置示意图

该装置可用于构建处理农田排水的菌-藻-草共生系统，也可为稳定塘、鱼塘及景观水体等提供水流推进，增加水体流动性并适度充氧。装置利用光能作为清洁能源，具有安装方便，节约能源，环保安全等特点，无须长距离的电路铺设，节约资源，节省人力；整套装置可实现自动运行，无须值守，维护简单；在光照不足时，蓄电池可保证水流推进装置连续运转 3 d 以上。

9.3.1.2 藻水分离装置

藻水分离装置（专利号：ZL201910028814.9），采用不锈钢膜作为核心组件，包括船板，下沉式藻水分离池，自动驾驶舱，动力组件，储泥池等。装置利用浮筒原理将表层高浓度藻水混合液引入下沉式分离池中，利用不锈钢膜分离将清液抽出（图 9-59，图 9-60）。池底浓缩藻泥则运回岸边进一步处理。样机设计处理能力为 125 L/h，可选搭载大型膜（直径 60 mm，长 250 mm，膜面积 0.048 m^2）或集成膜（直径 30 mm，长

图 9-58 太阳能推流装置应用实景图

300 mm，膜面积 0.028 m^2），膜孔径 0.45~3 μm，可连续工作 8 h 以上。

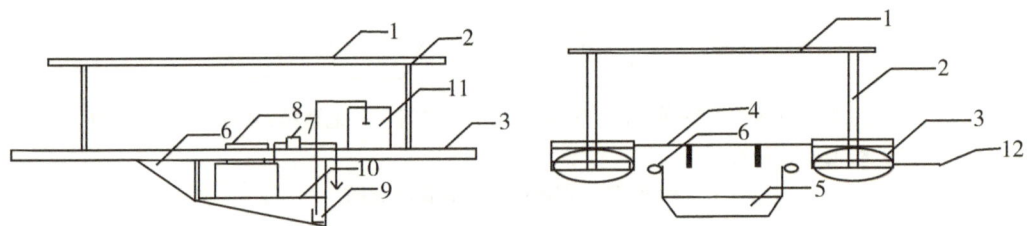

1-太阳能晶体硅电板；2-立杆；3-浮板；4-穿孔不锈钢板；5-漂浮式藻水分离斗；6-气囊；7-真空泵；8-膜组件；9-吸泥；10-穿孔隔板；11-藻泥箱。

图 9-59 藻水分离装置结构图

装置藻类分离率可达 95% 以上，高于纱网分离、絮凝气浮等工艺；可直接放置于藻类暴发水域，方便灵活，也可放置于藻类浓度较高的近岸边，克服大型藻水分离船无法靠近岸边的局限；直接吸取水面表层高浓度的藻浆，针对性强；利用光能作为清洁能源，具有安装方便，节约能源，环保安全等特点；整套装置可实现自动运行，无须值守，维护简单；不锈钢膜经久耐用，克服有机膜机械强度低易损坏的缺点，并且在相同压力下不锈钢膜过滤通量高于有机微滤膜数十倍；过滤模块组数可自由设置，方便更换，易于清洗。

该装置获得国家发明专利授权，一种漂浮式太阳能动力不锈钢膜藻水分离装置，专利号：ZL201910028814.9，并已有效转让。

图 9-60　藻水分离装置实物运行图

9.3.2　菌-藻-草净化系统工程示范效果

湖北安陆市洑水镇车站村菌-藻-草共生系统示范工程，由高浓度调蓄池、菌-藻-草共生系统及水生生物塘3部分组成，处理对象以稻田排水为主，工程的主要参数如下：示范工程占地约1.59亩，服务农田50亩，面积比例为3.2%，系统设计水力停留时间为2 d。工程设计处理能力为：单场降水50 mm情况下，服务区域内径流不外排，工程的基本信息见表9-8。通过太阳能水流推进器将菌-藻-草系统内水流速度控制在0.20 m/s左右。藻水分离水生生物塘设计水力停留时间1 d，塘内满种菱角，植物覆盖率近100%。水生生物塘水位较菌-藻-草共生系统水位低10 cm。

表 9-8　示范工程信息表

单元名称	面积（m²）	体积（m³）	功能	备注
高浓度调蓄池	400	800	调蓄存储	
菌-藻-草共生系统	400	800	污染物处理	菱角+莲，30%覆盖
水生生物塘	260	520	藻水分离	满植菱角，100%覆盖
小计	1 060	2 120		

2019年6月起示范工程进入运行状态，工程实景如图9-61所示。武汉骅越自然科技有限责任公司对工程进行了第三方监测，分别在2020年6月1日、6月14日、6月24日菌-藻-草共生系统的进出水水质进行了监测，3次进水的TN浓度分别为3.59 mg/L、4.41 mg/L、4.31 mg/L，TP浓度分别为0.22 mg/L、0.19 mg/L、0.25 mg/L，出水TN浓度分别为1.32 mg/L、2.20 mg/L、2.51 mg/L，平均为2.01 mg/L，平均去除率为49%，TP分别为0.07 mg/L、0.08 mg/L、0.12 mg/L，平均为0.09 mg/L，平均去除率为59%，

满足菌-藻-草共生系统出水 TN 浓度均低于 5 mg/L，TP 浓度均低于 0.2 mg/L 的课题考核指标要求（表 9-9）。

图 9-61　菌-藻-草共生系统示范工程图

表 9-9　菌-藻-草共生系统示范工程进出水水质　　　　　　　　　　　　　　　单位：mg/L

进水日期	进水浓度		出水浓度	
	TN	TP	TN	TP
06-01	3.59	0.22	1.32	0.07
06-14	4.41	0.19	2.20	0.08
06-24	4.31	0.25	2.51	0.12

9.4　小结

通过确定受污水体菌-藻-草共生系统高效净化技术关键参数，创造有利于藻菌草生长和繁殖的环境，合理调控系统生物量提升污染物去除性能。菌-藻-草共生系统中，藻类光合作用产生 O_2 供菌生长代谢；菌分解有机物产生 CO_2 促进藻类生长；所选用人工草软性纤维绳给藻类提供更多的生存空间和更长的停留时间，促进了藻类的生长；搅拌可促进菌、藻、水的完全混合，加速反应；藻水分离将藻最大限度地保留在系统内；藻类还可利用空气中的 CO_2，从而补充部分碳源。技术关键参数为：水力停留时间 2 d（范围：1~6 d）；搅拌时间 12 h（范围：8~16 h）；水流速度 0.2 m/s（范围：0.1~0.3 m/s）；光源类型为日光（必要时可辅助全光谱 LED 植物生长灯进行人工补光）。可依托沟塘构建，分为浅水型和深水型，浅水型水深：0.5 m（范围：0.3~0.6 m），深水型水深：2.0 m（范围：1.5~2.5 m）。系统进水 TN 平均质量浓度为 6.98 mg/L，TP 平均质量浓度为 0.63 mg/L 时，出水 TN 平均质量浓度为 0.94 mg/L，TP 平均质量浓度为 0.03 mg/L，可达到地表水Ⅲ类标准。共生系统中，叶绿素浓度高达 200~670 μg/L，夏天以栅藻为主，秋冬以小球藻为主；系统中含有较多的蓝藻细菌，褐藻和拟杆菌等，这些微生物对污染物的分解吸收作用和微生物之间的互作为系统提供了有较好的脱氮除磷及有机物去除效果。综合考虑去除效果、运行稳定性、藻类沉降性能等，栅藻表现最优；藻浓度调控条件为：水温 23~25 ℃；光强 22 000 lux；光暗比 12 h/12 h；水流速度 0.2 m/s。选用软性纤维绳作为人工草可提高系统的稳定性和污染物去除效果，最佳填充密度为 30%。

确定了藻水分离工艺与关键技术参数。藻水分离可截留藻类和污染物，提升去除效果。课题根据不同使用条件与工况下研究了两种藻水分离工艺，不锈钢膜藻水分离工艺与水生生物塘藻水分离工艺。不锈钢膜藻水分离工艺通过不锈钢膜进行藻水分离，关键参数为：膜孔径 2 μm（范围：0.1~3.0 μm）；不锈钢膜通量通常为 125 L/(h·m^2)，根据日处理水量确定不锈钢膜的用量，以面积计；膜堵塞压差通常为 50 kPa，当膜压差超过 50 kPa 应进行膜的清洗；清洗方法为高温热解（600 ℃，3 min）。藻水分离效果>95%，膜清洗后通量恢复率大于 91.3%。该工艺藻水分离效果较好，效率较高，不占地，但能耗高，且不锈钢膜为消耗品，使用成本较高。水生生物塘藻水分离工艺，采用高等水生植物的密植遮光杀灭藻类，并通过沉淀分离藻水。关键参数为：HRT 1 d；池体长宽比>3:1；有效水深 1.0 m；表面植物覆盖率 100%。藻水分离效果>86%。该工艺投资运行费用低，管理维护易，但占地较大，藻水分离所需时间较长。研发了太阳能推流装置，通过水流速度控制藻类生长和浓度。装置由太阳能光伏电池组件、电机、传动杆以及搅拌桨等组成。宽度 0.25~4.00 m，叶片长度 0.30~0.75 m，单机可服务长 40 m，宽 0.5~6.0 m 的沟塘，主要用于构建处理农田排水的菌-藻-草共生系统，也可为稳定塘、鱼塘及景观水体等提供水流推进，增加水体流动性并适度充氧。装置利用光能作为清洁能源，具有安装方便，节约能源，环保安全等特点，无须长距离的电路铺设，节约资源，节省人力；整套装置可实现自动运行，无须值守，维护简单；在光照不足时，蓄电池可保证水流推进装置连续运转 3 d 以上。研发了藻水分离装置，采用不锈钢膜作为核心组件，包括船板，下沉式藻水分离池，自动型驾驶舱，动力组件，储泥池等。装置利用浮筒原理将表层高浓度藻水混合物引入下沉式分离池中，利用不锈钢膜分离将清液抽出。池底藻泥运回岸边进一步处理。样机设计处理能力为 125 L/h，可选搭载大型膜或集成膜，膜孔径 0.45~3.00 μm，可连续工作 8 h 以上。该产品藻类分离率可达 95% 以上；可直接放置于藻类暴发水域，方便灵活，也可放置于藻类浓度较高的近岸边，克服大型藻水分离船无法靠近岸边的局限；直接吸取水面表层高浓度的藻浆，针对性强；利用光能作为清洁能源，具有安装方便，节约能源，环保安全等特点；整套装置可实现自动运行，无须值守，维护简单；不锈钢膜经久耐用，克服有机膜机械强度低易损坏的缺点，并且在相同压力下不锈钢膜过滤通量高于有机微滤膜数十倍；过滤模块组数可自由设置，方便更换，易于清洗。该产品专利已实现转让，取得一定的经济效益。研究成果在安陆市洑水镇车站村进行了示范：工程由高浓度调蓄池、菌-藻-草共生系统及水生生物塘三部分组成，占地面积 1.6 亩，服务农田 50 亩，面积比 3%。处理对象为稻田排水，水力停留时间 2 d，单场降水 50 mm 时，工程控制区域内径流不外排。监测结果表明，工程表现良好，对氮的平均去除率为 49%，对磷的平均去除率为 59%。技术具有氮磷去除率高、启动快、投资运行费用低、易维护等特点，促进劣 V 类水质向地表水标准的处理，非常适合气候温暖地区农田排水、黑臭水体、微污染水体等的处理及回用。

10 稻田氮磷流失综合防控技术体系构建与应用

10.1 已有技术效果评估

10.1.1 有机替代技术效果评价

有机替代对水稻产流的影响。与优化施肥（对照）相比，秸秆和绿肥等养分替代、秸秆和猪粪等养分替代对水稻籽粒产量没有明显影响（图10-1）。

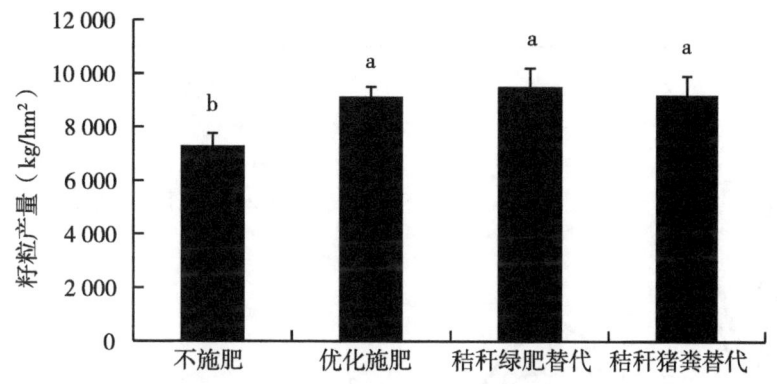

图 10-1 养分有机替代对水稻产量的影响

有机替代对田面水氮含量的影响。与优化施肥（对照）相比，秸秆和绿肥等养分替代、秸秆和猪粪等养分替代分别能使基肥期至蘖肥后 4 d 期间田面水中 TN 含量分别平均降低 37.8%和 22.6%，可使穗肥后 2 d 内 TN 含量分别平均降低 11.3%和 27.3%。从全生育期看，秸秆和绿肥等养分替代、秸秆和猪粪等养分替代分别能使 TN 浓度降低 25.3%和 14.5%（图10-2）。

有机替代对田面水磷含量的影响。秸秆和绿肥等养分替代、秸秆和猪粪等养分替代会显著提高田面水 TP 含量，特别是在底肥后 45 d 这段时间（整个返青期和分蘖期）。从整个生育期看，秸秆和绿肥等养分替代、秸秆和猪粪等养分替代的 TP 含量分别平均为 2.89 mg/L 和 1.90 mg/L，分别是优化施肥（对照）0.84 mg/L 的 3.4 倍和 2.3 倍，并能使田面水 TP 高浓度维持时间由施肥后 3 d 延长至施肥后 45 d（图10-3）。

秸秆和绿肥等养分替代、秸秆和猪粪等养分替代分别能使 TN 浓度降低 25.3%和 14.5%，但能使 TP 含量增加 3.4 倍和 2.3 倍，并能使田面水 TP 高浓度维持时间由施肥后 3 d 延长至施肥后 45 d。因此，在应用有机替代技术时，除了要控制施磷总量，进行适量部分替代外，还要注意控制磷素的排放。

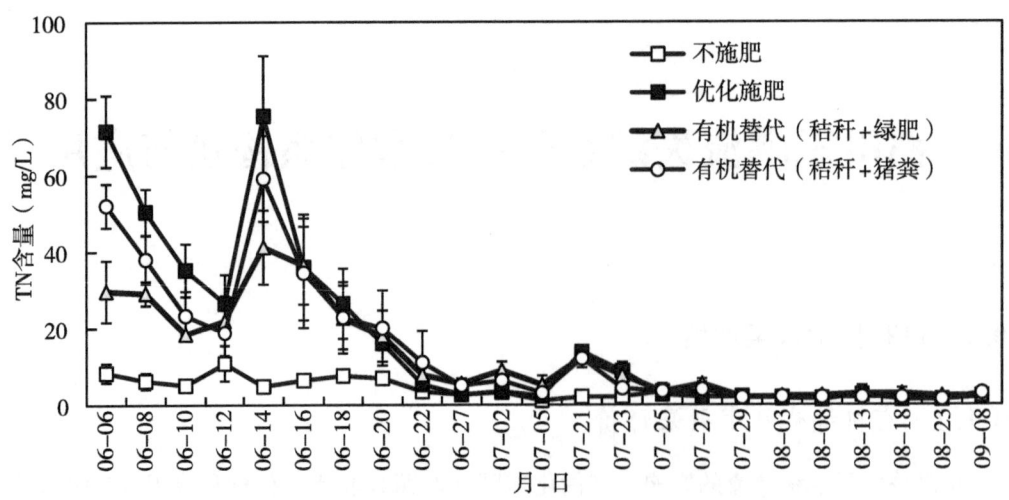

图 10-2　养分有机替代对稻田田面水中 TN 含量的影响

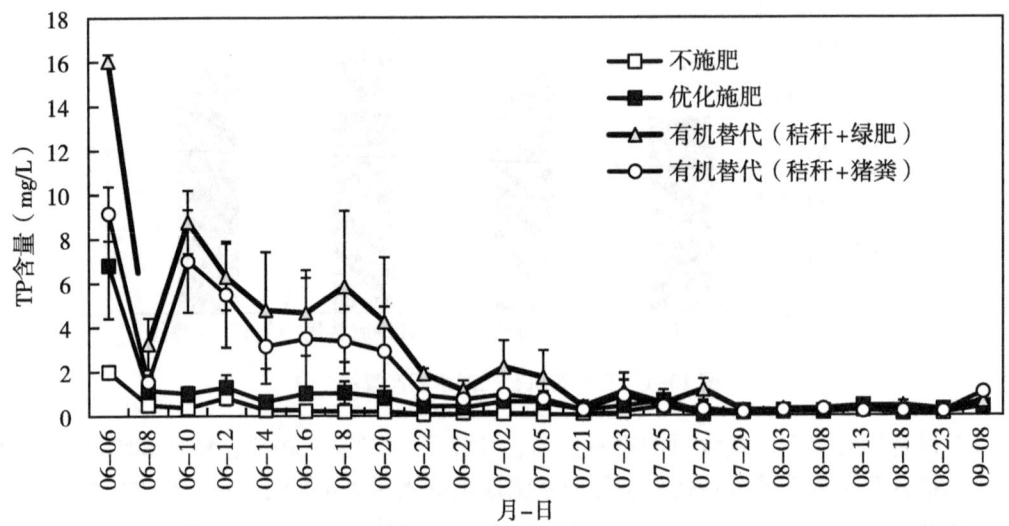

图 10-3　养分有机替代对稻田田面水中 TP 含量的影响

10.1.2　氮肥后移技术效果评价

氮肥后移对稻田田面水中氮素含量的影响。比较本试验中各处理氮素流失风险期（基肥期，分蘖肥期前 20 d 内，穗肥期前 9 d 内）三氮（TN、DTN、铵态氮）的浓度（表 10-1）。在基肥期内比较施基肥的 3 个处理（T1、T2 和 T3），相比氮肥全作基肥施用的 T1 处理，氮肥后移的 T2 使田面水三氮浓度分别降低了 25.4%、20.5%和 26.2%，氮肥后移的 T3 其三氮浓度分别降低了 50.9%、48.0%和 50.8%。分蘖肥风险期内比较施分蘖肥的 3 个处理（T2、T3 和 T4），与 T2 比较，T3 的三氮浓度分别降低了 9.1%、14.2%和 15.1%，T4 的 3 氮浓度分别降低了 7.6%、12.7%和 16.8%。由于穗肥施肥量的关系，T3 和 T4 的三氮浓度在穗肥风险期内都比 T2 高。从整个生育期内的氮素流失风险期综合来看，相比T1，T2的三氮浓度分别降低了2.9%、1.6%和3.1%，T3的三氮浓度分别降低了15.5%、14.7%和22.3%，T4的三氮浓度分别降低了16.1%、22.9%和34.1%，表明氮肥后移措施可以有效降低稻田氮素流失风险。

表10-1 氮素流失风险期田面水不同形态氮素平均浓度　　　　　单位：mg/L

处理	基肥期			分蘖肥风险期			穗肥风险期			整个生育风险期		
	TN	DTN	铵态氮	TN	DTN	铵态氮	TN	DTN	铵态氮	TN	DTN	铵态氮
T0	6.19	3.78	0.69	4.86	3.81	0.45	1.62	1.27	0.25	4.22	3.06	0.45
T1	26.48	20.82	11.54	8.58	7.68	3.67	5.38	1.64	0.37	12.79	10.61	5.84
T2	19.75	16.56	8.52	10.93	9.45	5.23	8.94	7.12	1.93	12.42	10.44	5.66
T3	13.01	10.83	5.68	9.94	8.11	4.44	10.45	9.14	2.95	10.81	9.05	4.54
T4	6.22	3.47	0.67	10.1	8.25	4.35	15.35	11.82	5.61	10.73	8.18	3.85

氮肥后移对田面水不同形态氮素动态变化影响。图10-4、图10-5、图10-6显示了每次施氮肥后田面水各形态氮素动态变化结果。各施氮处理的TN和DTN浓度变化趋势基本一致，无论施基肥、分蘖肥，还是施穗肥，二者均在施肥后急剧上升，1 d内达到峰值，然后逐渐下降。施基肥的3个处理（T1、T2和T3），其TN和DTN浓度于基肥后第3 d降低到峰值的50%左右，第5 d降低到峰值的25%左右，之后趋于平稳。施分蘖肥的3个处

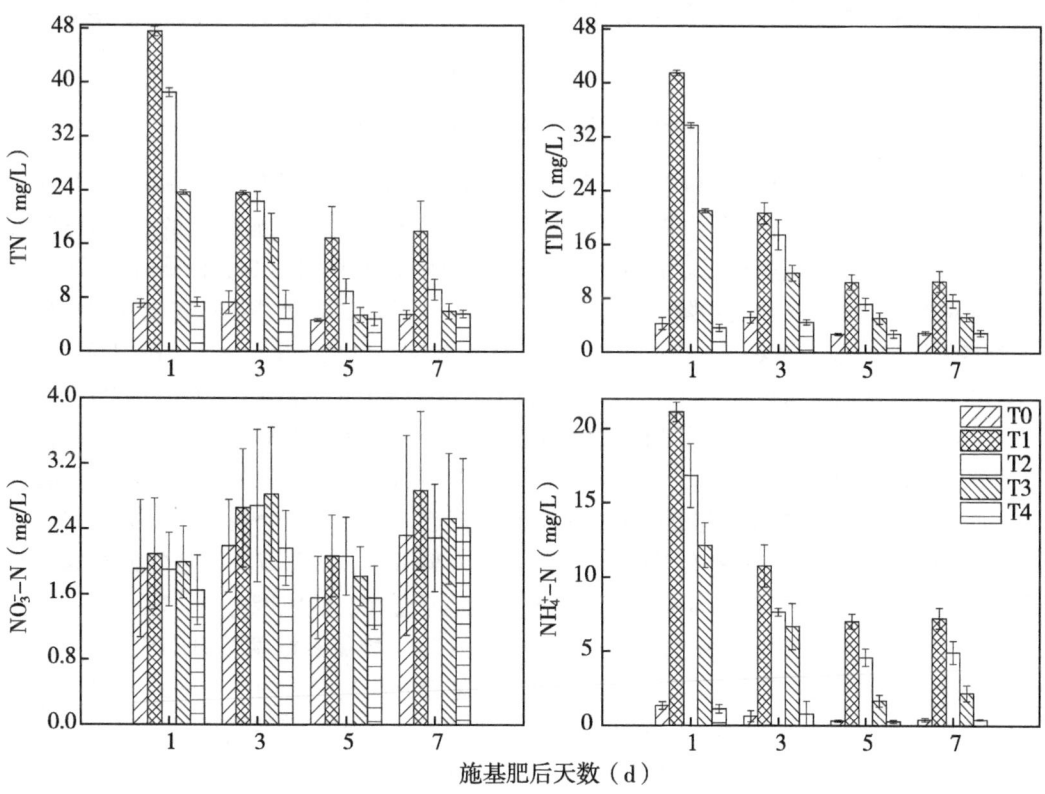

图10-4 基肥期田面水氮素浓度变化

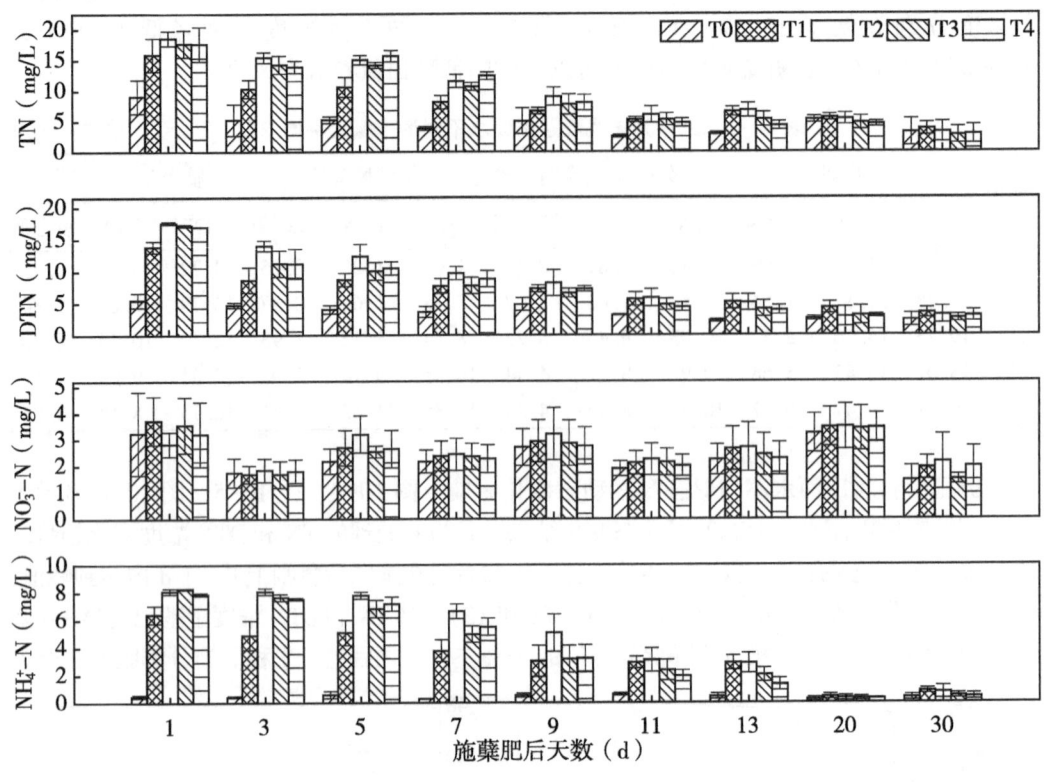

图 10-5 分蘖肥期田面水氮素浓度变化

理（T2、T3 和 T4），其 TN 和 DTN 浓度于分蘖肥后第 9 d 降低到峰值的 50% 左右，11 d 之后仅为峰值的 30% 左右并趋于平稳，20 d 后与不施氮处理相当。施穗肥的 3 个处理中，TN 和 DTN 浓度变化随施穗肥量的不同略有不同，下降速度 T2<T3<T4，穗肥后的第 9 d 这 3 个处理的 TN 和 DTN 浓度均降至峰值的 6% 以下，与不施氮处理相当。在施基肥和分蘖肥后各施氮处理铵态氮浓度变化规律与 TN 和 DTN 相同，也是施氮肥后 1 d 达到峰值，基肥后 5 d 趋于平稳，分蘖肥后 11 d 仅为峰值的 11.0%~17.6% 并趋于平稳，第 20 d 降低至与不施氮处理相当。但施穗肥的 3 个处理，其铵态氮浓度均在施穗肥后开始升高，第 3 d 达到峰值，而后逐渐降低，第 9 d T2、T3、T4 处理的铵态氮浓度分别降至峰值的 4.79%、4.24% 和 4.21%，与不施氮处理的基本接近。基肥期和分蘖肥期田面水的铵态氮于施氮肥后 1 d 就达到峰值，这是因为尿素施入稻田后，水解成为大量的铵态氮，基肥期和分蘖肥期的水稻根系尚不发达，对氮素的需求量小，吸收能力弱，较多的氮肥进入田面水，从而导致田面水中铵态氮、DTN 和 TN 这 3 种氮素浓度短时间内达到峰值。施穗肥后田面水中铵态氮于第 3 d 达到峰值，与施泽升和吴俊等的结论一致，原因可能是穗肥期水稻对氮素吸收增加，和尿素水解成铵态氮的过程有个消长变化，使得田面水中铵态氮浓度呈现先升高后迅速降低的特点。从施肥量看，TN、DTN 和铵态氮浓度随当次施氮肥量的增加而增加。比如基肥比例分别为 20%、40% 和 100% 的处理，在施用基肥后的第 1 d，TN 浓度分别达到的峰值为 23.67 mg/L、38.47 mg/L、47.59 mg/L，

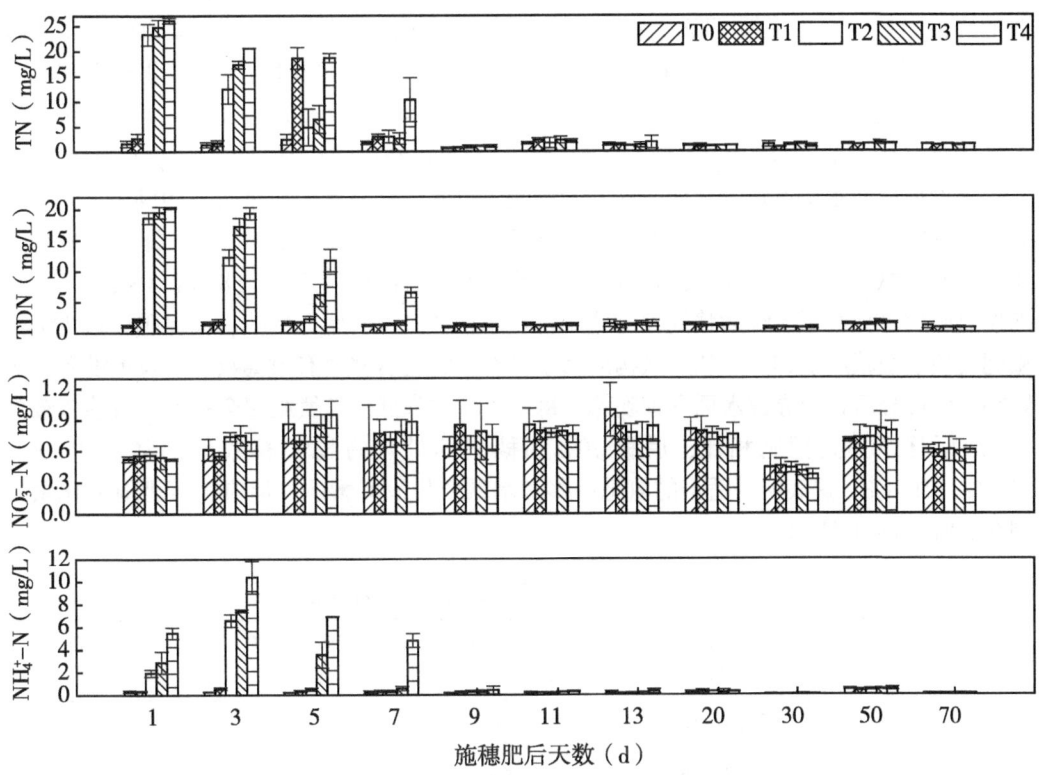

图 10-6 穗肥期田面水氮素浓度变化

DTN 浓度的峰值分别为 21.05 mg/L、33.77 mg/L、41.49 mg/L，铵态氮浓度峰值分别为 12.16 mg/L、16.85 mg/L、21.14 mg/L。从施肥时期看，这 3 种形态的氮素浓度在施基肥后均明显高于施分蘖肥和施穗肥后。比如 T2 处理，其 TN 浓度在施基肥后 1 d 高达 38.47 mg/L，而施分蘖肥和施穗肥后的峰值分别为 18.53 mg/L 和 23.34 mg/L。3 种氮素浓度的下降速度表现为：穗肥期＞分蘖肥期＞基肥期，这一方面因为水稻后期对氮肥吸收利用逐渐增加，另一方面也与后期田面水温度高、铵挥发损失快有关。大部分研究表明，稻田田面水各形态氮素在施氮肥 9 d 后下降至 CK 水平，因此施肥后 9 d 内是控制氮素径流损失的关键时期，本试验中穗肥期各施肥处理的田面水氮素动态变化与前人研究结果基本一致，但分蘖肥期田面水的各形态氮素在施氮肥后下降速度较缓慢，于分蘖肥后第 20 d 才基本降至 CK 水平，这除了与水稻吸收氮素的速率有关，还可能与施肥前土壤氮素水平的差异有关。本试验中施分蘖肥距施基肥仅 7 d 时间，在这 7 d 时间内，水稻还处于返青阶段，对氮素的吸收量很小，有较多的基肥氮残留于土壤，使得施分蘖肥时土壤氮素含量较高，则分蘖肥氮被土壤吸附的量较少，因此分蘖肥氮在田面水中留存的量较多，田面水氮素浓度较高且下降速度较慢。因此对于基肥和分蘖肥施肥时间间隔较短（小于 9 d）的稻田，土壤氮素流失的最大风险时期约在施分蘖肥后 20 d 内，应尽量避免在此期间排水晒田。田面水中的硝态氮浓度远低于铵态氮，且其变化不同于其他形态氮素，各施氮肥处理与 T0 的硝态氮浓度没有明显差别，说明本试验中稻田田面水的硝态氮主要来源于土壤本底。对照 T0，各施肥处理 3~5 d 硝态氮浓度有微弱的峰值出现，之后平缓下降。施氮肥带入田面水的硝态氮，主要是尿素水解产生的铵态氮通过硝化作用产生的，而在淹水条件下硝化反应较弱，同时由于反硝化作用和氮素的淋失等，使得稻田田面水中硝态氮的浓度较低。后期由于水稻吸收，田面水中铵态氮浓度降低，硝态氮浓度也随之降低，且硝态氮的变化滞后于铵态氮。

氮肥后移对水稻产量及其构成因素的影响。氮肥后移对水稻产量及其构成因素的影响如表 10-2 所示。在不施氮肥条件下，水稻籽粒产量为 7 241.1 kg/hm^2。在施氮总量均为 180 kg/hm^2 的情况下，所有氮肥全部在前期施用，水稻籽粒产量为 8 401.8 kg/hm^2，将前期氮肥的 30%甚至 50%后移到穗肥施用，对水稻产量没有明显影响，而氮肥后移 70%至穗肥会使水稻减产 13.1%。从产量构成因子来看，氮肥后移对有效穗数、千粒重没有明显影响，但过分后移会导致水稻贪青晚熟，每穗实粒数降低，与氮肥完全基施、后移 30%到穗肥、后移 50%到穗肥相比，后移 70%到穗肥的处理每穗实粒数分别降低 25.0%、24.3%、21.8%。这表明，适当的氮肥后移对水稻产量没有影响，但应将穗肥氮的比重控制在 50%以内（图 10-7）。

表 10-2　前氮后移对水稻产量及其构成因素的影响

处理	产量 （kg/hm^2）	有效穗数 （穗/m^2）	每穗实粒数 （粒）	千粒重 （g）
T0	7 241.1c	267b	112.5a	24.6a
T1	8 401.8a	356a	114.5a	23.9ab
T2	8 256.8a	351a	113.4a	23.3b
T3	7 900.1ab	374a	109.8a	23.7b
T4	7 301.8c	376a	85.9ab	24.0ab

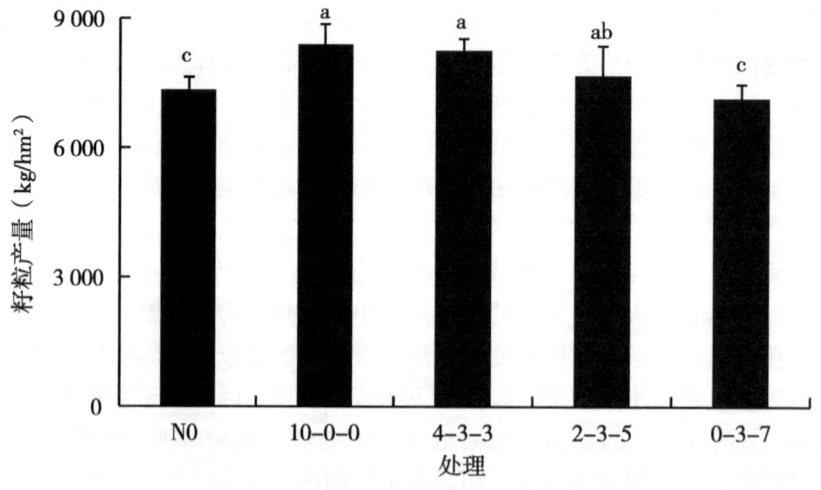

图 10-7　不同肥料施用方式下水稻籽粒产量

综合考虑减排和产量效应,氮肥后移应适当,穗肥比重应控制在50%以内,能够在保证水稻产量不下降的同时,有效降低稻田氮素的流失风险。

10.1.3 农艺深施技术效果评价

农艺深施能降低田面水中氮素浓度,而且主要是降低了铵态氮浓度。分析氮素损失高风险期稻田田面水中 TN 平均浓度可知,与 Nc 相比,Nd 和 Ns 处理 TN 平均浓度明显降低,且 Ns 处理也明显低于 Nd 处理,Nd 和 Ns 处理 TN 平均浓度分别比 Nc 低 18.5%和 49.8%(图10-8)。在形态上,DTN 是 TN 浓度降低的主要贡献者,其浓度降低在 Nd 和 Ns 处理 TN 浓度降低中的贡献分别高达 98.5%和 87.7%,而 PN 的贡献分别仅为 1.5%和 12.3%。在 DTN 中,铵态氮浓度降低的贡献较大,分别高达 82.9%和 68.3%;其次是 DON,分别为 17.6%和 17.2%;而硝态氮的贡献分别仅为-2.0%和 2.2%(图10-9)。

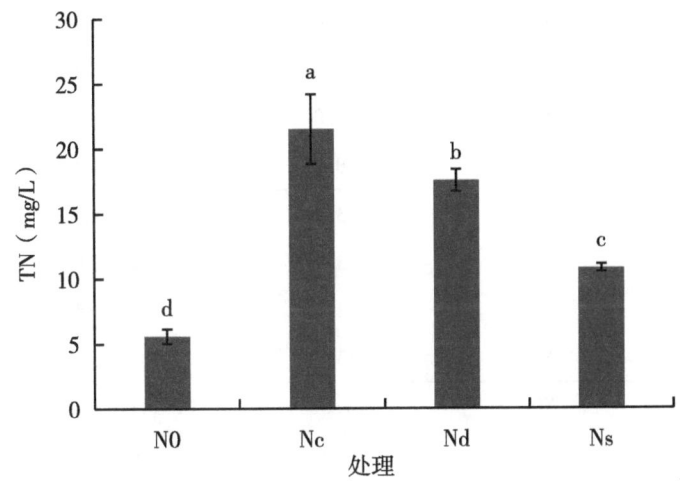

图 10-8 农艺深施及配施缓控释氮肥对氮素损失高风险期田面水中 TN 浓度的影响

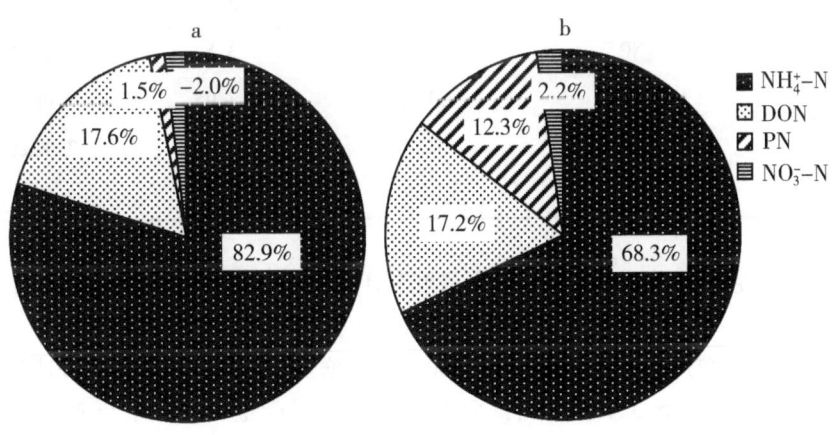

图 10-9 氮素损失高风险期田面水中不同形态氮在 TN 浓度变化中的贡献

(a 为 Nd,b 为 Ns)

农艺深施能降低稻田氮素流失。水稻季共产流 3 次,总径流量为 51.2 mm。前 2 次产流（6 月 19 日和 6 月 22 日）,分别发生在施分蘖肥后第 4 d 和第 7 d,虽然 Nd 和 Nc 的蘖肥施用量相同,但 Nd 处理两次产流径流水中 TN 浓度都低于 Nc 处理,其 TN 流失量分别比 Nc 处理低 8.4% 和 24.0%；Ns 处理因没施分蘖肥,其两次产流径流水中 TN 浓度明显低于 Nc 处理,也低于 Nd 处理,其 TN 流失量比 Nc 处理分别降低 29.9% 和 56.6%。第 3 次产流（7 月 18 日）发生施分蘖肥后第 33 d,与施分蘖肥间隔时间较长,各处理径流水 TN 浓度之间没有明显差异,TN 流失量也差异不明显。整个水稻季,与 Nc 相比,Nd 和 Ns 处理 TN 流失量分别降低 19.1% 和 47.6%（表 10-3）。

表 10-3 农艺深施及施用缓控释氮肥对稻田地表径流氮素流失的影响

日期	处理	径流量（mm）	TN 浓度（mg/L）	TN 流失量（kg/hm^2）
6 月 19 日	N0	10.0	4.30±0.39c	0.43±0.04c
	Nc	10.0	10.68±1.19a	1.07±0.12a
	Nd	10.0	9.75±1.81ab	0.98±0.18ab
	Ns	10.0	7.46±1.39b	0.75±0.14b
6 月 22 日	N0	33.7	3.81±0.12c	1.28±0.04c
	Nc	33.7	8.54±0.30a	2.88±0.10a
	Nd	33.7	6.50±1.79b	2.19±0.60b
	Ns	33.7	3.70±0.64c	1.25±0.22c
7 月 18 日	N0	7.5	1.30±0.31a	0.10±0.02a
	Nc	7.5	1.68±0.80a	0.13±0.06a
	Nd	7.5	1.75±0.18a	0.13±0.01a
	Ns	7.5	1.90±0.44a	0.14±0.03a
水稻季	N0	51.2	3.53	1.81±0.04c
	Nc	51.2	7.95	4.08±0.02a
	Nd	51.2	6.43	3.30±0.77b
	Ns	51.2	4.17	2.14±0.35c

农艺深施能促进水稻氮素吸收,提高氮肥利用率。从表 10-4 可见,Nc 处理水稻籽粒产量为 10 267 kg/hm^2,吸氮量为 192.9 kg/hm^2,氮肥表观利用率为 20.4%。与 Nc 相比,Nd 处理水稻籽粒产量和吸氮量略有增加,分别增加 4.6% 和 15.6%,同时氮肥表观利用率也比 Nc 处理高 15.3 个百分点；Ns 处理水稻籽粒产量和吸氮量与 Nc 处理持平,但氮肥表观利用率比 Nc 处理提高 3.9 个百分点。

表 10-4 农艺深施及配施缓控释氮肥对水稻产量及氮素吸收利用的影响

处理	籽粒产量 (kg/hm^2)	植株吸氮量 (kg/hm^2)	氮肥表观利用率 (%)
N0	8 200±448b	153.2±22.5b	—
Nc	10 267±178a	192.9±11.3a	20.4
Nd	10 737±203a	222.9±24.5a	35.7
Ns	10 320±383a	195.8±5.0a	24.3

农艺深施能降低氮素总体损失。对各处理氮素的盈亏情况分析可知，不施氮处理土壤氮素处于亏缺状态，亏缺量为 95.4 kg/hm^2，各施氮处理均处于盈余状态。Nc 处理土壤盈余量为 76.4 kg/hm^2，Nd 和 Ns 处理的氮素盈余量均较 Nc 处理有所降低，特别是 Ns 处理，其氮素盈余量比 Nc 处理低 38.1%。而进一步分析各处理土壤氮素含量发现，与 Nc 处理相比，Nd 和 Ns 处理的土壤速效氮（硝态氮和铵态氮之和）含量均有增加趋势，分别增加 16.5% 和 20.9%（表 10-5）。

表 10-5 农艺深施及配施缓控释氮肥对土壤氮素盈余与氮含量的影响

处理	施氮量 (kg/hm^2)	氮素盈余量 (kg/hm^2)	土壤速效氮含量 (mg/kg)
N0	0.0	−95.4±10.4c	7.2±1.5b
Nc	195.0	76.4±2.3a	11.5±2.4a
Nd	195.0	71.2±12.1a	13.4±1.5a
Ns	175.5	47.3±5.3b	13.9±2.7a

农艺深施能降低稻田田面水中氮素浓度，提高水稻氮肥利用率，减少氮肥损失，且有一定的增产作用。农艺深施配施缓控释氮肥再减氮 10%，能进一步降低稻田田面水中氮素浓度和氮肥损失，且不会使水稻减产。农艺深施是一项值得推广的绿色施肥技术，再配施施用缓控释氮肥，效果更突出。

10.1.4 双季稻紫云英还田减排效果

无论是基肥期还是分蘖肥期，田面水中 TN 和铵态氮的浓度均在施肥后第 1 d 即达到最大值，随后逐渐降低（图 10-10）。基肥和分蘖肥施肥后第 9 d、穗肥施入后的第 10 d，田面水中 TN 和铵态氮的浓度降至较低水平。施磷肥后田面水中 TP 和可溶性 TP 的浓度也均在施肥后第 1 d 达到峰值，在分蘖肥施入后的第 5 d 降至与不施肥处理相当的水平。与 CF 处理相比，CMV 处理能在施肥后 5~7 d 内显著降低田面水中 TN 和铵态氮的浓度，但对田面水中 TP 浓度的削减效果仅体现在基肥期（表 10-6）。

根据瞬时养分流失量公式，我们模拟了稻田田面水中 TN 和 TP 的绝对流失量，详见表 10-7。由表 10-7 可知，CF 和 CMV 处理 TN 累计流失量最高的时期均在基肥期，

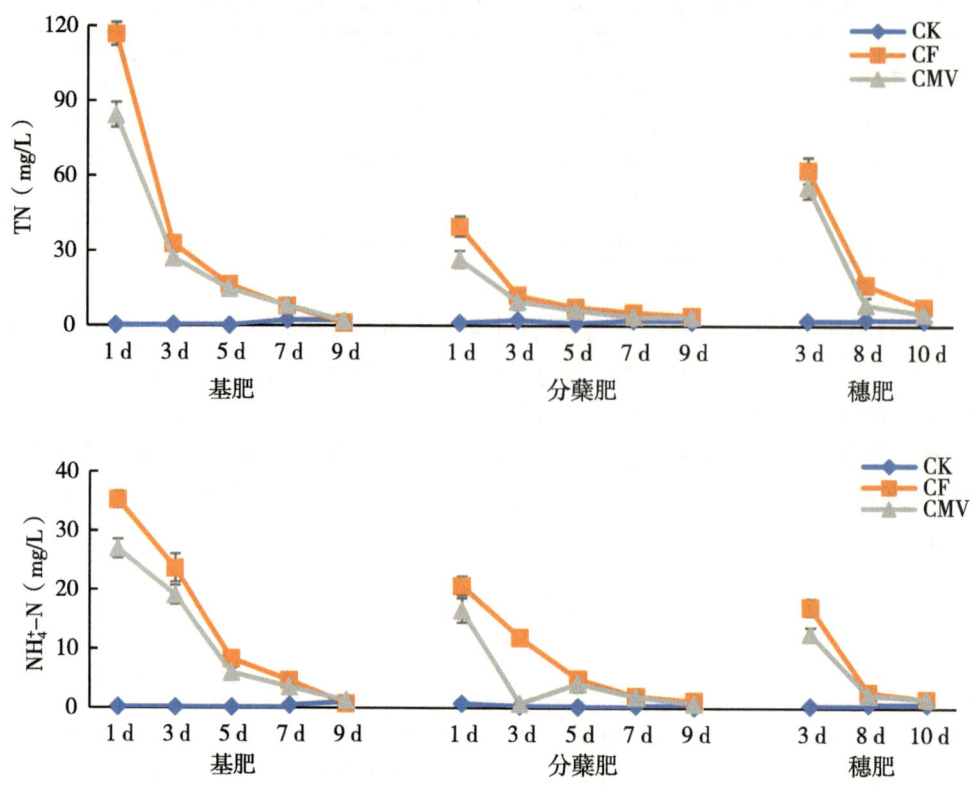

图 10-10 不同处理施肥后田面水氮素浓度随时间动态变化

分别为 52.97 kg/hm² 和 41.37 kg/hm²。与 CF 处理相比，CMV 处理减少了基肥期 21.90%的 TN 流失量。分蘖肥和穗肥期，CMV 较 CF 处理分别减少了 27.47%和 20.02% 的 TN 流失量。虽然 3 个生育期 CMV 处理与 CF 处理 TP 流失量均无显著降低，但基肥期 CMV 处理较 CF 处理减少了 16.25%的 TP 流失量。

表 10-6　不同处理施肥后田面水 TP 和 DTP 浓度随时间动态变化　　单位：kg/hm²

处理		基肥					分蘖肥				穗肥		
		1 d	3 d	5 d	7 d	9 d	1 d	3 d	5 d	7 d	9 d	3 d	8 d	10 d
TP	CK	0.10c	0.06c	0.19c	0.11c	0.14b	0.14c	0.07c	0.17a	0.12b	0.12a	0.19a	0.02b	0.25a
	CF	2.89a	2.31a	1.86a	1.23a	1.14a	0.21a	0.31a	0.21a	0.18a	0.16a	0.12b	0.19a	0.27a
	CMV	2.58b	1.83b	1.58b	0.84b	1.07a	0.18b	0.30a	0.19a	0.18a	0.14a	0.09b	0.17a	0.26a
DTP	CK	0.05c	0.03c	0.10c	0.06c	0.08c	0.05c	0.04b	0.10a	0.06c	0.07a	0.04b	0.02c	0.06a
	CF	2.16a	1.71a	1.36a	0.91a	0.65a	0.12a	0.13a	0.11a	0.11a	0.08a	0.06ab	0.11a	0.09a
	CMV	1.76b	1.48b	1.11b	0.56b	0.89a	0.08b	0.12a	0.09a	0.09b	0.09a	0.07a	0.07b	0.07a

表 10-7　不同生育期田面水中 TN 和 TP 的绝对流失量　　　　单位：kg/hm²

处理	基肥		分蘖肥		穗肥	
	TN	TP	TN	TP	TN	TP
CK	1.89c	0.18b	2.55c	0.19a	2.27c	0.14a
CF	52.97a	2.83a	21.04a	0.32a	26.32a	0.17a
CMV	41.37b	2.37a	15.26b	0.30a	21.05b	0.16a

10.1.5　已有技术综合分析

查阅了近 40 年来的文献资料，收集了已有的稻田氮磷流失防控技术，并结合全国水稻国控监测点的监测结果，分析了各项防控技术的防控效果、使用注意事项及推广应用情况，形成了已有技术筛选使用指导清单，为后面的技术集成奠定了基础（表 10-8）。

表 10-8　已有稻田氮磷流失防控技术筛选使用指导清单

序号	技术名称	技术关键	使用注意事项	N 减排（%）	P 减排（%）	技术选用条件
1	优化施肥	■适当减肥 ■穗肥氮占比 30%~50%		4.0~35.0	3.0~28.1	无
2	秸秆还田	■适量减肥 ■秸秆还田	短期内应适量减肥，减肥幅度过大，会减产	9.2~28.9	6.2~22.0	无
3	农艺深施	■底肥无水层撒肥-有水层混合 ■追肥以水带氮		75.8	48.0~71.0	无
4	有机替代	■适量有机替代 ■控制施磷总量	要控制施磷总量不超推荐施磷量，还要注意控制磷素的排放	3.0~35.1	会幅度增排	需经济效应平衡
5	侧条施肥			38.9~78.3	29.4	需经济效应平衡
6	缓控释肥			31.2~60.0	36.9~63.5	需经济效应平衡
8	节水灌溉	■严格执行节水灌溉技术指标		16.4~60.0	12.4~52.2	灌水资源充分、自由，智能化配套

10.2 防控技术体系构建

针对不同稻作模式和栽植方法稻田氮磷流失的主要风险期、氮磷流失的成因，结合稻区气候特点和资源禀赋特点，构建了北方单季稻、水旱轮作稻、双季稻田氮磷流失综合防控技术。

根据东北单季稻田氮磷流失特点，以及区域雨量少、气温低、水塘不丰富、灌水资源不充足等特点，构建了由氮磷肥限量施用、氮肥后移、稻秸基肥顶凌作业、控水泡田、沟水回灌等技术组成的北方单季稻田氮磷流失综合防控技术体系（图10-11）。

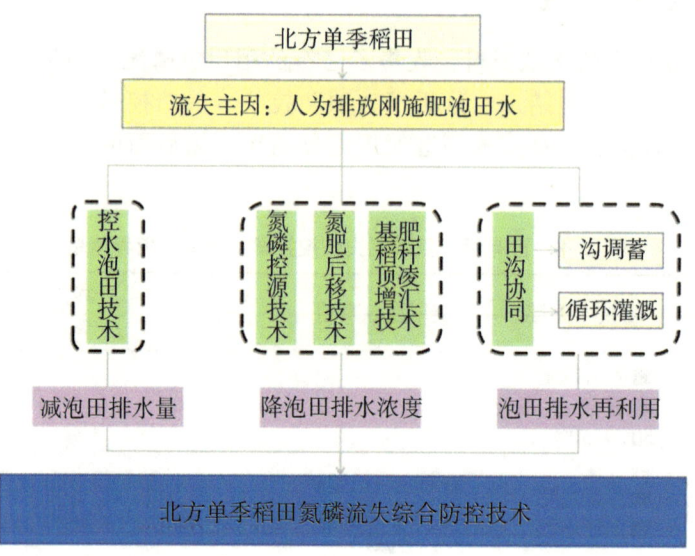

图10-11 北方单季稻田氮磷流失综合防控技术结构

根据双季稻田氮磷流失主要是在早稻基蘖肥期流失、区域水热资源丰富等特点，构建了由绿肥稻草互惠控源增汇、氮肥后移、风险期控水减排、田-沟-塘协同调控、菌藻草生态净化等技术组成的双季稻田氮磷流失综合防控技术模式（图10-12）。

根据水旱轮作稻田氮磷主要是在泡田-分蘖前期流失、区域水热资源丰富等特点，构建了由氮磷肥限量施用、底肥深施、旱秸增汇、风险期控水减排、田-沟-塘协同调控、外排水菌藻草生态净化等技术组成的水旱轮作稻田氮磷流失综合防控技术模式（图10-13）。

10.3 智能化管理平台建设

10.3.1 智能化需求分析

10.3.1.1 总体需求

总体目标是形成智能化防控技术体系，形成综合防控技术体系，并让整个防控过程

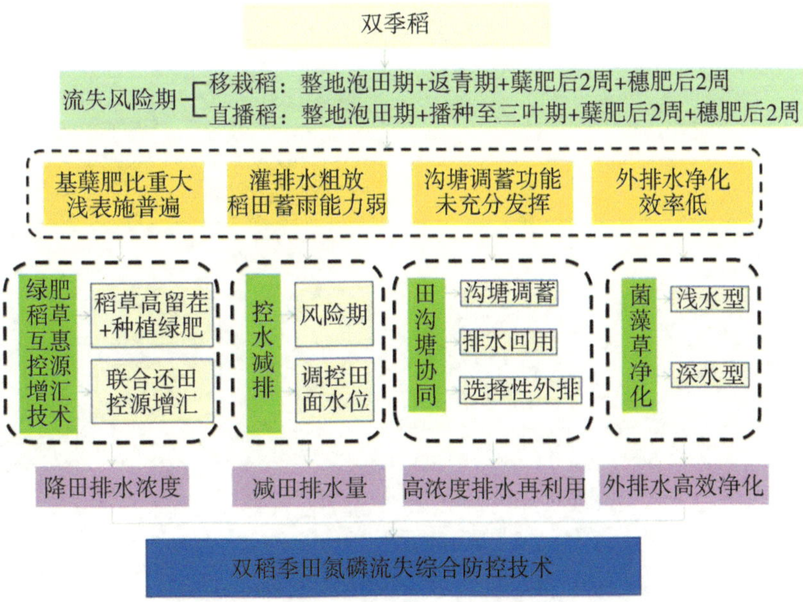

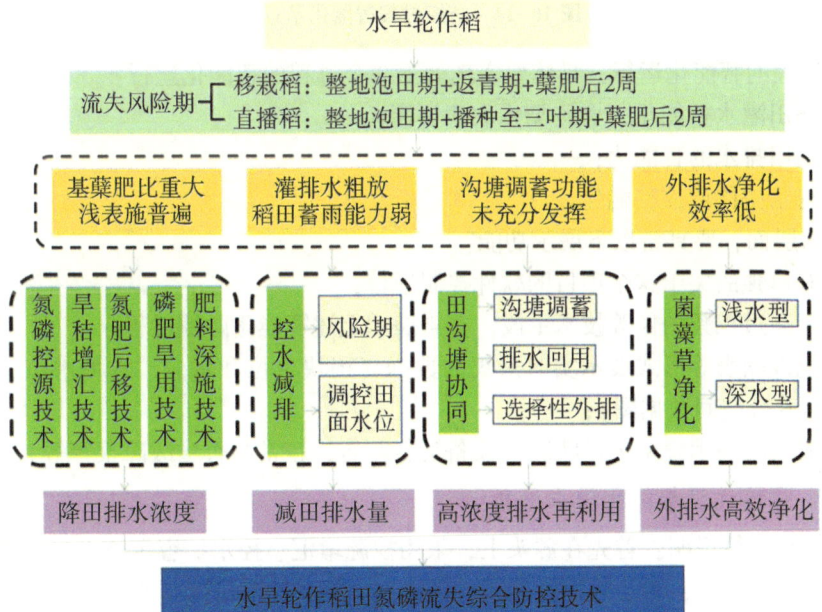

图 10-12　双季稻田氮磷流失综合防控技术结构

图 10-13　水旱轮作稻田氮磷流失综合防控技术结构

实现智能化运行。整个项目对智能化的需求是要能让防控过程智能化运行，同时要具备充分的展示功能（图10-14）。

图 10-14 防控过程智能化示意

防控过程的智能化运行，具体要实现如下3个过程的智能化运行：
（1）稻田灌水智能化（含沟塘水农田回灌）；
（2）稻田排水的智能化；
（3）沟塘协同调控智能化。

在展示层面，要具备以下展示功能：
（1）有单独的关于这个项目的软件控制平台；
（2）能通过视频图像等技术手段，实景展示上述智能化防控过程；
（3）能以图表等形式展示实时采集的数据（田块水位和水分、沟塘水位、气象等数据、土壤养分空间数据图）；
（4）能实时展示设备运行状况（设备运行与否，正常与否，故障报警等）。

10.3.1.2 防控过程智能化需求分析

技术体系总体说明：首先在源头上，采用控源增汇、控水扩容等技术尽可能减少稻田排水量和排水浓度；对于农田控制不住的排水，特别是高浓度排水，采用沟塘系统进行梯级截留，然后将截留的水进行农田回用（通过管路A）。在截留时，如果沟塘库容不足，要提前2 d根据天气预报进行沟塘水位调控，在调控时，如果沟塘水水质超地表 IV 类水，先将沟塘水排入菌藻草系统（通过管路B）处理后外排，如果水质不超 IV 类水直接外排。

10.3.1.3 智能化需求算法研究

防控过程智能化需求包括3个方面内容：①稻田灌水智能化（含沟塘水农田回灌）；②稻田排水智能化；③沟塘调控智能化。通过对稻田氮磷流失综合防控智能化需求的分析，建立了稻田灌水（含排水回用）、排水和沟塘水质水量协同调控智能化运行的算法。

针对上述需求，研发了基于管灌，以智能水泵、智能灌水阀、田面水位、气象站和土壤水分传感器、数据节点、微基站为支撑的稻田智能灌水算法，实现了稻田灌水和沟塘水回用的智能化运行。研发了以智能溢流闸、田面水位计、数据节点、微基站为支撑的稻田智能排水算法，实现了稻田排水的智能化运行。研发了以智能调控水泵、水位计、水质仪、智能水阀、智能水表、数据节点、微基站为支撑的稻田沟塘水质水量协同调控算法，实现了沟塘水质水量协同调控的智能化运行（表10-9至表10-12）。

1. 稻田灌水的智能化

需求描述：当稻田需要灌水，优先智能启用沟塘水回用水泵进行灌溉，如果沟塘水不够，再智能启动补充水泵进行灌溉。但如果气象预报近期2 d有中雨及以上级别降水，不启动灌溉程序，待雨停后，再根据实测水位决定是否灌溉。

数据需求：气象预报的降水数据、稻田田面水位和水分实时数据。

决策依据：田面灌水管理规则。

逻辑描述：

灌溉与否的判断：当实测的稻田水位<稻田灌水下限值，需要灌溉。但当气象预报2 d内有中雨及以上级别降水时，不启动灌溉程序，待雨停后，再根据实测水位决定是否灌溉。

灌水时间：要选择在白天进行灌溉。

灌水水泵选择：当需要启动灌溉时，优先启用沟塘水回用水泵进行灌溉，沟塘水不够，再启动补充水泵进行灌溉。

停止灌溉的判断：

沟塘水回用水泵停止判断：（沟塘水不够稻田灌溉）当实测的沟塘水位≤10 cm，关闭水泵；（沟塘水足够稻田灌溉）当实测的沟塘水位≥10 cm，且实测的稻田水位=稻田灌水上限值时，关闭水泵。

补充水泵停止判断：当稻田水位=稻田灌水上值时，关闭水泵。

2. 稻田排水的智能化

需求描述：根据监测的实时田面水位和水分数据，田间水分管理规则，决定是否排水，如果排，自行实行排、停操作，并且要选择在降水停止后，且在白天排。

数据需求：稻田田面水位和水分实时数据。

决策依据：田面水分管理规则。

逻辑描述：

排水与否的判断：当实测水位>蓄雨上限，田块需要排水；

排水时间：降水停止后，且白天的时候；

启动排水：智能降低田块排水闸门的高度至蓄雨上限，进行排水；

停止排水的判断：当实测水位=蓄雨上限，完全关闭田块排水闸门，停止排水。

10.3.1.4 沟塘协同调控智能化

需求描述：当稻田要向沟塘系统排水时，用沟塘系统对农田排水进行截留。在截留前，需根据天气预报的降水情况，提前 2 d 将沟塘水位调控到安全水位以下。在调控水位的时候，如果沟塘水水质超地表 IV 类水，先将沟塘水排入菌藻草系统处理后外排，如果水质不超 IV 类水直接外排。

数据需求：高浓度塘水位、农沟水质。

决策依据：沟塘水位运行规则、地表水水质标准。

控制设备：两个外排管路的阀门、水泵。

逻辑描述：

沟塘水外排与否的判断：当天气预报 2 d 后有雨，且塘水位>对应雨情下沟塘水位运行限值，需要外排。

排水时间：。

>400 μS/cm 时，智能打开向菌藻草推流塘排放管路。当排水水质（电导率）≤400 μS/cm，并智能打开直接外排管路的阀门。

沟塘水泵对应雨情下沟塘水位运行限值，关闭水泵。

10.3.1.5 智慧型管理平台研发

在制定智能设备与系统数据传输接口规范、多源高频大数据通信的基础上，研发了基于水稻生育时序的稻田灌水（含排水回用）、排水和沟塘水质水量协同调控一体化控制模型，开发形成了具有稻田信息自动采集与分析、灌排水自动模型控制、沟塘水质水量调控智能模型控制、事件与设备运行预警、技术在线展示等功能的智慧管理平台（图 10-17），并开发了相应的手机 App，该平台能支撑稻田氮磷流失防控的智慧化运行（图 10-18）。

图 10-17 智能平台

（手动控制）　　　　　　（定时控制）　　　　　　（条件控制）

图 10-18　智能平台 App（稻田灌排智能控制界面）

10.3.2 智能支撑设备研究与集成

10.3.2.1 智能设备研发

研发了适用于野外稻田排水智能溢流闸（图10-15）。智能溢流闸技术参数如下：

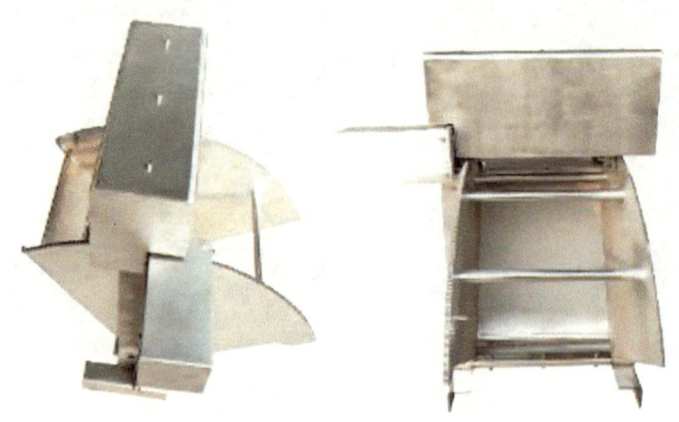

图10-15 稻田排水智能溢流闸

数据传输：通过无线和中央控制平台连接；
材　　质：不锈钢304一体化设计；
保　　护：具有上下双限位，提供保护功能；
密　　封：高密度橡胶密封；
电　　源：支持市电与太阳能板供电。

10.3.2.2 智能设备集成

在比对现有设备的性能、价格、野外适用性等参数的基础上，集成了包括智能水泵控制器、智能灌水电池阀、稻田水位计、土壤水分传感器、稻田排水智能溢流闸、稻区气象站、数据传输节点、微型基站等为核心的稻田氮磷流失综防控技术运行硬件支撑系统（图10-16）。

10.3.3 智慧化稻田氮磷流失防控平台建设

10.3.3.1 示范区气候特征

安陆属亚热带季风湿润气候，雨量充沛，光照充足，气候温和，四季分明，无霜期长，严冬短。年平均气温15.9℃，总积温4 908℃，无霜期246 d；年平均日照时数2 100 h，年平均日照率49%，年均降水量1 084 mm，人均占有水资源量692.78 m^3，亩均占有水资源量71.55 m^3。

安陆市年均降水量1 084.4 mm，但年际波动大，最少年份仅595 mm，有的年份可高达1 567.5 mm。年日照时数2 006.6 h，但呈逐渐降低趋势，在20世纪50年代，日常时数高达2 281.4 h，随后逐渐减少，近年来，逐渐减少至1 782.8 h，减幅高达11.2%。总积温4 908℃，无霜期246 d；年平均气温16.2℃，但20世纪90年代以来，

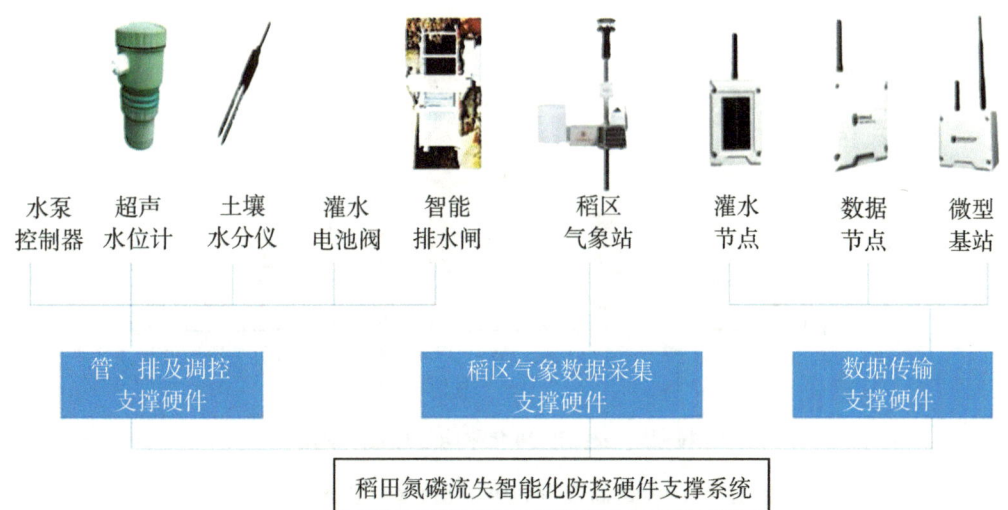

图 10-16 稻田氮磷流失智能化防控硬件支撑系统

气温呈逐渐升高趋势,在 20 世纪 90 年代前,年平均气温为 15.8 ℃,但此后逐渐升高,近 10 年来平均 16.8 ℃,比 20 世纪 90 年代以前升高 1 ℃,年最高气温 37.11 ℃,年最低气温-6.81 ℃,年最低气温也有逐渐升高的趋势,而且边幅降低,在 20 世纪 80 年代以前,年最低气温-8.2 ℃,最低可达 15.3 ℃,但进入 21 世纪,年最低气温平均仅-5.7 ℃,最低也仅-8.8 ℃。

从 1958—2017 年 60 年降水的情况来看,安陆市降水量较大,年均降水量为 1 097.3 mm,而且降水比较频繁,全年近 40%的天数发生降水(表 10-15)。主要分布在 4—8 月,占全年降水的 68.0%,特别是 5—7 月,占全年降水的 46.9%(图 10-19)。

表 10-15 安陆 60 年(1958—2017 年)日降水频率

类别	60 年	降水	不降水
天数(d)	21 915	8 723	13 192
占比(%)	100.0	39.8	60.2

从单日降水来看,小雨、中雨、大雨降水较多,分别占 79.8%、12.3%、5.3%,合计 97.4%,而暴雨、大暴雨、特大暴雨的降水事件较少,合计仅占 2.7%(表 10-16)。从降水事件来看,小雨、中雨和大雨的降水事件比例较多,分别为 58.6%、16.9%、12.6%,合计占 88.1%,而暴雨、大暴雨、特大暴雨的降水事件较少,合计占比 11.9%(表 10-17)。从各月降水事件来看,6、7 月小于 50 mm 降水的降水事件占比最低,但也分别高达 76.9%和 75.9%,其余月份小于 50 mm 降水的降水事件占比都在 80%以上(图 10-20)。

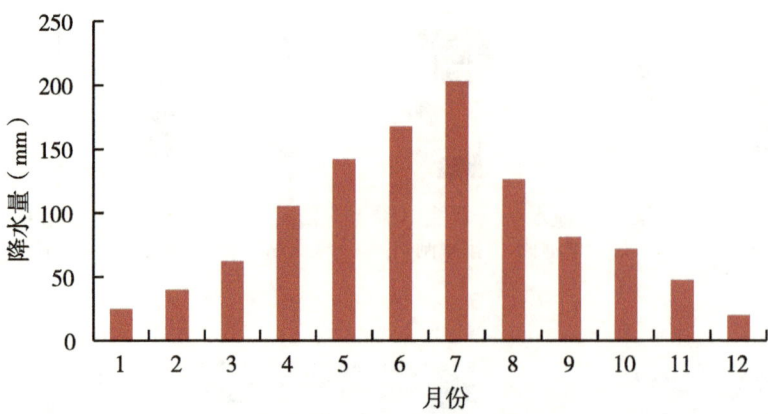

图 10-19 安陆市 30 年平均各月的降水量

表 10-16 安陆 60 年（1958—2017 年）日降水类型

类别	降水	小雨	中雨	大雨	暴雨	大暴雨	特大暴雨
天数（d）	8 723	6 958	1 072	460	181	52	0
占比（%）	100.0	79.8	12.3	5.3	2.1	0.6	0.0

表 10-17 安陆 60 年（1958—2017 年）降水事件的降水类型

类型	总计	小雨	中雨	大雨	暴雨	大暴雨	特大暴雨
降水事件次数（次）	3 253	1 907	549	411	275	94	17
比重（%）	100.0	58.6	16.9	12.6	8.5	2.9	0.5

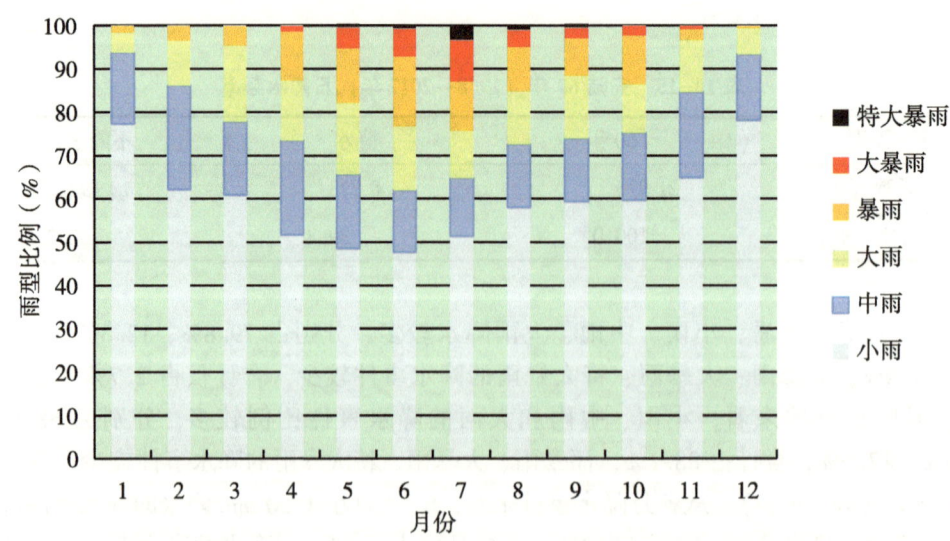

图 10-20 安陆 60 年（1958—2017 年）各月份降水事件的降水类型

表 10-18 示范区土壤理化性质（网格化取样）

序号	点位编号	经度 度	经度 分	经度 秒	纬度 度	纬度 分	纬度 秒	TN (%)	TP (%)	全钾 (%)	碱解氮 (mg/kg)	速效磷 (mg/kg)	速效钾 (mg/kg)	有机质 (g/kg)	pH
1	HBAL01	113	40	26.4	31	20	19.8	0.126	0.033	1.290	86.1	6.28	61.4	19.06	5.71
2	HBAL02	113	40	30.3	31	20	15.9	0.151	0.037	1.325	109.9	8.21	65.0	23.40	5.63
3	HBAL03	113	40	34.2	31	20	10.6	0.162	0.043	1.378	45.0	9.12	63.8	23.87	5.93
4	HBAL04	113	40	37.4	31	20	5.7	0.159	0.038	1.356	76.8	2.54	65.0	22.63	5.94
5	HBAL05	113	40	39.5	31	20	1.7	0.137	0.026	1.293	147.0	6.56	47.3	19.43	6.26
6	HBAL06	113	40	44.0	31	19	57.9	0.138	0.043	1.364	88.7	11.72	57.9	18.68	6.16
7	HBAL07	113	40	32.7	31	20	0.1	0.126	0.032	1.321	76.8	5.24	60.2	17.26	6.15
8	HBAL08	113	40	30.3	31	20	4.5	0.093	0.033	1.166	55.6	10.96	50.8	12.41	6.23
9	HBAL09	113	40	27.4	31	20	8.4	0.095	0.025	1.238	62.3	4.94	50.8	13.01	6.00
10	HBAL10	113	40	32.0	31	20	24.1	0.090	0.037	1.265	35.8	14.88	55.5	11.60	6.13
11	HBAL11	113	40	36.7	31	20	19.3	0.141	0.034	1.220	87.4	5.22	89.7	19.55	6.38
12	HBAL12	113	40	41.3	31	20	14.4	0.143	0.038	1.389	91.4	6.89	83.8	19.26	6.28
13	HBAL13	113	40	44.5	31	20	7.8	0.171	0.045	1.274	123.2	10.24	76.8	24.57	6.32
14	HBAL14	113	40	48.1	31	20	4.4	0.145	0.032	1.349	88.7	3.82	59.1	21.07	6.25
15	HBAL15	113	40	50.5	31	19	59.3	0.148	0.035	1.290	100.7	5.46	62.6	22.31	6.21
16	HBAL16	113	40	55.3	31	20	0.9	0.140	0.033	1.233	60.9	6.36	59.1	20.07	5.99
17	HBAL17	113	41	0.5	31	20	3.4	0.172	0.044	1.440	107.3	10.48	99.2	24.50	6.08
18	HBAL18	113	40	53.2	31	20	6.3	0.174	0.044	1.396	108.6	7.78	128.7	24.61	6.12
19	HBAL19	113	40	49.4	31	20	11.4	0.168	0.043	1.385	115.2	9.42	101.5	23.99	6.02
20	HBAL20	113	40	44.5	31	20	16.4	0.168	0.035	1.338	107.3	3.72	111.0	24.89	6.26
21	HBAL21	113	40	44.5	31	20	16.4	0.155	0.045	1.456	91.4	11.2	113.3	23.90	6.39
平均								0.143	0.037	1.322	88.62	7.67	74.4	20.48	6.12

10.2.4.2 示范区面积及土壤理化性状

示范区总面积（铁路两边）为1 280亩，水塘43个，面积144.5亩，占11.3%；田塘比为5.81。

示范区土壤为黄棕壤土，土壤质地较好，肥力水平中等。在示范区按100 m×100 m的规格进行了网格化取样，TN平均0.143%、TP 0.037%、全钾1.322%、碱解氮88.62 mg/kg、速效磷7.67 mg/kg、速效钾74.40 mg/kg、有机质20.48g/kg、pH 6.12（表10-18）。

10.2.4.3 人居生活和养殖情况

示范区共82户农户，常住226人，其中铁路西边43户，常住121人，铁路东边39户，常住105人（表10-19）。生活污水产生系数按生活污水25.59 L/（人·d）、污水COD 18.69 g/（人·d）、TP 0.08 g/（人·d）、TN 0.62 g/（人·d）、铵态氮0.15 g/（人·d）测算，示范区日产污水5.8 m³，日产污水COD 4.2 kg，日产污水TP 18.08 g，日产污水TN 140.12 g，日产污水铵态氮33.9 g（表10-19）。生活垃圾产生系数按垃圾量0.23 kg/（人·d）、有机垃圾量0.1 kg/（人·d）、TP 0.11 g/（人·d）、TN 0.4 g/（人·d）测算，示范区垃圾量日产量52.0 kg，有机垃圾量日产量22.6 kg，TP 24.86 g，TN 90.4 g（表10-20）。在示范区内，基本没有养殖。

表10-19 示范区居民户数、常住人口数、生活污水及污染物产生量

区域	示范区户数（户）	示范区常住人口数（人）	污水产生量（m³/d）	COD产生量（kg/d）	TP产生量（g/d）	TN产生量（g/d）	铵态氮产生量（g/d）
铁路西	43	121	3.1	2.3	9.68	75.02	18.15
铁路东	39	105	2.7	2.0	8.4	65.1	15.75
整个示范区	82	226	5.8	4.2	18.08	140.12	33.9

表10-20 示范区居民户数、常住人口数、生活垃圾及污染物产生量

区域	示范区户数（户）	示范区常住人口数（人）	垃圾量（kg/d）	有机垃圾量（kg/d）	TP（g/d）	TN（g/d）
铁路西	43	121	27.8	12.1	13.31	48.4
铁路东	39	105	24.2	10.5	11.55	42
整个示范区	82	226	52.0	22.6	24.86	90.4

表 10-21 2017 年水稻季不同时期沟塘水氮素含量

单位：mg/L

月	旬	TN			NH$_4^+$			NO$_3^-$		
		5号塘附近沟	5号塘	3号塘附近沟	3号塘	5号塘附近沟	5号塘	3号塘附近沟	3号塘	5号塘附近沟	5号塘	3号塘附近沟	3号塘

月	旬	5号塘附近沟	5号塘	3号塘附近沟	3号塘	5号塘附近沟	5号塘	3号塘附近沟	3号塘	5号塘附近沟	5号塘	3号塘附近沟	3号塘
5月	下旬	0.637	0.753			0.167	0.223			0.146	0.337		
6月	上旬	0.374	0.382			0.129	0.178			0.069	0.110		
	中旬	0.551	0.751			0.084	0.351			0.014	0.038		
	下旬	0.397	0.460			0.103	0.108			0.031	0.033		
7月	上旬	0.409	0.608	0.476	0.491	0.064	0.133	0.076	0.127	0.008	0.011	0.019	0.010
	中旬	0.500	0.752	0.687	0.725	0.067	0.073	0.092	0.057	0.034	0.020	0.029	0.022
	下旬	0.525	0.618	0.821	0.936	0.046	0.055	0.162	0.062	0.095	0.097	0.082	0.018
8月	上旬	0.995	0.717	0.849	0.910	0.082	0.058	0.087	0.055	0.202	0.064	0.229	0.021
	中旬	0.627	0.532	0.684	0.577	0.064	0.056	0.084	0.024	0.022	0.015	0.029	0.025
	下旬	0.626	0.495	0.752	0.814	0.052	0.057	0.125	0.027	0.033	0.022	0.019	0.026
9月	上旬	2.103	0.832	2.047	0.958	0.209	0.182	0.102	0.057	0.038	0.019	0.024	0.023
平均		0.704	0.627	0.902	0.773	0.097	0.134	0.104	0.058	0.063	0.070	0.062	0.021

表 10-22 2017 年水稻季不同时期沟塘水磷素含量

单位：mg/L

月	旬	TP				PO_4^{3-}			
		5号塘附近沟	5号塘	3号塘附近沟	3号塘	5号塘附近沟	5号塘	3号塘附近沟	3号塘
5月	下旬	0.057	0.056			0.017	0.020		
6月	上旬	0.045	0.047			0.015	0.020		
	中旬	0.034	0.036			0.022	0.022		
	下旬	0.024	0.043			0.022	0.025		
7月	上旬	0.027	0.035	0.067	0.042	0.024	0.028	0.036	0.028
	中旬	0.033	0.049	0.049	0.053	0.024	0.028	0.025	0.022
	下旬	0.030	0.033	0.060	0.061	0.018	0.020	0.024	0.029
8月	上旬	0.048	0.037	0.091	0.070	0.029	0.022	0.036	0.027
	中旬	0.054	0.057	0.065	0.082	0.028	0.024	0.034	0.034
	下旬	0.039	0.059	0.059	0.074	0.020	0.032	0.029	0.030
9月	上旬	0.149	0.071	0.191	0.117	0.036	0.031	0.047	0.034
平均		0.049	0.048	0.083	0.071	0.023	0.025	0.033	0.029

10.2.4.4 示范区灌、排水情况

示范区共有3个灌水泵站，4个大出水口（西边3个，东边1个），铁路东边和西边有5个水交换通道。

10.2.4.5 示范区田沟塘水质状况

示范区田、沟、塘基础水质结果见表10-21和表10-22。

10.2.4.6 安陆示范设计原则

施基肥后第1 d，田面水中TN浓度可达40~50 mg/L，甚至更高，追肥（分蘖肥和穗肥等）后田面水中TN浓度约在20 mg/L左右，不管是基肥还是追肥，7 d后田面水中TN浓度均可降至2 mg/L左右。施基肥或追肥后7 d内不排水，如遇降水尽量做到不外排。

单场降水50 mm时，做到工程控制区域内不外排。

一个水稻生长季，稻田外排总水量约200~300 m³，平均约230 m³（包括降水径流和晒田排水等）。在现有模式下，每公顷稻田一个生长季总排水量约4 000 m³。

菌藻草系统处理的对象以高浓度稻田排水为主，约占总排水量的20%以内。即以施肥或追肥后被动排放的田面水为主要对象（TN浓度>5 mg/L，TP浓度>0.3 mg/L），系统水力停留时间>2 d。

不过多干扰农户农艺措施，提倡田间控源减排（以碳控氮，深施等）。

最不利时段：施基肥7 d内；刚插秧；天降大雨。当这几个因素叠加在一起时，田面的控水能力较弱，主要依靠沟塘。

工程的运行：联合调控是关键，针对不同水稻生长期，田面，沟塘的作用不同，水稻生长前期和晒田期以沟塘为主，中期以田面为主。水位的控制是核心。

10.2.4.7 工程建设

将核心智能区（面积52.27亩）田块由原来35小块平整成7大块，中间修一条南北向的便道，同时将田面整平。参照高标准基本农田建设标准（TD/T 1033—2012）和节水灌溉技术规范（SL 207—98）进行改造。具体改造参数见表10-23。

表10-23 田、沟、路参数

项目	初步要求参数	建议
田面	每块田的田面高差≤2 cm	每块田的田面高差≤2 cm
田间田埂	高25 cm，宽80 cm	高25 cm，顶宽30~50 cm
排水沟	沟底距田面20 cm，宽40 cm	沟底距田面20~30 cm，宽40 cm
田间便道	宽120 cm，路面距田面25 cm	宽120 cm，路面距田面50 cm
沟塘占比	沟和塘面积占比小于6%	

改造过程：改造过程照片见图10-21。

图10-21 示范区田-沟-塘综合调控系统和菌-藻-草净化系统建设
（a）田块平整；（b）沟渠整理；（c）灌水管网建设；（d）田沟塘及菌藻草系统建设。

建成后效果见图10-22。

10.2.4.8 田-沟-塘系统建成后各单元参数

在沟塘系统建设完成后，测定了田、沟、塘的高程以及沟塘容积参数，见表10-24。

10.2.4.9 田-沟-塘系统建成后沟塘占比

在沟塘系统建设完成后，沟塘面积占区域面积的比例为5.2%，低于高标准农田的限制（≤8%）。

10.2.4.10 田-沟-塘系统防控能力分析

在沟塘系统建设完成后，沟塘系统的存水容积由646.9 m³ 增加到1 464.1 m³，增加了2.3倍，相当于将容纳田块的排水量由23.1 mm增加到52.3 mm。

10.3 示范效果

10.3.1 监测评估方案

根据示范区稻田氮磷流失综合防控技术内容，编制了技术示范效果监测评价方案监测方法、监测点位、监测时段、监测频率等合理、规范，可以为客观全面评价项目示范效果提供依据。

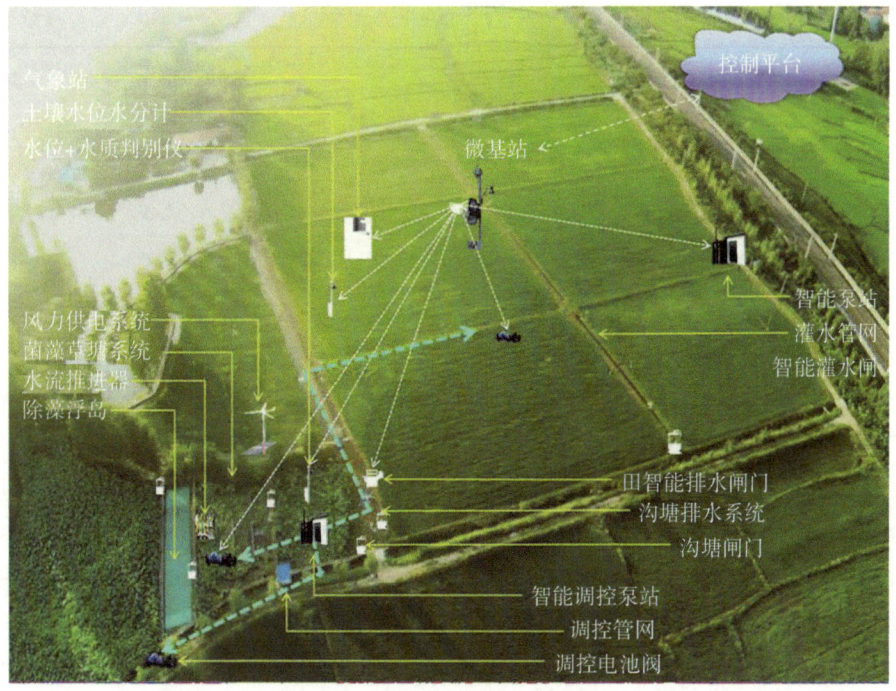

图 10-22 示范区建设效果图

10.3.2 监测评估结果

在农业农村部科技发展中心的指导下，委托第三方，严格按照评价方案，对技术示范效果进行了监测评价。严格按评价方案，技术示范效果进行了监测评价。

第三方监测表明，项目研发的技术减排效果显著，水稻保持稳产或增产，泡田期和施肥期高浓度氮磷排水全部实现循环再利用，3 个示范区稻田 TN、TP 的减排率都分别在 64%、44% 以上，外排水量减少 20% 以上，水资源节约 2%~24%；氮磷化肥用量分别减少 13% 和 14% 以上；系统水位控制精度可达 2 mm；30 mm 以下降水系统污水外排，全面达到了项目考核指标的要求（表 10-27）。

表 10-27 示范区第三方监测评价结果

指标	安陆示范区（水旱轮作稻）
示范区面积（亩）	1 280
水稻产量增加（%）	8.2
化学氮肥用量降低（%）	18.7
化学磷肥用量降低（%）	20.0
系统起排降水量（mm）	79

(续表)

指标	安陆示范区（水旱轮作稻）
外排水量减少（%）	28.2
氮流失负荷降低（%）	64.3
磷流失负荷降低（%）	73.5
节约灌水（%）	24.0

10.4 小结

明确了我国水稻种植和栽植及肥水管理特点和主要稻作模式稻田氮磷流失特点，建立了防控技术清单。根据不同稻作模式稻田氮磷流失特征、氮磷流失成因、稻作区气候特点和资源禀赋，构建了北方单季稻、水旱轮作稻、双季稻田氮磷流失综合防控技术体系，研发了智能溢流闸，在比对现有设备的性能、价格、野外适用性等参数的基础上，集成了包括智能水泵控制器、智能灌水电池阀、稻田水位计、土壤水分传感器、稻田排水智能溢流闸、稻区气象站、数据传输节点、微型基站等为核心的稻田氮磷流失智慧防控的硬件支撑系统；形成了稻田-沟-塘灌水、排水、调水、蓄水一体化管理算法，开发了具有稻田信息自动采集与分析、灌排水自动模型控制、事件与设备运行预警等功能，能保障稻田氮磷流失防控的智慧化运行的管理平台。湖北安陆市洑水镇车站村建成了完善的示范区开展了防控技术体系两个完整年度的示范。委托第三方机构，严格按照评价方案的监测表明，示范区水稻保持稳产或略有增产，示范区稻田 TN、TP 的减排率都 60% 以上，外排水量减少 20% 以上，水资源节约 24%，氮磷化肥用量分别减少 18% 以上，79 mm 以下降水系统无水外排。

参考文献

白由路,2015. 植物营养与肥料研究的回顾与展望 [J]. 中国农业科学,48 (17):3477-3492.

金洁,杨京平,施洪鑫,等,2005. 水稻田面水中氮磷素的动态特征研究 [J]. 农业环境科学学报,24 (2):357-361.

茆智,2002. 水稻节水灌溉及其对环境的影响 [J]. 中国工程科学,4 (7):8-16.

欧阳威,高翔,等. 2021. 气候变化与流域面源污染 [M]. 北京:科学出版社.

钱晓雍,沈根祥,黄丽华,等,2010. 崇明东滩地区砂质旱田氮磷径流流失特征研究 [J]. 水土保持学报,24 (2):11-14.

施泽升,续勇波,雷宝坤,等,2013. 洱海北部地区不同氮、磷处理对稻田田面水氮磷动态变化的影响 [J]. 农业环境科学学报,32 (4):838-846.

孙金昌,文继宏,2019. 永利灌区灌溉制度设计探讨 [J]. 黑龙江水利科技,47 (7):126-128.

田玉华,贺发云,尹斌,等,2006. 不同氮磷配合下稻田田面水的氮磷动态变化研究 [J]. 土壤,38 (6):727-733.

谢学俭,陈晶中,肖琼,2007. 不同磷水平处理对水稻田面水中磷氮浓度动态变化的影响 [J]. 安徽农业科学,35 (27):8568-8570.

ABDI H, WILLIAMS L J, 2010. Tukey's honestly significant difference (HSD) test [M]. Encyclopedia of Research Design. Thousand Oaks, CA: Sage, 1-5.

ASADOLLAH S B H S, SHARAFATI A, MOTTA D, et al., 2021. River water quality index prediction and uncertainty analysis: A comparative study of machine learning models [J]. Journal of Environmental Chemical Engineering, 9 (1): 104599.

BALESTRINI R, DELCONTE C A, PALUMBO M T, et al., 2018. Biotic control of in-stream nutrient retention in nitrogen-rich springs (Po Valley, Northern Italy) [J]. Ecological Engineering, 122: 303-314.

BOOMAN G C, LATERRA P, 2019. Channelizing streams for agricultural drainage impairs their nutrient removal capacity [J]. Journal of Environmental Quality, 48 (2): 459-468.

BUCHFINK B, XIE C, HUSON D H, 2015. Fast and sensitive protein alignment using diamond [J]. Nature Methods, 12 (1): 59-60.

CHENG F Y, BASU N B, 2018. Biogeochemical hotspots: Role of small water bodies in landscape nutrient processing [J]. Water Resource Research, 53 (6): 5038-5056.

COOPER C M, MOORE M T, BENNETT E R, et al., 2004. Innovative uses of vegetated drainage ditches for reducing agricultural runoff [J]. Water Science and Technology, 49 (3): 117-123.

DU M J, DING S F, JIA H J, 2016. Study on density peaks clustering based on k-nearest neighbors and principal component analysis [J]. Knowledge-Based Systems, 99: 135-145.

DUNCAN D B, 1957. Multiple range tests for correlated and heteroscedastic means [J]. Biometrics, 13 (2): 164-176.

ENSIGN S H, DOYLE M W, 2005. In-channel transient storage and associated nutrient retention: Evidence from experimental manipulations [J]. Limnology & Oceanography, 50 (6): 1740-1751.

GEURTS P, ERNST D, WEHENKEL L, 2006. Extremely randomized trees [J]. Machine Learning, 63 (1): 3-42.

GUO Y Y, 1997. Irrigation and drainage enginnering [M]. Beijing: China Water and Power Press.

HARMS T K, COOK C L, WLOSTOWSKI A N, et al., 2019. Spiraling down hillslopes: Nutrient uptake from water tracks in a warming arctic [J]. Ecosystems, 22 (7): 1546-1560.

HERZON I, HELENIUS J, 2008. Agricultural drainage ditches, their biological importance and functioning [J]. Biological Conservation, 141 (5): 1171-1183.

HUA L, LIU J, ZHAI L, et al., 2017. Risks of phosphorus runoff losses from five Chinese paddy soils under conventional management practices [J]. Agriculture, Ecosystems & Environment, 245: 112-123.

HUA L, ZHAI L, LIU J, et al., 2019a. Effect of irrigation – drainage unit on phosphorus interception in paddy field system [J]. Journal of Environmental Management, 235: 319-327.

HUA L, ZHAI L, LIU J, et al., 2019b. Characteristics of nitrogen losses from a paddy irrigation – drainage unit system [J]. Agriculture, Ecosystems & Environment, 285: 106629.

HUBBERT M K, 1956. Darcy's law and the field equations of the flow of underground fluids [M]. Houston: Shell Development Company, Exploration and Production Research Division.

KOBAYASHI Y, YOSHIDA K, 2021. Quantitative structure – property relationships for the calculation of the soil adsorption coefficient using machine learning algorithms with calculated chemical properties from open-source software [J]. Environmental Research, 196: 110363.

LI D, CHU Z S, HUANG M S, et al., 2019. Multiphasic assessment of effects of design configuration on nutrient removal in storing multiple-pond constructed wetlands

[J]. Bioresource Technology, 290: 121748.

MCMILLAN S K, TUTTLE A K, JENNINGS G D, et al., 2014. Influence of restoration age and riparian vegetation on reach-scale nutrient retention in restored urban streams [J]. JAWRA Journal of the American Water Resources Association, 50 (3): 626-638.

SMITH R A, SCHWARZ G E, ALEXANDER R B, 1997. Regional interpretation of water-quality monitoring data [J]. Water Resources Research, 33 (12): 2781-2798.

TAO Q, LU T, SHENG Y, et al., 2021. Machine learning aided design of perovskite oxide materials for photocatalytic water splitting [J]. Journal of Energy Chemistry, 60: 351-359.

VYMAZAL J, 2007. Removal of nutrients in various types of constructed wetlands [J]. Science of the Total Environment, 380: 48-65.

WERE K, BUI D T, DICK Ø B, et al., 2021. A comparative assessment of support vector regression, artificial neural networks, and random forests for predicting and mapping soil organic carbon stocks across an Afromontane landscape [J]. Ecological Indicators, 52: 394-403.

WOLLHEIM W M, BERNAL S, BURNS D A, et al., 2018. River network saturation concept: Factors influencing the balance of biogeochemical supply and demand of river networks [J]. Biogeochemistry, 141 (3): 503-521.

WOLLHEIM W M, VÖRÖSMARTY C J, PETERSON B J, et al., 2006. Relationship between river size and nutrient removal [J]. Geophysical Research Letters, 33 (6): 84-97.

XIE X, CUI Y, 2011. Development and test of SWAT for modeling hydrological processes in irrigation districts with paddy rice [J]. Journal of Hydrology, 396 (1): 61-71.

ZHUANG Y, ZHANG L, LI S, et al., 2019. Effects and potential of water-saving irrigation for rice production in China [J]. Agricultural Water Management, 217: 374-382.

ZIMMO O R, VAN DER STEEN N P, GIJZEN H J, 2004. Nitrogen mass balance across pilot-scale algae and duckweed-based wastewater stabilisation ponds [J]. Water Research, 38 (4): 913-920.